원큐패스는 수험생들이 **한번에 합격**하기를 응원합니다.

전기 필기
기능장

이병우 저

다락원

전기를 효율적으로 사용하기 위해서는 각종 전기시설의 유지·보수업무도 중요합니다. 따라서 전기를 합리적으로 사용하고 전기로 인한 재해를 방지하기 위하여 일정한 자격을 갖춘 사람으로 하여금 전기공작물의 공사, 유지 및 운용에 관한 업무를 수행하도록 하기 위해 자격제도를 제정한 것 중 하나가 전기기능장입니다.

전기기능장이 수행하는 업무로는 전기에 관한 최상급 숙련기능을 가지고 산업현장에서 작업관리, 소속기능자의 지도 및 감독, 현장훈련, 경영층과 생산계층을 유기적으로 결합시켜주는 현장의 중간관리업무 등이 있습니다.

이번에 출간되는 〈원큐패스 전기기능장 필기〉는 이와 같이 전기 분야에서 활동할 수 있는 자격제도 중 하나인 전기기능장 시험을 준비하는 수험생들에게 꼭 필요한 교재로 시중에 출판되어 있는 대다수의 방대한 교재들과는 달리 시험에 필요한 핵심적인 이론과 문제만을 수록하였습니다. 이에 본 교재가 전기기능장 시험을 준비하는 수험생들에게 완벽한 교재가 되기를 바라며 〈원큐패스 전기기능장 필기〉의 특징은 다음과 같습니다.

1. 방대한 전기기능장 이론 중 시험에 필요한 필수적인 내용만을 엄선하여 수록
2. 이론 중 시험문제로 출제되었던 부분을 별도 ⚡ (⚡⚡⚡ 3회 이상 출제, ⚡⚡ 2회 출제, ⚡ 1회 출제) 표시하여 중요도를 파악할 수 있도록 구성
3. 기출 및 예상문제를 통하여 최신 시험문제 출제경향을 파악할 수 있도록 구성
4. 각 문제별 상세한 설명을 수록하여 학습자 스스로 자기주도학습을 할 수 있도록 구성

아무쪼록 〈원큐패스 전기기능장 필기〉를 통해 최선을 다한 모든 수험생들에게 꼭 합격소식이 있게 되기를 기원합니다.

시행처 한국산업인력공단

응시자격 전문계 고등학교, 전문대학 이상의 전기과, 전기제어과, 전기설비과 등
관련학과

시험과목 필기 – 전기이론, 전기기기, 전력전자, 전기설비설계 및 시공, 송ㆍ배전,
디지털 공학, 공업경영에 관한 사항
실기 – 전기에 관한 실무

검정방법 필기 – 객관식 4지 택일형
실기('18년도부터 적용) – 복합형(6시간 30분 정도)

시험일정

구분	필기시험	합격자 발표	실기시험	합격자 발표
전기기능장 73회 (2023년)	2월경	–	5월경	–
전기기능장 74회 (2023년)	6월경	–	8월경	–

– 필기 수수료 : 34,400원
– 실기 수수료 : 166,700원

합격기준 필기ㆍ실기 : 100점을 만점으로 하여 60점 이상
※ 시험응시에 관한 자세한 사항은 큐넷 홈페이지 공지사항에서 확인바랍
니다.

목차

직류회로

01 직류회로의 법칙

01 전류, 전압, 저항

(1) 전류

① 도체 단면을 단위시간에 통과하는 전하(Q)의 양으로 기호는 I, 단위는 A(암페어)로 표기한다.

② 전류 $I = \dfrac{Q}{t}$ [A], [C/sec]

(2) 전압

① 전류를 흐르게 하는 전기적 에너지의 차이 즉, 두 점 사이의 전위의 차이이다.

② 전압 $V = \dfrac{W}{Q}$ [V], [J/C]

(3) 저항

① 전류의 흐름을 방해하는 성질로 기호는 R, 단위는 [Ω]로 표기한다.

② 단면적 A[mm²], 길이 l[m], 물질의 고유저항 또는 저항률 ρ인 경우

· 저항 $R = \rho \dfrac{l}{A}$ [Ω], 고유저항 $\rho = R\dfrac{A}{l}$ [Ω·m], [Ω·cm], [Ω·mm²/m]

③ 저항의 온도계수

· 0℃에서 표준 연동의 저항 온도계수 $a_0 = \dfrac{1}{234.5}$

· t℃에서 저항 온도계수 $a_t = \dfrac{1}{234.5 + t}$

· 온도에 변화 따른 저항 값 $R_{t2} = R_{t1}[1 + a_t(t_2 - t_1)]$[Ω]

(4) 컨덕턴스

① 저항의 역수로 기호는 G, 단위는 [℧]로 표기한다.

② $G = \dfrac{1}{R}$ [℧], $\left[\dfrac{1}{Ω}\right]$

③ 전도율(=도전율) σ[℧/m] : 고유저항 ρ의 역수, $\sigma = \dfrac{1}{\rho}$

(5) 도전율의 크기

은을 기준으로, 은 100[%] > 구리 94[%] > 금 67[%] > 수은 1.69[%] 순이다.

02 옴의 법칙

(1) 옴의 법칙

저항에 흐르는 전류의 크기는 저항에 인가한 전압에 비례하고 저항에 반비례한다.

$$V = IR, \ I = \frac{V}{R}, \ R = \frac{V}{I}$$

(2) 저항의 직렬접속

① 직렬접속(전류 동일, 전압 분배)

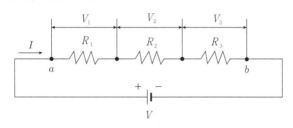

[직렬접속]

② 합성저항 $R_0 = R_1 + R_2 + R_3[\Omega]$

- $V_1 = IR_1, \ V_2 = IR_2, \ V_3 = IR_3$
- $V = V_1 + V_2 + V_3 = I(R_1 + R_2 + R_3)$
- $I = \dfrac{V}{R_1 + R_2 + R_3}$

③ 각 저항 R에 분배되는 전압 V은 각 저항값에 비례하여 분배된다.

- $V_1 = \dfrac{R_1}{R_0}V, \ V_2 = \dfrac{R_2}{R_0}V, \ V_3 = \dfrac{R_3}{R_0}V$

PLUS 예시 문제

다음 회로에서 ab 간에 전압을 가하니 전류계는 2.5[A]를 지시했다. 다음에 스위치 S를 닫으니 전류계 및 전압계는 각각 2.55[A], 100[V]를 지시했다. 저항 R의 값은 약 몇 [Ω]인가? (단, 전류계 내부 저항 $r_a = 0.2[\Omega]$, ab 사이 전압은 S에 관계없이 일정하다.)

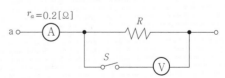

해설

- 스위치 S를 열었을 때 $V_{ab} = I(r_a + R) = 2.5(0.2 + R)$
- 스위치 S를 닫았을 때 $V_{ab} = 2.55 \times 0.2 + 100 = 100.51$
- $2.5(0.2 + R) = 100.51$가 성립하므로,

$R = \dfrac{100.51}{2.5} - 0.2 = 40[\Omega]$

(3) 저항의 병렬접속 ⚡⚡⚡

① 병렬접속(전압 동일, 전류 분배)

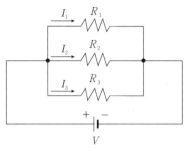

[병렬접속]

② 합성저항 $\dfrac{1}{R}=\dfrac{1}{R_1}+\dfrac{1}{R_2}+\dfrac{1}{R_3}$, $R_0=\dfrac{1}{\dfrac{1}{R_1}+\dfrac{1}{R_2}+\dfrac{1}{R_3}}$

③ 각 저항 R에 흐르는 전류 I는 저항값에 반비례하여 흐른다.

- $I_1=\dfrac{V}{R_1}$, $I_2=\dfrac{V}{R_2}$, $I_3=\dfrac{V}{R_3}$

- $I=I_1+I_2+I_3=\left(\dfrac{1}{R_1}+\dfrac{1}{R_2}+\dfrac{1}{R_3}\right)V$

④ 컨덕턴스 $G=\dfrac{1}{R}$[℧] $\left[\dfrac{1}{\Omega}\right]$이므로 $I=GV$[A]

(4) 저항의 직·병렬접속

① 병렬접속(전압 동일, 전류 분배)

② 병렬회로의 합성저항 $R'=\dfrac{R_1R_2}{R_1+R_2}$

③ 전체 합성저항 $R=R'+R_3=\dfrac{R_1R_2}{R_1+R_2}+R_3$

④ 각 저항에 흐르는 전류 $I_1=I\times\dfrac{R_2}{R_1+R_2}$

$I_2=I\times\dfrac{R_1}{R_1+R_2}$

⑤ $I=I_1+I_2$, $V=V_1+V_2$

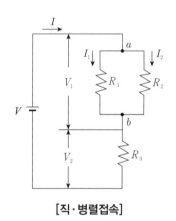

[직·병렬접속]

03 키르히호프 법칙(Kirchhoff's Law)

(1) 제1법칙 : 전류법칙

회로망 내 임의의 한 접속점에 유입하는 전류와 유출하는 전류의 합은 같다.

$$I_1 + I_2 + I_3 + \cdots + I_n = 0$$

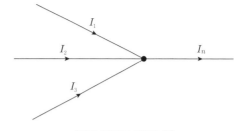

※ 자기회로에 대한 키르히호프 제1법
칙 : 자기회로의 결합점에서 각 자로
의 자속의 대수합은 0이다.

[키르히호프 제1법칙]

(2) 제2법칙 : 전압법칙

회로망 내 임의의 폐회로에서 기전력의 합은 그 회로 소자에서 발생하는 전압강하의 합
과 같다.

$$V_1 + V_2 + V_3 = I(R_1 + R_2 + R_3)$$

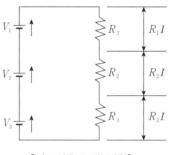

[키르히호프 제2법칙]

04 전지의 직·병렬접속

(1) 전지의 직렬접속 ⚡⚡⚡

① 기전력 $E[\text{V}]$, 내부저항 $r[\Omega]$인 전지 n개를 연결하고, 부하저항 $R[\Omega]$을 접속하였을
때 총기전력 $nE[\text{V}]$, 내부저항 $nr[\Omega]$, 전체저항은 $R + nr[\Omega]$

② 회로에 흐르는 전류 $I = \dfrac{nE}{nr + R}[\text{A}]$

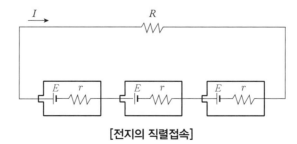

[전지의 직렬접속]

(2) 전지의 병렬접속 ⚡⚡⚡

① 전지 내부저항 합 $\dfrac{r}{n}$[Ω]

② 회로에 흐르는 전류 $I=\dfrac{E}{\dfrac{r}{n}+R}$[A]

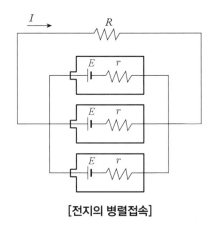

[전지의 병렬접속]

02 전기회로의 측정 등

(1) 배율기 ⚡⚡⚡

전압의 측정범위를 넓히기 위해 저항(R_m)을 전압계에 직렬접속

① 전압계의 측정 범위 확대 $V_0=V\times\left(\dfrac{r}{r+R_m}\right)$에서 $V=\left(1+\dfrac{R_m}{r}\right)V_0$[V]

② 배율 $n=\dfrac{V}{V_0}=1+\dfrac{R_m}{r}$

③ 배율기 저항 $R_m=r(n-1)$[Ω]

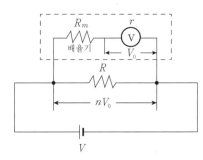

- r : 전압계 내부저항
- R_m : 배율기 저항
- V_0 : 전압계 눈금
- V : 측정하고자 하는 전압

[배율기 회로]

(2) 분류기 ⚡⚡⚡

전류의 측정범위를 넓히기 위해 저항(R)을 전류계에 병렬접속

① 전류계의 측정 범위 확대 $I_a=I_0\times\left(\dfrac{R}{r+R}\right)$에서 $I_0=\left(1+\dfrac{r}{R}\right)I_a$[A]

② 배율 $n=\dfrac{I_0}{I_a}=\left(1+\dfrac{r}{R}\right)$

③ 분류기 저항 $R=\dfrac{r}{n-1}$[Ω]

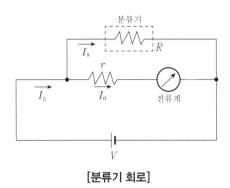

- r : 전류계 내부저항
- R : 분류기 저항
- I_a : 전류계 눈금
- I_0 : 측정하고자 하는 전류

[분류기 회로]

PLUS 예시 문제

내부저항이 0.1[Ω], 최대 지시 1[A]의 전류계에 분류기 R을 접속하여 측정범위를 15[A]로 확대하려면 R의 값은 몇 [Ω]으로 하면 되는가?

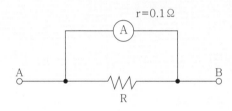

해설

분류기의 배율식 $n = (1 + \dfrac{r}{R})$에서 R을 구하면 $R = \dfrac{r}{n-1} = \dfrac{0.1}{15-1} = \dfrac{1}{140}$

(3) 휘스톤 브리지(Wheatstone Bridge) ⚡🐌🐌

① 미지의 저항을 측정하기 위하여 4개의 저항과 검류계(G)를 접속한 회로

② 브리지의 평형 조건 $PR = QX$이면 검류계 G의 전류값은 0이 된다. 이때 c점과 d점의 전위는 같다.

$$I_1 P = I_2 Q, \ I_1 X = I_2 R, \ \frac{I_2}{I_1} = \frac{P}{Q} = \frac{X}{R}, \ X = \frac{P}{Q} R$$

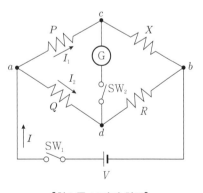

[휘스톤 브리지 회로]

01 전력과 전력량

(1) 전력 P[W]

① 일을 할 수 있는 전기에너지로 기호는 P, 단위는 [W]로 표기한다.

$$P=\frac{W}{t}[\text{J/sec}]=VI=I^2R=\frac{V^2}{R}[\text{W}]$$

여기서, 1[W]=1[J/sec]

(2) 전력량 W[J]

① 일정 시간 동안 소비되는 전력의 크기로 기호는 W, 단위는 [J], [W·sec]로 표기한다.

$$W=Pt[\text{W·sec}]=VIt=I^2Rt=\frac{V^2}{R}t[\text{J}]$$

여기서, 1[J]=1[W·sec], 1[kW]=10^3[Wh]=$3.6×10^6$[W·sec]=$3.6×10^6$[J]=860[kcal]

(3) 줄의 법칙(Joule's Law)

① 저항 $R[\Omega]$에 전류 $I[\text{A}]$를 $t[\text{sec}]$ 동안 흘릴 때 발생한 열(줄열)로 기호 H, 단위는 [cal]로 표기한다.

$$열량\ H=I^2Rt[\text{J}]=\frac{1}{4.186}I^2Rt[\text{cal}]=0.24I^2Rt[\text{cal}]$$

여기서, 1[J]=0.24[cal]

02 전류의 작용

(1) 패러데이 법칙(Faraday's Law) ⚡⚡✎

① 석출량 $W=kQ=kIt[\text{g}]$
   여기서,

   • k : 화학당량($\frac{원자량}{원자가}$[g/c]) (1[C]의 전하에서 석출되는 물질의 양)

   • Q : 전기량, I : 전류, t : 시간(초)

② 전기분해의 전극에 석출되는 물질의 양은 전해액을 통과한 전기량에 비례한다.

③ 총 전기량이 같으면 물질의 석출량은 그 물질의 화학당량에 비례한다.

(2) 전지

① 1차 전지 : 방전후 충전하여 사용이 불가능한 전지

> 망간전지, 산화은전지, 수은전지, 연료전지, 알칼리 망간전지, 리튬 1차전지, 공기전지, 고체 전해질 전지

② 2차전지 : 방전후 충전하여 사용이 가능한 납축전지

> 니켈·수소전지, 니켈·카드뮴 전지, 공기아연 전지, 납축전지, 리튬 2차전지, 리튬 폴리머 전 지, 알칼리 망간 2차 전지

③ 납축전지 기전력
   - 전해액 : 묽은 황산(H_2SO_4), 비중 1.23~1.26
   - 축전지 기전력 : 2[V]
   - 방전 종지 전압 : 1.8[V]

(3) 국부작용과 분극작용

1) 국부작용

① 전지의 전극에 사용되는 아연판이 불순물에 의해 전지 내부에서 화학변화가 일어나 기전력이 감소되는 현상

② 방지법 : 전극에 수은 도금 등 순도가 높은 재료 사용

2) 분극작용

① 전지에 전류가 흐르면 양극에 수소가스가 생겨 이온의 이동을 방해하여 기전력이 감 소되는 현상

② 방지법 : 감극제로 수소가스를 제거한다.

③ 감극제 : 분극작용에 의한 가스를 제거하여 전극의 작용을 활발하게 유지시키는 산 화물

03 전류의 발열 작용

(1) 제백 효과(Seebeck Effect) ⚡🖉🖉

① 서로 다른 금속 A, B를 접속하고 접속점을 다른 온도로 유지하면 기 전력이 생겨 일정 방향으로 전류가 흐르는 현상

② 적용 : 열전형 계기 및 열전 온도계

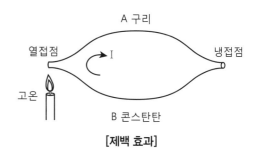

[제백 효과]

(2) 팰티에 효과(Peltier Effect)

① 서로 다른 금속 A, B를 접속하고 한 쪽 금속에서 다른 쪽 금속으로 전류를 흘리면 열의 발생 또는 흡수가 일어나는 현상

② 적용 : 전자냉동(흡열), 온풍기(발열)

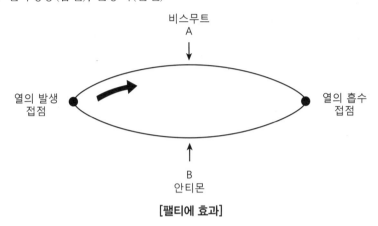

[팰티에 효과]

(3) 톰슨 효과

같은 금속에서도 온도차가 있는 부분에 전위차가 생기는 현상으로 하나의 금속 도선의 온도차가 있는 부분에 전류를 흘리면 줄열 이외의 열이 발생하거나 흡수가 일어나는 현상

Chapter 2 정전기와 콘덴서

01 정전기와 유전체

01 전하

(1) 도체(Conductor)

① 전기가 자유로이 이동할 수 있는 물질(은, 구리 등)

② 고유저항이 $10^{-4}[\Omega \cdot m]$ 이하로 전기가 잘 통하는 물질

(2) 반도체(Semi-conductor)

① 외부(열, 빛, 전계 등)의 영향에 의해서 자유전자가 발생하여 전도

② 고유저항이 $10^{-4} \sim 10^6[\Omega \cdot m]$으로 도체와 부도체 양쪽의 성질을 갖는 물질[규소(Si), 게르마늄(Ge)]

(3) 전하

일정한 대전상태에 있는 물질이 갖고 있는 전기량

① 단위 : MKS 단위계의 쿨롱(Coulomb)[C]을 사용

② 전자 1개의 전하 $e = -1.602 \times 10^{-19}[C]$

③ 1[C]의 전하는 $\dfrac{1}{1.602 \times 10^{-19}} = 6.25 \times 10^{18}$개의 전자가 갖는 전하량이다.

④ 1 전자볼트 $eV = 1.602 \times 10^{-19} \times 1[V] = 1.602 \times 10^{-19}[J]$

02 정전유도 ⚡⚡⚡

(1) 정전기(Static Electricity) 및 정전기력

① 정전기 : 대전체에 의해 물체에 저장되어 있는 전기

② 정전기력 : 두 대전체 사이에 작용하는 힘

(2) 정전유도

① 대전체의 접근으로 인한 물질 내의 전하분포가 변화하는 현상

② 대전체에 가까운 쪽은 다른 극성 전하가, 반대쪽은 같은 극성 전하가 나타나는 현상

(3) 쿨롱의 법칙(Coulomb's Law) ⚡⚡⚡

① 두 전하 사이에 작용하는 전기력의 크기는 두 전하의 크기에 비례하고, 거리의 제곱에 반비례한다.

② 거리 r[m] 만큼 떨어져서 정지되어 있는 두 점 전하 Q_1, Q_2 사이에 작용하는 힘 F 는 다음 식으로 표현된다.

$$정전기력 \ F = k\frac{Q_1 Q_2}{r^2} = \frac{1}{4\pi\varepsilon}\frac{Q_1 Q_2}{r^2} = \frac{1}{4\pi\varepsilon_0\varepsilon_s}\frac{Q_1 Q_2}{r^2}[\text{N}]$$

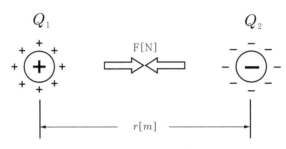

[두 전하 간 작용력]

여기서, 유전율(ε)는 매질에 따른 영향을 얼마나 받는지를 나타내는 물리적 단위로,

- $\varepsilon = \varepsilon_0\varepsilon_s$
- 진공 중 유전율 $\varepsilon_0 = 8.855 \times 10^{-12}$[F/m]
- 비유전율 $\varepsilon_s = \dfrac{\varepsilon}{\varepsilon_0}$ (진공 중의 $\varepsilon_s = 1$, 공기 중의 $\varepsilon_s = 1.00059 ≒ 1$)
- 상수 $k = \dfrac{1}{4\pi\varepsilon_0} = 9 \times 10^9$로 힘이 미치는 공간의 매질과 단위계에 따라 정해지는 값

(4) 유전분극

1) 전자분극 ⚡⚡🖊

① 유전체에 전계가 가해질 때 궤도상에 전자가 작용하여 궤도의 중심이 원자핵보다 약간 이동함으로써 음양의 전자가 쌍을 일으키는 현상이다.

② 단결정 매질에서 전자운과 핵간의 상대적인 변위로 인해 생기는 현상이다.

2) 이온분극

① 외부에서 전기장이 가해지면 양(＋)이온이 한쪽으로 약간 움직이고, 반대 방향으로는 음(－)이온이 움직여서 위치가 변화되는 현상이다.

② 순수한 쌍극자 모멘트를 형성한다.

③ 이온 재료에서만 발생하기 때문에 세라믹 화합물 안에서 나타나게 된다.

3) 쌍극자 분극 : 영구 전기쌍극자의 전계 방향 배열이다.

02 전기장

01 전계

(1) 전계의 세기(E) ⚡⚡⚡

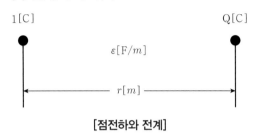

[점전하와 전계]

① 전계 내의 한 점에 단위 정전하(+1[C])를 놓았을 때 이에 작용하는 힘의 세기

② 전계의 세기 $E = \dfrac{1}{4\pi\varepsilon}\dfrac{Q}{r^2}$[V/m]

③ 정전기력 $F = QE$[N]

④ 전계의 단위 [V/m], [N/C]

02 전기력선

(1) 전기력선

전계가 미치는 공간상에 존재하는 전기장의 세기와 방향을 가시적으로 표현한 전계의 분포도로 전계상태를 표현한다.

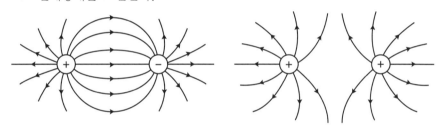

[전기력선(정전하에서 부전하로 흡수) 분포상태]

(2) 전기력선의 성질

① 전기력선은 정(+)전하로부터 방사되어서 부(−)전하로 흡수된다.

② 전기력선의 임의의 점에서 접선 방향은 그 점의 전계 방향을 나타낸다.

③ 전기력선은 수축하려는 성질이 있으며 같은 전기력선은 서로 반발한다.

④ 전기력선은 수직한 단면적의 전기력선 밀도가 그 곳의 전장 세기를 나타낸다.

⑤ 전기력선은 중간에 갈라지거나 서로 교차하지 않는다.

⑥ 전기력선은 도체 표면에 수직으로 출입하며 도체 내부에는 전기력선이 없다.

⑦ 전기력선은 등전위 면과 직교한다.

03 가우스의 법칙(Gauss's Law)

(1) 가우스의 정리

① 가우스는 전하로부터 방사되는 전속의 수와 그 전하를 둘러싼 폐곡면을 관통하는 전속수와의 관계이다.

② 임의의 폐곡면을 외향법선 방향으로 통과하는 전 전속은 그 폐곡면 내의 점 전하와 같다.

③ 진공 중의 전계 내에서 임의의 폐곡면을 통하여 나가는 전기력선의 총수는 폐곡면 내에 존재하는 전하의 $\dfrac{1}{\varepsilon_0}$배와 같다.

④ 진공 중 폐곡면 내에 전체 전하량 Q[C]이 있을 때 이 폐곡면을 통해 나오는 전기력선의 총수는 $\dfrac{Q}{\varepsilon_0}(36\pi \times 10^9 \text{Line})$개이다.

04 전속과 전속밀도

(1) 전속

① 전기력선의 묶음을 전속 혹은 유전속이라 한다.

② 전속은 매질에 관계없이 1[C]의 전하에서 1개의 선이 나온다고 정의한다.

③ 전속 기호 ϕ, 단위 [C]

(2) 전속의 성질

① 전속은 양(+)전하에서 나와 음(−)전하에서 끝난다.

② 전속은 도체에 출입하는 경우 그 표면에 수직이다.

③ 전속이 나오는 곳 또는 끝나는 곳에는 전속과 같은 전하가 있다.

(3) 전속밀도

① 구의 표면을 지나는 전속밀도

② 전속밀도 $D = \dfrac{Q}{A} = \dfrac{Q}{4\pi r^2} = \varepsilon E [\text{C/m}^2]$

(4) 전계

① 전하로 인한 전기력이 미치는 공간

② 전계 $E = \dfrac{1}{4\pi\varepsilon}\dfrac{Q}{r^2}[\text{V/m}] = \dfrac{1}{\varepsilon}\dfrac{Q}{4\pi r^2} = \dfrac{1}{\varepsilon}D[\text{V/m}]$

05 전위

(1) 전위 ✦▨▨

① 전위 : 전계 내에서 단위 전하가 가지는 전기적 위치 에너지

$$V = E \cdot r = \dfrac{1}{4\pi\varepsilon}\dfrac{Q}{r^2} \times r = \dfrac{Q}{4\pi\varepsilon r} = 9 \times 10^9 \times \dfrac{Q}{\varepsilon_s r}[\text{V}]$$

② 전위차 : 단위 전하를 점 A에서 점 B로 이동하는 데 필요한 일의 양으로 표현

$$V = \frac{W}{Q}[\text{J/C}], \quad W = VQ[\text{J}]$$

(2) 등전위 면

① 전장 내에서 전위가 같은 각 점을 연결하여 이루는 면을 말한다.

② 등전위 면의 간격은 전기장이 클수록 좁다.

③ 등전위 면과 전기력선의 방향은 수직으로 만난다.

④ 등전위 면끼리는 서로 교차하거나 만나지 않는다.

⑤ 등전위 면에서 전하를 옮기는 데는 일을 필요로 하지 않는다.

03 정전용량

(1) 콘덴서(Condenser or Capacitor)

두 전극 사이에 유전체를 넣어 전하를 저장하는 장치

(2) 정전용량 ⚡⚡⚡

① 도체에 전하가 축적될 수 있는 능력 $C = \dfrac{\varepsilon_0 \varepsilon_s A}{d}[\text{F}]$

② 기호 C, 단위 $[\text{F}]$, $[\mu\text{F}]$

③ 정전용량 1[F]는 1[V]의 전압을 가할 때 1[C]의 전하 Q를 축적한다.

$$Q = CV[\text{C}], \quad C = \frac{Q}{V}[\text{F}]$$

(3) 구도체의 정전용량

① 구도체의 전위 $V = \dfrac{Q}{4\pi\varepsilon r} = 9 \times 10^9 \times \dfrac{Q}{\varepsilon_s r}[\text{V}]$

② 정전용량 $C = \dfrac{Q}{V} = \dfrac{Q}{9 \times 10^9 \times \dfrac{Q}{\varepsilon_s r}} = \dfrac{\varepsilon_s r}{9 \times 10^9} = 4\pi\varepsilon r[\text{F}]$

(4) 평행판 도체의 정전용량 ⚡⚡⚡

① 전계의 세기 $E = \dfrac{V}{l}[\text{V/m}]$

② 정전용량 $C = \dfrac{Q}{V} = \dfrac{\varepsilon E \cdot A}{E \cdot l} = \varepsilon \dfrac{A}{l}[\text{F}]$

③ 전속밀도 $D = \dfrac{Q}{A} = \dfrac{Q}{4\pi r^2} = \varepsilon E [\text{C/m}^2]$

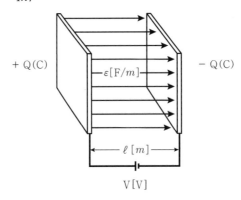

[평행판 도체]

(5) 콘덴서 직렬접속 ⚡⚡⚡

① 전압 $V_0 = V_1 + V_2 + V_3 [\text{V}]$

　• $V_1 = \dfrac{Q}{C_1}[\text{V}]$, $V_2 = \dfrac{Q}{C_2}[\text{V}]$, $V_3 = \dfrac{Q}{C_3}[\text{V}]$

② 정전용량 $C_0 = \dfrac{Q}{V_0} = \dfrac{Q}{\dfrac{Q}{C_1} + \dfrac{Q}{C_2} + \dfrac{Q}{C_3}} = \dfrac{1}{\dfrac{1}{C_1} + \dfrac{1}{C_2} + \dfrac{1}{C_3}}[\text{F}]$

③ Q가 일정하다.

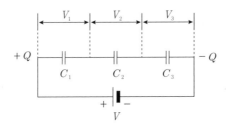

[콘덴서의 직렬접속]

(6) 콘덴서 병렬접속 ⚡⚡⚡

① 전하 $Q_0 = Q_1 + Q_2 + Q_3 [\text{C}]$

　• $Q_1 = C_1 V [\text{C}]$, $Q_2 = C_2 V [\text{C}]$, $Q_3 = C_3 V [\text{C}]$

② 정전용량 $C_0 = \dfrac{Q_0}{V} = \dfrac{(C_1 + C_2 + C_3)V}{V} = C_1 + C_2 + C_3 [\text{F}]$

③ V가 일정하다.

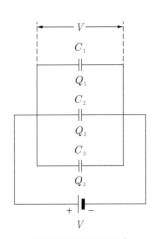

[콘덴서의 병렬접속]

(7) 정전에너지

1) 정전에너지 ⚡⚡📋

① 콘덴서에 전압 V[V]가 가해져서 Q[C]의 전하가 축적되어 있을 때 축적되는 에너지
② 전기용접에서 스폿용접 등에 이용된다.

$$정전에너지\ W=\frac{1}{2}QV=\frac{1}{2}CV^2=\frac{Q^2}{2C}[\text{J}]$$

③ 정전용량 $C=\dfrac{\varepsilon A}{l}[\text{F}]$

④ 전기장의 세기 $E=\dfrac{V}{l}[\text{V/m}]$

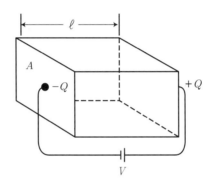

[유전체 내의 정전에너지]

(8) 정전 흡인력 ⚡📋📋

① 콘덴서가 충전되면 양극판 사이의 양, 음전하에 흡인력이 발생하는 것
② 정전 기록장치, 정전 집진장치, 정전 전압계, 정전도장 등에 이용된다.

$$정전 흡인력\ F=\frac{1}{2}EDA=\frac{1}{2}\varepsilon E^2 A[\text{N}]$$

③ 전기장의 세기 $E=\dfrac{V}{l}[\text{V/m}]$

④ 단위 면적당 에너지 $F_0=\dfrac{F}{A}=\dfrac{1}{2}ED=\dfrac{1}{2}\varepsilon E^2=\dfrac{1}{2}\varepsilon\left(\dfrac{V}{l}\right)^2[\text{N/m}^2]$

Chapter 3 자기회로

01 자성체와 자계

01 자성체

(1) 강자성체

상자성체로 강도가 강하게 자화되어 외부 자기장을 제거하여도 자화가 남아 서로 당기는 물질 [철(Fe), 니켈(Ni), 코발트(Co), 망간(Mn), 규소(Si)]

(2) 상자성체 ⚡⚏⚏

자석에 대하여 반대의 극으로 자화되어 서로 당기는 물질 [텅스텐(W), 알루미늄(Al), 산소(O), 백금(Pt)]

(3) 반자성체

자석에 대하여 같은 극으로 자화되어 서로 반발하는 물질 [은(Ag), 구리(Cu), 아연(Zn), 비스무트(Bi), 납(Pb)]

02 자기력

(1) 쿨롱의 법칙(Coulomb's Law)

두 자극 m_1[Wb], m_2[Wb]의 거리 r[m] 사이에 작용하는 힘 F는 두 자극의 곱에 비례하고, 두 자극 사이의 거리의 제곱에 반비례한다.

① 자기력 $F = \dfrac{1}{4\pi\mu_0\mu_s} \times \dfrac{m_1 m_2}{r^2} = 6.33 \times 10^4 \times \dfrac{m_1 m_2}{r^2}$[N]

② 진공 중의 투자율 $\mu_0 = 4\pi \times 10^{-7}$[H/m]

③ $\mu_s = \dfrac{\mu}{\mu_0}$: 진공 중에서 비투자율

④ $k = \dfrac{1}{4\pi\mu_0\mu_s} = 6.33 \times 10^4$

    • 진공 중의 투자율에 대한 매질 투자율의 비(물질의 자성상태)이다.

    • 강자성체 $\mu_s \gg 1$, 상자성체 $\mu_s > 1$, 반자성체 $\mu_s < 1$

03 자기장

(1) 자기장

자력이 작용하는 공간으로 자계 또는 자장이라 한다.

(2) 자기장의 세기

① 자기장 안의 어느 점에 단위 점 자하(+1[Wb])를 놓았을 때 작용하는 힘으로, 단위는 [AT/m], [N/Wb]이다.

② m[Wb]의 전하로부터 r[m]거리에 있는 점에서 자기장의 세기와 자기력

- 자기장의 세기 $H = \dfrac{1}{4\pi\mu_0\mu_s} \times \dfrac{m}{r^2}$[AT/m]

- 자기력 $F = mH$[N]

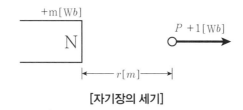

[자기장의 세기]

(3) 자기력선

자기장의 세기와 방향을 가시적인 선으로 나타낸 것이다.

(4) 자기력선의 특징

① 자기력선은 N극에서 나와 S극에서 끝난다.

② 임의의 한 점을 지나는 자기력선의 접선방향이 그 점에서의 자기장의 방향이다.

③ 자기력선 자신은 수축하려고 하며 같은 방향과는 서로 반발한다.

④ 자기장 내의 임의의 한점에서의 자기력선의 밀도는 그 점의 자기장의 세기를 나타낸다.

⑤ 자기력선은 서로 만나거나 교차하지 않는다.

⑥ 자석의 같은 극끼리는 반발하고, 다른 극끼리는 끌어 당긴다.

⑦ 자기력선은 아무리 사용해도 감소하지 않는다.

⑧ 자기력선은 비자성체를 투과한다.

⑨ 자기력이 강할수록 자기력선 수가 많다.

⑩ 자석은 고온이 되면 자력이 감소하고, 임계온도 이상으로 가열하면 자석의 성질이 없어진다.

(5) 가우스 정리(Gauss's Law) ⚡

임의의 폐곡면 내에 전체 자하량 m[Wb]이 있을 때 이 폐곡면을 통해서 나오는 자기력선의 총수는 $\dfrac{m}{\mu}$개이다.

04 자속과 자속밀도

(1) 자속

자극에서 나오는 자기력선의 수로서, 기호는 ϕ, 단위는 [Wb]이다.

(2) 자속밀도

① 단위 면적당 통과하는 자속의 수를 말하며, 기호는 B, 단위는 [Wb/m²] 또는 테슬라 [T]를 사용한다.

$$\text{자속밀도 } B = \frac{\phi}{A} = \frac{\phi}{4\pi r^2} [\text{Wb/m}^2]$$

② 자속밀도와 자기장의 세기 : 투자율이 μ인 물질에서 자속밀도 $B = \mu H = \mu_0 \mu_s H [\text{Wb/m}^2]$ 이고 자속은 비투자율이 큰 물질일수록 잘 통한다.

③ 자기장의 세기 $H = \dfrac{1}{4\pi\mu} \times \dfrac{\phi}{r^2} = \dfrac{\phi}{4\pi r^2} \times \dfrac{1}{\mu} = \dfrac{B}{\mu} [\text{AT/m}]$

05 자기모멘트와 회전력(토크, Torque)

① 2개의 자극의 세기가 m[Wb]이고, 길이가 l[m]인 자석에서 자극의 세기와 곱이다.

$$\text{자기모멘트 } M = ml [\text{Wb·m}]$$

② 자기장의 세기 H[AT/m]인 평등 자기장내 자극의 세기 m[Wb]의 자침을 자기장의 방향과 θ의 각도로 놓을 때

$$\text{회전력(토크) } T = mlH\sin\theta = MH\sin\theta[\text{N/m}]$$

02 전류에 의한 자기

(1) 앙페르(Ampere's)의 오른나사 법칙 ⚡⚡⚡

도선에 전류가 흐를 때 도선 주위에는 자기장이 발생하며, 그 방향은 오른나사의 진행 방향과 같다는 법칙이다.

① 직선 전류에 의한 자기장의 방향

전류가 흐르는 방향으로 오른나사를 회전시키면 나사가 회전하는 방향으로 자기력선 이 발생한다.

② 코일에 의한 자기장의 방향

도체에 오른나사가 진행하는 방향으로 전류가 흐르면 자기장은 오른나사가 회전하는 방향으로 발생한다.

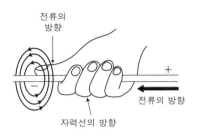

[직선 전류에 의한 자기장의 방향]

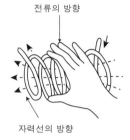

[코일에 의한 자기장의 방향]

(2) 비오-샤바르의 법칙(Biot-savart's Law)

① 전류에 의해서 만들어지는 자계의 세기를 구하는 공식이다.

② 도선에 전류 I[A]를 흘릴 때 도선 Δl에서 r[m] 떨어지고 Δl과 이루는 각도가 θ인 점 P에서 Δl의 자장의 세기 $\Delta H = \dfrac{I\Delta l}{4\pi r^2}\sin\theta$[AT/m]

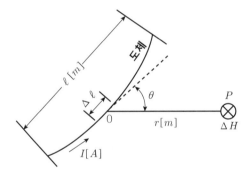

[비오-샤바르 법칙]

(3) 앙페르의 주회 적분의 법칙

자기장 내 임의의 폐곡선을 취할 때 이 곡선의 Δl 과 그 부분의 자기장의 세기 H를 곱한 값으로 임의 의 폐회로를 따라 자계를 적분함에 따라 얻어지는 기자력은 폐회로를 관통하는 전류의 대수합과 같다.

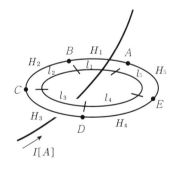

[주회적분의 법칙]

$$\sum H\Delta l = \Delta I$$

(4) 무한장 직선 도체의 자기장 ⚡⚡🖋

무한 직선 도체에 전류 I[A]가 흐를 때 전선에서 r[m] 떨어진 점의 자기장의 세기

$$H = \frac{I}{2\pi r}[\text{AT/m}]$$

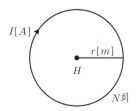

[무한장 직선 도체에 의한 자기장]

(5) 원형 코일 중심의 자기장

반지름이 r[m]이고 감은 횟수가 N회인 원형코일에 I[A]의 전류가 흐를 때 코일 중심에 생기는 자기장의 세기 $H = \dfrac{NI}{2r}[\text{AT/m}]$

[원형 코일 중심의 자기장]

(6) 솔레노이드 내부의 자기장

자기장의 세기 $H = n_0 I[\text{AT/m}]$

• n_0 : 1[m]당 코일의 권수

(7) 환상 솔레노이드에 의한 자기장 ⚡⚡⚡

반지름이 r[m]이고 감은 횟수가 N회인 환상 솔레노이드에 I[A]의 전류가 흐를 때 솔레노이드 내부에 생기는 자기장의 세기

$$H = \frac{NI}{l} = \frac{NI}{2\pi r}[\text{AT/m}]$$

• l은 자로의 평균 길이 [m]

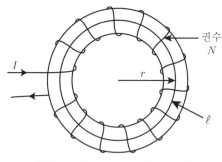

[환상 솔레노이드에 의한 자기장]

(8) 자기회로와 자기저항 ⚡⚡🖋

① 자기회로 : 강자성체로 자속이 일주하도록 만든 폐회로이다.

$$\phi = BS = \mu HS = \frac{\mu SNI}{l}[\text{Wb}]$$

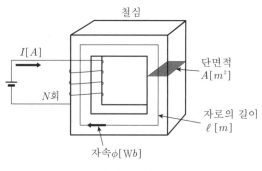

[자기회로]

② 기자력 : 자기장을 만드는 원동력으로 코일에 전류가 흐르면 자속이 발생되며 기자력 F는 권수 N과 전류 I에 비례한다.

$$F=NI[\text{AT}]$$

③ 자기저항 : 자속의 발생을 방해하는 정도로 자로 $l[\text{m}]$이 비례하고 단면적 $A[\text{m}^2]$에 반비례한다.

$$R=\frac{l}{\mu A}[\text{AT/Wb}]$$

03 전자유도 및 인덕턴스

01 전자력

(1) 플레밍의 왼손법칙(전자력의 방향)

① 전동기의 회전 방향을 결정(전동기의 원리)
- 힘의 방향(F) : 엄지
- 자기장의 방향(B) : 검지
- 전류의 방향(I) : 중지

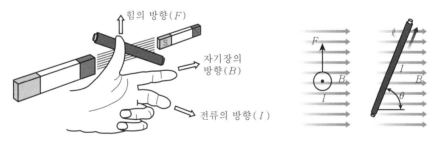

[플레밍의 왼손법칙]

(2) 직선 도체에 작용하는 힘

자속밀도 $B[\text{Wb/m}^2]$의 평등 자기장 중에 자기장과 $I[\text{A}]$의 전류가 흐르는 경우 도체 단위 길이 1[m] 당 1[N]의 전자기력

$$F=IBl\sin\theta[\text{N}]$$

여기서, $\sin\theta$: 도체가 자기장의 방향과 θ각을 이루는 경우

(3) 평행도체 사이에 작용하는 힘

1) 도체 사이에 작용하는 힘 ⚡⚡⚡

평행한 두 도체가 $r[\text{m}]$만큼 떨어져 있고 각 도체에 흐르는 전류가 각각 I_1, I_2일 때 두

도체 사이에 작용하는 힘

$$F = \frac{2I_1I_2}{r} \times 10^{-7}[\text{N/m}]$$

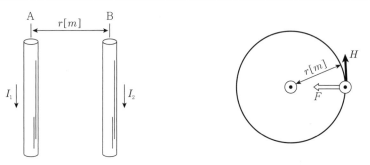

[평행도체 사이에 작용하는 힘]

2) 흡입력과 반발력
① 평행도선의 전류방향이 같을 때 : 흡인력(인력)
② 평행도선의 전류방향이 반대일 때 : 반발력(척력)

02 전자유도

(1) 렌츠의 법칙(Lenz's Law) ⚡⚡⚡
① 유도 기전력의 방향은 자속의 변화를 방해하는 방향으로 결정된다.
② 유도 기전력의 방향 $e = -N\dfrac{\Delta\phi}{\Delta t}[\text{V}]$

> 🔔 PLUS 예시 문제
>
> $\phi = \phi_m \sin wt[\text{Wb}]$인 정현파로 자속이 권수 N인 코일과 쇄교할 때, 유기 기전력의 위상은 자속에 비해 어떠한가?
>
> 해설
>
> • 렌츠의 법칙에 의한 유도 기전력 $e = -N\dfrac{d\phi}{dt}[\text{V}]$이므로,
>
> • 유도 기전력 $e = -N\dfrac{d\phi}{dt} = -N\dfrac{d}{dt}\phi_m \sin wt$
>
> $\qquad = -N\phi_m\dfrac{d}{dt}\sin wt = -wN\phi_m \cos wt$
>
> $\qquad = -wN\phi_m \sin(wt + \dfrac{\pi}{2}) = wN\phi_m \sin(wt - \dfrac{\pi}{2})[\text{V}]$
>
> ∴ $\dfrac{\pi}{2}$만큼 늦은 유도기전력이 발생한다.

(2) 패러데이 법칙(Faraday's Law)

① 유도 기전력의 크기는 자속의 시간적 변화에 비례한다.

② 유도 기전력의 크기 $e = N\dfrac{\Delta\phi}{\Delta t}$[V]

(3) 플레밍의 오른손법칙(발전기의 원리) ⚡⚡🖉

① 자장 내의 도체를 운동시켜 자속을 끊는 경우 기전력의 방향을 알 수 있는 법칙

여기서, 도체의 운동(힘) 방향 (F) : 엄지,

자기장의 방향(B) : 검지,

기전력의 방향(e) : 중지

② 자속밀도 B[Wb/m²]의 평등 자장 내에 길이 l[m]인 도체를 자장과 직각방향으로 v[m/s]의 일정 속도로 운동한 경우 도체에 유기되는 기전력 $e = -N\dfrac{\Delta\phi}{\Delta t} = Blv$[V], 도체와 자장의 방향이 θ의 각도일 경우 $e = Blv\sin\theta$이다.

03 인덕턴스(Inductance)

(1) 인덕턴스

코일의 유도 능력 정도를 나타내는 값으로 단위는 H(헨리)를 사용한다.

1) 코일의 특성 ⚡🖉🖉

① 전류의 변화를 안정시키는 성질이 있다. ② 상호 유도작용이 있다.

③ 공진하는 성질이 있다. ④ 전자석의 성질이 있다.

⑤ 전원노이즈 차단기능이 있다.

(2) 자체 인덕턴스(Self Inductance)

1) 자체 인덕턴스 ⚡⚡⚡

① N회 코일에 전류 I[A]가 dt[sec] 동안 dI[A]가 변화하여, 코일과 쇄교하는 자속 ϕ가 $d\phi$[Wb] 만큼 변화하였을 때의 자체 유도 기전력을 나타낸다.

② 자체 유도 기전력

$$e = -N\dfrac{d\phi}{dt} = -L\dfrac{dI}{dt}\,[V]$$

여기서, $N\phi = LI$이므로 $L = \dfrac{N\phi}{I}$[H]이다.

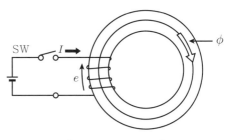

[자체 유도 인덕턴스]

② 인덕터의 특징 ⚡⚡⚡
- 인덕터는 에너지를 축적하지만 소모하지 않는다.
- 인덕터의 전류가 급격히 변화하면 전압이 무한대로 되어야 하므로 인덕터 전류는 불연속적으로 변할 수 없다.
- 인덕터는 직류에 대해서 단락회로로 작용한다.
- 인덕터에 $di = 0$(일정)이면 양단의 전압은 0이다.

2) 환상 솔레노이드의 자체 인덕턴스

① 자속 $\phi = BA = \mu HA = \mu_0 \mu_S \dfrac{ANI}{l}$ [Wb]

② 자체 인덕턴스 $L = \dfrac{N\phi}{I} = \dfrac{\mu_0 \mu_S AN^2}{l}$ [H]

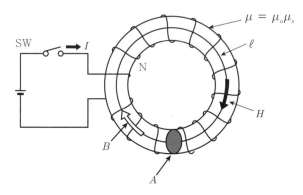

[환상 솔레노이드 자체 인덕턴스]

(3) 상호 인덕턴스(Mutual Inductance) ⚡⚡⚡

① 상호 유도 기전력 : 하나의 자기회로에 1, 2차 코일을 감고 1차 코일에 전류를 변화시키면 2차 코일에 전압이 유도되는 현상

$$\text{상호 유도 기전력 } e = -M \frac{dI_1}{dt} = -N_2 \frac{d\phi}{dt} \text{[V]}$$

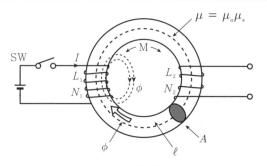

[상호 유도 인덕턴스]

② 상호 인덕턴스(M) $N_2\phi = MI_1$에서 $M = \dfrac{N_2\phi}{I_1}$[H]

- 1차 코일에 의한 자속 $\phi = BA = \mu HA = \mu\dfrac{AN_1 I}{l}$[Wb]

- 상호 인덕턴스 $M = \dfrac{N_2\phi}{I_1} = \dfrac{\mu AN_1 N_2}{l}$[H]

③ 상호 인덕턴스와 결합계수 ⚡⚡⚡

- 자체 인덕턴스 $L_1 = \dfrac{\mu_0 \mu_S AN_1{}^2}{l}$, $L_2 = \dfrac{\mu_0 \mu_S AN_2{}^2}{l}$

- 상호 인덕턴스 $M = \dfrac{\mu AN_1 N_2}{l}$, $M = k\sqrt{L_1 L_2}$[H]

- 결합계수 $k = \dfrac{M}{\sqrt{L_1 L_2}}$(1, 2차 코일의 자속에 의한 결합)

(4) 인덕턴스의 접속 ⚡⚡⚡

① 가동접속(가극성) $L = L_1 + L_2 + 2M$
② 차동접속(감극성) $L = L_1 + L_2 - 2M$

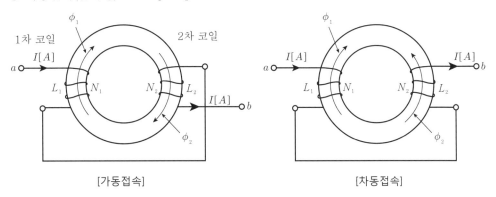

[인덕턴스의 접속]

🔆 PLUS 예시 문제

같은 철심 위에 동일한 권수로 자체 인덕턴스 L[H]의 코일 두 개를 접근해서 감았다. 이것을 같은 방향으로 직렬 연결하면 합성 인덕턴스 [H]는? (단, 두 코일의 결합계수는 0.5이다.)

해설

- 같은 철심, 동일한 권수이므로 $L_1 = L_2$이다.
- 상호 인덕턴스 $M = k\sqrt{L_1 L_2} = 0.5\sqrt{L^2} = 0.5L$이므로, 같은 방향으로 접속되었으므로 $L = L_1 + L_2 + 2M = 2L + 2 \times 0.5L = 3L$이다.

(5) 전자적 에너지 ⚡⚡⚡

① 코일에 축적되는 에너지 $W = \frac{1}{2}LI^2[\text{J}]$

② 단위 부피에 축적되는 에너지 $W = \frac{1}{2}\mu H^2 = \frac{1}{2}BH = \frac{1}{2}\frac{B^2}{\mu}[\text{J/m}^3]$

③ 자기 (단위 면적당) 흡인력 $f = \frac{1}{2}\frac{B^2}{\mu}[\text{N/m}^2]$

(6) 히스테리시스 곡선과 손실

① 철심으로 된 코일에서 전류를 증가시키면 자장의 세기 H는 전류에 비례 증가하지만 자속밀도 B는 자장에 비례하지 않고 포화현상과 자기이력현상 등이 일어나는 현상

② 보자력과 잔류자기 : 보자력은 횡축과 만나고, 잔류자기는 종축과 만난다.

③ 히스테리시스 손실 : 히스테리시스 곡선 내의 넓이만큼 철심 내에서 열에너지로 잃어버리는 손실

$$P_h = nfB_m^{1.6\sim2.0}[\text{W/m}^3]$$

여기서, 히스테리시스손 $P_h[\text{W/m}^3]$

$\quad n$: 히스테리시스 계수

$\quad f$: 주파수

$\quad B_m$: 최대자속밀도$[\text{wb/m}^2]$

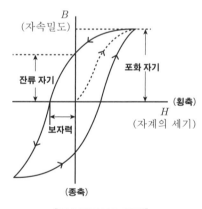

[히스테리시스 곡선]

④ 와류손(맴돌이 전류, Eddy Current Loss)
- 자장이 있을 때 이로 인해 회전하는 전류가 발생한다. 이 회전전류 때문에 발생하는 손실이다.
- 방지법으로는 철심사이에 전기가 통하지 않는 얇은 철판을 넣은 적층철심을 사용한다.

Chapter 4 교류회로

01 복소수와 백터

01 복소수

(1) 표현법

① 스칼라 량 : 길이, 온도 등과 같이 크기만 가지는 물리량

② 백터 량 : 힘, 속도, 전압, 전류와 같이 크기와 방향을 가진 물리량

(2) 복소수의 정의

복소수의 표현은 실수부와 허수부로 구성되는 $a+jb$와 같은 직교좌표(rectangular) 형식을 취하고 있고, 크기와 각을 갖는 표현형식인 삼각함수 형식(trigonometric form), 극좌표 형식(polar form) 및 지수함수 형식(exponential form) 등으로 표현한다.

① 구성 : 실수부와 허수부로 구분하고, 크기와 방향 성분을 갖는다.

② 허수 : 수를 제곱하면 음수가 되는 수로, 단위는 j로 표시한다.

③ 표시 : $\dot{A}=a+jb=$ 실수부 + 허수부

④ 절대값으로 표기 : 절대값 $|A|=\sqrt{(실수부)^2+(허수부)^2}$

⑤ 공액 : 실수부는 같고 허수부의 부호만 다른 2개의 복소수

$$(a+jb)(a-jb)=a^2+b^2$$

02 복소수 형식

(1) 삼각함수(직각좌표) 형식

① $\dot{A}=a+jb$

절대값(크기)	• $\|A\|=\sqrt{a^2+b^2}$
덧셈 및 뺄셈	• $\dot{A_1}=a+jb$, $\dot{A_2}=c+jd$일 때 $\dot{A_1}+\dot{A_2}=(a+c)+j(b+d)$ $\dot{A_1}-\dot{A_2}=(a-c)+j(b-d)$
편각	• $\theta=\tan^{-1}\dfrac{b}{a}$ • $a=A\cos\theta$, $b=A\sin\theta$ • $\dot{A}=A\cos\theta+jA\sin\theta=A(\cos\theta+j\sin\theta)$, $\dot{A}=A\angle\theta$

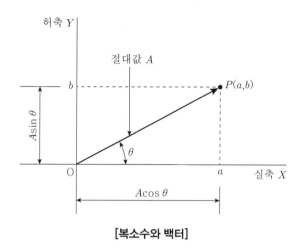

[복소수와 백터]

(2) 극좌표 형식

① $\dot{A} = |A| \angle \theta$

복소수의 곱셈	$\dot{A_1} \times \dot{A_2} = |A_1||A_2| \angle (\theta_1 + \theta_2)$
복소수의 나눗셈	$\dfrac{\dot{A_1}}{\dot{A_2}} = \dfrac{|A_1|}{|A_2|} \angle (\theta_1 - \theta_2)$

(3) 지수함수 형식

① 절대값(크기) $\dot{A} = |A| e^{j\theta}$

여기서, $e^{j\theta} = \cos\theta + j\sin\theta = 1 \angle \theta$

$|e^{j\theta}| = |\cos\theta + j\sin\theta| = \sqrt{\cos^2\theta + \sin^2\theta}$

02 정현파 교류

01 정현파

(1) 교류의 발생

① 자기장 내에서 도체가 회전 운동을 하면 플레밍의 오른손법칙에 의해서 도체에 기전
력이 발생한다.

기전력 $e = Blv\sin\theta$

여기서, θ가 직각일 경우 기전력 $e = V_m \sin\theta$

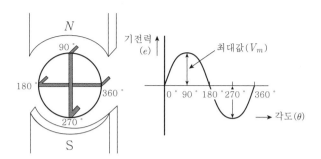

[정현파 교류 발생]

(2) 주기와 주파수

① 주기(T) : 파형 [Hz](헤르츠, Hertz)의 변화에 필요한 시간

$$T = \frac{1}{f}[\text{sec}]$$

② 주파수(f) : 1 초 동안에 반복되는 [Hz](헤르츠, Hertz)의 수

$$f = \frac{1}{T}[\text{Hz}]$$

(3) 각속도

① 각속도(w) : 회전체가 1초 동안에 회전한 각도

$$w = 2\pi f = 2\pi \frac{1}{T}[\text{rad/sec}]$$

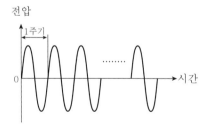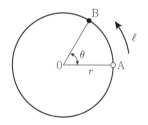

[주기, 주파수, 각속도]

② 각도의 표기

도수법	• 원의 1회전 표기를 360°로 표현
호도법	• 호의 길이로 각도를 나타내는 방법 • 원의 1회전 표기를 2π로 표현하며, 단위는 [rad]로 표기 • $\theta = \dfrac{l}{r}[\text{rad}]$

도수법	0°	30°	45°	60°	90°	120°	180°	270°	360°
호도법	0	$\dfrac{\pi}{6}$	$\dfrac{\pi}{4}$	$\dfrac{\pi}{3}$	$\dfrac{\pi}{2}$	$\dfrac{2\pi}{3}$	π	$\dfrac{3\pi}{2}$	2π

(4) 위상차

① 주파수가 동일한 2개 이상의 파형과의 시간적 차이

② $v_1 = V_m \sin wt$ [V], $v_2 = V_m \sin(wt - \theta)$ [V]

 • v_1이 v_2보다 θ 만큼 위상이 앞선다(진상, Lead)

 • v_2가 v_1보다 θ 만큼 위상이 뒤진다(지상, Lag)

③ 동상 : 파형의 크기는 다르지만 시간적으로 위상이 같은 것

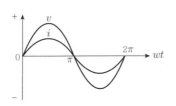 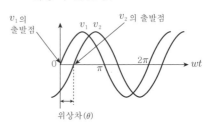

[교류 전압의 위상차]

02 교류의 전압, 전류

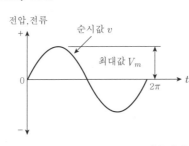 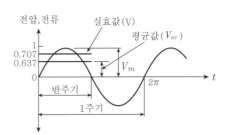

[순시값, 최대값, 평균값]

(1) 순시값

시간에 따라 변화하는 임의의 순간에서 전압 및 전류의 크기

① $v = V_m \sin wt$

② $i = I_m \sin wt$

여기서, $wt = 2\pi ft = 2\pi \dfrac{1}{T} t$

(2) 최대값 ⚡⚡⚡

순시값 중에서 가장 큰값 $(V_m,\ I_m)$

(3) 실효값 ⚡⚡🖉

임의 주기 순시값 1주기에 걸친 평균값의 제곱근

① $v=\sqrt{v^2\text{의 평균}},\ i=\sqrt{i^2\text{의 평균}}$

② $V=\dfrac{1}{\sqrt{2}}V_m=0.707V_m$

③ $I=\sqrt{\dfrac{1}{T}\displaystyle\int_0^T i^2dt}=\sqrt{\dfrac{1}{2\pi}\displaystyle\int_0^{2\pi}(I_m\sin wt)^2dt}=\dfrac{I_m}{\sqrt{2}}=0.707I_m$

(4) 평균값

사인파 교류의 1주기를 평균하면 "0"이므로 $\dfrac{1}{2}$ 주기의 평균값을 말한다.

① $V_{av}=\dfrac{2}{\pi}V_m=0.637V_m$

② $I_{av}=\dfrac{2}{\pi}I_m=0.637I_m$

(5) 파고율과 파형률 ⚡⚡⚡

① 파고율 $=\dfrac{\text{최대값}}{\text{실효값}}$

② 파형률 $=\dfrac{\text{실효값}}{\text{평균값}}$

(6) 파형 종류별 비교값

종류	파형	최대값	실효값	평균값	파고율	파형율
정현파		V_m	$\dfrac{V_m}{\sqrt{2}}$	$\dfrac{2}{\pi}V_m$	1.414	1.11
전파 정류파						
정현반파 $\left(\begin{array}{c}\text{반파}\\\text{정류파}\end{array}\right)$		V_m	$\dfrac{V_m}{2}$	$\dfrac{V_m}{\pi}$	2	1.57
삼각파 (톱니파)		V_m	$\dfrac{V_m}{\sqrt{3}}$	$\dfrac{V_m}{2}$	1.732	1.15
반파 구형파		V_m	$\dfrac{V_m}{\sqrt{2}}$	$\dfrac{V_m}{2}$	1.414	1.414
구형파		V_m	V_m	V_m	1	1

03 R-L-C 회로

01 R 만의 회로(동상전류, 역률=1)

(1) 순시값 ⚡🔋🔋

① $v=V_m \sin wt = \sqrt{2}V \sin wt\,[\mathrm{V}]$

② $i=I_m \sin wt = \sqrt{2}I \sin wt = \dfrac{\sqrt{2}V}{R} \sin wt\,[\mathrm{A}]$

(2) 실효값, 위상차, 역률

① 실효값 : $V=IR\,[\mathrm{V}]$

② 위상차 : 전압과 전류의 위상은 동상$(\theta=0)$이다.

③ 역률 : $\cos\theta=1$

02 L 만의 회로(지상전류, 유도성회로) ⚡⚡⚡

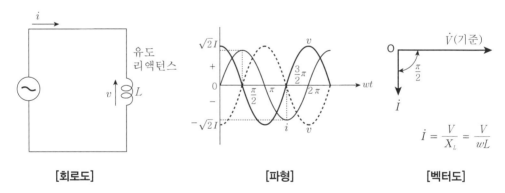

| [회로도] | [파형] | [벡터도] |

(1) 순시값

① $i=I_m \sin wt = \sqrt{2}I \sin wt$

② $v=L\dfrac{di}{dt}=L\dfrac{d}{dt}(\sqrt{2}I \sin wt)=\sqrt{2}wLI \cos wt$

$=\sqrt{2}wLI \sin\left(wt+\dfrac{\pi}{2}\right)=V_m \sin\left(wt+\dfrac{\pi}{2}\right)$

(2) 유도 리액턴스, 실효값, 위상차

① 유도 리액턴스 $X_L=wL=2\pi fL\,[\Omega]$

② 실효값 $V=IX_L=IwL\,[\mathrm{V}]$

③ 위상차 : 전류는 전압보다 위상이 $\dfrac{\pi}{2}$ 뒤진다.

03 C 만의 회로(진상전류, 용량성회로)

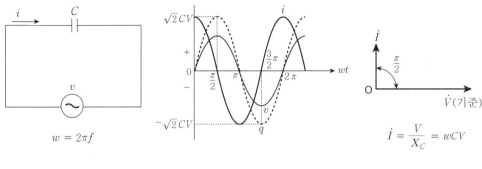

[회로도]　　　　　　[파형]　　　　　　[벡터도]

(1) 순시값 ⚡����

① $v = V_m \sin wt = \sqrt{2}\,V \sin wt$

② $i = \dfrac{dQ}{dt} = \dfrac{dCv}{dt} = \dfrac{d}{dt}(\sqrt{2}\,CV \sin wt) = \sqrt{2}\,wCV \cos wt$

$= \sqrt{2}\,wCV \sin\left(wt + \dfrac{\pi}{2}\right) = \sqrt{2}\,I \sin\left(wt + \dfrac{\pi}{2}\right)$

(2) 용량 리액턴스, 실효값, 위상차 ⚡����

① 용량 리액턴스 $X_C = \dfrac{1}{wC} = \dfrac{1}{2\pi f C}\,[\Omega]$

② 실효값 $V = I X_C = \dfrac{I}{wC}\,[\mathrm{V}]$

③ 위상차 : 전류는 전압보다 위상이 $\dfrac{\pi}{2}$ 앞선다.

04 R-L 직렬회로(유도성 회로)

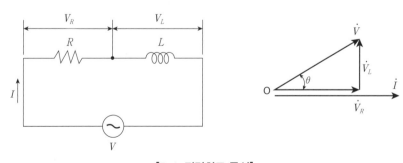

[R-L 직렬회로 특성]

(1) 임피던스(Z)

① $\dot{Z}=R+jX_L=R+jwL[\Omega]$

② $Z=\sqrt{R^2+X_L^2}=\sqrt{R^2+(wL)^2}[\Omega]$

(2) 전압과 전류 ⚡⚡⚡

① $V=IZ[\mathrm{V}]$

② $I=\dfrac{V}{Z}[\mathrm{A}]$

(3) 전압과 전류 위상차

① 전압이 전류보다 θ만큼 앞선다.

② $\theta=\tan^{-1}\dfrac{X_L}{R}=\tan^{-1}\dfrac{wL}{R}$

(4) 역률 ⚡⚡⚡

$\cos\theta=\dfrac{R}{Z}$

05 R-C 직렬회로(용량성 회로)

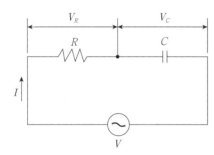 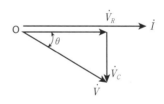

[R-C 직렬회로 특성]

(1) 임피던스(Z)

① $\dot{Z}=R-jX_C=R-j\dfrac{1}{wC}[\Omega]$

② $Z=\sqrt{R^2+X_C^2}=\sqrt{R^2+\left(\dfrac{1}{wC}\right)^2}[\Omega]$

(2) 전압과 전류

① $V=IZ[\mathrm{V}]$

② $I=\dfrac{V}{Z}[\mathrm{A}]$

(3) 전압과 전류 위상차

① 전압이 전류보다 θ만큼 뒤진다.

② $\theta = \tan^{-1}\dfrac{X_C}{R} = \tan^{-1}\dfrac{1}{wCR}$

(4) 역률

$\cos\theta = \dfrac{R}{Z}$

06 R–L–C 직렬회로

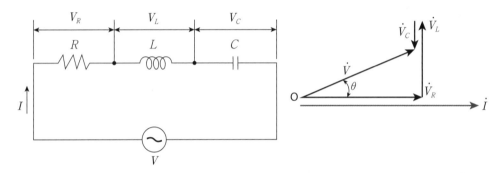

[R–L–C 직렬회로 특성]

(1) 임피던스(Z) ⚡☇☇

① $\dot{Z} = R + j(X_L - X_C) = R + j(wL - \dfrac{1}{wC})[\Omega]$

② $Z = \sqrt{R^2 + (X_L - X_C)^2} = \sqrt{R^2 + (wL - \dfrac{1}{wC})^2}[\Omega]$

(2) 전압과 전류 ⚡⚡☇

① $V = IZ[\text{V}]$

② $I = \dfrac{V}{Z} = \dfrac{V}{\sqrt{R^2 + (X_L - X_C)^2}} = \dfrac{V}{\sqrt{R^2 + (wL - \dfrac{1}{wC})^2}}[\text{A}]$

(3) 전압과 전류 위상차 ⚡☇☇

wL과 $\dfrac{1}{wC}$의 크기에 따라 위상차가 달라진다.

① $wL > \dfrac{1}{wC}$ 경우(유도성 회로) : 전압이 전류보다 θ 만큼 앞선다.

② $wL < \dfrac{1}{wC}$ 경우(용량성 회로) : 전압이 전류보다 θ 만큼 뒤진다.

③ $wL = \dfrac{1}{wC}$ 경우(무유도성 회로) : 전압과 전류가 동상이다.

(4) 역률 ⚡🔋🔋

$$\cos\theta = \frac{R}{\sqrt{R^2 + (X_L - X_C)^2}} = \frac{R}{\sqrt{R^2 + (wL - \dfrac{1}{wC})^2}}$$

07 R-L-C 직렬회로 공진

(1) 공진조건 ⚡⚡⚡

① 공진조건 : $Z = R + j(wL - \dfrac{1}{wC})$에서 $wL - \dfrac{1}{wC} = 0$, $wL = \dfrac{1}{wC}$

② 공진 시 전압과 전류의 위상은 동상이며 역률 $\cos\theta = 1$이다.

③ 공진 시 저항(R)만의 회로가 된다.

④ 공진 주파수 $f_o = \dfrac{1}{2\pi\sqrt{LC}}$ [Hz]

⑤ 공진 임피던스 $Z_R = R$ (최소)

⑥ 공진 전류 $I = \dfrac{V}{Z_R} = \dfrac{V}{R}$ (최대)

⑦ 선택도 $Q = \dfrac{V_L}{V_0} = \dfrac{V_C}{V_0} = \dfrac{w_0 L}{R} = \dfrac{\dfrac{1}{w_0 C}}{R} = \dfrac{1}{R}\sqrt{\dfrac{L}{C}}$

08 R-L 병렬회로

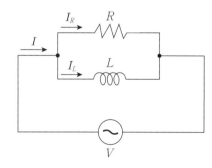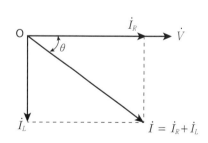

[R-L 병렬회로 특성]

(1) 임피던스

$$Z = \frac{1}{\sqrt{(\dfrac{1}{R})^2 + (\dfrac{1}{wL})^2}} = \frac{1}{\sqrt{(\dfrac{1}{R})^2 + (\dfrac{1}{2\pi f L})^2}} [\Omega]$$

(2) 전압과 전류

① $V = IZ[\text{V}]$

② $I = \sqrt{I_R^2 + I_L^2} = \sqrt{(\dfrac{V}{R})^2 + (\dfrac{V}{wL})^2} = V\sqrt{(\dfrac{1}{R})^2 + (\dfrac{1}{wL})^2}$

$\qquad = \dfrac{V}{\dfrac{1}{\sqrt{(\dfrac{1}{R})^2 + (\dfrac{1}{wL})^2}}} = \dfrac{V}{Z}\,[\text{A}]$

(3) 전압과 전류 위상차

전류 I는 전압 V보다 위상이 θ 만큼 뒤진다.

① $\tan\theta = \dfrac{I_L}{I_R} = \dfrac{\dfrac{V}{wL}}{\dfrac{V}{R}} = \dfrac{R}{wL} = \dfrac{R}{2\pi f L}$

② $\theta = \tan^{-1}\dfrac{I_L}{I_R} = \tan^{-1}\dfrac{R}{wL} = \tan^{-1}\dfrac{R}{2\pi f L}\,[\text{rad}]$

(4) 역률

$\cos\theta = \dfrac{X_L}{Z} = \dfrac{X_L}{\sqrt{R^2 + X_L^2}}$

09 R-C 병렬회로

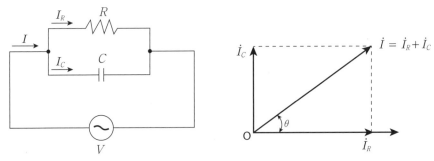

[R-C 병렬회로 특성]

(1) 임피던스

$Z = \dfrac{1}{\sqrt{(\dfrac{1}{R})^2 + (wC)^2}} = \dfrac{1}{\sqrt{(\dfrac{1}{R})^2 + (2\pi f C)^2}}\,[\Omega]$

(2) 전압과 전류

① $V = IZ[\text{V}]$

② $I = \sqrt{I_R^2 + I_C^2} = \sqrt{(\dfrac{V}{R})^2 + (wCV)^2} = V\sqrt{(\dfrac{1}{R})^2 + (wC)^2}$

$\quad = \dfrac{V}{\sqrt{(\dfrac{1}{R})^2 + (wC)^2}} = \dfrac{V}{Z}\,[\text{A}]$

(3) 전압과 전류 위상차

전류 I는 전압 [V]보다 위상이 θ 만큼 앞선다.

① $\tan\theta = \dfrac{I_C}{I_R} = \dfrac{wCV}{\dfrac{V}{R}} = wCR = 2\pi fCR$

② $\theta = \tan^{-1}\dfrac{I_C}{I_R} = \tan^{-1}wCR = \tan^{-1}2\pi fCR[\text{rad}]$

(4) 역률

$\cos\theta = \dfrac{X_C}{Z} = \dfrac{X_C}{\sqrt{R^2 + X_C^2}}$

10 R-L-C 병렬회로

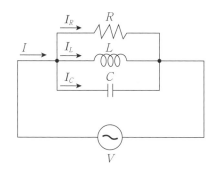
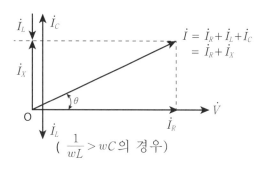

$$\dot{I} = \dot{I}_R + \dot{I}_L + \dot{I}_C$$
$$= \dot{I}_R + \dot{I}_X$$

$(\,\dfrac{1}{wL} > wC$의 경우$)$

[R-L-C 병렬회로 특성]

(1) 임피던스(Z)

$Z = \dfrac{1}{\sqrt{(\dfrac{1}{R})^2 + (wC - \dfrac{1}{wL})^2}}\,[\Omega]$

(2) 전압과 전류

① $V = IZ[\text{V}]$

② $I = \sqrt{I_R^2 + I_X^2} = \sqrt{(\dfrac{V}{R})^2 + (wCV - \dfrac{V}{wL})^2} = V\sqrt{(\dfrac{1}{R})^2 + (wC - \dfrac{1}{wL})^2}$

$= \dfrac{V}{\sqrt{(\dfrac{1}{R})^2 + (wC - \dfrac{1}{wL})^2}} = \dfrac{V}{Z} \ [\text{A}]$

(3) 전압과 전류 위상차

- $\tan\theta = \dfrac{I_X}{I_R} = \dfrac{wCV - \dfrac{V}{wL}}{\dfrac{V}{R}} = (wC - \dfrac{1}{wL})R$

- $\theta = \tan^{-1}\dfrac{I_X}{I_R} = \tan^{-1}(wC - \dfrac{1}{wL})R[rad]$

① $\dfrac{1}{wL} > wC$의 경우 유도성이 되고 $I_L > I_C$이고, 전류가 전압보다 θ만큼 뒤진다.

② $\dfrac{1}{wL} < wC$의 경우 용량성이 되고 $I_L < I_C$이고, 전류가 전압보다 θ만큼 앞선다.

③ $\dfrac{1}{wL} = wC$의 경우 공진회로가 되고 전압과 전류가 동상이다.

(4) 역률

$\cos\theta = \dfrac{G}{Y}$

11 R-L-C 병렬회로 공진

(1) 공진조건

$Y = \dfrac{1}{R} + j(wC - \dfrac{1}{wL})$에서 $wC - \dfrac{1}{wL} = 0$, $wC = \dfrac{1}{wL}$

(2) 공진인 경우 ⚡⚡⚡

① 어드미턴스 $Y = \dfrac{1}{R}[\text{℧}]$ (최소)

② 임피던스 $Z = \dfrac{1}{Y}$ (최대)

③ 공진전류 $I_0 = VY = \dfrac{V}{R}$ (최소)

(3) 공진 주파수 및 공진 각 주파수

   ① $f_0 = \dfrac{1}{2\pi\sqrt{LC}}$ [Hz]

   ② $w_0 = \dfrac{1}{\sqrt{LC}}$ [rad/sec]

(4) 선택도(전류 확대율) ⚡︎⚡︎⚡︎

   $Q = \dfrac{I_L}{I_0} = \dfrac{I_C}{I_0} = \dfrac{R}{w_0 L} = w_0 CR = R\sqrt{\dfrac{C}{L}}$

04 3상 및 다상교류

01 3상 교류

(1) 3상 교류의 발생

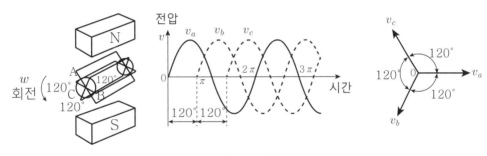

[3상 교류]

(2) 3상 교류의 순시값

   ① $v_a = \sqrt{2}\,V \sin wt$ [V]

   ② $v_b = \sqrt{2}\,V \sin\left(wt - \dfrac{2}{3}\pi\right)$ [V]

   ③ $v_c = \sqrt{2}\,V \sin\left(wt - \dfrac{4}{3}\pi\right)$ [V]

(3) 대칭 3상 교류조건

   ① 기전력의 크기, 주파수, 파형이 같을 것

   ② 위상차가 $\dfrac{2}{3}\pi$ [rad]일 것

(4) Y 결선 방식(성형결선) ⚡︎⚡︎⚡︎

 1) 상전압(V_P)과 선간접압(V_l)

   ① $V_{ab} = 2V_a \cos\dfrac{\pi}{6} = \sqrt{3}\,V_a$ [V]

② $V_l = \sqrt{3} V_p \angle \dfrac{\pi}{6} [\text{V}]$, 선간전압$(V_l) = \sqrt{3} \times$상전압$(V_p)$

③ 위상 : 선간전압(V_l)이 상전압(V_P) 보다 $\dfrac{\pi}{6}(30°)$ 앞선다.

2) 상전류(I_p)와 선전류(I_l) : $I_p = I_l$

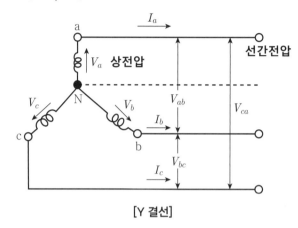

[Y 결선]

(5) $\triangle$ 결선방식(삼각결선) ⚡⚡⚡

1) 상전압(V_P)과 선간접압(V_l) : $V_P = V_l$

2) 상전류(I_P)와 선전류(I_l)

① $I_a = 2 I_{ab} \cos \dfrac{\pi}{6} = \sqrt{3} I_{ab} [\text{V}]$

② $I_l = \sqrt{3} I_p \angle -\dfrac{\pi}{6} [\text{V}]$, 선전류$(I_l) = \sqrt{3} \times$상전류$(I_p)$

③ 위상 : 선전류(I_l)가 상전류(V_p) 보다 $\dfrac{\pi}{6}(30°)$ 뒤진다.

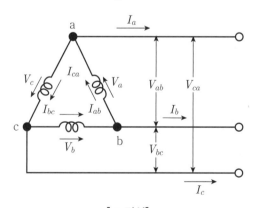

[$\triangle$ 결선]

(6) 저항 및 임피던스의 Y ↔ Δ 등가 변환

① $\Delta \to Y$ 등가변환 : 평형시 $Z_Y = \dfrac{1}{3} Z_\Delta$

$Z_a = \dfrac{Z_{ca} \cdot Z_{ab}}{Z_{ab} + Z_{bc} + Z_{ca}}$, $Z_b = \dfrac{Z_{ab} \cdot Z_{bc}}{Z_{ab} + Z_{bc} + Z_{ca}}$

$Z_c = \dfrac{Z_{bc} \cdot Z_{ca}}{Z_{ab} + Z_{bc} + Z_{ca}}$

② $Y \to \Delta$ 등가변환 : 평형시 $Z_\Delta = 3Z_Y$

$Z_{ab} = \dfrac{Z_a Z_b + Z_b Z_c + Z_c Z_a}{Z_c}$

$Z_{bc} = \dfrac{Z_a Z_b + Z_b Z_c + Z_c Z_a}{Z_a}$

$Z_{ca} = \dfrac{Z_a Z_b + Z_b Z_c + Z_c Z_a}{Z_b}$

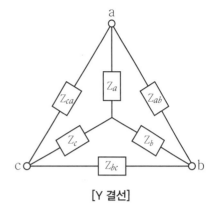

[Y 결선]

(7) V 결선

3대의 단상 변압기를 $\Delta - \Delta$ 결선으로 이용중 1대 고장 시 2대의 변압기로 3상 전압을 공급하는 방식

① 변압기 이용률 $= \dfrac{V 결선 용량}{변압기 2대의 용량} = \dfrac{\sqrt{3} VI}{2VI} = 0.867$

② 출력 $P = \sqrt{3} VI \cos\theta = \sqrt{3} P_1 [\text{W}]$

③ 출력비 $= \dfrac{P_V (V 결선시 출력)}{P_\Delta (\Delta 결선시 출력)} = \dfrac{\sqrt{3} VI}{3VI} = 0.577$

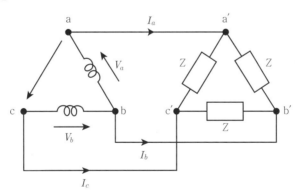

[V 결선]

(8) 3상 교류전력 ⚡⚡⚡

① 피상전력 $P_a = 3 V_p I_p = \sqrt{3} V_l I_l = 3 I_p^2 Z [\text{VA}]$

② 유효전력 $P = 3 V_p I_p \cos\theta = \sqrt{3} V_l I_l \cos\theta = 3 I_p^2 R [\text{W}]$

③ 무효전력 $P_r = 3 V_p I_p \sin\theta = \sqrt{3} V_l I_l \sin\theta = 3 I_p^2 X [\text{Var}]$

④ 역률 $\cos\theta = \dfrac{P}{P_a} = \dfrac{R}{Z}$

(9) 전력 측정법

1) 1전력계법

① 1개의 단상 전력계로 3상 전력을 측정하는 방법

② Y 결선의 평형 3상 회로에서 사용 가능하다.

③ $P = 3P_1$

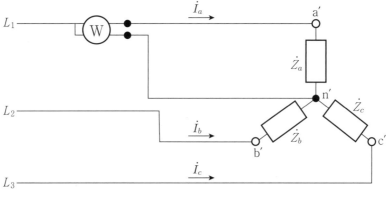

[1전력계법]

2) 2전력계법 ⚡⚡⚡

① 2개의 단상 전력계로 3상 전력을 측정하는 방법

② Y, $\varDelta$ 결선의 평형, 불평형 3상 회로 모두 사용 가능하다.

유효전력	$P = P_1 + P_2 \text{[W]}$
무효전력	$P_r = \sqrt{3}(P_1 - P_2)\text{[Var]}$
피상전력	$P_a = \sqrt{(P^2 + P_r^2)} = 2\sqrt{(P_1^2 + P_2^2 - P_1 P_2)}\text{[VA]}$

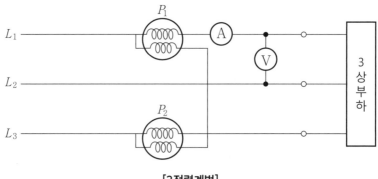

[2전력계법]

3) 3전력계법

① 3개의 단상 전력계로 3상 전력을 측정하는 방법

② Y 결선의 평형, 불평형 3상 회로 모두 사용 가능하다.

③ $P = P_1 + P_2 + P_3 \text{[W]}$

(10) 전력 콘덴서 용량 ⚡⚡⚡

$$Q_c = P(\tan\theta_1 - \tan\theta_2) = P\left(\frac{\sin\theta_1}{\cos\theta_1} - \frac{\sin\theta_2}{\cos\theta_2}\right)$$

$$= P\left(\frac{\sqrt{1-\cos^2\theta_1}}{\cos\theta_1} - \frac{\sqrt{1-\cos^2\theta_2}}{\cos\theta_2}\right)\text{[kVA]}$$

여기서, $P\text{[kW]} = \text{[kVA]} \times \cos\theta$로 반드시 적용하여야 한다.

🔋 PLUS 예시 문제

1. 3상 배전선로에 늦은 역률 60[%], 120[kW]의 3상 부하가 있다. 부하점에 병렬로 전력콘덴서를 접속하여 선로손실을 최소화(역률 100%)한다면, 이 경우 필요한 콘덴서 용량은? (단, 부하단 전압은 변하지 않는 것으로 한다.)

해설

• 전력 콘덴서 용량 $Q_c = P\left(\dfrac{\sqrt{1-\cos^2\theta_1}}{\cos\theta_1} - \dfrac{\sqrt{1-\cos^2\theta_2}}{\cos\theta_2}\right)\text{[kVA]}$

• $Q_c = 120\left(\dfrac{\sqrt{1-0.6^2}}{0.6} - \dfrac{\sqrt{1-1^2}}{1}\right) = 160\text{[kVA]}$

2. 단상 유도성부하 200[V], 30[A]전류가 흐르며 3.6[kW]전력을 소비한다고 한다. 이 부하와 병렬로 콘덴서를 접속하여 역률을 1로 개선하고자 한다면 용량성 리액턴스는 약 [Ω]일까?

해설

• $P = VI\cos\theta\text{[kVA]}$에서 $\cos\theta = \dfrac{P}{P_a} = \dfrac{3{,}600}{200\times30} = 0.6$

• $Q_c = P\left(\dfrac{\sqrt{1-\cos^2\theta_1}}{\cos^2\theta_1} - \dfrac{\sqrt{1-\cos^2\theta_2}}{\cos^2\theta_2}\right) = 3.6\times\left(\dfrac{0.8}{0.6} - \dfrac{0}{1}\right) = 4.8\text{[kVA]}$

• 용량성 리액턴스 $Z_Q = \dfrac{V^2}{Q_c} = \dfrac{200^2}{4{,}800} = 8.33\text{[Ω]}$

05 교류전력

(1) 교류전력 ⚡⚡⚡

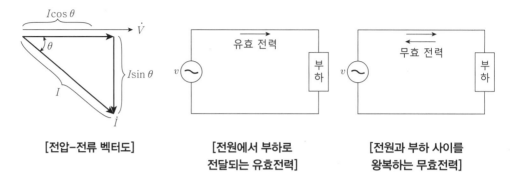

[전압–전류 벡터도] [전원에서 부하로 전달되는 유효전력] [전원과 부하 사이를 왕복하는 무효전력]

① 유효전류 $I = I_a \cos \theta$

② 무효전류 $I_r = I_a \sin \theta$

③ 피상전력

 • 유효전력과 무효전력의 벡터 합

 • 교류회로에서 전압의 실효값과 전류의 실효값의 곱

 • $P_a = VI = \dfrac{V^2}{Z} = I^2 Z = P \pm jP_r = \sqrt{P^2 + P_r^2}\,[\text{VA}]$

④ 유효전력 : 저항성분에서 소비되는 전력(평균전력)

$$P = VI \cos \theta = P_a \cos \theta = \frac{V^2}{R} = I^2 R [\text{W}]$$

⑤ 무효전력 : 리액턴스 성분에서 소비되는 전력

$$P_r = VI \sin \theta = P_a \sin \theta = \frac{V^2}{X} = I^2 X [\text{Var}]$$

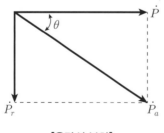

[용량성 부하]

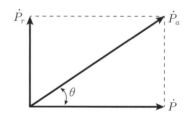

[유도성 부하]

어떤 회로에 $e=50\sin(wt+\theta)$[V]와 $i=4\sin(wt+\theta+30°)$[A]일 때 유효전력[W]은?

해설

- $P=VI\cos\theta$에서 $\theta(=30°)$는 전압과 전류의 위상차이므로
- $P=VI\cos\theta=\dfrac{50}{\sqrt{2}}\times\dfrac{4}{\sqrt{2}}\times0.866=86.6$[W]

(2) 역률(Power Factor)

① 역률은 피상전력과 유효전력의 비율이다.

② $\cos\theta=\dfrac{\text{유효전력}(P)}{\text{피상전력}(P_a)}=\dfrac{P}{VI}\times100\%$, $\cos\theta=\dfrac{R}{Z}$

(3) 무효율(Reactive Factor)

① 무효율은 피상전력과 무효전력의 비율이다.

② $\sin\theta=\dfrac{\text{무효전력}(P_r)}{\text{피상전력}(P_a)}=\dfrac{P_r}{VI}\times100\%=\sqrt{1-\cos^2\theta}$

(4) 최대 전력 전달

1) 최대 전력 전달 조건

① 내부 임피던스(Z_g)=부하 임피던스(Z_L)

2) $Z_g=R_g$, $Z_L=R_L$의 경우

① 최대 전력 전달 조건 $R_g=R_L$

② 최대 공급 전력

$$P_{\max}=\left(\dfrac{E}{R_g+R_L}\right)^2\times R_L=\dfrac{E^2}{4R_g}$$

3) $Z_g=R_g+jX_g$, $Z_L=R_L$의 경우

① 최대 전력 전달 조건

$$R_L=|Z_g|=\sqrt{R_g^2+X_g^2}$$

4) $Z_g=R_g+jX_g$, $Z_L=R_L+jX_L$의 경우

① 최대 전력 전달 조건 $Z_L=|Z_g|$, $(R_L=R_g,\ 2X_L=-X_g)$

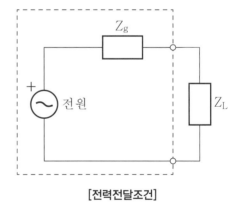

[전력전달조건]

(1) 이상적인 전압원과 전류원 ⚡⚡

① 이상적인 전류원 : 내부 임피던스 $Z = \infty$

② 이상적인 전압원 : 내부 임피던스 $Z = 0$

③ 전류원 및 전압원 등가회로

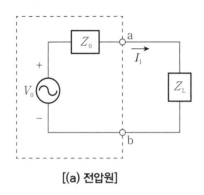 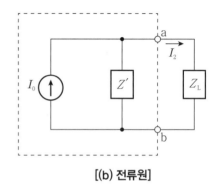

[(a) 전압원]   [(b) 전류원]

(2) 중첩의 원리 ⚡⚡⚡

1) 정의

다수의 전원을 포함하는 선형회로망의 임의의 점에 있어서 전류 또는 임의의 두 점 간의 전위차는 각각의 전원이 단독으로 그 위치에 존재할 때 그 점을 흐르는 전류 또는 그 두 점 간 전위차 총합과 같다.

2) 산출법

① 한개의 전원(전압원 또는 전류원)을 취하고, 나머지 전원은 없다 가정한다.

② 전압원은 단락, 전류원은 개방으로 가정한다.

③ 각 회로에 흐르는 전류를 산출한다.

④ 각 회로에서 구한 전류 값($+$값, $-$값)을 합산 산출한다.

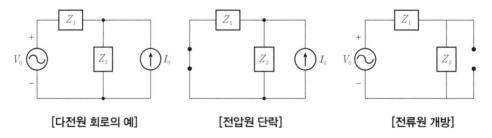

[다전원 회로의 예]   [전압원 단락]   [전류원 개방]

(3) 테브낭의 정리

1) 정의

하나의 전압원에 하나의 임피던스가 직렬 접속된 것으로 대치되며, 등가 전압원의 값은 단자 a, b를 개방 했을 때 개방 전압과 같고, 등가 임피던스 값은 능동회로부 내의 모든 전원을 제거한 후 단자 a, b에서 회로측을 향한 임피던스 값과 같다.

2) 산출식

$$V_{ab} = \frac{R_2}{R_1 + R_2} V_0, \ R_{ab} = \frac{R_1 R_2}{R_1 + R_2} \text{이므로} \ I = \frac{V_{ab}}{R_{ab} + R_L} [A]$$

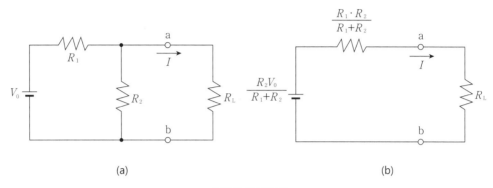

(a)   (b)

[테브낭의 정리]

(4) 노튼의 정리 ⚡✎✎

1) 정의

하나의 전류원에 하나의 임피던스가 병렬 접속된 것으로 대치되며, 등가 전류원은 단자 a, b를 단락했을 때 이점을 흐르는 단락전류와 같고, 병렬 접속 등가 임피던스는 능동회로부 내의 모든 전원을 제거한 후 단자 a, b에서 회로측을 향한 임피던스 값과 같다.

2) 산출식

단락전류 $I_0 = \dfrac{V_0}{R_0} [A]$, $R_{ab} = R_0$이므로

$$I = \frac{R_0}{R_0 + R_L} I_0 = \frac{R_0}{R_0 + R_L} \frac{V_0}{R_0} = \frac{V_0}{R_0 + R_L} [A]$$

(a)   (b)

[노튼의 정리]

(5) 밀만의 정리

1) 정의

내부 임피던스를 갖는 여러 개의 전원이 병렬로 접속되어 있을 때 양 단자 간에 나타나는 합성전압은 각각의 전원을 단락하였을 때 흐르는 단락전류의 총합을 각 전원의 내부 어드미턴스의 총합으로 나눈 값과 동일하다.

2) 산출식

$$V_{ab} = \frac{\dfrac{V_1}{Z_1} + \dfrac{V_2}{Z_2} + \cdots}{\dfrac{1}{Z_1} + \dfrac{1}{Z_2} + \cdots} = \frac{Y_1 V_1 + Y_2 V_2 + \cdots}{Y_1 + Y_2 + \cdots} = \frac{I_1 + I_2 + \cdots}{Y_1 + Y_2 + \cdots}$$

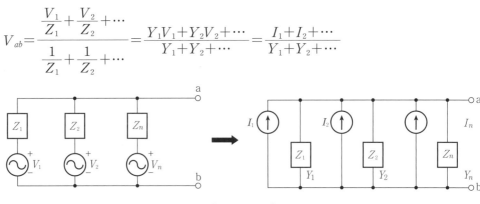

[밀만의 정리]

07 4단자망

(1) 4단자망

① 2개의 입력단자와 2개의 출력단자를 4단자망이라 하고 입력단에서 유입, 유출되는 전류가 반드시 같아야 하고, 출력단에서 유입, 유출가 같아야 하는 전제로 정의한다.

② 능동 4단자망 : 회로망 중에 전원이 있는 망

③ 수동 4단자망 : 회로망 중에 전원이 없는 망

(2) 임피던스 파라미터 (Z 파라미터)

[Z 파라미터]

① $V_1 = Z_{11}I_1 + Z_{12}I_2$, $V_2 = Z_{21}I_1 + Z_{22}I_2$

$$\begin{bmatrix} V_1 \\ V_2 \end{bmatrix} = \begin{bmatrix} Z_{11} & Z_{12} \\ Z_{21} & Z_{22} \end{bmatrix} \begin{bmatrix} I_1 \\ I_2 \end{bmatrix}$$

② 임피던스 파라미터 값은 $I_1 = 0$ 또는 $I_2 = 0$ (개방) 조건으로 한다.

$Z_{11} = (\dfrac{V_1}{I_1})I_2 = 0$	출력단 개방 (구동점 임피던스)
$Z_{21} = (\dfrac{V_2}{I_1})I_2 = 0$	출력단 개방 (순방향 전달 임피던스)
$Z_{12} = (\dfrac{V_1}{I_2})I_1 = 0$	입력단 개방 (역방향 전달 임피던스)
$Z_{22} = (\dfrac{V_2}{I_2})I_1 = 0$	입력단 개방 (구동점 임피던스)

(3) 어드미턴스 파라미터 (Y 파라미터)

[Y 파라미터]

① $I_1 = Y_{11}V_1 + Y_{12}V_2$, $I_2 = Y_{21}V_1 + Y_{22}V_2$

$$\begin{bmatrix} I_1 \\ I_2 \end{bmatrix} = \begin{bmatrix} Y_{11} & Y_{12} \\ Y_{21} & Y_{22} \end{bmatrix} \begin{bmatrix} V_1 \\ V_2 \end{bmatrix}$$

② 어드미턴스 파라미터 값은 $V_1 = 0$ 또는 $V_2 = 0$ (단락) 조건으로 한다.

$Y_{11} = (\dfrac{I_1}{V_1})V_2 = 0$	출력단 단락 (구동점 임피던스)
$Y_{21} = (\dfrac{I_2}{V_1})V_2 = 0$	출력단 단락 (순방향 전달 임피던스)
$Y_{12} = (\dfrac{I_1}{V_2})V_1 = 0$	입력단 단락 (역방향 전달 임피던스)
$Y_{22} = (\dfrac{I_2}{V_2})V_1 = 0$	입력단 단락 (구동점 임피던스)

(4) 4단자망 기본식

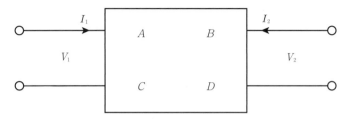

[4단자망 회로]

① $V_1 = AV_2 + BI_2$

② $I_1 = CV_2 + DI_2$

③ $AD - BC = 1$, $A = D$: 대칭 4단자회로

$A = (\dfrac{V_1}{V_2})I_2 = 0$	출력단 개방 (입력전압과 출력전압의 비)
$B = (\dfrac{V_1}{I_2})V_2 = 0$	출력단 단락 (입력전압과 출력전류의 비 : 임피던스 차원)
$C = (\dfrac{I_1}{V_2})I_2 = 0$	출력단 개방 (입력전류와 출력전압의 비 : 어드미턴스 차원)
$D = (\dfrac{I_1}{I_2})V_2 = 0$	출력단 단락 (입력전류와 출력전류의 비)

(5) 영상 임피던스

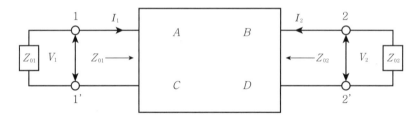

[영상 임피던스]

① Z_{01} : 출력단자에 임피던스 Z_{02}를 접속했을 때 입력측에서 본 임피던스

   • 1차 영상 임피던스 $Z_{01} = \dfrac{V_1}{I_1} = \dfrac{AV_2 + BI_2}{CV_2 + DI_2} = \dfrac{AZ_{02}I_2 + BI_2}{CZ_{02}I_2 + DI_2} = \dfrac{AZ_{02} + B}{CZ_{02} + D}$

$$Z_{01} = \sqrt{\dfrac{AB}{CD}}$$

② Z_{02} : 입력단자에 임피던스 Z_{01}를 접속했을 때 출력측에서 본 임피던스

   • 2차 영상 임피던스 $Z_{02} = \dfrac{V_2}{I_2} = \dfrac{DV_1 + BI_1}{CV_1 + AI_1} = \dfrac{DZ_{01}I_1 + BI_1}{CZ_{01}I_1 + AI_1} = \dfrac{DZ_{01} + B}{CZ_{01} + A}$

$$Z_{02} = \sqrt{\dfrac{DB}{CA}}$$

③ 대칭 회로망인 경우 $A = D$, $Z_{01} = Z_{02} = \sqrt{\dfrac{B}{C}}$

08 라플라스 변환과 전달함수

(1) 라플라스 함수

1) 라플라스 변환

① 미분방정식을 손쉽게 푸는 가장 일반적인 방식으로 구동함수가 복잡한 경우에 유리하다.

② 임의의 시간함수 $f(t)$에 대한 라플라스 변환은 모든 실수 $t \geq 0$에 대해 다음과 같은 함수 $F(s)$로 변환된다.

$$F(s) = \pounds[f(t)] = \int_0^{\infty} f(t) e^{-st} dt$$

③ 간단한 함수의 라플라스 변환 ⚡⚡⚡

함수 $f(t)$	라플라스 변환 F(s)	함수 $f(t)$	라플라스 변환 F(s)
$\delta(t)$	1	$\sin wt$	$\dfrac{w}{s^2 + w^2}$
$u(t)$	$\dfrac{1}{s}$	$\cos wt$	$\dfrac{s}{s^2 + w^2}$
t	$\dfrac{1}{s^2}$	$t \sin wt$	$\dfrac{2ws}{(s^2 + w^2)^2}$
t^n	$\dfrac{n!}{s^{n+1}}$	$t \cos wt$	$\dfrac{s^2 - w^2}{(s^2 + w^2)^2}$
e^{-at}	$\dfrac{1}{s+a}$	$e^{-at} \sin wt$	$\dfrac{w}{(s+a)^2 + w^2}$
te^{-at}	$\dfrac{1}{(s+a)^2}$	$e^{-at} \cos wt$	$\dfrac{s+a}{(s+a)^2 + w^2}$
$t^n e^{-at}$	$\dfrac{n!}{(s+a)^{n+1}}$	$\dfrac{\sin wt}{t}$	$\tan^{-1} \dfrac{w}{s}$

2) 라플라스 역변환

① $F(s)$ 함수로부터 $f(t)$를 구하는 것을 라플라스 역변환이라 하며 $\pounds^{-1} F(s)$로 표시한다.

② $f(t) = \pounds^{-1}[F(s)] = \dfrac{1}{2\pi j} \int_{\sigma - j\infty}^{\sigma + j\infty} F(s) e^{st} ds$

(2) 전달함수

1) 전달함수

모든 초기 조건을 0으로 했을 때 입력에 대한 출력비이다.

① 입력신호 $x(t)$, 출력신호 $y(t)$일 때 전달함수 $G(s) = \dfrac{£[y(t)]}{£[x(t)]} = \dfrac{Y(s)}{X(s)}$

② 입력과 출력이 정현파일 경우 $G(jw) = \dfrac{Y(jw)}{X(jw)}$이며, 주파수 전달함수라 한다.

2) 요소별 전달함수

요소의 종류	입력과 출력 관계	전달함수
비례요소	$y(t) = Kx(t)$	$G(s) = \dfrac{Y(s)}{X(s)} = K$
미분요소	$y(t) = K\dfrac{d}{dt}x(t)$	$G(s) = \dfrac{Y(s)}{X(s)} = Ks$
적분요소	$y(t) = K\int x(t)dt$	$G(s) = \dfrac{Y(s)}{X(s)} = \dfrac{K}{s}$
1차 지연요소	$a_0 x(t) = b_1\dfrac{d}{dt}y(t) + b_0 y(t)$	$G(s) = \dfrac{Y(s)}{X(s)} = \dfrac{K}{1+Ts}$
2차 지연요소	$a_0 x(t) = b_2\dfrac{d^2}{dt^2}y(t) + b_1\dfrac{d}{dt}y(t) + b_0 y(t)$	$G(s) = \dfrac{Y(s)}{X(s)} = \dfrac{K}{1+2\delta Ts + T^2 s^2}$
부동작 시간요소	$y(t) = Kx(t-L)$	$G(s) = \dfrac{Y(s)}{X(s)} = Ke^{-Ls}$

3) 전기회로의 전달함수

① R-L 직렬회로

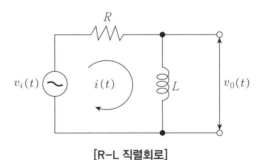

[R-L 직렬회로]

입, 출력단 양단전압을 $v_i(t)$, $v_0(t)$일 때

$v_i(t) = Ri(t) + L\dfrac{di(t)}{dt}$, $v_0(t) = L\dfrac{di(t)}{dt}$를 라플라스 변환(초기값이 0인 조건)하면

$V_i(s) = RI(s) + LsI(s) = (R+L_s)I(s)$, $V_0(s) = LsI(s)$

$\therefore G(s) = \dfrac{V_0(s)}{V_i(s)} = \dfrac{Ls}{R+Ls} = \dfrac{s}{s+\dfrac{R}{L}}$

② R-C 직렬회로

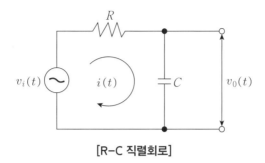

[R-C 직렬회로]

입, 출력단 전압 양단전압을 $v_i(t)$, $v_0(t)$일 때

$v_i(t) = Ri(t) + \dfrac{1}{C}\int i(t)dt$, $v_0(t) = \dfrac{1}{C}\int i(t)dt$를 라플라스 변환(초기값이 0인 조건)하면

$V_i(s) = \left(R + \dfrac{1}{Cs}\right)I(s)$, $V_0(s) = \left(\dfrac{1}{Cs}\right)I(s)$

$\therefore\ G(s) = \dfrac{V_0(s)}{V_i(s)} = \dfrac{\dfrac{1}{Cs}}{R + \dfrac{1}{Cs}} = \dfrac{1}{RCs+1} = \dfrac{1}{Ts+1}$

(3) 블록선도 전달함수 ⚡⚡⚡

$$G(s) = \frac{경로}{1-폐로} = \frac{전향경로}{1-loop의\ 값}$$

여기서, P(경로) : 입력에서 출력으로 나가는 각 소자의 곱

　　　　L(폐로) : 출력에서 입력으로 돌아오는 각 소자의 곱

전달함수 $= \dfrac{P_1+P_2+P_3+\cdots}{1-L_1-L_2-L_3-\cdots}$,　출력 전달함수(전압비) $= \dfrac{출력\ 전압\ V_2(s)}{입력\ 전압\ V_1(s)}$

1) 직렬 접속(곱, ×) : $G(S) = G_1 \times G_2$

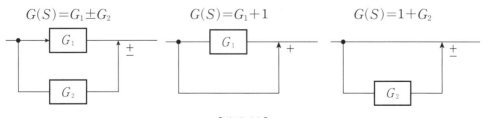

[직렬접속]

2) 병렬 접속(합, ±)

$G(S) = G_1 \pm G_2$　　　　　$G(S) = G_1 + 1$　　　　　$G(S) = 1 + G_2$

[병렬접속]

3) 피드백 접속 : $G(S) = \dfrac{G_1}{1 \mp G_1 G_2}$

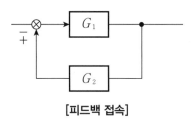

[피드백 접속]

09 과도현상

(1) 과도현상

1) 정의

어떤 원인으로 회로 중의 전압이나 전류가 변화해서 하나의 정상상태로 이행되기 이전의 과도기적 현상

① 에너지의 축적소자가 없는 R회로는 과도전류가 없다.

② 에너지 축적소자 L과 C에서 발생한다.

③ 과도현상은 시정수(τ, time constant)가 클수록 오래 지속한다.

④ 시정수(τ)는 특성근(감쇠율 $\alpha = \dfrac{1}{\tau}$) 절대값의 역수이다.

2) 코일(L)과 콘덴서(C)의 ON-OFF 시 현상 ⚡⚡⚡

① 코일(L)에서 유기전압 $V_L = L\dfrac{di}{dt}$, $t=0$ 순간에서 $V_L(\infty)$이 급격하게 변할 수 없는 모순이 있다.

② 콘덴서(C)에서 유기전류 $I_C = C\dfrac{dv}{dt}$, $t=0$ 순간에서 $I_C(\infty)$가 급격하게 변할 수 없는 모순이 있다.

(2) R-L 직렬회로

1) 직류전압 인가 시 ⚡⚡⚡

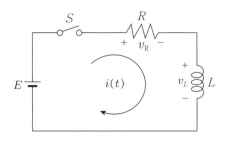

[R-L 직렬회로]

① 전압(평형) 방정식 $E = v_R + v_L = Ri + L\dfrac{di}{dt}$

② 정상전류 $i = \dfrac{E}{R}$

③ 과도전류 $i = \dfrac{E}{R}(1 - e^{-\frac{R}{L}t})$ (초기 $t = 0$, $i = 0$)

④ 시정수(τ)는 정상상태의 $0.632\dfrac{E}{R}$에 도달하기 까지의 시간 $\tau = \dfrac{L}{R}$[sec]

⑤ R, L 양단의 전압 $v_R = Ri = E(1 - e^{-\frac{R}{L}t})$, $v_L = L\dfrac{di}{dt} = Ee^{-\frac{R}{L}t}$

2) 직류전압 제거 시

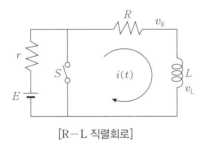

[R−L 직렬회로]

① 전압(평형) 방정식 $E = v_R + v_L = Ri + L\dfrac{di}{dt} = 0$

② 과도전류 $i = \dfrac{E}{R+r}e^{-\frac{R}{L}t}$ (초기 $i(0) = \dfrac{E}{R+r}$)

③ 시정수 $\tau = \dfrac{L}{R}$[sec]

(3) R−C 직렬회로

1) 직류전압 인가 시 ⚡⚡⚡

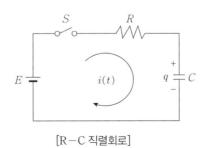

[R−C 직렬회로]

① 전압(평형) 방정식 $E = Ri + \dfrac{1}{C}\displaystyle\int i\,dt = R\dfrac{dq}{dt} + \dfrac{1}{C}q$ $\left(i = \dfrac{dq}{dt},\ q = \displaystyle\int i\,dt\right)$

② 전하 $q = CE\left(1 - e^{-\frac{1}{RC}t}\right)$

③ 과도전류 $i = \dfrac{dq}{dt} = \dfrac{E}{R}e^{-\frac{1}{RC}t}$ (초기 $t,\ i,\ q = 0$)

④ 시정수 $\tau = RC[\text{sec}]$

⑤ $R,\ C$ 양단의 전압 $v_R = Ri = Ee^{-\frac{1}{RC}t},\ v_C = \dfrac{q}{C} = E\left(1 - e^{-\frac{1}{RC}t}\right)$

2) 직류전압 제거 시

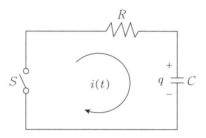

[R−C 직렬회로]

① 전압(평형) 방정식 $E = Ri + \dfrac{1}{C}\displaystyle\int i\,dt = 0,\ R\dfrac{dq}{dt} + \dfrac{1}{C}q = 0$

② 전하 $q = CEe^{-\frac{1}{RC}t}$

③ 과도전류 $i = \dfrac{dq}{dt} = -\dfrac{E}{R}e^{-\frac{1}{RC}t}$ (초기 $q = 0,\ Q = CE$)

④ 시정수 $\tau = RC[\text{sec}]$

⑤ $R,\ C$ 양단의 전압 $v_R = Ri = -Ee^{-\frac{1}{RC}t},\ v_C = \dfrac{q}{C} = Ee^{-\frac{1}{RC}t}$

(4) R–L–C 직렬회로 ⚡��

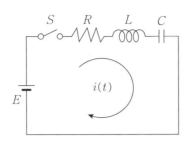

[R–L–C 직렬회로]

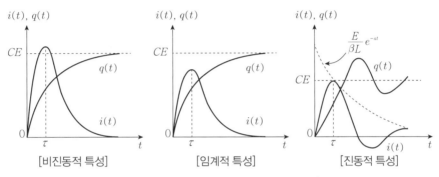

[비진동적 특성]　　[임계적 특성]　　[진동적 특성]

[R–L–C 회로 직류전압 인가 시 과도현상]

① 전압(평형) 방정식 $E = Ri + L\dfrac{di}{dt} + \dfrac{1}{C}\int i\,dt$

$\qquad\qquad = R\dfrac{dq}{dt} + L\dfrac{d^2q}{dt^2} + \dfrac{q}{C}$ (초기 조건 $t=i=q=0$)

② $R > 2\sqrt{\dfrac{L}{C}}$: 비진동

　• $R > 2\sqrt{\dfrac{L}{C}} \rightarrow R^2 > 4\dfrac{L}{C} \rightarrow (\dfrac{R}{2L})^2 - \dfrac{1}{LC} > 0$

③ $R = 2\sqrt{\dfrac{L}{C}}$: 임계진동

④ $R < 2\sqrt{\dfrac{L}{C}}$: 진동

Chapter 5 왜형파 교류

01 비정현파

(1) 비정현파

① 정현파로부터 일그러진 파형을 비정현파 또는 왜형파라 한다.

② 주파수가 기본파의 2배, 3배, 4배… 등이 되는 파를 고조파라 한다.

③ 발생원인
- 변압기 철심의 자기 포화 현상
- 변압기의 히스테리시스 현상에 의한 영향
- 발전기의 전기자 반작용 현상
- 다이오드 등 반도체 비직진성 현상

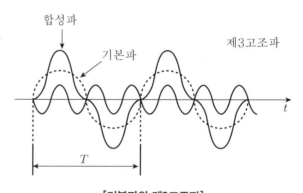

[기본파와 제3고조파]

02 비정현파 교류 특성

(1) 비정현파 실효값

① 전압의 실효값 : 직류분(V_0), 기본파(V_1), 고조파(V_n)의 제곱 합의 평방근

$$v = V_0 + \sum_{n=1}^{\infty} V_{mn} \sin(nwt + \theta_n) \text{에서}$$

$$V = \sqrt{V_0^2 + \left(\frac{V_{m1}}{\sqrt{2}}\right)^2 + \left(\frac{V_{m2}}{\sqrt{2}}\right)^2 + \cdots + \left(\frac{V_{mn}}{\sqrt{2}}\right)^2}$$

$$= \sqrt{V_0^2 + V_1^2 + V_2^2 + \cdots + V_n^2} \, [\text{V}]$$

② 전류의 실효값 : 직류분(I_0), 기본파(I_1), 고조파(I_n)의 제곱 합의 평방근

$$i = I_0 + \sum_{n=1}^{\infty} I_{mn} \sin(nwt + \theta_n) \text{에서}$$

$$I = \sqrt{I_0^2 + \left(\frac{I_{m1}}{\sqrt{2}}\right)^2 + \left(\frac{I_{m2}}{\sqrt{2}}\right)^2 + \cdots + \left(\frac{I_{mn}}{\sqrt{2}}\right)^2}$$
$$= \sqrt{I_0^2 + I_1^2 + I_2^2 + \cdots + I_n^2}\,[\text{A}]$$

(2) 왜형률(THD, Total harmomics distortion)

고조파분의 실효값과 기본파의 비로 고조파 포함 정도를 표시

$$THD = \frac{\sum 고조파\ 실효값}{기본파\ 실효값} = \frac{\sqrt{V_2^2 + V_3^2 + \cdots + V_n^2}}{V_1} \times 100\%$$

(3) n차 고조파

1) 임피던스 변화

① 저항 : 변화없음

② 유도 리액턴스 : $X_{Ln} = 2\pi n f L = n X_L$ (n배 증가)

③ 용량 리액턴스 : $X_{Cn} = \dfrac{1}{2\pi n f C} = \dfrac{1}{n} X_C$ ($\dfrac{1}{n}$ 배 감소)

2) 전류

① $I_1 = \dfrac{V_1}{Z_1} = \dfrac{V_1}{\sqrt{R^2 + X_L^2}}\,[\text{A}]$

② 유도 리액턴스 3고조파 전류 실효값

$$I_3 = \frac{V_3}{Z_3} = \frac{V_3}{\sqrt{R^2 + (3X_L)^2}}\,[\text{A}]$$

③ 용량 리액턴스 3고조파 전류 실효값

$$I_3 = \frac{V_3}{Z_3} = \frac{V_3}{\sqrt{R^2 + (\frac{X_C}{3})^2}}\,[\text{A}]$$

3) 공진조건

$n^2 w^2 L C = 1$

4) 교류전력 : 직류분과 각 고조파 전력의 합

① 유효전력 $P = V_0 I_0 + \sum\limits_{n=1}^{\infty} V_n I_n \cos\theta_n\,[\text{W}]$

② 무효전력 $P_r = \sum\limits_{n=1}^{\infty} V_n I_n \sin\theta_n\,[\text{Var}]$

③ 피상전력 $P_a = VI\,[\text{VA}]$

④ 역률 $\cos\theta = \dfrac{P}{P_a} = \dfrac{P}{VI}$

전기기기

Chapter 1 동기기

01 동기 발전기

01 동기 발전기의 구조

(1) 회전자형에 의한 분류

1) 회전 계자형 ⚡⚡⚡

① 전기자(고전압)를 고정자로 하고 계자(저전압)를 회전시켜 기전력 발생한다.

② 고전압, 대전류, 구조가 간단하다.

③ 고전압(Y 결선)에 유리, 절연이 용이, 기계적으로 유리하다.

④ 계자가 전기자보다 튼튼한 장점이 있다.

⑤ 계자는 소요전력이 적고 절연이 용이하다.

⑥ 전기자는 3상으로 복잡하지만, 계자는 단상으로 간단하다.

2) 회전 전기자형 ⚡⚡⚡

① 전기자가 회전하므로 슬립링을 통하여 외부 회로와 연결되는 구조이다.

② 정류자의 슬립링을 통하여 부하와 연결 출력된다.

③ 저전압, 소용량의 특수용도에 적용된다.

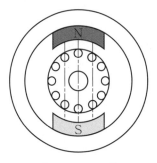

[회전 전기자형]

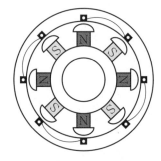

[회전 계자형]

(2) 여자기 ⚡⚡⚡

계자권선에 여자전류를 공급하는 직류전원 공급장치이다.

① 직류 여자기 : 타여자 직류 발전기 방식으로 외부에서 전원을 공급하는 방식

② 정류 여자기 : 발전기에서 발생된 전력을 정류기를 통해 공급하는 방식

③ 브러시 없는 여자기 : 같은 축 상에 설치한 회전 전기자형 발전기 전력을 정류기를 통해 주 발전기 계자에 공급하는 방식

(3) 전기자 권선법

전기자 권선법은 실제는 분포권과 단절권을 혼합 사용한다.

1) 집중권과 분포권 ✎✎✎

집중권	1극 1상당 슬롯수가 1개인 권선법
분포권	1극 1상당 슬롯수가 2개 이상인 권선법

① 분포권을 많이 사용한다.
- 기전력의 파형이 좋아진다.
- 권선의 리액턴스 감소하고, 전기자 동손에 의한 열을 고르게 분포시켜 과열을 방지한다.
- 집중권에 비해 합성 유기 기전력이 감소한다.

2) 전절권과 단절권 ✎✎✎

전절권	권선절(Coil pitch)과 극절(극간격)이 같은 것
단절권	권선절(Coil pitch)이 극절(극간격)보다 작은 것

① 단절권을 많이 사용 한다.
- 전기자 권선을 단절권으로 하면 코일의 길이가 짧아진다.
- 권선의 코일이 짧아 구리의 소요량 적어, 고조파를 제거함으로 파형이 개선된다.

3) 중권(Lap Winding)과 파권(Wave Winding)

① 중권, 파권, 쇄권으로 대별된다.
② 쇄권은 고압의 기계에 채택되고 있다.
③ 파권은 거의 사용하지 않고 있다.

4) 권선계수(Winding factor) ✎✎✎

권선계수(K_w)는 분포권 계수(K_d)와 단절권 계수(K_p)의 곱($K_w = K_d \cdot K_p$)이다.

① 분포권계수 : 집중권에 비해 기전력이 감소 (0.955 이상)한다.

$$K_d = \frac{\sin\dfrac{\pi}{2m}}{q\sin\dfrac{\pi}{2mq}}$$

여기서, m : 상수, q : 1극 1상의 슬롯수 $= \dfrac{\text{총 슬롯수}}{\text{상수} \times \text{극수}}$

② 단절권계수 : 전절권에 비해 기전력이 감소(0.914 이상)한다.

$$K_p = \sin\frac{\pi\beta}{2}$$

여기서, β : $\dfrac{\text{코일 피치}}{\text{극 피치}}$

> **PLUS 포인트**
>
> 고조파 기전력 제거법
> - 성형(Y) 결선을 한다.
> - 전기자 철심을 사구(경사진 홈) 슬롯으로 한다.
> - 반폐 슬롯을 채용한다.
> - 매극 매상 슬롯수 q를 크게 한다.
> - 공극의 길이를 크게 한다.
> - 분포권 및 단절권을 채용한다.

(4) 결선방식 ✘✘✘

결선방식에는 Δ 결선과 Y 결선법이 있으나 주로 Y 결선을 사용한다.

 1) Y 결선법

① 상전압이 $\dfrac{1}{\sqrt{3}}$배이므로 권선의 절연이 용이하다.

② 중성점 접지로 지락사고 시 보호 계전방식에서 용이하다.

③ 선간 전압에 제3고조파가 나타나지 않아 순환전류가 없다.

④ 코로나 발생률이 적다.

02 동기 발전기의 원리

동기 발전기는 계자에 직류 전류를 흘려 N, S극을 만들어, 계자를 회전시키면 권선에 플레밍의 오른손 법칙에 따라 교류 기전력이 발생하는 원리로 대부분 회전 계자형을 사용한다.

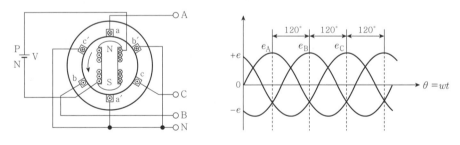

[3상 교류 동기 발전기의 원리]

(1) 유도 기전력 ✘✘✘

① 페러데이의 전자유도 법칙에 의한 실효값 $E = 4.44fn\phi$[V](집중권 및 전절권)

여기서, n : 권선수, f : 주파수, ϕ : 자속

② 동기기의 권선은 분포, 단절권으로 되어 $E = 4.44fn\phi$[V]식에 1보다 작은 계수 K_w를 곱한 기전력 $E = 4.44K_w fn\phi$[V]으로 한다.

PLUS 예시 문제

20극, 360[rpm]의 3상 동기발전기가 있다. 전 슬롯수 180, 2층권, 각 코일의 권수 4, 전기자 권선은 성형이며, 단자전압이 6,600[V]인 경우 1극의 자속[Wb]은 얼마인가? (단, 권선계수는 0.9이다.)

해설

• 유기기전력 $E = 4.44 fn\phi K_w$[V], $N_s = \dfrac{120f}{P}$[rpm]에서

• 주파수 $f = \dfrac{N_s P}{120} = \dfrac{360 \times 20}{120} = 60$[Hz]

• 1상의 권선수 $n = \dfrac{\text{총 도체수}}{\text{상수} \times \text{병렬회로수}} = \dfrac{180 \times 2 \times 4}{3 \times 2} = 240$

• 자속수 $\phi = \dfrac{E}{4.44 fn k_w} = \dfrac{\dfrac{6,600}{\sqrt{3}}}{4.44 \times 60 \times 240 \times 0.9}$

$\qquad = 0.0662$[Wb]

(2) 동기속도 ⚡⚡⚡

동기속도 $N_s = \dfrac{120f}{P}$[rpm]

여기서, 발전기의 동기속도 N_s[rpm], 발전기 극수 P, 주파수 f이다.

PLUS 예시 문제

4극 1,500[rpm]의 동기발전기와 병렬 운전하는 24극 동기발전기의 회전수 [rpm]는?

해설

• 동기속도 $N_s = \dfrac{120f}{P}$[rpm]이므로 4극의 주파수 [Hz]을 먼저 구한다.

• 4극 주파수 $f = \dfrac{N_s P}{120} = \dfrac{1,500 \times 4}{120} = 50$[Hz]

• 24극 회전수 $N_s = \dfrac{120f}{P} = \dfrac{120 \times 50}{24} = 250$[rpm]

(3) 전기자 반작용

전기자 반작용은 부하전류에 의한 기자력이 주 자속에 영향을 주는 작용이다.

1) 교차 자화작용(횡축 반작용)

① 발전기에 저항 부하를 연결하면 기전력과 전류가 동위상이 된다.

② 전기자 전류에 의한 자속과 주 자속이 직각이 되는 현상

2) 감자작용(직축 반작용) ⚡⚡🔋

① 발전기에 리액터 부하를 연결하면 전류는 기전력보다 90° 지상이 된다.

② 전기자 전류에 의한 자속이 주 자속을 감소시키는 방향으로 작용

3) 증자작용(자화작용)

① 발전기에 콘덴서 부하를 연결하면 전류는 기전력보다 90° 진상이 된다.

② 전기자 전류에 의한 자속이 주 자속을 증가시키는 방향으로 작용

(4) 동기 리액턴스(X_s)

$X_s = X_a + X_l$

여기서, X_a : 전기자 반작용 리액턴스, X_l : 누설 리액턴스

(5) 동기 발전기의 출력

① 동기 발전기 출력(P_s), 동기 리액턴스(X_s), 유도 기전력(E), 단자전압(V), 부하각(σ)이라 하면,

1상의 출력 $P_s = \dfrac{VE}{X_s}\sin\delta$[W], 3상의 출력 $P_s = 3\dfrac{VE}{X_s}\sin\delta$[W]

② 동기 발전기는 내부 임피던스에 의해 유도 기전력(E)과 단자전압(V)의 위상차가 생기고, 위상각 (δ)를 부하각이라 하고, 이론상 90° 까지 허용한다.

③ 최대 출력 부하각

- 철극형(돌극형) : $\delta = 60°$
- 원통형(비돌극형) : $\delta = 90°$

03 동기 발전기의 특성 및 단락 현상

(1) 동기 발전기의 특성

1) 무부하 포화곡선 ⚡⚡🔋

① $E = 4.44fn\phi$[V]에서 발전기가 정격속도로 무부하 운전하는 경우에 유기 기전력은 자속 ϕ에 비례한다.

- 무부하의 경우 자속은 계자전류(I_f)에 의해서만 정해지므로 무부하 유기 기전력과 계자전류(I_f)의 관계 곡선을 그릴 수가 있다. 이것을 무부하 포화곡선이라 한다.

② 전압이 낮은 부분 : 유기 기전력이 계자전류(I_f)에 비례하여 증가한다.

③ 전압이 높은 부분 : 철심의 자기포화로 자기저항이 증가하여 전압 상승 비율이 완만해진다.

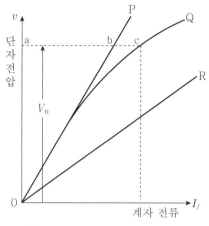

- OP : 공극선(空隙線, Air gap line)
  - 무부하 포화곡선 직선부
- OQ : 무부하 포화곡선
- OR : 단락곡선
- $\sigma = \dfrac{bc}{ab}$: 포화율(Saturation factor)

[동기 발전기 무부하 포화곡선]

2) 외부 특성곡선

역률, 계자전류가 일정할 때 단자전압(V)과 부하전류(I)와의 관계 곡선이다.

① 지상역률(유도성부하) 부하 증가 시 $\cos\theta=0.8$(뒤짐)되어 단자전압 감소

② 진상역률(용량성부하) 부하 증가 시 $\cos\theta=0.8$(앞섬)되어 단자전압 증가

③ $\cos\theta=1$인 저항부하 증가 시 단자전압 일정

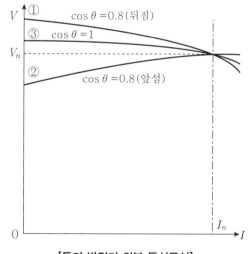

[동기 발전기 외부 특성곡선]

(2) 동기 발전기 단락현상

1) 단락곡선 ✍

① 동기 발전기의 모든 단자를 단락시킨 상태에서 정격속도로 운전할 때 계자전류(I_f)와 단락전류(I_s)의 관계곡선이다.

② 전기자 반작용이 감자작용으로 나타나므로 3상 단락곡선은 직선이 된다.

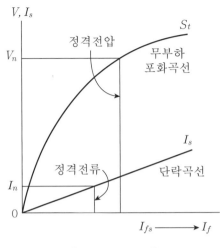

[동기기 단락곡선]

2) 단락비 ⚡⚡⚡

① 정격속도에서 무부하 정격전압을 발생시키는데 필요한 계자전류(I_{fs})와 정격전류와
같은 단락전류를 흘려 주는데 필요한 계자전류(I_{fn})의 비이다.

② 무부하 포화곡선과 3상 단락곡선에서 단락비(K_s)

$$K_s = \frac{\text{무부하에서 정격전압을 유지하는데 필요한 계자전류}(I_{fs})}{\text{정격전류와 같은 단락전류를 흘려주는데 필요한 계자전류}(I_{fn})} = \frac{100}{\%Z}$$

🔎 PLUS 예시 문제

정격전압 6,600[V], 용량 5,000[kVA]의 Y결선 3상 동기발전기가 있다. 여자전류
200[A]에서의 무부하 단자전압 6,000[V], 단락전류 6,000[A]일 때, 이 발전기의
단락비는?

해설

• Y결선 발전기 자체의 $\%Z_S = \dfrac{E}{I_s} \times 100 = \dfrac{6,000}{6,000} \times 100 = 100$이므로,

• 단락비 $K_s = \dfrac{100}{\%Z} = \dfrac{100}{100} = 1$이다.

③ 단락비가 큰 동기기(철기계, 돌극형) ⚡🔋🔋

전기적(장점)	• 전기자 반작용이 작다.	• 전압변동률이 작다.
	• 동기임피던스가 작다.	• 단락전류가 크다.
기계적(단점)	• 공극이 크다.	• 기계가 무겁다.
	• 효율이 낮다.	

④ 단락비가 작은 동기기(동기계, 비돌극형, 원통형)

전기적	• 전기자 반작용이 크다.	• 전압 변동률이 크다.
	• 동기 임피던스가 크다.	• 단락전류가 작다.
기계적	• 공극이 좁다.	• 기계가 가볍다.
	• 효율이 좋다.	• 안정도가 낮다.

04 동기 발전기의 여자장치와 난조

(1) 자기여자 및 방지법

1) 자기여자

고압 장거리 송전선로의 수전단을 개방하고, 동기발전기로 충전하는 경우, 즉, 무부하 송전선에 발전기를 접속하면, 송전선로의 충전(진상)전류에 의한 전기자 반작용(증자작용)과 무여자 동기발전기의 잔류자기로 인하여 발전기가 스스로 여자되어 수전단 전압이 위험 전압까지 상승하는 현상

2) 자기여자 방지법 ⚡⚡🔋

① 단락비가 큰 발전기를 채용한다.

② 발전기 여러 대를 병렬로 접속한다.

③ 수전단에 동기 조상기를 접속한다.

④ 수전단에 리액턴스를 병렬로 접속한다.

⑤ 수전단에 변압기를 병렬로 접속한다.

(2) 동기 발전기 운전

1) 병렬운전 ⚡🔋🔋

① 2대 이상의 동기발전기가 같은 부하에 다같이 전력을 공급하는 것을 병렬운전이라 한다.

② 2대 이상 병렬운전 시 위상과 주파수 측정은 동기 검전기(Synchro scope)를 사용한다.

2) 병렬운전 조건 ⚡⚡⚡

병렬운전 조건	조건이 다를 경우 현상
기전력의 크기가 같을 것	기전력의 크기가 다르면 무효순환 전류가 흘러 권선 가열
기전력의 위상이 같을 것	기전력의 위상이 다르면 유효순환 전류(동기화)가 발생
기전력의 파형이 같을 것	기전력의 파형이 다르면 고조파 무효순환전류 흐름
기전력의 주파수가 같을 것	기전력의 주파수가 다르면 출력이 요동(난조 발생)치고 권선 가열
기전력의 상 회전 방향이 같을 것	

3) 부하분담 ⚡⚡⚡

① 분담을 높이려는 발전기(A)의 조속기를 높여 속도를 올리면, A기의 기전력이 타 발전기(B)보다 높게 되어 부하분담이 증가하고 B기는 감소한다.

② 무부하 시 A기의 여자를 B기 보다 강하게 한다면
  - A : I는 유기 기전력보다 90° 지상 무효순환전류로 감자작용으로 기전력을 감소시킨다.
  - B : I는 유기 기전력보다 90° 진상 무효순환전류로 자화작용으로 기전력을 증가시킨다.

4) 난조의 발생과 대책 ⚡⚡⚡

① 난조
  - 부하가 급변하여 발생하는 진동이다.
  - 부하각 δ에서 정상운전 중 부하급변으로 부하 토크와 전기자 토크간 평형이 깨져 새로운 부하각 δ로 이동한다.
  - 회전자 관성에 의해 새로운 부하각 δ를 중심으로 주기적으로 진동이 계속되는 현상이다.

② 탈조(동기이탈) : 난조 정도가 심해지면 동기운전을 이탈하게 되는 현상

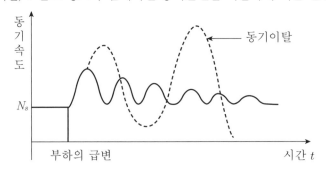

[동기기 난조]

③ 난조 발생원인
- 조속기의 감도가 지나치게 예민한 경우
- 전기자 저항이 큰 경우
- 원동기에 고조파 토크가 포함된 경우

④ 난조 방지법
- 회전자에 플라이 휠 부착
- 제동권선 설치
- 부하의 급변을 피한다.
- 원동기의 조속기가 예민하지 않도록 조정한다.

02 동기 전동기

(1) 동기 전동기 원리
① 3상 동기 전동기의 고정자 권선에 3상 전압을 공급하면 동기속도($N_s = \dfrac{120f}{P}$)로 회전하는 회전자계가 전기자 권선에 발생한다.
② 회전속도 N은 회전자계 N_s와 같은 속도로 회전하게 된다.

$$\text{회전속도 } N_s = \frac{120f}{P}\,[\text{rpm}]$$

(2) 동기 전동기 특성

1) 위상 특성곡선(V 곡선) ⚡⚡⚡
단자전압 V을 일정하게 하고, 회전자의 계자 I_f를 변화시켜 전기자 전류 I_a의 크기와 위상변화를 나타낸 곡선

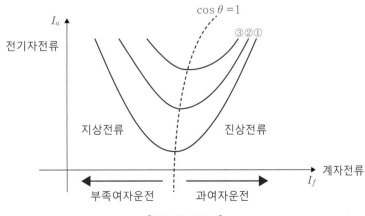

[위상 특성곡선]

① 여자가 약할 때(부족여자) : 전류(I)가 전압(V)보다 뒤진다.(지상 역률)

② 여자가 강할 때(과여자) : 전류(I)가 전압(V)보다 앞선다.(진상 역률)

③ 여자가 적합할 때 : 전류(I)와 전압(V)이 동 위상이다.(역률＝1)

2) 동기 조상기 ⚡⚡⚡

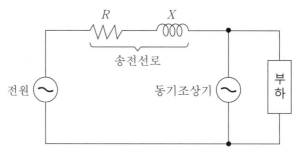

[동기 조상기 결선]

① 동기조상기는 부하와 병렬로 연결하여 여자전류를 가감한다.

② 전력계통의 전압과 역률 조정을 위해 계통에 접속하는 무부하의 동기전동기이다.

③ 무부하로 운전하고 여자전류를 가감하면 1차에 유입하는 전류는 거의 무효분이다.

부족여자로 운전	지상 무효전류가 증가하여 리액터의 역할로 자기여자에 의한 전압상승 방지
과여자로 운전	진상 무효전류가 증가하여 콘덴서의 역할로 역률을 개선하고 전압강하 감소

(3) 동기 전동기 기동

1) 동기 전동기 회전원리 ⚡🔲🔲

① 영구자석을 회전자로 하고, 회전자의 자극 근처에 반대 극성의 자극을 가까이 놓고 회전시키면 회전자는 이동하는 자석에 흡인되어 회전하는 원리이다.

② 동기 전동기는 기동토크가 발생하지 않아 회전자를 동기속도로 회전시키면 일정 방향의 토크가 발생하여 회전력을 발생한다.

③ 동기기는 회전계자형을 사용한다.

2) 자기 기동법

① 회전자 자극 표면에 농형 권선과 같은 기동용 권선(제동권선)을 이용하여 기동하는 방식이다.

3) 기동 전동기법(타 기동법) ⚡⚡🔋

① 유도 전동기나 직류전동기로 동기속도까지 회전시켜 주는 방식이다.

② 유도 전동기는 2극 적은 것 사용(유도기 극수=동기기 극수−2극)

4) 저주파 기동법

① 저주파로 서서히 높여가면서 동기속도까지 회전시켜 주는 방식이다.

(4) 동기 전동기 난조 ⚡⚡🔋

1) 난조

① 난조는 부하의 급변으로 동기속도 주변에서 회전자가 진동하는 현상이다.

2) 원인과 대책

① 제동권선 설치가 가장 효과적이다.

② 관성 모멘트가 작은 경우 : 회전부 플라이 휠 부착

③ 조속기가 너무 예민한 경우 : 조속기를 적당히 조정

④ 고조파가 포함되고 부하가 맥동하는 경우 : 고조파 제거(분포권, 단절권, Y결선)

⑤ 전기자 회로 저항이 상당히 큰 경우 : 저항을 작게 또는 리액턴스 삽입

3) 제동권선의 설치 효과

① 난조 방지

② 기동 토크 발생

③ 불평형 부하 시 전압, 전류 파형 개선

④ 송전선 불평형 단락 시 이상전압 방지

4) 안정도 증진법 ⚡🔋🔋

① 동기 임피던스를 작게 한다.

② 정상 리액턴스를 작게 하고 단락비를 크게 한다.

③ 영상 및 역상 임피던스를 크게 한다.

④ 회전자의 관성을 크게 한다.(플라이 휠 설치)

⑤ 속응 여자방식을 채택한다.

(5) 동기 전동기 특징

1) 동기 전동기 장점 ⚡🔋🔋

① 역률 조정(항상 1)이 가능하다.

② 정속도 운전(속도 일정 불변)이 가능하다.

③ 공극이 넓어 기계적으로 튼튼하다.

④ 공급 전압 변화에 대한 토크 변화가 적다.

⑤ 유도전동기에 비하여 효율이 좋다.

2) 동기 전동기의 단점

① 난조가 발생하기 쉽다.

② 가격이 비싸고 취급이 복잡하다.

③ 여자에 필요한 직류 전원장치가 필요하다.

④ 보통 구조의 것은 기동 토크가 적고 속도 조정을 할 수 없다.

3) 용도

소용량	전기시계, 오실로그래프, 전송사진
저속도 대용량	동기조상기, 송풍기, 각종 압축기, 제지용 쇄목기, 시멘트 공장 분쇄기 등

Chapter 2 직류기

01 직류 발전기

01 직류 발전기의 구조

(1) 계자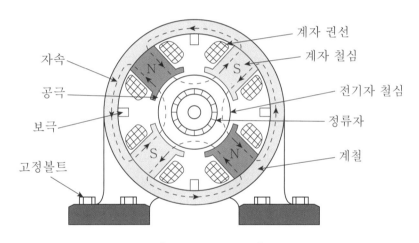

자속을 발생시키는 부분

① 전자석을 사용

② 계자 철심과 계자 권선으로 구성

③ 계자 철심은 규소강판을 성층하여 히스테리시스손과 와류손을 감소

- 철심성층은 와류손을, 규소강판은 히스테리시스손이 주된 이유이다.

[직류 발전기의 구조]

(2) 전기자

계자에서 발생한 자속을 쇄교하여 기전력 발생

① 원동기로 전기자 회전(코일 회전)

② 전기자 철심, 코일, 정류자, 축으로 구성

③ 전기자 철심은 규소강판을 성층하여 철손을 감소

④ 전기자 권선법

고상권과 환상권	고상권	• 전기자 도체를 전기자 표면에 배치하는 방식 (현재 사용방식)
	환상권	• 전기자 도체를 전기자 표면과 중심에 설치하는 방식
폐로권(closed circuit winding)**과** **개로권**(open circuit winding)	폐로권	• 전기자 도체의 시작점과 끝점이 접속되는 방식 (현재 사용방식)
	개로권	• 개로된 독립 권선을 외부회로에 접속하여야 폐로가 되는 방식
단층권(single layer winding)**과** **2층권**(double layer winding)	단층권	• 코일(변)을 슬롯 1개에 1개 코일을 넣는 방식
	2층권	• 코일(변)을 슬롯 1개에 상,하 2층으로 넣는 방식 (현재 사용방식)
중권(lap winding)**과** **파권**(wave winding)	중권 (병렬권)	• 균압선 접속으로 전기자 권선의 국부적 과열방지 • 극수(P), 병렬 회로수(a) 같게 병렬 접속 • 저전압, 대전류에 사용
	파권 (직렬권)	• 병렬 회로수(a)를 2개로 직렬 접속 • 고전압, 소전류에 사용
전절권(full pitch winding)**과** **단절권**(short pitch winding)	전절권	• 후절(back pitch)이 극 간격과 같은 것 (양호한 정류를 얻으려면 전절권이나 이에 가까운 단절권을 사용한다.)
	단절권	• 후절(back pitch)이 극 간격보다 짧은 것
	합성절	• 후절(back pitch)과 전절(front pitch)을 합친 것으로 코일 변수로 표시한다.

🔩 PLUS 포인트

중권과 파권의 비교

형태	단중 중권(병렬권)	단중 파권(직렬권)
병렬회로 수(a)	P(극수)	2
브러시 수(B)	P(극수)	2
전압과 전류	저전압, 대전류	고전압, 소전류
균압 접속	4극 이상 시 필요	필요없음

(3) 정류자

전기자에서 발생한 교류 기전력을 직류로 변환

① 브러시와 접촉하는 부분에서 마찰과 불꽃 발생

② 기계적으로 튼튼하고 정밀하게 제작

(4) 브러시

정류자에 접촉하여 전기자와 외부회로 연결장치

① 접촉저항이 적고, 마모성이 적고, 기계적으로 튼튼하고 정밀하게 제작

(5) 공극

① 소형, 고속기 등에 따라 일반적으로 3~8[mm]를 사용한다.

② 공극이 작은 경우

- 기자력이 작아도 되지만 특성이 나쁘다.
- 전기자와 계자간 마찰 등 고장이 발생할 수 있다.

02 직류 발전기의 원리

(1) 플레밍의 오른손법칙

N극과 S극의 자기력선이 발생되는 자기장 공간에 자기력선 진행 방향과 직각으로 도체
를 회전시키면 기전력이 발생한다.

$$기전력 \ e = Blv[V]$$

여기서, B : 자석의 자기력선속 밀도[Wb/m²], l : 도체의 길이[m],

v : 도체의 운동속도[m/s]

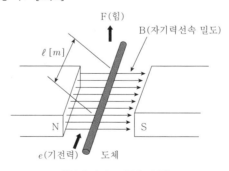

[플레밍의 오른손법칙]

(2) 직류 발전기 원리 ⚡⚡⚡

① 플레밍의 오른손법칙에 따라 코일을 회전시키면 $\frac{1}{2}$회전 위치에서 방향이 바뀌는
교류 기전력이 발생한다.

② 교류 기전력은 정류자(G)와 브러시(B)의 작용에 의한 직류 기전력을 얻을 수 있다.

③ 직류 발전기는 맥동률이 커서 정류자(G) 편수와 전기자 도체수를 증가시켜 직선에 가까운 전류를 얻는다.

④ 유도 기전력 $E = \dfrac{P}{a} Z\phi \dfrac{N}{60}$ [V]

　　　여기서, P : 극수, Z ; 도체수, ϕ : 1극의 자속[Wb]

　　　　　　N : 회전속도[rpm], a : 병렬회로수

⑤ 전기자 속도 $v = \pi D n$[m/min] $= \pi D \dfrac{N}{60}$[m/sec]

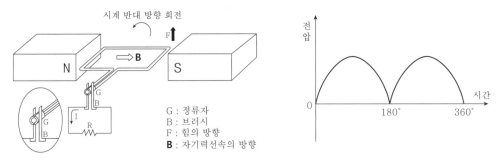

[직류 발전기 원리와 파형]

G : 정류자
B : 브러시
F : 힘의 방향
B : 자기력선속의 방향

🔧 **PLUS 예시 문제**

전기자의 반지름이 0.15[m]인 직류 발전기가 1.5[kW]의 출력에서 회전수가 1,500[rpm]이고, 효율은 80[%]이다.

이때 전기자 주변 속도는 몇 [m/s]인가? (단, 손실은 무시한다.)

해설

① 전기자 속도 $v = \pi D n$[m/min] $= \pi D \dfrac{N}{60}$[m/sec]이므로,

$$v = \pi D \frac{N}{60} = \pi \times 2 \times 0.15 \times \frac{1,500}{60} \fallingdotseq 23.56 \text{[m/s]이다.}$$

② 회전수와 전기자 속도 혼돈에 유의하여야 한다.

---

(3) 정류작용 ⚡⚡⚡

전기자 권선에서 유기되는 교류 기전력을 직류로 변환하는 작용

① 저항정류 : 접촉 저항이 큰 전기흑연이나 탄소질 브러시 사용

② 전압정류 : 보극(전기자 반작용 및 리액턴스 전압 상쇄)을 설치하여 정류

③ 정류곡선

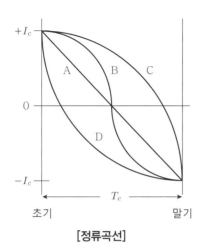

- A : 전류가 직선으로 균등 변환(양호)
- B : 불꽃 발생 없음(양호)
- C : 부족정류(브러시 후단 불꽃 발생)
- D : 과정류(브러시 전단 불꽃 발생)

[정류곡선]

④ 정류 개선 방법

- 보극을 설치하여 리액턴스 전압$(e_L = L\dfrac{di}{dt})$값을 작게 한다.

- 리액턴스(L)을 작게 한다.

- 접촉저항이 큰 탄소 브러시(저항정류)를 사용한다.

- 정류주기를 길게 하고 회전자 속도를 작게 한다.

- 브러시 전압강하보다 리액턴스 전압강하를 적게 한다.

(4) 전기자 반작용

전기자 전류에 의해서 발생한 자속이 계자에 의한 주 자속에 영향을 주는 현상

1) 전기자 반작용의 영향

① 감자작용 : 계자의 주 자속 영향으로 유도 기전력 감소 (전동기=토크 감소)
② 편자작용 : 회전방향의 전기적 중성축 이동 (전동기=회전 반대 방향)
③ 불꽃발생 : 정류자 편간이 전압 불균형으로 불꽃 섬락 발생

2) 전기자 반작용 대책 ⚡⚡⚡

① 보상권선 설치(직접 대책)

- 가장 좋은 대책이다.
- 전기자 권선과 직렬로 연결한다.
- 전류의 방향은 전기자 전류와 반대 방향으로 되게 한다.

② 보극 설치(경감 대책)

- 보극은 주자극의 중간에 설치한 보조 자극이다.
- 전기자 반작용 경감 대책이고 양호한 정류를 얻는 데 효과적이다.

- 주 자극 사이에 설치하여 중성점에 존재하는 자속을 상쇄한다.
- 코일 내 유기되는 리액턴스 전압과 반대 방향으로 정류전압을 유기시킨다.
③ 브러시 위치 이동
- 전기적 중성점인 회전 방향으로 이동한다.

3) 보상권선 및 보극의 접속 ✒✒✒

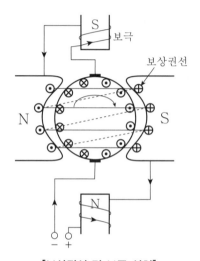

[보상권선 및 보극 설치]

03 직류 발전기의 특성

직류 발전기의 자속을 만들기 위한 계자를 영구자석(parmanent magnet)형과 전자석(electro magnet)으로 구분하며, 전자석을 많이 사용하며 종류로는 타여자 발전기와 자여자 발전기(직권,분권,복권)로 구분한다.

- 여자 : 전자석의 권선(계자권선)에 전류를 흘리는 것이다.

(1) 타여자 발전기 ✒✒✒

① 유도 기전력 $E=V+I_aR_a$, $I=I_a$

여기서, 계자전류 I_f, 전기자전류 I_a, 부하전류 I, 유도 기전력 E, 전기자저항 R_a,
전압조정용 저항기 FR, 계자권선 F, 전기자 A, 단자전압 V,
회전속도[rpm], 브러시 전압강하 e_b, 전기자 반작용 전압강하 e_a

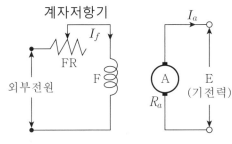

[타여자 발전기 접속]

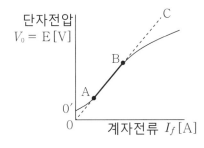

[무부하 특성곡선]

- O-O' 잔류자기에 의한 전압
- A-B I_f 증가에 의한 기전력
- B-C I_f 포화로 의한 기전력(없음)

② 계자전류를 다른 전원(축전지 또는 다른 직류발전기)에서 별도 공급하므로 계자에 잔류자기가 없어도 발전 가능하다.

③ 정전압 발전으로 전압강하가 적고 전압을 광범위하게 조정 가능하다.

④ 원동기의 회전방향을 반대로 하면 ＋, － 극성이 반대로 된다.

(2) 직권(자여자) 발전기

① 유도 기전력 $E=V+I_a(R_a+R_f)$, $I=I_a=I_f$

여기서, 단자전압 $V=E-I(R_a+R_f)$, R_f : 계자권선

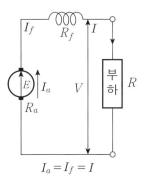

$$I_a=I_f=I$$

[직권(자여자) 발전기 접속]

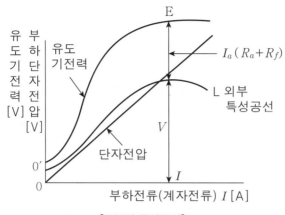

[무부하 특성곡선]

• V 단자전압
• $I_a(R_a+R_f)$ 전기자저항과 직권 계자 저항에 의한 전압강하

② 계자권선과 전기자를 직렬로 접속하므로 무부하 시($I_f=0$)에는 자기여자로 전압을 확립할 수 없다.

③ 무부하 특성곡선은 존재할 수 없다.

④ 운전중 전기자 회전 방향을 반대로 하면 잔류자기 소멸로 발전 불가능하다.

(3) 분권(자여자) 발전기 ⚡⚡⚡

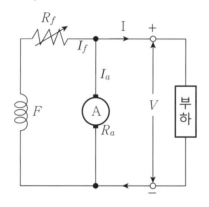

[분권(자여자) 발전기 접속]

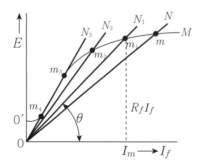

[부하 특성곡선]

• 0-0′ 잔류자속에 의한 발전전압 크기(정격전압의 5[%]정도)
• 0M 무부하 특성곡선
• 0N(1~3) 계자 저항선
• R_f : 전압조정용저항기

① 유도 기전력 $E=V+I_aR_a$, $I_a=I+I_f$

② 계자권선과 전기자를 병렬로 접속하는 방법이다.

③ 계자에 남은 잔류자속으로 자기여자를 이용 발전할 수 있다.

④ 잔류자기가 없으면 발전이 불가능하다(전압확립 불가)

⑤ 운전 중 무부하 상태가 되면 계자권선으로 전류가 흘러 계자권선 소손 우려가 있다.

⑥ 전압변화가 적어 정전압 발전기라고 한다(타여자 발전기와 동일)

(4) 복권(자여자) 발전기 ⚡⚡⚡

분권과 직권의 복합구조로 가동 복권 발전기, 차동 복권 발전기로 분류한다.

1) 가동 복권 발전기

직권과 분권에 흐르는 전류가 같은 방향으로 계자 자기력이 상승되는 발전기

① 과복권 발전기 : 무부하 전압<전부하 전압 : 전압변동률 (−)

　•급전 전압강하 보완 목적으로 광산, 전동차 전원 사용

② 평복권 발전기 : 무부하 전압=전부하 전압 : 전압변동률 (0)

　•무부하 속도=전부하 속도

　•일반 직류전원 및 전기기기 여자전원으로 사용

③ 부족복권 발전기 : 무부하 전압>전부하 전압 : 전압변동률 (+)

2) 차동 복권 발전기

직권과 분권에 흐르는 전류가 반대 방향으로 계자 자기력이 감소되는 발전기

① 수하특성 : 부하가 증가할수록 단자전압이 저하하는 (부)특성

② 아크를 이용하는 전기용접기 전원용으로 많이 사용

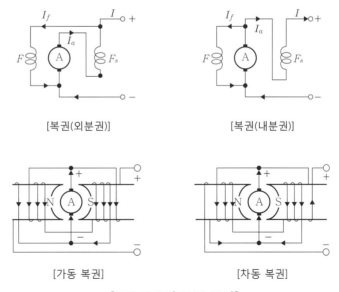

[복권(외분권)]　　　　　　[복권(내분권)]

[가동 복권]　　　　　　[차동 복권]

[복권 발전기(자여자 방식)]

04 직류 발전기의 특성곡선

(1) 무부하 (포화) 특성곡선

$N[\text{rpm}]$＝일정, $I[\text{A}]$＝**0**

① 무부하 운전 시 계자전류 I_f와 유도 기전력 E 관계 곡선

② 모든 특성곡선의 기초가 되는 매우 중요한 특성곡선이다.

(2) 부하 포화곡선

$N[\text{rpm}]$＝일정, $I[\text{A}]$＝일정

① 계자전류 I_f와 단자전압 V 관계 곡선

(3) 외부 특성곡선

$N[\text{rpm}]$, R_f＝일정, $I[\text{A}]$＝변화

① 부하전류 I와 단자전압 V 관계 곡선으로 실용상 가장 중요한 곡선이다.

② 과복권 $V_n > V_0$

③ 평복권 $V_n = V_0$

④ 부족 복권 $V_n < V_0$

⑤ 차동 복권 : 수하특성

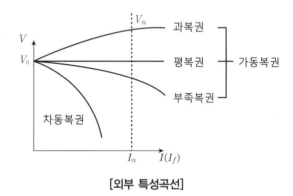

[외부 특성곡선]

05 직류 발전기의 운전

(1) 전압조정 ⚡⚡⚡

계자권선(F)와 계자저항기(R_f)를 접속하고, 저항을 가감하여 자속(ϕ)를 조정하여 단자전압을 조정한다.

$$\text{유도 기전력 } E = \frac{P}{a} Z\phi \frac{N}{60}[\text{V}]$$

여기서, P : 극수, Z : 도체수, ϕ : 계자자속[Wb], N : 회전속도[rpm],
a : 병렬회로수

(2) 병렬운전 시 부하분담

부하분담을 증가시키려면 계자를 강하게 하여 전압을 상승시켜야 한다.

(3) 직류 발전기의 병렬운전 조건

① 단자전압이 같을 것

② 각 발전기의 극성이 같을 것

③ 외부 특성곡선이 일치할 것

④ 외부 특성곡선이 수하특성 일 것

  • 타여자, 분권 발전기 : 수하특성이다.

  • 직권, 복권 발전기 : 수하특성이 아니므로 직권계자 균압선을 설치한다.

⑤ 균압선을 설치할 것 (2대의 병렬 발전기에 부하의 균등배분)

(4) 직권 발전기의 병렬운전

전류 증가 시 전압도 증가하는 외부특성

① 균압선으로 2대의 병렬발전기의 계자권선을 연결하는 방법

② 계자권선을 서로 교차 접속하여 운전하는 방법

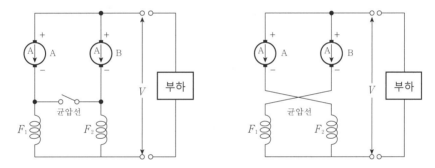

[직권 발전기 병렬운전]

(5) 분권 발전기의 병렬운전

① 2대의 병렬 발전기 단자전압과 모선전압이 같아야 한다.

② 2대의 병렬 발전기 부하전류와 모선전류가 같아야 한다.

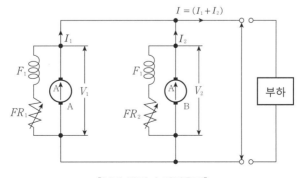

[분권 발전기 병렬운전]

(6) 복권 발전기의 병렬운전

① 가동 복권 발전기 : 균압선을 설치해야 한다.

② 차동 복권 발전기 : 수하특성이 분권과 같아 병렬 운전할 수 있다.

(7) 병렬운전 시 부하분담 운전 ⚡☇☇

① 계자권선(F)에 계자저항(R_f)을 직렬로 연결하여 계자저항(R_f)을 가감한다.

② 계자저항 가감으로 자속을 조정하면 단자 전압이 조정된다.

③ 부하분담을 증가시키려는 계자를 강하게 하여 전압을 상승시키면 된다.

02 ▎ 직류 전동기

01 직류 전동기의 구조 및 원리

(1) 직류 전동기의 구조

① 고정자 : 계자와 프레임으로 구성, 극당 1개 이상의 권선이 있다.

② 전기자 : 회전자라고 하고, 축에 기계를 부착하여 회전력을 이용한다.

③ 브러시 : 외부에서 공급되는 전력을 고정자(정류자)에 전달한다.

④ 정류자 : 전기자에 고정되어 브러시의 전력을 전기자에 전달한다.

(2) 직류 전동기 역기전력 ⚡⚡☇

① 전동기가 회전하고 있을 때 발전되는 기전력을 역기전력이라 한다.

② 역기전력은 전동기에 입력되는 단자전압과 반대 방향이며 전기자에 흐르는 전류(I_a)를 방해하는 방향으로 발생한다.

역기전력 $E=\dfrac{P}{a}Z\phi\dfrac{N}{60}=K_1\phi N(K_1=\dfrac{PZ}{60a})[\text{V}]$에서 전기자 코일과 브러시 저항분 전압강하를 고려하면

$$E=\frac{P}{a}Z\phi\frac{N}{60}=V-I_aR-e_b=K_1\phi N[\text{V}]$$

여기서, P : 자극수, Z ; 도체수, ϕ : 극당 자속수[Wb], N : 회전속도[rpm],

a : 병렬회로수, V : 단자전압, I_aR_a : 전기자코일에 의한 전압강하,

e_b : 브러시 저항에 의한 전압강하

PLUS 예시 문제

4극 직류 분권전동기의 전기자에 단중 파권 권선으로 된 420개의 도체가 있다. 1극당 0.025[Wb]의 자속을 가지고 1,400[rpm]으로 회전시킬 때 발생되는 역기 전력과 단자전압은?(단, 전기자저항 0.2[Ω], 전기자전류는 50[A]이다)

해설

- 역기전력 $E = \dfrac{PZ\phi}{a} \times \dfrac{N}{60}[V]$, 파권일 때 $a=2$이다.

- $E = \dfrac{PZ\phi}{a} \times \dfrac{N}{60} = \dfrac{4 \times 420}{2} \times 0.025 \times \dfrac{1,400}{60}$

  $= 490[V]$

- 단자전압 $V = E_a + I_a R_a = 490 + 50 \times 0.2 = 500[V]$

(3) 직류 전동기 회전속도

① 전동기 회전속도는 단자전압 [V]에 비례하고, 자속 [Wb]에 반비례한다.

$$N = K_1 \frac{V - I_a R_a}{\phi} = K \frac{E}{\phi} [rpm]$$

(5) 직류 전동기의 토크($T = \tau$) ⚡⚡⚡

① 직류 전동기를 회전시키기 위한 회전능력

② 자기장 속의 전기자 코일에 전압을 가하면 회전시키려는 힘인 토크[N·m]가 발생한다.

$$T = K\phi I_a[N \cdot m] \left(K = \frac{PZ}{2\pi a} \right) 에서 \ T = 9.55 \frac{P}{N}[N \cdot m] = 0.975 \frac{P}{N}[kg \cdot m]$$

③ 기계적 출력

- 전동기는 전기적 에너지를 기계적 에너지로 변환되는 장치이므로 기계적 에너지로 변환되는 전력

- 전동기 입력 $P_i = VI[W]$

- 전동기 출력 $P_0 = EI_a = = 2\pi n T = 2\pi \dfrac{N}{60} T[W]$

PLUS 예시 문제

직류 분권전동기가 있다. 단자전압이 215[V], 전기자 전류 60[A], 전기자 저항이 0.1[Ω], 회전속도 1,500[rpm]일 때 발생하는 토크는 약 몇 [kg·m]인가?

해설

- 토크 변환식 $\tau = \dfrac{P}{w} = \dfrac{P}{2\pi n} = \dfrac{60P}{2\pi N}[\text{N·m}] = \dfrac{60P}{2\pi N} \cdot \dfrac{1}{9.8}[\text{kg·m}] = 0.975\dfrac{P}{N}[\text{kg·m}]$

- 출력 $P = E \cdot I_a$ 이다.

- 단자전압 $V = E + I_a R_a$ ∴ $E = V - I_a R_a = 215 - 60 \times 0.1 = 209[\text{V}]$

- 토크 $\tau = 0.975 \times \dfrac{209 \times 60}{1,500} = 8.151[\text{kg·m}]$

※ [N·m]를 [kg·m]변환하는 점에 유의한다.

02 직류 전동기의 특성

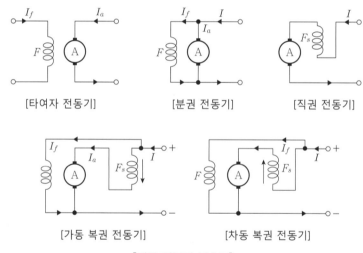

[타여자 전동기]　　　[분권 전동기]　　　[직권 전동기]

[가동 복권 전동기]　　　[차동 복권 전동기]

[직류 전동기 접속도]

여기서, A : 전기자, F : 분권 또는 타여자 계자권선, F_s : 직권 계자권선,
I : 전동기전류, I_a : 전기자전류, I_f : 분권 또는 타여자 전류

(1) 타여자 전동기

계자권선과 전기자권선이 각각 다른 전원에 접속

1) 속도 특성

$$N = K_1 \frac{V - I_a R_a}{\phi}[\text{rpm}]$$

① 계자 공급전류 일정으로 자속이 일정하고 정속도 특성을 갖는다.

② 전기자 공급 전압의 크기 변경으로 속도를 제어한다.

③ 계자전류가 0이 되면 속도가 급격히 상승하므로 계자회로에 퓨즈가 있으면 안된다.

2) 토크 특성

$$T=K\phi I_a[\text{N·m}]$$

① 타여자이므로 부하변동에 의한 자속변화가 없다.

② 부하 증가에 따라 I_a가 증가하므로 토크는 부하전류에 비례한다.

(2) 직권 전동기

계자권선과 전기자권선이 전원에 직렬로 접속

1) 속도 특성 ⚡⚡⚡

$$N=K_1\frac{V-I_aR_a}{\phi}\,[\text{rpm}]$$

① 부하에 따라 자속이 비례하고 속도는 반비례 특성이다.

② 계자권선과 전기자 권선이 직렬 연결되어 무부하인 경우 계자전류가 흐르지 못해 전압 확립이 않된다.

③ 무부하 상태 기동시 부하전류 최소상태로 회전속도가 급 증가하는 위험상태가 발생한다.

④ 무부하 운전이나 벨트 운전을 하면 안된다.

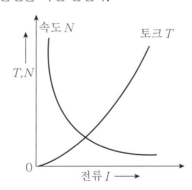

[직권전동기의 속도와 토크 특성]

2) 토크 특성 ⚡⚡⚡

$$T=K_2\phi I_a[\text{N·m}]\ \propto\ K_2I_a\cdot I_a\ \propto\ K_2I_a{}^2=K_2I^2\ \propto\ \frac{1}{N^2}$$

① 전기자와 계자권선이 직렬 연결되어 계자자속은 부하전류에 비례하고 토크는 부하전류의 제곱에 비례한다.

🔎 PLUS 예시 문제

전기자 전류 20[A]일 때 토크 100[N·m]의 직류 직권전동기이다. 전기자 전류가 40[A]로 증가할 때, 토크는 약 몇 [kg·m]인가?

해설

• $\tau_2 = \tau_1 \left(\dfrac{I_2}{I_1} \right)^2 = 100 \times \left(\dfrac{40}{20} \right)^2 = 400[\text{N·m}]$

• 단위변환 $= \dfrac{400}{9.8} = 40.8[\text{kg·m}]$

(3) 분권 전동기 : 계자권선과 전기자권선이 전원에 병렬로 접속

1) 속도특성 ⚡️✎✎

$$N = K_1 \frac{V - I_a R_a}{\phi}[\text{rpm}]$$

① 단자전압이 일정하면 부하전류에 관계없이 자속이 일정해서 타여자전동기와 거의 동일한 특성을 갖는다.

② 정속도 특성으로 속도 조정이 쉽다.

③ 3상 유도전동기와 거의 동일한 특성이 있어 별로 사용되지 않는다.

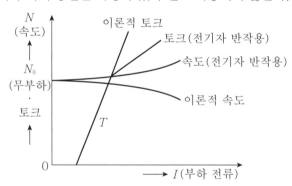

[분권 전동기의 속도와 토크 특성]

2) 토크 특성

$T = K_2 \phi I_a[\text{N·m}] \propto K_2 I_a \cdot I_a$에서 부하가 증가하여 전기자 반작용이 증가하면, 자속이 감소하여 속도와 토크가 특성과 같이 구부러지는 특성이 있다.

(4) 복권 전동기

계자권선과 전기자권선이 전원에 병렬로 접속

① 단자전압이 일정하면 부하 전류에 관계 없이 자속이 일정해서 타여자 전동기와 거의 동일한 특성을 갖는다.

② 가동 복권 및 차동 복권 전동기

가동 복권 전동기	• 직권 전동기와 분권 전동기의 중간 특성을 갖는다. • 크레인, 공작기계, 공기압축기 등에 사용된다.
차동 복권 전동기	• 직권계자 자속과 분권계자 자속이 상쇄되는 접속이다. • 과부하 시 위험속도가 되고, 토크 특성도 좋지 않다.

(5) 전동기의 토크 측정 및 안정 운전 조건

① 토크 측정 : 전기 동력계법(대형), 프로니 브레이크법, 와전류제동기법

② 정속도 전동기 안정 운전 조건 : $\dfrac{dT_L}{dn} > \dfrac{dT_M}{dn}$

여기서, T_L : 부하토크, T_M : 전동기 토크

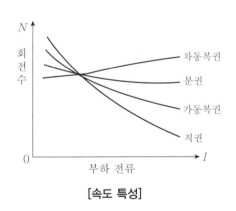

[속도 특성]

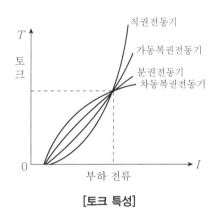

[토크 특성]

03 직류 전동기 제어

(1) 전동기 기동

① 전동기 속도 $N = K_1 \dfrac{V - I_a R_a}{\phi}$에서, $N = 0$ 상태에서 $I_a = \dfrac{V}{R_a}$가 되고 R_a가 극히 작은 값으로 기동전류가 정격 전류의 10배 이상으로 기동전류 저감 대책이 필요하다.

② 전기자회로에 직렬(시동)저항을 삽입하여 정격전류 2배 이내가 되게 한다.

③ 계자회로에는 토크를 유지하기 위해 계자저항을 최소로 하여 기동하게 한다.

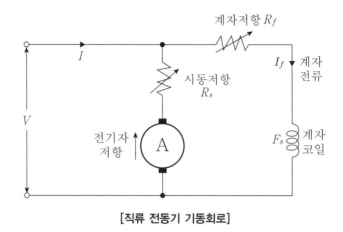

[직류 전동기 기동회로]

(2) 회전 방향 변경(역 회전) ⚡

① 계자권선이나 전기자권선 중 어느 한쪽의 접속을 반대로 접속한다.

② 전기자 권선의 접속을 바꾸어 역회전시키는 것이 일반적이다.

③ 계자권선과 전기자 권선 방향을 동시에 바꾸면 회전이 바뀌지 않음으로 유의해야 한다.

(3) 속도제어

$N = K_1 \dfrac{V - I_a R_a}{\phi}$ 에서 ϕ, R_a, V 중 하나를 변화시킨다.

1) 계자제어(ϕ) : 정출력 제어

① 계자권선에 직렬저항(R_f)을 삽입하여 계자전류로 자속(ϕ)을 조정한다.

② 광범위한 속도 조정과 정출력 가변속도에 적합하나 정류가 불량하다.

③ 직권 전동기는 자속이 매우 적으면 과속의 위험이 있다.

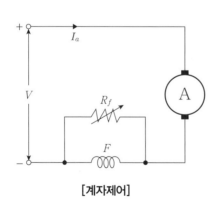

[계자제어]

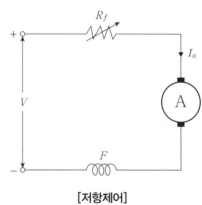

[저항제어]

2) 저항제어(R_a) ✍🔋🔋
  ① 전기자 권선에 직렬저항을 삽입하여 제어하나 전압강하로 손실이 크다.
  ② 부하 변화에 따른 회전속도 변동이 크고 조정의 폭이 좁다.
  ③ 분권 및 타여자 전동기는 정속도 특성을 잃는다.
3) 전압제어(V) : 정토크 제어
  ① 직류전압을 조정하여 광범위한 속도제어가 가능하다.
  ② 워드 레오너드방식, 일그너방식이 있으나 설치비용이 많이 든다.
  ③ 권상기, 기중기, 인쇄기, 제철소 압연기, 고속 엘리베이터에 사용된다.

(4) 직류 전동기의 제동 ✍✍🔋

1) 발전제동
  ① 제동 시 전동기 전원을 개방하여 발전기로 작용시켜, 발전 전력을 제동(줄열)용 저항
    에 소비시켜 제동하는 방법이다.
2) 회생제동
  ① 제동 시 전동기를 발전기로 작용시켜, 발전 전력을 전력선에 반환 다른 설비에서 이
    용, 소비시켜 제동하는 방법이다.
  ② 엘리베이터 하강 시 발생전력, 전기기관차 속도감속 시 발생전력 등
3) 역상제동(플러깅)
  ① 전동기를 운전상태에서 전기자 접속을 반대로 바꾸어 반대방향의 토크를 발생시켜
    급속히 제동하는 방법이다.

04 교직 양용(유니버셜) 전동기

(1) 교직 양용 전동기 특성 ✍✍🔋
  ① 만능 전동기 또는 단상 직권정류자 전동기라고 한다.
  ② 구조는 직류 직권전동기($I=I_a$)와 같다.
  ③ 교직에서 토크의 발생 방향이 일정하여 회전 방향이 일정하다.
  ④ 기동 토크가 크다.
  ⑤ 입력전압의 극성이 바뀌어도 회전 방향이 변하지 않는다.
  ⑥ 회전수는 전압에 비례한다.
  ⑦ 무부하 회전수가 높다.

(2) 계자권선과 전기자 권선 접속
  ① 계자권선은 직류기처럼 N극과 S극이 교대로 구성되게 직렬 접속한다.
  ② 계자권선과 전기자 권선 접속은 직렬로 접속한다.

(3) 회전 방향 변경

계자권선 또는 전기자 권선에 대한 전류의 방향을 바꾸어 준다.

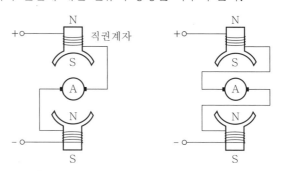

[교직 양용 전동기의 회전 방향 변경 접속]

(4) 속도제어

① 직렬저항 삽입법 : 소형의 가변저항을 직권계자에 직렬 삽입하여 조정

② 원심력 스위치법 : 전동기가 회전할 때 발생하는 원심력을 이용 조정

(5) 교직(직류용으로 사용 시 강구대책) 양용 전동기의 특징 ⚡⚡

① 철손을 줄이기 위해 전기자, 계자의 철심을 성층한다.

② 계자권선의 리액턴스 때문에 역률이 매우 낮아지므로 계자권선의 권수를 적게 하고, 토크를 증가시키기 위해 전기자 권수를 크게 한다.

③ 전기자 권수 증가로 전기자 반작용이 커지므로 보상권선을 설치한다.

④ 원통형 고정자를 사용한다.

03 직류기의 손실 및 효율

(1) 직류기의 손실

에너지의 손실로 전기적 손실(철손과 동손)과 기계적 손실(기계손)이 있다.

1) 동손(P_c)

① 저항손

② 가변손＝구리손＝부하손

③ 부하전류 및 여자전류에 의한 권선, 브러시 접촉면에서 줄열로 발생하는 손실

2) 철손(P_i)

① 철심에서 생기는 히스테리손과 와류손

② 고정손＝무부하손

③ 히스테리손(P_h) $P_h \propto fB_m^{1.6 \sim 2.0}$ (B_m : 최대 자속 밀도)

• 철심 재질에서 생기는 손실

• 손실대책으로 규소 강판을 사용한다.

④ 와류손(P_e) $P_e \propto (tfB_m)^2$ (t : 철심 두께)

• 자속에 의해 철심의 맴돌이 전류에 의해서 생기는 손실

• 손실대책으로 철심을 성층으로 사용한다.

3) 기계손(P_m)

풍손=마찰손, 회전에 의한 손실

4) 표유 부하손

① 도체 또는 철심 내부에서 생기는 손실

② 측정이나 계산으로 구할 수 없는 동손, 철손, 기계손을 제외한 손실

(2) 직류기의 효율 ⚡⚡▨

1) 효율 : 입력에 대한 출력의 비율을 에너지 효율이라 한다.

$$실측효율\ (\eta) = \frac{출력(P_2)}{입력(P_1)} \times 100[\%]$$

2) 규약효율 : 규정된 방법에 의하여 입력 및 출력을 산출하여 효율 계산

발전기 효율	발전기 효율 $(\eta_G) = \dfrac{출력}{출력+손실} \times 100[\%]$
전동기 효율	전동기 효율 $(\eta_M) = \dfrac{입력-손실}{입력} \times 100[\%]$

3) 최대 효율 조건 : 철손(P_i)=동손(P_c)

$$고정손(무부하손=철손)=부하손(동손)$$

(3) 전압 및 속도 변동률

전압 변동률	• 전압 변동률 : 정격부하 전압(V_n)과 무부하 전압(V_0)이 변동하는 비율 • 전압 변동률 $(e) = \dfrac{V_0 - V_n}{V_n} \times 100[\%]$
속도 변동률	• 속도 변동률 : 정격회전속도(N_n)와 무부하시 회전속도(N_0)가 변동하는 비율 • 속도 변동률$(e) = \dfrac{N_0 - N_n}{N_n} \times 100[\%]$

04 특수 직류기

01 직류 서보모터

① 세밀한 속도 및 위치제어, 기동, 정지, 제동, 정역회전 등 연속적 제어에 적합하도록 설계, 제작된 전동기이다.

② 서보모터의 특성

- 회전자가 가늘고 긴구조이다.
- 기동토크가 크며 회전자 관성 모멘트가 작다.
- 회전자 FAN에 의한 냉각효과를 기대할 수 없다.
- 직류 서보모터가 교류 서보모터보다 기동토크가 크다.
- 응답속도가 빠르고 소형, 효율성, 정확한 위치제어, 유지보수 용이하다.

02 직류 스테핑 모터

자동제어에 사용되는 특수 전동기로 정밀한 서보(Servo)기구에 사용한다.

Chapter 3 유도기

01 유도 전동기의 구조 및 원리

(1) 유도 전동기의 구조

1) **고정자** : 자속을 통과하는 자기회로로서 회전하지 않는 부분

① 프레임, 철심, 권선으로 구성된다.

② 철심은 0.35~0.5[mm] 규소강판 사용

③ 2층 권선의 중권이고, 1극 1상 슬롯수는 2~3개이다.

2) **회전자**

① 농형 회전자

- 철심 슬롯에 동선 막대를 삽입하고 그 양단을 단락환으로 연결한다.
- 구조가 간단하고 가격이 저렴하며 취급이 용이하다.
- 기동 시에 큰 기동전류가 흐른다.
- 회전자 둘레에 경사진 홈은 소음감소, 기동특성 및 파형을 개선한다.

② 권선형 회전자

- 회전자 표면에 반폐형 홈을 만들어 Y결선 하고, 슬립링과 브러시를 설치한다.
- 상수만큼의 슬립링이 필요하다.
- 기동저항기를 이용하여 기동전류를 줄일 수 있고, 속도 조정도 쉽다.
- 회전자의 구조가 복잡하다.

③ 공극 : 0.3~2.5[mm]

공극이 넓다	기계적으로 안전, 자기저항(여자전류) 증가, 역률이 나쁨
공극이 좁다	기계적으로 소음과 진동 발생, 누설 리액턴스 및 철손 증가

3) **2중 농형 유도 전동기** ⚡⚡⚡

① 기동용 농형권선(저항이 크고, 리액턴스가 작다)과 운전용 농형권선(저항이 작고 리액턴스가 크다)의 구조로 되어있다.

- 회전자 슬롯에 상하로 두 종류의 도체를 배열
- 기동 : 바깥쪽의 도체를 높은 저항(합금)으로 구성
- 운전 : 안쪽의 도체를 낮은 저항(동)으로 구성

② 보통 농형보다 기동전류가 작고 기동토크가 크다.

③ 보통 농형보다 운전 중 등가 리액턴스가 약간 커지므로 역률과 최대 토크 등이 감소한다.

(2) 회전자계 및 동기속도

1) 회전자계

3상 유도전동기에서는 자석을 돌리는 대신에 고정자에 3상 권선을 감고 3상 교류를 흘렸을 때 회전자계가 생성된다.

2) 동기속도 ✔️☑️☑️

① 회전자계는 동기속도로 회전하므로 매분의 회전수 N_s[rpm], 극수 P, 주파수 f라 하면 동기속도 $N_s = \dfrac{120f}{P}$[rpm]이다.

② 차동 접속에 의한 동기속도 $N_s = \dfrac{120f}{P_1 - P_2}$[rpm]이다.

02 유도 전동기의 특성

(1) 회전수와 슬립

1) 슬립 ✔️✔️✔️

회전자는 회전자계보다 낮은 속도로 회전하는 것으로 동기속도 N_S와 회전자속도 N의 차에 대한 비율이다.

$$\text{슬립 } s = \frac{N_s - N}{N_s} \times 100[\%], \text{ 회전속도 } N = (1-s)Ns = (1-s)\frac{120f}{P}[\text{rpm}]$$

① 슬립의 범위 : $0 < s < 1$
  - 전동기 정지상태($N = 0$) : $s = 1$
  - 전동기 무부하 운전($N = N_s$) : $s = 0$

② 전동기별 구분
  - 전동기 역회전 시 : $s = 2$
  - 유도 전동기 : $0 < s < 1$, 유도발전기 : $s < 0$, 유도제동기 : $s = 1 \sim 2$
  - 유도 전동기 슬립은 소형 5~10[%], 중대형 2.5~5[%] 정도
  - 슬립 $s \propto \dfrac{1}{V^2}$

③ 슬립측정
  - 스트로보스코프법, 직류 밀리볼트법, 수화기법, 회전계법 등

2) 전력의 변환 ✔️✔️✔️

유도 전동기에 공급되는 입력(P_1)에서 철손 등을 빼면 2차 입력(P_2)이 되고, 2차 입력(P_2)에서 회전자 동손(P_{2C})을 뺀 나머지가 기계적 출력(P_0)이다.

① 2차 입력 $P_2 = $ 2차 출력 + 2차 동손 + 기타 손실 $= P_0 + P_{2c} + P_r$

② 2차 출력 : 기계적 출력(P_0)

  • $P_2 : P_{2c} : P_0 = 1 : s : (1-s)$

  • $P_0 = P_2 - P_{2C} = P_2 - sP_2 = P_2(1-s)$

③ 2차 동손 : 2차 저항손(P_{2c})

  • $P_{2c} = sP_2$

④ 2차 효율

  • 전체 효율 $\eta = \dfrac{P_0}{P_1}$

  • 2차 효율 $\eta = \dfrac{P_0}{P_2} = (1-s) = \dfrac{N}{Ns} = \dfrac{\omega}{\omega_0}$

  • 2차 주파수 $f_2 = sf_1$

(2) 토크 ⚡⚡⚡

$$P_0 = 2\pi \frac{N}{60} T[\text{W}]$$

① 토크 $T = \dfrac{60}{2\pi} \dfrac{P_0}{N} [\text{N·m}] = \dfrac{1}{9.8} \dfrac{60}{2\pi} \dfrac{P_0}{N} [\text{kg·m}]$

  $= \dfrac{P}{w} = 9.55 \dfrac{P}{N} [\text{N·m}] = 0.975 \dfrac{P}{N} [\text{kg·m}]$ (P : 정격전력[kW])

② $T \propto V^2$로서 공급전압의 제곱에 비례한다.

💡 PLUS 예시 문제

60[Hz], 20극, 11,400[W], 슬립 5[%], 2차 동손이 600[W]인 유도 전동기이다. 이 전동기의 전부하 시 토크는 약 몇 [kg·m]인가?

해설

  • 동기속도 $N_S = \dfrac{120f}{P} = \dfrac{120 \times 60}{20} = 360[\text{rpm}]$

  • 슬립 적용 회전속도 $N = (1-s)N_S = (1-0.05) \times 360 = 342[\text{rpm}]$

  • 토크 $\tau = \dfrac{P}{w} = 0.975 \dfrac{P}{N} = 0.975 \dfrac{VI}{N}$

    $= 0.975 \times \dfrac{11,400}{342} = 32.5[\text{kg·m}]$

(3) 속도 특성곡선 ⚡◇◇

속도 특성곡선은 슬립에 대한 토크 변화를 곡선으로 표현한 것이다.

1) 슬립과 토크 관계식

① 슬립에 대한 토크의 특성은 유도전동기를 등가회로로 변환한다.

② 관계식 $T = \dfrac{PV_1^2}{4\pi f} \cdot \dfrac{\dfrac{r_2'}{s}}{\left(r_1 + \dfrac{r_2'}{s}\right)^2 + (x_1 + x_2')^2}$ [N·m]

- 토크는 슬립이 일정하면 공급전압 V_1의 제곱에 비례($T \propto V^2$)하고, 임피던스의 제곱에 반비례$\left(T \propto \dfrac{1}{Z^2}\right)$한다.

2) 속도 특성곡선

① 속도 특성곡선은 슬립에 대한 토크 변화를 곡선으로 나타낸 것이다.

② 최대 토크(T_m) : 정격부하 시 전 부하 토크의 약 175~250[%]

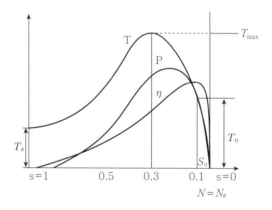

[슬립과 토크 특성곡선]

(4) 주파수 60[Hz]를 50[Hz]로 사용할 때 특징 ⚡⚡⚡

① $E = 4.44 fn\phi K_w$[V]식에서 전압이 일정하다면, 주파수가 감소하면, 속도가 감소하고, 자속, 철손, 여자전류는 증가한다.

② $N_s = \dfrac{120f}{P}$[rpm]에서 주파수가 감소하면 속도도 감소한다.

③ $P_h \propto \dfrac{E^2}{f}$, $P_e \propto E^2$에서 주파수가 감소하면 철손이 증가하여 무부하 전류가 증가한다.

④ 역률, 냉각속도, 누설 리액턴스 등은 낮아지거나 감소한다.

(5) 비례추이 ⚡⚡⚡

비례추이는 속도-토크곡선이 2차 저항의 변화에 비례한 이동 현상이다.

① 권선형 유도 전동기는 비례추이를 이용하여 기동 및 속도제어를 할 수 있다.

② 슬립(s)는 2차 저항에 비례하므로 2차 저항을 변화시킬 수 있는 권선형 유도전동기에 적용된다.

③ 2차 저항을 변화하여도 최대 토크는 불변한다.

④ 2차 저항을 크게 하면, 기동전류는 감소하고, 최대 토크 시 슬립과 기동토크는 증가한다.

⑤ 1차 전류, 1차 입력, 역률은 비례추이 성질이 있다.

⑥ 2차 동손, 2차 효율, 전체효율, 전체출력은 비례추이 성질이 없다.

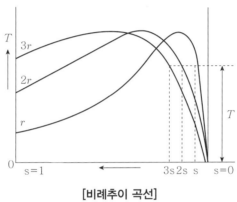

[비례추이 곡선]

(6) 원선도 ⚡🔋🔋

원선도는 슬립, 효율, 출력, 역률 등 여러 특성을 도형으로 표현하는 것이다.

① 유도 전동기 1차 부하전류 벡터의 자취가 항상 반 원주 위에 있는 것을 이용하여, 간이 등가회로 해석에 사용한 것으로 "헤일랜드 원선도"라 한다.

② 원선도 지름$\left(\dfrac{B}{X}\right)$은 전압($V$)에 비례하고, 리액턴스($X$)에 반비례한다.

③ 원선도 작성에 필요한 시험
  • 1, 2차 저항 측정
  • 무부하(개방)시험 : 철손, 여자전류
  • 구속(단락)시험 : 단락 전류, 임피던스 전압, 동손

③ 원선도에서 구할 수 없는 것 : 기계적 출력, 기계손

03 유도 전동기 기동 및 운전

(1) 농형 유도 전동기 기동법

1) 전전압 기동법

① 정격전압을 직접 가압하여 기동하는 방법이다.

② 기동 토크가 커서 기동시간이 짧은 장점이 있다.

③ 저전압, 소용량 5[kW], 특수 농형 유도전동기에 사용한다.

2) $Y-\Delta$ 기동법 ⚡⚡⚡

① 기동 시 고정자 권선을 Y결선으로 기동하여 기동전류를 감소시키고, 정격속도에 도 달하면 Δ 결선으로 바꾸어 운전하는 방법이다.

② 기동전류는 정격전류의 $\dfrac{1}{3}$배로 줄지만, 기동 토크도 $\dfrac{1}{3}$로 감소한다.

③ 중용량 10~15[kW] 유도전동기에 사용한다.

3) 리액터 기동법

① 전동기 1차 측에 리액터를 넣어 기동 시 리액터 전압강하 분만큼 낮게 기동하는 방법

② 중, 대용량의 유도전동기에 사용한다.

4) 기동 보상기 기동법

① 단권 3상 변압기를 사용하여 공급전압을 낮추어 기동하는 방법이다.

② 15[kW] 이상의 중, 대형 유도전동기, 고압전동기에 사용한다.

(2) 권선형 유도 전동기 기동법

1) 2차 기동저항기법 (2차 임피던스법) ⚡⚡✎

① 2차 회로에 가변저항기를 삽입하여 기동하는 방법이다.

② 비례추이 원리로 기동전류는 줄이고 기동 토크가 큰 장점이 있다.

2) 1차 직렬 임피던스 기동법 ⚡✎✎

① 회전자 회로에 고정저항과 가포화 리액터를 병렬접속 삽입하는 방법이다.

② 기동 초기 슬립이 클때 저 전류 고 토크로 기동하고 점차 속도상승으로 슬립이 작아 져 양호한 기동이 된다.

(3) 유도 전동기 이상현상

1) 게르게스(Grges) 현상 : 3상 권선형 유도전동기 ⚡✎✎

① 권선형 회전자에서 3상중 1상이 고장 단선한 경우, 2차는 단상일 때 $s=\dfrac{1}{2}(0.5)$지점 에서 차동기 속도가 발생하여 회전자는 동기속도의 50[%] 이상 가속되지 않는 현상

2) 크로우링Crawling) 현상(차동기 운전) : 소형 농형 유도 전동기 ⚡♘♘

    ① 회전자를 감는 방법과 슬롯수가 적당하지 않으면 고조파 영향으로 정격속도에 이르기 전에 낮은 속도에서 안정되어 버리는 현상이다.

    ② 방지책 : 전동기 슬롯을 사구(경사 슬롯) 설치

3) 유도 전동기의 불평형 운전(1선의 단선) ⚡♘♘

    ① 단자전압의 불평형 정도가 커지면 불평형 전류가 증가하고 토크는 감소한다.

    ② 입력은 증가, 출력은 감소되며, 동손이 커지며, 전동기의 온도가 상승한다.

    ③ 불평형 주원인
- 전원 스위치의 접속불량
- 퓨즈 및 과전류 차단기의 1상의 용단 및 단선
- 전동기 코일 및 배선의 결함

04 유도 전동기 속도제어 및 역률

(1) 속도제어

유도 전동기 속도 $N = (1-s)N_s = (1-s)\dfrac{120f}{P}$에 따라 구할 수 있으므로 속도를 제어하려면, 슬립(s), 주파수(f), 극수(P)의 3가지 중에서 하나를 바꾼다.

1) 주파수 제어법

    ① 전원의 주파수를 변화시켜 동기속도를 바꾸는 방법으로 높은 속도를 원하는 곳에 적합하다.

    ② 동기속도 $N_s = \dfrac{120f}{P}$에서 주파수 f를 변화시켜 속도를 제어한다.

    ③ VVVF제어 : 자속을 일정하게 유지하게 하고, 전압과 주파수를 가변시키는 방법이다.

2) 전압 제어법

    ① 토크는 전압의 2승에 비례($T \propto V^2$)하므로 이것을 이용 속도를 제어한다.

    ② 전력전자 소자를 이용하는 방법이 이용된다.

3) 극수변환법 ⚡♘♘

    ① 고정자 권선의 접속을 변경하여 극수(4극 → 8극)를 바꿔 속도를 제어한다.

    ② 극수 접속만 변경하므로 별도의 제어장비가 필요하지 않다.

4) 2차 저항법

권선형 유도 전동기 2차 회로에 가변저항기를 삽입하여 비례추이 원리로 속도를 제어한다.

5) 2차 여자법

2차 저항제어를 발전시킨 형태로, 2차 회전자에 2차 유기 기전력과 같은 주파수를 갖는 전압(슬립 주파수 전압)을 가하여 속도를 제어한다.

6) 종속접속법

① 2대의 전동기를 한쪽 고정자를 다른쪽 회전자 회로에 연결하고 기계적으로 축을 직결해서 속도를 제어한다.

② 손실이 많고, 효율이 나빠 거의 사용하지 않는다.

(2) 제동법 ⚡⚡⚡

발전제동(직류제동)	• 운전 중 전원을 분리(끊어)한 후 직류전원을 연결하면, 계자에 고정 자속, 회전자에 교류 기전력이 발생하여 제동력이 생긴다.
역상제동(플러킹)	• 운전 중인 전동기에 회전 방향과 반대 방향의 토크를 발생시켜 정지 시키는 방법이다. • 슬립의 범위가 1~2이다. • 강한 토크가 발생한다.
회생제동	• 유도전동기를 전원을 차단 후 외력(힘)을 가하면 발전기로 동작시켜 그 발생전력을 전원에 반환하면서 제동하는 방법이다.
단상제동	• 권선형 유도 전동기에서 2차 저항이 클 때 전원으로 단상 전원을 접속하면 제동 토크가 발생하는 방법이다.

(3) 역률

① 극수가 증가할수록 역률은 낮아진다.
  • 극수 증가로 매극, 매상은 도체수가 작아지고 여자전류의 비율이 커져 역률은 낮아진다.

② 권선형이 농형보다 역률은 낮다.
  • 권선형은 슬롯이 깊고 누설자속이 크기 때문이다.

③ 유도전동기 여자전류(I_0)가 전부하 전류의 20~25[%] 정도로 역률이 낮다.

05 단상 유도전동기

(1) 단상 유도전동기 특징

① 회전자는 농형이고, 고정자는 권선 단상으로 감겨있다.

② 단상 권선에서는 교번 자계만 생기고 기동 토크는 발생하지 않는다.

③ 기동 토크는 0이므로 별도의 기동장치가 필요하다.

④ 무부하 전류와 전 부하전류의 비율이 크고, 역률과 효율이 나쁘다.

⑤ 0.75[kW] 이하 소동력용, 가정용으로 많이 사용된다.

⑥ 기동토크 크기 순서 : 반발 기동형 > 반발 유도형 > 콘덴서 기동형 > 분상 기동형 > 세이딩코일형

(2) 기동방법에 의한 분류

1) 분상 기동형 ⚡⚡⚡

① 주 권선과 보조권선을 전기각 2π[rad]로 배치하고 보조권선의 권수를 주 권선의 $\dfrac{1}{2}$로 하여 인덕턴스를 적게 하여 기동하는 방식이다.

② 저항을 직렬로 연결하면 이 자속에 의하여 불완전한 2상의 회전자계를 만들어 농형 회전자를 기동시키고 기동 후에는 원심력 스위치가 개방된다.

③ 회전 방향 변경은 기동권선이나 운전권선 중 어느 한 권선의 접속을 바꾼다.

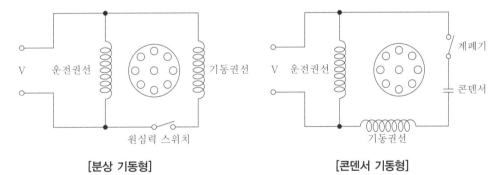

[분상 기동형] [콘덴서 기동형]

2) 콘덴서 기동형 ⚡⚡◌

① 기동권선에 직렬로 콘덴서를 넣고 기동코일을 앞선 전류로 하여 운전권선에 흐르는 전류와 위상차를 갖게 한 방법이다.

② 역률이 좋고, 시동전류가 적고, 시동 토크가 큰 것이 특징이다.

③ 가정용 전동기로 주로 사용한다.

3) 영구 콘덴서형 ⚡◌◌

① 영구 콘덴서형은 기동에서 운전까지 콘덴서를 삽입한 채 운전하는 방식이다.

② 원심력 스위치가 없어서 제조가 쉽고 가격이 싸다.

③ 큰 기동 토크가 필요 없는 선풍기, 냉장고, 세탁기 등에 사용한다.

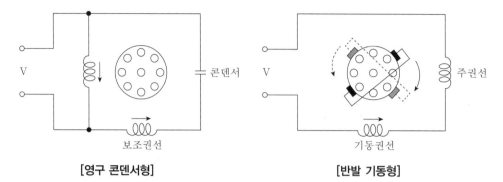

[영구 콘덴서형]   [반발 기동형]

4) 반발 기동형 ⚡🐚🐚

① 회전자에 전기자 권선과 정류자를 갖고 있다.

② 브러시로 단락하면 기동 시에 가장 큰 기동 토크를 얻는 방식이다.

5) 세이딩 코일형

① 고정자에 돌극을 만들어 세이딩(동대) 만든 단락 코일을 끼워 이동자계를 만들어 회전하는 방식이다.

② 회전자는 농형이고, 고정자는 성층 철심의 돌극으로 되어 있다.

③ 구조가 간단하고, 회전 방향을 바꿀 수 없으며, 속도 변동률이 크다.

④ 효율이 낮아 극히 소형 전동기에 사용한다.

(3) 단상 유도전압조정기 ⚡🐚🐚

① 변압기의 원리(단권변압기-교번자계)를 이용하여 전압을 원활하게 조정하는 기기로, 단권변압기처럼 1차 권선과 2차 권선을 공유하며, 회전자를 이동하여 전압을 조정한다.

② 1차 권선 : 1차 권선(P)과 단락 권선(T)는 회전자에 감겨 있는 분포권선이다. 서로 90°의 공간적 위상차를 가지고 있다.

③ 2차 권선 : 2차 권선(S)은 고정자에 감겨 있는 분포권선이며 보통 2극으로 한다.

④ 전압 및 정격용량

  • 2차 유기기전력 $E_2 = E_1 \times \dfrac{N_2}{N_1} ≒ V_1 \times \dfrac{N_2}{N_1}$[V]

  • 2차 선간전압 $V_2 = V_1 + E_2$

    여기서, N_1, N_2 : 1, 2 권선수

Chapter 4 변압기

01 변압기의 구조 및 원리

01 변압기의 구조

(1) 변압기 권선

① 철심

- 규소강판(규소함유량 3~4[%]) 0.35[mm]를 성층 사용하여 철손을 적게한다.

② 권선법

직권	• 철심에 저압 권선을 감고, 절연 후 고압 권선을 감는 방식 • 소형의 내철형에 적합하다.
형권	• 권선형틀 (목재틀 또는 절연통)에 권선을 감고 절연 후 조립하는 방식 • 중·대형의 변압기에 적합하다.

③ 권선

- 소용량 : 에나멜 피복이나 무명실 피복한 둥근 동선 사용
- 대용량 : 종이, 면사, 유리섬유로 절연한 직사각형 평각 동선, 알루미늄선 사용

④ 절연

- 철심과 권선 사이, 권선 상호간, 권선의 층간을 절연한다.
- 절연물의 최고 허용 온도

절연의 종류	Y	A	E	B	F	H	C
허용 최고 온도(℃)	90	105	120	130	155	180	180이상

(2) 변압기 유(절연유)

① 변압기의 절연과 냉각작용을 위해 사용

② 구비조건

- 절연내력이 클 것
- 인화점이 높고, 응고점이 높을 것
- 화학작용을 일으키지 않을 것
- 점도가 낮고, 비열이 커서 냉각 효과가 클 것
- 고온에서도 산화하지 않을 것

③ 열화방지 대책

컨서베이터(Conservator)	• 변압기 외함 상단에 설치한다. • 질소를 봉입하여 변압기유의 공기접촉으로 열화를 방지한다.
브리더 (Breeder)	• 변압기의 호흡작용을 위함이다. • 흡습제인 실리카겔을 충전하여 공기 중의 습기를 흡수한다.

(3) 보호 계전기

① 부흐홀츠 계전기

• 변압기 탱크와 컨서베이터 사이에 설치한다.

• 변압기 내부고장으로 절연유 온도 상승 시 유증기를 검출하여 경보한다.

② 차동 계전기

• 변압기 내부 고장 시 CT 2차 전류의 차에 의한 동작하여 경보한다.

③ 비율 차동 계전기

• 변압기 내부 고장 시 CT 2차 전류의 차가 일정 비율 이상시 동작하여 경보한다.

02 변압기의 원리

(1) 전자유도작용 ⚡⚡⚡

① 한쪽 권선을 교류전원 E_1에 연결하면 다른 쪽에는 주파수는 같고 E_1과 크기가 다른 교류전압 E_2가 유기된다.

E_1, E_2 중에 전력을 공급받는 권선을 1차 권선, 전자유도에 의하여 전력을 부하에 공급하는 쪽을 2차 권선이라 한다.

② 여자전류의 파형은 고조파 성분이 포함되어 있어 왜형파이다.

• $E_1 = N_1 \dfrac{d\phi}{dt} [\text{V}]$

• $E_2 = N_2 \dfrac{d\phi}{dt} [\text{V}]$

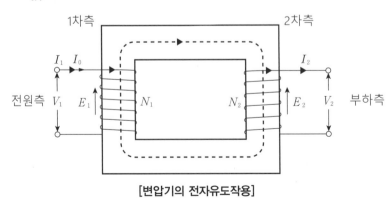

[변압기의 전자유도작용]

(2) 유도 기전력 ⚡💨💨

1차 측 $E_1 = 4.44 N_1 f \phi_m$[V], 2차측 $E_2 = 4.44 N_2 f \phi_m$[V]

$$\therefore E \propto N f \phi_m \qquad \phi_m \propto \frac{E}{Nf}$$

여기서, E : 유도 기전력, ϕ_m : 자속, N : 권수, f : 주파수이다.

(3) 권수비

$$a = \frac{E_1}{E_2} = \frac{N_1}{N_2} = \frac{I_2}{I_1} = \sqrt{\frac{Z_1}{Z_2}} \qquad \therefore E_1 I_1 = E_2 I_2$$

(4) 이상 변압기

① 철심의 투자율은 매우 크고, 자속 ϕ는 철심 내부에만 통하여 외부로는 누설하지 않는다.

② 권선저항은 0이며 동손이 없다.

③ 철심 내부에 발생하는 철손은 없다.

(5) 변압기 여자전류

① 여자전류는 철손전류와 자화전류의 합이다.

② 자화전류는 자속을 만드는 전류이다.

③ 여자전류를 감소시키려면 코일의 권선수를 증가시켜 임피던스를 증가하게 한다.

02 변압기의 등가회로

(1) 등가회로

변압기의 실제회로는 1차와 2차가 분리된 2개의 회로로 구성되지만 전자유도 작용에 의하여 1차와 2차를 하나의 전기회로로 변환 계산한다.

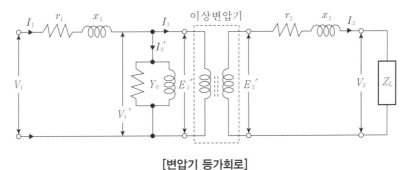

[변압기 등가회로]

1) 1차 측에서 본 등가회로(2차를 1차로 환산) ⚡⚡🔋

① 2차 측의 임피던스 Z_2, Z_L를 a^2배하여 1차 측으로 환산한다.

② 2차 측 전압 a배, 전류 $\dfrac{1}{a}$배, 임피던스 a^2배

2) 2차 측에서 본 등가회로(1차를 2차로 환산) ⚡🔋🔋

① 1차 측 전압 $\dfrac{1}{a}$배, 전류 a배, 임피던스 $\dfrac{1}{a^2}$배, 어드미턴스 a^2배

3) 변압기 여자전류 ⚡🔋🔋

① 여자전류(무부하전류) $I_0 = \sqrt{I_u{}^2 + I_w{}^2}$ [A]

② 자화전류 $I_u = \sqrt{I_0{}^2 - I_w{}^2}$ [A]

③ 철손 전류 $I_w = \dfrac{P_i}{V_i}$ [A]

(2) 변압기 정격

① 지정된 조건 하에서 변압기를 사용할 수 있는 한도

② 정격 2차 전압, 주파수, 정격 역률일 때 피상전력 [VA], [kVA]로 표기

③ 정격용량 [VA] = 정격 2차 전압 × 정격 2차 전류

(3) 단락전류 : 단락사고 시 흐르는 고장전류 ⚡🔋🔋

$$단락전류\ I_s = \frac{100}{\%Z} \times I_n$$

여기서, I_n : 정격전류

(4) 임피던스 전압 및 임피던스 와트(단락시험)

1) 임피던스 전압(V_s) ⚡⚡🔋

① 변압기 2차를 단락하고, 고압측에 정격전류가 흐를때 1차측 전압이다.

② 정격전류가 흐를 때 변압기 내의 전압강하

③ 변압기 임피던스와 정격전류의 곱

2) 임피던스 와트(P_s) ⚡🔋🔋

① 2차 측을 단락하고 1차 측에 정격전류가 흐를 때 1차 측 유효전력이다.

② 임피던스 전압상태에서의 전력(동손)으로 부하손 측정

③ 부하손 = 동손, 정격시 동손

03 변압기의 점검과 시험

(1) 절연물의 열화 진단

① 절연저항 측정

- 1,000[V], 2,000[V] 전자식 절연 저항계로 권선과 권선간, 권선과 외함간 절연저항을 측정하는 방법이다.

② 유전정접 시험(tanδ)

- 유전손실을 측정하는 방법으로, 사용하고 있는 절연물의 온도, 습도, 상태 등에 관계되는 고유한 값을 측정하는 시험이다.
- 세어링 브리지를 이용한 측정기, 전자식 탄델타(tanδ)미터 등을 사용한다.

③ 변압기 유 절연내력 시험

- 변압기 유 중에 설치된 전극에 상용주파수 전압을 절연이 파괴될 때 까지 상승시켜 절연파괴 전압 측정한다.

④ 유중가스 분석 시험

- 변압기 유 중의 용해가스를 추출 분석하여 내부 이상 유무을 진단하는 방법이다.
- 변압기를 정지시키지 않고 내부 이상 유무도 점검 가능하다.

(2) 변압기의 시험

1) 변압기 극성시험

① 감극성 표준으로 한다.

② 감극성 표준은 변압기 1차와 2차 간의 혼촉 발생으로 인한 전압 상승 방지를 위함이다.

③ 감극성 $V = V_1 - V_2$, 가극성 $V = V_1 + V_2$

2) 변압기 온도시험

① 실부하법

- 변압기에 전부하를 걸어서 온도가 올라가는 상태를 시험하는 방법이다.
- 전력이 많이 소비되어, 소형기에서만 적용한다.

② 반환부하법

- 온도가 원인이 되는 철손과 동손(구리손)만 공급하여 시험하는 방법이다.
- 전력을 소비하지 않는다.

③ 등가부하법

- 변압기의 권선 하나를 단락하고 시험하는 방법으로 단락시험법이다.
- 전손실에 해당하는 부하 손실을 공급해서 온도상승을 측정한다.

3) 변압기 절연내력 시험 : 변압기 유의 절연파괴 전압 시험

① 가압시험 : 충전 부분의 절연강도 측정시험

② 유도시험 : 층간 절연내력 측정시험

③ 충격전압 시험 : 번개 등의 충격전압에 대한 절연내역 시험

4) 변압기 등가회로 시험 ⚡⚡⚡

① 동손 : 단락시험, 저항측정시험

② 철손 : 무부하 시험(철손, 여자전류, 무부하손)

04 변압기의 결선 및 병렬운전

(1) 변압기의 극성

권선을 감는 방향에 따라 감극성과 가극성으로 구분하며 우리나라는 감극성이 표준이다.

1) 감극성

① 유도기전력 E_1, E_2의 방향이 동일 방향으로 접속되는 것

② $V = V_1 - V_2$

2) 가극성

① 유도기전력 E_1, E_2의 방향이 반대 방향으로 접속되는 것

② $V = V_1 + V_2$

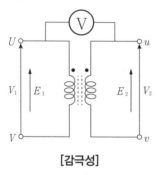

[감극성]

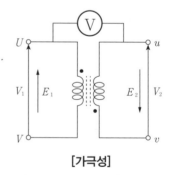

[가극성]

(2) 변압기의 결선

1) 단상 변압기를 3상 변압기로 사용 조건

① 용량, 주파수, 전압 등 정격이 같아야 한다.

② 권선의 저항, 누설 리액턴스, 여자전류 등이 같아야 한다.

2) Δ-Δ 결선

① 형태 및 용도

- 선간전압과 상전압이 같아 고압인 경우 절연이 어렵다.
- 60[kV] 이하의 저전압, 대전류인 배전용 변압기에 주로 사용한다.

② 장점 및 단점

장점	• 상전류는 선전류의 $\frac{1}{\sqrt{3}}$이다.
	• 제3고조파 전류가 내부에서 순환되어 유도장해가 발생하지 않는다.
	• 1상이 고장이 발생하면 V결선(정격출력 57.7[%])으로 사용할 수 있다.
단점	• 중성점을 접지할 수 없어 지락사고 시 보호가 곤란하다.
	• 상부하 불평형일 때 순환전류가 흐른다.

3) $Y-Y$ 결선

① 형태 및 용도 : 3권선 변압기에서 $Y-Y-\varDelta$ 송전 전용으로 주로 사용한다.

② 장점 및 단점

장점	• 상전압이 선전압의 $\frac{1}{\sqrt{3}}$로 절연이 용이하고 고전압에 유리하다.
	• 중성점을 접지할 수 있어 이상전압을 방지(보호계전 용이)할 수 있다.
단점	• 선로에 제3고조파 흘러서 유도장해로 통신선에 영향을 준다.

4) $\varDelta-Y$ 결선

① 2차 측 선간전압이 변압기 권선전압의 $\sqrt{3}$배로 승압에 유리하다.

② 승압용 변압기로 발전소용, 송전단 변전소용으로 사용한다.

5) $Y-\varDelta$ 결선

① 2차 측 선간전압이 변압기 권선전압의 $\frac{1}{\sqrt{3}}$배로 강압에 유리하다.

② 강압용 변압기로 수전단 변전소용으로 사용한다.

③ 1, 2차 선간전압 사이에 30° 위상차가 있다.

6) $V-V$ 결선($P_V=\sqrt{3}P$) ⚡⚡⚡

① 단상 $\varDelta-\varDelta$ 결선에서 1대 고장 시 고장기를 제거후 $V-V$ 결선 사용한다.

② $\varDelta-\varDelta$ 결선 출력에 비하여 $\frac{P_V}{P\varDelta}=\frac{\sqrt{3}P}{3P}=57.7[\%]$ 줄어든다.

③ 변압기 이용률 $\frac{P_V}{2P}=\frac{\sqrt{3}P}{2P}=86.6[\%]$로 줄어든다.

④ 설치방법이 간단하고, 소용량으로 가격이 저렴하다.

⑤ 부하상태에 따라 2차 단자전압이 불평형이 될 수 있다.

500[kVA] 단상 변압기 4대를 사용하여 과부하가 되지 않게 사용할 수 있는 3상 전력의 최대값은 약 몇 [kVA]인가?

해설

- 3상 Y, Δ 결선 $P_{Y-\Delta}=3P=3$대$\times500=1,500[kVA]-3$대
- 3상 V 결선 $P_V=\sqrt{3}P=\sqrt{3}\times500=866[kVA]-2$대
- 3상 V 결선 2대×2조 $P_{V2}=2\sqrt{3}P=2\sqrt{3}\times500=1,000\sqrt{3}[kVA]-4$대

(3) 상수 변환 결선 ⚡🔋🔋

① 3상 교류를 2상 교류로 변환
- 스코트 결선 (T 결선) : 전기철도에 주로 사용
- 우드브리지 결선
- 메이어 결선

② 3상 교류를 6상 교류로 변환 : 대용량 직류 변환에 주로 사용
- 포크 결선(수은정류기)
- 대각 결선
- 2차 2중 Y 결선 및 Δ 결선

(4) 변압기 병렬운전

1) 병렬운전 조건

병렬운전 조건	조건이 다를 시 현상
극성이 같을 것	극성이 다르면 매우 큰 순환전류가 흘러 권선이 소손된다.
각 변압기 권수비가 같고, 1, 2차 정격전압이 같을 것	권수비, 정격전압이 다르면 순환전류가 흘러 권선이 과열, 소손된다.
각 변압기의 내부저항과 리액턴스 비가 같을 것	각 변압기의 내부저항과 리액턴스 비가 다르면 전류의 위상차로 변압기 동손이 증가한다.
각 변압기의 %임피던스 강하가 같을 것	각 변압기의 %임피던스 강하가 다르면 부하의 분담이 부적당하게 되어 이용율이 저하된다.
각 변위와 상회전 방향이 같을 것	

2) 병렬운전 결선

병렬운전 가능		병렬운전 불가능
$\Delta-\Delta$와 $\Delta-\Delta$	$\Delta-Y$와 $\Delta-Y$	$\Delta-\Delta$와 $\Delta-Y$
$Y-Y$와 $Y-Y$	$\Delta-\Delta$와 $Y-Y$	$\Delta-Y$와 $Y-Y$
$Y-\Delta$와 $Y-\Delta$	$\Delta-Y$와 $Y-\Delta$	

3) 부하분담

① 부하분담은 %임피던스 강하와 반비례 관계로 각 변압기 용량과는 관계없다.

② $P_A = \dfrac{\%Z_B}{\%Z_A + \%Z_B} \times P[\mathrm{kVA}]$

05 변압기의 손실 및 효율

(1) 변압기의 손실

1) 무부하손 : 무부하 시험으로 측정 ($P_i = P_h + P_e$) ⚡⚡⚡

① 무부하 손실 : 철손, 유전체손, 표유부하손, 동손

② 히스테리시스 손(철손의 약 80[%]) $P_h = \eta f B_m^{1.6\sim2.0}[\mathrm{W/m^3}]$

③ 와류손(맴돌이전류손) $P_e = k_e(tfB_m)^2[\mathrm{W/m^3}]$, 여기서, t : 강판 두께

④ 변압기는 정지기로 발전기, 전동기와 같은 회전에서 발생하는 기계손이 없는 장점이 있다.

2) 부하손 : 단락시험으로 측정

① 부하손실 : 표유부하손, 동손(부하손의 대부분 손실)

② 동손 : $P_c = (r_1 + a^2 r_2)I_1^2 = I^2 R^2[\mathrm{W}]$

(2) 변압기의 효율

1) 규약효율

$$\eta = \frac{출력[\mathrm{kW}]}{출력[\mathrm{kW}] + 손실[\mathrm{kW}]} \times 100[\%]$$

2) 전부하 효율

$$\eta = \frac{V_{2n}I_{2n}\cos\theta}{V_{2n}I_{2n}\cos\theta + P_i + P_C} \times 100[\%]$$

3) 임의 $\left(\dfrac{1}{m}\right)$의 부하 효율

$$\eta = \frac{\dfrac{1}{m}V_{2n}I_{2n}\cos\theta}{\dfrac{1}{m}V_{2n}I_{2n}\cos\theta + P_i + \left(\dfrac{1}{m}\right)^2 P_c} \times 100[\%]$$

4) 최대 효율 조건 ✔✔✔

① 전부하 시 : 철손(P_i)＝동손(P_c), 즉, 무부하손＝철손

　• 정격부하의 70[%] 부근이고, 이때 $P_i : P_c = 1 : 2$이다.

② $\dfrac{1}{m}$ 부하 시 : $\dfrac{1}{m} = \sqrt{\dfrac{P_i}{P_c}}$, $\left(\dfrac{1}{m}\right)^2 = \dfrac{P_i}{P_c}$

5) 전일효율 ✔▨▨ : 1일 중 변압기 출력과 입력 전력량의 비율

① 전일효율

$$\eta_d = \frac{1일 \ 중 \ 출력량[\mathrm{kWh}]}{1일 \ 중 \ 입력량[\mathrm{kWh}]} \times 100[\%] = \frac{1일 \ 중 \ 출력량}{1일 \ 중 \ 출력량 + 손실량} \times 100\%$$

$$= \frac{V_2 I_2 \cos\theta \times T}{V_2 I_2 \cos\theta \times T + 24P_i + T \times P_c} \times 100[\%]$$

② 전 부하시간이 짧을수록 철손($24P_i = T \times P_c$)은 작아야 한다.

(3) 전압 변동률 ✔▨▨

① 전부하 시와 무부하 시의 2차 단자전압의 변동 정도를 나타낸다.

② 2차전압을 기준한 전압변동률(ε)

$$\varepsilon = \frac{무부하 \ 2차전압 - 정격 \ 2차전압}{정격 \ 2차전압} \times 100\% = \frac{V_{20} - V_{2n}}{V_{2n}} \times 100\%$$

(4) %저항강하(p)와 %리액턴스강하(q)에 의한 전압변동률(ε) ✔✔✔

① %저항강하(p) : 정격전류가 흐를 때 권선저항에 의한 전압강하 비율

② %리액턴스강하(q) : 정격전류가 흐를 때 리액턴스에 의한 전압강하 비율

진상인 경우	$\varepsilon = p\cos\theta + q\sin\theta [\%]$
지상인 경우	$\varepsilon = p\cos\theta - q\sin\theta [\%]$
%임피던스 강하(전압변동률의 최대값)	$\%Z = \varepsilon_{\max} = \sqrt{p^2 + q^2}$

(5) 누설자속 특징 및 경감법 ✔✔✔

① 1. 2차 권선을 통과하는 자속 이외에 실제로는 권선 일부만 통과하는 누설자속이 존재한다.

② 누설자속은 변압작용에 도움이 되지 않고 자기인덕턴스 역할만 한다.

③ 권선을 분할 조립이 경감대책이다.

④ 권선을 분할하여 조립, 교호배치(어긋나게)하면 누설 리액턴스가 $\dfrac{1}{2}$ 이상 감소하는 장점이 있다.

06 특수 변압기

(1) 단권 변압기

1) 형태와 용도

① 1차, 2차 권선이 절연되지 않고 일부는 공통회로로 사용된다.

② 권선 하나의 도중에 탭을 사용하며 경제적이고 특성도 좋다.

③ 권수비 a가 1에 가까울수록 특성이 좋다.

④ 절기철도 전차선 전원, 가정용 전압조정기 등에 다양하게 사용한다.

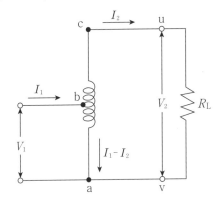

[단권 변압기 원리]

여기서, 권선수 $N_1 = a - b$간, $N_2 = a - c$간 이다.

2) 자기용량과 부하용량의 비 ⚡⚡⚡

① 권수비 $a = \dfrac{V_1}{V_2} = \dfrac{N_1}{N_1 + N_2}$

② $a < 1$이 되는 단권변압기일 때 $V_2(I_2 - I_1) = (V_2 - V_1)I_2$ 이므로

$$\frac{\text{등가용량(자기용량)}}{\text{부하용량}} = \frac{(V_2 - V_1)I_2}{V_2 I_2} = \frac{V_2 - V_1}{V_2} = 1 - \frac{V_1}{V_2}$$

③ 2차출력(부하용량) $= V_2 I_2$

3) 보통 변압기와 단권 변압기 비교 ⚡⚡✎

① 권선이 가늘어도 되며 자로가 단축되어 재료를 절약된다.

② 동손이 감소되어 효율이 좋다.

③ 공통권선을 사용하여 누설자속이 없어 전압변동률이 작다.

④ 고압측 전압이 높아지면 저압측도 고전압을 받게 되는 위험이 있다.

PLUS 예시 문제

자기용량이 10[kVA] 단권 변압기를 이용해서 배전전압 3,000[V]를 3,300[V]로 승압하고 있다. 부하역률이 80[%]일 때 공급할 수 있는 부하용량은 약 몇 [kW]인가? (단, 단권 변압기의 손실은 무시한다.)

해설

- 단권 변압기 등가용량(자기)$=\dfrac{V_2-V_1}{V_2}\times$부하용량 이므로

- 부하용량$=\dfrac{3,300}{3,300-3,000}\times10=110[\text{kVA}]$이고,

- 유효전력은 역률을 적용하면 $P=P_a\cos\theta=110\times0.8=88[\text{kW}]$이다.

(2) 계기용 변성기

고전압 교류회로 전압, 전류를 변성기를 통하므로 계측, 계기회로를 고전압으로부터 절연하므로 위험이 적고 비용이 절약된다.

1) 계기용 변압기(PT)

① 전압을 측정하기 위한 변압기로, 2차 표준전압은 110[V]이다.

② 용량은 2차 회로 부하로 2차 부담이라 한다.

③ 2차 측은 반드시 접지해야 한다.

2) 계기용변류기(CT) ⚡

① 전류를 측정하기 위한 일종의 변압기로 2차 표준전류는 5[A]이다.

② 2차 측을 개방하면 높은 기전력이 유기되므로 개방해서는 안된다.

③ 오차 감소 대책

- 철심의 단면적을 크게 한다.
- 암페어 턴을 증가시킨다.
- 도자율이 큰 철심을 사용한다.
- 평균 자로의 길이를 짧게 한다.

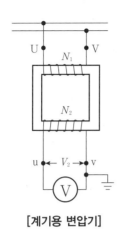

[계기용 변압기]

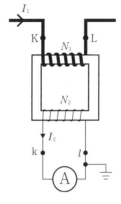

[계기용 변류기]

(3) 누설 변압기 ✒️📚

① 누설자속을 크게 한 변압기로 정전류 변압기라고도 한다.

② 일정전류를 유지하기 위해 부하전류 증가에 따른 전압강하를 크게 하려고 리액턴스를 되도록 증가시키는 수하특성을 갖게 설계한 변압기이다.

③ 누설자속으로 전압변동률이 크고 역률이 매우 나쁘다.

④ 네온관 점등용, 아크용접용 변압기에 사용한다.

PART 03

전력전자

Chapter 1 반도체소자

01 반도체의 종류

(1) 진성 반도체
① 단결정 구조를 가진 반도체
② 불순물이 섞이지 않는 순수 반도체
③ 4족 원소(원자핵 가장 바깥 궤도에 4개의 전자 : 실리콘Si, 게르마늄Ge)

(2) 불순물 반도체
① 진성 반도체에 3가 또는 5가 원자를 섞어 만든 반도체
② P형 반도체 : 3가 원소 불순물 사용
  • 불순물 : 인듐(In), 알루미늄(Al), 갈륨(Ga), 붕소(B).
  • 첨가 불순물 : 억셉터 (Acceptor)
  • 다수 반송자 : 정공
③ N형 반도체 : 5가 원소 불순물 사용
  • 불순물 : 인(P), 비소(As), 안티몬(Sb)
  • 첨가 불순물 : 도너(Donor)
  • 다수 반송자 : 과잉전자

(3) PN 접합 반도체
1) PN 접합의 특징
① PN 접합면 공간의 전하는 P영역은 음극성, N영역은 양극성을 갖는 역방향의 전위 장벽을 발생한다.
② PN 결합시 실리콘은 0.7[V], 게르마늄은 0.3[V] 수준의 전위 장벽 발생

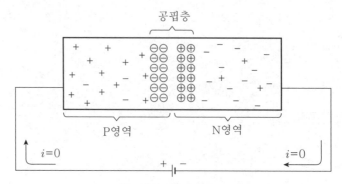

[공간전하와 전위장벽]

2) PN 접합 바이어스(Bias) ⚡⚡🔋

① 정류특성 : 전압의 방향에 따라 전류를 흐르거나 못 흐르게 하는 특성

② 공핍층 ⚡🔋🔋

- 정상상태에서 캐리어(전자 또는 정공)가 존재하지 않는 영역
- PN 접합이 형성되는 순간 N영역 일부전자가 접합면을 넘어 P영역으로 확산되며, 이들 전자는 접합 근처의 정공과 결합하게 된다.
- 역방향의 전압을 가하면 접합부 반대 측 양단에 캐리어가 모여 공핍층이 더욱 커진다.

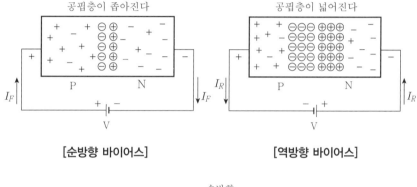

[순방향 바이어스]　　　　　　[역방향 바이어스]

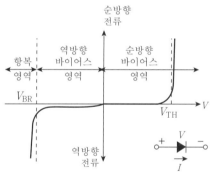

[특성곡선]

③ 순방향 바이어스 : P영역에 + 전압, N영역에 − 전압을 가하면 공핍층이 좁아져 역방향 전위장벽을 넘어 다수 반송자에 의해 순방향 전류가 흘러 도통 상태가 된다.

④ 역방향 바이어스 : P영역에 − 전압, N영역에 + 전압을 가하면 공핍층 양쪽에 존재하는 다수의 반송자들이 접합면 반대 방향으로 이동, 공핍층이 더욱 넓어져 전류 차단 상태가 된다.

⑤ 항복전압 ⚡🔋🔋

역방향 바이어스가 더 증가하여 임계전압을 넘으면, 반송자가 폭발적으로 증가하여 순식간에 큰 전류가 흐르게 되는 현상을 "전자사태", 그 임계전압을 "항복전압"이라 한다.

02 다이오드 구조 및 특성

(1) 다이오드 구조

① PN접합 양극에 외부 전극을 연결한 것이다.

② P형 쪽을 양극 또는 애노드(A), N형 쪽을 음극 또는 캐소드(K) 이다.

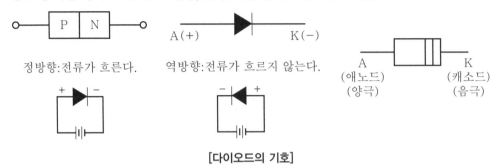

[다이오드의 기호]

(2) 제너 다이오드 ⚡⚡

① 반도체 다이오드 일종으로, 정전압 다이오드라고 한다.

② 제너 항복 현상이 주 특성이다.

③ 역방향의 일정값 이상의 항복 전압이 가해 졌을 때 전류가 흐른다.

④ 정전압을 만들거나 과전압으로부터 회로 소자를 보호하는 용도다.

(3) 배리스터 다이오드 ⚡⚡⚡

① 대칭, 비대칭 배리스터가 있으며, 좁은 의미의 대칭 배리스터를 말한다.

② 저항값이 전압에 비 직선적으로 변화하는 성질을 이용한 소자다.

③ 저항값은 온도가 높아지면 감소하고도 온도에 의해 변화한다.

④ 피뢰기, 변압기, 코일의 과전압 보호, 스위치나 계전기 접점의 불꽃 소거 등에 사용된다.

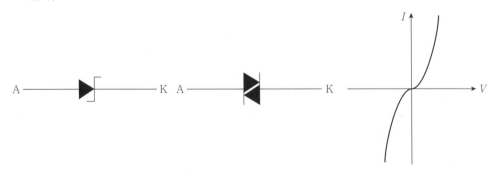

[베리스터의 기호 및 VI 특성곡선]

(4) 서미스터

① 적당한 저항율과 온도계수를 갖도록 산화물(코발트, 구리, 망간, 철, 니켈, 티타늄 등) 2~3종을 혼합 소결한 반도체이다.

② 온도가 높아지면 저항값이 감소하는 부저항 온도계수 특성을 가져서, "NTC(negative temperature coefficientthermistor)"라고 한다.

③ 온도제어용 센서로 많이 사용한다.

④ 온도계, 체온계, 습도계, 기압계, 풍속계, 마이크로파 전력계 측정용 등

⑤ 통신장치의 온도에 의한 특성변화 보상, 통신회선의 자동 이득조정 등

03 트랜지스터 및 특수반도체

(1) 바이폴라 트랜지스터(Bipolar Transistor)

① P형과 N형 반도체를 3층 구조로 접합한 것이다.

② PN 접합 다이오드에 P형, N형 영역을 부가한 형태의 양극성 접합 트랜지스터(BJT) 이다.

③ NPN형, PNP형이 있으며, 이미터(E), 베이스(B), 컬렉터(C)의 3전극이다.

④ 증폭기로 사용될 때 베이스-이미터 사이에 역방향 바이어스를 가하여 사용한다.

⑤ 트랜지스터는 증폭, 발진, 변조, 검파 용도로 쓰인다.

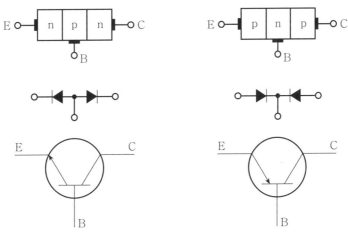

[npn형 트랜지스터]　　　　[pnp형 트랜지스터]

[바이폴라 트랜지스터 기호]

(2) 달링톤(접속) 트랜지스터

① 2개의 트랜지스터를 2개 이상 컬렉터만 병렬 연결하고 $TR1$의 이미터를 $TR2$의 베이스에 연결하여 증폭률을 높인 것이다.

② 입력저항을 크게 하여, 소 신호 입력을 고출력으로 증폭하여 사용된다.

③ 전체 증폭률은 각각 트랜지스터의 증폭률의 곱으로, 작은 베이스 전류로 매우 큰 컬렉터 전류를 제어 할 수 있다.

④ 각 소자 증폭률 ⚡⚡⚡

• 트랜지스터의 증폭률 30~100

• 달링턴 접속 트랜지스터 증폭률 100~1000

• 슈퍼 베타 트랜지스터 증폭률 1000~3000 이상

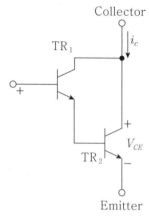

[달링톤 회로도]

(3) 전계효과 트랜지스터(FET)

1) 전계효과 트랜지스터의 종류

① 접합형 FET(Junction FET : $J-FET$) : PN 접합형(P채널, N채널) 게이트

② 금속산화물 반도체 FET($MOS\ FET$) : 증가형, 공핍형

③ 금속 반도체형 FET($MES\ FET$) : 갈륨비소(GaAs)를 사용으로 고속 동작 속도가 얻어지므로 고주파에 사용

2) 전계효과 트랜지스터의 구조 및 원리

① 게이트(G), 소스(S), 드레인(D)의 3개의 전극으로 구성된다.

② N형, P형으로 구분하는 소스에서 드레인까지 연결된 전류 통로 채널이 있다.

③ 채널 전류는 전자나 정공 중 어느 한쪽의 다수 반송자에 의하여 구성되므로 "단극성 트랜지스터"라고 한다.

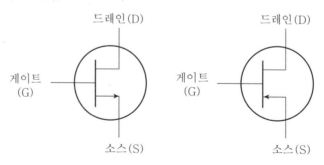

[n채널 JFET]   [p채널 JFET]

[접합형 전계효과 트랜지스터 J-FET(N형 기호)]

④ 반송자 유입측 소스(Source), 유출측 드레인(Drain), 채널(통로) 폭을 결정해주는
전극은 게이트(Gate)로 구성된다.

⑤ D와 S간에 전압을 가하면 자유전자가 S극에서 유입되어 D측으로 흘러 통로를 형성
한다.

3) J–FET

① 게이트 전압이 0일 때 채널 폭 최대(외부 바이어스 전압이 없을 때 전류가 잘 흐르는
상시 도통 소자)

② 제어를 통해 드레인 전류를 감소시키는 방식으로 "공핍형(D형) 소자"라 한다.

4) 증가형 MOS–FET (E형) ⚡⚡⚡

① 공핍형 동작 외에 증가형(E형) 동작이 가능하다. (외부 바이어스 전압이 없을 때 전
류가 흐르지 못하는 상시 차단 소자)

② 게이트 전압이 임계전압 이상으로 커지면 점점 채널 폭이 증가한다.

③ $MOS-FET$ 드레인 전류는 게이트와 소스사이의 전압을 제어한다.

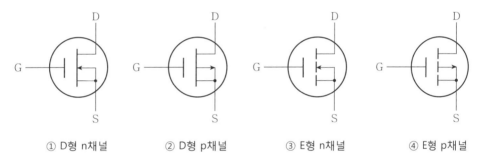

| ① D형 n채널 | ② D형 p채널 | ③ E형 n채널 | ④ E형 p채널 |

(4) 절연 게이트형 트랜지스터(IGBT)

1) 구조 및 특성

① 바이폴러 트랜지스터와 $MOS-FET$를 복합한 형태이다.

② FET와 같이 입력 임피던스가 높고 100[kHz] 정도의 고
속 스위칭이 가능하다.

③ 대 출력(큰 전류) 특성을 갖추어 사이리스터의 대체용 소자
이다.

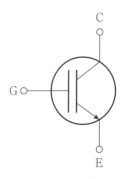

[IGBT 기호]

④ 턴온(turn on), 턴오프(turn off)시 $\dfrac{di}{dt}$가 높아 높은 서
지가 발생한다.

⑤ 절연 게이트를 갖고 있기 때문에 정전대책이 필요하다.

⑥ 스위칭 모드 전원장치($SMPS$), 무정전전원장치(UPS), 직,교류 전동기 구동, 전기철
도 차량의 구동 전동기, 반도체 릴레이, 전자접촉기 등의 중 용량급 전력전자 회로에
주로 사용한다.

(5) 트리거 소자 및 특성

1) UJT(Uni-junction Transistor)

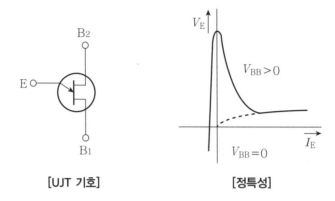

[UJT 기호]   [정특성]

① UJT(단일 접합 트랜지스터)는 일명 "더블베이스 다이오드"라고 한다.

② 사이리스터의 트리거 신호 발생에 이용되고 있다.

③ 3개의 극을 가지고 있으며, 이미터, 베이스1($B1$), 베이스2($B2$)이다.

④ $B1$과 $B2$ 사이의 단일 접합은 보통 저항특성을 갖고 있고, 4.7~9.1[kΩ] 범위의 저항값을 갖고 있다.

⑤ 정격 피크 전류가 크고, 트리거 전압이 안정되며 특히 소비전력이 적고 소형이다.

2) PUT(Programable Uni-junction Transistor)

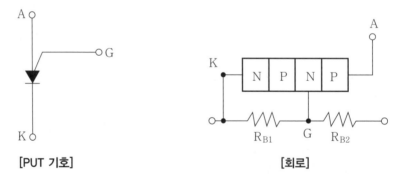

[PUT 기호]   [회로]

① UJT는 성능 고정소자 라면 PUT는 성능 가변소자이다.

② 애노드 측에 게이트 단자를 붙인 소형의 N게이트 사이리스터 소자이다.

③ 게이트 전압이 인가된 경우 애노드 전압이 게이트 전압보다 높을 때 턴온(turn on)한다.

3) DAIC (Diode AC Switch)

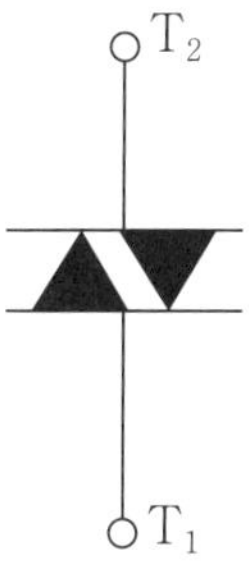

[DIAC 기호]

① 2 단자(T_1, T_2) 교류의 스위칭 소자이다.

② 교류전원으로 직접 트리거 펄스를 얻는 회로에 사용되어 "트리거다이오드"라고 한다.

③ 쌍방향성(양방향성)으로, 교류전원을 한 순간만 도통시켜 트리거 펄스를 만든다.

④ 간단하고 값이 싸다.

⑤ SCR이나 트라이액의 트리거용으로 사용된다.

4) SUS (Silicon Unilateral Switch)

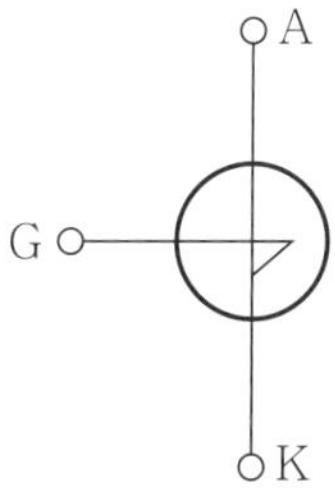

[기호]

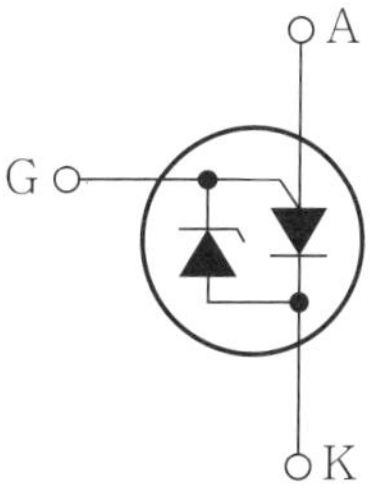

[등가구조]

① 단방향성 3단자 트리거 소자이다.

② 게이트와 캐소드 사이에 저전압 제너다이오드를 가진 소자이다.

③ 내부의 에벌란시 전압으로 결정되는 일정 전압으로 스위칭 한다.

5) SBS (Silicon Bilateral Switch)

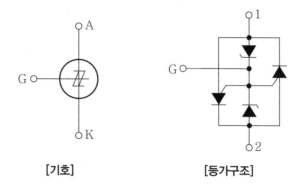

[기호]　　　　　[등가구조]

① 쌍방향성 3단자 트리거 소자이다.
② 2개의 같은 SUS를 역 병렬로 조합한 것과 같다.

(6) 기타 소자

1) 풀업 저항(Pull-up Resistor) ⚡���

① 입출력 단자를 고전위 단자에 연결하는 저항
② 컬렉터 공급에서부터 출력 컬렉터까지 트랜지스터 회로의 양성 공급 전압에 연결하는 저항

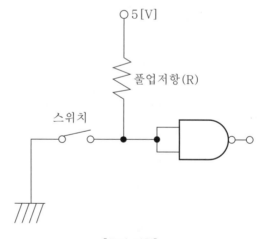

[풀업 저항]

2) 포토커플러 ⚡���

① 1 방향성으로 발광소자와 수광소자가 마주 보고 있는 구조의 광 결합소자이다.
② 발광다이오드에 신호 입력 시 발광되고, 마주 보는 수광 포토트랜지스터에 입사시키면 전도상태가 된다.
③ 전기회로와 기계부분이 조합된 장소에서 포토커플러를 사용하면 기계가 전원이 달라도 되고, 잡음 발생이 없어 설계가 간단해진다.

④ 입출력이 전기적으로 절연되어 있다.

⑤ 전기적이 잡음 제거 회로에 사용된다.

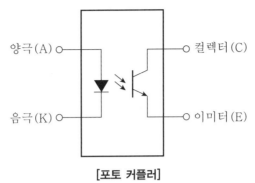

[포토 커플러]

3) Cds

① 카드뮴(Cd)과 황(S)의 화합물로서 황화카드뮴이라고도 한다.

② Cds에 광이 조사되면 자유전자가 증가하여 저항이 감소한다.

③ 광을 제거하면 저항이 커져 전류를 차단하는 것을 이용한 것이다.

④ 광을 전기신호로 변환하는 것으로 각종 자동 제어회로, 도난방지기, 자동문, 자동점멸기에 사용된다.

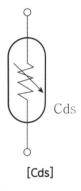

[Cds]

Chapter 2 사이리스터

01 사이리스터 구조 및 특성

(1) 사이리스터(Thyristor) ⚡⚡⚡

① $PNPN$ 구조를 가지는 스위칭 소자의 총칭이다.

② 사이리스터 종류

SCR, GTO, $TRIAC$, $DIAC$, SBS, SCS, SSS, SUS, $LASCR$ 등

단방향 소자	SCR, GTO, SCS, $LASCR$
쌍방향 소자	SSS, $TRIAC$, $DIAC$, SBS

③ 트리거 제어 소자(발진용 저항이 필요한 소자) : SUS, UJT, PUT, $DIAC$, SBS

④ 공진형 컨버터(초퍼) 스위치로는 TR, $MOS-FET$, GTO, $IGBT$ 등을 사용하고, SCR은 정류회로가 필요하고 신뢰성이 낮아 거의 사용되지 않는다.

(2) SCR

1) SCR 구조 ⚡⚡⚡

① $PNPN$의 4층 구조의 사이리스터(Thyristor) 대표적인 소자이다.

② A(Anode), K(Kathode), G(Gate)의 3단자를 구조로 큰 전력을 제어한다.

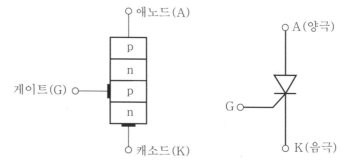

[SCR 구조 및 기호]

2) SCR 동작원리 ⚡⚡⚡

① 위상각 $\theta = \alpha$ 점에서 SCR 게이트에 트리거 펄스를 가하면 통전된다.

② $\theta = \pi$에서 전압이 $(-)$이 되면 SCR은 소호(턴 오프)된다.

③ 다음 주기의 전압이 $(+)$,$(-)$ 반복되면 SCR은 통전(턴온), 소호(턴 오프)가 반복된다.

• 턴 오프 : 능동 상태나 도전 상태에서 비능동 또는 비도전 상태로 전환되는 것

• 턴 온 : 턴오프와 반대의 상태로 전환되는 것(게이트 전류를 가하여 도통 완료까지의 시간)

3) 제어 정류작용

① 게이트에 의하여 점호시간을 조정할 수 있다.

② 점호 시간 변화로 교류를 직류로 변환하고, 출력전압을 제어할 수 있다.

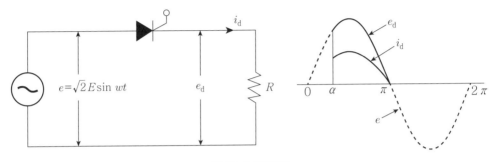

[SCR 동작원리]

4) SCR의 특징 ⚡⚡⚡

① *SCR ON-OFF* 동작
  - 래칭전류 이상에서 게이트에 입력이 주어질 때 *ON*(도통)이 되고, 도통 후는 게이트 전류를 차단하여도 계속 도통상태 유지한다.
  - 래칭전류 : *SCR*이 *ON*이 되기 위하여 흘려야 할 애노드(80[mA] 이상) 전류
  - 유지전류 : *SCR*이 *ON*을 유지하기 위한 애노드(20[mA] 이상) 최소 전류

② *SCR OFF* 조건 : 애노드의 극성을 역전압(부, −)으로 하거나 유지전류 이하이면 소호된다.

③ 교 · 직류 제어가 가능하나, 단일 방향으로만 위상 제어한다.

④ 게이트 전류가 증가하면 브레이크 오버 전압은 감소한다.

⑤ 게이트의 구동 전력이 작고, 구동회로가 간단하여, 소형화할 수 있다.

⑥ 직류의 가변 전압회로, 스위칭, 인버터, 교류의 위상제어에 사용된다.

5) 브레이크 오버(Break Over) 전압 ⚡⚡

① 사이리스터가 턴온되기 시작하는 최소 전압이다.

② 사이리스터 접합온도가 상승하면 브레이크 오버(Break Over) 전압은 저하한다.

③ 최고 허용온도를 제한하는 가장 주된 이유이다.

④ 실리콘 다이오드의 브레이크 포인터
  - 실리콘 다이오드 0.7[V]
  - 게르마늄 다이오드 0.4[V]

6) *SCR*의 접속

직렬접속	고전압, 저전류
병렬접속	저전압, 대전류
직·병렬접속	고전압, 대전류

(3) GTO(Gate Turn off Thyristor)

1) 구조 및 *ON-OFF* ⚡⚡⚡

① 자기 소호 소자이고, 4층 구조이다.

② GTO 소자는 게이트 신호로 전력회로를 자유롭게 *ON-OFF*제어할 수 있다.

③ 양(+) 게이트 전류에 의해 턴온(turn on) 시킬 수 있고, 음(−)의 게이트 전류에 의해 턴오프(turn off) 시킬 수 있다.

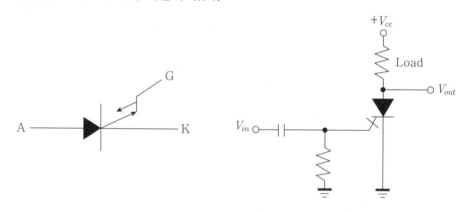

[GTO 기호 및 구동 회로]

2) *GTO*의 장점(*SCR*과 비교)

① 높은 스위칭 주파수로 빠른 턴오프(turn off) 기능이 있다.

② 컨버터 효율을 향상시킬 수 있다.

③ 전류형 쵸크를 제어하여 전자기적 소음을 줄일 수 있다.

④ 무게, 부피, 가격을 감소시킬 수 있다.

(4) SCS

① 역저지 단방향성 사이리스터이면서 *PNPN* 4층 접합구조이다.

② *SCR*과 같은 정류특성을 나타낸다.

③ 게이트가 없고, 턴 온(turn on)은 브레이크 오버 전압을 가한다.

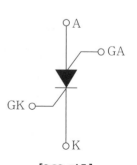

[SCS 기호]

(5) TRIAC(Triode AC Switch)

1) 구조 및 *ON-OFF* ⚡⚡⚡

① DIAC의 구조에 게이트를 추가한 구조이다.

② 2개의 사이리스터를 공통 게이트로 역병렬 접속한 3단자 소자이다.

③ 양방향성 제어가 되고, 규소의 5층 접합으로 구성된다.

④ 극성에 관계없이 게이트 신호가 있으면 턴온(turn on), 신호가 없으면 턴오프(turn off) 된다.

⑤ 2개의 주 전극((MT_1, MT_2 : 주 단자)과 1개의 게이트(G : 제어단자)의 구조이다.

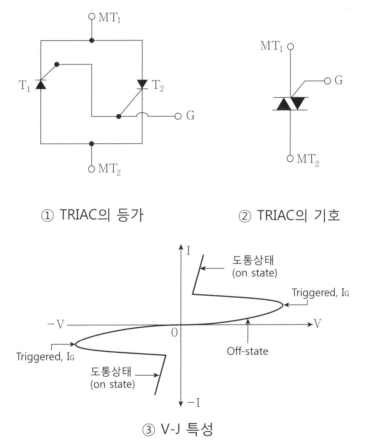

① TRIAC의 등가   ② TRIAC의 기호

③ V-J 특성

2) 트라이액 특성

① 게이트 펄스는 게이트(G)와 주 단자(MT_1) 사이로 입력한다.

② 스위칭 동 특성은 사이리스터에 미치지 못한다.

③ SCR 같은 사이리스터처럼 고전류, 고전압에 사용할 수 없다.

④ 트라이액 대신 SCR의 조합한 교류 스위치가 많이 사용된다.

⑤ 일반적으로 AC 위상제어에 주로 사용된다.

(6) 광 실리콘 제어 정류기(LA SCR)

① $PNPN$ 4층 소자로 중앙 J_2 접합부에 빛을 조사하는 구조이다.

② J_2에 빛으로 전자 정공대가 유기되고, 전계에 의하여 턴온(turn on)된다.

③ 전력용 컨버터의 스위칭 소자 사이에 완전한 전기적 절연이 가능하다.

④ 고전압, 대전류 응용에 많이 사용된다.

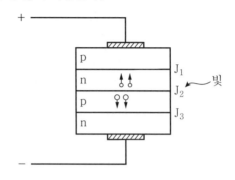

[광실리콘 제어 정류기 구조]

(7) 쌍방향 2단자 사이리스터(SSS) ⚡⚡📖

① 5층의 PN접합을 갖는 양방향 사이리스터로 일명 사이덱(Sidac)이라 한다.

② 2개의 역저지 3단자 사이리스터를 역병렬로 접속하여 게이트가 없다.

③ 턴온(turn on)은 T_1과 T_2 사이에 펄스상의 브레이크 오버 전압 이상의 전압을 가하는 V_{BO}와 상승이 빠른 전압을 가하는 $\dfrac{dv}{dt}$ 점호가 필요하다.

④ SCR과 같이 과전압이 걸려도 소손되는 일이 없이 턴온(turn on)된다.

⑤ 과전압이 걸리기 쉬운 옥외 네온사인의 조광에 좋다.

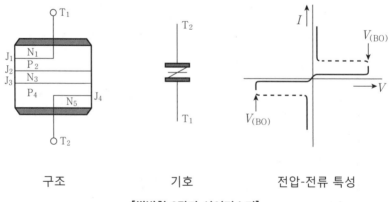

구조   기호   전압-전류 특성

[쌍방향 2단자 사이리스터]

02 사이리스터 접속 및 보호, 시험

(1) 사이리스터의 접속 ⚡⚡⚡

1) 병렬 접속

① 회로의 부하전류가 정격전류를 초과하면 병렬 접속한다.

② 전류의 균등 분담을 위해 리액터(인덕터)나 저항을 직렬 연결하여 전압강하를 이용한다.

③ 병렬 연결된 사이리스터가 동시에 턴온되기 위해서는 점호 펄스의 상승시간이 빨라야 한다.

④ 특성이 다른 다이오드와 병렬 조합하면 안된다.

⑤ 전류가 많이 흐르는 사이리스터는 내부저항이 감소한다.

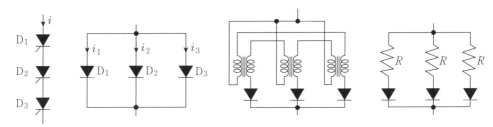

[사이리스터 직·병렬 접속]

2) 직렬 접속

① 전압을 분담하기 위해 직렬 접속한다.

② 직렬접속 사이리스터는 동시 점호에 의한 턴온되어야 한다.

3) 직, 병렬 접속

메시방식과 스트링방식이 있다.

구분	메시방식	스트링방식
결선법		
단락 (소자1개)	단락 소자와 병렬 소자 이외의 소자-과전압 발생	단락 소자와 같은 열(列)의 이외의 소자-과전압 발생
개방 (소자1개)	개방 소자와 병렬인 소자-과전류 발생	건전 직렬소자 열(列)의 소자-과전류 발생

(2) 사이리스터 정격과 보호

1) 정격 : 케이스 온도 정격을 주로 사용

① 케이스 온도 정격(Case rating) : 케이스 기준점 온도를 기준

② 주위 온도 정격(Ambient rating) : 주위온도와 냉각 방법 기준

2) 각종 정격

① 겉보기 접합온도

- 가정된 접합부 온도이다.

- 과부하 전류 정격을 계산시 사용한다.

② 열저항

열평형 상태에서 반도체 내부에서 소비되는 전력 P[W]과 열저항 [R$_{th}$]

$$열저항 \ R_{th} = \frac{T_j - T_s}{P} \ [\text{℃/W}]$$

여기서, 접합면 온도 : T_j[℃], 기준점 온도 : T_s [℃]

③ 과도 열 임피던스

반도체 소자에 소비되는 전력 손실에 계단함수의 변화 P[W]를 줄 때

$$과도 \ 열 \ 임피던스 \ Z_{th} = \frac{[T_j(t) - T_j(0)] - [T_s(t) - T_s(0)]}{P} \ [\text{℃/W}]$$

여기서, $[T_j(t) - T_j(0)]$: 접합부 온도변화, $[T_s(t) - T_s(0)]$: 기준점 온도변화

(3) 과전압 및 과전류 보호

1) 과전압 보호 ⚡⚡⚡

변압기의 투입, 차단 또는 직류 차단 시 발생하는 서지전압은 CR 서지 완충기(Surge Absorber), 스너버(Snubber)로 보호하고, 뇌격에 의한 서지는 반도체 피뢰기를 접속 보호 한다.

① CR 서지 완충기(Surge Absorber)

전원에서 발생한 에너지를 커페시터 C에 충전으로 과전압을 억제하고, R과 C를 직렬 연결하여 LC 공진에 의한 진동전류를 방지한다.

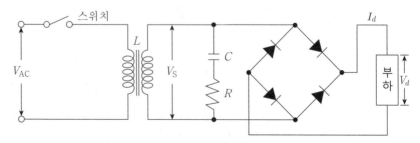

[CR 서지 완충기의 과전압 보호]

② 스너버 회로(Snubber)

- 부하의 인덕턴스를 ON/OFF할 때 발생하는 과도전압$\left(\text{전압 상승률}\left(\dfrac{di}{dt},\ \dfrac{dv}{dt}\right)\right.$ 완화$\left.\right)$에서 반도체를 보호하는 회로이다.
- 입력 신호의 불필요한 노이즈를 제거하기 위한 회로이다.
- SCR에 가깝게 배치하여 회로의 임피던스를 줄이도록 하고, 저항은 무유도 저항을 사용한다.

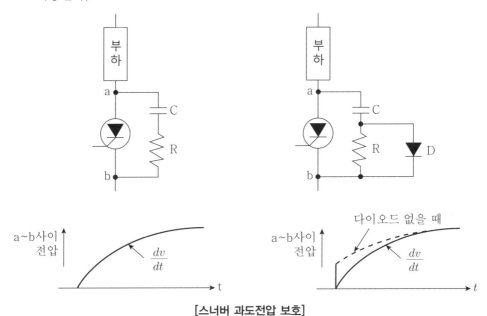

[스너버 과도전압 보호]

2) 과전류 보호

반도체 소자는 열용량이 매우 작아 단시간 전류 정격이 작으므로, 단시간 과전류에 특히 주의해야 하며, 보호는 퓨즈 또는 크로우바라는 단락회로를 사용한다.

① 크로우바 회로(Crowbar)

- 전력변환 회로에서 과도전류 발생시 전원측 SCR을 턴온시켜 전원을 단락상태로 만들어 퓨즈가 동작하게 하여 변환회로를 보호한다.
- 퓨즈의 I^2t 정격은 SCR I^2t 정격보다 작아야 한다.

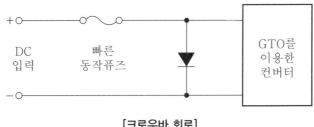

[크로우바 회로]

② 턴온 전류 상승률$\left(\dfrac{di}{dt}\right)$ 보호

상승률$\left(\dfrac{di}{dt}\right)$가 클 때 사이리스터가 자주 파괴되므로, 전류의 급격한 상승을 막기 위해 사이리스터와 직렬로 인덕턴스 L을 접속한다.

(4) 사이리스터 측정과 시험
1) 사이리스터 측정 종류
① 순전압 강하(온 전압) 측정 ⚡☆☆
  • 직류법, 평균 순전압 강하 측정법, 오실로스코프법
② 순 및 역 누설 전류 측정법
  • 직류법, 평균 누설전류 측정법, 오실로스코프법
③ 턴온 시간의 측정
④ 턴 오프 시간의 측정
⑤ 유지전류의 측정
⑥ 래칭전류의 측정
⑦ 게이트 점호전류 및 전압 측정
⑧ 최대 부(−) 점호 전류의 측정
⑨ 한계 순저지 전압 상승률$\left(\dfrac{dv}{dt}\right)$ 측정
⑩ 과도 열 임피던스의 측정(가열법, 냉각법)
⑪ 정상 열저항 측정

Chapter 3 정류회로

01 정류회로 특성

(1) 정류기

교류(AC)를 직류(DC)로 변환하는 것을 전력변환기 또는 정류기라 하고, 반파, 전파, 브리지 정류회로 등이 있다.

(2) 정류기 전원회로

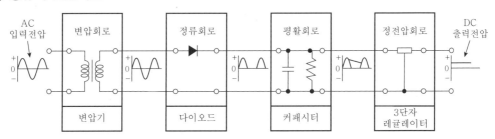

[정류기 전원회로]

(3) 정류회로

① 한쪽 방향으로만 흐르게 하는 다이오드를 사용한다.

② 변압기측 교류전압을 양($+$), 음($-$)의 한쪽 방향의 직류전압으로 변환한다.

(4) 평활회로

① 정류기측 맥류파형을 제거하여 평활한 직류로 만드는 회로이다.

② 인덕터와 케페시터를 사용한 저주파 필터 π를 사용한다.

(5) 정류효율

1) 직류출력(P_{dc})

출력전압과 출력전류의 평균값을 V_{dc}, I_{dc}라 하면, $P_{dc} = V_{dc} \cdot I_{dc}$이다.

2) 교류출력(P_{ac})

입력전압과 입력전류의 실효값을 V_{ac}, I_{ac}라 하면, $P_{ac} = V_{ac} \cdot I_{ac}$이다.

3) 정류효율 $(\eta) = \dfrac{P_{dc}}{P_{ac}}$

(6) 맥동률(Ripple Factor : 리플률)

다이오드에서 정류된 파형을 "맥류"라 하고, 정류된 직류출력에 교류 성분이 포함된 정도를 "맥동률"이라 한다.

$$\gamma = \frac{\text{파형속의 맥류분 실효값}}{\text{정류된 파형의 평균값(직류)}} = \sqrt{\left(\frac{I_{ac}}{I_{dc}}\right)^2 - 1}$$

(7) 전압 변동률

① 정류회로에서 전원전압이나 부하의 변동 정도에 따라 직류 출력전압이 변화하는 정도를 말한다.

② 부하전류의 크기에 관계없이 항상 출력전압이 일정하여야 하고, 전압 변동률은 적을수록 좋다.

$$\varepsilon = \frac{\text{무부하 직류전압} - \text{전부하 직류전압}}{\text{전부하 직류전압}} \times 100[\%]$$
$$= \frac{V_0 - V_{dc}}{V_{dc}} \times 100[\%]$$

02 정류회로

(1) 단상(다이오드) 정류회로

1) 단상 반파 정류회로 ⚡⚡⚡

① 교류 성분의 양(+)과 음(−) 중 한쪽만 통과(순방향 전압)하여 반파만 출력된다.

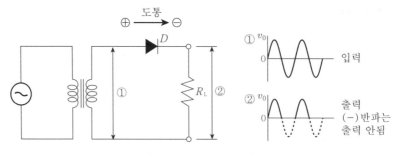

[단상 반파 정류회로]

② 출력전압은 정현파(사인파) 교류 평균값의 반이 된다.

- 직류전압(평균값) $V_d = \frac{1}{2\pi} \int_0^{\pi} \sqrt{2}\,V \sin\theta\, d(wt) = \frac{\sqrt{2}}{\pi}V = 0.45V$

- PIV(역전압 첨두값) $= \sqrt{2}V = \pi V_d$

- 정류효율 40.6[%]

③ 정류회로 중 가장 간단하게 구성할 수 있다.

④ 스위칭 모드 전원회로처럼 주파수가 높은 회로에 사용된다.

PLUS 예시 문제

반파 정류회로에서 출력 전압 220[V]를 얻는데 필요한 변압기 2차 상전압은 약 몇 [V]인가? (단, 부하는 순저항 변압기내 전압강하를 무시하며 정류기내의 전압강하는 50[V]로 본다.)

해답

- 단상 반파 정류회로에서 $V_d=0.45V-e$이다.
- $V=\frac{1}{0.45}(V_d+e)=\frac{1}{0.45}(220+50)=600[V]$

2) 단상 전파 정류회로

① 2개의 다이오드를 이용하여, 교류 성분의 양(+)과 음(−)의 전주기를 정류하므로 전파정류라고 한다.

② 양(+) 주기는 D_1이, 음(−) 주기는 D_2가 도통되어 부하에는 전주기 동안 파형이 출력된다.

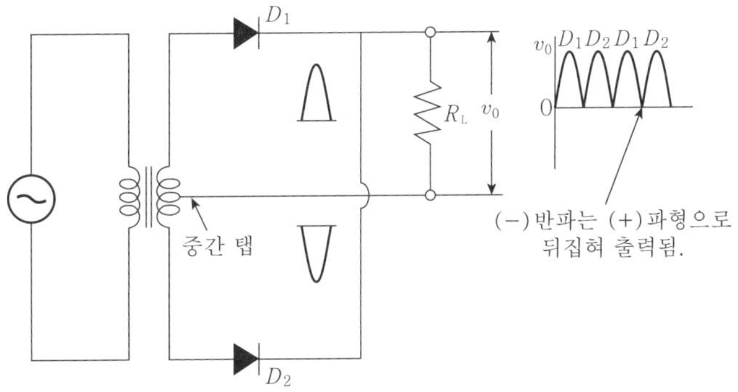

[단상 전파 정류회로]

③ 반파 정류회로에 비하여 교류분이 적게 포함되어 정류 효율도 좋다.

- 직류전압(평균값) $V_d=2\times\frac{1}{2\pi}\int_0^{\pi}\sqrt{2}V\sin\theta\, d(wt)=\frac{2\sqrt{2}}{\pi}V=0.9V$
- PIV(역전압 첨두값)$=2\sqrt{2}V=\pi V_d$
- 정류효율 81.2[%]

3) 단상 브릿지 전파 정류회로 ⚡⚡⚡

① 4개의 다이오드를 이용하여, 교류 성분의 양(+)과 음(−)의 전주기를 정류하는 전파 정류 방식이다.

② 양(+) 주기는 D_1, D_4가, 음(−) 주기는 D_2, D_3가 도통되어 부하에는 전주기 동안 파형이 출력된다.

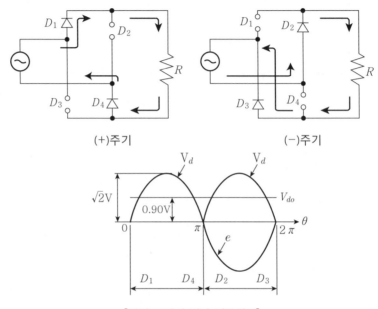

(+)주기   (−)주기

[단상 브릿지 전파 정류회로]

- 직류전압(평균값) $V_d = 2 \times \dfrac{1}{2\pi}\int_0^\pi \sqrt{2}\,V\sin\theta\,d(wt) = \dfrac{2\sqrt{2}}{\pi}\,V = 0.9V$

- PIV(역전압 첨두값) $= 2\sqrt{2}V = \pi V_d$

- 정류효율 81.2[%]

③ 순방향 전압강하가 2배가 되는 단점이 있다.(2개의 다이오드를 통과하므로 다이오드 수가 4개로 많다.)

④ 전체 정류효율이 가장 좋아 많이 사용하는 방식이다.

4) 변압기 중성점을 이용한 전파 정류회로

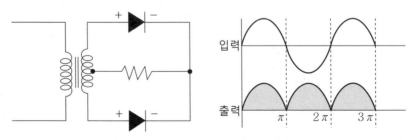

[변압기 중성점을 이용한 전파 정류회로]

- 직류전압(평균값) $V_d = 0.9V$
- PIV(역전압 첨두값) $= 2\sqrt{2}V = \pi V_d$
- 정류효율 81.2[%]

5) 배(倍) 전압회로 ⚡⚡⚡

브릿지 회로에서 다이오드 2개를 커페시터로 바꾸면 출력 전압을 2배로하는 배(倍) 전압회로가 된다.

- 출력전압 $V_d = 2V_m$

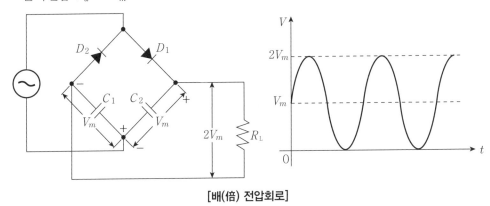

[배(倍) 전압회로]

(2) 3상 정류회로

1) 3상 반파 정류회로 ⚡⚡⚡

① 실리콘, 사이리스터 정류기를 사용하여 직류로 정류한다.

② 3상 반파정류(맥동률 17%)를 많이 사용한다.

③ 3상 전파정류에 비해 가격이 싸다.

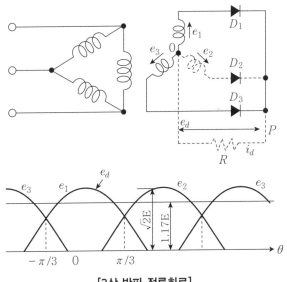

[3상 반파 정류회로]

- 직류전압(평균값) $V_d = 1.17V$

- 직류전류(평균값) $I_d = 1.17\dfrac{V}{R}$

- PIV(역전압 첨두값) $= \sqrt{3} \times \sqrt{2}\,V = \sqrt{6}\,V$

- 정류효율 96.7[%]

2) 3상 전파 정류회로 ⚡⚡⚡

① 상단부 다이오드(D_1, D_3, D_5)는 임의의 시간에 3상 전원 중 전압의 크기가 양의 방향으로 가장 큰 상에 연결되어 있는 다이오드가 온(on)된다.

② 전원의 한 주기당 펄스폭이 120°인 6개의 펄스형태의 선간전압으로 직류 출력전압이 얻어진다.

③ 3상 전파 정류기를 6펄스 정류기라고도 한다.

④ 3상 전파 정류회로의 출력전압 $v_0(t)$은 3상 반파 정류회로의 경우보다 리플(ripple)성분 크기가 작다.

⑤ 맥동률 4[%]로 맥동이 작은 평활한 직류를 얻는다.(3상반파에 비해)

⑥ 정류기는 실리콘 정류기, 사이리스터를 많이 사용된다.

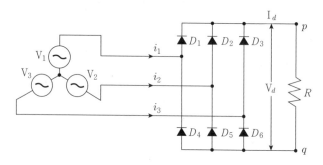

[3상 전파 정류회로]

- 직류전압(평균값) $V_d = 1.35V$

- 직류전류(평균값) $I_d = 1.35\dfrac{V}{R}$

- PIV(역전압 첨두값) $= \sqrt{3} \times \sqrt{2}\,V = \sqrt{6}\,V$

- 정류효율 99.8[%]

3) 맥동률 ⚡⚡⚡

① 정류기를 통과한 직류에 포함된 교류성분의 정도이다.

② 맥동률이 작을수록 품질이 좋아 진다.

③ 정류 방법별 맥동률 비교

구분	3상 전파	3상 반파	단상 전파	단상 반파
맥동률[%]	4	17	48	121
맥동(f)	$6f$	$3f$	$2f$	f
평균값(V_d)	$1.35V$	$1.17V$	$0.9V$	$0.45V$
정류효율 η[%]	99.8	96.7	81.2	40.6

④ 연산증폭기 입,출력 파형

R-C 적분회로	입력(구형파), 출력(삼각파)
C-R 미분회로	입력(구형파), 출력(펄스파)

4) 환류 다이오드(D_f) (Free Wheeling) ⚡⚡⚡

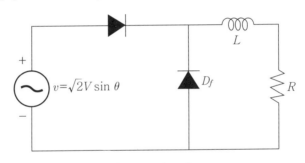

[환류 다이오드]

① 부하와 병렬로 접속하여 다이오드가 오프될 때 유도성 부하전류의 통로를 만드는 기능을 한다.

② 부하에서 전원으로 에너지가 회생될 때 다이오드가 도통되어 전류가 흐르는 경로가 된다.

③ 정류회로에 유도성 부하가 접속되는 곳에 사용한다.

- 다이오드의 역 바이어스 전압을 부하에 관계없이 유지한다.
- 부하전류를 평활화한다.
- 저항에서 소비되는 전력이 증가하므로 역률이 개선된다.

(3) 사이리스터 정류회로

1) SCR의 정류 특성

① SCR 턴 온(turn on) 조건

- 게이트에 래칭 전류 이상의 전류(펄스전류)를 인가한다.
- 양극과 음극 간에 브레이크 오버 전압 이상을 인가한다.

② *SCR* 턴 오프(turn off) 조건
  • 애노드 극성을 (−)로 한다.
  • *SCR*에 흐르는 전류를 유지전류 이하로 한다.

2) SCR 위상 제어

① 단상 반파 정류회로 ⚡⚡⚡

$$V_d = \frac{1}{2\pi} \int_0^\pi \sqrt{2}\, V \sin wt\, d(wt) = \frac{\sqrt{2}\, V}{2\pi} [-\cos wt]_\alpha^\pi$$

$$= \frac{\sqrt{2}}{\pi} V(\frac{1+\cos\alpha}{2}) = 0.45 V(\frac{1+\cos\alpha}{2})$$

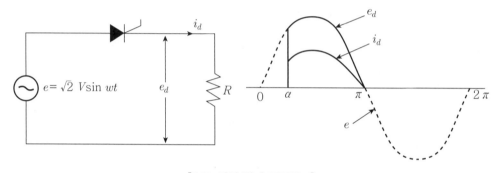

[SCR 단상 반파 정류회로]

② 단상 전파 정류회로 ⚡⚡⚡

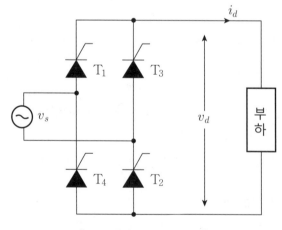

[SCR 단상 전파 정류회로]

• T_1, T_2 위상 α시점에서, T_3, T_4를 위상 180°$+\alpha$시점에서 각각의 게이트에 점호하였을 때 정류된 파형이 점호각 α 많큼 잘려나간 파형이 얻어진다.
• α 많큼 점호신호를 지연하는 시간을 "점호각" 또는 "지연각"이라 한다.

• 점호각을 조정하여 출력전압을 원하는 값으로 바꾸어 주는 것을 "위상제어"라 한다.

저항만 부하	출력전압 $V_d = \dfrac{1}{\pi} \displaystyle\int_0^\pi \sqrt{2}\,V \sin wt\, d(wt) = \dfrac{\sqrt{2}\,V}{\pi} [-\cos wt]_\alpha^\pi$ $= \dfrac{2\sqrt{2}}{\pi} V \left(\dfrac{1+\cos\alpha}{2}\right) = \dfrac{\sqrt{2}}{\pi} V(1+\cos\alpha) = 0.45 V(1+\cos\alpha)$
유도성 부하	출력전압 $V_d = \dfrac{2\sqrt{2}}{\pi} V \cos\alpha = 0.9 V \cos\alpha$

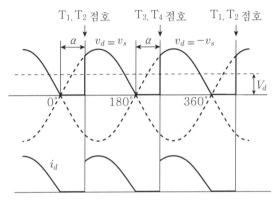

[저항만의 부하 동작파형]

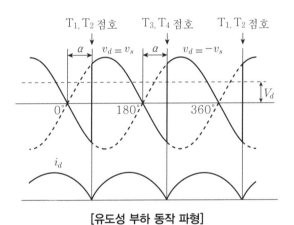

[유도성 부하 동작 파형]

③ 3상 반파 정류회로

유도성 부하 $V_d = \dfrac{3\sqrt{6}}{2\pi} V \cos\alpha = 1.17 V \cos\alpha$

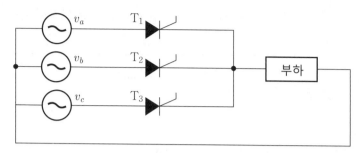

[SCR 3상 반파 정류회로]

④ 3상 전파 정류회로

- 교류 사인파의 60~120°의 기간 동안 T_1, T_2가 도통하고, 120° 시점에 T_1은 꺼지고 T_3가 도통한다. 이때 점호를 α만큼 지연시키면 T_3가 점호될 때까지 T_1이 계속 도통하고, 그 이전의 전압파형이 계속 연장되어 나타난다.
- 180° 시점에서 T_6이 T_2로 전환될 때도 똑같이 동작한다.

$$\text{유도성 부하 } V_d = \frac{3\sqrt{6}}{2\pi}V\cos\alpha = 1.35V\cos\alpha$$

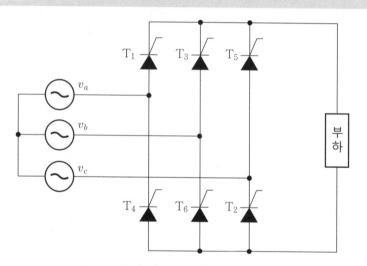

[SCR 3상 전파 정류회로]

컨버터 및 인버터 회로

Chapter 4

01 컨버터 회로(AC-AC Converter)

(1) 교류전력 제어

① 교류(AC)를 주파수의 변화없이 전압의 크기만을 변환하는 $AC-AC$ 제어장치이다.

② 사이리스터의 제어각 α를 제어함으로써 부하에 걸리는 전압의 크기를 제어한다.

③ 전동기의 속도제어, 전등의 조광용으로 쓰이는 디머(Dimmer), 전기담요, 전기밥솥 등의 온도 조절장치로 많이 이용되고 있다.

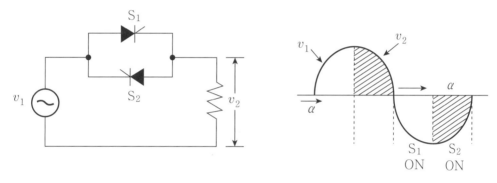

[단상 교류전력 제어]

④ 동작설명(3상 교류전력 제어)

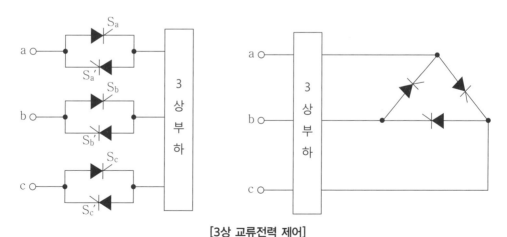

[3상 교류전력 제어]

• 사이리스터 S_a, S_b', S_c'만 턴온되면, 각상 부하저항에 걸리는 전압은 전원전압의 각 상전압과 동일하다.

- 사이리스터 S_a, $S_b{'}$만 턴온되고, 나머지 사이리스터들이 모두 턴 오프되면 a상 부하 저항에 걸리는 전압은 ab 선간전압의 반이 걸리게 된다.
- 사이리스터 $S_c{'}$, S_b만 턴온되고, 나머지 사이리스터들이 모두 턴 오프되면 a상 부하 저항에 걸리는 출력전압은 0이다.
- 6개의 사이리스터가 모두 턴 오프되어 있는 경우에는 부하저항에 나타나는 모든 출력전압은 0이다.

(2) 사이클로 컨버터(Cyclo Converter) ⚡⚡⚡

① 교류(AC)를 주파수 및 전압의 크기를 변환하는 $AC-AC$ 제어장치이다.

② 어떤 주파수를 다른 주파수의 교류전력으로 변환하는 것을 "주파수 변환"이라 한다.

직접식	교류에서 직접 교류로 변환하는 방식을 "사이클로 컨버터" 라 한다.
간접식	정류기와 인버터를 결합시켜서 변환하는 방식이다.
정-컨버터	P-컨버터(순변환) → ($0 \sim \pi$ 구간)
부-컨버터	N-컨버터(역변환) → ($\pi \sim 2\pi$ 구간)

③ 사이클로 컨버터는 전원 전압보다 낮은 주파수의 교류로 직접 변환한다.

④ 효율은 좋지만, 출력 파형이 일그러짐이 크다.

⑤ 다상방식에서 사이리스터 소자의 이용률이 나쁘며, 제어회로가 복잡하다.

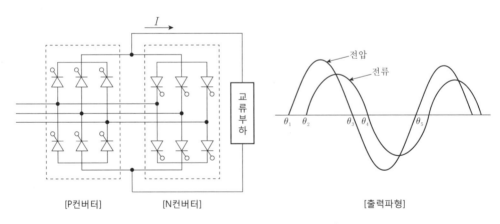

[사이클로 컨버터 제어 및 출력파형]

02 초퍼(Chopper) 회로(DC-DC Converter)

(1) 강압형 초퍼(Buck Converter) ⚡⚡🔋

① 초퍼는 직류를 다른 크기의 직류로 변환하는 장치이다.

② 강압형 초퍼는 트랜지스터 S의 도통 시간을 제어하여 $DC-DC$로 변환한다.

③ 스위칭 소자가 ON, OFF가 가능하여야 한다.

④ 입력전압 E_1에 대한 출력전압 E_2의 비 ($\frac{E_2}{E_1}$)는 스위칭 주기(T)에 대한 스위치 온 (ON) 시간(t_{on})의 비인 듀티비(D, duty cycle, 시비율)로 나타낸다.

⑤ 출력단에는 직류 성분은 통과시키고, 교류 성분을 차단하기 위한 LC 저역통과 필터를 사용한다.

⑥ 출력전압 e_2의 평균값 E_2

  • $E_2 = \dfrac{T_{on}}{T_{on}+T_{off}} \times E_1 = \dfrac{T_{on}}{T} \times E_1$

  여기서, $T = E_{on}+E_{off}$로 스위칭 주기

  • 입출력 전압비 $\dfrac{E_2}{E_1} = D$

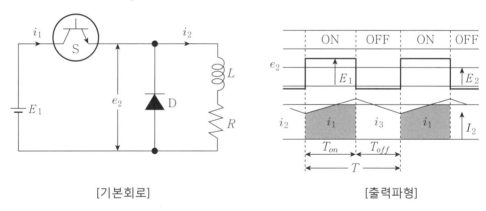

[기본회로]　　　　　　　　　　　　[출력파형]

[강압형 초퍼 제어]

(2) 승압형 초퍼(Boost Converter) ⚡⚡🔋

① 입력측에 인덕턴스를 설치하고 트랜지스터 S의 도통시간을 제어하여 $DC-DC$로 변환한다.

② 스위칭 소자가 ON, OFF가 가능하여야 한다.

③ 사용 소자는 SCR, GTO, 파워 트랜지스터 등이 있다.

④ SCR은 정류회로가 필요하여 신뢰성이 낮아 별로 이용하지 않는다.

⑤ 입력전압 E_1과 출력전압 e_2의 평균값 E_2 관계식

- 입출력 전압비 $\dfrac{E_2}{E_1} = \dfrac{T}{T_{off}}$

- $\dfrac{E_2}{E_1} = \dfrac{1}{1-D}$ 이고, 출력은 $P = \dfrac{V^2}{R}$ [W]

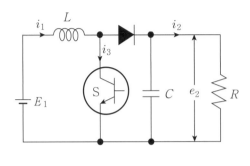 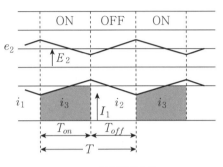

[기본회로]　　　　　　　　　　　[출력파형]

[승압형 초퍼 제어]

(3) 벅–부스트 컨버터(Buck–Boost Converter) ⚡⚡🔋

① 출력전압이 입력전압보다 낮을 수도, 높을 수도 있는 컨버터이다.

② 출력전압의 극성은 입력전압을 기준했을 때 반대로 나타난다.

③ 입출력 전압비

- 입출력 전압비 $\dfrac{V_0}{V_i} = D \times \dfrac{1}{1-D} = \dfrac{D}{1-D}$

- 듀티비(D) 범위

  $D = 0.5$일 때 $V_i = V_0$,　$D < 0.5$일 때 $V_i > V_0$,　$D > 0.5$일 때 $V_i < V_0$

03 인버터 회로(DC-AC Converter)

(1) 인버터 원리 ⚡⚡⚡

① 소자의 스위칭 기능을 이용하여 직류를 교류전력으로 변환장치를 "인버터" 또는 "역변환장치"라고 한다.

② $VVVF$ 기능을 하고, 소자는 GTO, 사이리스터, $IGBT$를 사용한다.

③ 역병렬 접속된 다이오드를 환류 다이오드라고 한다.

④ 동작원리

- t_0에서 스위치 SW_1, SW'_2를 동시에 ON하면 a점의 전위가 $(+)$가 되어 b점으로 흐른다.

- $\dfrac{T}{2}$에서 스위치 SW_1, SW'_2를 개방하고, SW'_1, SW_2를 ON하면 b점의 전위가 $(+)$ 가 되어 a점으로 흐른다.
- 이 동작을 주기 T마다 반복하면 부하에는 직사각형파 교류 전력으로 출력된다.

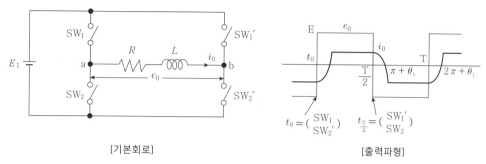

[기본회로] [출력파형]

[인버터 제어 원리]

(2) 인버터의 특징 ⚡⚡⚡

구분		전압형 인버터(VSI)	전류형 인터버(CSI)
출력전류 (파형)		톱니파	구형파
출력전압 (파형)		구형파	톱니파
특성		• 주 소자와 역병렬로 귀환 다이오드를 갖는다. • 직류전원은 저 임피던스 전압원(콘덴서)를 갖는다. • 암 단락(arm short)을 방지하기 위한 데드타임을 설정한다.	• 소자는 귀환 다이오드가 없어 한방향 으로 만 전류가 흐른다. • 직류전원은 고 임피던스 전류원(전류 리액터)를 갖는다.
기타	장점	• 주로 중용량 부하에 적합하다. • 제어회로 및 이론이 비교적 간단하다. • 인버터계통의 효율이 높다. • 속도제어 범위가 1~10까지 확실하다. • 모든 부하에서 정류가 확실하다.	• 비교적 큰부하에 사용한다.
	단점	• 유도성 부하만을 사용할 수 있다. • 스위칭 소자 및 출력변압기의 이용률이 낮다. • 전동기가 과열되는 등 전동기의 수명이 짧아진다. • Regeneration을 하려면 Dual 컨버터가 필요하다.	

(3) 출력전압 제어

1) 펄스 폭 변조(PWM) ⚡🔋

① 변조 신호의 크기에 따라 펄스 폭을 변화시키는 방식이다.

② 신호파의 진폭이 클 때 진폭이 넓어지고, 진폭이 작을 때 진폭이 좁아진다.

③ 펄스의 위치나 진폭은 변하지 않는다.

④ 컨버터부에서 정류된 직류전압을 인버터부에서 전압과 주파수를 동시에 제어한다.

⑤ 유도성 부하만 사용할 수 있으며, 스위칭 소자 및 출력 변압기의 이용률은 낮다.

⑥ 회로가 간단하고 응답성이 좋으며 인버터 계통의 효율이 높다.

⑦ 저차 고조파 노이즈는 적고, 고차 고조파 노이즈는 많다.

⑧ 다수의 인버터가 직류를 공용으로 사용할 수 있다.

2) 펄스 진폭 변조(PAM)

① 펄스의 폭 및 주기를 일정한 상태에서 신호파에 따라 그 진폭만 변화시키는 방식이다.

② 변조와 복조기가 간단하나, 잡음이 혼입되면 그대로 출력에 나타난다.

③ $PAM-FM$으로 중계하거나 다른 변조에 대한 예비 변환으로 사용한다.

3) 펄스 폭(PWM)과 펄스 진폭(PAM) 변조의 비교

구분	펄스 폭(PWM) 변조	펄스 진폭(PAM) 변조
제어회로	다소 복잡	간단
전력회로	간단	복잡
역률 및 효율	좋다	나쁘다
스위칭 주파수	높다	낮다
속응성	좋다	나쁘다

4) 인버터 출력 파형 개선법

① 교류 필터를 사용한다.

② 인버터를 다중화한다.

③ 펄스 폭을 최적하게 선정한다.

(4) 단상 인버터

① 회로에 직류전압을 공급하고, T_1, T_4와 T_2, T_3를 주기적으로 동작($ON-OFF$)하면 구형파 교류전압이 발생된다.

② R, L 부하의 경우 출력파형은 i_0와 같은 파형이 된다.

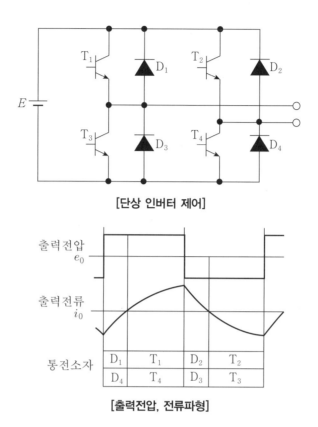

[단상 인버터 제어]

통전소자	D_1	T_1	D_2	T_2
	D_4	T_4	D_3	T_3

[출력전압, 전류파형]

(5) 3상 인버터

회로에 직류 전압을 공급하고, T_1, T_2, T_3, T_4, T_5, T_6(트랜지스터)를 순서적으로 턴온(turn on)하면 3상 교류전압이 발생된다.

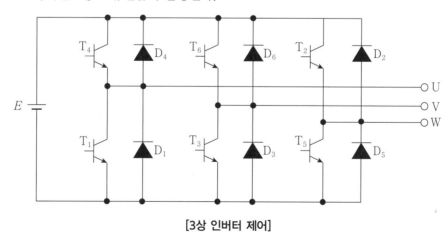

[3상 인버터 제어]

전기설비 설계 및 시공

부하설비 설계

01 부하설비 설계

01 전압과 허용전류

(1) 전압

1) 전압의 종류

① 저압 : 교류 1[kV] 이하. 직류 1.5[kV] 이하인 것

② 고압 : 교류 1[kV], 직류 1.5[kV]를 초과하고 7[kV] 이하인 것

③ 특고압 : 7[kV]를 초과하는 것

2) 상 명칭 및 전선의 색상

상 명칭	L_1	L_2	L_3	N	PE
전선 색상	갈색	흑색	회색	청색	녹색/노랑

3) 전압강하의 제한

① 수용가 설비의 인입구로부터 기기까지의 전압강하는 아래 값 이하이어야 한다.

설비의 유형	조명 (%)	기타 (%)
A – 저압으로 수전하는 경우	3	5
B – 고압 이상으로 수전하는 경우[a]	6	8

a. 가능한 한 최종회로 내의 전압강하가 A 유형의 값을 넘지 않도록 하는 것이 바람직하다.
사용자의 배선설비가 100[m]를 넘는 부분의 전압강하는 미터 당 0.005[%] 증가할 수 있
으나 이러한 증가분은 0.5[%]를 넘지 않아야 한다.

4) 전압강하 산출식

구분	산출식	전선의 길이
단상 2선식	$e = \dfrac{35.6LI}{1000A}[\text{V}]$	$L = \dfrac{1000Ae}{35.6I}[\text{m}]$
3상 3선식	$e = \dfrac{30.8LI}{1000A}[\text{V}]$	$L = \dfrac{1000Ae}{30.8I}[\text{m}]$
3상 4선식, 단상 3선식	$e = \dfrac{17.8LI}{1000A}[\text{V}]$	$L = \dfrac{1000Ae}{17.8I}[\text{m}]$

e : 허용전압강하(V), A : 도체의 단면적(mm^2), L : 부하 중심까지 선로의 길이(m)

(2) 허용전류

1) 절연물의 허용온도

절연물의 종류	
열가소성 물질[염화비닐(PVC)]	70(도체)
열경화성 물질 [가교폴리에틸렌(XLPE) 또는 에틸렌프로필렌고 무혼합물 (EPR)]	90(도체)[b]
무기물(열가소성 물질 피복 또는 나도체로 사람이 접촉할 우려가 있는 것)	70(시스)
무기물(사람의 접촉에 노출되지 않고, 가연성 물질과 접촉할 우려가 없는 나도체)	105(시스)[b,c]

a. 이 표에서 도체의 최고 허용온도(최대 연속 운전온도)는 KS C IEC 60364-5-52 부속서B(허용전류)에 나타낸 허용전류값의 기초가 되는 것으로, KS C IEC 60502(정격전압 1 [kV]~30[kV] 압출 성형 절연전력케이블 및 그 부속품) 및 IEC 60702(정격전압 750[V] 이하 무기물 절연케이블 및 단말부) 에서 인용하였다.

b. 도체가 70℃를 초과하는 온도에서 사용될 경우, 도체에 접속되어 있는 기기가 접속 후에 나타나는 온도에 적합한지 확인하여야 한다.

c. 무기절연(MI) 케이블은 케이블의 온도 정격, 단말 처리, 환경조건 및 그 밖의 외부영향에 따라 더 높은 허용 온도로 할 수 있다.

2) 국내여건을 고려한 허용전류 계산 시 주위온도

① 기중 : 여름 40℃,

② 지중 : 여름 30℃, 매설깊이 1.2[m]

3) 허용전류의 결정 ✅✅✅

① 절연도체와 비외장케이블에 대한 허용전류는 보정계수를 적용하여 선정된 적절한 값을 초과하지 않아야 한다.

② KS-IEC 60364-5-52(부속서 : 허용전류)에서 정하는 보정계수는 열 저항률에 의한 영향, 고조파에 의한 영향, 공사방법에 의한 영향, 전선 배치 간격에 의한 영향, 외부영향 등을 규정한 [허용전류표]를 참조한다.

③ 허용전류를 구하는 공식

$$I = A \times S^m - B \times S^n [\text{A}]$$

여기서, I : 허용전류[A], S : 전선의 공칭 단면적 [mm²],

A, B : 케이블의 종류와 설치방법에 따른 계수,

m, n : 케이블의 종류와 설치방법에 따른 지수

4) 배선설비의 선정과 설치에 고려해야 할 외부영향

① 주위온도   ② 외부열원   ③ 물의 존재(AD) 또는 높은 습도(AB)

④ 침입고형물의 존재(AE)   ⑤ 부식 또는 오염 물질의 존재(AF)   ⑥ 충격(AG)

⑦ 진동(AH)   ⑧ 그 밖의 기계적 응력(AJ)   ⑨ 식물, 곰팡이와 동물의 존재(AK)

⑩ 동물의 존재(AL)   ⑪ 태양 방사(AN) 및 자외선 방사   ⑫ 지진의 영향(A)

⑬ 바람(AR)   ⑭ 가공 또는 보관된 자재의 특성(BE)   ⑮ 건축물의 설계(CB)

02 배전방식

(1) 단상 2선식 및 단상 3선식

방식	결선도	장·단점 및 용도	전력 산출식
단상 2선식		• 구성이 간단하다. • 소요 동량이 크다. • 전력손실이 크다. • 주택 등 소규모 수용가에 적합하고 220[V]를 사용한다. • 대용량 부하에는 부적합하다.	• 유효전력 $P = VI\cos\theta[\text{W}]$ • 피상전력 $P_a = \dfrac{P}{\cos\theta}[\text{VA}]$
단상 3선식		• 110/220[V]를 동시 사용한다. • 부하의 불평형이 있다. • 소요 동량이 2선식의 37.5[%]이다. • 중성선 단선 시 이상 전압 우려가 있다. • 공장의 전등, 전열, 과거의 주택에서도 사용하였다.	• 유효전력 $P = 2VI\cos\theta[\text{W}]$ • 피상전력 $P_a = \dfrac{P}{\cos\theta}[\text{VA}]$

(2) 3상 3선식 및 3상 4선식

방식	결선도	장·단점 및 용도	전력 산출식
3상 3선식		• 소요 동량이 2선식의 75[%]이다. • 단상식보다 전압강하가 개선된다. • 동력부하에 적합하다. • 공장 동력용으로 주로 사용하고 빌딩, 주택용으로는 거의 사용되지 않는다.	• 유효전력 $P = \sqrt{3}\, VI\cos\theta[\text{W}]$ • 피상전력 $P_a = \dfrac{P}{\cos\theta}[\text{VA}]$
3상 4선식		• 가장 경제적 방식이다. • 소요 동량이 2선식의 33.3[%]이다. • 부하불평형이 있다. • 단상과 3상을 동시에 공급한다. • 중성선 단선 시 이상 전압 우려가 있다. • 대용량이 가능해 상가, 빌딩, 공장 등에서 가장 많이 사용한다.	

03 불평형 부하의 제한

(1) 설비 불평형률 ⚡⚡

① 단상 3선식 설비 불평형률 : 중심선과 각 전압측 전선간에 접속되는 부하 설비용량 [VA] 차와 총 부하 설비용량[VA] 평균값의 비[%]를 말한다.

$$\text{단상 3선식 불평형률} = \frac{\text{중성선과 각 전압 측 선간에 접속되는 부하 설비용량의 차}}{\text{총 부하 설비용량의 } \frac{1}{2}} \times 100$$

② 3상 3선, 3상 4선식 설비 불평형률 : 각 선간에 접속되는 단상부하 총 설비용량[VA]의 최대와 최소의 차와 총 부하 설비용량[VA] 평균값의 비[%]를 말한다.

$$\text{설비 불평형률} = \frac{\text{각 간선에 접속되는 단상부하 총 설비용량의 최대와 최소의 차}}{\text{총 부하 설비용량의 } \frac{1}{3}} \times 100$$

(2) 불평형 부하의 제한 ⚡️

① 단상 3선식 : 40[%] 이하

② 3상 3선식, 3상 4선식 : 30[%] 이하

(3) 불평형 제한을 적용하지 않는 경우 ⚡️

① 저압수전에서 전용변압기 등으로 수전하는 경우

② 고압 및 특고압 수전에서 100[kVA]/[kW] 이하의 단상부하인 경우

③ 고압 및 특고압 수전에서 단상부하 용량의 최대와 최소의 차가 100[kVA]/[kW] 이하인 경우

④ 특고압 수전에서 100[kVA]/[kW] 이하의 단상변압기 2대로 역 V 결선하는 경우

02 간선 설계

(1) 간선의 선정

1) 굵기 선정 ⚡️

① 허용전류, 전압강하, 기계적 강도를 고려하여 선정한다.

② 도체의 최소 단면적

배선설비의 종류		사용회로	도체	
			재료	단면적 [mm^2]
고정 설비	케이블과 절연전선	전력과 조명회로	구리	2.5
			알루미늄	KS C IEC 60228에 따라 10
		신호와 제어회로	구리	1.5
	나전선	전력 회로	구리	10
		전력 회로	알루미늄	16
		신호와 제어회로	구리	4
절연전선과 케이블의 가요 접속		특정 기기	구리	관련 IEC 표준에 의함
		기타 적용		0.75[a]
		특수한 적용을 위한 특별 저압 회로		0.75

2) 간선 계통 결정

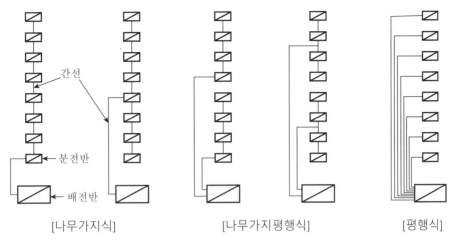

[나무가지식]   [나무가지평행식]   [평행식]

[전기설비 간선 방식]

구 분	특 징
나무가지식 (분기형)	• 1개의 간선이 각각의 분전반을 거치며 부하가 감소되고, 굵기도 감소된다. • 접속점에 접속이 완벽해야 하고, 분전반 간 전압강하 차이가 존재한다. • 소규모인 경우 적용한다.
평행식 (단독형)	• 각 분전반마다 전용 간선을 설치하므로 전압의 균일을 꾀할 수 있다. • 간선이 분리되어 사고 파급의 영향이 적지만, 배선 비용이 많이 드는 단점이 있다. • 큰 용량의 부하, 분산되어 있는 부하에 적용한다.
병용식 (횡 접속형)	• 여러 층을 묶어 간선의 회선수를 줄일 수 있는 장점이 있다. • 각 층마다 부하 규모가 비교적 적은 경우에 사용한다. • 나무가지식과 평행식을 조합한 중간 방식으로 일반적으로 가장 많이 사용한다.

(2) 간선의 보호

1) 도체와 과부하 보호장치 사이의 협조

① 과부하에 대해 케이블(전선)을 보호하는 장치의 동작특성은 다음의 조건을 충족해야 한다.

$$I_B \leq I_n \leq I_Z$$
$$I_2 \leq 1.45 \leq I_Z$$

여기서, I_B : 회로의 설계전류, I_n : 보호장치의 정격전류, I_Z : 케이블의 허용전류

I_2 : 보호장치가 규약시간 이내에 유효하게 동작하는 것을 보장하는 전류

② 과부하 보호 설계 조건

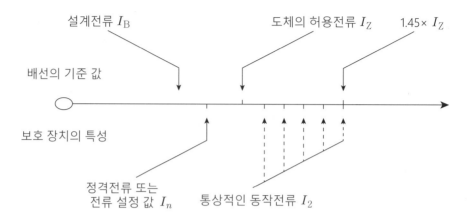

③ I_B는 선도체를 흐르는 설계전류이거나, 함유율이 높은 영상분 고조파(특히 제3고조파)가 지속적으로 흐르는 경우 중성선에 흐르는 전류이다.

2) 과전류 차단기 시설 ⚡⚡⚡

① 저압 옥내 간선과 분기점에서 3[m] 이하의 장소에 개폐기 및 과전류차단기를 시설하여야 한다.

② 3[m]를 초과하는 장소에 시설할 수 있는 경우(내선규정)
  - 간선의 허용전류가 간선 과전류차단기 정격전류의 55[%] 이상인 경우
  - 간선의 전선의 길이가 8[m] 이하인 경우는 35[%] 이상인 경우

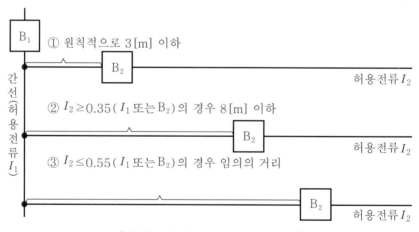

[간선을 보호하는 과전류 차단기 시설]

③ 간선에 전동기와 일반부하가 접속된 경우 과전류 차단기
  - 저압 옥내간선의 허용전류 이하의 정격전류의 것이어야 한다.
  - 전동기 정격전류 합계의 3배와 일반부하의 정격전류의 합

- 전동기 정격전류 합계의 3배와 일반부하의 정격전류의 합이 간선의 허용전류의 2.5배를 초과할 경우는 그 허용전류를 2.5배 한 값

④ 전동기의 과부하 보호장치
- 정격출력이 0.2[kW] 이하인 것은 제외한다.
- 전동기가 소손될 우려가 있는 과전류가 생겼을 때에 자동적으로 이를 저지하거나 경보하는 장치를 하여야 한다.

3) 전동기 부하의 간선 허용전류 ⚡⚡⚡

① 전동기 정격전류 50A 이하 : 정격전류 합계×1.25배
② 전동기 정격전류 50A 초과 : 정격전류 합계×1.1배

(3) 분기회로

1) 분기회로 ⚡⚡⚡

① 간선에서 분기하여 전기 기계기구에 이르는 부분
② 간선과 분기점에서 전선의 길이가 3[m] 이하인 곳에 과전류 차단기 시설이 원칙이다.
③ 과전류 차단기는 배선용 차단기 또는 퓨즈를 사용한다.

2) 분기회로의 종류

분기회로의 종류	분기 과전류 차단기의 정격전류
15[A] 분기회로	15[A]
20[A] 배선용 차단기 분기회로	20[A] (배선용 차단기에 한한다.)
20[A] 분기회로	20[A] (퓨즈에 한한다.)
30[A] 분기회로	30[A]
40[A] 분기회로	40[A]
50[A] 분기회로	50[A]
50[A]를 초과하는 분기회로	배선의 허용전류 이하

3) 부하 용량 상정 ⚡⚡⚡

① 전등 및 소형 전기 기계기구의 부하 용량 상정

부하 설비용량[VA]=(표준 부하밀도)×(바닥면적)+(표준부분 부하밀도)×(바닥면적)+가산부하

구분	건물의 종류 및 부분	표준 부하밀도 [VA/m²]
표준부하	공장, 공회당, 사원, 교회, 극장, 영화관, 연회장 등	10
	기숙사, 여관, 호텔, 병원, 학교, 음식점, 다방, 대중목욕탕	20
	사무실, 은행, 상점, 이발소, 미용원	30
	주택, 아파트,	40
부분부하	계단, 복도, 세면장, 창고, 다락	5
	강당, 관람석	10
가산부하	주택, 아파트	세대당 500~1000[VA]
	상점의 진열장	진열창 길이 1[m] 마다 300[VA]
	옥외 광고등, 전광사인, 네온사인 등	[VA] 수
	극장, 댄스홀 등의 무대조명, 영화관 등의 특수전등부하	[VA] 수

② 수구 부하 용량 산정

수구의 종류별	예상 부하([VA]/개)	비고
소형 전등수구, 콘센트	150 [VA]	소형 : 공칭지름 26[mm]의 전구 베이스
대형 전등수구	300[VA]	대형 : 공칭지름 39[mm]의 전구 베이스

※ 전등 및 소형 전기기계기구의 용량합계가 10[kVA] 초과시는 초과 용량에 대하여 수용률를 적용한다.

③ 건축물 수용률[%] ⚡⚡⚡

건축물의 종류	수용률[%]
주택, 기숙사, 여관, 호텔, 병원, 창고	50
학교, 사무실, 은행	70

※ 전등 및 소형전기기계기구의 용량 합계가 10[kVA] 초과 시는 초과 용량에 대하여 수용률를 적용한다.

PLUS 예시 문제

소형 기계기구의 합계가 25[kVA], 대형 기계기구 8[kVA]의 학교의 간전 굵기 산
정에 필요한 최대 부하는 몇 [kVA]인가? (단, 학교의 수용률은 70[%]이다.)

해설

• 전등 및 소형기계기구에서 수용률은 10[kVA]를 초과하는 부하만 적용한다.

• 상정부하 : $10+(25-10)×0.7+8=28.5$[kVA]

4) 분기 회로수 결정 ✒️🔖🔖

① 상정한 부하 설비 용량을 110[V]인 경우는 1,650[VA], 220[V]인 경우는 3,300[VA]
로 나눈 값을 하나의 분기회로로 한다.

② 1 회로당 15[A]를 기준한다.

③ 분기 회로수 $N = \dfrac{\text{부하 상정용량[VA]}}{1,650 \text{ 또는 } 3,300}$

5) 분기회로 구성시 유의사항 ✒️✒️🔖

① 전등과 콘센트는 전용의 분기회로로 구분하는 것을 원칙으로 한다.

② 복도와 계단 및 습기가 있는 장소의 전등회로는 별도의 회로로 한다.

③ 부하의 중심점까지 거리(중심점)$= \dfrac{\sum(\text{각각의 거리} \times \text{전류의 합})}{\text{전류의 합}}$ 으로 산출한다.

PLUS 예시 문제

공급점 30[m]인 지점에서 70[A], 45[m]인 지점에서 50[A], 60[m]인 지점에서
30[A]의 부하가 걸려 있을 때, 부하 중심까지의 거리를 산출하여 전압강하를 고
려한 전선의 굵기를 결정하고자 한다. 부하 중심까지의 거리는 몇 [m]인가?

해설

• 부하 중심점 $= \dfrac{\sum(\text{각각의 거리} \times \text{전류의 합})}{\text{전류의 합}}$ 거리를 구하면,

• 중심점 $= \dfrac{(30×70)+(45×50)+(60×30)}{70+50+30} = 41$[m]

03 조명설비

01 광원 및 시설방식

(1) 조명개요

1) **조명의 4요소** : 물체의 보임에 큰 영향을 미치는 요소

① 밝기 : 보이기 위한 최소한의 조도

② 크기 : 물체의 크기로, 물체의 치수가 아닌 시각의 크기를 말한다.

③ 시간과 속도 : 물체가 움직이는 속도(총알, 비행기)

④ 대비 : 배경의 밝음과 물체의 밝음의 차이(색깔 대비)

2) **광속(Lumen, F [lm])**

① 어떤 면을 단위시간에 통과하는 빛의 전체 에너지로, 단위시간에 통과하는 광량이다.

3) **광도(Candela, I [cd])**

① 어떤 방향의 단위 입체각에서 포함되는 광속수로, 발산광속의 입체각 밀도

② 광도 $I = \dfrac{F}{\omega}$ [cd]

여기서, ω : 입체각, $\omega = 2\pi(1-\cos\theta)$, (구 $\omega = 4\pi$, 반구 $\omega = 2\pi$, 평판 $\omega = \pi$, 원통 $\omega = \pi^2$)

4) **조도(Lux, E [lx])**

① 어떤 면에 광속이 입사하여 빛나는 정도로, 어떤 면에 투사되는 광속 밀도이다.

② 조도 $E = \dfrac{F}{A}$ [lx]

여기서, (lx= lm/m²=10^4lm/cm²)이다.

③ 거리 역제곱의 법칙 $E = \dfrac{I}{r^2}$ [lx], 광도에 비례하고 거리의 제곱에 반비례한다.

5) **휘도(B [sb])**

① 어떤 면이 빛나는 정도, 눈부심의 정도로서 광도의 밀도이다.

② 휘도 $B = \dfrac{I}{S}$ [cd/m²] ([cd/m²]=[nt]), ([cd/cm²]=[sb]), ([sb]=10^4[nt])

③ 한계휘도 : 0.5 [sb]=0.5×10^4[nt]

6) **광속발산도(R [rlx])**

① 어떤 면의 단위면적으로부터 발산되는 광속으로 발산광속의 밀도이다.

광속 발산도 R=$\dfrac{F}{A}$[rlx] (lm/m²=rlx(radlux)=asb(apostilb))

② 완전 확산면 : 어느 방향에서 관측하여도 휘도가 동일한 표면(가을하늘, 유백색 유리구)

완전 확산면의 광속 발산도 $R = \pi B = \rho E = \gamma E$ [rlx]

7) 반사율(ρ), 투과율(γ), 흡수율(α)

① 글로브 효율 $\eta = \dfrac{r}{1-\rho} = \dfrac{\rho}{1-\rho}$

② 전등 효율 $\eta = \dfrac{\text{출력(광속)}}{\text{입력(전력)}} = \dfrac{F}{P}$ [lm/W]

8) 기타용어 ⚡⚡

① 연색성 : 광원이 물체의 색감에 영향을 미치는 현상으로, 정도는 R_a 수치로 표시한다.

② 동정특성 : 광원이 점등시 광속의 변화를 나타내는 특성을 말한다.

(2) 조명 시설방식

1) 기구 배치에 의한 분류 ⚡⚡

조명방식	특 징
전반조명	• 실내 천장 등으로 방 전체를 조명하는 방식 • 광원을 일정한 높이와 간격으로 배치 • 일반적인 방법으로 사무실, 학교, 공장 등에 채택 • 설치가 쉽고, 작업대의 위치를 변경해도 균등한 조도를 얻을 수 있다.
국부조명	• 필요한 장소만 강하게 조명하는 방식 • 정밀 작업 장소나 높은 조도를 필요로 하는 장소 • 밝고 어둠의 차이가 커서 눈부심과 피로를 일으키기 쉽다.
(전반, 국부)병용 조명	• 전반조명에 의해 시각 환경을 좋게 한다. • 국부조명으로 필요 개소만 고 조도로 하여 경제적인 조도를 얻는 방식 • 병원의 수술실, 공부방, 기계공작실 등에 채택

2) 조명기구 배광에 의한 분류 ⚡⚡

조명방식	조명기구	상향광속	하향광속	특징
직접조명	반사갓 (금속)	0~10%	90~100%	• 빛의 손실이 적어 효율이 높다. • 천장이 어둡고, 강한 그늘이 생긴다. • 눈부심이 생기기 쉽다.
반 직접 조명		10~40%	60~90%	• 밝음의 분포가 크게 개선된 방식이다. • 일반사무실, 학교, 상점 등에서 채택한다.

전반 확산조명	노출 글로브	40~60%	40~60%	• 입체감이 있다. • 고급사무실, 상점, 주택, 공장 등에 채택한다.
반 간접 조명	반사접시 (유리)	60~90%	10~40%	• 그늘짐이 적게, 부드러운 빛을 얻을 수 있다. • 조명 효율은 좋지 않다. • 세밀한 작업을 오래하는 장소, 분위기가 필요한 장소
간접조명	반사접시 (금속)	90~100%	0~10%	• 빛이 부드럽고 온화한 분위기를 연출 할 수 있다. • 조명 효율이 나쁘고 설비비가 많이 든다. • 대합실, 회의실, 입원실 등에 채택된다.

3) 건축화 조명에 의한 분류

조명방식	특 징
광량 조명	• 등기구를 천장에 반 매입 설치하는 조명
광천장 조명	• 천장 내부에 광원을 배치하는 방식으로 고조도가 필요한 장소 • 광원 중에서는 조명률이 가장 높다.
코니스 조명	• 천장과 벽면의 경계구역 또는 벽면에 돌출 구역을 만들어 그 내부에 조명기구를 설치하는 방식
코퍼(Coffer) 조명	• 천장면을 원형이나 4각형으로 파서 기구를 매입하는 방식 • 천장의 단조로움을 커버하는 조명
루버(Louver) 조명	• 광원 아래 글레어를 방지 위한 차광판을 격자 모양으로 배치 방식 • 빛의 방향을 조정하여 원하는 밝기를 얻는 방식
밸랜스(Balance) 조명	• 벽면에 나무나 금속판을 시설하여 그 내부에 램프를 설치하는 방식
다운라이트 (Down light) 조명	• 장에 작은 구멍을 뚫어 그 속에 등기구를 매입하는 방식
코브(Cove) 조명	• 천장이나 벽 상부에 빛을 보내기 위한 조명장치 • 광원이 선반이나 오목한 부분에 가려져 있는 점이 특징이다. • 휘도가 균일하다.

PLUS 포인트

천정 매입	천정면을 광원으로 사용	벽면을 광원으로 사용
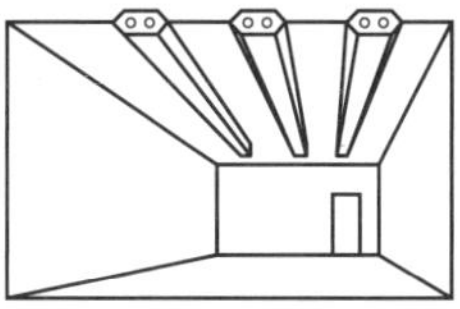 광량 조명(반매입 라인라이트)	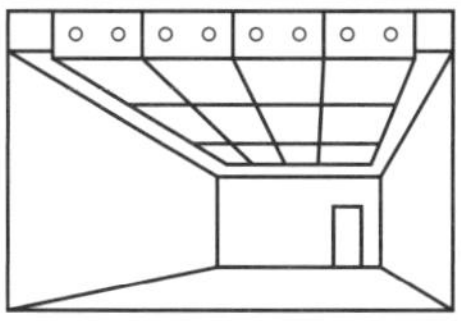 광천장 조명	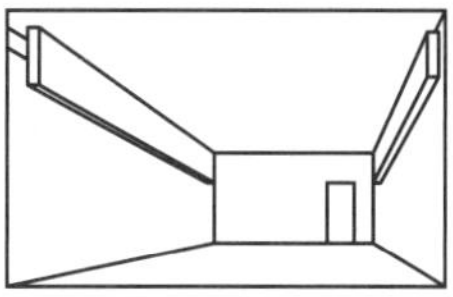 코니스 조명(벽면 조명)
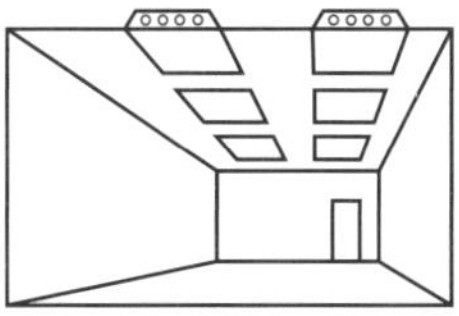 코퍼(Coffer) 조명(천정매입)	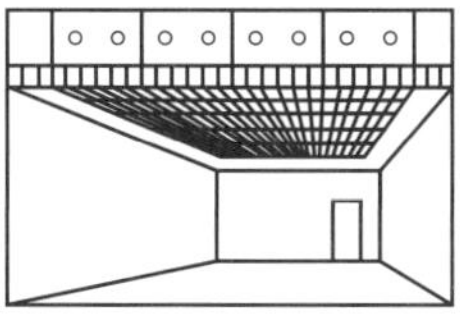 루버(Louver) 조명	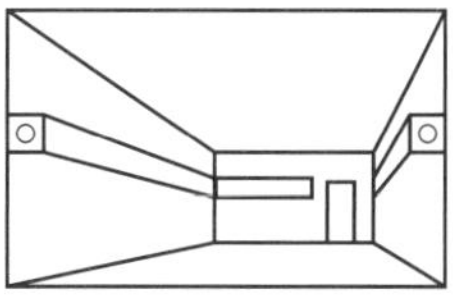 밸런스(Balance) 조명
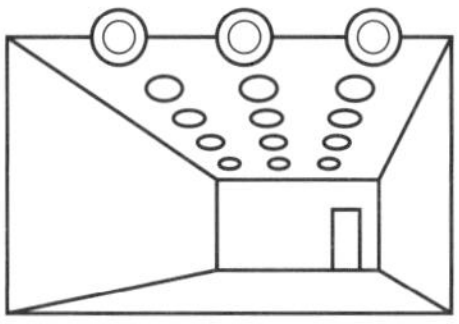 다운라이트(Down-Light) 조명	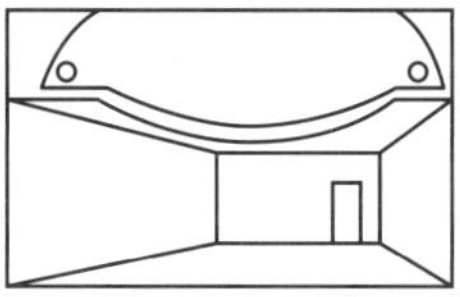 코브(Cove) 조명	

02 조명 설계

(1) 우수한 조명의 조건

① 조도가 적당할 것

② 시야 내 조도 차가 없을 것

③ 눈부심이 일어나지 않도록 할 것

④ 적당한 그림자가 있을 것

⑤ 광색이 적당할 것

(2) 조명기구의 간격과 배치

1) 광원의 높이

광원의 높이에 따라 조명률이 나빠지고, 조도 분포가 불균하게 됨을 고려한다.

① 직접조명일 때 : $H = \dfrac{2}{3} H_0$ (천장과 조명사이의 거리는 $\dfrac{H_0}{3}$)

② 간접조명일 때 : $H = H_0$ (천장과 조명사이의 거리는 $\dfrac{H_0}{5}$)

2) 광원의 간격

① 광원 상호 간 간격 : $S \leq 1.5H$

② 광원과 벽 사이의 간격 : $S_0 \leq \dfrac{1}{2}H$ (벽 측면을 사용 않할 때)

③ 광원과 벽 사이의 간격 : $S_0 \leq \dfrac{1}{3}H$ (벽 측면을 사용할 때)

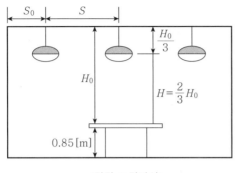

[직접 조명방식]

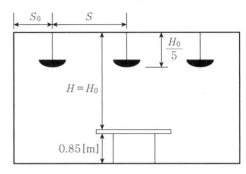

[간접 조명방식]

[전등의 높이와 간격]

(3) 조명의 계산 ⚡⚡⚡

1) 광속의 결정(F)

$$\text{총 광속 } NF = \frac{E \times A}{U \times M} = \frac{E \times A \times D}{U} \ [\text{lm}]$$

여기서, E : 평균도조, A : 실내면적, U : 조명률, D : 감광보상률$\left(\dfrac{1}{M}\right)$, M : 보수율,

N : 소요등수, F : 1 등당 광속

> **T PLUS 예시 문제**
>
> 평균 구면 광도 100[cd]의 전구 5개를 지름 10[m]인 원형의 방에 점등할 때, 방의 평균 조도 [lx]는? (단, 조명률 0.5, 감광보상률은 1.5이다.)
>
> **해설**
>
> - 조도 $E = \dfrac{FNU}{AD}$[lx]식에서 필요한 광속과 방의 면적을 구하면,
> - 광속 $F = 4\pi I = 4\pi \times 100 = 1{,}256$[lm]
> - 방면적 $A = \pi r^2 = \pi \left(\dfrac{10}{2}\right)^2 = 78.5$[m²]
> - 조도 $\mathrm{E} = \dfrac{FNU}{AD} = \dfrac{1{,}256 \times 5 \times 0.5}{78.5 \times 1.5} \fallingdotseq 26.7$[lx]

2) 조명률 결정(U)

① 광원에서 방사된 총 광속중 작업면에 도달하는 광속의 비율

② 실지수, 조명기구의 종류, 실내면의 반사율, 감광보상률에 따라 결정한다.

3) 실지수 결정 ⚡⚡🖉

① 조명률을 구하기 위한 어떤 특성을 가진 방인가는 나타내는 특성

② 실지수는 방의 크기 및 형태를 나타내는 척도로 방의 폭, 길이, 작업면 높이를 고려

$$실지수 = \frac{XY}{H(X+Y)}$$

여기서, X : 방의 가로 길이, Y : 세로 길이, H : 작업면으로 부터 광원의 높이

③ 실지수 표

기호	A	B	C	D	E	F	G	H	I	J
실지수	5.0	4.0	3.0	2.5	2.0	1.5	1.25	1.0	0.8	0.6

Chapter 2 수·변전 및 동력설비 설계

01 수·변전 설비 선정

(1) 수·변전 설비의 구비조건

① 설비의 신뢰성이 높고, 조작이 안전하며, 감전사고 등의 위험이 없을 것

② 보수, 점검이 용이하고 증설 및 확장에 대처할 수 있을 것

③ 전기설비에 의한 화재의 위험이 없고 설비비 및 보수비가 저렴할 것

④ 수변전실의 위치 선정

• 부하의 중심에 가깝고 배전에 편리한 장소일 것

• 전원의 인입과 기기의 반출이 편리할 것

• 설치할 기기를 고려하여 천장의 높이가 4[m] 이상으로 충분할 것

• 일반적으로 빌딩의 수변전실은 지하층의 동력 부하가 많은 곳에 시설이 많다.

(2) 시설장소에 따른 분류

1) 옥외형 수변전 설비

① 주변압기, 개폐장치, 고압배전반 등을 옥외에 공간을 만들어 설치하는 방식이다.

② 지상에 기초를 만들어 설치하는 방식과 옥외형 큐비클에 내장 설치하는 방식이 있다.

2) 옥내형 수변전 설비

① 주변압기, 개폐장치 등을 옥내형 큐비클에 담아 설치하는 방식이다.

② 최근의 도시 과밀한 곳(빌딩, 학교, 호텔, 백화점 등)에 주로 채택한다.

3) 폐쇄형 배전반 ⚡𝄫

옥외형, 옥내형 모두 소동물, 병충해, 분진 유입방지를 위해 폐쇄형 큐비클 사용이 일반적이다.

(3) 수전방식에 따른 분류

1) 1회선 수전방식

① 대부분의 일반 수용가에서 채택하는 방식이다.

② 간단하며 경제적이다.

③ 다른 수용가의 사고 영향으로 인한 정전 사고 시 영향을 받아 공급 신뢰도는 나쁘다.

2) 2회선 수전방식

① 정전 발생시 공급 신뢰도가 매우 좋은 방식이나 설비비가 많이 소요된다.

② 예비선 수전 방식
- 실질적으로 1회선 수전이나 무정전 절체가 필요한 경우 절체용 차단기가 필요하다.
- 선로 사고에 대비할 수 있다.
- 단독 수전이 가능하다.

③ 평행 2회선 수전방식
- 어느 한쪽의 수전선 사고에 대해서도 무정전 수전을 할 수 있다.
- 수전선 보호장치와 2회선 평행 수전장치가 필요하다.

④ 루프 수전방식
- 배전선 또는 뱅크 사고에 의해 루프가 분리되므로 무정전 수전이 가능하다.
- 루프가 구성되므로 전압변동률이 적어 손실이 감소된다.
- 수전방식이 복잡하고 제어하기가 어렵고, 설치면적 및 공사비가 많이 든다.

3) 스폿 네트워크 방식

① 3회선 이상으로 수전하는 방식이다.
② 전압변동률이 적어, 손실이 감소되고, 효율이 좋다.
③ 무정전 전원공급이 가능하며, 부하 증가에 대한 적응성이 좋다.
④ 2차 변전소 수를 감소시킬 수 있으며 전등, 전력의 일원화가 가능하다.
⑤ 각종 기기의 정밀도와 신뢰도가 요구되며 공사비가 고가이다.

(4) 고압 배전계통 구성

1) 전선로별 특징 ✔✍✍

구분	지중 전선로	가공 전선로
배전계통 구성	• 환상(loop, open-loop)방식 • 망상(net work) 방식 • 예비선 절체 방식	• 수지상 방식(나무가지) • 연계(tie-line) 방식 • 예비선 절체 방식
공급능력	• 동일 루트에 다회선이 가능하여 도심지역에 적합	• 동일 루트에 4회선 이상 곤란하여 전력공급에 한계
건설비	• 건설비용 고가	• 지중에 비해 저렴
건설기간	• 장기간 소요	• 단기간 소요

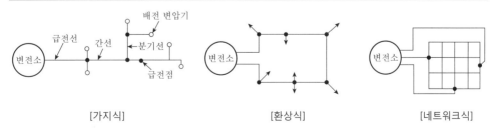

[가지식]   [환상식]   [네트워크식]

[배전선로의 구성]

2) 가지식(Tree System)-방사상식

① 수용부하에 따라 나무가지와 같이 분기하여 가는 방식이다.

② 특징

- 가공선로의 대표적 방식이고 지중 배전에는 거의 사용하지 않는다.
- 선로를 쉽게 분기할 수 있고, 고장 시 분리가 쉽다.
- 시설비가 적게 든다.
- 전압변동이 많고, 전력손실도 많다.

3) 루프식(Loop System) - 환상식

① 한 부하점의 양측에서 전원이 공급된다.

② 특징

- 전력손실 및 전압강하가 적다.
- 간선의 일부에 고장이 생긴 경우 그 고장점만 분리하고 전원을 공급할 수 있다.
- 시설비가 많이 든다.

4) 네트워크식(Network System) - 망상식

① 환상식 급전선에 여러 배전원을 접속하여 변전소 고장시 그 전원만 제거하고 전원을 계속 공급할 수 있다.

② 특징

- 대도시 밀집지역에 이상적인 배전방식이다.
- 사고시 정전범위를 최소화 할 수 있다.
- 전압강하가 매우 적다.

5) 뱅킹식(Banking System)

① 1개의 고압선로에 2대 이상의 배전용 변압기 2차 측을 연결하여 전력을 공급하는 방식이다.

② 부하밀집 지역에 채택한다.

③ 전압 안정, 변압기 설비가 감소되는 장점이 있다.

(5) 저압 뱅킹방식의 특징 ⚡️

① 변압기 공급전력을 서로 융통시킴으로서 변압기 용량을 절감할 수 있다.

② 전압변동 및 전력손실이 경감된다.

③ 부하의 증가에 대응할 수 있는 탄력성이 향상된다.

④ 고장보호 방식이 적당할 때 공급 신뢰도는 향상된다.(정전 감소)

⑤ 변압기 2차 측의 병렬 접속 사용으로 인해 1차, 2차 퓨즈 상호간 보호 협조가 적정하지 않으면 캐스케이딩 현상이 발생할 수 있다.

02 수·변전 용량의 산정

(1) 부하 용량 산정

① 건물의 용도, 규모 등에 따라 각 부하의 소요전력(밀도)를 추정하여 산정한다.

② 부하설비 용량[VA]＝부하밀도$[VA/m^2]$×연면적$[m^2]$

(2) 변압기 용량 산정

1) 부하설비 용량 산정

① 부하설비 용량이 산정되면 수용률, 부등률, 부하율을 고려하여 적정 변압기 용량을 산정한다.

2) 수용률

① 설비의 전 용량에 대하여 실제 사용되고 있는 부하의 최대 수용전력 비율을 말한다.

② 전력기기가 동시에 사용되는 정도의 척도로 항상 1보다 작다.

③ 수용률＝$\dfrac{\text{최대 수용전력}}{\text{총 설비용량}} \times 100[\%]$

3) 부등률

① 한 계통 내의 각 개 부하의 최대 수용전력의 합계와 그 계통의 합성 최대 수용전력과의 비를 말한다.

② 항상 1보다 큰 값이며, 클수록 설비의 이용도가 높다.

③ 부등률＝$\dfrac{\text{최대 수용전력의 합}}{\text{합성 최대 수용전력}} \geq 1$

4) 부하율

① 일정한 기간의 평균부하 전력의 최대 부하전력에 대한 비율을 말한다.

② 부하율이 클수록 설비가 효율적으로 사용되고 있다.

③ 부하율＝$\dfrac{\text{부하의 평균전력}}{\text{최대 수용전력}} \times 100[\%]$

5) 수용률, 부등률, 부하율의 관계 ⚡⚡

① 합성 최대 수용전력＝$\dfrac{\text{최대 수용전력의 합}}{\text{부등률}} = \dfrac{\text{수용설비 용량의 합}\times\text{수용률}}{\text{부등률}}$

② 부하율＝$\dfrac{\text{부하의 평균전력}}{\text{합성 최대 수용전력}} = \dfrac{\text{부하의 평균전력}}{\text{총 설비용량}} \times \dfrac{\text{부등률}}{\text{수용률}}$

③ 최대 부하＝부하설비의 합계×$\dfrac{\text{수용률}}{\text{부등률}}$

6) 변압기 용량 선정 ⚡⚡

① 각 부하별로 최대 수용전력을 산출하고 이에 부하 역률과 부하 증가를 고려하여 변압기 총 용량을 결정한다.

$$변압기 \; 용량 = \frac{총 \; 부하설비 \; 용량 \times 수용률}{부등률} \times 여유율$$

② 장래의 부하 증가에 대한 여유율을 일반적으로 10[%] 정도 여유로 한다.

03 수·변전 기기

01 수·변전 기기

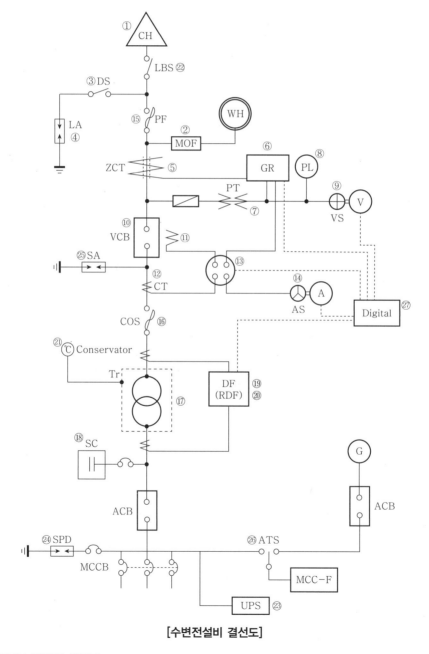

[수변전설비 결선도]

(1) 케이블 헤드(CH)

① 케이블의 단말처리 및 접지를 용이하게 한다.

② 케이블의 열화를 방지하게 한다.

(2) 계기용 변성기(MOF)

① 전기사용량을 계량하기 위함이다.

② 고압의 전압과 전류를 저압의 전압(PT), 전류(CT)로 변성하는 장치로 최근에는 주로 몰드형을 사용한다.

③ 계기용 변성기(MOF)의 등급

호칭	등급	용도
표준용	0.1급	시험용 표준기
	0.2급	정밀 계측용
일반 계기용	0.5급	정밀 계측용
	1.0급	보통 계측용, 배전반용
	3.0급	배전반용

(3) 단로기(DS) ⚡𝄙𝄙

① 기기의 점검, 수리할 때 활선으로부터 확실하게 분리하고 개방 목적으로 사용한다.

② 무부하 상태에서만 전로를 개폐할 수 있다.

(4) 피뢰기(LA)

1) 피뢰기(LA) 개요

① 가공전선로로부터 수전하는 자가용 변전실 인입개폐기와 PF 사이에 설치한다.

② 인입구 유입 낙뢰나 혼촉사고에 등에 의한 이상 전압 발생 시 선로와 기기를 보호한다.

③ 피뢰기는 저항형, 밸브형, 방출형, 산화아연형 등이 있으나 최근에는 산화아연형을 주로 사용한다.

④ 정격전압은 직접 접지계통 0.8~1.0배, 기타 접지계통 1.4~1.6배가 정격이다.

2) 피뢰기의 정격전압 및 공칭방전 전류 ⚡𝄙𝄙

① 피뢰기 정격전압 : 동작 책무를 반복 수행할 수 있는 주파수의 상용 주파전압 최고한도

② 피뢰기 제한전압 : 충격전압의 파고치로 피뢰기 방전 중 단자 간에 걸리는 전압

$$보호 \ 여유도 = \frac{절연강도 - 제한전압}{제한전압} \times 100[\%]$$

③ 정격전압

전력계통		정격전압[kV]	
공칭전압[kV]	중성점 접지방식	송전선로	배전선로
345	유효접지	288	
154	유효접지	144	
66	소호리액터 접지 또는 비접지	72	
22	소호리액터 접지 또는 비접지	24	
22.9	중성점 다중접지	21	18
6.6	비접지	7.5	7.5
3.3	비접지	7.5	7.5

④ 정격전류 ✔✍✍

공칭방전 전류	설치장소	적용조건
10,000[A]	변전소	• 154[kV]계통 이상 • 66[kV] 및 그 이하 계통에서 뱅크용량 3,000[kVA]를 초과하거나 특히 중요한 곳 • 장거리 송전선 케이블(전압 피더 인출용 단거리 케이블은 제외)
5,000[A]	변전소	• 66[kV] 및 그 이하 계통에서 뱅크용량 3,000[kVA] 이하인 곳
2,500[A]	선로, 배전소	• 배전선로, 배전선 피더 인출측

3) 피뢰기 구성요소

① 특성요소(속류 제한)와 직렬 갭(속류 차단)

② 성능을 유지하기 위한 기밀구조와 애관으로 구성

③ 최근의 산화아연형(ZnO) 피뢰기는 직렬 갭이 필요하지 않고 특성요소와 애관만으로 구성

4) 피뢰기 구비조건

① 충격 방전 개시전압이 낮을 것

② 제한전압이 낮을 것

③ 뇌전류 방전 능력이 클 것

④ 속류차단을 확실하게 할 수 있을 것

⑤ 반복동작에 견디고, 구조가 견고하며 특성변화가 없을 것

5) 피뢰기 설치장소 ⚡⚡⚡

① 발전소, 변전소 또는 이에 준하는 장소의 가공전선 인입구 및 인출구

② 가공선로에 접속하는 배전용 변압기의 고압 및 특별고압 측

③ 고압 또는 특별고압 가공전선로로 공급받는 수용장소의 인입구

④ 가공전선로와 지중전선로가 접속되는 곳

6) 수전설비의 절연 레벨 ⚡⚡⚡

① 서지전압(전류) 발생시 수변전기기를 보호하기 위하여 피뢰기가 가장 먼저 동작되어야 한다.

② 절연레벨 : 선로애자 > 결합콘덴서 > 기기 붓싱 > 변압기 > 피뢰기

(5) 영상변류기(ZCT)

① 지락계전기와 조합하여 전원의 가장 가까운 위치에 설치한다.

② 고압전로에 지락이 발생 시 영상전류를 검출하여 차단기를 동작시켜 사고를 예방한다.

③ 3상 선로의 불평형, 왕복선의 전류차, 접지선의 전류 등을 검출한다.

(6) 지락계전기(GR), 방향성 지락계전기(SGR) ⚡⚡⚡

① 영상변류기(ZCT)가 검출한 영상전류가 정정값 이상일 때 동작한다.

② 영상전류와 영상전압의 상호간의 위상으로 동작하는 방향성 지락계전기(SGR)도 있다.

(7) 계기용 변압기 ⚡⚡⚡

1) 계기용 변압기(PT)

① 고압회로의 전압을 저압으로 변성하기 위한 것으로, 2차 측은 110[V]가 표준이다.

② 배전반의 전압계, 전력계, 주파수계, 역률계, 표시등 및 부족전압 트립코일 전원으로 사용한다.

2) 접지형 계기용 변압기(GPT)

① 3차 권선용 PT를 사용하여 계기 및 계전기에 필요한 전압으로 강하시킨다.

② 1차 : Y 접속하여 중성점을 접지

2차 : Y 접속하여 계기 등에 전압을 공급

3차 : 오픈 델타(Open delta) 접속하여 영상전압을 검출한다.

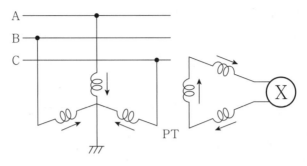

[접지형 계기용 변압기(GPT)]

(8) 표시등(PL) : 전원의 공급 상태를 표시한다.

(9) 전압용 절환 개폐기(VS)

전압계 하나로 3상의 선간 전압을 측정하기 위해 사용하는 절환스위치이다.

(10) 차단기(CB)

부하전류 개폐 및 고장전류를 차단하며 고압(VCB, ACB 등)차단기, 컷아웃스위치, 배선용 차단기 등의 차단 용량은 정격차단(단락)전류를 기준으로 선정한다.

1) 차단기의 종류

① 유입차단기(OCB), 자기차단기(MBB), 공기차단기(ABB), 진공차단기(VCB), 가스차단기(GCB), 기중차단기(ACB) 등이 있다.

② 일반수용가에서는 변압기 1차는 진공차단기(VCB), 2차는 기중차단기(ACB)를 널리 사용한다.

2) 진공차단기(VCB)

① 진공상태에서 높은 절연내력과 아크 생성물의 급속한 확산을 이용하여 소호하는 방식이다.

② 소호장치의 구조가 간단하여 소형으로 제작 가능하다.

③ 차단기 전체가 다른 차단기에 비해 소형 경량이다.

④ 절연유를 사용하지 않으므로 화재의 위험이 없다.

⑤ 동작 시 높은 서지 전압을 발생하는 단점이 있다.

3) 기중차단기(ACB)

① 교류 600[V] 이하 또는 직류에서 많이 사용한다.

② 자연공기 내에서 회로를 개방하는 자연 소호 방식의 차단기이다.

(11) 트립코일(TC) : 사고 발생 시 전류가 흘러 차단기를 개방한다.

(12) 계기용변류기(CT) ⚡📘📘

① 고압회로의 대전류를 소전류로 변성하기 위하여 사용한다.

② 배전반의 전류계 및 트립코일의 전원으로 사용되며, 2차 측은 5[A]가 표준이다.

③ 운전 중 2차 측을 개방하면 포화자속으로 고전압이 유기되어 절연 파괴 우려가 있다.

④ 철손의 급격한 증가로 소손의 우려가 있다.

> **🔧 PLUS 예시 문제**
>
> $\dfrac{600}{5}$[A]인 변류기를 사용하여 변류기 2차측 전류를 측정한 결과 4.9[A]가 측정되었다. 이때 비오차를 산출하시오.
>
> **정답**
>
> • 비오차 $= \dfrac{\text{공칭변류비} - \text{실제변류비}}{\text{실제변류비}} \times 100 = \dfrac{\dfrac{100}{5} - \dfrac{100}{4.9}}{\dfrac{100}{4.9}} \times 100 = -2[\%]$
>
> **해설**
>
> • 비오차(Error ratio) : 공칭변성비(K_n)와 실제변성비(K)의 차를 실제변성비(K)로 나누어 백분율로 표시한 값을 말한다.

(13) 과전류계전기(OCR) ⚡📘📘

① 변류기 2차 측에 접속되어 측정전류가 정정값 이상일 때 동작하는 계전기이다.

② 과전류 계전기로 트립코일(TC)를 여자시키고, 단락 및 과부하용으로 사용한다.

> **🔧 PLUS 예시 문제**
>
> 22.9[kV] 수전설비에 50[A]의 부하전류가 흐른다. 이 계통에서 변류기(CT) 60/5[A], 과전류차단기(OCR)를 시설하여 120[%]의 과부하에서 차단기가 동작되게 하려면 과전류차단기 전류 탭의 설정값은?
>
> **해설**
>
> • 부하 전류값 50[A]×120[%]=60[A]   • 탭 설정값 60[A]×$\dfrac{5}{60}$=5[A]

(14) 전류계용 절환개폐기(AS)

전류계 하나로 3상의 전류를 측정하기 위해 사용하는 절환스위치이다.

(15) 전력용 퓨즈(PF)

① 전력퓨즈는 차단기에 비하여 부피가 작고 가볍고 가격이 싸다.

② 차단 용량이 크고 고속 차단할 수 있으며 보수가 간단하나 재사용은 않된다.

③ 한류형 퓨즈

- 차단시간은 0.5[Hz]에 동작한다.
- 높은 아크저항을 발생하여 사고전류를 강제적으로 억제시켜 차단한다.
- 장점 및 단점

| 장점 | 소형이며, 차단 용량이 크다, 한류효과가 커서 후비보호용에 적합하다. |
| 단점 | 차단 시 과전압이 발생되고 최소 차단전류가 존재한다. |

④ 비한류형 퓨즈

- 차단시간은 0.65[Hz]에 동작한다.
- 아크열에 의하여 생성되는 소호성 가스가 분출구를 통하여 방출하여 전류의 영점에서 극간의 절연내력을 높여 차단한다.
- 장점 및 단점

| 장점 | 차단 시 과전압이 발생되지 않고, 용단하면서 확실히 차단(과부하 보호 기능)한다. |
| 단점 | 대형이면서 한류효과가 작다. |

(16) 컷아웃 스위치(COS) ⚡𝄐𝄐

① 변압기의 고압측 계폐기로 변압기 용량이 300[kVA] 이하에 많이 사용한다.

② 소형 단극으로, 전력내역이 높고 개폐기 내부에 퓨즈를 삽입할 수 있는 구조이다.

(17) 변압기(TR)

1) 변압기 ⚡𝄐𝄐

① 수변전설비의 주체를 형성하는 장비이다.

② 수변전설비의 보호 계전기의 대부분은 변압기 신뢰성 보호 차원이다.

- 변압기 계측장치 : 전압계, 전류계, 전력계, 온도계

2) 변압기 정격 ⚡𝄐𝄐

① 정격 2차 전압은 명판에 기재되어 있는 2차 권선의 단자 전압이다.

② 변압기 출력은 피상전력인 [VA], [kVA], [MVA]로 표기한다.

3) 변압기의 종류

① 유입변압기(A종절연), 건식변압기(H종절연), 몰드변압기(B종절연), 아몰퍼스변압기, 가스절연변압기 등이 있다.

② 일반적으로 유입변압기와 몰드변압기, 아몰퍼스 변압기를 가장 많이 사용한다.

4) 유입변압기

① 철심에 감은 코일을 절연유 탱크에 넣어 절연(A종)한 것

② 100[kVA]부터 1,500[MVA]의 대용량까지 제작된다.

③ 신뢰성이 높고, 가격이 싸고, 용량과 전압의 제한이 적어 널리 사용된다.

5) 몰드변압기

① 고압 및 저압권선을 모두 에폭시로 몰드한 고체 절연 방식이다.

② 난연성, 절연의 신뢰성, 보수 및 점검이 용이, 에너지 절약 특성으로 많이 사용한다.

③ VCB와 조합 시는 VCB 개폐서지 대책으로 서지옵서버(SA)를 설치해야 한다.

④ 몰드 변압기의 특징

- 난연성 : 에폭시 수지에 무기물의 충전제 혼입으로 자기소화성이 있어 외부 불꽃에 착화하지 않는다.
- 절연의 신뢰성 향상 : 내(耐) 코로나 특성, 임펄스 특성이 좋다.
- 소형, 경량 : 철심의 콤팩트화로 면적이 축소된다.
- 에너지 절감 : 무부하 손실 경감으로 에너지가 절약되고 운전 경비가 절약된다.
- 유지보수 및 점검 용이
  - 절연유 여과 및 교체가 없다.
  - 장기간 운전 휴지 후 재사용 시 건조 작업이 간단하다.
  - 먼지, 습기에 의한 절연내력의 영향이 없다.
- 단시간 과부하 내량이 크다.
- 소음이 적고 무공해 운전이다.
- 서지에 대한 내(耐) 충격전압이 낮아 대책이 필요하다.

⑤ 아몰퍼스 변압기의 특징

- 철심의 자성소재에 아몰퍼스 금속을 적용한 것이다.
- 아몰퍼스 합금은 원자 배열에 규칙성이 없고, 자속을 통과할 때 에너지 손실이 적다.
- 판 두께는 약 0.03[mm]로 현행 규소강판 0.35[mm]에 비해 와류손이 $\frac{1}{10}$, 무부하손 70~80[%]로 감소한다.
- 규소강판 철심에 비해 철손이 $\frac{1}{3} \sim \frac{1}{4}$로 저감된다.

(18) 전력용 콘덴서(SC)

1) 전력용 콘덴서(SC) ✏️

① 진상 무효전력을 공급하여 부하의 역률을 개선하기 위한 설비이다.

- 역률 개선으로 전압강하의 저감, 선로손실의 저감, 동손이 감소, 설비여력 증가 등 효과가 있다.

② 부하에 가깝게 분산배치가 가장 효과적이다.

③ 콘덴서 용량 $Q = P(\tan\theta_1 - \tan\theta_2)[\text{kVA}]$

단상인 경우	$C = \dfrac{Q}{2\pi fV^2} \times 10^9[\mu\text{F}]$
3상 △ 결선인 경우	$C_\Delta = \dfrac{Q_\Delta}{3 \times 2\pi fV^2} \times 10^9[\mu\text{F}]$
3상 Y 결선인 경우	$C_Y = \dfrac{Q_Y}{2\pi fV^2} \times 10^9[\mu\text{F}]$

2) 직렬리액터 🗲🗲🗲

① 콘덴서 설치하면 고조파 전류가 흐름으로 파형을 개선하기 위해 직렬리액터를 설치한다.

② 직렬리액터는 콘덴서 임피던스의 6[%]를 설치한다.

3) 방전코일 🗲🗲🗲

① 콘덴서 회로 개방 시 잔류 전하로 일어나는 위험 방지

② 재투입 시 콘덴서에 걸리는 과전압 방지

4) 콘센서 과보상시 문제점 🗲🗲🗲

① 앞선 역률이 발생한다.

② 전력손실이 발생한다.

③ 모선전압의 상승한다.

④ 고조파 왜곡의 증대된다.

⑤ 설비용량의 감소로 과부하 우려가 있다.

(19) 차동계전기(Df)

① 변압기의 1, 2차에 CT를 설치하고, 전류 차동회로에 과전류 계전기를 삽입한 것이다.

② 변압기 내부 고장 시 1, 2차 전류의 차이가 발생하여 동작하는 방식이다.

(20) 비율차동계전기(RDf) 🗲🗲🗲

① 차동계전기의 오동작 방지용이다.

② 차동계전기에 억제 코일을 삽입하여 통과 전류 억제력을 발생시키고, 차전류로 동작력을 발생시키도록 한 방식이다.

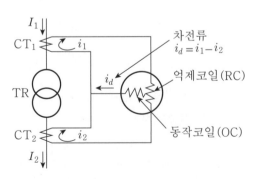

[비율차동계전기]

(21) 부흐홀츠 계전기 ⚡⚡⚡

① 변압기 내부 고장시 절연유의 온도 상승시 발생하는 유증기를 검출하여 동작한다.

② 기계적 고장 검출기로 변압기 탱크와 컨서베이터 중간에 설치한다.

③ 컨서베이터 주요 역할
  - 탱크와 콘서베이터 간 호흡작용을 목적으로 한다.
  - 공기가 변압기 탱크에 유입하지 않으므로 오일의 열화를 방지한다.

(22) 선로 및 인입부 개폐기

1) 자동고장 구분 개폐기(ASS)

① 수용가 구내에서 지락, 단락 사고 시 계통을 분리하여 사고 확산 방지

② 구내 설비의 피해를 최소화

③ 최근의 소규모 설비(간이 수전설비)에서는 ASS 사용이 일반적이다.

2) 부하 개폐기(LBS)

① 수용가 수변전설비 인입구 개폐기로 통상의 사용상태에서 개폐가 가능한 장비이다.

② 전로가 단락상태가 되어 이상전류가 투입되면 규정시간 통전할 수 있는 개폐기

③ 현장에서는 LBS 후단에 전력퓨즈(PF-한류형)와 조합 부착하여 사용한다.

3) 자동부하전환 개폐기(ALTS)

① 22.9[kV-Y] 계통에서 지중 배전선로에 주로 사용되는 개폐기

② 이중전원을 확보한 수용가에서 주전원 정전 시 예비전원으로 자동전환하여 무정전 전원 확보

(23) UPS(Uninterrupted Power Supply) ⚡⚡⚡

① 정전대비 보조전원 목적으로 주로 사용하는 무정전 전원 공급장치이다.

② 배터리와 인버터를 내장하여, 정전 시 배터리 전원으로 인버터가 동작한다.

③ 평상 시 주요 부하와 병렬로 연결 운전된다.

(24) 서지보호장치(SPD)

1) SPD 종류 ⚡⚡⚡

전압스위칭형	서지가 인가되지 않는 경우는 높은 임피던스 상태에 있으면서 전압서지에 응답하여 급격하게 낮은 임피던스 값으로 변화하는 기능을 갖는 방식
전압제한형	서지가 인가되지 않는 경우는 높은 임피던스 상태에 있으면서 전압서지에 응답한 경우는 임피던스가 연속적으로 낮아지는 기능을 갖는 방식
복합형	전압스위칭형 소자 및 전압제한형 소자의 모든 기능을 갖는 방식

2) SPD 레벨 : Ⅰ, Ⅱ, Ⅲ 등급으로 구분한다.

3) SPD 설치 위치

① 설비의 인입구 또는 그 부근에서 중성선과 PE도체 간 직접 연결

② 중성선이 없는 경우는 각 상전선과 주접지단자 사이 또는 각 상전선과 주 보호선 사이 중 가장 짧은 경로

4) 접속선 굵기 및 길이

① 낙뢰에 대한 보호계통 : 동 16[mm^2] 이상 또는 동등 이상

② 기타계통 : 동 4[mm^2] 이상 또는 동등 이상

③ 인출구 접속선은 50[cm] 이내

(25) SA(서지보호기)

① 진공차단기에서 발생하는 개폐서지가 내 충격전압이 낮은 건식, 몰드 변압기 등에 유입을 방지하는 목적으로 사용한다.

- 유입식 변압기 내 충격전압 : 150[kV]
- 몰드식 변압기 내 충격전압 : 95[kV]

② 진공차단기와 건식, 몰드변압기 사이에 설치한다.

(26) ATS(자동절체 스위치)

일반 수용가에서는 상용전원과 비상용전원의 자동절환용으로 사용한다.

(27) 디지털계전기

① Data 통신이 가능하고, 다양한 보호기능을 구현한다.

② 다양한 계측, 표시기능과 자가진단 기능 등 신뢰성이 향상된다.

③ 고장 분석이 용이하고 사고 대응에 유리하다.

---

04 동력설비

01 동력설비

(1) 전동기 용량 산정

1) 펌프용 전동기 용량(P) ⚡⚡⚡

$$P = \frac{QH}{6.12\eta}K\,[\text{kW}]$$

여기서, Q : 양수량[m³/분], η : 효율

H : 양정[m] 후드 흡입구에서 토출구까지의 높이를 적용한다.

K : 계수(1.1~1.5)를 여유도라 하며, 통상 주어진 값을 적용한다.

2) 송풍기 전동기 용량(P)

$$P=\frac{QH}{102\times60\eta}K\,[\mathrm{kW}]$$

여기서, Q : 풍량[m³/분], η : 효율, H : 풍압[mmAq],

K : 계수(1.1~1.5) 로서 여유도라 하며, 통상 주어진 값을 적용한다.

3) 권상용 전동기 용량(P) ✎♨♨

$$P=\frac{9.8WV}{\eta}K\,[\mathrm{kW}]$$

여기서, W : 권상하중[kg], η : 효율, V : 권상속도[m/분], K : 여유계수

4) 엘리베이터용 전동기 용량(P)

$$P=\frac{WV}{6120\eta}K\,[\mathrm{kW}]$$

여기서, W : 적재하중[kg], η : 효율, V : 속도[m/분], K : 여유계수

(2) 분전반 또는 전동기 제어반

1) 분전반

① 간선에서 분기하는 곳에 분기용 개폐기나 자동차단기(배선용차단기, 퓨즈)를 취급상 편리하도록 집합시킨 장치함이다.

② 설치하는 방법에 따라 매입형, 반노출형, 노출형이 있다.

2) MCCB 내장 분전반 특징

① 소형, 경량화할 수 있다.

② 표면에 충전부가 노출되지 않아 취급이 안전하다.

③ 퓨즈 용단 시 교환하는 번거로움이 없고, 간단하고 재투입이 용이하다.

④ 내구성이 있다.

3) 전동기 보호장치 ✎♨♨

① EOCR(전자식 과전류 계전기) : 과전류, 지락 보호 및 스위치 ON-OFF 용도로 사용

② 열동 계전기(THR) : 전자접촉기(MC)에 취부되어 전동기 제어회로로 사용

Chapter 3 신·재생 에너지 및 저장기술

01 신·재생 에너지 개요

01 신·재생에너지 분류

(1) 신 에너지

화석 에너지(동물과 식물이 땅속에 묻혀 열과 압력의 영향을 받아 탄화되어 생성된 광물)를 변환시켜 이용 또는 수소, 산소 등의 화학반응을 통하여 전기 또는 열을 이용하는 에너지

① 석탄 액화·가스화 및 중질잔사유 가스화 에너지 : 석탄(중질잔사유)을 액화하여 석유처럼 다룰 수 있거나, 가스화하여 천연가스처럼 편리하게 사용하는 기술이다.

② 수소 에너지 : 물이나 유기물, 화석 연료 등에 화합물 형태로 존재하는 수소를 분리하여 에너지로 이용하는 기술이다.

③ 연료전지 : 수소와 산소가 화학반응을 통해 결합하고 물이 만들어지는 과정에서 생성된 전기와 열 에너지를 활용하는 기술이다.

(2) 재생 에너지

① 햇빛, 물, 지열, 강수, 생물유기체 등을 포함하는 재생 가능한 에너지를 변환시켜 이용하는 에너지

② 태양에너지(태양광, 태양열) , 풍력, 수력, 지열에너지, 해양에너지(조력발전, 조류발전, 파력발전, 해수 온도차 발전), 바이오에너지, 폐기물에너지 등이다.

(3) 신재생 에너지 특징

① 환경 친화적 에너지 : 화석연료 사용에 의한 이산화탄소(CO_2) 발생이 거의 없다.

② 비 고갈성 에너지 : 태양광, 풍력 등으로 영구 재생 가능한 에너지이다.

③ 공공의 미래 에너지 : 공공 분야에서 시장 창출 및 경제성 확보를 위한 장기적 개발 필요하다.

④ 기술 에너지 : 꾸준한 연구 개발에 의해 에너지 자원 확보 가능하다.

02 신 에너지

01 석탄의 액화 및 가스화

(1) 액화 및 가스화 개요

1) 석탄의 액화 및 가스화

① 석탄의 수분을 제거한 후의 원소 조성은 탄소 70~90[%], 질소 1~2[%], 황 0.5~5[%], 수소 4~5[%], 산소 5~15[%] 정도이고, 나머지는 회분이다.

② 석탄을 직접 사용할 때 석탄 내에 포함된 많은 양의 무기질 고체분이 많은 회분이 발생해서 대기중에 먼지 농도를 증가시키고, 또한 황분이 많아서 아황산가스(SO_2)를 발생시킨다.

③ 석탄의 액화 및 가스화는 석탄의 고형분과 황분을 제거할 수 있다.

2) 중질잔사유 가스화

① 원유는 유정 위치에 따라 조성이 다르지만, 일반적으로 주성분은 탄화수소, 약간의 질소, 황, 산소 등의 화합물과 금속화합물이 포함되어 있다.

② 황이 연소하면 이산화황(아황산가스)과 삼산화황(무수황산)이 대기중에 방출되어 인체와 농작물에 악영향을 주는 산성비의 원인이 된다.

③ 황산화물과 질소산화물은 연소되면서 대기환경을 해치는 유해 가스를 발생한다.

④ 중질잔사유의 가스화는 원유의 황, 황산화물, 질소산화물을 제거할 수 있다.

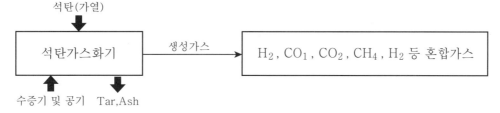

[석탄의 가스화 원리]

02 연료전지

(1) 연료전지의 개요

① 현재 상용화 단계에 이른 연료는 수소이다.

② 전기사용 비수기에 물을 전기분해해서 수소를 저장해 두었다가 수요기에 연료전지를 가동하면 전기의 저장과 사용을 적절히 할 수 있다.

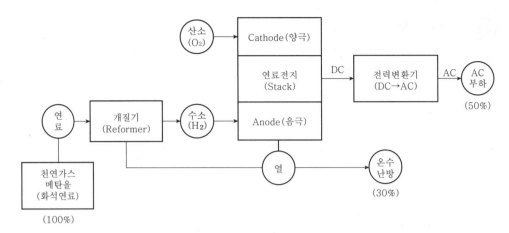

[수소연료전지 발전 시스템 구성도]

03 수소 에너지

(1) 수소 에너지의 개요
① 수소의 제조와 생산기술이 다양하다.
- 열분해법 : 천연가스, 석유, 석탄 등을 분해하여 공업용 수소를 제조한다.
- 전기분해법 : 잉여전력을 이용하여 물을 전기분해하여 순도가 높은 수소 제조한다.
- 태양분해법, 열화학 사이클법 등이 있다.
② 안전대책으로 폭발 재해방지 기술과 수소사용 재료의 취성 방지 기술을 필요로 한다.

03 재생 에너지

01 태양광 발전(Photovoltaic)

(1) 태양전지(Solar Cell)
① 태양(빛) 에너지를 전기에너지로 변환할 목적으로 제작된 광전지이다.
② 금속과 반도체 접촉면 또는 반도체의 P–N 접합에 빛을 받으면 광전효과에 의해 전기 발생한다.
- 금속과 반도체의 접촉을 이용한 것 : 셀렌 광전지, 아황산구리 광전지
- 반도체 P–N 접합을 사용한 것 : 태양전지(실리콘 광전지)

(2) 태양광 발전의 특징 ⚡
① 햇빛이 있는 곳이면 어느 곳이나 간단히 설치 할 수 있다.
② 한번 설치하면 관리가 용이하고 유지 비용이 적게 든다.
③ 기계적인 소음(무진동, 무소음)이 없고 환경 오염도 없다.

④ 수명이 20년 이상 기대된다.

⑤ 에너지 밀도가 낮아 넓은 설치 면적이 필요하다.

⑥ 비싼 반도체 사용으로 초기 투자비(설치비)가 많이 든다.

02 태양열 에너지

(1) 태양열 에너지 개요

태양광의 파동을 이용하여 태양열의 흡수, 저장, 열 변환 등의 과정을 거쳐 건물에 필요한 태양열 발전, 온수를 공급하는 급탕 및 냉난방 등에 활용하는 장치이다.

① 집열부 : 태양 에너지를 모아서 열로 변환하는 장치

② 집열판

   • 열의 흡수가 좋도록 검은 색의 투명유리나 플라스틱, 섬유유리 등으로 만든다.

   • 태양열의 집광을 좋게 적당한 각도로 경사지게 설치한다.

③ 축열부 : 태양열을 저장하여 야간이나 우천시 이용하게 저장하는 장치이다.

④ 이용부

   • 축열부에 저장된 열을 효율적으로 수송 이용하는 부분이다.

   • 열 전달관을 통하여 난방용 온수를 데울 수 있도록 한다.

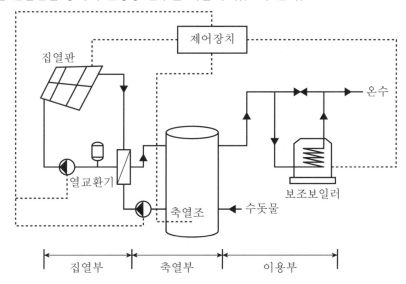

[수소연료전지 발전 시스템 구성도]

03 풍력발전

(1) 풍력발전의 개요

① 자연의 바람(운동에너지)으로 풍차를 회전(기계 에너지)시켜, 기어를 이용하여 속도를 높여 발전기를 회전시켜서 전기를 생산(전기 에너지)한다.

② 풍력의 이론적 에너지 효율은 59.3[%], 실질적으로는 20~40[%]정도라 한다.

③ 풍속에 관계없이 일정속도 회전이 요구되므로 풍차의 기울기를 바꾸는 제어가 필요하다.

④ 바람이 없는 날은 발전할 수 없으므로 정전 대비 계통연계나 축전지 설비 등이 필요하다.

⑤ 대용량 발전은 풍차 날개가 크므로 태풍에 대한 대책이 필요하다.

(2) 풍력발전의 특징

① 자원이 풍부하고 재생 가능한 청정 에너지이다.

② 건설 및 설치기간이 짧고, 비용이 적게 든다.

③ 단지내 목축, 농사 등으로 토지의 효율적 이용이 가능하다.

④ 유지 보수가 용이하다.

⑤ 풍력발전기의 구조가 거대하여 근거리 조망권에 영향을 줄 수 있다.

⑥ 근거리에서는 소음의 공해를 일으킬 수 있다.

⑦ 바람이 있는 경우만 발전하므로 에너지 저장시설이나 보완책이 필요하다.

04 (소)수력발전

① 자연적인 물의 흐름을 방해하지 않는 소형의 수력발전을 소수력발전이라 한다.

② 15[MW] 미만의 소규모 수력발전을 의미한다.

③ 소규모이므로 댐이 필요 없고 강을 크게 변형하지 않으므로 환경 친화적이다.

05 지열 에너지

① 지구가 생성될 때 부터 있던 열로 아직 방열되지 않은 상태의 열이다.

② 우라늄이나 토륨 같은 방사선 원소의 붕괴에 의하여 발생되는 열을 말한다.

③ 땅의 온도는 100[m] 깊어 질 때마다 대략 2.5[℃]씩 증가한다.

- 천부지열 대략 15~30[℃]
- 심부지열 대략 40~400[℃]

④ 현재 지열로 이용되는 지열온도는 200~250[℃], 깊이는 80~2,500[m]이다.

⑤ 직접적인 난방, 전력생산, 히트펌프를 통한 난방과 냉방, 제조용 열 등으로 사용한다.

06 해양 에너지

(1) 조력발전

해양 에너지 중 가장 먼저 개발된 방식으로 방조제를 만들어 활용하는 방식이다.

① 달이 지구에 가하는 압력에 의해서 일어나는 조수 간만의 차를 이용한다.

② 바닷물이 밀물이 되었을 때 가두고, 썰물일 때 낙차를 이용해 발전한다.

③ 방조제 수위 차는 보통 10[m] 이하로 효율이 좋은 수차 개발이 중요하다.

(2) 조류발전

① 조류발전은 조수 간만에 의해 발생되는 해수의 흐름을 이용하여 발전하는 방식이다.,

② 우리나라의 서해안, 남해안과 같이 조수 간만의 차가 큰 지역에 적합한 방식이다.

③ 조류 발전의 입지 조건
  • 발전소를 설치하기 위한 적정한 수심과 수로 폭(공간적 조건)이 충분할 것
  • 조류 흐름의 특징이 분명해야 한다.
  • 조류 흐름 2[m/s] 이상 빠르고 유속의 지속시간이 길 것

(3) 파력발전

① 파도로 인해 수면이 주기적으로 상하 운동을 하고, 물 입자는 전후로 움직이는 운동을 "파랑에너지"라 한다.

② 파랑 에너지를 기계적 회전운동 또는 축 방향 에너지로 변환시킨 후 전기 에너지로 변환시키는 것이 파력발전이다.

③ 파고가 2[m]에 달할 경우, 공기 운동속도는 평균 17[m/s]에 달해 강풍에 해당되는 에너지이다.

④ 파력발전의 입지 조건
  • 수심 300[m] 미만 해상
  • 파랑이 풍부한 해안
  • 육지와 30[km] 미만이면서, 항해, 항만의 기능에 방해되지 않을 곳

(4) 해수 온도차 발전

① 열대부근 바다의 뜨거운 해수면과 심층부(수심 500~1,000[m]에서 온도는 4[℃] 정도로 거의 일정 유지)의 온도차 20[℃]를 이용하는 방식이다.

② 온도차 발전의 입지 조건
  • 온도차가 17[℃] 이상인 기간이 많아야 한다.
  • 선박의 운항과 어업에 지장을 주지 않아야 한다.

07 바이오 에너지(Biomass Energy)

(1) 바이오 에너지 개요

① 생물유기체를 변환시켜 얻어지는 기체, 액체 또는 고체의 연료이다.

② Biomass는 에너지 관점에서 보면 식물의 광합성과정에서 얻어지는 식물계 연료 자원이다.

(2) 바이오 에너지의 종류

고체 바이오 매스	동물 배설물, 농업폐기물(작물, 껍질, 줄기), 나무류, 잡초
액체 바이오 매스	바이오 디젤(동,식물 지방의 변환 물질), 바이오 알콜(에탈올, 메탄올, 부탄올), 식물 추출 오일
바이오 가스	바이오 메탄(매립지 가스)

08 폐기물 에너지

가연성 폐기물 중 에너지 함량이 높은 폐기물을 열 분해화를 통해 에너지를 생산하여 산업 활동에 활용하는 것이다.

---

04 에너지 저장 장치(ESS)

01 ESS (Energy Storage System) 이해

(1) 에너지 저장의 개념

에너지 저장시스템은 생산된 전기에너지 또는 잉여 전기에너지를 그 자체로 또는 변환하여 저장하고 필요할 때, 에너지를 출력하여 사용할 수 있는 시스템으로 정의한다.

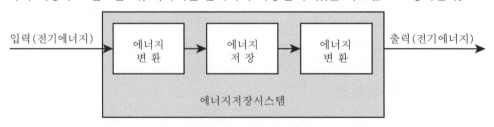

[에너지 저장 시스템 개념도]

(2) 설치목적

주파수 조정, 신·재생 에너지 연계, 수요반응, 비상발전 등에 활용함으로서 전력피크 억제, 전력품질 향상 및 전력 수급 위기 대응이 가능하다.

① 주파수 조정 : 실시간으로 변화하는 주파수 60[Hz]에 즉각적인 충, 방전으로 전력의 균형(Power Balance)을 유지 할 수 있다.

② 신·재생 에너지와 연계 : 태양광, 풍력 발전원의 출력 보정 및 급전 지시 응동이 가능하다.

③ 수요 반응 : 저렴할 때 충전하여 비쌀 때 방전하여 전기요금을 절감하고, 수요관리 시장의 감축 지시에 반응하여 보상금 수령 등으로 수익을 극대화 할 수 있다.

④ 비상전원 대체 : 정전 방지를 통한 안정적 전력 공급 수단인 비상(예비)전원으로 활용 가능하다.

02 ESS 시스템 분류

(1) 분류

① 에너지 저장시스템은 생산에너지를 기준하여 전기 저장 시스템(Electrical Storage System)과 열 저장 시스템(Thermal Storage System)으로 분류한다.

② 저장형태나 방식에 따라서도 물리적, 화학적, 전자기적으로 분류한다.

저장 방식	저장 시스템 분류
물리적 저장 (mechanical)	• 양수발전(PHS : Pumped Hydro Storage) • 압축공기저장(CAES : Compressed Air Energy Storage) • 플라이휠(Fly Wheel)
화학적 저장 (electro chemical)	• 리튬이온전지(Lib : Lithium ion Battery) • 나트륨황전지(NaS) • 납축전지(Lead Acid) • 레독스 흐름전지(RFB : Redox Flow Battery)
전,자기적 저장 (electro magnetic)	• 슈퍼 커패시터(Super Capacitor or Ultra Capacitor) • 초전도 자기 에너지 저장(SMES : Super conducting magnetic storage)

(2) 에너지 저장장치가 갖추어야 할 조건

① 저장 원가가 저렴할 것

② 에너지 저장 밀도가 높고, 저장 에너지 량이 많을 것

③ 손실 없이 장기간 저장이 가능할 것

④ 입출력 변환 효율이 높고, 입출력 변환 속응성이 클 것

⑤ 저장 효율이 높고, 안정성과 신뢰성이 높을 것

Chapter 4 배관·배선공사

01 저압 배선설비

01 저압 옥내배선

1) 단면적 2.5[mm²] 이상의 연동선 또는 이와 동등 이상의 강도 및 굵기의 것
2) 단면적이 1[mm²] 이상의 미네럴인슈레이션케이블
3) **나전선의 사용 제한**

　① 옥내에 시설하는 저압전선에는 나전선을 사용하여서는 아니 된다.

　② 다음 중 어느 하나에 해당하는 경우에는 그러하지 아니하다.

> • 애자사용 배선에 의하여 전개된 곳에 다음의 전선을 시설하는 경우
> 　– 전기로용 전선
> 　– 전선의 피복 절연물이 부식하는 장소에 시설하는 전선
> 　– 취급자 이외의 자가 출입할 수 없도록 설비한 장소에 시설하는 전선
> • 버스덕트 배선에 의하여 시설하는 경우
> • 라이팅 덕트 배선에 의하여 시설하는 경우 등

02 설치방법에 해당하는 배선방법

설치방법	배선방법
전선관 시스템	합성수지관 배선, 금속관 배선, 가요 전선관 배선
케이블트렁킹 시스템	합성수지몰드 배선, 금속몰드 배선, 금속덕트 배선
케이블덕트 시스템	플로어덕트 배선, 셀룰러덕트 배선, 금속덕트 배선
애자사용방법	애자사용 배선
케이블트레이 시스템(래더, 브래킷 포함)	케이블트레이 배선
고정하지 않는 방법, 직접 고정하는 방법, 지지선 방법	케이블 배선

02 배선 종류별 시설기준

01 애자사용 배선

① 사용전선 : 옥내용 절연전선(OW-옥외용 및 DV-인입용 비닐절연전선 제외)

② 사용조건 : 사람의 접촉 우려가 없도록 시설

③ 전선 간격

구분	전선 상호 간격	전선 – 조영재 간격	건조한 장소 시설
400 [V] 미만	6[cm] 이상	2.5[cm] 이상	2.5[cm] 이상
400 [V] 이상		4.5[cm] 이상	

④ 전선 지지점 간의 거리
  • 조영재의 윗면 또는 옆면에 붙일 경우 : 2[m] 이하
  • 400[V] 이상으로 윗면 또는 옆면에 붙이는 경우가 아닌 경우 : 6[m] 이하

⑤ 전선이 조영재를 관통하는 경우 : 절연관에 넣어 시설(150[V] 이하 테이프 절연)

⑥ 선정 조건 : 절연성, 난연성 및 내수성의 것

02 합성수지관 배선

(1) 합성수지관 특징

1) 장점 및 단점

장점	• 내식성이 있어서 부식성 가스나 용액이 있는곳(화학공장 등)에도 적합하다. • 무게가 가벼워 시공성이 양호하다. • 관이 절연물로 누전의 우려가 없다. • 접지할 필요가 없고 피뢰기, 피뢰침의 접지선 보호에 적합하다.
단점	• 외상의 압력, 충격으로 파손 우려가 있다. • 고온 및 저온 장소에는 사용할 수 없다.

2) 시설조건 ✔✔✔

① 절연전선(옥외용 절연전선 제외) 일 것

② 연선일 것(다음의 것은 적용에서 제외)
  • 짧고 가는 합성수지관에 넣은 것
  • 단면적 $[10mm^2]$ (알루미늄선 $16[mm^2]$) 이하의 것

③ 관내 전선은 접속점이 없어야 한다.

④ 지지점 간격 : 1.5[m] 이내(가요 전선관 1[m] 이내)

⑤ 중량물의 압력, 현저한 기계적 충격을 받을 우려가 없도록 할 것

3) 관 선정 및 접속자재 ✍☑☑

① 수용률

- 같은 굵기의 전선 : 전선의 총 단면적이 내 단면적의 48[%] 이하
- 다른 굵기의 전선 : 전선의 총 단면적이 내 단면적의 32[%] 이하
- 안정성을 고려하여 전체 단면적에 보정계수(여유도)를 곱하여 선정

② 상호접속

- 커플링 사용 : 관 외경의 1.2배 이상
- 접착제 사용 : 관 외경의 0.8배 이상

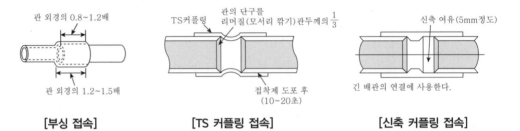

[부싱 접속]   **[TS 커플링 접속]**   **[신축 커플링 접속]**

③ 곡률반경 : 내경의 6배 이상

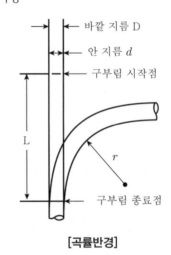

[곡률반경]

$$곡률반경\ r=6d+\frac{D}{2},\ 길이\ L=\frac{2\pi r}{4}[\text{mm}]$$

여기서, D : 전선관의 바깥지름[mm], d ; 전선관의 안지름[mm]

4) 합성수지관 및 부속품 선정 ✍☑☑

① 관의 두께 : 2[mm] 이상

② 관 상호 간 및 박스와 삽입하는 깊이 : 관 바깥지름 1.2배(접착제 사용 시 0.8배)

③ 방습장치 : 습기가 많은 장소, 물기가 있는 장소

④ 관에 금속제 박스(풀박스 포함) 접속이나 분진방폭형 부속 접속부에는 접지를 할 것.

⑤ 접지 제외
- 건조한 장소에 시설하는 경우
- 사람이 쉽게 접촉할 우려가 없는 경우 : 직류 300[V] 또는 교류 대지전압 150[V] 이하

⑥ 난연성이 없는 콤바인 덕트관
- 직접 콘크리트에 매입 시설 외에는 전용의 불연성, 난연성의 덕트에 넣어 시설한다.

⑦ 합성수지제 가요(휨) 전선관은 전선관 상호 간은 접속하지 말 것

(2) 경질 비닐 전선관(HI관)

① 충격강도 : 적당한 외력(기계적 충격이나 중량물 등 압력)에 견디는 구조

② 가공방법 : 토치램프로 가열하여 가공(구부림)

③ 규격 : 4[m]

(3) 폴리에틸렌 전선관(PE, PF관)

① 충격강도 : 경질비닐 전선관보다 연한 성질(외부 압력에 약하다.)

② 가공방법 : 토치램프로 가열 필요없다.

③ 규격길이 : 롤형태 6~100[m]

(4) 합성수지제 가요 전선관(CD관) ⚡⚡🔋

1) 특징

① 가요성이 우수하고, 배관작업이 용이, 굴곡된 배관작업에 공구가 불필요하다.

② 무게가 가벼워 운반 및 취급이 용이하다.

③ PE 및 난연 PVC로 내약품성 우수, 내식성, 내후성도 우수하다.

④ 관 내면이 파부형으로 마찰계수가 적어, 굴곡이 많은 배관에도 전선 인입작업 용이하다.

⑤ 금속관에 비해 결로현상이 적어 영하의 온도인 장소에서도 사용 가능하다.

2) 규격

① 길이 : 롤 형태 50~100[m]

② 굵기 : 안지름(내경), 짝수로 표기, 호칭 14, 16, 22, 28, 36, 42[mm]

③ 관의 두께 : 2[mm]~5.9[mm]

03 금속관 배선

(1) 금속관 특징

1) 장점 및 단점

장점	• 기계적으로 튼튼하다. • 유지보수가 용이하다. • 접지공사가 완벽하면 감전의 우려, 화재(단락 및 접지 사고) 우려가 없다.
단점	• 배관 작업 중 전선 피복이 손상할 우려가 있다. • 금속관 내부에서 누전이 발생할 수 있다. • 부식에 약하다.

2) 시설조건 ⚡⚡⚡

① 절연전선(옥외용 절연전선 제외) 일 것

② 전선은 연선일 것(다음의 것은 적용에서 제외)

   • 짧고 가는 금속관에 넣은 것

   • 단면적 $10[mm^2]$ (알루미늄선 $16[mm^2]$) 이하의 것

③ 관내 전선은 접속점이 없어야 한다.

   • 1회로의 전선 모두를 동일 관내 넣는 것을 원칙으로 한다.

   • 전자적 평형이(교류회로에서 2가닥 이상의 병렬 왕복선은 동일관 안에 배선)되게 한다.

④ 중량물의 압력, 현저한 기계적 충격을 받을 우려가 없도록 할 것

⑤ 지지점 간격 : 2[m] 이내

⑥ 굴곡 개소 : 하나의 관로에 3개소 이하

⑦ 굴곡 개소가 많은 경우 또는 길이가 30[m]를 초과하는 경우 : 풀박스 설치, 피시테프 이용

(2) 규격 ⚡⚡⚡

① 금속관의 길이 : 3.6[m]

② 호칭

구분	후강 금속관	박강 금속관
호칭[mm]	안지름 짝수	바깥지름 홀수
	16, 22, 28, 36, 42, 54, 70, 82, 92, 104	15, 19, 25, 31, 39, 51, 63, 75
두께[mm]	2.3[mm]~3.5[mm]	1.6[mm] 이상
특징	양 끝이 나사	

③ 전선관의 두께 : 콘크리트 매입 1.2[mm] 이상, 기타 장소용 1.0[mm] 이상

(3) 접속자재 및 공구

1) 수용률 ⚡⚡

① 같은 굵기의 전선 : 전선의 총 단면적이 내 단면적의 48[%] 이하

② 다른 굵기의 전선 : 전선의 총 단면적이 내 단면적의 32[%] 이하

③ 안정성을 고려하여 전체 단면적에 보정계수(여유도)를 곱하여 선정

🔋 PLUS 예시 문제

2.5[mm²] 전선 5본과, 4.0[mm²] 전선 3본을 동일한 금속전선관(후강)에 넣어 시공할 경우 관 굵기 호칭은?(보정계수는 2.0으로 한다.)

도체의 단면적[mm²]	절연체의 두께[mm]	전선의 총 단면적[mm²]	전선관 굵기 [mm]	내단면적 32[%] [mm²]
1.5	0.7	9	16	67
2.5	0.8	13	28	201
4.0	0.8	17	36	342

해설

• 굵기가 다른 전선을 동일 관내에 넣는 경우 : 내 단면적의 32[%] 이하

• 전선 총 단면적[mm²] = (13×5) + (17×3) = 116×2(보정계수) = 232[mm²] 이므로 36[mm]로 선정

---

2) 상호접속 ⚡⚡⚡

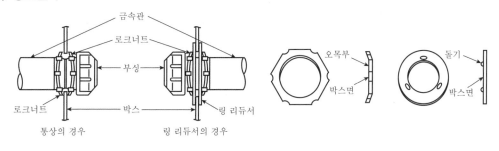

[금속관 접속재]

① 금속관 상호 접속 : 유니온 커플링(돌려서 끼울 수 없을 경우)

② 박스에 접속 : 로크너트(고정용), 절연부싱(전선의 피복보호)

③ 녹 아웃(관 끝 구멍) 지름이 금속관보다 큰 경우 : 링 레듀서

④ 관 구부리기 : 벤더(히키)
- 곡률반경 : 내경의 6배 이상
- 관이 36[mm] 이상이면 노멀밴드와 커플링을 이용한다.
⑤ 직각공사(노출) : 유니버셜 엘보
⑥ 직각공사(매입) : 노멀 엘보
⑦ 앤트런스 캡 : 금속관 공사의 노출 끝(단말)부에 설치
- 저압 가공 인입선 인입구
- 빗물 침입방지
- 전선의 피복보호
⑧ 관 상호접속 : 커플링 (관을 돌려 끼울 수 없는 경우의 접속 : 유니온 커플링)

(4) 금속관 및 부속품 시설 ✒✒✒

① 관 상호 간 및 관과 박스(풀박스 포함) 기타의 부속품과 접속은 견고하고 또한 전기적으로 완전하게 접속할 것
② 관의 끝 부분에는 전선의 피복을 손상하지 아니하도록 적당한 구조의 부싱을 사용할 것
③ 습기가 많은 장소 또는 물기가 있는 장소에 시설하는 경우에는 방습 장치를 할 것
④ 금속관에는 접지공사를 할 것
⑤ 접지공사의 제외(400[V] 미만에 한한다.)
- 관의 전체 길이가 4[m] 이하인 것을 건조한 장소에 시설하는 경우
- 직류 300[V] 또는 교류 대지 전압 150[V] 이하로 전선관의 길이가 8[m] 이하인 것을 사람이 쉽게 접촉할 우려가 없도록 시설하는 경우 또는 건조한 장소에 시설하는 경우

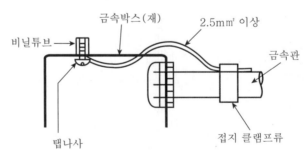

[금속관 접지(어스)크램프]

04 가요전선관 배선(금속)

(1) 시설조건

① 전선은 절연전선(옥외용 비닐 절연전선을 제외한다)일 것

② 전선은 연선일 것(단면적 $10[mm^2]$(알루미늄선 단면적 $16[mm^2]$) 이하인 것 예외)

③ 가요전선관 안에는 전선에 접속점이 없도록 할 것

④ 가요전선관은 2종 금속제 가요전선관일 것

⑤ 400[V] 이상의 전동기 접속부에 가요성이 필요한 장소

•1종 가요전선관 : 전개된 장소 또는 점검할 수 있는 은폐된 장소

•비닐 피복 1종 가요전선관 : 습기가 많은 장소 또는 물기가 있는 장소

(2) 가요전선관 및 부속품의 시설

① 관 상호 간 및 관과 박스 기타의 부속품과는 견고하고, 전기적으로 완전하게 접속할 것

② 가요전선관의 끝부분은 피복을 손상하지 아니하는 구조일 것

③ 습기 많은 장소 또는 물기가 있는 장소 : 비닐 피복 2종 가요전선관일 것

④ 전기적으로 완전하게 접속

•1종 금속제 가요전선관에는 단면적 $2.5[mm^2]$ 이상의 나연동선을 전체 길이에 삽입 또는 첨가하여 그 나연동선과 1종 금속제 가요전선관을 양쪽 끝에서 접속할 것

•관의 길이가 4[m] 이하인 것을 시설하는 경우에는 그러하지 아니하다.

⑤ 가요전선관 공사는 접지공사를 할 것

(3) 가요 전선관의 접속 등 ⚡⚡⚡

① 안쪽 면은 전선의 피복을 손상하지 아니하도록 매끈한 것일 것

② 스플릿 커플링 : 가요전선관 상호 접속

③ 콤비네이션 커플링 : 가요전선관과 금속관의 접속

④ 스트레이트 박스 커넥터, 앵글 박스 커넥터 : 가요전선관과 박스의 접속

⑤ 지지점 간격 1[m] 이하마다, 곡률반지름 6배 이상으로 한다.

⑥ 전기공사에서는 제2종 가요전선관을 사용한다.

05 금속덕트 배선

(1) 시설조건

① 전선은 절연전선(옥외용 비닐절연전선을 제외한다)일 것

② 전선의 단면적(절연피복 포함)의 합계는 덕트의 내부 단면적의 20[%] 이하일 것

(전광표시 장치·출퇴표시등, 제어회로 등의 배선만을 넣는 경우에는 50[%])

③ 금속덕트 안에는 전선에 접속점이 없도록 할 것

④ 금속덕트 안에서 전선을 분기시 접속점을 쉽게 점검할 수 있는 때는 그러하지 아니하다.

⑤ 금속덕트 전선을 외부로 인출시 관통부분에서 전선이 손상될 우려가 없도록 시설할 것

⑥ 금속덕트 안에는 전선의 피복을 손상할 우려가 있는 것을 넣지 아니할 것

⑦ 건축물의 방화 구획을 관통, 인접 조영물로 연장되는 금속덕트, 그 부분의 덕트 내부는 불연성의 물질로 차폐할 것

(2) 금속덕트의 선정

① 폭이 50[mm]를 초과하고, 두께가 1.2[mm] 이상으로 견고하게 제작할 것
   • 철판 또는 동등 이상의 세기를 가지는 금속제의 것

② 안쪽 면은 전선의 피복을 손상시키는 돌기(突起)가 없는 것일 것

③ 안과 밖으로 산화 방지를 위하여 아연도금, 동등 이상의 도장을 한 것일 것

(3) 금속덕트의 시설 ⚡���

① 덕트 상호 간은 견고하고 또한 전기적으로 완전하게 접속할 것

② 조영재에 붙이는 경우 지지점 간의 거리 : 3[m] 이하

③ 취급자 이외의 자가 출입할 수 없는 구조에서 수직으로 붙이는 경우 거리 : 6[m] 이하

④ 덕트 뚜껑을 설치하는 경우에는 쉽게 열리지 아니하도록 시설할 것

⑤ 덕트의 끝부분은 막을 것

⑥ 덕트 안에 먼지가 침입하지 아니하도록 할 것

⑦ 덕트는 물이 고이는 낮은 부분을 만들지 않도록 시설할 것

⑧ 접지공사를 할 것

06 버스덕트 배선

(1) 버스덕트의 특징 ⚡���

① 피더 버스덕트 : 도중에 부하를 접속하지 않는 것

② 프러그인 버스덕트 : 도중에 접속용 플러그를 접속할 수 있는 구조

③ 트롤리 버스덕트 : 이동부하 접속시 사용

④ 로우 임피던스 버스덕트 : 전압강하 보상 목적으로 사용

⑤ 익스펜션 버스덕트, 탭붙이 버스덕트, 트랜스 포지션 버스덕트 등

(2) 시설조건 ⚡⚡⚡

① 덕트 상호 간 및 전선 상호 간은 견고하고 또한 전기적으로 완전하게 접속할 것

② 조영재에 붙이는 경우 지지점 간의 거리 : 3[m] 이하

③ 취급자 이외의 자가 출입할 수 없는 구조에서 수직으로 붙이는 경우 거리 : 6[m] 이하

④ 덕트(환기형의 것을 제외한다)의 끝부분은 막을 것

⑤ 덕트(환기형의 것을 제외한다)의 내부에 먼지가 침입하지 아니하도록 할 것

⑥ 접지공사를 할 것

⑦ 습기가 많은 장소 또는 물기가 있는 장소에 시설하는 경우
- 옥외용 버스덕트를 사용
- 버스덕트 내부에 물이 침입하여 고이지 아니하도록 할 것

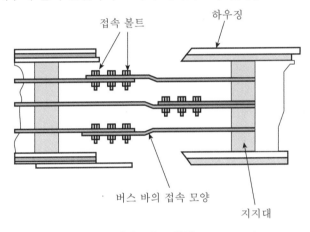

[버스덕트 배선]

(3) 버스덕트의 선정 ⚡⚡⚡

①도체 형태
- 단면적 20[mm²] 이상의 띠 모양
- 지름 5[mm] 이상의 관모양이나 둥글고 긴 막대 모양의 동
- 단면적 30[mm²] 이상의 띠 모양의 알루미늄을 사용한 것일 것

② 도체 지지물은 절연성·난연성 및 내수성이 있는 견고한 것일 것

③ 강판 또는 알루미늄판으로 견고히 제작한 것일 것

덕트의 최대 폭[mm]	덕트의 판 두께[mm]		
	강판	알루미늄판	합성수지판
150 이하	1.0	1.6	2.5
150 초과 300 이하	1.4	2.0	5.0
300 초과 500 이하	1.6	2.3	–
500 초과 700 이하	2.0	2.9	–
700 초과하는 것	2.3	3.2	–

(4) 버스덕트의 접속 등

① 전류용량이 800[A] 이상이면 금속관 또는 케이블 배선보다 유리하다.

② 경제성으로 인하여 알루미늄 버스덕트를 주로 채택한다.

07 라이팅덕트 배선

(1) 시설조건 ⚡☆☆

① 덕트 상호 간 및 전선 상호 간은 견고하게 또한 전기적으로 완전히 접속할 것

② 덕트는 조영재에 견고하게 붙일 것

③ 덕트의 지지점 간의 거리는 2[m] 이하로 할 것

④ 덕트의 끝부분은 막을 것

⑤ 덕트의 개구부(開口部)는 아래로 향하여 시설할 것

⑥ 사람이 쉽게 접촉할 우려가 없는 장소의 덕트 내부에 먼지가 들어가지 아니하도록 시설하는 경우 옆으로 향하여 시설할 수 있다.

⑦ 덕트는 조영재를 관통하여 시설하지 아니할 것

⑧ 덕트에는 합성수지, 금속재 부분을 피복한 덕트를 사용 이외에는 접지공사를 할 것

⑨ 접지공사 예외

• 대지 전압이 150[V] 이하, 2본 이상의 덕트 전체 길이가 4[m] 이하인 때

⑩ 사람이 쉽게 접촉할 우려가 있는 장소는 자동적으로 전로를 차단하는 장치 시설할 것

(2) 라이팅덕트 배선 접속 등

① 백화점, 상가 등 조명 위치를 임의적으로 변경하고자 하는 장소에 주로 사용

② 지락전로 차단용 누전차단기는 30[mA], 동작시간 0.03[초] 형을 시설한다.

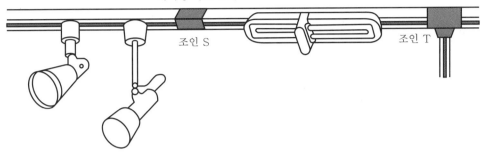

라이팅 덕트 본체

조인 S
조인 T

[라이팅덕트 배선]

08 플로어덕트 배선

(1) 시설조건

① 전선은 절연전선(옥외용 비닐 절연전선을 제외한다)일 것

② 전선은 연선일 것(단면적 10[mm²](알루미늄선은 단면적 16[mm²]) 이하인 것 예외)

③ 덕트 안에는 전선에 접속점이 없도록 할 것(분기 접속점을 쉽게 점검할 수 있을 때 예외)

④ 전선은 절연물을 포함하는 총합이 덕트 내 단면적의 32[%] 이하가 되도록 한다.

⑤ 옥내의 건조한 콘크리트 또는 신더(cinder)콘크리트 플로어에 매입할 경우에 한하여 시설할 수 있다.

(2) 플로어덕트 및 부속품의 시설

① 덕트 상호 간 및 덕트와 박스 및 인출구는 견고하고, 전기적으로 완전하게 접속할 것

② 물이 고이는 부분이 없도록 시설하여야 한다.

③ 박스 및 인출구는 마루 위로 돌출하지 않고, 물이 스며들지 아니하도록 밀봉할 것

④ 덕트의 끝부분은 막을 것

(3) 플로어덕트 접속 등

① 주로 바닥, 마루 밑에 매입하여 배선하여 마루 위로 전선을 인출을 목적으로 한다.

② 빌딩에서 기기의 배열이 변경이 원활하고, 배선이 분산장소에 주로 사용한다.

③ 플로어 덕트 및 기타 부속품의 두께는 2[mm] 이상이어야 한다.

④ 재질은 강판으로 제작하여 아연도금이나 에나멜로 피복한다.

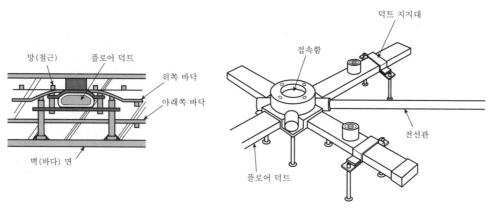

[플로어덕트 배선]

09 셀룰러덕트 배선

(1) 시설조건

① 전선은 절연전선(옥외용 비닐 절연전선을 제외한다)일 것

② 전선은 연선일 것(단면적 10[mm^2](알루미늄선은 단면적 [16mm^2]) 이하인 것 예외)

③ 덕트 안에는 전선에 접속점이 없도록 할 것(분기 접속점을 쉽게 점검할 수 있을 때 예외)

④ 덕트 전선을 외부로 인출시 관통 부분에서 전선이 손상될 우려가 없도록 시설할 것

(2) 셀룰러덕트 및 부속품의 선정

① 강판으로 제작한 것일 것

② 덕트 끝과 안쪽 면은 전선의 피복이 손상하지 아니하도록 매끈한 것일 것

③ 덕트의 안쪽 면 및 외면은 방청을 위하여 도금 또는 도장을 한 것일 것

④ 셀룰러덕트의 판 두께는 정한 값 이상일 것

덕트의 최대 폭	덕트의 판 두께
150[mm] 이하	1.2[mm]
150[mm] 초과 200[mm] 이하	1.4[mm]
200[mm] 초과하는 것	1.6[mm]

⑤ 부속품의 판 두께는 1.6[mm] 이상일 것

(3) 셀룰러덕트 및 부속품의 시설

① 덕트 상호 간, 조영물의 금속 구조체, 부속품 접속하는 금속체와 견고하게 또한 전기적으로 완전하게 접속할 것

② 덕트 및 부속품은 물이 고이는 부분이 없도록 시설할 것

③ 인출구는 바닥 위로 돌출하지 아니하도록 시설하고 또한 물이 스며들지 아니하도록 할 것

④ 덕트의 끝부분은 막을 것

(4) 셀룰러덕트 접속 등 ✦✦

① 데크 플레이트 하단에 철판을 깔고 만들어진 공간을 배선덕트로 사용하는 것

② 사무자동화를 위한 바닥배선 용도로 주로 사용한다.

③ 전선 등의 총 단면적이 덕트 내단면적 20[%] 이하, 전광사인, 출퇴장치 등의 전선만 배선하는 경우 내 단면적은 50[%] 이하로 할 수 있다.

10 케이블 배선

(1) 시설조건

① 전선은 케이블 및 캡타이어 케이블일 것

② 중량물의 압력, 현저한 충격을 받을 우려가 있는 케이블에는 적당한 방호 장치를 할 것

③ 전선을 조영재의 아랫면 또는 옆면에 따라 붙이는 경우 지지점 간의 거리 : 2[m] 이하

④ 사람이 접촉 우려가 없는 곳에서 수직으로 붙이는 경우 지지점 간의 거리 : 6[m] 이하

⑤ 캡타이어 케이블 지지점 거리 : 1[m] 이하

⑥ 금속제 방호장치, 접속함 및 전선의 피복에 사용하는 금속체는 접지공사를 할 것

⑦ 접지의 예외(사용전압이 400[V] 미만에 한한다.)
   • 방호 장치의 금속제 부분의 길이가 4[m] 이하인 것을 건조한 곳에 시설하는 경우
   • 직류 300[V] 또는 교류 대지 전압이 150[V] 이하로 전선관의 길이가 8[m] 이하인 것을 사람이 쉽게 접촉할 우려가 없도록 시설하는 경우 또는 건조한 장소에 시설하는 경우

(2) 콘크리트 직매용 시설

① 전선은 미네럴인슈레이션케이블·콘크리트 직매용(直埋用) 케이블 또는 지중 전선로의 지중전선을 견고한 트라프에 넣지 않아도 되는 케이블일 것

② 공사에 사용 박스는 금속제이거나 합성 수지제의 것 또는 황동이나 동으로 견고하게 제작한 것일 것

③ 물이 박스, 풀박스 안에 침입하지 않는 구조의 부싱 또는 이와 유사한 것을 사용할 것

④ 콘크리트 안에는 전선에 접속점을 만들지 아니할 것

(3) 수직케이블의 시설

① 전선 및 그 지지부분의 안전율은 4 이상일 것

② 전선 및 그 지지부분은 충전부분이 노출되지 아니하도록 시설할 것

③ 전선과의 분기부분에 시설하는 분기선은 케이블일 것

④ 분기선은 장력이 가하지 않도록 시설하고 또한 분기부분에는 진동 방지장치를 시설할 것

⑤ 전선에 손상을 입힐 우려가 있을 경우, 적당한 개소에 진동 방지장치를 더 시설할 것

11 케이블 트레이 배선

(1) 트레이 특징 ⚡⚡⚡

케이블트레이 배선은 케이블을 지지하기 위하여 사용하는 금속재 또는 불연성 재료로 제작된 유닛 또는 유닛의 집합체 및 그에 부속하는 부속재 등으로 구성된 견고한 구조물을 말하며 사다리형, 펀칭형, 메시형, 바닥밀폐형 기타 이와 유사한 구조물을 포함하여 적용한다.

사다리형	펀칭형	메시형	바닥밀폐형

① 사다리형 : 길이 방향의 양측 측면 레일에 각각의 가로 방향 부재로 연결된 구조이다.

② 펀칭형 : 일체식 또는 분리식으로 바닥에 통풍구가 있는 구조이다.

③ 메시형(트로후형 케이블 트레이(Trough Cable Tray)

  • 폭이 100[mm] 초과하는 케이블 트레이

  • 제어 케이블처럼 가늘어 묶기가 곤란한 곳에 사용한다.

④ 바닥밀폐형 : 일체식 또는 분리식으로 바닥에 통풍구가 없는 구조이다.

⑤ 채널형 케이블 트레이(Channel Cable Tray)

  • 바닥통풍형, 바닥밀폐형, 복합채널 단면으로 구성된 조립금속구조

  • 폭이 150[mm] 이하인 케이블 트레이

  • 주 케이블 트레이로부터 말단까지 연결되는 부분에 사용한다.

(2) 시설조건

① 연피케이블, 알루미늄피 케이블 등 난연성 케이블(적당한 간격으로 연소(延燒)방지조치를 하여야 한다) 또는 금속관 혹은 합성수지관 등에 넣은 절연전선을 사용한다.

② 케이블 트레이에서 전선을 접속하는 경우, 전선 접속부분에 사람이 접근할 수 있고 또한 그 부분이 측면 레일 위로 나오지 않도록 하고 그 부분을 절연처리 하여야 한다.

③ 수평으로 포설하는 케이블 이외의 케이블은 케이블 트레이의 가로대에 견고하게 고정시켜야 한다.

④ 저압 케이블과 고압 또는 특고압 케이블은 동일 케이블 트레이 안에 시설은 안 된다. 다만, 견고한 불연성의 격벽을 시설 또는 금속 외장 케이블인 경우는 그러하지 아니하다.

⑤ 수평 트레이에 다심케이블을 시설

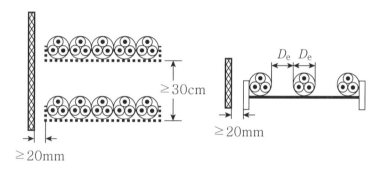

[수평 트레이의 다심 케이블]

- 케이블 지름(케이블의 완성품의 바깥지름) 합계는 트레이의 내측 폭 이하, 단층으로 한다
- 벽면과의 간격 : 20[mm] 이상 이격
- 트레이 간의 수직 간격 : 300[mm] 이상으로 설치, 6단 이하로 한다.(단 케이블 간 이격하여 설치 시 : 3단 이하, 비천공형의 경우 : 1단으로 설치)

⑥ 수평 트레이에 단심케이블을 시설

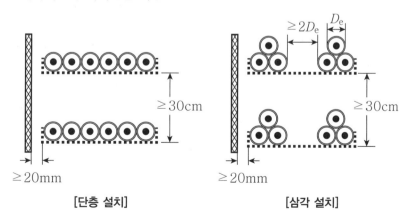

[단층 설치]　　　　　　[삼각 설치]

- 지름의 합계는 트레이의 내측폭 이하로 하고 단층으로 시설할 것
- 삼각포설로 설치 시 : 단심케이블 지름의 2배 이상 이격하여 설치
- 벽면과의 간격 : 20[mm] 이상 이격 설치
- 트레이 간의 수직 간격 : 300[mm] 이상으로, 3단 이하로 시설
⑦ 수직 트레이에 다심케이블을 시설
- 지름의 합계는 트레이의 내측폭 이하로 하고 단층으로 시설할 것
- 벽면과의 간격 : 가장 굵은 케이블의 바깥지름의 0.3배 이상 이격 설치한다.
- 다단 설치 시 : 배면 방향으로 1단 설치, 트레이 사이의 수평 간격은 225[mm] 이상

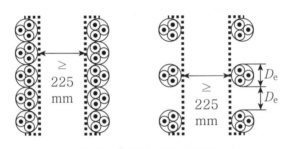

[수직 트레이의 다심 케이블]

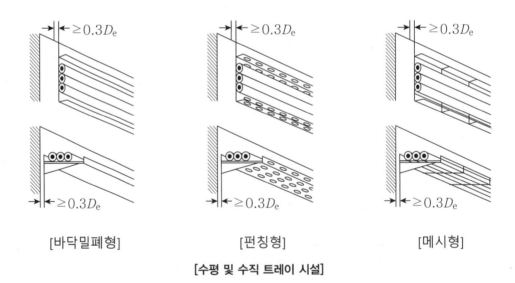

[바닥밀폐형] [펀칭형] [메시형]

[수평 및 수직 트레이 시설]

12 합성수지몰드배선

(1) 시설조건
① 전선은 절연전선(옥외용 비닐 절연전선을 제외)일 것
② 몰드 안에는 전선에 접속점이 없어야 하고, 합성수지제 접속함 안에서 접속이 허용된다.
③ 몰드는 홈의 폭 및 깊이가 35[mm] 이하의 것일 것

④ 몰드를 사람이 쉽게 접촉할 우려가 없도록 시설하는 경우에는 폭이 50[mm] 이하의 것

⑤ 합성수지몰드 상호 간 및 합성수지몰드와 박스 기타의 부속품과는 전선이 노출되지 아니하도록 접속할 것

(2) 합성수지몰드 배선의 접속 등

① 매립 배선이 곤란한 경우 노출 배선방식이다.

② 접착테이프와 나사 못 등으로 고정시키고 절연전선을 넣어 배선한다.

③ 옥내의 건조한 노출장소와 점검할 수 있는 장소에 주로 사용한다.

13 금속몰드 배선

(1) 시설조건

① 전선은 절연전선(옥외용 비닐절연 전선을 제외한다)일 것

② 금속몰드 안에는 전선에 접속점이 없도록 할 것

③ 전선을 접속 할 수 있는 경우(2종 금속제 몰드에 한한다)

• 전선을 분기하는 경우일 것

• 접속점을 쉽게 점검할 수 있도록 시설할 것

• 몰드 안의 전선을 외부로 인출시 관통 부분에서 전선이 손상될 우려가 없을 것

(2) 금속몰드 및 박스 기타 부속품의 선정

① 금속제 몰드 황동이나 동으로 견고하게 제작한 것으로서 안쪽면이 매끈한 것일 것

② 황동제 또는 동제의 몰드는 폭이 50[mm] 이하, 두께 0.5[mm] 이상인 것일 것

③ 몰드 상호 간 및 몰드 박스 기타의 부속품과는 견고하고, 전기적으로 완전하게 접속할 것

④ 접지공사를 할 것

⑤ 접지공사 제외

• 몰드의 길이(2개 이상의 몰드를 접속시 전체의 길이)가 4[m] 이하인 것

• 직류 300[V] 또는 교류 대지 전압이 150[V] 이하로 전선관의 길이가 8[m] 이하인 것을 사람이 쉽게 접촉할 우려가 없도록 시설하는 경우 또는 건조한 장소에 시설하는 경우

(3) 금속몰드 배선의 접속 등

옥내의 외상을 받을 우려가 없는 건조한 노출장소, 점검할 수 있는 은폐장소에 시설한다.

14 네온방전등

(1) 사용전원

네온방전등에 공급하는 전로의 대지전압은 300[V] 이하(대지전압이 150[V] 이하인 제외)로 할것

① 네온관은 사람이 접촉될 우려가 없도록 시설할 것

② 네온변압기는 2차 측을 직렬 또는 병렬로 접속하여 사용하지 말 것

③ 네온변압기를 우선 외에 시설할 경우는 옥외형의 것을 사용할 것

(2) 관등회로의 배선

① 관등회로의 배선은 애자사용 배선으로 한다.

② 전선은 네온전선을 사용할 것

③ 전선 상호간의 이격거리는 60[mm] 이상일 것

④ 전선과 조영재 이격거리

전압 구분	이격 거리
6[kV] 이하	20[mm] 이상
6[kV] 초과 9[kV] 이하	30[mm] 이상
9[kV] 초과	40[mm] 이상

⑤ 전선 지지점간의 거리는 1[m] 이하로 할 것

15 출퇴표시등

(1) 사용전원 및 절연내력 ⚡⚡⚡

① 절연 변압기의 사용전압은 1차 측 대지전압 300[V] 이하, 2차 측 60[V] 이하 일 것

② 절연내력 시험

- 절연 변압기는 권선의 정격전압이 150[V] 이하인 경우에는 교류 1.5[kV]
- 절연 변압기는 권선의 정격전압이 150[V] 초과하는 경우에는 교류 2[kV]
- 권선과 다른 권선, 철심 및 외함 사이에 연속하여 1분간 가하여 절연내력 시험

③ 절연 변압기의 2차 측 전로의 각 극에는 해당 변압기의 근접한 곳에 과전류 차단기를 시설할 것

(2) 배선기준

① 전선은 단면적 1.0[mm²] 이상 연동선과 동등이상의 코드, 캡타이어케이블, 케이블

② 절연전선 또는 지름 0.65[mm]의 연동선과 동등이상의 세기 및 굵기 이상의 통신용 케이블인 것

③ 합성수지몰드·합성수지관·금속관·금속몰드·가요전선관·금속덕트 또는 플로어덕
트에 넣어 시설할 것

16 수중조명등

(1) 사용전원 및 절연내력

① 수영장 기타 이와 유사한 장소에 사용하는 수중조명등 절연변압기를 사용한다.
  • 절연 변압기의 1차 측 전로의 사용전압은 400[V] 미만일 것
  • 절연 변압기의 2차 측 전로의 사용전압은 150[V] 이하일 것
② 절연 변압기의 2차 측 전로는 접지하지 말 것
③ 절연내력 시험
  • 절연 변압기는 시험전압 교류 5[kV]으로 한다.
  • 권선과 다른 권선, 철심 및 외함 사이에 연속적으로 1분간 가하여 절연내력을 시험

(2) 배선기준

① 2차 측 배선은 금속관 배선에 의하여 시설할 것
② 2차 측 사용전압이 30[V] 이하인 경우는 1차 권선과 2차 권선 사이에 금속제의 혼촉
방지판을 설치
③ 2차측 사용전압이 30[V] 초과하는 경우에는 그 전로에 자동적으로 전로를 차단하는
정격감도전류 30[mA] 이하의 누전차단기를 시설하여야 한다.

17 교통신호등

(1) 사용전압

① 교통신호등 제어장치 2차 측 배선의 최대 사용전압은 300[V] 이하이어야 한다.
② 전선은 케이블인 경우 이외의 전선
  • 공칭단면적 2.5[mm^2] 연동선
  • 450/750[V] 일반용 단심 비닐절연전선 (2.5[mm^2] 이상의 세기 및 굵기)일 것
  • 450/750[V] 내열성에틸렌아세테이트 고무절연전선(2.5[mm^2] 이상의 세기 및 굵
기)일 것

(2) 배선기준 ✍️

① 조가용선은 인장강도 3.7[kN]의 금속선 또는 지름 4[mm] 이상의 아연도철선을 2가
닥 이상 꼰 금속선을 사용할 것
② 전선을 매다는 금속선에는 지지점 또는 이에 근접하는 곳에 애자를 삽입할 것

③ 교통신호등의 인하 전선의 지표상의 높이는 2.5[m] 이상일 것

④ 회로의 사용전압이 150[V]를 넘는 경우는 자동적으로 전로를 차단하는 누전차단기를 시설할 것

18 전격살충기

(1) 시설기준 ⚡���

① 전격격자(電擊格子)는 지표 또는 바닥에서 3.5[m] 이상의 높은 곳에 시설할 것

② 절연변압기의 1차 측 전로를 자동적으로 차단하는 보호장치를 시설한 것은 지표 또는 바닥에서 1.8[m] 이상

③ 전격살충기의 전격격자와 다른 시설물 또는 식물과의 이격거리는 0.3[m] 이상일 것

(2) 개폐기 및 위험표시

① 전용의 개폐기를 전격살충기에 가까운 장소에서 쉽게 개폐할 수 있도록 시설하여야 한다.

② 전격살충기를 시설한 장소는 위험표시를 하여야 한다.

19 전기온상시설

(1) 시설기준 ⚡���

① 식물의 재배 또는 양잠·부화·육추 등의 용도로 사용하는 전열장치를 말한다.

② 전로의 대지전압은 300[V] 이하일 것

(2) 배선기준

① 발열선 및 발열선에 직접 접속하는 전선은 전기온상선(電氣溫床線) 일 것

② 발열선은 그 온도가 80[℃]를 넘지 않도록 시설 할 것

③ 발열선 및 발열선에 직접 접속하는 전선은 손상을 받을 우려가 있는 경우에는 적당한 방호장치를 할 것

④ 발열선은 다른 전기설비·약전류전선 등 또는 수관·가스관이나 이와 유사한 것에 전기적·자기적 또는 열적인 장해를 주지 않도록 시설할 것

03 특수장소 배선 기준

(1) 폭연성 분진 위험장소 ⚡⚡⚡

1) 해당장소

① 폭연성 분진 (마그네슘·알루미늄·티탄·지르코늄 등의 먼지가 쌓여있는 상태에서 불이 붙었을 때에 폭발할 우려가 있는 것) 장소

② 화약류의 분말이 전기설비가 발화원이 되어 폭발할 우려가 있는 장소

2) 시설기준

금속관 배선 또는 케이블 배선(캡타이어 케이블을 사용하는 것을 제외)에 의할 것

(2) 가연성 분진 위험장소 ⚡⚡⚡

1) 해당장소

가연성 분진(소맥분·전분·유황 기타 가연성의 먼지로 공중에 떠다니는 상태에서 착화하였을 때에 폭발할 우려가 있는 것) 장소

2) 시설기준

합성수지관 배선, 금속관 배선, 케이블 배선에 의할 것

(3) 화약류 저장소 등의 위험장소 ⚡⚡⚡

1) 해당장소 : 화약류 저장소

2) 시설기준

① "폭연성 분진 위험장소" 기준에 따른다.

② 원칙적으로 화약류 저장소 안에는 전기설비를 시설해서는 안 된다.

③ 백열전등이나 형광등 또는 이들에 전기를 공급하기 위한 전기설비를 시설하는 경우

- 전로의 대지전압은 300[V] 이하일 것
- 전기기계기구는 전폐형의 것일 것
- 케이블을 전기기계기구에 인입할 때에는 인입구에서 케이블이 손상될 우려가 없도록 시설할 것
- 화약류 저장소 이외의 곳에 전용 개폐기 및 과전류 차단기를 취급자 이외의 자가 쉽게 조작할 수 없도록 시설하여야 한다.
- 전로에 자동적으로 전로를 차단하거나 경보하는 장치를 시설하여야 한다.

전선로 및 전선 접속

01 전선로

01 가공 전선로

(1) 건주

1) 건주 개요 ⚡⚡⚡

① 전주(지지물)를 땅에 세우는 공정

② 지지물 기초의 안전율은 2 이상(철탑 1.33 이상)이어야 한다. 다만, 아래의 경우는 적용하지 않는다.

• 강관주 또는 철근콘크리트주, 목주로서 그 전체 길이가 16[m] 이하이고 또는 설계하중이 6.8[kN] 이하인 것은 다음에 의하여 시설하여야 한다.

지지물 길이	묻히는 깊이	비고
15[m] 이하	전체 길이 1/6 이상	논이나 그 밖의 지반이 연약한 곳에서는 견고한 근가를
15[m] 초과	2.5[m] 이상	시설할 것

• 철근콘크리트주로서 길이가 14[m] 초과, 20[m] 이하이고 설계하중이 6.8[kN] 이하인 경우

지지물 길이	설계하중	묻히는 깊이	비고
16[m] 초과 20[m] 이하	6.8[kN] 이하	2.8[m] 이상	
14[m] 이상 20[m] 이하	6.8[kN] 초과 9.8[kN] 이하	전체 길이 1/6+30[cm] 2.8[m] 이상	15[m] 이하 1/6+30[cm 15[m] 초과 2.5+30[cm]
15[m] 이하	9.8[kN] 초과 14.72[kN] 이하	전체 길이 1/6+50[cm]	15[m] 이하 1/6+50[cm]
15[m] 초과 18[m] 이하		3.0[m] 이상	
18[m] 초과		3.2[m] 이상	

2) 지지물의 종류

구분	적용	비고
목주	철근콘크리트 생산 이전의 시기	거의 사용없음
철근콘크리트주(CP주)	일반적인 장소(가장 많이 사용)	일반용, 중하중용
강관주(A,B종)	도로가 협소하여 철근콘크리트주 운반 및 건주가 곤란한 장소 철근콘크리트주보다 높은 강도가 요구되는 장소	인입용, 저압용, 특고압용
철탑	산악지대, 계곡, 하천지역(표준경간 400[m], 보안경간 400[m])	송 배전용

(2) 장주

지지물에 전선, 지지물을 고정시키기 위한 완금, 애자, 기기 등을 설치하는 공정

1) 완금 설치 ⚡⚡◌

① 지지물에 애자를 설치하고 전선 설치를 위한 것이다.

② 완금의 규격 : 경완금(ㅁ형) : 900[mm], 1,400[mm], 1,800[mm], 2,400[mm]
ㄱ형 완금 : 2,600[mm], 3,200[mm], 5,400[mm]

③ 표준 길이 : 전선 2개용(저압 900[mm], 고압 1,400[mm], 특고압 1,800[mm])
전선 3개용(저압 1,400[mm], 고압 1,800[mm], 특고압 2,400[mm])

④ 전주의 말구 25[cm]되는 곳에 I볼트, U볼트, 암밴드를 사용하여 고정한다.

⑤ 부속 설비

암밴드	완금을 고정시킬 때 사용
암타이	완금이 상하로 움직이지 않게 사용
암타이 밴드	암타이를 전주에 고정시키기 위해 사용
지선밴드	전주에 지선을 고정하기 위해 사용

⑥ 경완철 설치 부품

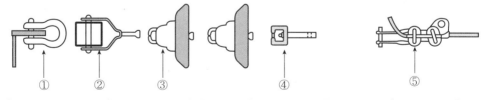

① Anchor Shackle ② Ball Shackle ③ 현수애자 ④ Socket Eye ⑤ 인류 Clamp(데드엔드크램프)

2) 랙(Rack) ⚡◌◌

① 저압에서 완금을 생략하고 전주에 수직방향으로 애자를 설치하여 배선하는 방법이다.

② 중성선을 최상단에 설치한다.

3) 주상 변압기 및 부속설비 ⚡⚡⚡

① 행거밴드(법) : 주상 변압기를 전주에 고정

② 구분개폐기(OS, AS)는 완금에 설치하여 DS봉이나 끈으로 조작하게 한다.

③ 고압콘덴서 또는 피뢰기도 완금에 설치한다.

④ 주상 변압기 1차 측 인하선 : 클로로플렌 외장 케이블

⑤ 주상 변압기 2차 측 인하선 : 옥외용 비닐절연전선(OW) 또는 비닐외장케이블을 사용한다.

⑥ 1차 측 단락 보호장치 : COS(컷아웃스위치)

⑦ 2차 측 단락 보호장치 : 캐치홀더

4) 애자의 시설

① 구형애자(지선애자, 옥애자) : 지선중간에 사용

② 다구애자 : 인입선을 건물 벽면에 시설할 때 사용

③ 인류애자 : 전선로의 인류부분(끝 맺는 부분)에 사용

④ 현수애자 : 전선로의 분기하거나 인류하는 곳에 사용

⑤ 핀애자 : 전선로의 직선부분의 지지물로 사용

⑥ 고압 지지애자 : 전선로의 방향이 바뀌는 장소에 사용

(3) 지선

지지물의 강도, 전선로의 불평형 장력이 큰 장소의 보강용

1) 시설조건 ⚡⚡⚡

① 지선의 안전율은 2.5 이상(인장하중의 최저는 4.31[kN])일 것

② 소선수 및 굵기

• 소선(素線) 3가닥 이상의 연선일 것

• 소선의 지름이 2.6[mm] 이상의 금속선을 사용한 것일 것
(지름이 2[mm] 이상인 아연도강연선 소선의 인장강도가 0.68[kN/mm^2] 이상인 것 예외)

③ 지선로트 및 지선밴드

• 지중부분 및 지표상 0.3[m] 까지의 부분에는 내식성이 있는 것 또는 아연도금을 한 철봉을 사용하고 쉽게 부식되지 않는 근가에 견고하게 붙일 것

• 지선밴드는 전주와 지선을 접속하여 하는 곳

④ 지선근가는 지선의 인장하중에 충분히 견디도록 시설할 것

⑤ 도로를 횡단하는 지선의 높이 : 5[m] 이상

⑥ 교통에 지장을 초래할 우려가 없는 경우 : 4.5[m] 이상, 보도의 경우에는 2.5[m] 이상

⑦ 지선으로서 전선과 접촉할 우려가 있는 것에는 그 상부에 애자를 삽입하여야 한다.

⑧ 전선로의 직선 부분은 5도 이하의 수평각도를 이루는 곳을 포함한다.

⑨ 지선 설치 방향

- 직선부분(5도 이하) 수평각도를 이루는 곳 : 전선로 방향으로 양쪽에 시설
- 5도를 초과하는 수평각도를 이루는 곳 : 수평횡분력에 견디는 지선 시설
- 가섭선을 인류(引留)하는 곳 : 전선로의 방향에 시설할 것

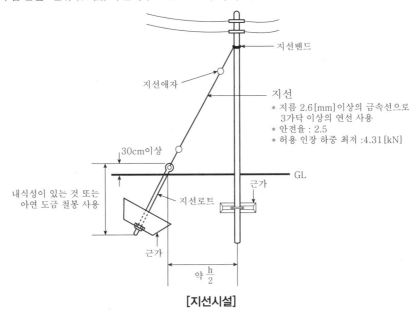

[지선시설]

02 저압 전선로

(1) 가공전선

1) 저압 가공전선

나전선, 절연전선, 다심형 전선, 케이블

2) 가공전선 및 굵기

전압구분	전선의 종류
400[V] 미만	• 케이블 • 절연전선 : 2.3[kN] 이상 또는 지름 2.6[mm] 이상의 경동선 • 기타 전선 : 3.43[kN] 이상 또는 지름 3.2[mm] 이상의 것
400[V] 이상의 저압 또는 고압	• 케이블 • 8.01[kN] 이상 또는 지름 5[mm] 이상의 경동선(시가지 내) • 5.26[kN] 이상 또는 지름 4[mm] 이상의 경동선(시가지 외) • 400[V] 이상 저압 가공전선에는 인입용 비닐절연전선 사용하면 안 된다.

3) 가공전선의 안전율

① 경동선 또는 내열 동합금선 2.2 이상, 그 밖의 전선 2.5 이상이 되는 이도(弛度)로 시설

② 안전율의 예외
- 특고압 및 고압의 가공전선이 케이블인 경우
- 저압 가공전선이 다음의 어느 하나에 해당하는 경우
  - 다심형 전선 이외의 경우
  - 사용전압이 400[V] 미만인 경우

③ 전선의 길이 ⚡⚡🖊
- 전선의 실제 소요 길이는 이도(Dip)나 점퍼선 등을 가산하여 산출한다.

- 전선의 소요길이

$$L=S+\frac{8D^2}{3S}[m], \quad D=\frac{WS^2}{8T}[m]$$

여기서, W : 전선의 무게[kg/m], S : 경간, T : 장력

④ 전선의 높이
- 도로를 횡단하는 경우 : 지표상 6[m]
- 철도, 궤도를 횡단하는 경우 : 궤도면상 6.5[m]
- 횡단 보도교 위에 시설하는 경우 : 노면상 3.5[m], 이외의 곳 5[m]
- 교통에 지장이 없는 경우 : 도로 4[m], 이외의 곳 3.5[m]

(2) 저압 인입선 ⚡⚡⚡

① 가공선로의 전주 등 지지물에서 분기하여 다른 지지물을 거치지 않고 수용장소 인입 구에 이르기 까지의 전선로

② 사용전선 : 인입용 비닐 절연전선 및 케이블

③ 전선 규격 : 저압 2.6[mm] 이상의 DV전선 (단, 15[m] 이하는 2.0[mm] 이상 가능) 고압 5.0[mm] 이상의 경동선

④ 설치 높이 : 5[m] 이상(단, 위험표시를 부착하면 4.5[m] 이상
- 도로를 횡단하는 경우 : 지표상 5[m]
- 철도, 궤도를 횡단하는 경우 : 궤도면상 6.5[m]
- 횡단 보도교 위에 시설하는 경우 : 노면상 3[m]
- 이외의 곳 4[m]
- 기술상 부득이 한 경우에 교통에 지장이 없는 경우 : 2.5[m] 이상

(3) 연접 인입선 ⚡⚡⚡

① 다른 수용장소의 인입선에서 분기하여 수용장소의 인입선에 이르는 전선로

② 고압 및 특별고압은 연접 인입선을 시설하여선 안 된다.

③ 사용전선 : 인입용 비닐절연전선 및 케이블

④ 전선 규격 : 저압 2.6[mm] 이상의 DV전선 (단, 15[m] 이하는 1.25[kN] 이상 또는 2.0[mm] 이상)

⑤ 시설기준
  • 인입선이 다른 옥내를 통과하지 아니할 것
  • 폭 5[m]를 넘는 도로를 횡단하지 아니할 것
  • 인입선에서 분기하는 점으로부터 100[m]를 넘는 지역에 미치지 않을 것

(4) 저압 옥상 전선로 ⚡⚡⚡

① 전선굵기 : 인장강도 2.3[kN] 이상, 지름 2.6[mm] 이상의 경동선

② 전선종류 : 절연전선일 것

③ 전선은 조영재에 견고하게 붙인 지지주 또는 지지대에 절연성, 난연성 및 내수성이 있는 애자를 사용하여 지지하고 또한 그 지지점 간의 거리는 15[m] 이하일 것

④ 전선과 그 저압 옥상전선로를 시설하는 조영재와의 이격거리는 2[m](전선이 고압 절연전선, 특고압 절연전선 또는 케이블인 경우에는 1[m]) 이상으로 한다.

⑤ 옥측전선, 약전류전선, 안테나, 수관, 가스관과 이격거리는 1[m] 이상으로 한다.

⑥ 상시 부는 바람 등에 의하여 식물에 접촉되지 아니하도록 시설하여야 한다.

03 지중 전선로

(1) 지중 전선로의 특징 ⚡⚡⚡

① 지중 전선로는 케이블을 사용한다.

② 지중 전선로는 견고하고 차량 등 중량물의 압력에 견디는 것을 사용한다.

③ 암거에 시설하는 지중 전선은 난연조치 또는 자동소화설비를 한다.

④ 지중 전선로의 주요 특징
  • 케이블을 사용한다.
  • 건설비가 많이 소요되고, 선로 사고 시 사고복구에 많은 시간이 소요된다.
  • 전력 공급의 안정도가 향상된다.
  • 시가지 내 전력설비 건설에도 도시 미관을 해치지 않는다.

⑤ 지중 전선로 채택 이유
  • 도시의 미관을 중요시하는 경우
  • 수용 밀도가 현저하게 높은 지역에 공급하는 경우

- 뇌, 풍수해 등에 의한 사고에 대해서 높은 신뢰도가 요구되는 경우
- 보안상 제한조건 등으로 가공 전선로를 건설할 수 없는 경우

(2) 시설방식

1) 직접 매설식 ⚡

① 견고한 트로프 내에 케이블을 포설하고, 그위에 모래를 채우고 뚜껑을 덮고 매설하는 방식이다.

② 지중케이블의 상부에 견고한 판이나 경질비닐판, 매설 표시판을 덮고 매설한다.

③ 매설깊이
- 차량 등 기타 중량물의 압력을 받을 우려가 있는 장소 : 1.2[m] 이상
- 기타 장소 : 0.6[m] 이상

장점	직접 매설	단점
• 포설공사비가 적고, 공사기간이 짧다. • 열 방산 측면은 양호하다.		• 중량, 압력, 외상의 사고 발생이 우려가 있다. • 보수, 점검, 증설, 철거의 어려움이 있다.

2) 암거식

① 지중에 암거(공동구 또는 전력구라고 함)를 시설하여 케이블을 포설하는 방식이다.

② 케이블은 암거의 측벽의 받침대 또는 트레이에 지지하며, 작업자 보행 통로를 확보한다.

③ 주로 9회선 이상에서 많이 사용한다.

장점	암거식	단점
• 다회선 포설가능하다. • 열 방산이 양호하다. • 보수점검, 증설, 철거의 용이하다.		• 공사기간이 장기간 필요하다. • 공사비가 고가이다.

3) 관로식

① 맨홀과 맨홀 간에 관로(배관)을 만들어 케이블을 입선하는 방식이다.

② 장래의 부하변경이 예상되는 장소에 주로 사용한다.

③ 3회선 이상 9회선 미만에서 많이 사용한다.

장점	관로식	단점
• 증설, 철거 관리가 용이하다. • 보수, 점검이 용이하다. • 다회선 포설이 가능하다.		• 다소의 외상고장 우려가 있다. • 관로의 곡률의 제한된다. • 열 방산이 어렵다.

(3) 지중함(맨홀)의 시설 ⚡⚡⚡

① 지중함은 견고하고, 차량 등의 중량물, 압력에 견디는 구조여야 한다.

② 지중함 내부에 고인물을 배수할 수 있는 구조여야 한다.

③ 지중함의 뚜껑은 시설자 이외의 사람이 쉽게 열 수 없는 구조여야 한다.

④ 가연성 가스 및 폭발성 가스가 침입할 수 있는 지중함은 그 크기가 $1[m^3]$ 이상의 이고, 통풍장치, 기타 가스를 배출할 수 있는 적당한 장치가 있어야 한다.

(4) 지중 내화성 격벽 등 ⚡⚡⚡

1) 지중 약전류 전선의 교차 및 접근

① 내화성 격벽 등 시설이 필요한 지중 이격거리

  • 저압 또는 고압의 지중전선은 0.3[m] 이하

  • 특고압 지중전선은 0.6[m] 이하

② 예외인 경우

  • 견고한 내화성의 격벽(隔壁)을 설치하는 경우

  • 지중전선을 견고한 불연성 또는 난연성 관에 넣어 직접 접촉하지 않게 한 경우

2) 지중전선 상호 간의 교차 및 접근

① 내화성 격벽 등 시설이 필요한 지중 이격거리

  • 저압과 고압전선이 교차 시 0.5[m] 이하

  • 저압, 고압의 전선이 특고압 전선과 접근 시 0.3[m] 이하

  • 25[kV] 이하인 다중접지방식 0.1[m] 이하

(5) 지중 시설의 전식 ⚡⚡⚡

① 희생양극법 : 지중에 희생양극을 만들어 금속이 부식되지 않는 루트를 만든 방법이다.

② 강제배류법 : 지하에 매설된 금속과 지상의 금속 간을 본딩 접속하여 부식을 방지하는 방법이다.

③ 외부전원법 : 외부에서 정류회로를 통해 외부전원을 공급하여 루트를 형성시킨 것

이다.

④ 선택배류법 : 부식 대상 물체와 피부식 대상물체 간의 전류통로로 금속선을 연결하는 방식이다.

⑤ 금속 표면의 코팅

02 전선의 접속

(1) 전선의 접속조건 ⚡⚡⚡

① 전기적 저항이 증가하지 않아야 한다.

② 기계적 강도를 20[%] 이상 감소시키지 않아야 한다.

③ 접속부위 절연이 약화되지 않도록 테이핑 또는 와이어 커넥터로 절연한다.

④ 접속부분은 접속관 기타의 기구를 사용하거나 납땜을 하여야 한다.

⑤ 도체에 알루미늄 전선과 동 전선을 접속하는 등 전기 화학적 성질이 다른 도체를 접속하는 경우에는 전기적 부식이 생기지 않도록 할 것.

⑥ 두 개 이상의 전선을 병렬 사용
- 병렬로 사용하는 전선의 굵기 : 동선 50[mm²] 이상, 알루미늄 70[mm²] 이상
- 전선은 같은 도체, 같은 재료, 같은 길이 및 같은 굵기의 것을 사용
- 같은 극의 각 전선은 동일한 터미널러그에 완전히 접속할 것
- 같은 극인 각 전선의 터미널러그는 동일한 도체에 2개 이상의 리벳, 2개 이상의 나사로 접속할 것
- 병렬로 사용하는 전선에는 각각에 퓨즈를 설치하지 말 것
- 교류회로에서 병렬로 사용하는 전선은 금속관 안에 전자적 불평형이 생기지 않도록 시설할 것.

> **🔧 PLUS 예시 문제**
>
> 66[kV]의 가공전선의 인장하중이 240[kgf]이다. 이 전선을 접속할 경우 이 전선 접속부분의 전선의 세기는 최소 몇 [kgf] 이상이어야 하는가?
>
> **해설**
> - 전선 접속 시 기계적 강도를 20[%]이상 감소시키지 않아야 한다.
> - 240×80[%]=192[kgf]

(2) 접속방법

1) 접속방법 ⚡

접속방법에는 납땜 접속, 슬리브 접속, 커넥터 접속, 쥐꼬리 접속, 와이어 커넥터 접속 등이 있다.

2) 단선과 연선의 직접 접속

구분	전선 및 접속 방법	
단선의 직선 접속	• 트위스트 접속 : 6[mm²] 이하의 단선 – 단선을 서로 꼬아 접속한다. 4회이상 1회이상 4회이상 10[mm] 10[mm]	• 브리타니어 접속 : 10[mm²] 이상의 연선 – 첨선 1선을 추가하여 첨선으로 감아 꼬고, 첨선과 심선으로 꼰다. D : 전선의 지름[mm] 15D 이상 5회 D 잘라낸다. 8[mm] 정도
연선의 직선 접속	• 단권 접속 : 소선을 하나씩 차례로 감아서 접속하는 방법이다. 10[mm] 10D 이상 3회 5회	• 복권 접속 : 소선을 한꺼번에 돌리면서 감아 접속하는 방법이다.

3) 쥐꼬리 접속

① 조인트 박스 내 가는 전선 간의 접속(와이어 커넥터 사용)

② 전선 꼬임 횟수 : 2~3회

③ 배선과 기구 심선의 접속 시 : 5회 이상

4) 와이어 커넥터 접속

① 조인트 박스 내 가는 전선 간의 접속

② 사용전선 굵기와 전선수에 따라 와이어 커넥터 크기를 잘 선택해야 한다.

③ 와이어 커넥터 색상은 황색, 적색, 회색, 청색 등이 있다.

④ 외피는 자기 소화성 난연 재질이다.

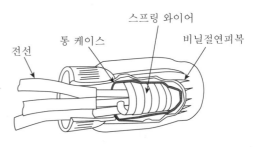

스프링 와이어
통 케이스
비닐절연피복
전선

[와이어 커넥터 접속]

(3) 기타 접속 등

1) 슬리브 접속 ⚡⚡

① 관형(링) 슬리브

- 사용기구 : 가는 전선을 박스 안에서 접속하는 경우, 조명기구 리드선을 접속하는 경우 등
- 압착공구를 사용하여 압착 접속한다.
- 굵은 전선은 C형 접속기나 터미널러그를 활용 접속한다.

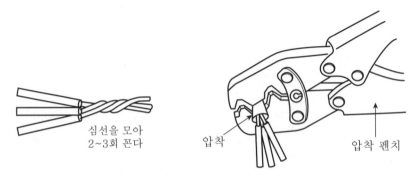

[슬리브 접속(관형)]

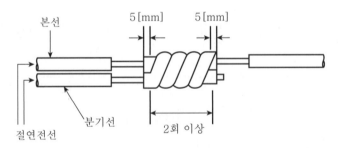

[슬리브 접속(S형)]

② S형 슬리브

- 단선과 연선 모두 사용 가능하다.
- 슬리브는 전선 굵기에 가장 가까운 굵기의 것을 선정한다.

③ 22.9[kV] 배전선로 ACSR 간 접속은 알루미늄선용 압축슬리브(직선 슬리브)를 사용한다.

2) 전선과 기구 단자와 접속

① 단선 10[mm^2], 연선 6[mm^2] 이하 : 기구 단자에 직접 접속

② 단선 10[mm^2], 연선 6[mm^2] 이상 : 동관 단자 및 압착 단자 처리 후 접속

③ 진동이 있는 기계기구의 접속 : 2중 너트 또는 스프링 와셔 사용

Chapter 6 접지 및 절연, 보호장치

01 접지 시스템

01 접지 시스템

(1) 접지 구성요소

1) 접지의 목적 ⚡

① 지락 고장 시 건전상의 대지전위 상승 억제

② 이상전압 발생(뇌, 아크, 지락 등) 시 대지전압 상승 억제

③ 지락 사고 발생 시 지락계전기의 확실한 동작으로 고장선로 차단 및 안전 확보

④ 전선로 및 기기의 절연 레벨 경감

⑤ 절연 파괴시 누설전류에 의한 감전 방지

※ 지구(면)에 접지하는 근본적인 이유는 지구의 정전용량이 커서 전위가 거의 일정하기 때문이다.

2) 접지 시스템의 구분 및 종류 ⚡⚡

① 접지 용도별 시스템은 계통접지, 보호접지, 피뢰시스템 접지 등으로 구분한다.

② 접지 방법별 시스템의 종류로는 공통접지, 통합접지, 단독(독립)접지가 있다.

공통접지	• 접지 센터에서 전기설비(저압,고압,특고압)의 접지를 등전위 본딩하는 것
통합접지	• 접지 센터에서 전기설비 접지와 기타 접지(통신, 피뢰침)를 등전위 본딩하는 것
단독(독립)접지	• 기기별 접지를 별도로 분리, 독립하여 접지하는 것 • 인접 접지극끼리 전위 간섭이 적다. • 접지저항을 낮추기가 어렵고, 접지 신뢰도가 낮은 단점이 있다. • 기기별 접지로 공사비가 많이 든다.

3) 접지 시스템의 구성요소

① 접지시스템 구성요소 : 접지극, 접지도체, 보호도체 및 기타 설비로 구성한다.

② 접지극은 접지도체를 사용하여 주 접지단자에 연결하여야 한다.

4) 접지 시스템 요구사항 ⚡

① 전기설비의 보호 요구사항을 충족하여야 한다.

② 지락전류와 보호도체 전류를 대지에 전달할 것. 다만, 열적, 열·기계적, 전기·기계적 응력 및 이러한 전류로 인한 감전 위험이 없어야 한다.

③ 전기설비의 기능적 요구사항을 충족하여야 한다.

④ 전류용량, 내부식성, 시공성을 고려한 신뢰도가 높은 재료를 선정해야 한다.

5) 접지저항 저감법 ⚡⚡⚡

① 접지저감제를 사용한다.

② 매설지선, 접지극의 병렬 연결, 메시접지, 평판접지, 접지극을 깊게 매설하는 방법 등이다.

(2) 접지극

1) 저압전로의 중성점 등의 접지공사 ⚡⚡⚡

① 접지극은 지하 75[cm] 이상으로 하되 동결 깊이를 감안하여 매설한다.

② 접지선을 철주, 기타의 금속체를 따라서 시설하는 경우에는 접지극을 철주, 기타 금속체 밑면으로부터 30[cm] 이상의 깊이에 매설하는 경우 이외에는 접지극을 지중에서 그 금속체로부터 1[m] 이상 떼어 매설한다.

③ 접지선은 지하 75[cm]로부터 지표상 2[m까지는 두께 2[mm] 이상의 합성수지관 또는 이와 동등 이상의 절연효력 및 강도를 가지는 몰드로 덮어야 한다.

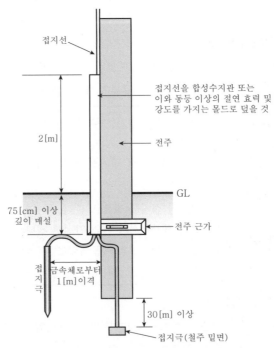

[접지선 보호 및 접지봉 매설]

2) 수도관 등의 접지전극 ⚡⚡⚡

① 지중에 매설된 접지 저항값이 3[Ω] 이하의 금속제 수도관은 각종 접지극으로 사용할 수 있다.

② 접지선과 수도관의 접속은 안지름 75[mm] 이상인 금속제 수도관 (3[Ω]) 또는 이로부터 분기한 75[mm] 미만인 금속제 수도관은 분기점으로부터 5[m] 이내의 부분에서 접속 하여야 한다. (접지 저항값이 2[Ω] 이하인 경우는 5[m]를 초과할 수 있다.)

③ 접지저항값이 2[Ω] 이하 값을 유지하는 건물의 철골 기타 금속제를 접지극으로 사용할수 있는 경우
  • 비접지식 고압전로 기계기구의 철대 또는 외함의 접지공사
  • 비접지식 고압전로와 결합하는 변압기의 저압전로의 접지공사

02 접지도체 및 보호도체

(1) 접지도체

① 접지도체의 최소 단면적은 다음과 같다.
  • 구리는 6[mm²] 이상   • 철제는 50[mm²] 이상

② 특고압·고압 접지도체 : 단면적 6[mm²] 이상의 연동선 또는 동등 이상의 단면적 및 강도를 가져야 한다.

③ 중성점 접지용 접지도체 : 단면적 16[mm²] 이상의 연동선 또는 동등 이상의 단면적 및 세기를 가져야 한다.
  다만, 다음의 경우에는 공칭단면적 6[mm²] 이상의 연동선 또는 동등 이상의 단면적 및 강도를 가져야 한다.
  • 7[kV] 이하의 전로
  • 사용전압이 25[kV] 이하인 특고압 가공전선로. 다만, 중성선 다중접지식의 것으로서 전로에 지락이 생겼을 때 2초 이내에 자동적으로 이를 전로로부터 차단하는 장치가 되어 있는 것

④ 피뢰시스템이 접속되는 접지도체 : 단면적은 구리 16[mm²] 또는 철 50[mm²] 이상이어야 한다.

(2) 보호도체

1) 보호도체의 단면적

보호도체의 단면적은 다음의 계산 값 이상이어야 한다.

① 차단시간이 5초 이하인 경우에만 다음 계산식을 적용한다.

$$S = \frac{\sqrt{I^2 t}}{k}$$

여기서, S : 단면적[mm²], I : 보호장치를 통해 흐를 수 있는 예상 고장전류 실효값[A],

t : 자동차단을 위한 보호장치의 동작시간[s], k : 보호도체, 절연, 기타 부위의 재질 및 초기온도와 최종온도에 따라 정해지는 계수

② 보호도체의 최소 단면적

상도체의 단면적 S (mm², 구리)	보호도체의 최소 단면적 (mm², 구리)
$S \leq 16$	S
$16 < S \leq 35$	16
$S > 35$	$S/2$

(3) 주 접지단자

① 접지시스템은 주 접지단자를 설치하고, 다음의 도체들을 접속하여야 한다.
  - 등전위본딩도체
  - 접지도체
  - 보호도체(PE)
  - 기능성 접지

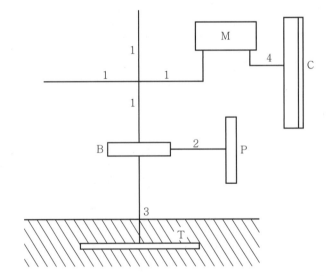

1 = 보호도체
2 = 주 등전위본딩용 도체
3 = 접지선
4 = 보조 등전위본딩용 도체
B = 주 접지단자
M = 노출 도전성부분
C = 계통외 도전성부분
P = 주 금속제 수도관
T = 접지극

[접지극, 접지선 및 보호도체]

② 여러 개의 접지단자가 있는 장소는 접지단자를 상호 접속하여야 한다.
③ 주 접지단자에 접속하는 각 접지도체는 개별적으로 분리(공구에 의해서만)할 수 있어야 하며, 접지저항을 편리하게 측정할 수 있어야 한다.

(4) 보호도체(PE)와 기능을 겸비한 도체 ✔✍✍

교류	• PEN도체는 보호선과 중성선의 기능을 겸한 도체를 말한다.
직류	• PEM도체는 보호선과 중간선의 기능을 겸한 도체를 말한다. • PEL도체는 보호선과 전압선 기능을 겸한 도체를 말한다.

(5) 접지도체와 접지극의 접속

① 접속은 견고하고 전기적인 연속성이 보장되어야 한다.

② 발열성 용접, 압착접속, 클램프 또는 그 밖에 적절한 기계적 접속장치에 의해야 한다.

③ 클램프를 사용하는 경우, 접지극 또는 접지도체를 손상시키지 않아야 한다.

④ 납땜에만 의존하는 접속은 사용해서는 안 된다.

02 전로의 절연

(1) 전로의 절연

1) 절연의 목적

① 지락전류에 의한 통신선의 유도장해 방지

② 누설전류에 의한 화재 및 감전사고 등 위험 방지

③ 전력 손실 방지

2) 대지로부터 절연원칙의 예외

① 각종 접지공사의 접지점

② 전로의 중성점을 접지하는 경우 접지점

③ 계기용 변성기 2차측 전로에 접지공사를 하는 경우 접지점

④ 25[kV] 이하인 특고압 가공전선로의 시설에 다중 접지를 하는 경우의 접지점

⑤ 전로의 일부를 대지로부터 절연하지 아니하고 전기를 사용하는 부득이한 장소

  • 시험용 변압기, 전력선 반송용 결합 리액터, 전기울타리용 전원장치, 엑스선 발생
    장치, 단선식 전기철도의 귀선

⑥ 대지로부터 절연하는 것이 기술상 곤란한 것(전기욕기, 전기로, 전기보일러, 전해
  조 등)

(2) 저압전로의 절연

1) 저압전로의 절연 성능 ✔✔✍

① 사용전압이 저압인 전로에서 정전이 어려운 경우 등 절연저항 측정이 곤란한 경우에
  는 누설전류를 1[mA] 이하로 유지하여야 한다.

② 전선과 대지 사이의 절연저항은 사용전압에 대한 누설전류가 최대 공급전류의 $\dfrac{1}{2,000}$ 을 초과하지 않도록 하여야 한다.

> **PLUS 예시 문제**
>
> 22,900/220[V]의 15[kVA] 변압기로 공급되는 저압 가공 전선로의 전선에서 대지로 누설되는 전류의 최고 한도는?
>
> **해설**
>
> • 규정에 의한 누설전류 ≤ $\dfrac{\text{최대 공급전류}}{2,000}$ (1가닥) 이하 이어야 한다.
>
> • 최대 공급전류가 I = $\dfrac{P}{V}$ = $\dfrac{15,000}{220}$ ≒ 68.2[A]이므로,
>
> • 누설전류 ≤ $\dfrac{\text{최대 공급전류}}{2,000}$ = $\dfrac{68.2}{2,000}$ ≒ 34[mA]이다.

③ 누설전류(Leakage Current)
- 전로 이외를 흐르는 전류
- 전로의 절연체 내부 및 표면, 공간을 통하여 흐르는 전류

전로의 사용전압[V]	DC 시험전압[V]	절연저항[MΩ]
SELV 및 PELV	250	0.5
FELV, 500[V] 이하	500	1.0
500[V] 초과	1,000	1.0

[주] 특별저압(extra low voltage : 2차 전압이 AC 50[V], DC 120[V] 이하)으로
- SELV(비접지회로 구성) 및 PELV(접지회로)은 1차와 2차가 전기적으로 절연(안전 절연 변압기)된 회로
- FELV는 1차와 2차가 전기적으로 절연(기본 절연변압기)되지 않은 회로

03 절연내력 시험

(1) 고압 및 특고압 절연 시험 ⚡⚡⚡

① 고압의 전로 및 전기기기 성능은 시험전압 10분간 견딜 수 있어야 한다.

② 시험전압 인가 장소
- 회전기 : 권선과 대지사이
- 변압기 : 권선과 다른 권선사이, 권선과 철심사이, 권선과 외함사이
- 기타 전기계기구 : 충전부와 대지사이

③ 고압 및 특별고압의 전로, 변압기, 차단기, 기타의 기구 등

전로의 종류		시험 전압
1. 최대 사용전압 7[kV] 이하		최대 사용전압의 1.5배
2. 중성점 접지식 전로 (중성선 다중접지 하는 것)	7[kV] 초과 25[kV] 이하	최대 사용전압의 0.92배
3. 중성점 접지식 전로(2란 제외)	7[kV] 초과 60[kV] 이하	최대 사용전압의 1.25배
4. 비접지식	60[kV] 초과	최대 사용전압의 1.25배
5. 중성점 접지식	60[kV] 초과	최대 사용전압의 1.1배
6. 중성점 직접접지식	60[kV] 초과 170[kV] 이하	최대 사용전압의 0.72배
	170[kV] 초과	최대 사용전압의 0.64배

④ 회전기 및 정류기, 연료전지 등

종류			시험전압	시험전압 인가장소
회전기	발전기 전동기 조상기 등	7[kV] 이하	최대 사용전압×1.5 (최저 500[V])	권선과 대지 간
		7[kV] 이상	최대 사용전압×1.25 (최저 10,500[V])	
	회전변류기		직류측 최대 사용전압×1(최저 500[V])	
정류기	60[kV] 이하		직류측 최대사용전압×1배의 교류전압 (최저 500[V])	충전부와 외함 간
	60[kV] 초과		직류 측 최대 사용전압×1.1배의 교류전압 또는 직류측의 최대 사용전압 1.1배의 직류전압	교류측 및 직류 고전압측 단자와 대지 간
연료전지 및 태양전지 모듈			최대 사용전압×1.5배의 직류전압 최대 사용전압×1배의 교류전압	충전부분과 대지 간

PLUS 예시 문제

2개의 단상 변압기(200/6,000[V])를 최대 사용전압 6,600[V]의 고압 전동기의 권선과 대지사이에 절연내력 시험을 하는 경우 입력전압[V]와 시험전압(E)은 각각 얼마로 하면 되는가?

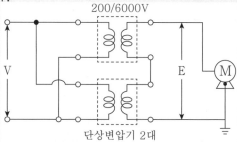

단상변압기 2대

해설

• 전동기의 권선과 대지전압 사이의 절연내력 시험전압(E) 6,600×1.5배＝9,900[V]

• 입력전압 $V=V_1=aV_2$, $a=30$,

$$V=\frac{200}{6,000}(a)\times 9,900\times \frac{1}{2}(\text{변압기 2대 중 1대})=165[V]$$

04 보호 및 경보장치

(1) 특고압용 변압기의 보호장치

특고압용 변압기 내부에 고장이 생겼을 경우에 보호하는 장치

뱅크용량의 구분	동작조건	장치의 종류
5,000[kVA] 이상 10,000[kVA] 미만	변압기 내부고장	자동차단장치 또는 경보장치
10,000[kVA] 이상	변압기 내부고장	자동차단장치
타냉식변압기(변압기의 권선 및 철심을 직접 냉각시키기 위하여 봉입한 냉매를 강제 순환시키는 냉각 방식)	냉각장치에 고장이 생긴 경우 또는 변압기의 온도가 현저히 상승한 경우	경보장치

(2) 무효전력 보상장치의 보호장치 ⚡⚡🔋

설비종별	뱅크용량의 구분	자동적으로 전로로부터 차단하는 장치
전력용 커패시터 및 분로리액터	500[kVA] 초과 15,000[kVA] 미만	내부에 고장이 생긴 경우에 동작하는 장치 또는 과전류가 생긴 경우에 동작하는 장치
	15,000[kVA] 이상	내부에 고장이 생긴 경우에 동작하는 장치 및 과전류가 생긴 경우에 동작하는 장치 또는 과전압이 생긴 경우에 동작하는 장치
조상기(調相機)	15,000[kVA] 이상	내부에 고장이 생긴 경우에 동작하는 장치

05 측정 및 시험

(1) 전력의 측정

1) 전기 계기의 오차원인

구분	외부 영향 등의 원인	계기의 구조 등의 원인
주요원인	• 자계의 영향 • 정전계의 영향 • 외기 온, 습도의 영향	• 가동부 마찰 및 가동부 불평형 • 주파수 및 파형의 영향 • 열기전력 및 자기 가열 • 눈금의 부정확 • 0 점의 틀림

2) 계기의 계급 및 용도 ⚡🔋🔋

계급	확도	용도	호용 오차
0.2급	부 표준기급	실험실용	$\pm 0.2\%$
0.5급	정밀급	휴대용	$\pm 0.5\%$
1.0급	준 정밀급	소형 휴대용	$\pm 1.0\%$
1.5급	보통급	(일반)배전반용	$\pm 1.5\%$
2.5급	준 보통급	소형 Panel	$\pm 2.5\%$

3) 오차 및 보정 ⚡🔋🔋

① 오차＝측정값(M)－참값(T)

② 오차율＝$\dfrac{오차}{참값}=\dfrac{M-T}{T}\times 100[\%]$

③ 보정값＝참값(T)－측정값(M)

④ 보정률＝$\dfrac{보정값}{측정값}=\dfrac{T-M}{M}\times 100[\%]$

4) 전기계기 및 적산계기 등의 구비조건

① 기계적 강도가 클 것

② 부하 특성이 좋고, 과부하 내량이 클 것

③ 온도나 주파수 변화에 보상이 되도록 할 것

④ 내부 손실이 적을 것

(2) 변압기 시험

1) 절연내력 시험

① 시험용 변압기 회로도

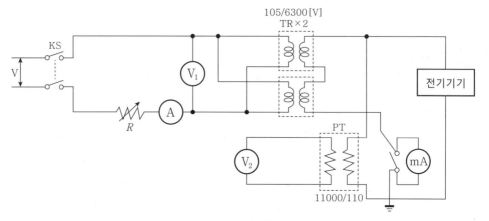

[변압기 절연내력 시험 회로도]

② 기기의 용도

- $V_1 = \dfrac{1}{2} \times$ 시험전압 $\times \dfrac{n_1}{n_2}$, $V_2 =$ 시험전압 $\times \dfrac{1}{PT비}$
- mA(전류계) : 절연내력 시험시 피시험 기기의 누설전류를 측정하여 절연강도 판정
- PT : 피시험기기에 인가되는 절연내력시험 전압 측정

③ 시험용 변압기를 접속(1차–병렬, 2차–직렬) 하고, 1차 전압을 0~105[V]로 조정하면, 2차 전압은 0~12,600[V]가 된다.

④ 시험 조건(절연내력)

- 최대 사용전압(최대 사용전압=공칭전압$\times\dfrac{1.15}{1.1}$)$\times$1.5배 (중성점 접지식에서는 0.92 배)의 전압에 연속 10분간 견디어야 한다.
- 시험전압=(공칭전압$\times\dfrac{1.15}{1.1}$)$\times$1.5 (중성점 접지식에서는 0.92배)

2) 단락시험 ⚡☞☞

① 변압기 단락시험 회로

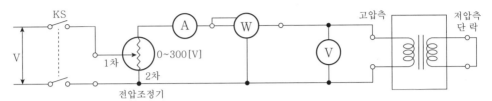

[변압기 단락시험 회로도]

② 단락시험(임피던스 전압 측정)

- 변압기 2차 측(저압)을 단락시키고, 1차 측(고압)에 전압을 가한다.
- 1차 단락전류가 1차 정격전류가 같도록 조정한다.
- 이때 고압측에 인가하는 전압으로 교류 전압계의 지시값 [V]로 표시된다.

③ %임피던스 $= \dfrac{1\text{차 정격전류} \times \text{임피던스}}{1\text{차정격전압}} \times 100[\%]$

$$= \dfrac{I_n Z}{V_{1n}} \times 100 = \dfrac{V}{V_{1n}} \times 100[\%]$$

④ 동손[W] : 교류전력계 지시값 [W]로 표시된다.

3) 개방시험

① 변압기 개방시험 회로

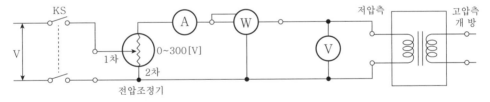

[변압기 개방시험 회로도]

② 철손 측정

- 슬라이닥스를 조정한다.
- 시험용 변압기 1차 측(저압) 전압이 정격전압과 동일하게 조정한다.
- 정격전압과 동일할 때 교류전력계 지시값 [W]로 표시된다.

(3) 고장점 탐지법

1) 머레이 루프(Murray Loop)법 ⚡☞☞

- 휘이스톤브리지의 평형상태를 이용하여 고장점까지의 도체 저항값으로 거리를 추정하는 방법이다.
- 1선 지락사고 및 선간 단락사고 측정에 이용한다.

2) 정전용량(Capacity Bridge)법

- 정전용량과 길이에 비례를 이용하여 선로전체의 정전용량과 고장점까지의 정전용량을 측정하여 비교한다.
- 단선사고 시 측정에 이용된다.

3) 펄스 측정(Pulse radar)법

- 케이블의 한쪽에서 고장점으로 펄스를 입사시킨다.
- 고장점 서지 임피던스 급변으로 입사파 일부가 고장점에서 반사되어 돌아오는 시간을 측정한다.
- 반사파 도달시간을 측정하여 고장점 거리를 구한다.
- 3상 단락 및 지락사고 측정에 이용한다.

4) 수색코일법

- 한쪽 케이블에 ±600[Hz]의 단속전류를 흘린다.
- 지상에서 수색코일에 증폭기와 수화기를 가지고 케이블을 따라서 고장점을 수색한다.
- 수색코일에 전압이 유도되고 소리가 들려 고장점을 찾는다.

5) 음향에 의한 법

- 고장케이블에 고전압의 펄스를 보내 고장점의 방전음 듣고 고장점을 찾는 방법이다.

(4) 절연저항 및 접지저항 측정법

1) 절연저항 측정법 ⚡��

① 저 저항 측정법

- 1[Ω] 이하의 범위이다.
- 켈빈더블 브리지법 : $10^{-5} \sim$ 1[Ω] 정도의 저저항 정밀 측정에 사용한다.

② 중 저항 측정법

- 1[Ω]~10[kΩ] 정도의 범위이다.
- 전압 강하법의 전압 전류계법 : 백열전구 필라멘트 저항측정 등에 사용한다.
- 휘이스톤 브리지법

③ 특수 저항 측정법

- 휘이스톤 브리지법 : 검류계의 내부저항
- 콜라우시 브리지법 : 접지저항, 전해액의 저항
- 절연저항, 고유저항 : 절연저항계(Megger)

2) 케이블 사용 전 절연시험 ⚡��

① 절연저항 시험 : 각 심선 상호 간 및 심선과 대지 간의 절연저항 시험

② 절연내력 시험 : 전로와 대지 간, 각 심선과 대지 간의 절연내력 시험(규정전압, 규정 시간 이상 인가)

③ 접지저항 시험 : 케이블 차폐막의 접지저항 시험

④ 상시험 : 케이블 양단의 상순이 맞는지 여부 시험

3) 직류전위차계 ⚡��

① 표준전지 전압을 표준으로 한다.

② 정밀도가 가장 높은 측정방법이다.

③ 전지 기전력, 열전대 기전력, 직류 전류, 직류 저항 등의 정밀측정에 이용된다.

Chapter 7 전선 및 배선기구 등

01 전선

(1) 전선의 구비조건

① 도전율이 높고, 기계적 강도가 클 것

② 내구성이 클 것

③ 가요성이 좋을 것

④ 비중이 작은 것

⑤ 시공 및 보수 취급이 용이 할 것

⑥ 가격이 저렴할 것

(2) 전선의 결정요소

1) 전선의 선정 조건

① 허용전류 ② 전압강하 ③ 기계적 강도 ④ 허용온도

2) 절연전선의 허용전류

① 단선(구리 공칭 단면적)

단선(구리 공칭단면적)	1.5[mm²]	2.5[mm²]	4[mm²]	6[mm²]	10[mm²]	16[mm²]
허용전류[A]	20	28	37	48	66	88

② 코드 및 형광등 전선

코드 및 형광등 전선	0.75[mm²]	1.25[mm²]	2.0[mm²]	3.5[mm²]	5.5[mm²]	금사코드
허용전류[A]	7	12	17	23	35	0.5

(3) 단선과 연선

1) 단선

전선의 도체가 한 닥(통선)으로 이루어진 전선

① 경동선

- 전선의 고유저항 : $\frac{1}{55}[\Omega mm^2/m]$

- 인장강도가 크기 때문에 저압 배전 선로에 주로 사용

② 연동선

- 전선의 고유저항 : $\frac{1}{58}[\Omega mm^2/m]$

- 전기저항이 작고, 가요성이 좋아 옥내배선에 주로 사용

2) 연선

여러 소선을 꼬아 합친 전선으로 단선에 비해 가요성이 좋고 취급이 용이하다.

① 층수 및 소선수

층수(n)	1	2	3	4	5	전선 단면
총소선수	7	19	37	61	91	d : 소선지름 D : 외경
해설		37/2 표시된 전선 → 총 소선수 37개인 전선으로 1 소선이 3.2[mm]인 전선				

② 총 소선수 : $N = 3n(n+1)+1$[개]

③ 연선의 바깥지름 : $D = (2n+1) \cdot d$ [mm]

여기서, n : 중심 소선을 뺀 층수

④ 소선의 단면적 : $a = \dfrac{\pi d^2}{4}$[mm^2]

여기서, a : 한 가닥의 단면적

⑤ 연선의 총 단면적 : $A = aN = \dfrac{\pi d^2}{4} N = \dfrac{\pi D^2}{4}$ [mm^2]

3) 강심 알루미늄 연선(ACSR)

① 강심의 바깥쪽에 알루미늄 연선을 꼬아 만든다.

② 경동선에 비해 가볍고 인장강도가 크다.

③ 외경이 커서 코로나 방전 대책으로 사용한다.

4) 동 연선

염분이 많은 해안지방의 송배전용으로 적합하다.

(4) 범용 절연전선

약호	명칭	특징
HFIX	• 450/750[V] 저독 난연 폴리올레핀 절연전선 (가교 폴리올레핀 내열 및 지독 난연 절연체) – HF : 저독성 난연(Halogen free flame retardant) – I : 절연전선(Insulation wire) – X : 가교폴리올레핀(Cross-linked polyolefin)	• 옥내배선에 광범위하게 사용 • 난연, 내열 성능으로 내열 및 내화배선까지 사용 가능 • 90[℃] 이하에서 사용
NR	• 450/750[V] 일반용 단심 비닐 절연전선 (단선)	• 일반 옥내배선에 사용(종전의 IV) • 60[℃] 이하에서 사용 • 스위치, 콘센트 등 일반용 옥내배선
NF	• 450/750[V] 일반용 유연성 비닐 절연전선 (연선)	
NFI(70)(90)	• 300/500[V] 기기 배선용 유연성 단심 비닐 절연전선(70[℃], 90[℃])	• 기기 배선용에 사용
NRI(70)(90)★	• 300/500[V] 기기 배선용 단심 비닐 절연전선 (70[℃], 90[℃])	• 기기 배선용에 사용
OW, DV	• 비닐 절연전선 (OW : 옥외용, DV : 인입용)	• OW : 저압가공 전주간에 사용 • DV : 저압가공 인입구간 전용으로 사용, 옥외 조명 가공선에 사용
NV (N-EV) 🗲▨▨	• 비닐절연 네온 전선, N네온전선, R고무, C클로로프랜, V비닐, E폴리에틸렌, (폴리에틸렌 비닐 네온 전선)	• 네온관등 고압측에 사용 • 2[mm²] 도체에 비닐 피복

(5) 범용 케이블

약호	명칭
FR-CNCO-W 🗲▨▨	동심 중성선 수밀(차수)형 저독성 난연 전력케이블 C : XLPE 내열절연체, O : 폴리올레핀 저독 난연 재킷
HFCO	0.6/1[kV] 가교 폴리에틸렌 절연 저독성 난연 폴리올레핀 시스 전력 케이블
VV	0.6/1[kV] 비닐절연 비닐 시스 케이블
VCT	0.6/1[kV] 비닐절연 비닐 캡타이어 케이블 (이동용 제어전선으로 사용)

CVV	0.6/1[kV] 비닐절연 비닐 시스 제어케이블 (제어용 전선으로 사용)
CV	0.6/1[kV] 가교 폴리에틸렌 절연 비닐 시스 케이블
EV	폴리에틸렌 절연 비닐 시스 케이블
CB-EV	콘크리트 직매용 폴리에틸렌 절연 비닐 시스 케이블(환형)
MI	미네랄 인슈레이션 케이블

02 과전류 차단기와 누전 차단기

(1) 전류제한기

① 전력회사가 수용장소의 전력사용을 제한하기 위해 인입구에 설치하는 장치이다.

② 수용가가 사전 약정치 이상의 전류가 흘렀을 때 일정 시간내 동작하여 전력을 차단하기 위한 용도이다.

(2) 퓨즈

1) 저압용 퓨즈

① 정격전류의 1.1배에 견딜 것

② 정격전류의 1.6배 및 2배의 용단시간

정격전류의 구분	용단시간 ★	
	1.6배	2배
30[A]이하	60분	2분
30[A] 초과 60[A] 이하	60분	4분
60[A] 초과 100[A] 이하	120분	6분
100[A] 초과 200[A] 이하	120분	8분
200[A] 초과 400[A] 이하	180분	10분

2) 고압용 퓨즈

① 포장 퓨즈 : 정격전류의 1.3배에 견디고, 2배의 전류에는 120분 내에 용단

② 비포장 퓨즈 : 정격전류의 1.25배에 견디고, 2배의 전류에는 2분 내에 용단

3) 퓨즈의 종류

① A종 퓨즈 : 최소 용단전류가 정격전류의 110~135[%] 사이에 있는 것

② B종 퓨즈 : 최소 용단전류가 정격전류의 130~160[%] 사이에 있는 것

(3) 배선용 차단기(MCCB)

① 과전류 장치와 개폐기 등을 몰드용기에 수납하여 일체화시킨 기중차단기이다.

② 차단능력이 우수하고 개폐 및 자동 차단기능을 한다.

③ 접지공사의 접지선, 다상식 선로의 중성선, 제2종 접지공사를 한 가공선로의 접지측 전선에는 과전류 차단기를 시설하면 안 된다.

④ 동작전류

• 정격전류의 1배의 전류에 자동 동작하지 말 것

• 정격전류의 1.25배 또는 2배의 용단시간

정격전류의 구분	용단시간	
	1.25배	2배
30[A] 이하	60분	2분
30[A] 초과 50[A] 이하	60분	4분
50[A] 초과 100[A] 이하	120분	6분
100[A] 초과 225[A] 이하	120분	8분
225[A] 초과 400[A] 이하	120분	10분

(4) 누전 차단기 및 절연변압기

1) 누전 차단기

① 일반적인 설치장소

• 욕실 등 인체가 물에 젖어 있는 상태에서 물을 사용하는 장소에 콘센트를 시설하는 경우

• 사람이 쉽게 접촉할 우려가 있는 곳

• 사용전압이 60[V]를 초과하는 저압의 금속제 외함을 갖는 기계기구 전기공급 전로

• 특별고압 또는 고압전로 변압기에 결합된 300[V]를 넘는 저압 전로

• 주택의 옥내에 시설하는 대지전압 150[V] 초과 300[V] 이하의 저압전로 인입구

• 화약고, 플로어히팅, 로드히팅, 전기온상, 풀용 수중조명등에 이르는 전로

② 정격감도전류

• 일반적인 장소는 고감도 고속형 30[mA], 0.03[초] 이내 동작형을 사용

• 물기를 사용하는 장소는 고감도 고속형 15[mA], 0.03[초] 이내 동작형을 사용

2) 절연변압기(누전 차단기 감경조건) ✍☝

① 설치장소 : 욕실 등 인체가 물에 젖어 있는 상태에서 물을 사용하는 장소에 콘센트를 시설하는 경우

② 시설용량 : 3[kVA] 이하

(5) 통로 유도등 설치 ✎✎✎

① 통로 유도등 바로 밑의 바닥으로부터 수평으로 0.5[m] 떨어진 바닥에서 측정하여 1[[lx] 이상

② 바닥에 매설한 것에서는 직상부 1[m] 높이에서 1[lx] 이상이어야 한다.

(6) 자동화재 탐지설비 배선 ✎✎✎

① 전선 굵기 : 2.5[mm^2]

② 사용전선 : 비닐절연전선

03 범용 공구 및 측정기

(1) 범용 공구 및 측정기 ✎✎✎

공구 명칭	용도
리머 (reamer)	금속관 절단후 거친 관입구를 매끄럽게 가공 전선의 긁힘, 절단을 예방 용도
녹아웃 펀치 (knock out punch)	배전반, 분전반 등의 강철판에 배관을 변경하거나 원형의 구멍을 뚫을 때 사용
홀소 (hole saw)	분전반과 같은 강철판에 배관용 구멍을 원형으로 뚫을 때 사용
피시 테이프 (fish tape)	전선을 전선관에 넣을 때 사용 곡률 반경이 커서 전선으로 통과하지 않는 경우 사용
풀링(철망) 그립 (pulling grip)	여러 가닥의 전선을 전선관에 넣을 때 사용 선단을 피시 테이프에 묶어 댕기는 용도
버니어캘리퍼스 (vernier calipers)	어미자와 아들자의 눈금을 이용하여 두께, 깊이, 안지름, 바깥지름 등을 측정
마이크로미터 (micro meter)	전선의 굵기, 철판, 구리판 등의 두께를 측정

(2) 측정 계기와 시험

① 저압 옥내배선의 점검 및 시험순서 : 육안 점검 → 절연 측정 → 접지저항 측정 → 충전시험

② 메거(500[V], 1,000[V]) : 절연저항 측정

③ 어스 테스터, 콜라우시 브릿지 : 접지저항 측정

④ 네온점검기 : 충전 유무 조사(전압 유무)

⑤ 멀티테스터, 회로시험기 : 전압, 저항, 전류 측정, 도통시험

⑥ 훅온미터(Hook on Meter), 크램프 메터 : 통전 중인 전선의 전류, 전압측정

Chapter 8 계통접지 및 보안공사

01 계통접지의 방식

(1) 계통접지 구성

1) 저압전로의 보호도체 및 중성선의 접속 방식에 따라 접지계통은 다음과 같이 분류한다.

① TN 계통   ② TT 계통   ③ IT 계통

2) 각 계통에서 나타내는 그림의 기호는 다음과 같다.

기호 설명	
──────╱──	중성선(N), 중간도체(M)
──────╤──	보호도체(PE)
──────╤──	중성선과 보호도체겸용(PEN)

(2) TN 계통

① 전원 측의 한 점을 직접 접지하고 설비의 노출도전부를 보호도체로 접속시키는 방식으로 중성선 및 보호도체(PE 도체)의 배치 및 접속방식에 따라 다음과 같이 분류한다.

② TN-S 계통은 계통 전체에 대해 별도의 중성선 또는 PE 도체를 사용한다. 배전계통에서 PE 도체를 추가로 접지할 수 있다.

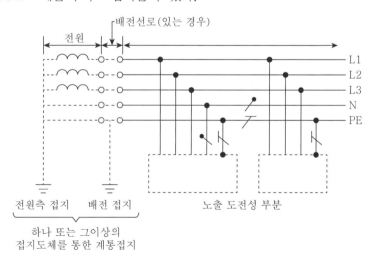

[계통 내에서 별도의 중성선과 보호도체가 있는 TN-S 계통]

③ TN-C 계통은 그 계통 전체에 대해 중성선과 보호도체의 기능을 동일도체로 겸용한 PEN 도체를 사용한다. 배전계통에서 PEN 도체를 추가로 접지할 수 있다.

④ TN-C-S 계통은 계통의 일부분에서 PEN 도체를 사용하거나, 중성선과 별도의 PE 도체를 사용하는 방식이 있다. 배전계통에서 PEN 도체와 PE 도체를 추가로 접지할 수 있다.

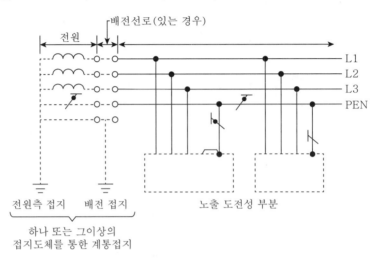

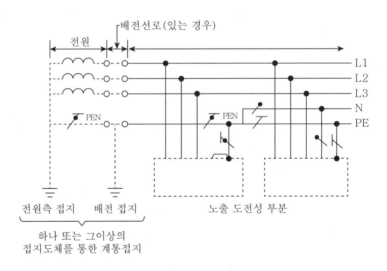

[TN-C 계통]

(3) TT 계통

① 전원의 한 점을 직접 접지하고 설비의 노출도전부는 전원의 접지전극과 전기적으로 독립적인 접지극에 접속시킨다. 배전계통에서 PE 도체를 추가로 접지할 수 있다.

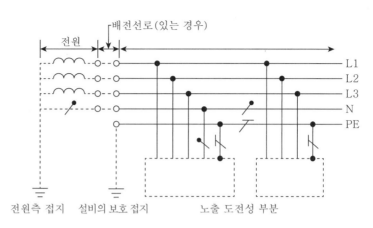

[설비 전체에서 별도의 중성선과 보호도체가 있는 TT 계통]

(4) IT 계통

① 충전부 전체를 대지로부터 절연시키거나, 한 점을 임피던스를 통해 대지에 접속시킨다. 전기설비의 노출도전부를 단독 또는 일괄적으로 계통의 PE 도체에 접속시킨다. 배전계통에서 추가접지가 가능하다.

② 계통은 충분히 높은 임피던스를 통하여 접지할 수 있다. 이 접속은 중성점, 인위적 중성점, 선도체 등에서 할 수 있다. 중성선은 배선할 수도 있고, 배선하지 않을 수도 있다.

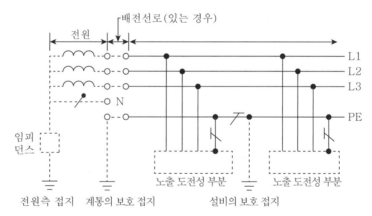

[계통 내의 모든 노출도전부가 보호도체에 의해 접속되어 일괄 접지된 IT 계통]

02 보안공사

(1) 저압 보안공사

1) 전선(케이블 제외)

① 인장강도 8.01[kN] 이상의 것

② 지름 5[mm] 이상의 경동선이어야 한다.

③ 사용전압이 400[V] 미만은 인장강도 5.26[kN] 이상 또는 지름 4[mm] 이상의 경동선

2) 목주

① 풍압하중에 대한 안전율은 1.5 이상일 것

② 목주의 굵기는 말구(末口)의 지름 0.12[m] 이상일 것

3) 경간 ⚡️

지지물의 종류	경간
목주·A종 철주 또는 A종 철근 콘크리트주	100[m] 이하
B종 철주 또는 B종 철근 콘크리트주	150[m] 이하
철탑	400[m] 이하

4) 예외조항(보안공사 경간을 적용하지 아니할 수 있는 경우)

① 전선에 인장강도 8.71[kN] 이상의 것

② 단면적 22[mm^2] 이상의 경동연선을 사용하는 경우

(2) 고압 보안공사

1) 전선(케이블 제외) ⚡️

① 전선은 인장강도 8.01[kN] 이상의 것

② 지름 5[mm] 이상의 경동선일 것

2) 목주

① 목주의 풍압하중에 대한 안전율은 1.5 이상일 것

3) 경간

지지물의 종류	경간
목주·A종 철주 또는 A종 철근 콘크리트주	100[m] 이하
B종 철주 또는 B종 철근 콘크리트주	150[m] 이하
철탑	400[m] 이하

4) 예외조항(보안공사 경간을 적용하지 아니할 수 있는 경우)

① 전선에 인장강도 14.51[kN] 이상의 것

② 단면적 38[mm²] 이상의 경동연선을 사용하는 경우

③ ①,②의 전선을 B종 철주·B종 철근 콘크리트주 또는 철탑을 지지물로 사용하는 경우

03 풍압하중의 종별과 적용

(1) 갑종 풍압하중

① 구성재의 수직 투영면적 1[m²]에 대한 풍압을 기초로 하여 계산한 것

② 구성재의 수직 투영면적 1[m²]에 대한 풍압

풍압을 받는 구분			구성재의 수직 투영면적 1[m²]에 대한 풍압
목주			588[Pa]
지지물	철주	원형의 것	588[Pa]
		삼각형 또는 마름모형의 것	1,412[Pa]
		강관에 의하여 구성되는 4각형의 것	1,117[Pa]
		기타의 것	복재(腹材)가 전·후면에 겹치는 경우에는 1,627[Pa], 기타의 경우에는 1,784[Pa]
	철근 콘크리트주	원형의 것	588[Pa]
		기타의 것	882[Pa]
	철탑	단주 (완철류는 제외함) 원형의 것	588[Pa]
		단주 (완철류는 제외함) 기타의 것	1,117[Pa]
		강관으로 구성되는 것 (단주는 제외함)	1,255[Pa]
		기타의 것	2,157[Pa]
전선 기타 가섭선	다도체(구성하는 전선이 2가닥마다 수평으로 배열되고 또한 그 전선 상호 간의 거리가 전선의 바깥지름의 20배 이하인 것에 한한다. 이하 같다)를 구성하는 전선		666[Pa]
	기타의 것		745[Pa]
애자장치(특고압 전선용의 것에 한한다)			1,039[Pa]
목주·철주(원형의 것에 한한다) 및 철근 콘크리트주의 완금류 (특고압 전선로용의 것에 한한다)			단일재로서 사용하는 경우에는 1,196[Pa], 기타의 경우에는 1,627[Pa]

(2) 을종 풍압하중

① 전선 기타의 가섭선(架涉線) 주위에 두께 6[mm], 비중 0.9의 빙설이 부착된 상태에서 수직 투영면적 372[Pa]

② 다도체를 구성하는 전선은 333[Pa]

③ 그 이외의 것은 갑종 풍압하중의 풍압의 2분의 1을 기초로 하여 계산한 것

(3) 병종 풍압하중

① 갑종 풍압하중의 풍압의 2분의 1을 기초로 하여 계산한 것

(4) 지방별 풍압하중 ✏

① 빙설이 많은 지방에서는 고온계절에는 갑종 풍압하중, 저온계절에는 을종 풍압 하중

② 빙설이 많은 지방이외의 지방에서는 고온계절에는 갑종 풍압하중, 저온계절에는 병종 풍압하중

③ 빙설이 많은 지방 중 해안지방 기타 저온계절에 최대풍압이 생기는 지방에서는 고온계절에는 갑종 풍압하중, 저온계절에는 갑종 풍압하중과 을종 풍압 하중 중 큰 것

04 특고압 이격거리 등

(1) 시가지 등 특고압선로

1) 경간

지지물의 종류	경 간
A종 철주 또는 A종 철근 콘크리트주	• 75[m]
B종 철주 또는 B종 철근 콘크리트주	• 150[m]
철탑	• 400[m] • 단주인 경우에는 300[m] • 전선이 수평으로 2 이상 있는 경우에 전선 상호 간의 간격이 4[m] 미만인 때에는 250[m]

2) 지지물

① 철주·철근 콘크리트주 또는 철탑을 사용할 것

3) 전선의 지표상 높이

사용전압의 구분	지표상의 높이
35[kV] 이하	• 10[m] • 전선이 특고압 절연전선인 경우 8[m]
35[kV] 초과	• 10[m]에 35[kV]를 초과하는 10[kV] 또는 그 단수마다 0.12[m]를 더한 값

(2) 기타 장소 특고압선로 ⚡⚡⚡

사용전압의 구분	지표상의 높이
35[kV] 이하	• 5[m] • 철도 또는 궤도를 횡단하는 경우 6.5[m] • 도로를 횡단하는 경우 6[m] • 횡단보도교의 위에 시설하는 경우 4[m]
35[kV] 초과 160[kV] 이하	• 6[m] • 철도 또는 궤도를 횡단하는 경우 6.5[m] • 산지(山地) 등에서 사람이 쉽게 들어갈 수 없는 장소 5[m] • 횡단보도교의 위에 시설하는 경우 5[m]
160[kV] 초과	• 6[m] • 철도 또는 궤도를 횡단하는 경우 6.5[m] • 산지 등에서 사람이 쉽게 들어갈 수 없는 장소 5[m] • 160[kV]를 초과하는 10[kV] 또는 그 단수마다 0.12[m]를 더한 값

🔧 PLUS 예시 문제

345[kV]의 가공전선을 사람이 쉽게 들어갈 수 없는 산지에 시설하는 경우 가공 송전선의 지표상 높이는 최소 몇 [m]인가?

해설

• 기본 높이 : 160[kV] 초과 시 6[m], 철도궤도 횡단 6.5[m], 산지 등 5[m]
• 초과 높이 : 160[kV] 초과 10[kV] 또는 단수마다 12[cm]를 더한 값을 가산한다.
• 단수 산출 : $\dfrac{345-160}{10}=18.8 \rightarrow 19$ 적용
• 지표상 높이 $h = 5 + (0.12 \times 19) = 7.28$[m]

05 고압 옥내배선

(1) 고압 배선공사

① 애자사용 배선(건조한 장소에 한함)

② 케이블 배선

③ 케이블 트레이 배선

(2) 고압 애자 사용 배선 ⚡⚡

① 전선은 단면적 6[mm²] 이상의 연동선으로 고압 절연전선, 인하용 절연전선, 특고압 절연전선을 사용할 것

② 지지점간의 거리는 6[m] 이하로 할 것

③ 조영재 면을 따라 시설할 경우 지지점간의 거리는 2[m] 이하로 할 것

④ 전선 상호 간 간격 8[cm] 이상

⑤ 전선과 조영재 간 이격거리 5[cm] 이상

⑥ 전선이 조영재를 관통하는 경우 난연성 및 내수성의 견고한 것으로 절연한다.

⑦ 애자는 절연성, 난연성, 내수성, 기계적 강도를 갖고 해당 전로의 전압에 충분히 견딜 것

Chapter 9 공사비 산출

01 원가 비목

(1) 재료비
전기공사에 직접 투입되는 자재비와 부수적으로 필요한 잡품 및 소모품을 포함한다.

(2) 노무비
① 직접 노무비와 간접 노무비를 구분하여 원가계산서에 반영한다.
② 직접 노무비는 공사 재료에 의한 인건비 투입량(공량)을 산출하여 반영한다.
  · 표준품셈에 의한 공량 산출
  · 표준품셈에 없는 인건비는 제조업체의 견적을 받아 산출
③ 간접 노무비는 직접 노무비에 의한 비율(정부가 발표하는 비율)을 정한다.

(3) 경비
① 고시하는 경비 : 현장에 투입되는 공사 인력에 대한 제 비용을 반영한다.
  · 정부가 법적으로 고시하는 요율을 적용한다.
  · 산재보험료, 안전관리비, 건강보험료, 고용보험료, 퇴직공제비, 연금보험료, 노인장기요양 보험료 등
    – 정부가 요율에 의거 사용 후 정산이 필요한 경비는 준공 전 실제비용을 정산한다.
② 정산이 필요하지 않는 경비
  · 원가계산서에 직접비 요율에 의거 반영된 경비는 정산대상이 되지 않는다.
    – 기타 경비, 기계경비, 기타 공사에 필요에 의거 산정된 경비 등

(4) 순 공사원가
① 재료비, 노무비, 경비의 합계액을 말한다.
② 순공사원가는 일반관리비, 이윤 산정의 기초가 된다.

(5) 일반 관리비
① 순 공사원가의 일정 비율을 적용한다.
② 공사규모에 따라 정부에서 매년 발표하는 비율을 적용한다.
③ 일반 관리비는 발표비율을 적용하지만 발주자가 임의 조정할 수가 있다.

(6) 이윤

① 공사를 추진함에 따라 공사업체의 이익을 보장하는 비율이다.

② 공사금액에 따라 비율을 다르게 고시한다.

③ 이윤은 발표비율을 적용하지만 발주자가 임의 조정할 수가 있다.

(7) 지급 자재비와 이설비

지급 자재비	• 현장에 투입되는 주요 재료를 발주자가 직접 지급하는 경우를 말한다. – 재료 제조자가 설치하는 경우 – 주요 재료만 지급받아 전기업체가 설치하는 경우 등이다.
이설비	• 현장에 필요한 대관 수속에 필요한 비용을 말한다. – 한전 수전에 따른 한전 부담금, 사용전 검사 비용 – 기타 주요시설에 관한 관계기관에 납부하여야 하는 비용 • 발주자가 직접 납부하거나 공사업체가 납부하고 정산하는 개념이다.

(8) 총 공사비

① 도급비 : 공사업체에 지급되는 비용으로 지급자재비와 이설비가 제외된 금액을 말한다.

② 총 공사비 : 공사 1건에 투자되는 모든 비용(지급 자재비와 이설비가 포함된 모든 비용)의 금액을 말한다.

02 공사 원가계산

(1) 공사원가계산서

비목	보조비목	비고
재료비	• 직접 재료비(주 재료비) • 간접 재료비(잡품 및 소모품비) • 산출 기계경비 또는 공구 손료	• 기계경비 : 품셈에 의한 재료와 노무비 산정에서 발생하는 경비
노무비	• 직접 노무비	
	• 간접 노무비×고시 비율 (공사 규모에 따른 비율 적용)	• 공사 규모에 따른 고시 비율
경비	• 산재보험료 • 안전관리비 등	• 공사 규모에 따른 고시 비율
순공사원가(재료비+노무비+경비)		

일반관리비	• 순 공사원가×고시 비율	
이윤	• (노무비+경비+일반 관리비)×고시 비율	− 15%을 초과할 수 없다.
부가가치세(공사비의 10%)		− 면세사업(재료비×10%)
도급비 (계약금액)	• 순 공사원가＋일반 관리비＋이윤＋부가가치세	
지급자재비		
이설비		
총공사비	• 총 비용	

(2) 공구손료

① 공구 손료는 일반공구 및 시험용 계측기구류의 손율을 말한다.

② 직접 노무비(노임할증 제외)의 3[%]까지 산정할 수 있다.

③ 내역서 경비에 직접 반영한다.

(3) 잡품 및 소모품비(잡자재비)

① 공사부분에서 별도 반영하기 어려운 잡품 또는 소모품의 비용을 말한다.

② 직접 재료비(전선과 배관비)의 2~5[%]까지 산정할 수 있다.

③ 내역서의 재료비 하단에 직접 반영한다.

03 할증 및 운반

(1) 전선의 재료할증 ⚡⚡⚡

① 옥내전선 : 10[%]

② 옥외전선 : 5[%]

③ 케이블 : 옥내 5[%], 옥외 3[%]

(2) 배관재의 할증

① 옥내배관 : 10[%]

② 옥외배관 : 5[%]

③ ELP : 3[%]

(3) 현장 조건 할증

① 현장 조건 및 작업 조건 등에 따라 실적단가의 할증이 필요한 경우 세부공종별 실적단가에 노무 비율을 곱하여 산정한 노무비에 다음 각호의 할증을 적용한다.

② 추가적인 할증이 필요한 경우는 표준품셈(건물층수별 할증, 지세별 할증, 지형별 할증, 위험 할증, 기타 할증 등)을 적용할 수 있다.

- 근로근무 시간외, 야간 및 휴일의 근무가 불가피한 경우
- 근로기준법에 의한 유해 위험작업인 경우
- 도서지구(본토에서 인력동원파견시)
- 공항(김포, 김해, 제주공항 등에서 1일비행기 이착륙횟수 20회 이상) 지역
- 군작전 지구 내
- 지하 4[m]이하 작업의 경우 등

(4) 소운반 ✦◊◊

① 소운반은 20[m] 이내의 수평거리이다.

② 초과분은 별도 계상한다.

③ 경사면의 운전거리는 직고 1[m], 수평거리 6[m]의 비율로 계산하다.

송배전 선로의 전기적 특성

01 선로정수

(1) 선로정수 개요

① 선로의 저항 R, 인덕턴스 L, 정전용량(커패스시턴스) C, 누설 컨덕턴스 g라는 4개의 정수로 이루어진 연속된 전기회로로 이를 선로 정수라 한다.

② 선로 정수는 전선의 종류, 크기 및 전선의 배치에 따라 결정되는 것으로 한다.

③ 원칙적으로는 송전전압, 전류 또는 역률 등에 의해서는 아무런 영향을 받지 않는다.

(2) 저항

1) 전선의 저항

① 균일한 단면적을 갖는 직선상 도체의 저항 R은 그 길이 l[m]에 비례하고, 단면적 A[mm²]에 반비례한다.

$$R=\rho\frac{l}{A}=\frac{1}{58}\times\frac{100}{C}\times\frac{l}{A}[\Omega]$$

여기서, ρ : 고유저항[Ω/m], l : 선로의 길이[m], A : 단면적 [mm²], C : 도전율[%]

2) 고유저항

고유저항률 또는 비저항이라 하고, 표준연동의 도전율을 100[%]로서 비교한 백분율의 "퍼센트 도전율"을 C[%]라고 한다.

$$\rho=\frac{1}{58}\times\frac{100}{C}[\Omega/m]$$

① 표준연동의 도전율 : 20[℃]에서 $\frac{1}{58}$[Ω/m·mm²]이다.

② 도전율과 고유저항은 20[℃]를 기준으로 하고 온도가 상승하면 저항은 증가한다.

$$R_t=R_{t0}[1+\alpha(t-t_0)], \quad \alpha_t=\frac{\alpha_0}{1+\alpha_0 t}, \quad \alpha_0=\frac{1}{234.5}$$

여기서, α : 저항의 온도계수로 20[℃] 값을 기준으로 하고 있다.

③ 전선의 저항과 고유저항은 균등한 밀도로 흐르고 있는 저항, 바꾸어 말해 직류에 대한 저항이다.

전선	도전율[%]	저항률[Ω/m·mm²]	비중
연동선	100	1/58	8.89
경동선	95	1/55	8.89
알루미늄선	61	1/35	2.7

(3) 표피효과 ⚡

① 전선에 교류가 흐를 경우에 전선내 전류밀도는 균일하지 않고 중심부는 적고, 주변부
에 가까워질수록 전류밀도가 커지고 있다.

② 전선의 중앙부는 전류가 만드는 전자속과 쇄교하므로 중심부일수록 자력선 쇄교수가
커져서 인덕턴스가 커지기 때문이다.

③ 그 결과로 전선의 중심부일수록 리액턴스가 커져서 전류가 흐르기 어렵고, 전선 표면
으로 갈수록 전류가 많이 흐르게 되는 경향을 "표피효과"라 한다.

④ 표피효과는 주파수가 높을수록, 단면적이 클수록, 도전율이 클수록, 그리고 비투자율
이 클수록 커진다.

$$\text{표피깊이 } \delta = \sqrt{\frac{2}{\omega k \mu}} = \frac{1}{\sqrt{\pi f k \mu}} [\text{m}]$$

여기서, f : 주파수, μ : 투자율, k : 도전율

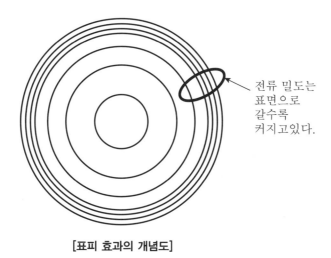

전류 밀도는
표면으로
갈수록
커지고있다.

[표피 효과의 개념도]

(4) 근접효과

① 여러 도체가 근접해서 배치되는 경우 각 도체에 흐르는 전류의 크기와 방향, 주파수
에 따라 각 도체 단면의 전류 밀도 분포가 달라지는 현상이다.

② 두 도체의 전류 방향이 반대일 경우는 흡인력이 작용하여 가까운 쪽 전류밀도가 높아지고, 같은 방향일 경우는 반발력 작용하여 전선 바깥쪽 밀도가 높아지는 현상이다.

③ 주파수가 높을수록, 도체가 가까울수록 높게 나타난다.

④ 전선 배치 시 근접효과를 고려하여 배치하여야 한다.

(5) 인덕턴스

인덕턴스는 전류에 반비례하는 자속의 상수로 $LI=N\phi$, $L=\dfrac{N\phi}{I}$로서, 유도성 리액턴스는 $X_L=\omega L=2\pi fL[\Omega]$이다.

1) 단도체 인덕턴스 ⚡⚡✐

$$L=0.05+0.4605\log_{10}\frac{D}{r}[\text{mH/km}]$$

2) 복도체 인덕턴스 ⚡⚡✐

- $L=\dfrac{0.05}{n}+0.4605\log_{10}\dfrac{D}{\sqrt[n]{rs^{n-1}}}[\text{mH/km}]$
- 복도체수가 2인 경우

$$L_2=0.025+0.4605\log_{10}\frac{D}{\sqrt[2]{rs}}[\text{mH/km}]$$

여기서, r : 전선의 반지름, D : 등가 선간 거리, s ; 소도체 간격, n : 복도체수

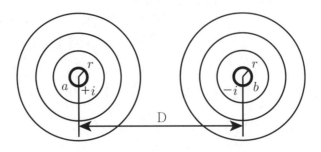

[왕복 2도선 배치]

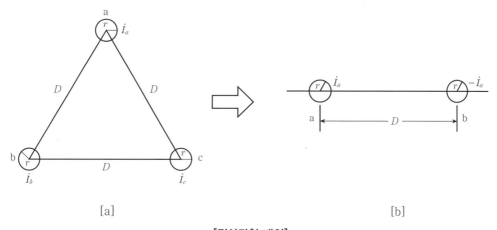

[정삼각형 배치]

3) 등가 선간 거리

인덕턴스 계산시에는 대수항이 포함되어 있어, 거리 및 높이는 산술적 평균값이 아니고, 기하학적 평균값으로 하여야 한다.

배치	등가 선간 거리	배치도
수평 배치	$D_e = \sqrt{D \cdot D \cdot 2D} = \sqrt[3]{2}D$	
삼각 배치	$D_e = \sqrt[3]{D_1 \cdot D_2 \cdot D_3}$	
정삼각 배치	$D_e = \sqrt[3]{D_1 \cdot D_1 \cdot D_1} = D_1$	
정4각 배치	$D_e = \sqrt[6]{S \cdot S \cdot S \cdot S \cdot \sqrt{2}S \cdot \sqrt{2}S}$ $= \sqrt[6]{2}S$	

4) 등가 반지름

복도체의 경우 배치한 전체의 전선을 1도체로 보고, 등가 반지름(re)을 적용하여 인덕턴스를 구한다.

$$r_e = \sqrt[n]{rs^{n-1}}$$

여기서, r : 소도체 반지름, s ; 소도체 간격, n : 소도체수

(6) 정전용량 🗲🖉🖉

전선과 대지, 전선과 전선 사이에 정전용량이 작용하고,

용량성 리액턴스 $X_C = \dfrac{1}{\omega C} = \dfrac{1}{2\pi f C}$ [Ω]

1) 단도체 정전용량 🗲🖉🖉

$$C = \frac{0.02413}{\log_{10}\dfrac{D}{r}}[\mu F/km]$$

2) 복도체 정전용량 🗲🗲🖉

$$C = \frac{0.02413}{\log_{10}\dfrac{D}{\sqrt[n]{rs^{n-1}}}}[\mu F/km]$$

3) 부분 정전용량

- 단상 1회선인 경우 $C_\omega = C_s + C_m$
- 3상 1회선인 경우 $C_\omega = C_s + 2C_m$
- 3상 2회선인 경우 $C_\omega = C_s + 3(C_m + C'_m)$

여기서, C_s : 대지 정전용량, C_ω : 작용 정전용량, C_m : 선간 정전용량, C'_m : 다른 회선 간의 정전용량

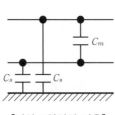

[단상 1회선인 경우]

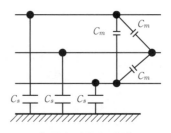

[3상 1회선인 경우]

4) 3상 1회선인 경우 대지 정전용량

$$C_s = \frac{0.02413}{\log_{10}\dfrac{8h^3}{rD^2}}[\mu\text{F/km}]$$

5) 전선 지표상의 평균 높이

$$h = h' - \frac{2}{3}d[\text{m}]$$

여기서, d : 이도, h' : 지지점 높이

6) 충전용량 ⚡⚡🖉

선로의 충전전류를 계산할 때 전압은 상전압을 적용하고, 정전용량은 1선당 정전용량을 적용하여야 한다.

① 전선의 충전전류 $I_C = \omega C \dfrac{V}{\sqrt{3}} = \omega CE = 2\pi f CE[\text{A}]$

② 3상 전선로 충전 용량 $Q_C = 3EI_C = 3\omega CE^2 \times 10^{-3}[\text{kVA}]$

(7) 누설콘덕턴스 $\left[\dfrac{1}{\Omega}/\text{km}\right]$

① 누설 콘덕턴스는 누설 저항의 역수이다.
② 애자의 누설 저항은 매우크므로 그 역수인 누설 콘덕턴스는 대단히 작아서 선로정수로서 실용상 고려할 필요는 없다.
③ 송전선로에서는 도체와 대지의 중간 매체인 애자 표면에서 누설이 발생하며, 유전체 손실, 히스테리시스 손실이 발생한다.
④ 코로나가 발생한 경우에서 영향을 등가적으로 누설 콘덕턴스를 다룬다.
⑤ 손실 표현을 위해 누설 저항을 등가적으로 나타낼 수 있다.
여기서, 병렬 어드미턴스 $\dot{Y} = g + j2\pi f C = g + j\omega C[\Omega/\text{km}]$이다.

Chapter 2 송전특성 및 전력원선도

01 송전특성

(1) 송전방식의 장·단점

교류방식	직류방식
• 전압의 승압, 강압 변경이 용이하다.	• 절연계급을 낮출 수 있다.
• 교류방식으로 회전자계를 쉽게 얻을 수 있다.	• 송전 효율이 좋다.
	• 안정도가 좋다.
• 교류방식으로 일관된 운용을 기할 수 있다.	• 직류에 의한 계통 연계는 단락용량이 증대하지 않아 교류보다 차단용량이 작아도 된다.
• 장거리 송전, 케이블 송전 등의 경우는 직류보다 불리하다.	• 비동기 연계가 가능하므로 주파수가 다른 계통간의 연계가 가능하다.

(2) 단거리 송전선로

- 선로의 길이가 수 [km] 정도이다.
- 저항과 인덕턴스만의 직렬회로로 나타내고, 누설 콘덕턴스 및 정전용량은 제외한다.

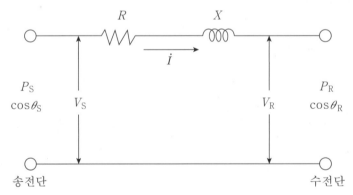

[단거리 송전선로 등가회로]

1) 전압강하

① 단상 $V_S = V_R + I(R\cos\theta_R + X\sin\theta_R)$, $e = V_S - V_R = I(R\cos\theta_R + X\sin\theta_R)$

② 3상 $V_S = V_R + \sqrt{3}I(R\cos\theta_R + X\sin\theta_R)$, $e = V_S - V_R = \sqrt{3}I(R\cos\theta_R + X\sin\theta_R)$

$\quad = \dfrac{P}{V_R}(R + X\sin\theta_R)$

③ 전압강하는 전압에 반비례한다.

2) 전압강하율 ⚡️🔆🔆

① 전압강하율 $= \dfrac{송전단전압-수전단전압}{수전단전압} \times 100$

② $\epsilon = \dfrac{V_S-V_R}{V_R} \times 100 = \dfrac{e}{V_R} \times 100 = \dfrac{P}{V_R^2}(R+X\tan\theta) \times 100[\%]$

③ 전압강하율은 전압의 제곱에 반비례한다.

3) 전압변동률 ⚡️⚡️🔆

① 전압변동률 $= \dfrac{무부하시\ 수전단전압-부하시\ 수전단전압}{부하시\ 수전단\ 전압} \times 100[\%]$

② $\delta = \dfrac{V_{R0}-V_R}{V_R} \times 100[\%]$

4) 전력(선로) 손실

① $P_l = P_S - P_R = 3I^2R = 3 \times \left(\dfrac{P}{\sqrt{3}\ V\cos\theta} \right)^2 R = \dfrac{P^2 R}{V^2 \cos^2\theta} \times 10^3[kW]$

여기서, R : 1선의 저항, P : 전력이다.

② 전력손실은 전압의 제곱에 반비례한다.

5) 전력손실률

① $\eta = \dfrac{P_S-P_R}{P_R} \times 100 = \dfrac{3IR^2}{P_R} \times 100 = \dfrac{PR}{V^2\cos^2\theta} \times 100[\%]$

② 전력손실률은 전압의 제곱에 반비례하며, 공급전력은 전압의 제곱에 비례한다.

6) 송전선로 비례식

구분	관계식
송전전력(P)	V^2
전압강하(e)	$\dfrac{1}{V}$
전력손실(P$_l$), 전압강하율(ϵ), 전선 단면적(A)	$\dfrac{1}{V^2}$

(3) 중거리 송전선로

- 선로의 길이가 수십 [km] 정도이다.
- 누설 콘덕턴스는 무시하고, 선로는 직렬 임피던스와 병렬 어드미턴스(정전용량)로 구성되며 T형 회로, π회로의 2가지 등가회로로 생각한다.
- 집중 정수회로로 취급한다.

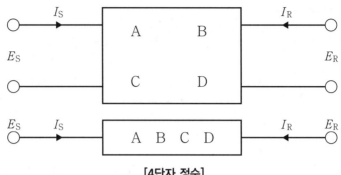

[4단자 정수]

1) 4단자 정수

① 송, 수전단의 입력과 출력측의 각각의 변수 E_S, E_R, I_S, I_R의 상호관계(파라미터)로 표시된다.

② $\begin{bmatrix} E_S \\ I_S \end{bmatrix} = \begin{bmatrix} AB \\ CD \end{bmatrix} \begin{bmatrix} E_R \\ I_R \end{bmatrix}$

$E_S = AE_R + BI_R$, $I_S = CE_R + DI_R$

- A : 개방 역방향 전압 이득(전압비) $A = \dfrac{E_S}{E_R} \vert I_R = 0$

- B : 단락 역방향 전달 임피던스 $B = \dfrac{E_S}{I_R} \vert E_R = 0$

- C : 개방 역방향 전달 어드미턴스 $C = \dfrac{I_S}{E_R} \vert I_R = 0$

- D : 단락 역방향 전류 이득(전류비) $D = \dfrac{I_S}{I_R} \vert E_R = 0$

③ $AD - BC = 1$

④ 대칭 회로인 경우 $A = D$ (전압비＝전류비) 이다.

2) 중거리 송전선로

① 임피던스 및 어드미턴스 집중회로

임피던스 집중회로	어드미턴스 집중회로
Z	Y
$A=1$, $B=Z$, $C=0$, $D=1$	$A=1$, $B=0$, $C=Y$, $D=1$

② T형 회로

- 선로의 임피턴스 Z를 2등분 하여 어드미턴스 Y를 집중회로로 해석한 것이다.

- $A=1+\dfrac{ZY}{2}$, $B=\left(1+\dfrac{ZY}{4}\right)Z$, $C=Y$, $D=1+\dfrac{ZY}{2}$

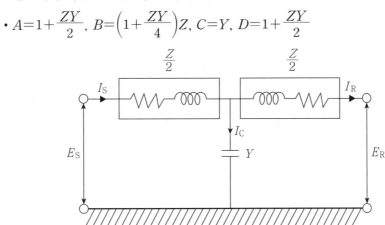

[T형 회로]

③ π형 회로

- 선로의 어드미턴스 Y를 2등분 하여 송,수전단의 선로 임피턴스 Z를 중앙에 집중회로로 해석한 것이다.

- $A=1+\dfrac{ZY}{2}$, $B=Z$, $C=\left(1+\dfrac{ZY}{4}\right)Y$, $D=1+\dfrac{ZY}{2}$

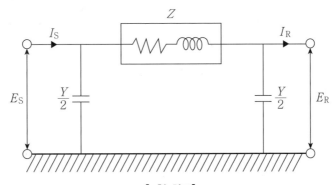

[π형 회로]

④ 무부하 충전전류

송전단 전압이 E_S인 선로에서 $E_S=AE_R+BI_R$에서 무부하($I_R=0$)이므로 $E_S=AE_R$이며, $E_R=\dfrac{E_S}{A}$, $I_S=CE_R+DI_R$에서 무부하($I_R=0$)이므로 무부하 충전전류 $I_S=CE_R=\dfrac{C}{A}E_S$가 성립한다.

(4) 장거리 송전선로

- 선로의 길이가 수 100[km] 이상이다.
- 선로의 길이가 길어지므로 누설 콘덕턴스까지 포함하는 분포 정수회로로 취급한다.
- 장거리 송전선로를 특성 임피던스와 전파정수로 해석하는데 있어서 무부하 시험(개방 시험)으로 Y를 구하고, 단락시험으로 Z를 구한다.

1) 분포 정수회로의 4단자 정수

① 4단자 정수 $\begin{bmatrix} AB \\ CD \end{bmatrix} = \begin{bmatrix} \cos h\gamma\ell, & Z_0 \sin h\gamma\ell \\ \dfrac{1}{Z_0}\sin h\gamma\ell, & \cos h\gamma\ell \end{bmatrix}$

② 분포 정수회로의 전파 방정식 $E_S = \cos h\gamma\ell\, E_R + Z_0 \sin h\gamma\ell\, I_R$

$$I_S = \frac{1}{Z_0}\sin h\gamma\ell\, E_R + \cos h\gamma\ell\, I_R$$

2) 특성 임피던스(파동 임피던스, 서지임피던스)

① $Z_0 = \sqrt{\dfrac{Z}{Y}} = \sqrt{\dfrac{R+jwL}{G+jwC}} = \sqrt{\dfrac{L}{C}} \cdots\cdots Z_0 = 138\log_{10}\dfrac{D}{r}\,[\Omega]$

② 인덕턴스 $L \fallingdotseq 0.4605\log_{10}\dfrac{D}{r} = 0.4605 \times \dfrac{Z_0}{138}\,[\mathrm{mH/km}]$

③ 정전용량 $C = \dfrac{0.02413}{\log_{10}\dfrac{D}{r}} = \dfrac{0.02413}{\dfrac{Z_0}{138}}\,[\mu\mathrm{F/km}]$

3) 전파정수

전파정수 $\gamma = \sqrt{ZY} = \sqrt{(R+jwL)(G+jwC)} = \alpha + j\beta$

여기서, α : 감쇠정수, β : 위상정수

4) 무손실 선로에서 전파 특성

① 무손실 선로 $R = G = 0$

② 특성임피던스 $Z_0 = \sqrt{\dfrac{Z}{Y}} = \sqrt{\dfrac{L}{C}}$

③ 전파정수 $\gamma = \sqrt{ZY} = jw\sqrt{LC}$, $\alpha = 0$, $\beta = w\sqrt{LC}$

5) 파장과 전파속도

① 파장 $\lambda = \dfrac{2\pi}{\beta}$

② 전파속도 : $v = \lambda f = \dfrac{2\pi}{\beta}f = \dfrac{\omega}{\omega\sqrt{LC}} = \sqrt{\dfrac{1}{LC}}$

③ 장거리 송전선로 인덕턴스 $L = \dfrac{Z_0}{v} = \dfrac{\sqrt{\dfrac{L}{C}}}{\sqrt{\dfrac{1}{LC}}}$

02 전력원선도

01 전력원선도

(1) 전력의 벡터 표시

① 교류전력의 벡터적 표시방법은 전압 또는 전류 중에서 어느 한쪽의 공액을 취한 양자의 곱으로 표시된다.

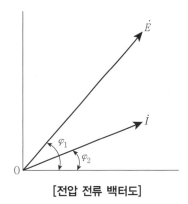

$$\dot{E} = E\angle\varphi_1, \ \dot{I} = \angle I\varphi_2, \ \varphi = \varphi_1 - \varphi_2 \text{일 때}$$

- $\varphi_1 < \varphi_2$: 전류가 전압보다 위상이 앞선 경우의 무효전력은 진상 무효전력이 된다.
- $\varphi_1 > \varphi_2$: 전류가 전압보다 위상이 뒤진 경우의 무효전력은 지상 무효전력이 된다.

[전압 전류 백터도]

- 대부분의 동력부하가 지상 무효전력을 소비하기 때문에 지상무효전력을 정으로 규약하는 방법을 쓰고 있다.
- $\dot{W} = \dot{E}\dot{I} = EI\cos\varphi + jEI\sin\varphi$
  $= P + jQ$(지상 무효전력을 정으로 한 표기)

(2) 전력원선도

1) 전력원선도 개요 ✐✐✐

① 통상 전력 계통은 송수전단 전압을 일정하게 유지해서 운용하는 정전압(E_S, E_R=일정) 송전방식을 채택한다.

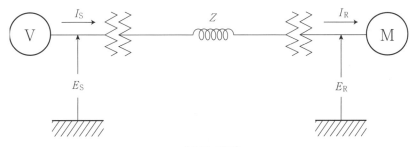

[송전 계통]

② 송,수전단 전압간의 상차각을 θ의 변화에 따라 움직이게 된다.
③ 정전압 송전에서 $\dot{W}_s$와 $\dot{W}_r$의 변화를 그리면 그 궤적이 전력원선도가 된다.
④ 가로축은 유효전력, 세로축은 무효전력, 전력계통의 안정을 위한 근거로 사용한다.

$$\dot{W_s}=P_s+jQ_s=(m'+jn')E_s^2-\rho\angle\theta+\beta$$

$$\dot{W_r}=P_r+jQ_r=-(m+jn)E_r^2+\rho\angle\theta-\beta$$

여기서, $\dot{W_s}$: 송전단 전력, W_r : 수전단 전력, P_r, Q_r : 수전단 유·무효전력,

P_s, Q_s : 송전단 유·무효전력

- 송 전원의 중심 : $(m'+jn')E_s^2$
- 수 전원의 중심 : $-(m+jn)E_r^2$
- 송, 수전원의 반지름 $\rho=\dfrac{E_s E_r}{b}$

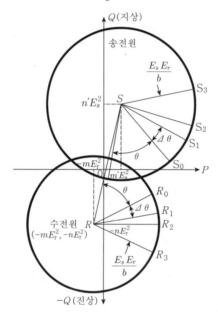

중심 $S : (m'E_s^2,\ n'E_s^2)$
$R : (-mE_r^2,\ -nE_r^2)$

반지름 $\rho=\dfrac{E_s E_r}{b}$

[전력 원선도]

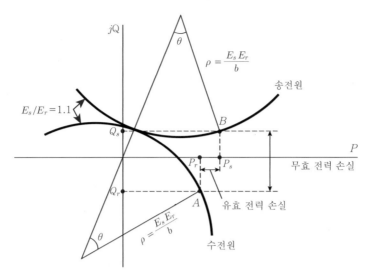

[전력 원선도(P손실과 Q손실)]

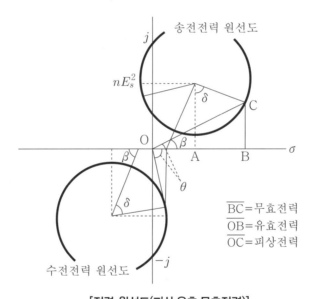

$\overline{BC}$=무효전력
$\overline{OB}$=유효전력
$\overline{OC}$=피상전력

[전력 원선도(피상,유효,무효전력)]

2) 교류전력의 표시

$$\dot{W}=EI=E(\cos\theta_1+j\sin\theta_1)\times I(\cos\theta_2+j\sin\theta_2)$$
$$=EI\cos\theta_1+jEI\sin\theta_2$$
$$=P+jQ$$

3) 원선도 반지름 및 중심 좌표 ⚡⚡⚡

① 반지름 $\rho = \dfrac{E_s E_r}{b}$

② 송전단 중심 좌표 S : $m' E_s^2$, $n' E_s^2$

③ 수전단 중심 좌표 R : $-m' E_R^2$, $-n' E_R^2$

4) 원선도로 구할 수 있는 요소 ⚡⚡⚡

① 필요한 전력을 보내기 위한 송, 수전단 전압 간 상차각

② 송·수전할 수 있는 최대전력

③ 선로 손실과 송전 효율

④ 정태 안정 극한전력(최대출력)

⑤ 수전단 역률(조상 용량의 공급에 의해 조정된 후의 값)

⑥ 수전단에서 필요로 하는 조상설비 용량

5) 원선도로 구할 수 없는 요소 ⚡⚡⚡

① 과도 안정 극한 전력

② 코로나 손실

Chapter 3 복도체와 코로나, 송전설비 등

01 복도체

(1) 복도체

1) 정의

1상의 전력을 2~6개 전선 다발로 분할하여 공급하는 방식이다.

2) 복도체의 특징 ⚡⚡✒

① 전선의 등가 반지름 증가로 인덕턴스는 감소, 정전용량은 증가(20[%] 정도)한다.

② 선로의 리액턴스 증가로 송전용량 증가한다.

③ 전선표면의 전위경도 저감된다.

④ 코로나 임계전압 증가로 코로나 발생을 억제한다.

⑤ 안정도를 증가시킨다.

3) 절연 스페이서

① 복수 다발의 전선끼리 상호 접근, 충돌을 방지한다.

② 단락 고장 시 발생하는 정전 흡인력으로 인한 복도체 간 상호 충돌 및 표면 손상을 방지한다.

4) 분로 리액터

① 정전용량 증가로 경부하 시 페란티 효과에 의한 수전단 전압 상승을 억제한다.

5) 댐퍼

① 강풍 또는 빙설에 의한 전선의 진동, 동요 발생을 방지한다.

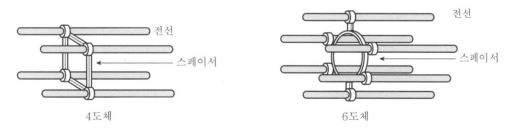

[복도체]

(2) 복도체의 현상

① 단도체의 반지름 r보다 복도체는 등가 반지름이 $r_e = \sqrt[n]{r s^{n-1}}$으로 증가한다.

② 선로의 인덕턴스가 20~30[%] 정도 감소한다.

- $L = \dfrac{0.05}{n} + 0.4605 \log_{10} \dfrac{D}{\sqrt[n]{r s^{n-1}}}$ [mH/km]서 등가 반지름이 $r_e = \sqrt[n]{r s^{n-1}}$으로

증가하므로, 인덕턴스가 감소하여 리액턴스가 감소하게 된다.

③ 선로의 정전용량이 20~30[%] 정도 증가한다.

- $C = \dfrac{0.02413}{\log_{10} \dfrac{D}{\sqrt[n]{rs^{n-1}}}}$ [μF/km]에서 분모인 등가 반지름이 $r_e = \sqrt[n]{rs^{n-1}}$ 으로

증가하므로, 정전용량이 증가하게 된다.

④ 코로나 임계전압이 15~20[%] 정도 상승한다.

- $E_0 = 24.3 m_0 m_1 \delta d \log_{10} \dfrac{D}{r}$ 에서 d가 증가하므로 임계전압이 상승하는 효과가 있다.

⑤ 선로의 용량이 20~30[%] 정도 증대하는 효과가 있다.

- $P = \dfrac{V_S V_R}{X} \sin \delta$ 에서 X가 감소하므로 송전용량이 증대된다.

⑥ X 값이 감소하고, $\sin \delta$ 값이 감소하므로 안정도가 증대하게 된다.

02 코로나 현상

(1) 초 고압 승압 송전의 문제점

① 전선주위의 전위경도가 커지기 때문에 코로나손, 코로나 잡음을 발생하기 쉽다.

② 변압기, 차단기, 단로기 등의 절연레벨이 높아져 기기가 비싸진다.

③ 철탑, 애자 등의 절연레벨도 높아지기 때문에 건설비가 많이 든다.

④ 태풍, 뇌해 및 염해 등의 대책이 요구된다.

(2) 코로나 방전

① 코로나는 불꽃 방전의 일보 직전의 국부적인 방전 현상이다.

② 전위경도가 한계값을 넘을 때 그 부분에서 공기절연이 파괴되고 전체로서는 섬락에 까지 이르지 않는다.

③ 송전전압이 높아지면 전선로 주변의 공기 절연성이 부분적으로 파괴되어 엷은 빛이나 잡음을 발생하면서 방전 현상을 "코로나(Corona)" 또는 "코로나 방전"이라고 한다.

(3) 파열극한 전위 경도

1) 정의

공기의 절연내력 한도 이상의 전위 경도를 가하면 절연이 파괴되는 현상을 말한다.

2) **전위 경도 한계값** ⚡⚡⚡

기온, 기압 표준상태 20[℃], 760[mmHg]에서

- 직류 30[kV/cm]
- 교류 실효값은 $\frac{30[\text{kV/cm}]}{\sqrt{2}}=21.2[\text{kV/cm}]$

3) **코로나 임계전압** ⚡⚡⚡

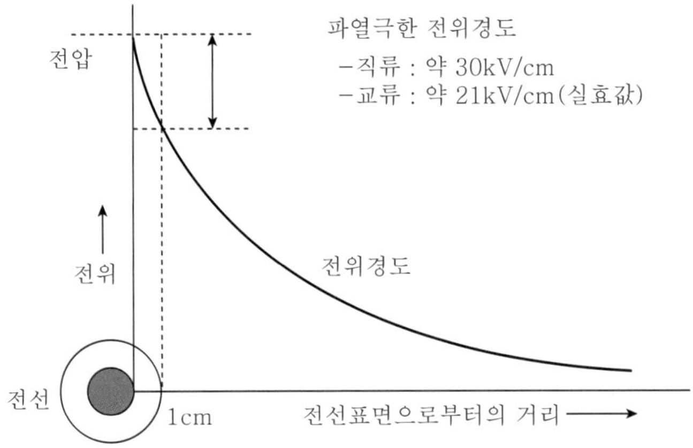

[전위경도]

$$E_0=24.3m_0m_1\delta d\log_{10}\frac{D}{r}[\text{kV}]$$

여기서, m_0 : 전선 표면계수, m_1 : 기후에 관한 계수, δ : 상대 공기밀도, d : 전선의 직경[cm], D : 전선의 선간 거리[m], r : 전선반지름[cm]

(4) 코로나 손실 및 방지대책

1) **코로나 손실**

Peek 실험식으로 3상 3선식 정 3각형 배치로 한 것이다.

$$P=\frac{241}{\delta}(f+25)\sqrt{\frac{d}{2D}}(E-E_0)^2\times10^{-5}\ [\text{kW/km}]/\text{Line}$$

여기서, δ : 상대공기밀도, E : 전선의 대지전압[kV], E_0 : 임계전압[kV], D : 전선의 선간 거리[cm], r : 전선의 지름[cm], f : 주파수[Hz]

2) **코로나 영향** ⚡⚡⚡

① 전력손실 발생 : 코로나 손실은 전압의 2승에 비례한다.

② 전력선 반송장치 기능 저하 : 코로나 펄스는 광범위한 스펙트럼을 갖는다.

③ 전선 부식 : 코로나 발생 시 오존에 의한 화학 작용으로 지지물을 부식시킨다.

④ 전선의 진동 발생 및 피로 : 코로나 발생시 전선 진동이 발생한다.

⑤ 통신선 유도장해 발생 : 중성접 직접접지 방식에서 제3고조파 성분으로 유도장해가 발생한다.

⑥ 소호 리액터 소호 능력 저하 : 고장점 잔류 전류 유효분을 증가시켜 소호 능력이 저하된다.

⑦ 송전선 이상전압의 진행파 파고값이 감쇠되는 장점이 있다.

3) 방지대책 ✐☆☆

① 임계전압을 높게 한다.

② 굵은 전선이나 복도체를 채택한다.

③ 전선 표면은 매끄럽게 하고 가선금구를 개량한다.

(5) 연가 방법

① 선로정수의 불평형 해소를 위해서 송전선로를 3등분으로 송전선의 위치를 바꾸는 것이다.

② 송전선의 연가 위치는 대개 30~50[km] 마다 연가를 한다.

③ 연가를 하면 선로정수 불평형을 줄이고, 통신선의 유도장해를 줄일 수 있다.

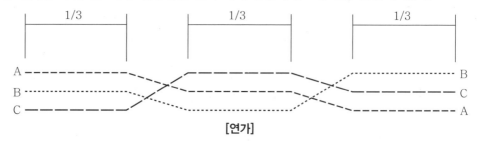

[연가]

(6) 페란티 현상

1) 페란티 현상

① 무부하 또는 경부하 시 정전용량으로 인해 위상이 90° 앞선 충전전류 영향이 커져서 송전단 전압보다 수전단 전압이 높아지는 현상이다.

② 페란티 현상으로 진상 무효전력이 커져 송전용량이 감소한다.

③ 충전용량은 전압의 제곱에 비례하므로 송전전압이 높을수록 영향이 크다.

④ 심한 경우는 송전이 불가능하게 되어 전력붕괴를 유발할 수도 있다.

2) 방지대책

① 수전단에 분로 리액터를 설치한다.

② 동기 조상기를 부족여자로 운전한다.

③ 선로에 흐르는 전류를 지상이 되도록 한다.

3) 조상설비 ⚡️🔋🔋
  ① 동기조상기(무효전력제어, 전압제어)
  ② 전력용 콘덴서
  ③ 분로리액터

(7) 복도체 송전선의 영향과 대책 ⚡️⚡️⚡️

구분	L(인덕턴스)	C(정전용량)
산출식	$\cdot L=\dfrac{0.05}{n}+0.4605\log_{10}\dfrac{D}{\sqrt[n]{rs^{n-1}}}[\mathrm{mH/km}]$	$\cdot C=\dfrac{0.02413}{\log_{10}\dfrac{D}{\sqrt[n]{rs^{n-1}}}}[\mu\mathrm{F/km}]$
전류	• 부하전류, 지상전류	• 무부하전류, 진상전류
효과	• 부하 증대	• 부하 감소
영향	• 플리커 현상 발생	• 페란티 현상 발생
소요 설비 대책	• 콘덴서 설비 – 병렬 콘덴서 : 역률 개선 – 직렬콘덴서 : 플리커 방지	• 리액터 설비 – 직렬리액터 : 제5고조파 제거 – 한류리액터 : 단락전류 제한 – 소호리액터 : 이상전압 방지 – 분로리액터 : 페란티 현상 방지

03 송전설비

(1) 애자

1) **철탑 애자의 구비조건 ⚡️🔋🔋**
  ① 각종 사고에서 발생하는 이상전압에 대해서 어느 정도 절연내력을 가질 것
  ② 비, 눈, 안개 등에 대해서도 충분한 전기적 표면저항을 가지고 누설전류도 미소할 것
  ③ 상규 송전 전압하에서 코로나 방전없고, 표면 아크시에도 파괴되거나 상처가 없을 것
  ④ 비, 바람, 눈 등의 외력에서도 충분한 강도로 기계적 강도를 지닐 것

2) **애자의 종류**
  ① 핀 애자 : 66[kV] 이하의 전선로
  ② 현수 애자 : 송전선로에 전반적으로 사용
  ③ 장간 애자 : 특수한 위치, 장소에 사용
  ④ 라인 포스트 애자(LP애자) : 저압 송전선로에서 핀애자의 대용으로 사용

3) 현수 애자 ⚡⚡⚡

① 66[kV] 이상의 모든 전선로에 사용한다.

② 클레비스형, 볼·소켓형이 있으나 최근에는 활선작업 등에서 유리한 볼·소켓형을 주로 사용한다.

③ 애자련(애자 수) 결정

• 내부적인 원인에 의한 이상전압에 대해서 섬락을 일으키지 않도록 하는 것이 기준이다.

• 상용 주파 주수 섬락전압이 선로의 상규 대지 최대 전압의 4배 이상이 되는 갯수를 선정한다.

🔖 PLUS 예시 문제

현수 애자 4개 1련의 송전선로로 현수 애자 1개 절연저항이 2,000[MΩ]일 때, 표준 경간을 200[m]의 1[km]구간의 누설 컨덕턴스는 몇[℧]일까?

해설

• 현수 애자 1련 절연저항이 2,000[MΩ]×4=8,000[MΩ]

• 1[km]당 애자련 5개 병렬 연결된 절연저항 값은

$$- R = \frac{8,000 \times 10^6}{5} = 1,600 \times 10^6$$

$$- G = \frac{1}{R} = \frac{1}{1600 \times 10^6} = 0.63 \times 10^{-9} [℧]$$

4) 정전용량

① 250[mm]의 정전용량 : 40~44[pF]

② 10개 연결 : 9~10[pF] 정도 (여러 개 연결 시 개수가 늘어날수록 줄어 든다.)

5) 초호환(Arcing Ling) 또는 초호각(Arcing Horn) ⚡⚡⚡

① 애자련이 분담하는 불평등 전압분포 개선을 위하여, 정전용량을 증가, 개선시키고 목적 외의 애자 섬락 시 애자가 열적으로 파괴되는 것을 막는 효과가 있다.

6) 댐퍼 ⚡⚡⚡

① 전선의 진동억제 장치이다.

② 미풍이나 공기의 소용돌이에 의해 진동이 발생하고, 연속되면 고유진동수에 의한 공진작용이 진동으로 연속된다.

7) 오프셋

① 송전선 상하 전선과 접촉방지 간격을 둔 배선 방법이다.

② 공기의 진동이나 빙설 탈락시 전선의 도약으로 송전선간 접촉이 발생할 수 있다.

(2) 철탑 ✐☒☒

1) 직선(형) 철탑(A형 철탑)

① 선로의 직선 부분 또는 수평각도 3°이내의 장소에 사용

② 애자련 : 현수애자를 사용한다.

2) 각도(형) 철탑(B형, C형 철탑)

① 수평각도 3°를 넘는 장소에 사용

② B형 철탑 : 20° 이하의 경 각도 장소에 사용

③ C형 철탑 : 30° 이하의 중 각도 장소에 사용

④ 애자련 : 내장형을 사용한다.

3) 억류지지 철탑(D형 철탑)

① 전부의 전선을 끌어당겨서 고정할 수 있도록 설계한 철탑

② 수평각도 30° 이상의 장소에 사용

③ 애자련 : 내장형을 사용한다.

4) 내장(형) 보강 철탑(E형 철탑) ✐☒☒

① 선로 보강용으로 직선 철탑이 연속되는 경우 약 10기 마다 1기의 비율로 설치한다.

② 서로 인접하는 경간의 길이가 달라서 불평형 장력이 가해질 경우

③ 장경간의 장소에 사용되는 특수 철탑이 직선 또는 경각도 철탑으로 될 경우

④ 장경간 : 표준경간에 250[m]를 더한 경간이 넘는 것

　　(표준경간이 300[m]일 때는 550[m]이상의 경간을 장경간이라 함)

⑤ 애자련 : 내장형을 사용한다.

5) 특수 철탑

① 강을 건너거나 골짜기를 넘게 되는 장 경간의 장소 또는 특수한 장소에 세워지는 철탑

② A, B, C, D 형 등이 있다.

04 송전계통접지와 유도장해

(1) 송전계통접지 방식의 특징

1) 직접접지 방식(유효접지) ✐☒☒

① 1선 지락 시 건전상의 대지전압 상승이 낮다.

② 지락전류가 커서 기계적 충격이 크다.

③ 보호 계전기 동작이 확실하다.

④ 지락고장 시 전자유도장해가 발생한다.

⑤ 과도 안정도가 좋지 않다.

⑥ 선로 및 기기의 절연레벨을 낮출 수 있다.

2) 비접지 방식

① 1선 지락 시에도 지락전류가 작아 송전이 가능하다.

② 1선 지락 시 충전전류(간헐 아크 지락)에 의한 이상전압 우려가 있다.

③ 저전압, 단거리에서 채택한다.

④ 단상변압기로 △−△ 결선한 경우 1대 고장시 V−V 결선 가능하다.

3) 저항접지 방식

① 변압기 중성점을 저항을 통해 접지하는 방식이다.

② 고장전류 크기를 제한하고, Arcing으로 접지현상을 방지하고 접지계전기를 동작시키는 방식이다.

③ 154[kV] 이하의 송전선로에 사용된다.

4) 소호리액터(코일) 방식

① 병렬공진에 의해 지락전류가 소멸된다.

② 지락전류가 흐르지 않아 보호계전기 동작이 어렵다.

③ 지락전류가 흐르지 않아 유도장해가 없다.

④ 안정도가 높다.

(2) 유도장해

1) 전력선 측 대책

① 중성점 접지를 고저항 접지방식을 채택한다.

② 전력선과 통신선 설치 거리를 이격하고 차폐선을 시설한다.

③ 가공선 방식보다는 지중 매설방식을 채택한다.

④ 패란티 현상이 발생하지 않도록 한다.

⑤ 장거리 송전선로는 연가를 하고, 선로에 고조파가 함유되지 않도록 한다.

⑥ 낙뢰로 인한 전자유도 전압이 전위되지 않도록 한다.

⑦ 고속도 지락보호방식을 채택한다.

⑧ 3상 전력에서는 가능한 부하가 평형이 되게 한다.

2) 통신선 측 대책 ⚡✦✦

① 전력선과 교차시 수직으로 교차하게 한다.

② 연피 케이블을 사용하고 배류코일을 시설한다.

③ 통신선로 중간에 중계코일을 설치하여 구간을 분할한다.

④ 통신선에 성능이 좋은 피뢰기를 시설한다.

05 배전선 보호

(1) 배전선 보호

1) 리클로저(Recloser)

① 보호계전기와 차단기 기능을 겸한 사고검출 및 자동차단, 재폐로가 가능한 장치이다.

차단기능에 따라 구분	단상형, 3상형
제어방식에 따라 구분	유압식, 전자식
소호 매체에 따라 구분	진공형, 절연유형

② 차단 속도에 따른 구분

고속도형	무전압 시간 1초 이하
중속도형	무전압 시간 수초~10초 정도
저속도형	무전압 시간 10초 이상

③ 기능 및 보호 협조
- 3회 재폐로 및 4회 반복 차단 가능하다.
- 배전선로의 순시, 영구사고를 식별하여, 섹셔널라이져, 라인퓨즈, 보호계전기 등과 조합으로 다중접지 배전계통에서 효과적인 보호협조 체계 구성이 가능하다.

2) 섹셔널라이저(Sectionalizer)

① 배전선로 고장 시 후비 보호장치의 동작 횟수를 기억하고, 정정된 횟수가 되면 후비 보호장치에 의해 무전압이 된 순간 접점을 개방한다.

② 사고전류를 직접 차단할 수 없으므로 후비에 반드시 리클로저나 차단기를 설치한다.

③ 특고압 다중접지 배전선로용 보호장치의 일종이다.

④ 설치기준
- 리클로져의 부하 측에 설치한다.
- 다른 보호장치와 협조하게 한다.
- 직렬로 3대까지 시설 가능하다.

(2) 지지물 보호

1) 가공지선

① 낙뢰로부터 철탑, 전주에 설치된 가공 송전선을 보호하는 목적이다.

② 송전선의 맨 위쪽에 송전선과 평행하게 가공지선을 배치한다.

2) 매설지선 🖋

① 철탑 하단에 접지선용으로 땅속으로 매설한 지선이다.

② 지지물의 접지저항을 저감시켜 역 섬락을 방지한다.

③ 철탑 접지저항 R을 작게 한다.

④ 지면 밑(30[cm] 깊이) 30~50[m]의 길이로 지선을 방사상으로 몇 가닥씩 매설한다.

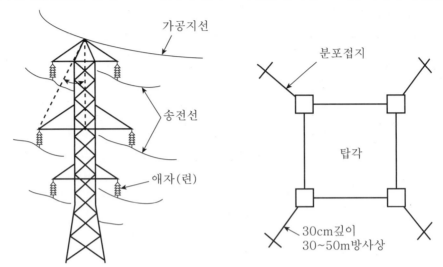

[철탑의 가공지선 및 매설지선]

(3) 보호 계전기

1) 계전기의 특성 ⚡⚡⚡

① 정한시 계전기 : 최소 정정값 이상에서 일정 시한으로 동작하는 계전기

② 순시 계전기 : 0.3초 이내에 동작하는 계전기이며, 고속도형은 0.05초 이하 동작한다.

③ 반한시 계전기 : 동작전류가 작을수록 동작시간이 길어지는 (크면 짧아 지는) 계전기

④ 반한시·정한시 계전기 : 최소 정정값까지는 반한시이고, 그 이상의 정정값에서는 정한시 특성을 가진 계전기

⑤ 비례한시 계전기 : 동작시한이 동작량에 비례하는 계전기

2) 종별 기능 ⚡⚡

종별	기능
과전류 계전기(OCR)	• 선로의 전류가 정정치 이상일 때 동작 • 변류기(CT) 2차에서 공급되는 전류 값으로 동작
과전압 계전기(OVR)	• 선로의 전압이 정정치 이상일 때 동작 • 변성기(PT) 2차에서 공급되는 전압 값으로 동작
부족전압 계전기(UVR)	• 선로의 전압이 정정치보다 낮을 때 동작 • 주로 수용가에서 한전 전원 정전시에 동작하는 계전기
차동 계전기	• 선로나 변압기 고장시 불평형 전류가 정정치 이상일 때 동작 • 정상 시 전압, 전류는 같지만 사고 시 전압, 전류 차로서 동작하는 계전기
선택 계전기	• 사고 회로만을 선택하여 차단하는 방향성 계전기 (비접지 계통의 지락사고 검출)
방향 계전기	• 고장점의 방향 검출에 사용
거리 계전기	• 계전기와 고장점까지의 전기적 거리에 비례해 한시 동작 • 송전선에 사고 발생시 고장구간의 전류를 차단하는 작용을 하는 계전기
지락방향 계전기	• 지락과전류 계전기에 방향성을 조합한 계전기
지락과전류 계전기	• 선로나 부하의 지락전류를 검출하여 동작
지락과전압 계전기	• 선로나 부하의 지락 시 영상전압을 검출하여 동작

PART
06

디지털 공학

진수 및 코드화

01 진수의 변환

01 2진수와 10진수

(1) 2진수를 10진수로 변환

① 0과 1의 2가지 수만으로 표시되는 2진수 해당 자릿수에 대해, 2에 대한 승수를 적용하여 변환한다.

② 2진수 $(110101)_2$를 10진수로 변환

$$N_2 = 1 \times 2^5 + 1 \times 2^4 + 0 \times 2^3 + 1 \times 2^2 + 0 \times 2^1 + 1 \times 2^0$$
$$= 32 + 16 + 0 + 4 + 0 + 1$$
$$= (53)_{10}$$

(2) 10진수를 2진수로 변환

① 10진수를 2진수로 나누어 몫과 나머지 값을 0과 1로 표기하고, 그 몫이 0일 때까지 반복으로 변환한다.

② 10진수 $(53)_{10}$을 2진수로 변환

```
2 ) 53       나머지 수
2 ) 26       ······ 1
2 ) 13       ······ 0   ↑
2 )  6       ······ 1   ↑
2 )  3       ······ 0   ↑
     1   →   ······ 1
```

③ 2진수 값은 최종 나머지 값을 반대(화살표)로 읽으면, $(53)_{10} = (110101)_2$이다.

(3) 10진수를 8진수, 16진수로 변환

① 10진수를 8, 16진수로 나누어 몫과 나머지 값을 0과 1로 표기하고, 그 몫이 0일 때까지 반복으로 변환한다.

② 10진수 $(156)_{10}$을 8, 16진수로 변환

```
8 ) 156       나머지 수              16 ) 156       나머지 수
8 )  19       ······ 4                   9   →   ······ C   ↑
     2   →   ······ 3   ↑
   변환값       (234)_8                  변환값         (9C)_{16}
```

(4) 진수 간 상호 변환

① 진수 간 상호 변환

| 8진수 | → ← | 2진수 | → ← | 16진수 |

② 진수간 상호 변환

10진수	2진수	8진수	16진수
0	0000	0	0
1	0001	1	1
2	0010	2	2
3	0011	3	3
4	0100	4	4
5	0101	5	5
6	0110	6	6
7	0111	7	7

10진수	2진수	8진수	16진수
8	1000	8	8
9	1001	9	9
10	1010	10	A
11	1011	11	B
12	1100	12	C
13	1101	13	D
14	1110	14	E
15	1111	15	F

(5) 2진수, 8진수, 16진수 변환 ⚡⚡⚡

1) 2진수를 8진수로 변환

2진수 3자리를 8진수 1자리로 변환

$(110010.111)_2$	2진수	110	010	·	111	$(62.7)_8$
	8진수	6	2	·	7	

2) 2진수를 16진수로 변환

2진수 4자리를 16진수 1자리로 변환

$(1111101011111010)_2$	2진수	1111	1010	1111	1010	$(FAFA)_{16}$
	16진수	F	A	F	A	

3) 16진수를 2진수로 변환

$(D28A)_{16}$	16진수	D(13)	2	8	A(10)	$(1101001010001010)_2$
	2진수	1101	0010	1000	1010	

4) 16진수를 10진수로 변환

$(B85)_{16}$	$11 \times 16^2 + 8 \times 16^1 + 5 \times 16^0$	$(2949)_{10}$

5) 10진수를 8진수로 변환

$(753)_{10}$	8) 753 나머지 수 8) 94 …… 1 8) 11 …… 6 ↑ 1 → …… 3	$(1361)_8$

02 진수의 연산

(1) 덧셈과 뺄셈 법칙 ⚡⚡⚡

덧셈	뺄셈
$0+0=0$	$0-0=0$
$1+0=1$	$1-0=1$
$0+1=1$	$0-1=1$
$1+1=0$ → 자리 올림(Carry) : $1+1=10$	$1-1=0$ → 자리 빌림(Borrow) : $1-1=1$

(2) 곱셈과 나눗셈

① 곱셈 : 10진수와 같은 방법으로 하면 된다.

② 나눗셈 : 10진수와 같은 방법으로 하면 된다.

(3) 보수(Complement)와 음수

1) 부호-절대값(부호-크기) 방식 ⚡⚡⚡

기억 소자에 음수를 저장할 때 사용한다.

① 부호 비트 : 8비트 중 가장 왼쪽 비트

② 양수 및 음수 : 부호 비트 값이 0이면 양수, 1이면 음수

③ 절대값(크기) : 나머지 7개의 비트를 이용하여 크기를 나타낸다.

2) 1의 보수

0 → 1, 1 → 0으로 변환시킨 것(101 → 010)

$(10101010)_2$	1의 보수	$(01010101)_2$

3) 2의 보수 ⚡⚡⚡

음수를 표기하기 위해 가장 흔히 사용한다.

① 1보수에 1을 더한 값(2의 보수 = 1의 보수+1)

② 뺄셈을 표시하는 방법이다.

$(10101010)_2$	2의 보수(=1의 보수+1)	$(01010110)_2$

4) 10진수의 보수 ✍️

① 9의 보수는 9에서 각 자리 수 값을 뺀 값을 말하며, 10의 보수는 9의 보수에서 1을 더한 값이다.

② 10진수의 보수값

10진수	9의 보수	10의 보수	10진수	9의 보수	10의 보수
0	9	10	5	4	5
1	8	9	6	3	4
2	7	8	7	2	3
3	6	7	8	1	2
4	5	6	9	0	1

예 10진수 675와 8,765에 대한 9의 보수

$$\begin{array}{r} 999 \\ -\ 675 \\ \hline 324 \end{array} \qquad \begin{array}{r} 9999 \\ -\ 8765 \\ \hline 1234 \end{array}$$

(4) 부호 및 부호화

① 부호 : 정보량의 최소단위, 0 또는 1을 비트(bit), 8비트＝1바이트(byte), 수개의 바이트＝워드(word)라 한다.

② 부호화

- 웨이티드 부호(Weighted Code) : 비트 자리에 따라 일정한 값을 가지는 것
- 언웨이티드 부호(Unweighted Code) : 비트 자리에 따라 다른 값을 가지는 것

02 디지털 코드

(1) BCD(Binary Coded Decimal) 코드 : 모든 코드의 기본이다.

① 10진수 1자리를 2진수 4자리(4bit)로 표시하며, 8·4·2·1코드라고도 한다.

② 0과 1의 2가지 수만으로 표현되어 디지털 시스템에 바로 적용 가능하다.

③ 2진수 4비트가 10진수의 한 자리에 1대 1로 대응되므로 상호 변환이 쉽다.

④ 2^6＝64가지 문자 표현이 가능하다.

⑤ 6개의 data bit 구성

- Zone bit(2개) : 군의 구별
- Digit bit(4개) : 동일군 내 위치 구별

⑥ BCD 코드 및 3초과 코드

10진수	BCD코드	10진수+3	3초과 코드
0	0000	3	0011
1	0001	4	0100
2	0010	5	0101
3	0011	6	0110
4	0100	7	0111
5	0101	8	1000
6	0110	9	1001
7	0111	10	1010
8	1000	11	1011
9	1001	12	1100

표기	10진수	2진수	BCD(8421)코드
	9	1001	0000 1001 | 0 | | 9 |

(2) 3초과 코드 ⚡⚡⚡

① BCD 코드보다 3이 크기 때문에 3-초과라고 한다.

② BCD 코드에 10진수 3(2진수 0011)을 각각 더한 것으로 표현한다.

표기	10진수	BCD(8421)코드	3-초과 코드
	9	0000 1001 | 0 | | 9 |	0000 1100

(3) 그레이(Gray) 코드 ⚡⚡⚡

① 사칙연산에는 부적당하나 비가중(언웨이티드, Unweighted Code) 코드로 사용 시 에러가 적다는 특징이 있다.

② 2진수로 간단하게 변환할 수 있어 입출력장치, 데이터 전송, A/D 변환기에 활용된다.

③ 2진수를 그레이코드로 변환

최대 자릿수는 그대로 내려쓰고, 다음 자리부터 앞자리와 변환하고자 하는 자리의 2
진수와 비교(그림번호 방향)하고, 두 자리가 같을 때는 0, 다를 때는 1로 표현한다.

| $(1011)_2$ | ②   ④   ⑥
① 1   →   0   →   1   →   1
↓   ↓   ↓   ↓
1   ③ 1   ⑤ 1   ⑦ 0 | $(1110)_G$ |

④ 그레이코드를 2진수로 변환

최대 자릿수는 그대로 내려쓰고, 다음 자리부터 앞자리와 변환하고자 하는 자리의 2진수와 비교(그림번호 방향)하고, 두 자리가 같을 때는 0, 다를 때는 1로 표현한다.

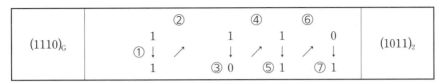

(4) 패리티 비트(Parity bit)

① 디지털 코드가 가끔 1과 0의 오류가 발생하므로 이 오류 검출의 목적으로 사용한다.

② 오류 검사, 검출은 수행하나 오류를 정정하지는 못한다.

③ 문자 코드 내의 전체 1의 비트가 짝수개나 홀수개가 되도록 그 코드에 덧붙이는 코드이다.

(5) 해밍(Hamming) 코드

① 에러 정정 코드(Error Correction Code)의 대표적인 코드이다.

② 패리티 비트(Parity bit)로 오류를 검출하고, 이를 다시 정정할 수 있게 고안된 코드이다.

③ 해밍코드는 오직 하나의 착오만 검출하고 수정하며, 2개의 동시 오류는 검출을 못할 수도 있다.

④ 에러 체크 코드로는 Biquinary 코드, Ring counter 코드, 2-out-of-5 코드, 3-out-of-5 코드 등이 있다.

(6) ASCII(Amerrican Standard Code for Information Interchange code) 코드

① 1968년 ISO 위원회에서 제정한 코드이다.

② 문자 연산이 가능하고, 데이터 통신에 널리 이용된다.

③ 7개의 data bit(Zone bit 3개, DIgit 4개)로 구성되었으나 실제 사용 시에는 패리티 비트(Parity bit) 1비트를 추가시켜 8비트로 사용한다.

④ 개인용 컴퓨터 및 데이터 통신에서 주로 사용하며, 가장 많이 사용되는 영문 숫자 코드이다.

Chapter 2 부울대수 및 논리회로

01 부울대수

01 부울대수 정리

(1) 개요

① 1947년 G.Boole에 의해 논리의 수학적 해석을 위해 제안되었다.

② 부울대수는 변수들의 조합을 실행시키는 일련의 논리적인 연산(AND, OR, NOT)으로 정의되는 하나의 수학적인 학설이다.

(2) 부울대수 기본 정리 ⚡⚡⚡

1	$A+0=0+A=A$	7	$A \cdot 0=0 \cdot A=0$
3	$A+A=A$	8	$A \cdot A=A$
5	$A+1=1+A=1$	9	$A \cdot 1=1 \cdot A=A$
7	$A+\overline{A}=\overline{A}+A=1$	10	$A \cdot \overline{A}=\overline{A} \cdot A=0$
9	$\overline{\overline{A}}=A$	11	$A+AB=A$
11	$A+\overline{A}B=A+B$	12	$(A+B)(A+C)=A+B \cdot C$

(3) 부울대수의 기본 법칙

교환법칙	$A+B=B+A, \ A \cdot B=B \cdot A$
결합법칙	$A+(B+C)=(A+B)+C, \ A \cdot (BC)=(AB) \cdot C$
분배법칙	$A(B+C)=AB+AC, \ A+(BC)=(A+B)(A+C)$

(4) 흡수법칙 및 간소화

① $A+AB=A(1+B)=A$

② $A(A+B)=AA+AB=A+AB=A(1+B)=A$

③ $(A+\overline{B})B=AB+B\overline{B}=AB$

④ $(A\overline{B})+B=(A+B)(B+\overline{B})=A+B$

⑤ $(A+A\overline{B})=A(1+\overline{B})=A$

⑥ $(A+\overline{A}B)=(A+\overline{A})(A+B)=A+B$

⑦ $A(\overline{A}+AB)=A\overline{A}+AAB=A\overline{A}+AB=AB$

⑧ $AB+A\overline{B}+\overline{A}B=A(B+\overline{B})+\overline{A}B=A+\overline{A}B=(A+\overline{A})(A+B)=A+B$

⑨ $A+AB+AC=A(1+B+C)=A$

02 드 모르간(De Morgan) 정리

(1) 개요

① 논리학자인 드모르간이 제안한 것으로 논리대수에서 부울대수와 함께 가장 중요한 정리라 할 수 있다.

② 드 모르간 정리는 논리식 사이에 논리합(OR)과 논리곱(AND)의 상호 교환이 가능하도록 한 정리로서 논리식 간소화나 논리연산을 하는데 유용하다.

(2) 드모르간 정리 ⚡⚡⚡

1) 제1정리 $\overline{A+B}=\overline{A}\cdot\overline{B}$

① $\overline{(X_1+X_2+X_3+\cdots+X_n)}=\overline{X_1}\cdot\overline{X_2}\cdot\overline{X_3}\cdots\cdot\overline{X_n}$

② 논리합의 전체 부정은 각 변수의 부정을 논리곱한 것과 같다.

2) 제2정리 $\overline{A\cdot B}=\overline{A}+\overline{B}$

① $\overline{(X_1\cdot X_2\cdot X_3\cdots\cdot X_n)}=\overline{X_1}+\overline{X_2}+\overline{X_3}+\cdots+\overline{X_n}$

② 논리곱의 전체 부정은 각 변수의 부정을 논리합한 것과 같다.

(3) 논리의 쌍대 원리

① 논리값 0은 1로, 1은 0으로 바꾼다.

② 논리연산자 논리합(OR)은 논리곱(AND)으로, 논리곱(AND)은 논리합(OR)으로 바꾼다.

③ 모든 논리변수의 불변이다.

03 카르노 맵

(1) 카르노 맵

1) 2변수 카르노 맵

① 2진수에서 2개(A, B)의 입력변수는 $2^2=4$개로, 출력은 X이다.

② 각각 가로와 세로에 입력 변수를 할당하고, 가로와 세로의 배열은 임의로 해도 무방하며 반드시 0으로 시작하지 않아도 된다.

B＼A	0	1
0	$\overline{A}\,\overline{B}$	$A\overline{B}$
1	$\overline{A}B$	AB

[논리식으로 표현]

B＼A	0	1
0	00	10
1	01	11

B＼A	0	1
0	m_0	m_2
1	m_1	m_3

[최소항으로 표현]

2) 3변수 카르노 맵

① 2진수에서 3개(A, B, C)의 입력변수는 $2^3=8$개로, 출력은 X이다.

② 각각 가로와 세로에 입력 변수를 할당하고, 가로와 세로의 배열은 임의로 해도 무방하며 반드시 0으로 시작하지 않아도 된다.

C \ AB	00	01	11	10
0	$\overline{A}\,\overline{B}\,\overline{C}$	$\overline{A}\,B\,\overline{C}$	$A\,B\,\overline{C}$	$A\,\overline{B}\,\overline{C}$
1	$\overline{A}\,\overline{B}\,C$	$\overline{A}\,B\,C$	$A\,B\,C$	$A\,\overline{B}\,C$

C \ AB	00	01	11	10
0	000	010	110	100
1	001	011	111	101

[논리식으로 표현]

C \ AB	00	01	11	10
0	m_0	m_2	m_6	m_4
1	m_1	m_3	m_7	m_3

[최소항으로 표현]

3) 4변수 카르노 맵

① 2진수에서 4개(A, B, C, D)의 입력변수는 $2^4=16$개로, 출력은 X이다.

② 각각 가로와 세로에 2입력씩 변수를 할당하고, 가로와 세로의 배열은 임의로 해도 무방하며 반드시 0으로 시작하지 않아도 된다.

CD \ AB	00	01	11	10
00	$\overline{A}\,\overline{B}\,\overline{C}\,\overline{D}$ 0000	$\overline{A}\,B\,\overline{C}\,\overline{D}$ 0100	$A\,B\,\overline{C}\,\overline{D}$ 1100	$A\,\overline{B}\,\overline{C}\,\overline{D}$ 1000
01	$\overline{A}\,\overline{B}\,\overline{C}\,D$ 0001	$\overline{A}\,B\,\overline{C}\,D$ 0101	$A\,B\,\overline{C}\,D$ 1101	$A\,\overline{B}\,\overline{C}\,D$ 1001
11	$\overline{A}\,\overline{B}\,C\,D$ 0011	$\overline{A}\,B\,C\,D$ 0111	$A\,B\,C\,D$ 1111	$A\,\overline{B}\,C\,D$ 1011
10	$\overline{A}\,\overline{B}\,C\,\overline{D}$ 0010	$\overline{A}\,B\,C\,\overline{D}$ 0110	$A\,B\,C\,\overline{D}$ 1110	$A\,\overline{B}\,C\,\overline{D}$ 1010

[논리식으로 표현]

CD \ AB	00	01	11	10
00	m_0	m_4	m_{12}	m_8
01	m_1	m_5	m_{13}	m_9
11	m_3	m_7	m_{15}	m_{11}
10	m_2	m_6	m_{14}	m_{10}

[최소항으로 표현]

(2) 카르노 맵 간소화

1) 묶기와 간소화

① 묶기는 카르노 맵에 표시된 1을 묶는 것으로 인접한 가로, 세로 방향으로 묶는다.

② 정사각형, 직사각형 형태로 묶는다.

③ 인접하지는 않지만 맞은 편에 1이 존재하는 경우 롤링-맵(Rolling Map)으로 묶을 수 있다.

④ 묶기에는 페어(Pair), 쿼드(Quard), 옥테드(Octad)를 사용한다.

2) 묶는 방법

① 진리표에서 출력이 1인 경우 최소항의 합을 모두 찾아서 카르노 맵 상에 해당하는 자리에 1을 써넣고 나머지 자리에는 0을 써 넣는다.

② 옥테드, 쿼드, 페어 순으로 찾아 묶는다.

③ 단독으로 1이 존재하면 그 자신을 하나의 그룹으로 간주한다.

④ 칸의 1은 필요에 따라 여러 번 사용해도 무방하며, 가능한 큰 그룹으로 묶는다.

⑤ 각 묶음에 해당하는 최적화된 최소항의 합 형태의 논리 함수식을 세운다.

3) 페어(Pair) ✄✄✄

① 페어는 2개의 1이 가로 혹은 세로의 방향으로 인접하여 있을 경우 2개의 1을 하나의 그룹으로 묶는 것이다.

② 맞은 편에 1이 존재하는 경우 롤링-맵(Rolling Map)을 적용하여 묶을 수 있다.

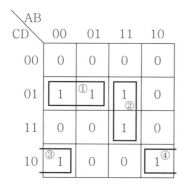

㉠ 페어에서 위로 보았을 때 AB=00, 01, 공통변수 A=0

옆으로 보았을 때 CD=01

∴ ACD=001 → $x_1 = \overline{A}\,\overline{C}D$

㉡ 페어에서 위로 보았을 때 AB=11

옆으로 보았을 때 CD=01, 11, 공통변수 D=1

∴ ABD=111 → $x_2 = ABD$

㉢ 롤링 맵으로 위로 보았을 때 AB=00, 10, 공통변수 B=0

옆으로 보았을 때 CD=10

∴ BCD=010 → $x_3 = \overline{B}C\overline{D}$

※ 전체 간소화 논리식 $X = \overline{A}\,\overline{C}D + ABD + \overline{B}C\overline{D}$

4) 쿼드(Quard) ⚡⚡⚡

① 쿼드는 4개의 1이 가로, 세로, 사각형으로 인접하여 있을 경우 하나의 그룹으로 묶는 것이다.

② 맞은 편에 1이 존재하는 경우 롤링-맵(Rolling Map)을 적용하여 쿼드로 묶을 수 있다.

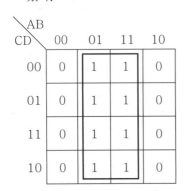

㉠ 쿼드에서 위로 보았을 때 AB=01, 11, 공통변수 B=1

㉡ 옆으로 보았을 때 CD=01, 11, 공통변수 D=1

∴ BD=11 → $x_1=BD$

※ 전체 간소화 논리식 $X=BD$

5) 옥테드(Octad) ⚡⚡⚡

① 옥테드는 8개의 1이 사각형으로 인접하여 있을 경우 하나의 그룹으로 묶는 것이다.

② 맞은 편에 1이 존재하는 경우 롤링-맵(Rolling Map)을 적용하여 옥테드로 묶을 수 있다.

AB\CD	00	01	11	10
00	0	1	1	0
01	0	1	1	0
11	0	1	1	0
10	0	1	1	0

㉠ 옥테드에서 위로 보았을 때 AB=01, 11, 공통변수 B=1

㉡ 옆으로 보았을 때 CD=00, 01, 11, 10, 공통변수 없음

∴ B=1 → $x_1=B$

※ 전체 간소화 논리식 $X=B$

02 논리회로

(1) AND 게이트(논리곱)

① 2개 이상의 논리변수들을 곱하는 연산이다.

② 입력이 동시에 모두 1이면, 출력은 1이고, 그 이외는 출력은 0이다.

기호 및 수식	계전기 회로	진리표		
A ─┐ ─── Y B ─┘ $Y=AB=A \cdot B=A \times B$	(계전기 회로 그림)	A	B	Y
		0	0	0
		0	1	0
		1	0	0
		1	1	1

(2) OR 게이트(논리합) ⚡⚡⚡

① 2개 이상의 논리변수들을 합하는 연산이다.

② 입력이 하나라도 1이면, 출력은 1이고, 그 이외는 출력은 0이다.

기호 및 수식	계전기 회로	진리표		
A ─┐ ─── Y B ─┘ $Y=A+B$	(계전기 회로 그림)	A	B	Y
		0	0	0
		0	1	1
		1	0	1
		1	1	1

(3) NOT 게이트(논리부정) ⚡

① 하나의 논리변수에 대하여 부정하는 연산이다.

② 입력값이 1이면, 출력은 0이고, 입력값이 0이면 출력은 1이다.

③ 항상 입력에 대해 부정하므로 부정회로, 반전 또는 보수를 행하는 기본소자로서 인버터(Inverter)라고도 한다.

기호 및 수식	계전기 회로	진리표	
A ──▷○── Y $Y=\overline{A}=A'$	(계전기 회로 그림)	A	Y
		0	1
		1	0

(4) NAND 게이트(역 논리곱) ⚡⚡⚡

① AND와 NOT을 결합한 것으로, AND에 대한 부정(보수) 연산이다.

② 입력값이 어느 것 하나라도 0이면, 출력은 1이고, 모든 입력값이 1일 때 출력은 0이다.

기호/게이트 구성	계전기 회로 및 논리식	진리표		
		A	B	Y
	$-Y=\overline{AB}$	0	0	1
		0	1	1
		1	0	1
		1	1	0

(5) NOR 게이트(역 논리합) ⚡⚡⚡

① OR와 NOT을 결합한 것으로, OR에 대한 부정(보수) 연산이다.

② 입력값이 어느 것 하나라도 1이면, 출력은 0이고, 모든 입력값이 0일 때 출력은 1이다.

기호/게이트 구성	계전기 회로 및 논리식	진리표		
		A	B	Y
	$-Y=\overline{A+B}$	0	0	1
		0	1	0
		1	0	0
		1	1	0

(6) X-OR 게이트(배타적 논리합) ⚡⚡⚡

① EX-OR, 배타적 OR, exclusive-OR 연산이라 한다.

② 두 입력 값이 같을(짝수) 때 출력은 0이고, 입력값이 서로 다를(홀수) 때 출력은 1이다.

③ 반일치 회로라고 하며, 보수회로에 응용된다.

기호/게이트 구성	수식	진리표		
	입력 변수들 중 1인 것이 홀수개 있을 때 결과가 1인 성질 $Y=(A\oplus B)=\overline{A}B+A\overline{B}$	A	B	Y
		0	0	0
		0	1	1
		1	0	1
		1	1	0

(7) X-NOR 게이트(배타적 역 논리합)

① EX-NOR, 배타적 NOR, exclusive-NOR 연산이라 하고, X-OR를 부정한 연산이다.

② 두 입력값이 같을(짝수) 때 출력은 1이고, 입력값이 서로 다를(홀수) 때 출력은 0이다.

③ 일치 회로라고 하며, 비교 회로에 응용된다.

기호/게이트 구성	수식	진리표
	입력 변수가 둘다 0 또는 1 일 때 결과가 1인 성질 $Y=(\overline{A \oplus B})=A \odot B$ $=\overline{AB}+AB$	아래 진리표 참조

A	B	Y
0	0	1
0	1	0
1	0	0
1	1	1

(8) 버퍼 게이트

① 입력값이 출력값으로 그대로 나타난다.

② 감쇄 신호(여러 게이트 통과로 약해진 신호)를 회복시켜 정격출력 신호로 출력시키는 기능이다.

기호	수식	진리표
	입도선 및 게이트 통과한 약한 신호를 정상 출력으로 회복 $Y=A$	아래 진리표 참조

A	Y=A
0	0
1	1

Chapter 3 순서 논리회로

01 플립플롭 회로

01 플립플롭의 개요

(1) 플립플롭 개념

① 플립플롭(Flip Flop, FF) 입력의 변화가 없으면 출력이 일정한 2진 값을 유지하도록 동작되는 기억소자이다.

② FF은 출력이 변화를 일으키는 시점에 따라 동기식 FF과 비동기식 FF으로 구분한다.

(2) FF의 분류

플립플롭 (FF)	클럭에 따른 분류	비동기식(래치 형)	
		동기식(에지 트리거형)	• 상승 에지형 FF • 하강 에지형 FF
	입력에 따른 분류	R-S(Reset-set) FF	
		J-K FF	
		D(Data) FF	
		T(Toggle) FF	

(3) 플립플롭의 특징 ⚡🔋

① 두 가지 안정상태를 갖는다.

② 쌍안정 멀티바이브레이터이다.

③ 반도체 메모리 소자로 이용된다.

④ 트리거(CP) 펄스 1개마다 2개의 출력펄스를 얻는다.

02 RS 래치

(1) NOR 게이트를 이용한 RS 래치회로

① 모든 플립플롭의 기본이다.

② 입력단자로 R(Reset)과 S(Set) 2개의 단자를 가지고 있다.

③ 출력이 한번 결정되면 입력이 0이 되어도 출력이 유지되므로 "래치(latch)회로"라고 하며, 입력신호는 "액티브 하이(active high)"를 사용한다.

④ 입력 $R=S=0$이면 Q는 전상태 유지(불변), $R=0$, $S=1$이면 $Q=1$, $R=1$, $S=0$이면 $Q=0$, $R=S=1$은 사용하지 않는다(금지).

논리 회로도	논리 기호	진리표			

R	S	Q	비고
0	0	불변	유지
0	1	1	
1	0	0	
1	1	부정	금지

※ 불변 : 변화 없음
부정 : 불확실한 출력

(2) NAND 게이트를 이용한 RS 래치회로

① 입력신호 $\overline{R}$, $\overline{S}$는 "액티브 로우(active low)"를 사용한다.

② R-S 래치와는 같은 출력을 내지만 입력은 반대이다.

③ R=S=1이면 Q는 전상태 유지(불변), R=1, S=0이면 Q=1, R=0, S=1이면 Q=0, R=S=0은 사용하지 않는다(금지).

논리 회로도	논리 기호	진리표			

$\overline{S}$	$\overline{R}$	Q	비고
0	0	부정	금지
0	1	1	
1	0	0	
1	1	불변	유지

※ 불변 : 변화 없음
부정 : 불확실한 출력

03 RS 플립플롭 ⚡⚡🖉

① 입력이 변해도 클럭이 변하지 않으면 출력도 변하지 않는 회로로, 클럭이 변할 때만 동작하는 회로 연산이다.

② CP입력(클럭펄스 또는 트리거펄스)이 0에서 1로 변하는 것을 "상승에지", 1에서 0으로 변하는 것을 "하강에지"라 한다.

③ 상승에지(1-high레벨)일 때 RS-FF와 같은 동작을 하고, 하강에지(0-low레벨)일 때는 입력상태에 관계없이 전 상태를 유지한다.

④ 3개의 입력(R-Reset, S-Set, CP-Clock pulse)을 가지는 FF(플립플롭)이다.

⑤ 일명 "RST-FF(R-Reset, S-Set, T-Trigger)"라고도 한다.

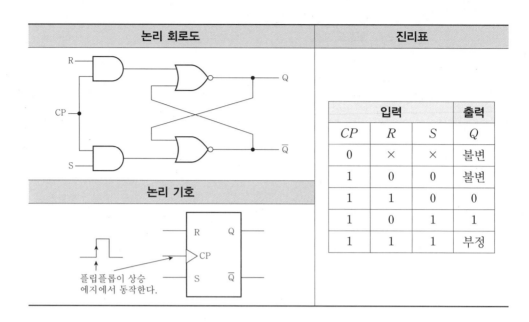

논리 회로도	진리표

입력			출력
CP	R	S	Q
0	×	×	불변
1	0	0	불변
1	1	0	0
1	0	1	1
1	1	1	부정

04 JK 플립플롭 ✗✗✗

① 가장 널리 사용되는 플립플롭이다.

② RS 플립플롭의 결점인 R=S=1일 때 출력이 정의되지 않는 점을 개선한 연산이다.

③ J–K 입력이 모두 1인 경우에 출력이 토글(반전)된다.

　• 토글(반전)이란 0은 1로, 1은 0으로 반전되는 것을 의미한다.

④ CP=1일 때 출력측 상태가 변화하면 Feedback 되어 입력측이 변화하여 오동작을 유발하는 레이싱(Racing) 현상이 발생한다.

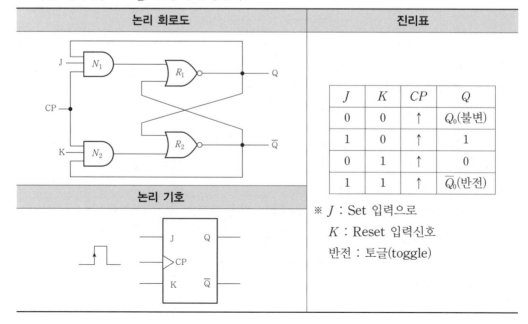

논리 회로도	진리표

J	K	CP	Q
0	0	↑	Q_0(불변)
1	0	↑	1
0	1	↑	0
1	1	↑	$\overline{Q_0}$(반전)

※ J : Set 입력으로

　K : Reset 입력신호

　반전 : 토글(toggle)

05 D 플립플롭 ✗✗✗

① 입력상태를 일정시간 만큼 출력에 늦게(D-Delay or data) 전달하는데 사용하는 연산이다.
② RS-FF 변형(입력값이 항상 보수가 되도록 변형)으로 S(기호: D)는 입력 그대로, R은 인버터(Inverter-NOT gate)를 통해 연결한 것으로 RS-FF에 NOT 게이트를 추가 한것이다.
③ S=0, R=1인 상태와 S=1, R=0인 2가지 상태 값만 나타낸다.

논리 회로도	진리표

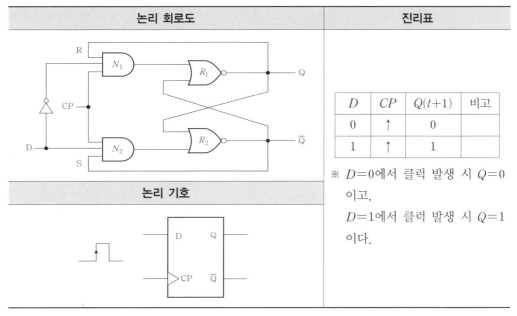

D	CP	$Q(t+1)$	비고
0	↑	0	
1	↑	1	

※ $D=0$에서 클럭 발생 시 $Q=0$이고,
$D=1$에서 클럭 발생 시 $Q=1$이다.

06 T 플립플롭 ✗✗✗

① 토글(toggle) 또는 보수(complement) 플립플롭이다.
② JK-FF의 J와 K를 묶어 하나의 입력(T)으로 한다.
③ 클럭 펄스가 발생할 때마다 출력이 반전(토글 또는 보수)하므로 토글(toggle) 또는 계수기(counter)에 사용한다.

논리 회로도	진리표

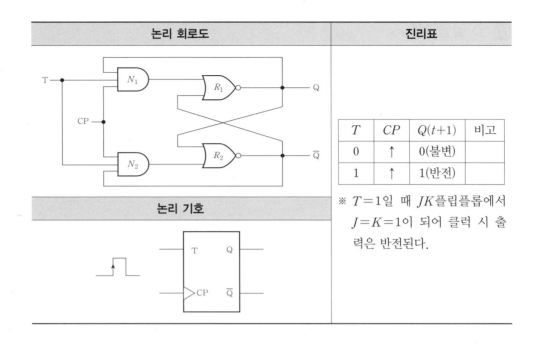

T	CP	$Q(t+1)$	비고
0	↑	0(불변)	
1	↑	1(반전)	

| 논리 기호 |

※ $T=1$일 때 JK플립플롭에서 $J=K=1$이 되어 클릭 시 출력은 반전된다.

02 계수기(Counter) 회로

(1) 계수기 개념

입력 펄스가 들어올 때마다 정해진 순서대로 플립플롭의 상태 변화를 이용한 것이다.

1) 동기형(Synchronous Type) 계수기

① 각각의 플립플롭에 클릭 펄스를 동시에 공급하여 출력상태가 동시에 변화한다.

② 클릭 펄스가 없을 때는 각각 플립플롭이 동작하지 않게 되어 있는 계수기이다.

2) 비동기형(Asynchronous Type) 계수기

① 각각의 플립플롭이 종속 연결되어 있는 방식이다.

② 첫 번째 플립플롭만 입력을 가하고 그 다음 플립플롭부터는 바로 앞단 플립플롭의 출력에서 보내오는 클릭 펄스로 동작하는 계수기이다.

(2) 비동기형 계수회로

1) 2진 리플 계수기

① 주로 T 플립플롭으로 구성된다.

② 계수 출력상태의 총수는 2^n(n : 플립플롭의 계수)가 된다.

③ 이 계수기는 2^n개의 자연계수를 갖는다.

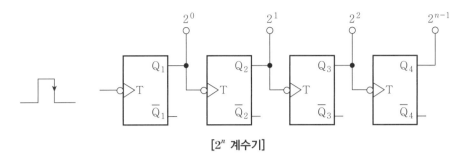

[2^n 계수기]

2) 비동기형 2^n진 계수기

① T 플립플롭을 n개 종속 연결하여 만든 계수기이다.

② 첫 번째 플립플롭만 외부 클럭 입력으로 트리거하고, n번째 플립플롭은 $(n+1)$번째 플립플롭을 트리거하는 방식이다.

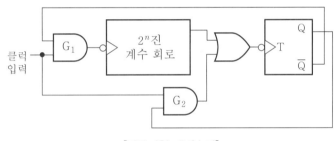

[비동기형 2^n계수기]

(3) 상향 및 하향계수기

1) 상향계수기(Binary Up Counter)

① "가산 계수기"라 한다.

② 입력 펄스가 들어올 때마다 counter의 내용이 증가하는 계수기이다.

2) 하향계수기(Binary Down Counter)

① "감산 계수기"라 한다.

② 높은 자리에서 낮은 자리로 역순의 counter를 하는 2진 계수기이다.

03 레지스터(Register) 회로

(1) 레지스터 개념

① 2진 Data를 일시 저장이 적합한 기억소자들의 집합으로 플립플롭의 집합이라 할 수 있다.

② 1개의 플립플롭은 2진 data 1비트를 저장할 수 있는 역할을 한다.

③ 범용레지스터

  • 입출력의 기능을 바꾸어 오른쪽 또는 왼쪽으로 시프트할 수 있게 한 것이다.

④ 시프트 레지스터(shift register)

  • 2진수를 직렬로 1비트씩 차례로 입력 시 기억 data를 오른쪽 또는 왼쪽으로 한자리씩 shift 시킬 수 있는 레지스터이다.

(2) 직렬(Serial) 시프트 레지스터

1) 직렬 시프트 레지스터

2진수 1비트를 기억할 수 있는 플립플롭을 여러 개 직렬 연결한 것이다.

2) 링 카운터(Ring Counter)

① 환상 카운터(circulating register)라고도 한다.

② 출력을 Feedback하여 펄스가 가해지는 한, 2진수가 레지스터 내부에서 순환하게 만든 것이다.

3) 시프트 레지스터(Shift Register)

① 직렬시프트 레지스터에 Feedback 되게 구성한 것이다.

② 동작 상태가 주기적이고, 출력 파형이 플립플롭을 시프트 해가는 방식이다.

(3) 병렬(Parallel) 시프트 레지스터

① 레지스터의 모든 비트를 클럭 펄스에 의해 새로운 데이터(입력 데이터)로 동시에 변환시켜 로드해 주는 방식이다.

② 각 비트의 플립플롭은 완전한 독립으로 입력신호가 동시이면, 출력신호도 동시에 나타난다.

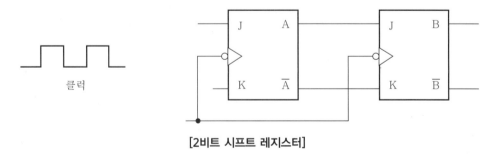

[2비트 시프트 레지스터]

조합 논리회로

01 조합 논리회로 개요

① 조합 논리회로는 이전의 입력조합과는 관계없이 현재의 입력조합에 의해 출력이 결정되는 논리회로의 구성이다.

② 부울대수들의 집합에 의해서 완전히 논리적으로 표시되는 정보 논리 동작을 수행한다.

02 가산기

(1) 반 가산기(HA : Half-Adder) ⚡⚡⚡

① 1비트로 구성된 2개의 2진수를 덧셈할 때 사용한다.

② 하위자리에서 발생한 자리올림수를 포함하지 않고 덧셈을 수행한다.

③ 2개의 2진수 입력(A, B)과 2개의 2진수 출력(S, C)회로를 갖는다.

④ 출력 합(S-sum)은 2개의 입력 중 하나만 1일 때(서로 다를 때) 1이 된다.

⑤ 출력 자리올림수(C-carry)는 입력(A, B)이 모두 1인 경우에만 1이 된다.

⑥ 논리식

•합 : $S = \overline{A}B + A\overline{B} = A \oplus B$

•자리올림수 : $C = AB$

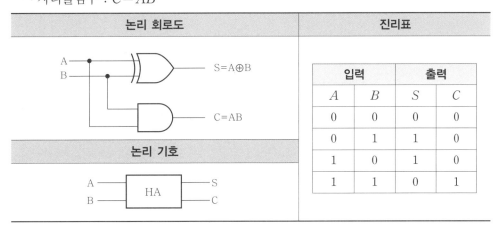

논리 회로도		진리표			
S=A⊕B / C=AB / 논리 기호 HA		입력		출력	
		A	B	S	C
		0	0	0	0
		0	1	1	0
		1	0	1	0
		1	1	0	1

(2) 전 가산기(FA : Full-Adder) ⚡⚡⚡

① 반가산기 2개와 OR게이트 1개로 구성되어 있다.

② 1비트로 구성된 2개의 2진수와 1비트의 자리올림수를 더할 때 사용한다.

③ 하위자리에서 발생한 자리올림수(C)를 포함하여 덧셈을 수행한다.

④ 3개의 입력(A, B, C)과 2개의 출력(S, C) 덧셈회로를 갖는다.

⑤ 출력 합(S)은 3개의 입력 중 1이 홀수개인 경우만 1이 된다.

⑥ 출력 자리올림수(C)는 3개의 입력(A, B, C) 중 2개 이상이 1인 경우만 1이 된다.

⑦ 논리식

- 합 : $S_n = \overline{A}\overline{B}C + \overline{A}B\overline{C} + A\overline{B}\overline{C} + ABC = A \oplus B \oplus C$
- 자리올림수 : $C_n = \overline{A}BC + A\overline{B}C + AB\overline{C} + ABC = AB + (A+B)C$

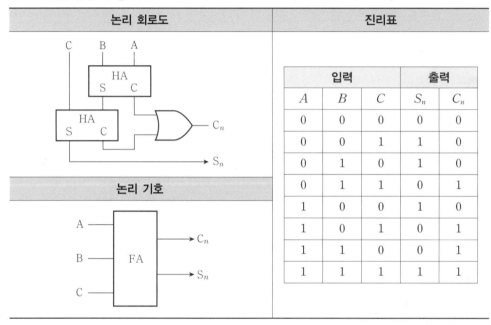

논리 회로도	진리표				

입력			출력	
A	B	C	S_n	C_n
0	0	0	0	0
0	0	1	1	0
0	1	0	1	0
0	1	1	0	1
1	0	0	1	0
1	0	1	0	1
1	1	0	0	1
1	1	1	1	1

논리 기호

※ C : 캐리비트(자리올림수)

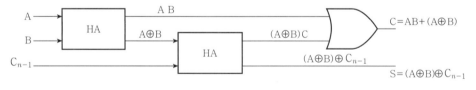

[전가산기 논리회로도]

(3) 병렬 가산기

1) 2진 병렬 가산기 ✎✦✦✦

① 직렬가산기(HA, FA 등)를 병렬 연결하여 연산 속도를 향상시킨 것이다.

② 1개의 반 가산기(HA)와 1개의 전 가산기(FA)의 구성이다.

③ 2진수의 01＋11을 2진 병렬 가산기로 덧셈하면 $A_1=0$, $A_0=1$, $B_1=1$, $B_0=1$, 이 할당된다.

논리 회로도	수행식

논리 회로도 (left cell):
- Inputs A_1 B_1 into FA, A_0 B_0 into FA
- C_1 ← FA ← C_0 ← FA
- Outputs S_1, S_0

수행식 (right cell):

$$\begin{array}{r} A_1 A_0 \\ + B_1 B_0 \\ \hline \end{array} \quad \rightarrow \quad \begin{array}{r} 0\,1 \\ +\,1\,1 \\ \hline 1\,0\,0 \end{array}$$

2) 4진 병렬 가산기

① 3개의 전 가산기(FA)와 1개의 반 가산기(HA)의 구성이다.

② 3진수의 1011+0110을 4진 병렬 가산기로 덧셈하면 $A_3=1$, $A_2=0$, $A_1=1$, $A_0=1$, $B_3=0$, $B_2=1$, $B_1=1$, $B_0=0$이 할당된다.

논리 회로도	수행식

논리 회로도 (left cell):
- Inputs A_3 B_3 into FA, A_2 B_2 into FA, A_1 B_1 into FA, A_0 B_0 into FA
- C_3 ← FA ← C_2 ← FA ← C_1 ← FA ← C_0 ← FA
- Outputs S_3, S_2, S_1, S_0

수행식 (right cell):

$$\begin{array}{r} A_3 A_2 A_1 A_0 \\ + B_3 B_3 B_1 B_0 \\ \hline \end{array} \quad \rightarrow \quad \begin{array}{r} 1011 \\ +\ 0110 \\ \hline 10001 \end{array}$$

03 감산기

(1) 반 감산기(HS : Half-Subtracter) ⚡✍✍

① 1비트로 구성된 2개의 2진수를 뺄셈할 때 사용(2진수 1자리의 감산에만 사용)한다.

② 뺄셈할 때 하위자리에서 빌려준 자리빌림수를 포함하지 않아, 2개의 입력 변수를 갖는다.

③ 2개의 2진수 입력(A, B)과 2개의 2진수 출력(D, b) 뺄셈회로를 갖는다.

④ 출력 변수는 차(D-difference)와 자리빌림수(b-borrow)가 있다.

⑤ 논리식

- 차 : $D = \overline{A}B + A\overline{B} = A \oplus B$
- 자리빌림수 : $b = \overline{A}B$

논리 회로도	진리표

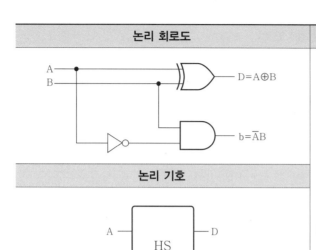

입력		출력	
A	B	D	b
0	0	0	0
0	1	1	1
1	0	1	0
1	1	0	0

※ A : 피감산비트,
  B : 감산비트

(2) 전 감산기(FS : Full-Subtracter)

① 전 감산기는 반 감산기 2개와 OR 게이트 1개로 구성되어 있다.

② 1비트로 구성된 2개의 2진수와 1비트 자리빌림수를 뺄 때 사용한다.

③ 뺄셈할 때 하위자리에서 빌려준 자리빌림수를 포함하여 수행한다.

④ 3개의 입력(A, B, C)과 2개의 출력(D, b) 뺄셈회로를 갖는다.

⑤ 논리식

  • 차 : $D=\overline{A}\overline{B}C+\overline{A}B\overline{C}+A\overline{B}\,\overline{C}+ABC=A\oplus B\oplus C$

  • 자리빌림수 : $b=\overline{A}\overline{B}C+\overline{A}B\overline{C}+\overline{A}BC+ABC=\overline{A}B+\overline{(A\oplus B)}C$

논리 회로도	진리표

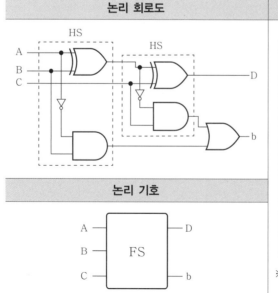

입력			출력	
A	B	C	D	b
0	0	0	0	0
0	0	1	1	1
0	1	0	1	1
0	1	1	1	0
1	0	0	0	1
1	0	1	0	0
1	1	0	0	0
1	1	1	1	1

※ C : 입력자리 내림수

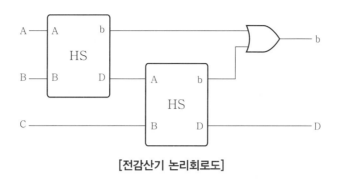

[전감산기 논리회로도]

04 디코더와 인코더

(1) 디코더(Decoder : 해독기)

1) 디코더 개념 ⚡⚡⚡

① 2진수 정보를 다른(10진수 등) 코드 형식으로 변환하는 회로로 "복호기" 또는 "해독기"라고 한다.

② 특정한 부호와 신호에 대해서만 응답하는 특성이다.

③ n비트의 입력정보를 2^n비트 출력(3×8 디코더 출력=2^3)으로 변환한다.

④ 컴퓨터 중앙처리장치(번지의 해독, 명령의 해독, 제어 등), 타이프라이터 등에 사용된다.

⑤ 인코더의 반대 기능을 수행한다.

2) 1×2 디코더

① 1개의 입력(1bit)과 2개의 출력(2^1bit)을 갖는 회로로, 1개의 입력에 따라 2개의 출력 중 1개가 선택된다.

기호/게이트 구성	수식	진리표		
		입력	출력	
(그림) A ──▷○── Y_0 / ── Y_1	$Y_0 = \overline{A}$ $Y_1 = A$	A	Y_0	Y_1
		0	1	0
		1	0	1

3) 2×4 디코더 ⚡⚡⚡

① 2개의 입력(2bit)과 4개의 출력(2^2bit)을 갖는 회로로, 2개의 입력에 따라 4개의 출력 중 1개가 선택된다.

기호/게이트 구성	수식	진리표				

기호/게이트 구성	수식	입력		출력			
	$Y_0 = \overline{A}\,\overline{B}$ $Y_1 = A\overline{B}$ $Y_2 = \overline{A}B$ $Y_3 = AB$	A	B	Y_0	Y_1	Y_2	Y_3
		0	0	1	0	0	0
		0	1	0	0	1	0
		1	0	0	1	0	0
		1	1	0	0	0	1

4) BCD 디코더

① BCD 디코더

  • BCD디코더는 BCD 코드를 입력했을 때 10진수를 구분하기 위한 10개의 출력을 가지는 디코더이다.

  • BCD코드이므로 4개의 입력단자가 필요하고, 출력은 10개 단자이다.

② BCD-7세그먼트(Segment) ⚡☾☾

  • BCD-7세그먼트 디코더는 BCD코드를 입력하여 각각에 대응하는 숫자를 표시하는 7세그먼트 표시장치이다.

  • 7개의 LED가 숫자를 표시하는 형태로 배치된 표시장치이다.

  • 공통 애노드형과 공통 캐소드형이 있다.

  • 공통 애노드형 : 공통신호로 V_{CC}를 가하고 점등신호로 0을 가한다.

  • 공통 캐소드형 : 공통신호로 GND를 가하고 점등신호로 1을 가한다.

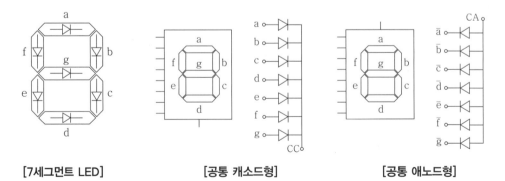

[7세그먼트 LED]　　　[공통 캐소드형]　　　[공통 애노드형]

5) 비교기(1비트) ⚡☾☾

① 비교기는 두수의 크기 관계를 판별하는 조합회로이다.

논리 회로도	수행식				
	입력		**출력**		
	A	B	P $(A>B)$	Q $(A=B)$	R $(A<B)$
	0	0	0	1	0
	0	1	0	0	1
	1	0	1	0	0
	1	1	0	1	0

② 2개의 1비트 입력 A, B에 대하여 $(A>B)$이면 $P=1$, $(A=B)$이면 $Q=1$, $(A<B)$이면 $R=1$의 출력을 가진다면 다음 값을 갖는다.

- $P=A\overline{B}$
- $Q=\overline{A}\,\overline{B}+AB=\overline{A\oplus B}=A\odot B$
- $R=\overline{A}B$

(2) 인코더(Encoder : 부호기)

1) 인코더 개념

① 디코더의 반대 기능을 수행한다.

② 10진수 또는 다른 진수를 2진수 코드 형식으로 변환하는 회로로 "부호기"라고 한다.

③ N^n 비트의 입력정보를 2비트 출력(8×3인코더 출력)으로 변환하여 n비트 출력으로 내보낸다.

2) 2×1 인코더

① 2개의 입력(2^1bit)과 1개의 출력(1bit)을 갖는 회로로, 입력신호에 따라 0 또는 1을 출력한다.

기호/게이트 구성	수식	진리표		
	$Y=D_1$ ※ D_0는 의미가 없으며, D_1이 1일 때 출력이 1이다.	**입력**		**출력**
		D_0	D_1	Y
		1	0	0
		0	1	1

3) 4×2 인코더 🖉🖉🖉

① 4개의 입력(bit)과 2개의 출력(2bit)를 갖는 부호화된 신호를 출력하는 회로이다.

② 입력신호 중 2개 이상이 동시에 1이 되지 않아야 한다.

기호/게이트 구성	수식	진리표					

기호/게이트 구성	수식	입력				출력	
		D_0	D_1	D_2	D_3	Y_0	Y_1
$D_3\,D_2\,D_1\,D_0$ → Y_0, Y_1	$Y_0 = D_1 + D_3$ $Y_1 = D_2 + D_3$	1	0	0	0	0	0
		0	1	0	0	1	0
		0	0	1	0	0	1
		0	0	0	1	1	1

05 멀티플렉서와 디멀티플렉서

(1) 멀티플렉서(MUX-Multiplexer)

1) 멀티플렉서 개념

① 여러 개의 입력 중 하나를 선택하여, 단일 출력선으로 연결하므로 "데이터 선택기"라고도 한다.

② 2개의 입력선(D)과 개의 선택선(S)으로 구성된다.

2) 2×1 멀티플렉서

① 2개의 입력(D_0, D_1)중 1개가 선택선(S)에 입력된 값에 따라 출력한다.

기호/게이트 구성	수식	진리표	
S, D_0, D_1 → Y	$Y = \overline{S}D_0 + SD_1$ ※ 입력 D_0, D_1은 선택선 (S)이 0이면 D_0, 1이면 D_1이 선택된다.	입력	출력
		S	Y
		0	D_0
		1	D_1

3) 4×1 멀티플렉서

① 4개의 입력 중 1개가 선택되어 선택선(S_0, S_1)에 입력된 값에 따라 출력한다.

기호/게이트 구성	수식	진리표
	$Y = \overline{S_1}\,\overline{S_0}I_0 + \overline{S_1}S_0I_1 + S_1\overline{S_0}I_2 + S_1S_0I_3$	(아래 표 참조)

입력		출력
S_0	S_1	Y
0	0	I_0
1	0	I_1
0	1	I_2
1	1	I_3

(2) 디멀티플렉서(DeMUX-DeMultiplexer)

1) 디멀티플렉서 개념 ⚡⚡✎

① 멀티플렉서의 반대 기능을 하며, "분배기"라고도 불린다.

② 다중화 장치로 다수의 정보를 적은 수의 채널이나 회선을 통해 전송하는 기기이다.

③ 1개의 입력을 여러 개의 출력선(D)에 연결한 후 이들 중 1개의 회선을 선택하여 출력한다.

④ 2^n개의 출력선(D) 중 1개의 출력선을 선택하기 위한 n개의 선택선(S)이 필요하다.

2) 1×4 디멀티플렉서 ⚡✎✎

① 1개의 입력과 4개의 출력선, 2개의 선택선(S)으로 구성된다.

② 2개의 선택선(S_0, S_1)에 의해 4개의 출력(D_0, D_1, D_2, D_3) 중 1개가 선택되어 입력(A)을 연결시켜 출력한다.

기호/게이트 구성	수식	진리표
	$D_0 = \overline{S_1}\,\overline{S_0}$ $D_1 = \overline{S_1}S_0$ $D_2 = S_1\overline{S_0}$ $D_3 = S_1S_0$	(아래 표 참조)

입력		출력
S_0	S_1	Y
0	0	D_0
1	0	D_1
0	1	D_2
1	1	D_3

공업경영

Chapter 1 품질관리

01 품질관리

01 표준화

1) 표준화의 정의
   ① 표준, 기준, 규격 들을 만들어 사용함으로서 합리적인 활동을 조직적으로 행하는 것
   ② 품질, 형상, 치수, 성분, 시험방법 등을 일정한 표준을 정하여 호환성을 높이는 것

2) 국제 표준화 기능 ⚡
   ① 국가 간 규격 상이로 인한 무역 장벽 제거 효과
   ② 국제 간 규격 통일로 국가 간 이익 도모 효과
   ③ 개발 도상국에 대한 기술 개발 촉진 유도효과

02 품질의 분류

1) 설계품질
   ① 품질 시방서 상의 품질
   ② 시장 품질과 가격 등을 감안한 목표로 설정하는 품질
   ③ 소비자가 요구하는 품질(시장품질)과 경쟁사의 품질(제품과 가격)을 고려한 제조업체의 제조 능력을 최적화할 수 있는 품질 수준

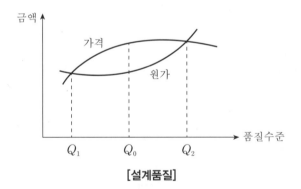

[설계품질]

2) 제조(적합)품질
   ① 설계품질을 제품화 했을 때의 품질
   ② 생산된 제품이 설계 시방에 적합하게 제조되었는지 판단으로 "적합품질" 또는 "제조품질"이라 한다.

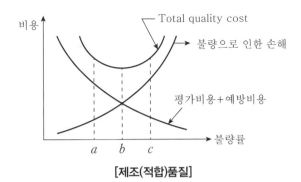

[제조(적합)품질]

3) 시장(서비스)품질 ✔���

① 소비자가 요구하는 품질

② 품질 개선의 최종적인 평가요소(설계와 시장조사, 판매정책에 반영)

03 품질관리

1) 품질관리의 정의

① 소비자 요구에 맞는 제품 및 서비스를 경제적으로 수행하기 위한 수단의 체계이다.

② 근대적 품질관리는 통계적인 방법을 채택하므로 통계적 품질관리라 한다.

2) TQC(전사적 품질관리) 시스템

① 소비자를 만족시킬 수 있는 제품을 생산하기 위한 가장 경제적인 사내활동

② 사내 각 부분별 품질개발, 품질유지, 품질개선 노력을 조정 통합하는 효과적인 시스템

3) ZD(Zero Defects, 무결점) 운동 ✔���

① 미국의 마틴(Martin)사에서 미사일의 신뢰성 향상과 원가절감을 위해 1962년 전개한 종업원들의 품질 동기부여 프로그램이다.

② ZD(Zero Defects Program) 또는 무결점 운동이다.

- 작업자로 하여금 작업 혹은 제품의 중요성을 인식하도록 한다.
- 동종 작업자로 하여금 ZD그룹을 편성하게 한다.
- 결점 제거를 위한 목표를 자주적으로 설정하고 달성을 위해 노력한다.
- ECR제안(Error Cause Removal Suggestion)을 제출하게 한다.
- 목표를 달성한 그룹을 표창한다.

4) 관리사이클(P → D → C → A Cycle) ✔���

① Plan (계획 및 설계)

② Do (실행 및 관리)

③ Check (검토)

④ Action (조치 및 개선)

5) 품질 코스트

물품이나 서비스 품질과 관련하여 발생하는 모든 비용이다.

예방코스트 : 약 10[%] (P-cost, prevention cost)	• 고객에 대하여 품질보증을 하기 위해 투자되는 비용 • 불량을 사전에 예방하는 활동에 소요되는 비용 • 제품 생산 초기단계(제품 설계 및 개발)에서 적합하게 만들기 위한 초기비용 • 품질계획 비용, 품질설계(신제품 및 공정설계)비용, 품질 자료 수집, 외부업체 교육 비용 등
평가코스트 : 약 25[%] (A-cost, Appraisal cost)	• 소정의 품질수준 유지 여부를 측정 및 평가하는데 소요되는 비용 • 원자재 수입검사 비용, 공정검사 비용, 완제품 검사 비용, 검사 및 시험장비 유지 비용 등
⚡⚡⚡ **실패코스트 : 약** 50~75[%] (F-cost, failure cost)	• 소정의 품질수준 유지(품질 보증) 실패로 발생하는 비용 • 내부 실패 비용(불량손실 재작업, 수율손실) : 불량대책 코스트, 재가공 코스트, 설계변경 코스트 등

02 품질관리 기법

01 데이터 분석

(1) 평균값($\overline{x}$, Mean)

자료의 전체 합을 전체 개수로 나눈 값

$$\overline{x} = \frac{\text{자료 전체 합계}}{\text{전체 자료 개수}}$$

(2) 중앙값(Me, Median, 중위수)

① 자료를 크기 순서로 나열했을 때 중앙에 해당하는 값

② 홀수인 경우
  • 자료의 개수가 홀수이면 데이터의 중앙값 선택
  • $Me = \dfrac{n+1}{2}$번째의 수

③ 짝수인 경우
  • 자료의 개수가 짝수이면 중앙에 위치한 2개 자료의 평균값
  • $Me = \dfrac{n}{2}$번째의 값과 $\left(\dfrac{n}{2}\right)+1$번째 값의 평균

(3) 범위(R, Range)

자료 중에서 최대값과 최소값의 차이 값

(4) 범위 중앙값(M, Mid Range)

① 자료 중에서 가장 큰 값(최대값)과 가장 작은 값(최소값)의 평균값

② $M = \dfrac{x_{\max} + x_{\min}}{2}$

(5) 최빈값(Mo, Mode, 최빈수) ⚡⚡🔖

① 자료 중에서 가장 많이 나타나는 값

② 도수분포표에서 도수가 최대인 곳의 대표값

③ 도수 : 계급에 해당하는 자료의 수

(6) 표준편차와 편차 제곱합 ⚡⚡🔖

① 표준편차(S) : 하나의 자료가 평균값으로 부터 떨어진 정도($S = x_i - \overline{x}$)

② 편차 제곱합 : 편차(개개의 측정 값과 표본 평균값의 차이)의 제곱을 합한 값

$s = \sum (x_i - \overline{x})^2$

여기서, x_i : 자료에서 각각의 수, $\overline{x}$: 평균값

🖋 PLUS 예시 문제

다음 데이터의 제곱합(Sum of Squares)은 약 얼마인가?

18.8	19.1	18.8	18.2	18.4
18.3	19.0	18.6	19.2	

해설

• 표본 평균값

$$= \frac{(18.8 + 19.1 + 18.8 + 18.2 + 18.4 + 18.3 + 19.0 + 18.6 + 19.2)}{9} = 18.71$$

• 제곱합[편차(개개의 측정값과 표본 평균 간의 차이)의 제곱값]

$$= (18.8 - 18.71)^2 + (19.1 - 18.71)^2 + (18.8 - 18.71)^2$$
$$+ (18.2 - 18.71)^2 + (18.4 - 18.71)^2 + (18.3 - 18.71)^2$$
$$+ (19.0 - 18.71)^2 + (18.6 - 18.71)^2 + (19.2 - 18.71)^2$$
$$= 1.029$$

(7) 표본(시료) 분산

① 표본자료의 경우 자료의 수에서 1을 뺀 수($n-1$)로 나눈 값

② $S^2 = \dfrac{\sum (x_1 - \overline{x})^2}{n-1}$,

　　여기서, n : 자료의 수, x_1 : 자료에서 각각의 수, $\overline{x}$: 평균값

(8) 참값 ✎✐✐

① 편차가 작은 정도를 말한다.

② 정확성이란 참값에서 평균값을 뺀 것이다.

🔔 PLUS 예시 문제

다음 데이터 값으로 부터 아래 제시한 통계량을 계산하시오?

| 데이터 값 : 21.5 23.7 24.3 27.2 29.1 |

　① 범위　　② 표본 평균값　　③ 제곱합　　④ 중앙값　　⑤ 시료분산

해설

① 범위(R)=최대값−최소값=29.1−21.5=7.6

② 표본 평균값

$$= \frac{(21.5 + 23.7 + 24.3 + 27.2 + 29.1)}{5}$$

$$= 25.16$$

③ 제곱합(S)

=(자료에서 각각의 수−평균값)²=편차(개개의 측정값에서 표본 평균값을 뺀 값)의 제곱값

$$= (21.5 - 25.16)^2 + (23.7 - 25.16)^2 + (24.3 - 25.16)^2 + (27.2 - 25.16)^2 + (29.1 - 25.16)^2$$

$$= 35.952$$

④ 중앙값(Me)=통계집단의 변량을 크기의 순서로 늘어 놓을 때 중앙에 위치하는 값

$$= 24.3$$

⑤ 표본분산(S^2) $= \dfrac{\text{편차의 제곱값의 합}}{\text{자료의수} - 1}$

$$= \frac{\sum (\text{자료에서 각각의 수} - \text{평균값})^2}{\text{자료의수} - 1}$$

$$= [(21.5 - 25.16)^2 + (23.7 - 25.16)^2 + (24.3 - 25.16)^2 + (27.2 - 25.16)^2 + (29.1 - 25.16)^2]/(5-1)$$

$$= 8.988$$

02 데이터의 종류

(1) 계수치 데이터
① 계수(카운터)가 가능한 데이터
② 사고 건수, 결점 수, 불량 개수, 흠의 수 등

(2) 계량치 데이터
① 연속량으로 측정하여 얻어지는 품질의 특성 값
② 시간, 수분, 온도, 강도, 수율, 함유량, 무게, 길이, 두께, 눈금 등

03 데이터 분석

(1) 도수분포법
① 표나 그림으로 세로축(종별)과 가로축(특성, 수량)으로 표기하여 품질의 특성치는 나타내는 방식이다.
② 로트 분포의 모양을 쉽게 파악할 수 있다.
③ 데이터 분포와 데이터의 품질 확인이 가능하다.
④ 원 데이터 규격과 제품 규격을 대조가 쉽다.
⑤ 많은 데이터로부터 평균치와 표준편차를 구할 수 있다.
⑥ 공정관리에 효과적이다.

구분 (지역)	차량 판매 (대)	영업사원수 (명)
제주	0	1
전남	1	3
경남	3	5
인천	7	6
서울	15	7
합계	26	22

[도수분포표]

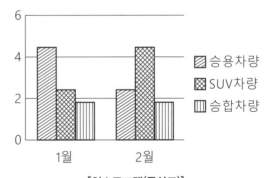

[히스토그램(주상도)]

(2) 히스토그램(주상도)
① 가장 대표적인 그림으로 막대 그래프의 일종이다.
② 도수분포도로 정리된 변수의 활동값들을 수평이나 수직의 막대로 늘어 놓아 비교가 쉽다.
③ 히스토그램 작성 목적

• 데이터가 어떤 수치로 분포되어 있는지 알기 위해 작성한다.

• 데이터와 규격을 비교한 공정 현황 파악을 위해 작성한다.

• 데이터의 분산된 모양, 분포의 형태를 파악하기 위해 작성한다.

• 집단으로부터 정보수집을 위해 작성한다.

(3) 파레토도

1) 파레토도 특징

① 막대 그래프와 꺾은 선 그래프를 혼합한 형태이다.

② 집계 데이터를 크기순으로 나열하고 막대 그래프와 꺾은 선 그래프로 나타는 방식이다.

③ 현장에서 데이터(크레임수, 손실금액 등 중점 대상)를 그 현상이나 원인별로 분류, 집계한다.

④ 데이터(불량수, 결점수, 크레임수, 사고건수, 손실금액 등) 값들을 중점관리 시 사용한다.

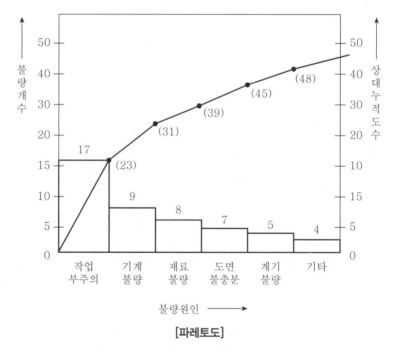

[파레토도]

2) 파레토도 작성 목적

① 중요 품질 및 관리 항목을 파악하고 문제 해결을 위한 대책으로 결정하기 쉽다.

② 품질 활동(팀별, 조별)의 목표를 설정하기 위해 작성한다.

③ 불량이나 고장 원인을 조사, 파악하기 위해 작성한다.

④ 현재의 상황을 정확하게 파악하고, 보고하거나 기록을 남기고자 할 때 작성한다.

(4) 특성 요인도 ✔✔✔

특정 공정에 대하여 어떤 요인이, 어떤 관계로 영향을 미치고 있는지 명확히하여 원인 규명을 쉽게할 수 있도록 하는 기법이다.

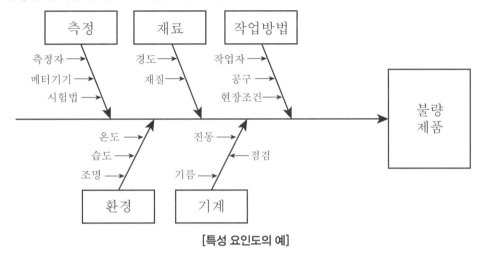

[특성 요인도의 예]

1) 특성 요인도의 특징

① 문제가 되는 특성(결과값)에 대해 이에 미치는 요인(원인)을 흐름표로 나타낸 것이다.

② 결과나 문제점에 대한 특성치를 구할 때 사용한다.

③ 브레인스토밍(Brain Storming) 기법, 프로세스법, 공정도 등이 있다.

04 확률분포

(1) 이산 확률분포

1) 베르누이 분포

① 시험결과가 2가지 뿐인 분포(합격, 불합격)

2) 2항 분포(Binomial Distribution) ✔✔✔

① 베르누이 시행에서 성공 확률(p)과 실패 확률(q)은 시행회수(n)회 반복일 때 x회 성공확률이 주어지는 분포

② $p=0.5$일 때 : 기대치 np에 대하여 좌우 대칭이다.

③ $p \leq 0.5$이고, $np \geq 5$일 때 : 정규분포에 근사한다.

④ $p \leq 0.1$이고, $np=0.1 \sim 10$일 때 : 포아손분포에 근사한다.

⑤ 불량품이 발생할 불량품 개수 분포도

$$p(x)=nC_x P^x (1-P)^{n-x}$$

여기서, C_x=부적합 품수, P^x=부적합 품률, x=성공확률, n=시행횟수

로트의 크기 1,000, 부적합률 15[%]인 로트에서 5개의 램덤시료 중에서 발견된 부적합 품수가 1개일 확률을 2항 분포로 산출하시오.

해설

• 2항 분포에서 불량률이 P인 베르누이 시행이 n회 반복될 때 불량품 개수(x)의
  분포도 $P(x)=nC_xP^x(1-P)^{n-x}$에서

$$P(1)=5CP^1(1-P)^{5-1}$$
$$=5\times1\times(0.15)^2\times(1-0.15)^4$$
$$=0.3915[\%]$$

3) 다항 분포

① 통계학에서 우연현상을 파악할 때 여러 번의 시행결과 발생된 확률분포

4) 포아손 분포

① 일정한 단위거리, 단위공간, 단위면적, 단위시간상 발생하는 횟수를 측정하는 확률분포

(2) 연속적인 확률분포

1) 연속적 확률분포의 종류

① 정규 분포   ② 지수 분포   ③ 카이제곱 분포   ④ t 분포

2) 정규 분포 특징 ✏️🐾

① 평균을 중심으로 종 모양인 좌우 대칭이다.

② 표준편차가 클수록 산포가 나쁘다.

③ 평균치가 0이고 표준편차가 1인 정규분포를 표준 정규분포라 한다.

④ 특정 값 발생 확률은 0이다.

⑤ 특정 구간의 확률은 정규분포곡선 아래 구역의 면적이다.

⑥ 정규분포는 최빈값＞중앙값＞평균값으로, 평균치가 중앙값보다 작다.

03 샘플링

(1) 샘플링 목적 ✏️🐾

① 품질향상의 자극(만족)

② 나쁜 품질인 로트의 불합격

③ 공정의 변화

④ 측정기기의 정밀도 및 검사원의 정확도

⑤ 검사 Cost 절감

(2) 샘플링 형태

1) 품질 특성에 의한 분류

① 계수형 샘플링 검사 : 제품을 수량(불량품의 개수 또는 결점수) 개념을 적용하여 합격, 불합격을 판정하는 검사 기법

② 개량형 샘플링 검사 : 제품을 연속적인 값(길이, 중량, 강도 등)의 개념에 따라 합격, 불합격을 판정하는 검사 기법

2) 검사 공정에 의한 분류 ⚡⚡⚡

① 수입 검사 : 구입 단계

② 공정 검사 : 중간 단계

③ 최종 검사 : 완성 단계

④ 출하(출고)검사

3) 검사 장소에 의한 분류

① 정위치 검사 : 제품의 공정이 속한 위치 1개소 또는 특정 장소로 지정, 운반해서 검사하는 방법

② 순회 검사 : 검사원이 직접 현장을 순회하면서 제품을 검사하는 방법

③ 출장 검사 : 검사원이 특정장소에 출장하여 제품을 검사하는 방법

4) 검사의 성질에 의한 분류

관능 검사	• 인간의 감각(시각, 미각, 후각, 촉각)기능으로 검사하는 방법
파괴 검사	• 제품을 떨구거나 파괴하여 목적을 달성하는 검사 • 재료의 인장시험, 배관재의 압력(수압, 유압)시험, 전등의 수명시험 등
비파괴 검사	• 제품을 시험하여도 품질이 저하되지 않고 검사 목적을 달성하는 검사 • 시료의 이물질 검사, 전구의 (밝기)전등시험, 용접부의 엑스선 검사 등

(3) 전수검사와 샘플링 검사 ⚡⚡⚡

1) 전수검사가 필요한 경우

① 불량품이 절대 있어서는 안 되는 경우

② 로트의 크기가 작고, 검사 항목수가 적을 경우

2) 샘플링 검사가 필요한 경우

① 전수검사에 비해 신뢰도가 높은 결과를 얻을 수 있는 경우

② 기술적으로도 개별검사가 무의미한 경우

③ 전수검사가 불가능한 경우(파괴검사)

④ 생산자에게 품질향상의 자극이 필요한 경우

⑤ 경제적으로 유리한 경우

(4) 샘플링 방법

1) 랜덤 샘플링 검사 ✄✄◿

① 단순 랜덤 샘플링 검사
- 아무런 사전 조작없이 관찰대상인 모집단 전체중에서 필요한 표본을 임의로 추출하는 방식
- 행운권 추첨, 난수표, 카드배열법 등

② 계통 샘플링 검사 ✄✄◿
- 일정한 시간적, 공간적 간격을 두고 모집단에서 표본을 추출하는 방법
- 표본이 같으면 단순 랜덤 샘플링보다 정밀도가 높다.
- 표본은 주기성이 없어야 한다.

③ 지그재그 샘플링 검사
- 계통 샘플링 추출에서 주기성의 치우침을 방지하기 위한 방법
- 하나씩 걸려서 일정한 간격으로 표본을 추출하는 방법
- 샘플 추출 간격이 주기성보다 긴 경우 단순 랜덤 샘플링을 사용한다.
- 샘플링 간격 $(k) = \dfrac{\text{모집단}(N)}{\text{표본수}(n)}$

- 채취비율 $(c) = \dfrac{\text{표본수}(n)}{\text{모집단}(N)}$

2) 2단계 샘플링 검사 ✄◿◿

① 모집단이 여러 모집단으로 구성된 경우 1차 샘플링으로 n의 표본을 뽑고, n에서 2차로 랜덤한 샘플링으로 표본을 추출하는 방식이다.

② 샘플링이 용이한 장점이 있으나 랜덤 샘플링보다 추정 정밀도가 낮다.

3) 층별 샘플링 검사 ✄◿◿

① 모집단이 이질적인 모집단(층)으로 구성된 경우 하위 모집단(층)마다 표본을 추출하는 방식

② 층별 비례 샘플링 : 모집단의 로트 크기가 다른 경우 그 크기에 비례하여 표본을 추출하는 방법

③ 랜덤 샘플링보다 표본수는 작으나 같은 정밀도를 얻을 수 있다.

④ 정밀도가 좋고 샘플링 검사가 용이하다.

4) 취락(집락) 샘플링 검사

모집단이 동질적인 여러 모집단(층)으로 구성된 경우 1차 샘플링은 랜덤하게 하위 모집단(층)을 선택하고, 2차 샘플링은 모집단 전체를 선택하는 방법이다.

(5) 검사특성곡선(OC 곡선)

1) OC 곡선(Operating Characteristic Curve) 💋💋💋

① 로트의 합격비율에 대한 로트의 부적합률을 알 수 있다.

② 이 곡선의 값은 초기하 분포, 2항 분포, 포아송 분포에 의해서 구한다.

③ 가로축은 부적합확률 P(%), 세로축은 합격확률 L(p)으로 나타낸다.

④ 모집단(N)에서 표본(n)을 랜덤하게 샘플링하고, 표본에 포함된 불량품수(x)가 합격판 정개수(c) 이하이면 합격, 이상이면 불합격시키는 샘플링 검사(N, n, c)특성 곡선이다.

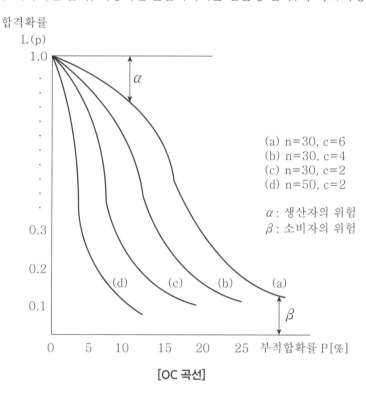

[OC 곡선]

2) OC 곡선의 특성 💋💋💋

① 생산자 위험(α, 제1종 과오)
   - 합격시켜도 좋을 품질의 로트가 샘플링 검사에서 불합격될 확률
   - P_0 : 합격시키고 싶은 lot의 부적합률($1-\alpha$)
   - 3σ법의 $\overline{x}$에서 제1종 과오는 0.27[%]밖에 안 된다.

② 소비자 위험(β, 제2종 과오)
   - 불합격되어야 할 나쁜 품질의 로트가 샘플링 검사에서 합격될 확률
   - P_1 : 불합격시키고 싶은 lot의 합격될 확률($1-\beta$)

③ n(표본의 크기), c(합격판정개수)가 일정하고, N(모집단-로트)이 변화할 때
   - N은 OC곡선에 별로 영향을 미치지 않는다.

- N을 n에 비해서 너무 크게($N \geq n$) 설정하면 불합격에 따른 상대적 위험률이 증가한다.
④ N(모집단, 로트), n(표본)이 일정하고, c(합격판정 개수)가 변화할 때
  - c의 증가에 따라 OC곡선이 오른쪽으로 이동(그래프 d → c → b → a)한다.
  - c의 증가에 따라 그래프 기울기가 완만해지고 β가 증가하고 α는 감소한다.
⑤ N(모집단-로트), c(합격판정 개수)가 일정하고, n(표본)이 변화할 때
  - n의 증가에 따라 OC곡선은 점차로 일어나 급경사(그래프 a → b → c → d)를 이룬다.
  - n의 증가에 따라 그래프 기울기가 급격해지고 β가 감소하고 α는 증가한다.

04 관리도

01 관리도의 개념

(1) 관리도 정의
① 공정을 안정상태로 유지하기 위해 기준치를 벗어난 피할 수 있는 원인을 찾기 위한 방법이다.
② 원인규명, 신속한 조치에 대한 정보, 신호와 지침을 착오없이 보여 주고자 하는 것이다.
③ 한눈에 알 수 있는 도표로 작성하고, 관리의 한계를 정하여 공정을 판단하는 통계적 기법이다.

(2) 관리도의 특징
① 품질을 챠트로 나타낸 기록이다.
② 보통의 그래프와 달리 관리 한계선과 중심선을 표시한다.
③ 여러 분석방법을 통해 품질특성이 정해지면 개선 및 관리방법을 알기 위한 관리도(공정 관리)를 이용한다.
④ 제품들의 품질특성을 측정하여 평균과 산포로 한계선으로 설정하고, 그 한계선을 벗어나면 공정에 문제가 발생한 것으로 판단한다.

(3) 관리도 사용절차(순) ✒️
① 관리하려는 제품이나 종류 선정
② 관리하여야 할 항목의 선정
③ 관리도의 선정
④ 시료를 채취하고 측정하여 관리도를 작성

02 관리도의 종류

종류	관리도		분포
계량형 ⚡⚡⚡	$\overline{x}-R$ 관리도 x 관리도 $x-R$ 관리도 R 관리도		정규 분포
계수형 ⚡⚡⚡	nP 관리도	불량개수	2항 분포
	P 관리도	불량률(비율)	
	c 관리도	결점수	포아손 분포
	u 관리도	단위당 결점수	

(1) 관리 한계선(Control Limit)

① 관리 상한선(UCL, Upper Control Limit) : 정상 공정에서 얻은 데이터 평균의 표준편차의 3배를 더한 값

② 중심선(CL : Center Limit) : 데이터의 평균값

③ 관리 하한선(LCL : Lower Control Limit) : 정상 공정에서 얻은 데이터 평균의 표준편차의 3배를 뺀 값

④ 정상상태 : 관리 한계선을 벗어나는 점이 없을 때 : LCL<관리한계선<UCL

(2) 계량형 관리도 ⚡⚡⚡

① 전압, 전류, 길이, 무게, 시간, 강도, 압력, 생산량, 수율 등 연속 변량을 측정하는 관리도이다.

② $\overline{x}-R$관리도(평균치와 표준편차)

• 가장 대표적인 관리도이다.

• 공정의 평균치 변화를 관리하는 $\overline{x}$관리도와 편차(범위) 변화를 파악하는 R관리도를 조합한 것이다.

• 연속적인 계량치 데이터에 대한 관리도로, 표본 채취가 쉬워야 사용 가능하다.

③ x관리도(개개 측정치)

• 데이터를 군으로 나누지 않고 한 개의 측정치를 그대로 사용하여 공정을 관리하는 경우 사용한다.

• 자료를 얻는 시간적 간격이 크거나 정해진 공정으로부터 한 개의 측정값 밖에 얻을 수 없을 때 사용한다.

• 볼펜의 길이, 화학분석치, 알콜 농도, 1일 전기 소비량 등

④ $x-R$관리도

- 관리 대상이 되는 항목의 길이, 무게, 시간, 강도 등 계량값으로 나타내는 공정을 관리할 때 사용한다.
- 한 개의 로트에서 한 개의 측정치 밖에 얻을 수 없는 공정관리에 사용한다.

⑤ R관리도

- 측정치의 최대값에서 최소값을 뺀 편차(범위) 변화를 파악하는 것이다.

(3) 계수형 관리도

1) 계수형 관리도 정의

① 수량을 셀수 있는 수치로 불량률을 측정하는 관리도이다.

2) P 관리도(불량률)(비율) ⚡⚡🖉

① 계수형 관리도 중 가장 널리 사용한다.

② 부적합률($\overline{p}$)에 대한 관리도로, 양품률, 출석률 등과 같이 비율로 공정을 관리하는 경우 사용한다.(수확률, 순도 등은 계량값이므로 계량형 관리도가 적합)

3) nP 관리도(불량개수) ⚡🖉🖉

① 측정이 불가능하여 수량 값으로 밖에 나타낼 수 밖에 없을 때 사용한다.

② 합격여부에 판정만이 목적인 경우에 사용한다.

③ 부적합품수 ($\overline{P}n=n\overline{P}$)에 대한 관리도이다.

- 부적합품수(불량개수) $n\overline{P}=\dfrac{\sum nP}{k}$, $\overline{P}=\dfrac{\sum nP}{\sum nk}$

  여기서, k : 시료군의 수, $\sum nP$: 시료마다 불량개수의 합, n : 시료의 크기, c : 부적합 수

④ 관리 상한선 $UCL=n\overline{P}+3\sqrt{n\overline{P}(1-\overline{P})}$

⑤ 관리 하한선 $LCL=n\overline{P}-3\sqrt{n\overline{P}(1-\overline{P})}$

🔋 PLUS 예시 문제

부적합품률이 20[%]인 공정에서 생산되는 제품을 매시간 10개씩 샘플링 검사하여 공정을 관리하려고 한다. 이때 측정되는 시료의 부적합품 수에 대한 기대값과 분산은 약 얼마인가?

해설

- 기대값 $\mu=np$, 분산 $\delta^2=np(1-p)$을 적용한다.
- $\mu=np=10\times0.2=2$
- $\delta^2=np(1-p)=2\times(1-0.2)=1.6$

4) c 관리도(결점 수) ⚡⚡⚡

① 일정 단위량 중에 나타나는 결점 수(부적합 수) c를 관리하기 위해 사용한다.

② 중심선 $cL=\bar{c}=\dfrac{\sum c}{k}$

③ 관리 상한선 $UCL=\bar{c}+3\sqrt{\bar{c}}$

④ 관리 하한선 $LCL=\bar{c}-3\sqrt{\bar{c}}$

5) u 관리도 ⚡⚡◌

① 단위당 결점 수(부적합 수) u에 대한 관리도이다.

② 표본(시료)의 길이나 면적이 일정하지 않는 경우에 사용한다.

③ 중심선 $cL=\bar{u}=\dfrac{\sum c}{\sum n}$

④ 관리 상한선 $UCL=\bar{u}+3\sqrt{\dfrac{\bar{u}}{n}}$

⑤ 관리 하한선 $LCL=\bar{u}-3\sqrt{\dfrac{\bar{u}}{n}}$

03 관리도 판독법

(1) 주기(cycle) ⚡⚡◌

① 관리도의 점이 주기적으로 상, 하로 변동하는 파형을 나타내는 현상이다.

(2) 런(Run) ⚡◌◌

① 관리도 중심선의 한쪽에 연속해서 나타난 점으로 판단한다.

② 길이가 5~6런에서는 공정상 "주의"

③ 길이가 7런에서는 공정상 "이상"

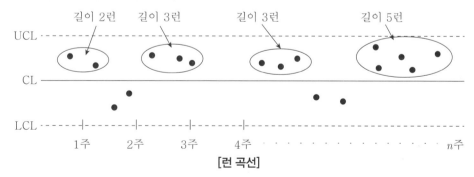

[런 곡선]

(3) 경향(Trend)

① 측정한 값을 차례로 타점했을 때 점이 순차적으로 상승하거나 하강하는 현상 (연속해서 7점 이상)

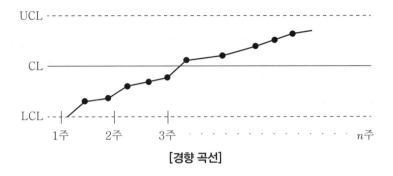

[경향 곡선]

(4) 산포(Dispersion)

① 수집된 자료값이 그 중앙값으로부터 떨어져 있는 정도를 나타내는값

(5) 안정상태 판단

점이 관리 한계선(중심선 CL, 관리 상한선 UCL, 관리 하한선 LCL)을 벗어나지 않고 배열에 습관성이 없어야 공정이 안정상태에 있다고 판정한다.

① 한점이라도 관리 한계를 벗어나는 경우에는 그 원인을 탐구하여 조치한다.

② 찍은 점이 중심선 한쪽에 많이 연속될 때

③ 찍은 점이 점차로 상향 또는 하향으로 연속될 때

④ 점의 배열이 주기성 또는 위치의 격차가 있을 때

Chapter 2 생산관리

01 생산관리

01 생산관리의 목적

공정관리, 품질관리, 원가관리를 중심으로 알맞은 관리시스템의 설계와 운영·통제를 통해 양질의 제품이 생산되고 경제적 효과를 높이는 데 있다.

① 비용(Cost)
② 품질(Quality)
③ 납기(Delivery Data)
④ 유연성(Flexibility)

02 TPM(Total Productive Maintenance)활동 – 전사적 생산보전 활동

① 전사적으로 설비보전업무에 참가, 설비의 고장 및 불량과 재해율을 떨어뜨려 기업의 체질을 변화시키자는 기업 혁신 운동
② 3정 : 정위치, 정품, 정량
③ 5S : 정리(Seiri), 정돈(Seiton), 청소(Seisho), 청결(Seiketsu), 습관화(Shitsuke)
④ TPM 활동 5가지 기둥
 • 설비 효율화의 개별 개선 활동
 • 운전과 보전의 교육 훈련 활동
 • 자주 보전 체계 구축 활동
 • 보전 예방(MP) 활동
 • 설계 및 초기 유동 관리 체계 구축 활동

03 생산의 3원칙

(1) 단순화

① 생산수단(작업방법)을 단순하게 한다.
② 생산기간의 단축, 재고관리 용이, 재료 소모량 감소 등의 효과가 있다.

(2) 표준화

① 과학적으로 안정된 표준을 설정하여 사용한다.
③ 대량생산으로 생산비가 절감되고 품질향상과 호환성이 좋아진다.

(3) 전문화

① 각 공정별, 작업별 단위로 분리하여 작업의 전문성을 높인다.

② 설비의 전문화와 숙련도가 높아 생산 능력이 증대되는 효과가 있다.

02 공정관리

01 공정관리의 목표

① 납기의 이행

② 생산비용의 최소화

③ 공정 재고의 최소화

④ 생산시간의 최소화

⑤ 공정시간의 최소화

⑥ 원료 조달시간의 최소화

02 공수(工數) 계획

(1) Man-hour

① 생산계획표에 의한 제품별 납기와 생산량에 대하여 소요되는 인력과 기계적 능력을 조정하는 활동단위로 Man-hour를 사용한다.

(2) 공수 체감 현상

① 동종 작업이 계속 반복되는 시간이 경과됨에 따라 그 작업이 숙달되어 작업시간이 단축되는 현상

(3) 부하의 계산

① 부품 1개당 작업시간(표준공수)×당월의 생산 수

(4) 능력의 계산 ✎☆☆

① 작업자의 능력=1개월 실동시간×가동률×환산 인원 수

- 실동시간=직접 작업시간+간접 작업시간

- 가동률=직접 작업률=$\dfrac{\text{직접 작업시간}}{\text{실 노동시간}}$=출근율×(1−간접 작업률)

- 환산 인원(실제 인원을 표준능력의 인원으로 환산)=작업자 수×능력 환산계수

② 기계능력(설비능력)=1개월 실동시간×가동률×기계대수

③ 여력=$\dfrac{\text{능력}-\text{부하}}{\text{능력}}$

자전거를 셀 방식 생산 공장에서, 자전거 1대당 소요공수가 14.5[H]이며, 1일 8[H], 월 25일 작업을 한다면 작업자 1명당 월 생산 가능 대수는? (단, 작업자의 생산 종합효율은 80[%]이다.)

해설

• 25일 × 8 × 0.8 = 14.5 × 대수

• 대수 = $\dfrac{25 \times 8 \times 0.8}{14.5}$ = 11

(5) 제조 로트(Lot)의 결정

1) 로트의 의미

① 단위 생산 수량

② 여러 개의 수량을 1묶음이나 1단위로 하여 생산이 이루어지는 경우의 단위

2) 로트의 수

① 제조 횟수

② 생산 목표량을 몇 회로 분할 생산할 것인가의 단위

3) 로트의 크기는 생산 목표량을 로트의 수로 나눈 것이다.

① 로트의 크기 = $\dfrac{\text{생산 목표량}}{\text{로트의 수}}$

4) 로트 산출식(F.W. Harris)

$$\text{경제적 발주량(Lot 크기)} Q = \sqrt{\dfrac{2RP}{CI}}$$

여기서, R : 소비예측(연간소비량), P : 준비비용(1회 발주비용), C : 단위비용(구입단가), I : 단위당 연간 재고 유지비

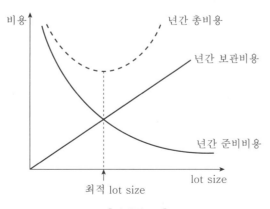

[경제적 Lot]

03 일정계획(Scheduling)

(1) 일정

① 실제 작업의 착수에서 종료까지의 시간이다.

② 일정＝실제 작업시간＋정체 작업시간(여유시간)

(2) 부품 가공 일정

① 작업시간 전, 후의 정체시간을 고려한다.

② 일정 계산은 0.5일이나 1일 단위로 한다.

(3) PERT/CPM 기법

1) PERT(Program Evaluation and Review Technique) 기법

① Net-work을 이용하여 일정, 노력, 비용 등을 과학적으로 계획 관리하는 종합적인 일정관리 기법이다.

② 관리자가 목표 달성을 위해 수행하는 기본계획, 세부계획, 통계기능에 도움을 줄 수 있는 수적기법이다.

③ 작업활동의 완성에 소요되는 시간이 불확실하기 때문에 확률을 도입한 확률적 모델이다.

④ 3점 견적법 ✍☆☆

낙관시간치(a)	• 평상시보다 잘 진행될 때 완성하는데 필요한 최소 시간(빠른 시간)
정상시간치(m)	• 작업 활동을 완성하는데 정상으로 소요된 시간(보통 시간)
비관시간치(b)	• 작평상시보다 잘 진행되지 않을 때 완성하는데 필요한 최대 시간(늦은 시간)
기대시간치(t) ✍☆☆	• 3가지 시간치를 평균하여 하나의 추정 시간을 산출한다. • $t=\dfrac{a+4m+b}{6}$
분산(δ^2) ✍☆☆	• 기대 시간치(t)의 불확실성 정도를 파악하기 위한 것 • $\delta^2=\left(\dfrac{b-a}{6}\right)^2$

2) CPM(Critical Path Method) 기법

① 최소비용으로 공사기간을 최소화하고자 하는 기법이다.

② 각 활동의 소요일수 대비 비용의 관계를 조사하여 최소비용으로 공사계획이 수행되는 최적의 공기를 구하는 기법이다.

③ 작업 활동의 완성에 소요되는 시간이 불확실하기 때문에 확률을 도입한 확률적 모델이다.

④ 계획공정도(Net Work) ✒✒🖉

· 주 공정(CP ; Critical Path)/여주 공정(Stack Path) 또는 비주요 공정(Non Critical Path)

· 시간적으로 가장 긴 경로(그림참조 : ① → ③ → ⑥＝45일)를 주 공정으로 관리한다.

· 주 공정 이외의 공정은 여주 공정(Stack Path) 또는 비주요 공정(Non Critical Path)

· 주 공정은 네트워크상에서 중요 표시를 하고 중점 관리한다.

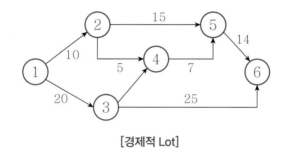

[경제적 Lot]

3) PERT와 CPM의 계산 ✒🖉🖉

① 가장 이른(빠른) 예정일 : TE

② 가장 늦은 완료일 : TL

③ 단계여유(Slack Of Event) : 후속 단계의 실시에 아무런 시간적 지연을 일으키지 않고 작업을 늦출 수 있는 시간적 여유를 말한다.

· $S=TL-TE$

4) 비용 구배(Cost Slope) ✒✒✒

① 공기 단축을 위한 최소 비용 증가되는 직접 비용을 말한다.

② 비용 구매 $=\dfrac{\text{특급비용}-\text{정상비용}}{\text{정상시간}-\text{특급시간}}$

04 생산방식의 분류

(1) 제품의 종류, 분량에 의한 생산

① 주문생산 : 다품종 소량 생산(대용량 발전장치, 대규모 화학공업)

② 예정생산 : 소품종 대량 생산

(2) 제조방법에 의한 생산 ✒✎✎✎

　　① 개별생산(단속생산 시스템) : 1개 또는 수개를 주문생산방식(개별적)으로 제작(항공기 등)

　　② 로트생산 : 알맞은 수량 단위로 모으거나 나누어서 일괄 생산

　　③ 연속생산 : 소품종, 동일품종 대량생산(오토메이션 방식-시멘트 공업, 석유정제)

(3) 제조 방침에 의한 생산

　　① 수주생산 : 주문을 받은 후에 생산

　　② 예정생산 : 제품 수요를 예측한 계획적인 생산

03 수요예측

(1) 수요예측의 목적

　　① 각 품목마다 월별 생산 계획량 결정

　　② 복수 품목 전체의 기간 생산 계획량 결정

　　③ 생산설비 신설 및 확장의 필요성, 확장 규모의 결정 등

(2) 정성적 수요예측법

　1) 델파이(Delphi)법

　　① 중장기 계획을 수립하는데 있어, 정확도가 높은 기법이다.

　　② 전문가에게 의견 질의서를 배포하여 의견을 수집한다.

　　③ 신제품의 수요 예측, 장기예측에 사용하는 기법이다.

　2) 시장조사법 ✒✎✎✎

　　① 제품 출시 전 소비자들에 대한 시장조사로 수요를 예측하는 기법이다.

　　② 현재의 시장조사로 단기 예측은 좋지만, 장기예측은 떨어진다.

　3) 전문가 의견법

　　① 관련 전문가, 판매 담당자의 의견을 수집하여 예측하는 기법이다.

　　② 단기 예측은 있지만, 다소 주관적으로 치우칠 우려가 있다.

(3) 정량적 수요예측법

　1) 시계열 분석법 ✒✎✎✎

　　① 판매량이나 매출액과 같이 반복적인 관찰치를 발생 순서대로 나열한 것이다.

　　② 시계열(연, 월, 주, 일)에 따라 과거의 자료(매출액, 생산량)를 근거로 하여 추세나 경

향을 분석하여 미래를 예측하는 기법이다.

③ 시계열적 변동의 구분

추세 변동(장기변동)	장기간에 걸쳐 수요가 일정하게 증가하거나 감소하는 추세
순환 변동(사이클 현상)	일정한 주기 없이 수요 추세가 장기간 반복되는 변동
계절 변동(1년 주기)	계절에 따라 수요가 주기적으로 변동하는 것
불규칙 변동(단기변동)	수요 추세가 우연이나 돌발적으로 변동되는 것

④ 전기수요법 : 최근의 수요 실적으로 미래의 수요를 예측하는 방법

⑤ 절반평균법 : 시계열의 각 항을 이등분하여 양쪽에 속하는 각 항을 각각 산술 평균하여 그 평균값을 취하는 방법

⑥ 최소 자승법, 지수 평활법, 이동 평균법, 박스-젠킨스법 등이 시계열 분석법에 해당된다.

2) 최소 자승법(추세 분석)

① 상승 또는 하강 추세가 있는 수요예측에 사용

② 관측치와 경향치 편차 제곱의 총합계가 최소가 되도록 동적 평균선을 구하고 그 직선을 연장해서 추세 변동을 예측하는 기법이다.

3) 이동 평균법 ⚡⚡⚡

① 과거의 일정 기간의 실적을 산술 평균해서 미래 수요를 예측하는 기법으로 계절 변동의 분석으로 이용된다.

② 예측치 $M_t = \dfrac{\Sigma 기간의\ 실적치}{기간의\ 수}$

🔋 PLUS 예시 문제

다음 값을 참조하여 5개월 단순 이동평균법으로 7월의 수요를 예측한다면?

월	1	2	3	4	5	6
실적	48	50	53	60	64	68

해설

• 예측치 $M_t = \dfrac{\Sigma X_t(당기\ 실적치)}{n}$

• $M_t = \dfrac{(50+53+60+64+68)}{5} = 59$

---

4) 지수 평활법

① 이동 평균법의 단점을 보완한 방법으로 이동 평균법과 유사한 방법이다.

② 과거의 실적치를 최근에 가까운 실적치에 상대적으로 큰 비중을 두어 수요를 예측하는 기법이다.

(4) 손익분기점(BEP)

일정기간 매출과 총비용이 균형을 이루어 이익과 손실이 발생하지 않는 시점을 말한다.

1) 고정비(Fixed cost)
① 고정적으로 발생하는 비용
② 고정비 = 가격 × 한계 이익률 × 생산량
③ 임금, 세금, 고장 수리비, 감가상각비 등

2) 변동비(Variable Cost)
① 생산량이나 판매량에 따라 변동하는 비율
② 직접재료비, 직접노무비, 소모품비 등

3) 손익분기점 산출 ⚡⚡🖊

① 한계이익률 $= \dfrac{\text{매상고} - \text{변동비}}{\text{매상고}} = \left(1 - \dfrac{\text{변동비}}{\text{매상고}}\right)$

② 손익분기점$(BEP) = \dfrac{\text{고정비}}{\text{한계 이익률}} = \dfrac{\text{고정비}}{\left(1 - \dfrac{\text{변동비}}{\text{매상고}}\right)}$

Chapter 3 작업관리

01 작업관리

(1) 작업관리 절차
① 문제발견 → ② 현상분석 → ③ 중요도 발견 → ④ 개선안 검토 → ⑤ 개선안 시행 → ⑥표준작업 설정

(2) 작업방법 개선 적용 기본 4원칙
① 배제 ② 결합 ③ 재배열(교환) ④단순화(간소화)

(3) 생산성
① 생산 요소가 생산 활동에 얼마나 중요하게 사용되었는지를 나타내는 척도이다.
② 입력 : 자본, 원료, 노동력, 설비 등 생산 요소에 투입량(비용)
③ 출력 : 생산 결과 나타난 산출량(비용)
④ 생산성이란 입력을 최소로, 출력은 최대가 되는 것이다.

$$\therefore \ 생산성 = \frac{QutPut}{Put}$$

02 작업관리 분석

(1) 공정분석
1) 제품 공정분석
① 원재료가 제품화되는 과정을 분석·기록하기 위한 공정이다.

2) 사무 공정분석
① 업무현황이나 정보를 기록·분석하거나 발송·보관하는 일의 공정이다.

3) 작업자 공정분석
① 작업자가 한 장소에서 다른 장소로 이동하면서 수행하는 일련의 행위를 분석하는 공정이다.

4) 작업 공정도
① 원재료와 부품이 공정에 투입되는 시점 및 모든 작업과 검사의 계열을 표현하는 도표

5) 흐름(유통) 공정도(Flow Process Chart)
① 대상 프로세스에 포함되어 있는 모든 작업 운반(⇒), 검사(□), 지연(D), 저장(▽)의

계열을 기호도 표시하고 소요시간, 이동거리 등의 분석에 필요한 정보를 기술한 도표

② 작업개선의 적용 원칙

　　•레이아웃의 원칙　　•자재 운반 및 취급의 원칙　　•동작 경제의 원칙

③ 배치의 원칙

　　•총합의 원칙　　•단거리 원칙　　•유동의 원칙　　•입체의 원칙

④ 작업개선과 배치원칙에 의한 효과

　　•설비 투자를 최소화 할 수 있다.

　　•작업자의 노동 강도를 평준화 할 수 있다.

　　•입체적, 짧은 거리 배치로 이동거리를 감소시킬 수 있다.

6) 공정도 분류 ⚡⚡

① ASME(American Society of Mechanical Engineers)에서 정하는 정의이다.

② 기호표

공정	공정기호	내용
운반	⇒	제품 위치에 변화(이송, 운송, 반송 등)를 주는 과정
흐름선	|	요소 공정의 순서 표기
방향조절	S	작업방향의 조절
방향변경	U	변경
주의	P	주의
정체	D	가공이나 운반 중 대기 또는 임시 정체
저장 ⚡⚡	▽	저장하고 있는 과정
가공	○	물리적, 화학적 변화를 일으키는 상태의 과정
검사	□	합격, 불합격을 판단하는 과정
구분	⋁⋁⋁⋁	공정계열에서 관리상 구분 표기
생략	÷	공정계열에서 일부분의 생략 표기
공정도 생략	÷	
질 중심의 양 검사	◇	품질검사 위주의 수량 검사
양 중심의 질 검사	◇	수량검사 위주의 품질 검사
가공하면서 양 검사	⊡	가공 위주의 수량 검사
가공하면서 운반	⊖	가공 위주의 운반도 포함

작업중 일시대기	✡	
공정간 대기	▽	
폐기	✳	

(2) 작업분석

1) 작업분석

① 작업자가 수행하는 내용을 작업 분석표나 다중 활동표를 이용하여 그 작업내용을 개선하고자 활용한다.

2) 여유시간

① 정미시간 이외의 불규칙적, 우발적으로 발생하는 평균시간을 조사, 측정하여 부가하는 시간

3) 피로 여유의 평가

$$합계 여유율 = (A+B) \times C + D$$

여기서, A : 육체적 노력에 대한 여유율, B : 정신적 노력에 대한 여유율, C : 유휴(Idel) 시간에 대한 회복계수, D : 단조감에 대한 여유

(3) 반즈(Ralph M. Barnes)의 동작 경제 3원칙

반즈의 동작 경제 3원칙은 작업동작을 최적화, 최소화시키기 위한 원칙이다.

1) 신체사용에 관한 원칙

① 가능한 관성을 이용하여 작업한다.

② 손 동작은 부드럽게 연속동작이 되도록 한다.

③ 양손 동작은 동시에 시작하고, 동시에 끝내도록 한다.

④ 휴식시간 이외에는 양손을 동시에 쉬지 않도록 한다.

⑤ 양팔 동작은 반대 방향으로, 대칭으로 동시에 행하도록 한다.

⑥ 손과 몸 동작은 일에 만족스럽게, 가장 단순한 동작에 한정되도록 한다.

2) 작업장 배치에 관한 원칙 ⚡⚡⚡

① 모든 공구와 재료는 자기 위치에 있도록 한다.

② 공구, 재료, 제어장치는 사용 위치에 가깝게 배치하도록 한다.

③ 가능하면 낙하식 운반 방법을 사용한다.

④ 작업면이 잘 보이는 적절한 조명을 한다.

3) 공구나 설비의 설계에 관한 원칙

① 공구와 자재는 사용하기 쉽게 미리 배치한다.

② 공구의 기능을 결합해서 사용하도록 한다.

03 작업측정

(1) 작업 측정의 목적 ⚡⬦⬦

① 과업의 관리

② 작업 시스템 개선

③ 작업 시스템의 설계(표준시간 설정)

(2) 표준시간 : 부과된 작업을 올바르게 수행하는데 소요된 시간이다.

1) 표준시간 ⚡⬦⬦

① 표준시간＝정미시간 ＋ 여유시간

② 정미시간 : 작업 수행에 직접 필요한 시간

③ 여유시간 : 작업의 지연, 기계 고장, 재료 부족, 인적(생리적 용구, 피로)요소 등으로 소요되는 시간

- 수정 정미시간＝표준시간＝관측시간 $\times \dfrac{\text{평정치}}{\text{정상 작업 페이스}}$

- 표준작업시간＝정미시간＋여유시간＋준비작업시간

2) 외경법

① 여유율을 정미시간을 기준으로 산정하는 방식(국제기준)

② 표준시간＝정미시간×(1＋여유율)

3) 내경법 ⚡⚡⚡

① 여유율을 근무시간 기준으로 산정하는 방식

② 표준시간＝정미시간× $\dfrac{1}{(1-\text{여유율})}$

4) 스톱워치(Stop Watch) 법 ⚡⚡⬦

① 스톱워치를 사용하여 표준시간 측정하는 직접 관찰 방법이다.

② 짧은 반복주기(사이클성)를 가지고 있는 작업에 적합하다.

③ 스톱 워치의 시간 단위 : $\dfrac{1}{100분}=1DM$

④ 작업요소가 반복으로 나타나는 작업(계속시간 관측법, 반복시간 관측법, 누적법, 순

환법)이 있다.

⑤ 직접 관찰과 소요시간 측정값으로 표준 시간을 결정한다.

5) 워크샘플링(WS, Work Sampling) 법 ✓✗✗

① 영국의 통계학자 L.H.C Tippet가 가동률 조사를 위해 창안한 것이다.

② 일명 스냅리딩(Snap Reading)이라 불린다.

③ 워크샘플링의 특징

- 작업자의 행동, 기계의 가동상태 등 데이터를 기초로 통계적 수법으로 분석 활용한다.
- 관측대상을 무작위로 선정하여 일정 시간 관측한다.
- 관측방법이 간단하여 소요경비가 적다.
- 세밀한 과정이나 작업방법의 시간적 관측이 어렵다.
- 사이클이 긴 작업에 적합하다.

6) PTS(Predetermined Time Standard)법 ✓✓✗

① 모든 작업을 기본 동작으로 분석하고, 각 동작의 기초 시간치를 사용하여 기본동작의 소요 시간을 구하고, 이를 집계하여 정미시간을 구하는 간접 관찰법이다.

② 짧은 사이클 작업에 최적으로 적용된다.

    • MTM • WF • TA • BMT • DMT • MODAPTS

③ MTM(Method Time Measurement)법 ✓✗✗

- 기본 동작의 성질과 조건에 따라 미리 정해진 시간을 적용하여 정미시간을 구한다.
- 1 TMU=0.00001시간, 1시간=10^5TMU
- 1 MTM=0.036초=0.0006분=0.00001시간=$\dfrac{1}{100,000}$시간

④ WF(Work Factor)법

- 표준시간 설정을 위해 정밀 계측 시계를 이용하여 극소 동작에 대한 상세 데이터를 취하여 분석하는 방법이다.
- 1 WFU=0.006초=0.0001분=0.0000017시간=1.7×10^{-6}시간
- WF 동작시간 표준=기초동작+WF 시간지수 (중량, 저항, 동작의 곤란성)
- WF법의 주요 변수
  - 신체사용 부위, 이동거리, 취급중량 또는 저항, 인위적 조건 등

04 ┌ 설비 보전

(1) 보전의 개념
1) 정의
- ① 기계설비의 장기간 사용에 따른 부식, 노후화, 마모 등 열화가 발생하는 것을 지연시
  켜 효율을 극대화시키는 활동이다.

2) 예방보전의 효과 ⚡⚡⚡
- ① 설비의 성능 저하 방지
- ② 설비의 고장 및 사고 미연방지
- ③ 설비의 성능을 표준 이상으로 보전하여 신뢰도 향상

(2) 설비 보전의 종류 ⚡⚡⚡
1) 보전예방(MP)
- ① 설비를 새롭게 계획·설계하는 단계에서 보정 정보나 새로운 기술을 채택하는 예방법
- ② 신뢰성, 보전성, 경제성, 조작성, 안정성 등을 고려, 보전비나 열화 손실을 적게 하는
  활동

2) 예방보전(PM ; Productive Maintenance)
- ① 설비의 정기점검 및 검사, 조기 수리를 하여 설비의 성능 저하 및 사고를 미연에 방
  지하는 보전활동
- ② 시간 기준 보전방식(TBM) : 기간, 시간을 주기로 보수 및 정비를 실시하는 보전방법
- ③ 상태 기준 보전방법(CBM) : 열화 정도가 미리 정한 열화기준 도달 시 보수 보전방법

3) 사후보전(BM)
- ① 설비의 고장이나 결함이 발생한 후에 이를 수리 보수하여 회복시키는 보전활동
- ② 설비의 열화정도가 수리한계를 넘어간 경우에 사용하는 보전방법
- ③ 사후 수리가 비용이 적게 드는 설비에 적용한다.

4) 개량보전(CM)
- ① 수명연장이나 수리시간 단축, 비용 절감을 위한 대책으로 설비의 부품 개선, 설비의
  설계변경 등으로 설비 자체의 체질 개선을 꾀하는 보정방식
- ② 수명이 짧고 고장빈도가 높으며 수리비가 많이 발생하는 설비에 적용한다.

(3) 조직에 따른 보전
1) 지역보전(Area Maintenance) ⚡⚡⚡
- ① 특정 지역별로 보전 조직 구성이다.
- ② 조업요원과 지역 보전요원과의 관계가 밀접해진다.

③ 보전요원이 현장에 있으므로 생산 본위가 되며 생산의욕을 가진다.

④ 같은 사람이 같은 설비를 담당하므로 설비를 잘 알며 충분한 서비스를 할 수 있다.

⑤ 보전조직이 각 지역별로 조직되어 있어 현장 왕복 시간이 단축된다.

2) 부문보전

① 제조부분 부분별 감독자 밑에 보전 조직을 구성이다.

② 보전 작업자는 조직상 각 제조부분의 감독자를 밑에 둔다.

③ 운전자와 일체감 및 현장감독의 용이성이 있다.

④ 생산 우선에 의한 보전작업이 경시되고 보전 기술향상의 곤란성이 존재한다.

3) 집중보전

① 모든 보전 조직을 1인의 관리자 밑에 조직을 구성한다.

② 1인 관리자가 집중 관리하는 방식이다.

4) 절충보전

(지역보전＋집중보전), (부문보전＋집중보전)으로 각 장점을 살리고, 단점을 보완하는 절충 조직이다.

(4) 설비 열화

물리적 열화	시간 경과에 따른 설비 노후화로 기능 저하형의 열화
기능적 열화	기능적 저하가 별로 없는 상태에서 조업이 정지되는 기능 정지형
기술적 열화	새로운 설비 도입 시 구 설비의 상대적 또는 절대적 열화
화폐적 열화	새로운 설비의 구입을 위한 구설비와 가격차

기출 및
예상문제

1회 기출 및 예상문제

한국전기설비규정 제정 내용을 중심으로 과년도 기출문제를 복원하여 수록하였음

01 $v=100\sqrt{2}\sin\left(wt+\dfrac{\pi}{6}\right)$[V]를 복소수로 표시하면?

① $50\sqrt{3}+j50$

② $50\sqrt{3}+j50\sqrt{3}$

③ $50+j50\sqrt{3}$

④ $50+j50$

해설

• $V=100(\cos30°+j\sin30°)=50\sqrt{3}+j50$[V]

02 동기 전동기는 유도 전동기에 비하여 어떤 장점이 있는가?

① 구조가 간단하다.

② 속도를 자유롭게 제어할 수 있다.

③ 기동특성이 양호하다.

④ 역률을 1로 운전할 수 있다.

해설

• 부하 변화에 대해 속도가 불변이다.

• 역률을 임의적으로 조정할 수 있다.

• 공급전압의 변화에 대한 토크 변화가 적다.

03 그림과 같은 DTL 게이트의 출력 논리식은?

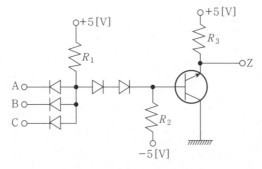

① $Z=\overline{A}\,\overline{B}\overline{C}$

② $Z=\overline{A+B+C}$

③ $Z=A+B+C$

④ $Z=ABC$

해설

• AND와 NOT 회로의 직렬 연결회로이므로 $NAND$회로이다.

• 출력 Z는 입력 A,B,C 중 하나라도 0이면, 출력은 1이 된다.

• $Z=\overline{A}\,\overline{B}\overline{C}$이다.

04 게르게스현상은 다음 중 어느 기기에서 일어나는 현상인가?

① 단상 유도 전동기
② 직류 직권 전동기
③ 3상 농형 유도 전동기
④ 3상 권선형 유도전동기

해설

유도 전동기의 이상 현상

- 게르게스(Grges) 현상 : 3상 권선형 유도 전동기 1차는 3상, 2차는 단상일 때 동기속도의 $\frac{1}{2}$ 되는 점에서 차동기 토크가 발생하여 정격속도의 $\frac{1}{2}$ 이상의 속도로 가속되지 않는 현상이다.
- 크로우링(Crawling) 현상 : 소형 농형 유도전동기가 낮은 속도에서 운전시 자속 분포가 고조파에 의한 (−)가 겹쳐 회전자가 가속되지 않아 과대전류가 흘러 전기자 코일이 소손되는 현상이다

05 저압 인입선으로 수직 배관 시 비의 침입을 막는 금속공사의 재료는 다음 중 어느 것인가?

① 유니온 캡
② 와이어 캡
③ 엔트런스 캡
④ 유니버셜 캡

해설

- 엔트런스 캡은 저압 옥내배관의 인출구 끝단에 설치하여 옥외의 빗물 유입을 방지하는데 사용한다.

06 2중 농형 유도전동기가 보통 농형전동기에 비하여 다른점은?

① 기동전류가 작고, 기동토크도 작다.
② 기동전류는 크고, 기동토크도 적다.
③ 기동전류가 크고, 기동토크도 크다.
④ 기동전류는 작고, 기동토크는 크다.

해설

2중 농형 유도 전동기의 특징

- 2중 농형 유도 전동기는 회전자의 농형권선을 내외 2중으로 설치한 것이다.
- 기동 시에는 저항이 높은 외측 도체(합금)로 흐르는 전류로 큰 기동 토크를 얻는다.
- 기동 후에는 저항이 적은 내측 도체(동)로 전류가 흘러 우수한 운전특성을 갖는다.
- 보통 농형 전동기에 비해 기동전류는 작고 기동토크는 크다.

07 그림과 같은 회로에 입력 전압 220[V]를 가할 때 30[Ω] 저항에 흐르는 전류[A]는?

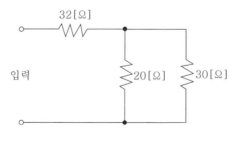

① 2
② 2.5
③ 3.4
④ 4.5

해설

- 합성저항 $R_0 = 32 + \dfrac{20 \times 30}{20 + 30} = 44[\Omega]$

- 30[Ω]에 흐르는 전류 $I_2 = \dfrac{220}{44} \times \dfrac{20}{20 + 30} = 2[A]$

08 다음 중 바리스터(Variter)의 주된 용도는?

① 서지전압에 대한 보호 회로용   ② 과전류 방지용

③ 전압 증폭용   ④ 출력전류 조정용

• 바리스터는 저항값이 전압에 비직선적으로 변화하는 성질의 소자이다.
• 피뢰기, 변압기 및 코일 등의 과전압보호, 스위치 및 계전기 접점 불꽃 소거 등에 사용

09 다음 사이리스터 중 순방향 전압에서 양(+)의 전류에 의하여 턴-온 시킬수 있고, 음(−)의 전류로 턴-오프 할 수 있는 것은?

① GTO   ② FET   ③ UJT   ④ SCR

• GTO는 자기소호 소자이다.
• 양(+)의 전류 : 턴-온,
• 음(−)의 전류 : 턴-오프

10 유기기전력 110[V], 단자전압 100[V]인 5[kW] 분권발전기의 계자저항이 50[Ω]이라면 전기자저항은 약 몇 [Ω]인가?

① 0.17   ② 0.19   ③ 0.38   ④ 1.76

• $I = \dfrac{P}{V} = \dfrac{5,000}{100} = 50$[A],

• $I_a = \dfrac{V}{R_f} = \dfrac{100}{50} = 2$[A]

• $R_a = \dfrac{E-V}{I_a} = \dfrac{110-100}{50+2} ≒ 0.19$[Ω]

11 저압 옥상전선로를 전개된 장소에 시설하고자 할 때 다음 중 옳지 않은 것은?

① 전선은 상시 부는 바람 등에 의하여 식물에 접촉하지 아니하도록 시설하여야 한다.

② 전선은 인장강도 2.3[kN] 이상의 것 또는 지름 2.6[mm]의 경동선을 사용한다.

③ 전선과 그 저압 옥상전선로를 시설하는 조영재와의 이격거리는 1.5[m] 이상으로 한다.

④ 전선은 조영재에 견고하게 붙인 지지대에 절연성, 난연성 및 내수성이 있는 애자를 사용하여 지지하고 또한 그 지지점간의 거리는 15[m] 이하로 한다.

• 전선은 절연전선으로 인장강도 2.3[kN] 이상, 지름 2.6[mm] 이상의 경동선 사용
• 전선은 조영재에 견고하게 붙인 지지주 또는 지지대에 절연성, 난연성 및 내수성이 있는 애자를 사용하여 지지하고 또한 그 지지점간의 거리는 15[m] 이하일 것
• 전선과 그 저압 옥상전선로를 시설하는 조영재와의 이격거리는 2[m]

정답   08 ①   09 ①   10 ②   11 ③

12 저항정류의 역할을 하는 것은?

① 리액턴스 코일　　② 보극　　③ 보상권선　　④ 탄소 브릿지

해설

정류의 개선대책
- 저항정류 : (탄소브러시) 접촉저항이 큰 브러시를 사용한다.
- 전압정류 : 보극설치한다.
- 정류 주기를 길게 조정하여 리액턴스 전압을 줄인다.

13 3,300[V], 60[Hz]용 변압기의 와류손이 620[W]이다. 이 변압기를 2,650[V] 50[Hz]의 주파수에 사용할 때 와류손은 약 몇 [W]인가?

① 300　　② 400　　③ 500　　④ 600

해설

- $P_e \propto E^2$
- $3,300^2 : 620 = 2,650^2 : x$, $x = \dfrac{2,650^2 \times 620}{3,300^2} \fallingdotseq 400[\text{W}]$

14 동기 발전기에서 부하가 갑자기 변화할 때 발전기의 회전속도가 동기속도 부근에서 진동하는 현상을 무엇이라 하는가?

① 탈조　　② 복조　　③ 난조　　④ 이탈

해설

난조 발생 원인과 대책
- 현상 : 부하급변 시 진동주기가 동기기 고유 진동에 가까워지면 공진작용으로 진동이 계속 증대되는 현상
- 고조파가 포함된 경우 : 고조파 제거(분포권, 단절권, Y결선)
- 관성모멘트가 작은 경우 : 제동권선 설치(가장효과), 플라이휠 부착(관성모멘트 크게)
- 부하급변으로 인한 조속기가 너무 예민한 경우 : 조속기의 성능을 예민하지 않게 조정

15 단상 유도전압조정기의 동작 원리 중 가장 적당한 것은?

① 교번자계의 전자유도 작용을 이용한다.

② 충전된 두 물체 사이에 작용하는 힘을 이용한다.

③ 두 전류 사이에 작용하는 힘을 이용한다.

④ 회전자계에 의한 유도작용을 이용하여 2차 전압의 위상, 전압조정에 따라 변화한다.

해설

단상 유도전압조정기(단권변압기 원리−교번자계)
- 1차 권선 : 회전자 권선
- 2차 권선 : 고정자 권선
- 단권변압기처럼 1차 권선과 2차 권선을 공유하며 회전자를 이동하여 전압을 조정하는 기기이다.

정답　**12** ④　**13** ②　**14** ③　**15** ①

16 미국의 마틴 마리에타사(Martin Marietta co)에서 시작된 품질개선을 위한 동기부여 프로그램으로, 모든 작업자가 무결점을 목표로 설정하고, 처음부터 작업을 올바르게 수행함으로서 품질비용을 줄이기 위한 프로그램은 무엇인가?

① 6시그마 운동　　② TPM 활동　　③ ZD 운동　　④ ISO 9001 인증

ZD(Zero Defects) 운동
- 개별 종업원들에게 계획기능을 부여하는 자주 관리운동의 하나로 전개된 것이다.
- 종업원들의 주의와 연구를 통해 작업상 발생하는 모든 결함을 없애는 것이다.

17 이상적인 전압 전류원에 관하여 옳은 것은?

① 전압원의 내부저항은 일정하고, 전류원의 내부저항은 일정하지 않다.

② 전압원의 내부저항은 0이고, 전류원의 내부저항은 ∞이다.

③ 전압원의 내부저항은 ∞이고, 전류원의 내부저항은 0이다.

④ 전압원, 전류원의 내부저항은 흐르는 전류에 따라 변한다.

- 이상적인 전압원의 내부저항은 0이고, 전류원의 내부저항은 ∞로 가정한다.

18 전선의 접속법에서 두 개 이상의 전선을 병렬로 시설하여 사용하는 경우에 대한 사항으로 옳지 않는 것은?

① 교류회로에서 병렬로 사용하는 전선은 금속관 안에 전자적 불평형이 생기지 않도록 할 것

② 같은 극의 각 전선은 동일한 터미널 러그에 완전히 접속할 것

③ 병렬로 사용하는 각 전선에는 각각에 퓨즈를 설치할 것

④ 병렬로 사용하는 전선의 각 전선의 굵기는 동선 50[mm²] 이상으로 하고, 전선은 같은 도체, 재료, 길이, 굵기의 것을 사용할 것

전선을 병렬로 사용하는 경우 시설기준
- 병렬로 사용하는 전선의 각 전선의 굵기는 동선 50[mm²] 이상, 알루미늄 70[mm²] 이상으로 하고, 전선은 같은 도체, 재료, 길이, 굵기의 것을 사용할 것
- 같은 극의 각 전선은 동일한 터미널러그에 완전히 접속할 것
- 병렬로 사용하는 각 전선에는 각각에 퓨즈를 설치하지 않을 것
- 교류회로에서 병렬로 사용하는 전선은 금속관 안에 전자적 불평형이 생기지 않도록 할 것
- 같은 극인 각 전선의 터미널러그는 동일한 도체에 2개 이상의 리벳 또는 2개 이상의 나사로 접속할 것

19 45는 10진수이다. 이를 2진수로 변환한다면?

① 101101　　　② 100110　　　③ 110101　　　④ 110010

해설

```
2 | 45    나머지수
2 | 22    .....1
2 | 11    .....0
2 | 5     .....1    ↑
2 | 2     .....1    ↑
    1  →  ....0    ↑
```

20 과전류 차단기로 저압전로에 사용하는 퓨즈를 수평으로 붙인 경우, 정격전류와 1.1배의 전류에 견디어야 한다. 퓨즈의 정격전류가 30[A]를 넘고 60[A] 이하일 때 2배의 전류를 통한 경우 용단은 몇 분 이내어야 하는가?

① 2분　　　② 4분　　　③ 6분　　　④ 8분

해설

저압전로
- 정격전류의 1배에 견딜 것
- 정격전류가 30[A] 이하 : 1.6배 120분, 2배 2분
- 정격전류가 30[A] 초과 60[A] : 1.6배 60분, 2배 4분

21 1,200[lm]의 광속 전등 10개를 120[m²]의 사무실에 설치한다. 조명률이 0.5이고 감광보상률이 1.5이면 이 사무실의 평균조도[Lx]는?

① 8.1　　　② 16.2　　　③ 33.3　　　④ 66.6

해설

- 광속 $F=\dfrac{EAD}{UN}$ 에서,
- $E=\dfrac{1,200\times10\times0.5}{120\times1.5}≒33.33[lx]$

22 변압기의 온도상승 시험을 하는데 가장 좋은 방법은?

① 충격전압시험　　　② 내전압법　　　③ 실부하법　　　④ 반환부하법

변압기 온도시험

(1) 실부하법
- 변압기에 전부하를 걸어서 온도가 올라가는 상태를 시험하는 방법이다.
- 전력이 많이 소비되어, 소형기에서만 적용한다.

(2) 반환부하법
- 온도가 원인이 되는 철손과 구리손만 공급하여 시험하는 방법이다.
- 전력을 소비하지 않는다.

(3) 등가부하법
- 변압기의 권선 하나를 단락하고 시험하는 방법으로 단락시험법이다.
- 전손실에 해당하는 부하 손실을 공급해서 온도상승을 측정한다.

23 단면적 $S[\text{m}^2]$, 길이 $l[\text{m}]$, 투자율 $\mu[\text{H/m}]$의 자기회로에 N회의 코일을 감고 1[A]의 전류를 통할 때, 자기회로의 옴의 법칙을 옳게 표현하면?

① $B = \dfrac{\mu S}{N^2 I l}[\text{Wb/m}^2]$　　　　　② $B = \dfrac{\mu S N^2 I}{l}[\text{Wb/m}^2]$

③ $\phi = \dfrac{\mu S N I}{l}[\text{Wb}]$　　　　　　④ $\phi = \dfrac{\mu S I}{N l}[\text{Wb}]$

- 자계의 세기 $Hl = NI$, $H = \dfrac{NI}{l}$ 이므로, 자속 $\phi = BS = \mu HS = \dfrac{\mu S N I}{l}[\text{Wb}]$이다.

24 어떤 정현파 전압의 평균값이 110[V]이면 실효값은 약 몇 [V]인가?

① 240　　　　　② 191　　　　　③122　　　　　④ 110

- 최대값과 평균값이 $V_m = \sqrt{2}V$, $V_{av} = \dfrac{2}{\pi}V_m$ 이므로,
- 실효값 $V = \dfrac{\pi}{2\sqrt{2}}V_{av} = \dfrac{\pi}{2\sqrt{2}} \times 110 = 122[\text{V}]$

25 네온관용 전선 표기가 15kV $N-EV$ 일 때 E는 무엇을 의미하는가?

① 네온전선　　　　　② 비닐　　　　　③ 클로로프렌　　　　　④ 폴리에틸렌

15 kV N–EV의 표기는 "15[kV] 폴리에틸렌 비닐 네온 전선"이다.
- N : 네온 전선　　　• E : 폴리에틸렌　　　• V : 비닐

정답　**22** ④ **23** ③ **24** ③ **25** ④

26 PN 접합 다이오드에 공핍층이 생기는 경우는?

① 다수 반송파가 많이 모여 있는 순간에 생긴다.

② 전압을 가하지 않을 때 생긴다.

③ 음(−)전압을 가할 때 생긴다.

④ 전자와 정공의 확산에 의하여 생긴다.

해설

• PN 접합 반도체는 정상상태에서는 그 접합면과 같이 캐리어가 존재하지 않는 영역을 가지고 있는 지역을 공핍층이라 한다.
• PN 접합 반도체 양단에 역전압을 가하면 접합부에 대하여 반대측 양단에 캐리어가 모여 공핍층은 더욱 커진다.
• PN 접합이 형성되는 순간 N영역 일부전자가 접합면을 넘어 P영역으로 확산되며, 이들 전자는 접합 근처의 정공과 결합하게 된다.

27 모든 전기 장치에 접지시키는 근본적인 이유는?

① 편의상 지면을 영전위로 보기 때문이다.

② 지구는 전류를 잘 통하기 때문이다.

③ 영상전하를 이용하기 때문이다.

④ 지구의 정전용량이 커서 전위가 거의 일정하기 때문이다.

해설

• 전기장치를 지면에 접지하는 이유는 지구의 정전용량이 커서 전위가 거의 일정하기 때문이다.

28 그림은 어떤 전력용 반도체의 특성 곡선인가?

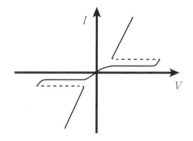

① SSS ② FET ③ GTO ④ UJT

해설

SSS의 특징

• 5층의 PN 접합을 갖는 양방향성 사이리스터로 역저지 3단자 사이리스터를 역병렬 접속한 구조이다.
• 게이트 단자가 없는 소자이고, SCR과 같이 과전압이 걸려도 파괴되지 않고 턴온된다.
• 과전압이 걸리기 쉬운 옥외용 네온사인의 조광 등에 적합하다.

정답 **26** ④ **27** ④ **28** ①

29 논리식 $F=\overline{A}\,\overline{B}C+\overline{A}B\overline{C}+A\overline{B}C+AB\overline{C}$를 간소화한 것은?

① $F=\overline{A}C+A\overline{C}$ 　　　　　　② $F=\overline{A}B+B\overline{C}$

③ $F=\overline{A}B+A\overline{B}$ 　　　　　　④ $F=\overline{B}C+B\overline{C}$

해설

• 카르노도표 논리식을 간소화하면 $F=\overline{B}C+B\overline{C}$이다.

A＼BC	00	01	11	10
0	0	1	0	1
1	0	1	0	1

30 다음은 3상 전압형 인버터를 이용한 전동기 운전회로의 일부이다. 회로에서 트랜지스터의 기본적인 역할로 가장 적당한 것은?

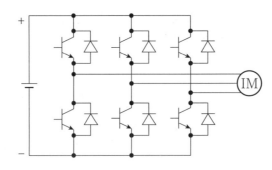

① 정류작용　　　② ON-OFF　　　③ 전류증폭　　　④ 전압증폭

해설

• 3상 전압형 인버터회로이다.
• TR을 순서대로 ON-OFF하여 교류로 변환하여 3상 유도전동기를 운전할 수 있다.

31 직류용 직권전동기를 교류에 사용할 때 여러 가지 어려움이 발생되는데, 다음 중 교류용 단상 직권전동기에서 강구할 대책으로 옳은 것은?

① 원통형 고정자를 사용한다.

② 브러시는 접촉저항이 적은 것을 사용한다.

③ 전기자 반작용을 적게 하기 위해 전기자 권수를 증가시킨다.

④ 계자권선의 권수를 크게 한다.

해설

• 계자 및 전기자 권선의 리액턴스에 의한 역률 저하를 방지하기 위해 계자권선을 줄여 약계자로 한다.
• 고정자 권선에 보상권선을 설치하여 전기자 반작용을 보상한다.
• 전기자 권선수를 증가시켜 필요한 토크를 발생하게 하는 강전기자형으로 한다.

정답　29 ④　30 ②　31 ①

32 콘덴서 기동형 단상 유도전동기의 설명으로 옳은 것은?

① 콘덴서를 주 권선에 병렬 연결한다.

② 콘덴서를 기동권선에 직렬 연결한다.

③ 콘덴서를 기동권선에 병렬 연결한다.

④ 콘덴서는 운전권선과 기동권선을 구별 없이 연결한다.

해설
- 콘덴서 기동형은 기동권선에 콘덴서를 넣고, 권선에 흐르는 기동전류를 진상전류로 하여, 운전권선에 흐르는 전류와 위상차를 갖도록한 것이다.
- 기동 후에는 원심력 스위치에 의해서 개방되는 구조이다.
- 가정용 소형 단상 전동기로 주로 사용한다.

33 저압 전선로 중 절연부분의 전선과 대지 사이의 절연저항은 사용전압에 대한 누설전류가 최대 공급전류의 얼마를 넘지 않도록 하여야 하는가?

① $\dfrac{1}{1,500}$ ② $\dfrac{1}{2,000}$ ③ $\dfrac{1}{2,500}$ ④ $\dfrac{1}{3,000}$

해설
- 절연부분의 전선과 대지 사이의 절연저항은 사용전압에 대한 누설전류가 최대 공급전류의 $\dfrac{1}{2,000}$ 을 초과하지 않도록 해야 한다.

34 지중 전선로 및 지중함의 시설방식 등의 기준에 대한 설명으로 틀린 것은?

① 지중 전선로는 전선에 케이블을 사용할 것

② 지중함 뚜껑은 시설자 이외의 자가 쉽게 열 수 없도록 시설할 것

③ 지중전선로는 관로식, 암거식 또는 직접 매설식에 의하여 시설할 것

④ 폭발성 또는 연소성의 가스가 침입할 우려가 있는 곳에 시설하는 지중함으로서 그 크기가 0.5[m²] 이상인 것은 통풍장치를 설치할 것

해설
지중함의 시설기준
- 견고하고 차량 기타의 중량물의 압력에 견디는 구조일 것
- 그 안의 고인 물을 제거할 수 있는 구조일 것
- 폭발성 또는 연소성의 가스가 침입할 우려가 있는 곳에 시설하는 지중함으로서 그 크기가 1[m³] 이상인 것은 통풍장치를 설치할 것
- 지중함 뚜껑은 시설자 이외의 자가 쉽게 열 수 없도록 시설할 것

정답 32 ② 33 ② 34 ④

35 정격전류가 40[A]인 3상 220[V] 전동기가 직접 전로에 접속되는 경우 전로의 전선은 약 몇 [A] 이상의 허용전류를 갖는 것으로 하여야 하는가?

① 50　　　　　　② 66　　　　　　③ 75　　　　　　④ 90

전동기 부하 간선의 허용전류 배수
- 전동기 합계 전류가 50[A] 이하인 경우 : 1.25배
- 전동기 합계 전류가 50[A] 초과인 경우 : 1.1배

36 3상 유도전동기의 동기속도 N_S와 극수 P의 관계는?

① $N_S \propto P^2$　　　　② $N_S \propto \sqrt{P}$　　　　③ $N_S \propto P$　　　　④ $N_S \propto \dfrac{1}{P}$

- 동기속도 $N_S = \dfrac{120f}{P}$ [rpm]이다.

37 누설변압기의 가장 큰 특징은 어느 것인가?

① 무부하손이 적다.　　　　　　② 역률이 좋다.
③ 단락전류가 크다.　　　　　　④ 수하특성을 갖는다.

- 일정전류를 유지하기 위해 부하전류 증가에 따른 전압강하를 크게 하려고 리액턴스를 되도록 증가시키는 수하특성을 갖게 설계한 변압기이다.
- 누설자속으로 전압 변동률이 크고 역률이 매우 나쁘다.
- 네온관 점등용 변압기, 아크 용접용 변압기 등

38 평행판 콘덴서에서 전극 반지름이 30[cm]인 원판이고, 전극 간격이 0.1[cm]이며 유전체의 비유전율은 2이다. 이 콘덴서의 정전용량은 몇 [μF]인가?

① 0.005　　　　　② 0.01　　　　　③ 0.1　　　　　④ 1

- 정전용량 $C = \dfrac{\epsilon_0 \epsilon_s S}{d} = \dfrac{8.855 \times 10^{-12} \times 2 \times \pi \times (30 \times 10^{-2})^2}{0.1 \times 10^{-2}} = 0.005[\mu F]$

39 래칭전류(Latching Current)를 올바르게 설명한 것은?

① 유지전류보다 조금 낮은 전류값
② 사이리스터를 턴온시키는데 필요한 최소의 양극전류
③ 사이리스터를 온상태로 유지시키는데 필요한 게이트 전류
④ 사이리스터를 온상태로 스위칭 시킨 후의 애노드 순저지 전류

- 래칭전류는 SCR을 턴온 시키기 위한 최소한의 양극전류를 말한다.

40 논리회로의 출력함수가 뜻하는 논리게이트의 명칭은?

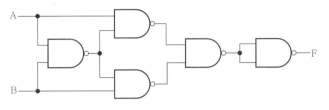

① EX-NOR   ② EX-OR   ③ NOR   ④ NAND

해설

• $F=\overline{(\overline{AAB})(\overline{BAB})}=(\overline{A}+AB)(\overline{B}+AB)=\overline{A}\,\overline{B}+\overline{A}AB+A\overline{B}B+AABB$

$=\overline{A}\,\overline{B}+AB$

$=A\odot B$

41 금속관 배선에서 관의 굴곡에 관한 사항이다. 금속관 굴곡개소가 많은 경우에는 어떻게 하는 것이 가장 바람직한가?

① 링리듀서를 사용한다.

② 덕트를 설치한다.

③ 풀박스를 설치한다.

④ 행거를 30[m] 간격으로 견고하게 지지한다.

해설

금속관 배선공사

• 아웃렛박스 사이 또는 전선 인입구를 가지는 기구 사이의 금속관은 3개소를 초과하는 직각 또는 직각에 가까운 굴곡개소를 만들면 안된다.

• 굴곡개소가 많은 경우 길이가 30[m]를 초과하는 경우에는 풀박스를 설치하는 것이 바람직하다.

42 벅 컨버터(Buck Converter)에 대한 설명으로 옳지 않는 것은?

① 벅 컨버터 출력단에는 보통 직류 성분은 통과시키고, 교류 성분을 차단하기 위한 LC저역통과 필터를 사용한다.

② 입력전압 (V_i)에 대한 출력전압 (V_0)의 비 $\left(\dfrac{V_0}{V_i}\right)$는 스위칭 주기(T)에 대한 스위치 온(ON) 시간(t_{on})의 비인 듀티비(시비율)로 나타낸다.

③ 직류 입력전압 대비 직류 출력전압의 크기를 낮출 때 사용하는 직류−직류 컨버터이다.

④ 벅 컨버터는 일반적으로 고주파 트랜스포머(변압기)를 사용하는 절연형 컨버터이다.

해설

• 벅 컨버터(Buck Converter)는 강압용 DC−DC컨버터이다.

• 출력단에는 직류 성분은 통과시키고, 교류 성분을 차단하기 위한 LC 저역통과 필터를 사용한다.

정답   40 ①   41 ③   42 ④

43 Boost 컨버터에서 입·출력 전압비 $\dfrac{V_0}{V_i}$ 는? (단, D는 시비율(Duty Cycle)이다.)

① D ② $1-D$ ③ $\dfrac{1}{D}$ ④ $\dfrac{1}{1-D}$

- Boost 컨버터는 승압용 컨버터이다.
- 전압비 $\dfrac{V_0}{V_i} = \dfrac{T}{T_{off}} = \dfrac{T}{T-T_{on}} = \dfrac{1}{1-D}$

44 2.5[mm²] 전선 5본과, 4.0[mm²] 전선 3본을 동일한 금속전선관(후강)에 넣어 시공할 경우 관 굵기 호칭은? (단, 피복절연물을 포함한 전선의 단면적은 표와 같으며, 절연전선을 금속관내에 넣을 경우의 보정계수는 2.0으로 한다.)

도체의 단면적[mm²]	절연체의 두께[mm]	전선의 총 단면적[mm²]
2.5	0.8	13
4.0	0.8	17

① 16   ② 22   ③ 28   ④ 36

- 굵기가 다른 전선을 동일관내에 넣는 경우 : 내 단면적의 32 [%] 이하
- 전선 총 단면적[mm²]=(13×5)+(17×3)=116×2(보정계수)=232[mm²]이므로 36[mm]로 선정

전선관 굵기[mm]	내단면적 32[%] [mm²]
16	67
28	201
36	342

- 관(36c) 단면적 $A = \dfrac{\pi D^2}{4} = \pi r^2 = \pi \times 18^2 = 1,017 \text{mm}^2$

45 지중 전선로 공사에서 케이블 포설 시 케이블 끝단에 설치하여 당길 수 있도록 하는데 사용하는 것은?

① 강철 인도선(Steel Wire)   ② 피시 테이프(Fish Tape)
③ 풀링 그립(Pulling Grip)   ④ 와이어 로프(Wire Rope)

- 풀링 그립은 고리가 없는 이중, 삼중 또는 단일로 엮은 아연도금 강철그물구조이다.
- 케이블 포설 시 윈치, 롤러, 풀링 아이, 풀링 그립 등의 도구를 사용한다.

정답   **43** ④   **44** ④   **45** ③

46 전선이나 케이블의 절연물에 손상없이 안전하게 흘릴 수 있는 최대 전류는?

① 허용전류　　　　② 안전전류　　　　③ 부하전류　　　　④ 상용전류

해설

• 전선의 단면적에 맞게 안전하게 흘릴 수 있는 전류한도

47 3상 변압기 병렬운전이 불가능한 결선은?

① $\triangle-Y$ 와 $Y-Y$

② $\triangle-Y$와 $Y-\triangle$

③ $Y-\triangle$ 와 $Y-\triangle$

④ $\triangle-\triangle$ 와 $Y-Y$

해설

• 병렬운전이 불가능한 결선 : $\triangle-Y$와 $Y-Y$, $\triangle-\triangle$와 $\triangle-Y$

48 일정통제를 할 때 1일당 그 작업을 단축하는데 소요되는 비용의 증가를 의미하는 것은?

① 비용 견적(Cost estimation)

② 정상 소요 시간(Normal Duration Time)

③ 총 비용(Total Cost)

④ 비용구배(Cost Slope)

해설

• 비용구배(Cost Slope)는 작업을 1일 단축할 때 추가되는 직접비용이다.

49 np 관리도에서 시료들의 시료수(n)는 100이고, 시료군의 수(k)는 20, $\sum np=77$이다. 이 조건으로 np 관리도의 관리 상한선(UCL)을 구하면 약 얼마인가?

① 0.385　　　　② 3.85　　　　③ 7.70　　　　④ 9.62

해설

• 불량개수 $np=\dfrac{\sum np}{k}=\dfrac{77}{20}=3.85$

• $\bar{P}=\dfrac{\sum np}{nk}=\dfrac{77}{100\times20}=0.0385$

• 관리 상한선(UCL) $n\bar{p}+3\sqrt{n\bar{p}(1-\bar{p})}=3.85+3\sqrt{3.85(1-0.0385)}=9.62$

50 동기 조상기를 부족여자로 운전하였을 때 나타나는 현상이 아닌 것은?

① 역률을 개선한다.

② 뒤진전류가 흐른다.

③ 리액터로 작용한다.

④ 자기여자에 의한 전압상승을 방지한다.

해설

동기 조상기 특징

• 전력계통의 전압조정과 역률 개선을 위해 계통에 병렬로 접속한 무부하의 동기 전동기이다.

• 과여자 운전 : 진상 무효전류가 증가하여 콘덴서로 작용, 역률 개선 및 전압 강하 감소

• 부족여자 운전 : 지상 무효전류가 증가, 리액터로 작용, 자기여자에 의한 전압 상승 방지

정답 **46** ① **47** ① **48** ④ **49** ④ **50** ①

51 다음 OC곡선을 보고 가장 올바른 내용을 나타낸 것은?

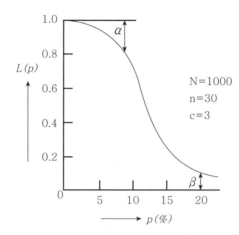

① α : 소비자 위험
② β : 생산자 위험
③ L(p) : 로트의 합격확률
④ 불량률 : 0.03

해설
- α : 합격하여야 할 로트를 불합격이라고 판정할 확률(생산자 위험)
- β : 불합격하여야 할 로트를 합격이라고 판정할 확률(소비자 위험)
- 가로축 : 부적합 확률 $P[\%]$
- 세로축 : 합격 확률 $L[p]$

52 MTM(Method Time Measurement)법에서 사용되는 1TMU(Time Measurement Uint)는 몇 시간인가?

① $\dfrac{6}{10,000}$시간
② $\dfrac{1}{10,000}$시간
③ $\dfrac{1}{100,000}$시간
④ $\dfrac{36}{1,000}$시간

해설
- 1 MTU=0.036초=0.0006분=0.00001시간
  $=\dfrac{1}{100,000}$시간

53 다음 중 단속 생산 시스템과 비교한 연속 생산 시스템의 특징으로 옳은 것은?
① 단위당 생산원가가 낮다.
② 생산설비는 범용 설비를 사용한다.
③ 생산방식은 주문 생산 방식이다.
④ 다품종 소량생산에 적합하다.

해설
- 단속 생산 시스템 : 범용설비를 사용하고 주문 생산 방식으로 다품종 소량 생산에 적합하다.
- 연속 생산 시스템 : 소품종 대량 생산에 적합하고, 단위당 생산원가가 낮다.

정답 51 ③ 52 ③ 53 ①

54 연료전지 및 태양전지 모듈의 절연내력 시험의 시험전압 및 방법으로 적당하지 않는 것은?

① 최대 사용전압의 1.5배의 직류전압 ② 최대 사용전압의 1배의 교류전압

③ 충전부분과 모듈 간에 시험전압을 가압 ④ 연속하여 10분간 가한다.

해설

한국전기설비규정 제134절

• 연료전지 및 태양전지 모듈은 최대사용전압의 1.5배의 직류전압 또는 1배의 교류전압을 충전부분과 대지 사이에 연속하여 10분간 가하여 절연내력을 시험하였을 때에 이에 견디는 것이어야 한다.

55 큰 고장전류가 접지도체를 통하여 흐르지 않을 경우 접지도체의 최소 단면적(구리)으로 맞는 것은?

① 6[mm²] 이상 ② 8[mm²] 이상

③ 16[mm²] 이상 ④ 50[mm²] 이상

해설

접지도체의 최소 단면적

• 큰 고장전류가 접지도체를 통하여 흐르지 않을 경우 : 구리 6[mm²] 이상, 철재 50[mm²] 이상

• 접지도체에 피뢰시스템이 접속되는 경우 : 구리 16[mm²] 이상, 철재 50[mm²] 이상

56 케이블 트레이를 지나는 상도체의 케이블 중 가장 굵은 케이블이 F-CV 240[mm²]일 경우 그 점에서의 보호도체의 최소 단면적으로 적당한 전선의 굵기는?

① 16[mm²] 이상 ② 35[mm²] 이상

③ 80[mm²] 이상 ④ 120[mm²] 이상

해설

보호도체의 최소 단면적

상도체의 단면적(S) (mm², 구리)	보호도체의 최소 단면적(S) (mm², 구리)
S≤16	S
16<S≤35	16
S>35	S/2

57 주 접지단자에 접속되는 도체의 명칭으로 틀리는 것은?

① 등전위 본딩도체 ② N 도체

③ PE 도체 ④ 기능성 접지 도체

해설

접지시스템은 주접지단자를 설치하고, 다음의 도체들을 접속하여야 한다.

• 등전위 본딩도체 • 접지도체 • 보호도체 • 기능성 접지도체

정답 54 ③ 55 ① 56 ④ 57 ②

58 20[kVA], 3,300/210[V] 변압기의 1차 환산 등가 임피던스가 6.2+j7[Ω]일 때 백분율 리액턴스강하는?

① 약 1.29[%]   ② 약 1.75[%]   ③ 약 8.29[%]   ④ 약 9.35[%]

해설

- 1차 정격전류 $I_1 = \dfrac{P}{V_1} = \dfrac{20,000}{3,300} = 6.06[A]$

- %리액턴스 강하 $q = \dfrac{I_1 X_{12}}{V_1} \times 100 = \dfrac{6.06 \times 7}{3,300} \times 100 = 1.29[\%]$

59 충전부 전체를 대지로부터 절연시키거나, 한 점을 임피던스를 통해 대지에 접속시키는 방식의 계통접지 방식은?

① TN−S 방식   ② TN−C 방식   ③ IT 방식   ④ TT 방식

해설

- IT 계통은 충전부 전체를 대지로부터 절연시키거나, 한 점을 임피던스를 통해 대지에 접속시킨다. 전기설비의 노출도전부를 단독 또는 일괄적으로 계통의 PE 도체에 접속시킨다. 배전계통에서 추가접지가 가능하다.

60 전선의 허용전류 결정에서 열 경화성물질인 가교폴리에틸렌(XLPE) 또는 에텔렌프로필렌고무혼합물(EPR) 전선의 최고 허용온도[℃]는?

① 70   ② 90   ③ 105   ④ 120

해설

- 70[℃](도체) : 열가소성 물질{염화비닐(PVC)}
- 70[℃](시스) : 무기물(열가소성 물질 피복 또는 나도체로 사람이 접촉할 우려가 있는 것)
- 90[℃](도체) : 열 경화성물질인 가교폴리에틸렌(XLPE) 또는 에텔렌프로필렌고무혼합물(EPR)
- 105(시스) : 무기물(사람의 접촉에 노출되지 않고, 가연성 물질과 접촉할 우려가 없는 나도체)

한국전기설비규정 제정 내용을 중심으로 과년도 기출문제를 복원하여 수록하였음

01 동기 발전기의 권선을 분포권으로 하면?

① 난조를 방지한다.

② 파형이 좋아진다.

③ 권선의 리액턴스가 커진다.

④ 집중권에 비하여 합성 유도 기전력이 높아진다.

해설

분포권 권선의 특징

• 고조파를 제거하여 기전력의 파형이 좋아진다.

• 권선의 누설 리액턴스가 감소하여 동손으로 인한 열이 고르게 분포되어 과열을 방지한다.

• 분포계수 만큼 합성 유도기전력이 감소한다.

02 단상 반파 위상제어 정류회로에서 220[V], 60[Hz]의 정현파 단상 교류 전압을 점호각 60°로 반파 정류하고자 한다. 순저항 부하시 평균 전압은 약 몇 [V]인가?

① 74   ② 84   ③ 94   ④ 104

해설

• $V_{dc} = 0.45V \left(\dfrac{1+\cos\alpha}{2} \right) = 0.45 \times 220 \left(\dfrac{1+\cos 60°}{2} \right)$

  $= 74.25[V]$

03 $\phi = \phi_m \sin wt$[Wb]인 정현파 자속이 권수 N인 코일과 쇄교할 때의 유기기전력의 위상은 자속에 비해 어떠한가?

① $\dfrac{\pi}{2}$ 만큼 느리다.   ② $\dfrac{\pi}{2}$ 만큼 빠르다.

③ 동위상이다.   ④ π 만큼 빠르다.

해설

• $e = -N \dfrac{d\phi}{dt} = -N \dfrac{d}{dt}(\phi_m \sin wt)$

  $= -N\phi_m \dfrac{d}{dt}\sin wt = -wN\phi_m \cos wt$

  $= -wN\phi_m \sin \left(wt + \dfrac{\pi}{2} \right) = wN\phi_m \sin \left(wt - \dfrac{\pi}{2} \right)$

  ∴ $\dfrac{\pi}{2}$ 만큼 늦은 유도기전력이 발생한다.

정답   **01** ②   **02** ①   **03** ②

04 0.6/1[kV] 비닐절연 비닐시스 제어케이블의 약호로 옳은 것은?

① VCT ② CVV ③ 저압용 CNCV ④ NRI

해설

• VCT : 0.6/1[kV] 비닐절연 비닐캡타이어 케이블
• NFI : 300/500[V] 기기 배선용 유연성 단심 비닐절연전선{70[℃]}
• NRI : 300/500[V] 기기 배선용 단심 비닐절연전선{70[℃]}

05 인버터 스위칭 소자와 역병렬 접속된 다이오드에 관한 설명으로 옳은 것은?

① 스위칭 소자에 걸리는 전압을 정류하기 위한 것이다.

② 스위칭 소자의 역방향 누설전류를 흐르게 하기 위한 경로이다.

③ 스위칭 소자에 걸리는 전압 스트레스를 줄이기 위한 것이다.

④ 부하에서 전원으로 전류가 회생될 때 경로가 된다.

해설

• 역병렬 접속된 다이오드를 환류다이오드라고 한다.
• 부하에서 전원으로 에너지가 회생될 때 다이오드가 도통되어 전류가 흐르는 경로가 된다.

06 200개 들이 상자가 15개 있을 때 각 상자로부터 제품을 랜덤하게 10개씩 샘플링할 경우, 이러한 샘플링 방법을 무엇이라 하는가?

① 층별 샘플링 ② 2단계 샘플링 ③ 취락 샘플링 ④ 계통 샘플링

해설

샘플링별 특징
(1) 랜덤 샘플링

단순 랜덤 샘플링	• 무작위 시료를 추출하는 방법 • 사전에 모집단에 대한 지식이 없는 경우
계통 샘플링	• 모집단으로부터 시간적, 공간적으로 일정 간격에서 시료를 뽑는 방법 • 공정이나 품질에 주기적 연동이 있을 때 사용금지
지그재그 샘플링	• 계통 샘플링에서 주기성에 의한 치우침의 발생위험을 방지목적으로 고안 • 공정이나 품질이 변화하는 주기와는 다른 간격으로 치료를 채취하는 방법

(2) 2단계 샘플링

1단계	모집단을 몇 개의 부분으로 나누고, 그 중에서 몇 개를 추출한다.
2단계	추출된 몇 개의 단위체 또는 단위량을 추출하는 방법

(3) 층별 샘플링(작업반별, 작업시간별, 기계장치 원자재 작업방법별)
　로트를 몇 개의 층으로 나눌수 있는 경우, 각 층에 포함된 품목의 수에 따라 시료의 크기를 비례 배분하여 추출하는 방법

(4) 취락(집락) 샘플링
　모집단을 여러 개 집단으로 나누고, 이 중에서 몇 개를 무작위로 추출한 뒤 선택된 집단의 로트를 모두 검사하는 방법

07 4극 직류 분권 전동기의 전기자에 단중 파권 권선으로 된 420개의 도체가 있다. 1극당 0.025[Wb]의 자속을 가지고 1,400[rpm]으로 회전시킬 때 발생되는 역기전력과 단자전압은? (단, 전기자 저항 0.3[Ω], 전기자 전류는 50[A]이다)

① 역기전력 : 490[V], 단자전압 505[V]　　② 역기전력 : 490[V], 단자전압 495[V]
③ 역기전력 : 245[V], 단자전압 500[V]　　④ 역기전력 : 245[V], 단자전압 505[V]

해설
- 기전력 $E = \dfrac{PZ\phi}{a} \times \dfrac{N}{60}$ [V]이고, 파권은 $a = 2$이다.
- 기전력 $E = \dfrac{4 \times 420}{2} \times 0.025 \times \dfrac{1,400}{60} = 490$[V]
- 단자전압 $V = E_a + I_a R_a = 490 + 50 \times 0.3 = 505$[V]

08 RLC 직렬회로에서 L 및 C 값을 고정시켜 놓고 저항 R의 값만 큰 값으로 변화시킬 때 올바르게 설명한 것은?

① 공진주파수는 작아진다.　　　　　　② 공진주파수는 커진다.
③ 공진주파수는 변화하지 않는다.　　　④ 이 회로의 양호도 Q는 커진다.

해설
- 공진주파수 $f_0 = \dfrac{1}{2\pi\sqrt{LC}}$ [Hz]으로 저항과는 무관하다.

09 단상 변압기(200/6,000[V]) 2대를 그림과 같이 연결하여 최대사용전압 6,600[V]의 고압 전동기의 권선과 대지사이에 절연내력 시험을 하는 경우 입력전압[V]와 시험전압(E)은 각각 얼마로 하면 되는가?

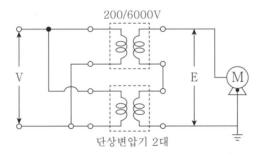

200/6000V

단상변압기 2대

① V=137.5[V], E=8,250[V]　　　　② V=220[V], E=9,900[V]
③ V=200[V], E=12,000[V]　　　　④ V=165[V], E=9,900[V]

해설
- 전동기의 권선과 대지전압 사이의 절연내력 시험전압 6,600×1.5배=9,900[V]
- $V = V_1 = aV_2$, $a = 30$,
- $V = \dfrac{200}{6,000}(a) \times 9,900 \times \dfrac{1}{2}$ (변압기 2대 중 1대)=165[V]

정답　07 ①　08 ③　09 ④

10 진상용 고압 콘덴서에 방전코일이 필요한 이유는?

① 낙뢰로부터 기기보호   ② 전압 강하의 감소

③ 잔류 전하의 방전   ④ 역률 개선

해설

- 방전코일(DC) : 개방 시 잔류 전하 방전 및 재투입 시 콘덴서의 과전압 방지
- 직렬리액터(SR) : 제5고조파 제거

11 $100[V]$ $100[W]$와 $100[V]$ $50[W]$의 전구 2개가 있다. 이것을 직렬로 접속하여 $100[V]$의 전압을 인가하였을 때 두 전구의 합성저항은 몇 $[\Omega]$인가?

① 150   ② 200   ③ 300   ④ 600

해설

- $R_1 = \dfrac{V^2}{P_1} = \dfrac{100^2}{100} = 100[\Omega]$,
- $R_2 = \dfrac{V^2}{P_2} = \dfrac{100^2}{50} = 200[\Omega]$
- $R = R_1 + R_2 = 100 + 200 = 300[\Omega]$

12 2개의 전하 $Q_1[C]$과 $Q_2[C]$를 $r[m]$ 거리에 놓았을 때 작용하는 힘의 크기를 옳게 설명한 것은?

① Q_1, Q_2의 곱에 반비례하고 r의 제곱에 비례한다.

② Q_1, Q_2의 곱에 반비례하고 r에 비례한다.

③ Q_1, Q_2의 곱에 비례하고 r에 반비례한다.

④ Q_1, Q_2의 곱에 비례하고 r의 제곱에 반비례한다.

해설

- 작용력 $F = \dfrac{1}{4\pi\epsilon} \times \dfrac{Q_1 Q_2}{r^2}$ [N]이다.

13 정현파 교류의 실효값을 계산하는 식은? (단, T는 주기이다)

① $I = \sqrt{\dfrac{2}{T} \displaystyle\int_0^T i^2 dt}$ ② $I = \sqrt{\dfrac{2}{T} \displaystyle\int_0^T i\, dt}$

③ $I = \sqrt{\dfrac{1}{T} \displaystyle\int_0^T i^2 dt}$ ④ $I = \dfrac{1}{T} \displaystyle\int_0^T i\, dt$

해설

- 실효값 $I = \sqrt{\dfrac{1}{T} \displaystyle\int_0^T i^2 dt} = \sqrt{\dfrac{1}{2\pi} \displaystyle\int_0^{2\pi} (I_m \sin wt)^2 dt}$

    $= \dfrac{I_m}{\sqrt{2}} = 0.707 I_m$

정답 **10** ③ **11** ③ **12** ④ **13** ③

정답 **10** ③ **11** ③ **12** ④ **13** ③

14 50[Hz], 4극, 3상 유도 전동기의 슬립이 4[%]라면 회전수는 몇 [rpm]인가?

① 1,440   ② 1,728   ③ 1,764   ④ 1,800

해설

• 회전수 $N = (1-s)\dfrac{120f}{P} = (1-0.04)\dfrac{120 \times 50}{4} = 1,440[\text{rpm}]$

15 $(1111101011111010)^2$의 2진수를 16진수로 변환한 값은?

① $(FAFA)_{16}$ ② $(FBFB)_{16}$ ③ $(FAFA)_{16}$ ④ $(AFAF)_{16}$

해설

• 4자리씩 16진수로 변환하면 $(FAFA)_{16}$이다.

1111	1010	1111	1010
F	A	F	A

16 360[rpm]의 20극, 3상 동기발전기가 있다. 2층권 슬롯수 180, 코일 권수 4, 전기자 권선은 성형이다. 단자전압이 6,600[V]인 경우 1극의 자속[Wb]은 얼마인가? (단, 권선계수는 0.9이다.)

① 0.0375   ② 0.0662   ③ 0.3751   ④ 0.6621

해설

• 주파수 $f = \dfrac{NP}{120} = \dfrac{360 \times 20}{120} = 60[\text{Hz}]$

• 상당 권수

$n = \dfrac{\text{총 도체 수}}{\text{상수} \times \text{병렬 회로수}} = \dfrac{180 \times 2 \times 4}{3 \times 2} = 240$

• 자속수 $\phi = \dfrac{E}{4.44fnk_w} = \dfrac{\dfrac{6,600}{\sqrt{3}}}{4.44 \times 60 \times 240 \times 0.9} = 0.0662[\text{Wb}]$

17 3상 권선형 유도 전동기의 2차 회로에 저항을 삽입하는 목적이 아닌 것은?

① 속도제어를 하기 위하여

② 기동전류를 줄이기 위하여

③ 기동 토크를 크게 하기 위하여

④ 속도는 줄어지지만 최대 토크를 크게 하기 위하여

해설

• 2차 회로에 비례추이를 이용한 가변저항기를 접속하여 기동한다.

• 큰 기동 토크를 얻으면서 기동전류도 줄일 수 있다.

18 동기형 RS 플립플롭을 이용한 동기형 JK플립플롭에서 동작이 어떻게 개선되었는가?

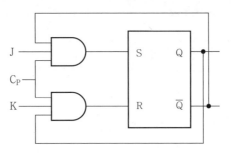

① J=0, K=0, CP=0일 때 Q_n

② J=1, K=1, CP=0일 때 Q_n

③ J=1, K=1, CP=0일 때 $\overline{Q_n}$

④ J=0, K=0, CP=0일 때 Q_n

해설

- 동기형 R-S 플립플롭을 이용한 JK 플립플롭은 R=S=1 일 때 출력이 정의 되지 않는 것을 개선한 것이다.
- 입력이 모두(J=1, K=1) 1인 경우 클럭신호가 가해지면 출력은 반전(토글)된다.

J	K	CP	Q
0	0	↑	Q_0(불변)
1	0	↑	1
0	1	↑	0
1	1	↑	$\overline{Q_0}$(반전)

19 코일에 단상 100[V]의 전압을 가하면 30[A]의 전류가 흐르고 1.8[kW]의 전력을 소비한다고 한다. 이 코일과 병렬로 콘덴서를 접속하여 회로의 합성역률을 100[%]로 하기 위한 용량 리액턴스는 약 몇 [Ω]이면 되는가?

① 2.35   ② 3.17

③ 4.17   ④ 5.35

해설

- 피상전력 $P=VI=100 \times 30=3$[kVA]
- 무효전력 $P_r=\sqrt{P_a^2-P^2}=\sqrt{3^2-1.8^2}=2.4$[kVar]
- 용량성 리액턴스 $X_C=\dfrac{V^2}{P_r}=\dfrac{100^2}{2.4 \times 10^3}=4.17$[Ω]

20 사이리스터 턴 오프에 관한 설명이다. 가장 적합한 것은?

① 사이리스터가 순방향 도전상태에서 역방향 저지상태로 되는 것

② 사이리스터가 역방향 도전상태에서 순방향 저지상태로 되는 것

③ 사이리스터가 순방향 저지상태에서 역방향 도전상태로 되는 것

④ 사이리스터가 역방향 저지상태에서 순방향 도전상태로 되는 것

해설

• 턴-OFF오프 : 능동 상태나 도전 상태에서 비능동 또는 비도전 상태로 전환되는 것

• 턴-ON : 턴오프와 반대의 상태로 전환되는 것

21 다음 전력계통의 기기 중 절연레벨이 가장 낮아야 하는 것은?

① 피뢰기 ② 애자

③ 변압기 붓싱 ④ 변압기 권선

해설

• 절연레벨 : 선로애자＞결합콘덴서＞기기 붓싱＞변압기＞피뢰기 이다.

22 주상변압기를 설치할 때 작업이 간단하고 장주하는데 재료가 덜 들어서 좋으나 전주 윗부분에는 무게가 가하여지므로 보통 20~30[kVA] 정도의 변압기에 널리 쓰이는 방법은?

① 변압기 변대법 ② 행거 밴드법

③ 변압기 거치법 ④ 앵글 지지법

해설

주상변압기 설치

• 행거 밴드를 사용하여 고정한다.

• 행거 밴드가 곤란한 경우 변대를 만들어 변압기를 설치한다.

• 변압기 1차 측 인하선은 고압 절연전선 또는 클로로플랜 외장 케이블을 사용한다.

• 변압기 2차 측은 옥외 비닐 절연전선(OW) 또는 비닐 외장 케이블을 사용한다.

23 동일 정격의 다이오드를 병렬로 연결하여 사용하면?

① 역전압을 크게 할 수 있다. ② 순방향 전류를 증가시킬 수 있다.

③ 역전압을 크게 작게 할 수 있다. ④ 필터회로가 불필요하게 된다.

해설

• 다이오드의 직렬 연결 : 과전압을 보호

• 다이오드의 병렬 연결 : 과전류를 보호

정답 20 ① 21 ① 22 ② 23 ②

24 바닥통풍형, 바닥밀폐형 또는 두 가지 복합 채널형 구간으로 구성된 조립금속 구조로 폭이 150[mm] 이하이며, 주케이블 트레이로부터 말단까지 단일 케이블을 설치하는데 주로 사용하는 케이블트레이는?

① 사다리형
② 트로프형
③ 일체형
④ 통풍채널형

금속재 트레이의 종류

사다리형 케이블 트레이 (Ladder Cable tray)	• 길이 방향 양측면의 트레이를 각각의 가로방향 부재로 연결한 조립금속구조
채널형 케이블 트레이 (Channel Cable Tray)	• 바닥통풍형, 바닥밀폐형, 복합채널 단면으로 구성된 조립금속구조 • 폭이 150[mm] 이하인 케이블 트레이
바닥밀폐형 케이블트레이 (Solid Bottom Cable Tray)	• 일체식 또는 분리식 직선방향 옆면 레일에서 바닥에 개구부가 없는 조립금속구조
트로후형 케이블 트레이 Trough Cable Tray)	• 일체식 또는 분리식 직선방향 옆면 레일에서 바닥에 통풍구가 있는 조립금속구조 • 폭이 100[mm] 초과하는 케이블 트레이

25 다음 회로는 CK가 조합된 회로이다. 이 FF의 명칭은?

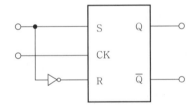

① D 플립플롭
② R-S 플립플롭
③ J-K 플립플롭
④ T 플립플롭

• D 플립플롭은 입력상태를 일정 시간만큼 늦게 전달할 때 사용된다.
• S=0, R=1일 때 클럭이 발생하면 Q=0이다.
• S=1, R=0일 때 클럭이 발생하면 Q=1이다.

정답 24 ④ 25 ①

26 다음 논리회로가 뜻하는 논리게이트의 명칭은?

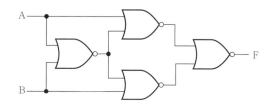

① EX-NOR
② EX-OR
③ NAND
④ OR

해설

EX-NOR

A	B	$Y=\overline{A \oplus B}$
0	0	1
0	1	0
1	0	0
1	1	1

27 진리표와 같은 입력 조합으로 출력이 결정되는 회로는?

입력		출력			
A	B	X_0	X_1	X_2	X_3
0	0	1	0	0	0
1	0	0	1	0	0
0	1	0	0	1	0
1	1	0	0	0	1

① 멀티플렉서
② 인코더
③ 디코더
④ 디멀티플렉서

해설

• 논리식 $X_0=\overline{AB}$, $X_1=A\overline{B}$, $X_2=\overline{A}B$, $X_3=AB$
• 2×4 디코더는 2개의 입력(2비트)과 4개의 출력(2^2비트)을 가진다.
• 2개의 입력에 따라 4개의 출력 중 1개가 선택된다.

28 전로의 중성점을 접지하는 목적에 해당되지 않는 것은?

① 이상전압의 억제

② 대지전압의 저하

③ 보호장치의 확실한 동작확보

④ 부하전류의 일부를 대지로 흐르게 함으로서 전선이 절약된다.

해설

중성점 접지목적
- 1선 지락 시 건전상의 전위상승 억제
- 선로와 기기의 절연 레벨 경감
- 낙뢰 등에 의한 아아크 접지로 발생하는 이상전압을 억제
- 지락사고 발생 시 접지계전기의 확실한 동작 확보 및 신속한 차단

29 특정 전압 이상이 되면 ON이 되는 반도체인 바리스터의 용도는?

① 온도보상

② 출력전류의 조절

③ 전압의 증폭

④ 서지전압에 대한 회로보호

해설

- 바리스터는 저항값이 전압에 비해 비 직선적으로 변화하는 성질을 가진 반도체 소자이다.
- 피뢰기, 변압기, 코일 등의 과전압보호, 스위치나 계전기 접점 불꽃 소거 등에 사용한다.

30 변압기의 정격을 정의한 것으로 가장 옳은 것은?

① 2차 단자 간에서 얻을 수 있는 유효전력을 [kW]로 표시한 것이 정격출력이다.

② 정격 2차 전압은 명판에 기재되어 있는 2차 권선의 단자전압이다.

③ 정격 2차 전압을 2차권선의 저항으로 나눈 것이 2차 전류이다.

④ 전부하의 경우는 1차 단자전압을 정격 1차 전압이라 한다.

해설

- 변압기 출력은 피상전력인 [VA], [kVA], [MVA]로 표기한다.

31 다음 ( )안의 알맞은 내용으로 옳은 것은?

> 변압기의 등가회로에서 2차 회로를 1차 회로로 환산하는 경우, 전류는 (㉮)배, 저항과 리액턴스는 (㉯)배가 된다.

① ㉮ $\dfrac{1}{a}$ ㉯ a^2

② ㉮ a^2 ㉯ a

③ ㉮ a^2 ㉯ $\dfrac{1}{a}$

④ ㉮ $\dfrac{1}{a}$ ㉯ a

해설

• 1차를 2차로 등가하는 경우 : 전류는 a배, 저항 및 리액턴스는 $\dfrac{1}{a^2}$

• 2차를 1차로 등가하는 경우 : 전류는 $\dfrac{1}{a}$배, 저항 및 리액턴스는 a^2

32 금속(후강) 전선관 22[mm]를 90°로 굽히는데 소요되는 최소 길이(mm)는 약 얼마면 되는가? (단, 곡률 반지름 $r \geq 6d$로 한다.)

관의 호칭	안지름(d)	바깥지름(D)
22	21.9[mm]	26.5[mm]

① 198　　　　② 228　　　　③ 235　　　　④ 265

해설

• 곡률반경 $R = 6d + \dfrac{D}{2} = 6 \times 21.9 + \dfrac{26.5}{2} = 144.65[\text{mm}]$

• 소요길이 $L = \dfrac{2\pi r}{4} = \dfrac{2\pi \times 144.65}{4} = 227.2[\text{mm}]$

33 변압기의 여자전류와 철손을 구할 수 있는 시험은?

① 유도시험

② 무부하시험

③ 부하시험

④ 단락시험

해설

• 무부하시험은 무부하 운전에 의한 시험을 말한다.
• 무부하시험 : 철손, 여자전류, 여자 어드미턴스
• 단락시험 : 동손, 임피던스 전압, 임피던스 와트, 임피던스 동손, 단락전류

34 60[MVA], 역률 0.8, 60[Hz], 22.9[kV] 34극용 수차 발전기의 전부하 손실이 1,600[kW]이면 전부하 효율[%]은?

① 94.4[%]   ② 96.6[%]   ③ 96.8[%]   ④ 98.6[%]

해설

발전기 규약효율

$\cdot\ \eta_G = \dfrac{\text{출력}}{\text{출력} + \text{손실}} \times 100$

$= \dfrac{60 \times 10^6 \times 0.8}{60 \times 10^6 \times 0.8 + 1,600 \times 10^3} \times 100$

$\cdot\ \fallingdotseq 96.8[\%]$

35 동기 전동기 위상 특성곡선에 대하여 옳게 표현한 것은? (단, P : 출력, I_f : 계자전류, E : 유도 기전력, I_a : 전기자 전류, $\cos\theta$: 역률이다.)

① $I_f - E$곡선, $\cos\theta$ 일정   ② $P - I_a$곡선, I_f 일정

③ $P - I_f$곡선, I_a일정   ④ $I_f - I_a$곡선, P 일정

해설

· 위상 특성곡선(V 곡선)은 종축이 전기자 전류(I_a), 횡축이 계자전류(I_f)를 나타낸다.

36 $R = 40[\Omega]$, $L = 80[mH]$의 코일이 있다. 이 코일에 220[V], 60[Hz]의 전압을 가할 때 소비되는 전력은 약 몇 [W]인가?

① 479   ② 581   ③ 771   ④ 1352

해설

· $X_L = 2\pi f L = 2\pi \times 60 \times 80 \times 10^{-3} \fallingdotseq 30.16[\Omega]$

· $Z = \sqrt{R^2 + X^2} = \sqrt{40^2 + 30.16^2} = 50.096[\Omega]$

· $I = \dfrac{V}{Z} = \dfrac{220}{50.096} = 4.39[A]$

· $\cos\theta = \dfrac{R}{Z} = \dfrac{40}{50.096} = 0.798$

· $P = VI\cos\theta = 220 \times 4.39 \times 0.798 \fallingdotseq 771[W]$

37 가공 전선로에서 전선의 단위 길이당 중량과 경간이 일정할 때 이도는 어떻게 되는가?

① 전선의 장력에 2승에 역비례한다.   ② 전선의 장력에 반비례한다.

③ 전선의 장력의 2승에 비례한다   ④ 전선의 장력의 2승에 반비례한다.

해설

· 이도 $D = \dfrac{WS^2}{8T}$ [m]이다.

38 주택, 기숙사, 여관, 호텔, 병원, 창고 등의 옥내배선 설계에 있어서 간선의 굵기를 선정할 때 전등 및 소형 전기기계기구의 용량합계가 **10[kVA]**를 초과하는 것은 그 초과량에 대하여 수용률을 몇 [%]로 적용할 수 있도록 규정하고 있는가?

① 30　　　　　② 50　　　　　③ 70　　　　　④ 100

해설

- 70[%] 적용장소 : 학교, 사무실, 은행
- 50[%] 적용장소 : 주택, 아파트, 기숙사, 여관, 호텔, 병원

39 저압 옥내간선과의 분기점에서 전선의 길이가 몇 [m] 이하인 곳에 원칙적으로 개폐기 및 과전류 차단기를 시설하여야 하는가?

① 2　　　　　② 3　　　　　③ 6　　　　　④ 8

해설

분기선을 보호하는 개폐기 및 과전류 차단기
- 분기점에서 3[m] 이내 장소에 설치하는 것을 원칙으로 한다.
- 분기선의 허용전류가 간선보호용 과전류 차단기 정격전류의 35[%] 이상 55[%] 이하일 때에는 8[m]까지 설치할 수 있다.
- 분기선의 허용전류가 간선 보호용 과전류 차단기 정격전류의 55[%] 이상일 때에는 8[m] 이상까지 설치할 수도 있다.

40 직류를 교류로 변환하는 장치이며, 사용 전원으로부터 공급된 전력을 입력받아 자체 내에서 전압과 주파수를 가변시켜 전동기에 공급함으로서 전동기 속도를 고효율로 용이하게 제어하는 장치를 무엇이라 하는가?

① 초퍼　　　　　② 인버터　　　　　③ 컨버터　　　　　④ 싸이클로컨버터

해설

- 인버터는 반도체 소자의 스위칭 기능을 이용하여 직류를 교류로 변환하는 전력변환장치이다.
- 전력변환장치

DC−AC converter(역변환)	인버터
DC−DC converter(직류변환)	초퍼(chopper), 스위칭 레귤레이터
AC−DC converter(순변환)	제어 정류기(controlled rectifier)
AC−AC converter(교류변환)	교류전압제어기, 사이클로컨버터

정답　**38** ②　**39** ②　**40** ②

41 철주 및 기타의 금속체를 따라 시설하는 경우에는 접지극을 지중에 그 금속체로부터 몇 [cm] 이상 떼어 매설하여야 하는가? (단, 사람이 접촉할 우려가 있는 곳에 시설하는 경우이다.)

① 200　　　　　　　② 150　　　　　　　③ 100　　　　　　　④ 75

해설

접지 공사방법
- 75[cm]이하의 지하에 매설
- 지표위 60[cm]까지 접지선 부분에는 옥내용 절연전선 또는 케이블로 시설
- 지하 75[cm]부터 지표위 2[m]까지 접지선 부분을 합성수지관 또는 몰드로 덮을 것
- 접지선을 철주 등의 금속체에 따라 시설하는 경우 접지극은 1[m]이상 이격
- 접지극을 병렬로 시설할 때에는 접지극 상호 간 이격거리를 2[m] 이상으로 한다.

42 전가산기의 입력변수가 x, y, z이고, 출력함수가 S, C일 때 출력의 논리식으로 옳은 것은?

① $S=(x\oplus y)\oplus z$, $C=(x\oplus y)\oplus z$

② $S=(x\oplus y)\oplus z$, $C=\overline{x}y+\overline{x}z+yz$

③ $S=(x\oplus y)\oplus z$, $C=xyz$

④ $S=(x\oplus y)\oplus z$, $C=xy+(x\oplus y)z$

해설

전가산기 논리식 S는 합, C는 자리올림수이다.
- $S=\overline{x}\overline{y}z+\overline{x}y\overline{z}+x\overline{y}\overline{z}+xyz=x\oplus y\oplus z$
- $C=\overline{x}yz+x\overline{y}z+xy\overline{z}+xyz=xy+(x\oplus y)z$

43 3상 유도 전동기의 설명으로 틀린 것은?

① 전동기 부하가 증가하면 슬립은 증가한다.

② 회전자 속도가 증가할수록 회전자 측에 유기되는 기전력은 감소한다.

③ 회전자 속도가 증가할수록 회전자 권선의 임피던스는 증가한다.

④ 전부하 전류에 대한 무부하 전류비는 용량이 작을수록, 극수가 많을수록 크다.

해설

- 유도 전동기의 슬립 $S=\dfrac{N_S-N}{N_S}$, 임피던스 $Z_{2S}=r_a+jsx_2$이다.
- 회전자 속도가 증가할수록 슬립이 작아지므로 회전자 권선의 임피던스는 작아진다.

44 내부저항이 0.1[Ω], 최대 지시 1[A]의 전류계에 R을 병렬 접속하여 측정범위를 15[A]로 확대하려면 R의 저항값은 몇 [Ω]으로 하면 되는가?

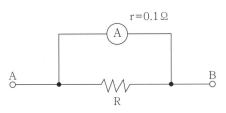

① $\dfrac{1}{150}$ ② $\dfrac{1}{140}$ ③ 1.4 ④ 1.5

해설

• 분류기 배율 $n=\left(1+\dfrac{r}{R}\right)$이므로, $R=\dfrac{r}{n-1}=\dfrac{0.1}{15-1}=\dfrac{1}{140}$

---

45 저압 연접 인입선은 인입선을 분기하는 점으로부터 100[m]를 넘지 않는 지역에 시설하고 폭 몇 [m]를 초과하는 도로를 횡단하지 않아야 하는가?

① 4 ② 5 ③ 6 ④ 7

해설

저압 연접 인입선 시설기준
• 인입선에서 분기하는 점으로부터 100[m]를 초과하지 말 것
• 폭 5[m]를 넘는 도로를 횡단하지 말 것
• 지름 2.6[mm]의 경동선 또는 이와 동등 이상의 세기 및 굵기일 것
• 옥내를 관통하지 않을 것

---

46 500[kVA] 단상 변압기 4대를 사용하여 과부하가 되지 않게 사용할 수 있는 3상 최대전력은 몇 [kVA]인가?

① $500\sqrt{3}$ ② 1,000 ③ $1,000\sqrt{3}$ ④ 1,730

해설

• △결선 (변압기 3대 사용) $P_{\triangle}=3P=3\times500=1,500$
• V 결선(변압기 2대 사용) $P_V=\sqrt{3}P=500\sqrt{3}$
• V 결선(변압기 2대 사용×2조) $P_{V2}=2\sqrt{3}P=1,000\sqrt{3}$

47 배전계통에서 사용되는 보호계전기의 반한시 특성이란?

① 동작전류가 작을수록 동작시간이 짧다.

② 동작전류가 커질수록 동작시간이 길어진다.

③ 동작전류 관계없이 동작시간은 일정하다.

④ 동작전류가 커질수록 동작시간이 짧아진다.

해설

보호 계전기 특성

• 순한시 계전기 : 동작시간이 0.3초 이내의 계전기(0.05초 이하의 계전기를 고속도 계전기라 한다.)
• 정한시 계전기 : 최소 동작값 이상의 구동 전기량이 주어지면 일정시한으로 동작하는 계전기
• 반한시 계전기 : 동작 전류값이 커질수록 짧아지고, 동작전류가 작을수록 길어지는 계전기
• 반한시,정한시 계전기 : 어느 한도까지 구동 전기량에서는 반한시성이고, 그 이상의 전기량에서는 정한시성 특성을 가진 계전기
• 비례한시 계전기 : 동작시한이 동작량이 비례하는 계전기

48 극판의 면적이 $10[\text{cm}^2]$, 극판의 간격이 $1[\text{mm}]$, 극판에 채워진 유전체의 비유전율 $\varepsilon_s = 2.5$인 평행판 콘덴서에 $100[\text{V}]$의 전압을 가할 때 극판의 전하량은 몇 $[\text{nC}]$인가?

① 0.55　　　　② 1.1　　　　③ 2.2　　　　④ 4.4

해설

• 평행판 콘덴서 정전용량 $C = \dfrac{\varepsilon_0 \varepsilon_s S}{d} = \dfrac{8.885 \times 10^{-12} \times 2.5 \times 10 \times 10^{-4}}{10^{-3}} = 22 \times 10^{-12}[\text{F}]$

• 전하량 $Q = CV = 22 \times 10^{-12} \times 100 = 2.2[\text{nC}]$

49 그림과 같은 파형이 나타날 수 있는 소자는? (단, v_s은 입력전압, v_0는 출력전압, i_G는 게이트 전류이다.)

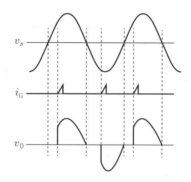

① DIODE　　　② SCR　　　③ GTO　　　④ TRIAC

해설

• TRIAC은 양방향성 전류제어가 행해지는 반도체 소자이다.
• 2개의 주전극과 1개의 게이트가 있는 구조이다.
• 신호가 없으면 어느 방향도 오프되고, 게이트 신호가 있으면 주 전극의 극성에 관계없이 턴 온 할 수 있다

50 모든 작업을 기본동작으로 분해하고, 각 기본동작에 대하여 성질과 조건에 따라 미리 정해 놓은 시간치를 적용하여 정미시간을 산정하는 방법은?

① PTS법
② 스톱워치법
③ Work Sampling법
④ 실적자료법

해설

PTS법의 특징
• 모든 작업을 기본동작으로 분석하고, 각 동작의 기초 시간치를 사용하여 기본동작의 소요시간을 구하고 집계하여 정미시간을 구하는 간접관찰법이다.
• MTM(Method Time Measurement)
– 기본 동작의 성질과 조건에 따라 미리 정해진시간을 적용하여 작업의 정미시간을 구한다.
– MTM 단위 : 1MTU=0.00001시간

51 생산보전(PM ; Productive Maintenance)의 내용에 속하지 않는 것은?

① 개량보전
② 안전보전
③ 예방보전
④ 보전예방

해설

• 생산보전 종류 : 보전예방(MP), 예방보전(PM), 개량보전(CM), 사후보전(BM)

52 어떤 공장에서 작업을 하는데 있어서 소요되는 기간과 비용이 다음 표와 같을 때 비용구배는? (단, 활동시간의 단위는 일(日)로 계산한다.)

정상작업		특급작업	
기간	비용	기간	비용
15일	150만원	10일	200만원

① 500,000원
② 100,000원
③ 20,000원
④ 50,000원

해설

• 비용구배 $= \dfrac{\text{특급비용}-\text{정상비용}}{\text{정상시간}-\text{특급시간}}$

$= \dfrac{200만원-150만원}{15일-10일} = 100,000원$

53 품질특성을 나타내는 데이터 중 계수치 데이터에 속하는 것은?

① 무게
② 길이
③ 인장강도
④ 부적합률

해설

계수치 및 계량치 관리도

계수치 관리도	• 셀수 있는 데이터 • 불량개수, 흠의 수, 결점 수, 사고건수
계량치 관리도	• 셀 수 없는 데이터(연속량, 품질의 특성치) • 길이, 무게, 두께, 눈금, 시간, 온도, 강도, 수율, 함유량 등

정답 50 ① 51 ② 52 ② 53 ④

54 관리도에서 측정한 값을 차례로 타점했을 때 점이 순차적으로 상승하거나 하강하는 것을 무엇이라 하는가?

① 주기(cycle)　　② 연(run)　　③ 경향(trend)　　④ 산포(dispersion)

- 경향(Trend) : 점이 점점 올라가거나 내려가는 현상
- 주기(Cycle) : 점이 주기적으로 상, 하로 변동하여 파형을 나타내는 현상
- 산포(Dispersion) : 수집된 자료값이 그 중앙값으로부터 떨어져 있는 정도를 나타내는값
- 런(Run) : 중심선의 한쪽에 연속에서 나타나는 점(길이가 연속 5~6런이면 주의, 7런이면 공정이상)

55 피뢰설비의 접지극중 B형 접지극에 해당하는 것은?

① 지표면에서 수직으로 매설한 0.35[m²] 이상의 판상 접지극

② 건축물 구조체 외곽으로 매설한 망상 접지극

③ 지표면에서 수직으로 0.5l_1이상 길이의 봉형 접지극

④ 지표면과 수평으로 매설한 길이 이상의 방사형(수평) 접지극

- 환상도체 접지극 또는 기초 접지극(B형)은 접지극 면적을 환산한 평균반지름이 LPS 등급별 각 접지극의 최소 길이에 의한 최소 길이 이상으로 하여야 하며, 평균 반지름이 최소 길이 미만인 경우에는 해당 길이의 수평 또는 수직 매설 접지극을 추가로 시설하여야 한다.

56 외부피뢰 시스템의 수뢰부는 자연적 구성부재를 이용할 수 있다. 전기전자설비가 설치된 건축물로서 몇 이상의 건축물에는 반드시 피뢰설비를 하여야 하는가?

① 10[m] 이상　　② 20[m] 이상　　③ 30[m] 이상　　④ 60[m] 이상

피뢰 시스템 적용범위
- 전기전자설비가 설치된 건축물·구조물로서 낙뢰로부터 보호가 필요한 것 또는 지상으로부터 높이가 20 이상인 것
- 저압전기전자설비
- 고압 및 특고압 전기설비

57 주택 등 저압수용장소에서 계통접지가 TN-C-S방식인 경우에 중선선 겸용 보호도체 (PEN)를 설치하였다. 규격에 맞지 않는 것은?

① 구리 6[mm²]　　　　　　　② 구리 10[mm²]

③ 알루미늄 16[mm²]　　　　　④ 알루미늄 20[mm²]

TN-C-S의 경우 중선선 겸용 보호도체(PEN)
- 구리 10[mm²] 이상
- 알루미늄 16[mm²] 이상

정답　54 ③　55 ②　56 ②　57 ①

58 다음의 케이블중 사용전압이 특고압저압인 전로에서 사용하는 저압케이블에 해당하지 않는 것은?

① 클로로프렌외장케이블 ② 폴리에틸렌외장케이블
③ 동심중성선전력케이블 ④ 비닐외장케이블

• 동심중성선 전력케이블은 특고압전로의 다중접지 지중 배전계통에 사용하는 전력케이블이다.

59 접지도체에 피뢰시스템이 접속되는 경우 접지도체의 최소 단면적(구리)으로 맞는 것은?

① $6[\text{mm}^2]$ 이상 ② $8[\text{mm}^2]$ 이상
③ $16[\text{mm}^2]$ 이상 ④ $50[\text{mm}^2]$ 이상

해설

접지도체의 최소 단면적
• 큰 고장전류가 접지도체를 통하여 흐르지 않을 경우 : 구리 $6[\text{mm}^2]$ 이상, 철재 $50[\text{mm}^2]$이상
• 접지도체에 피뢰 시스템이 접속되는 경우 : 구리 $16[\text{mm}^2]$ 이상, 철재 $50[\text{mm}^2]$ 이상

60 배수펌프에 연결되는 상도체의 단면적이 $10[\text{mm}^2]$일 경우 보호도체의 최소 단면적으로 적당한 전선의 굵기는?

① $6[\text{mm}^2]$ 이상 ② $10[\text{mm}^2]$ 이상
③ $16[\text{mm}^2]$ 이상 ④ 굵기에 관계없이 배선한다.

해설

보호도체의 최소 단면적

상도체의 단면적(S) $[\text{mm}^2$, 구리]	보호도체의 최소 단면적(S) $[\text{mm}^2$, 구리]
S≤16	S
16<S≤35	16
S>35	S/2

3회 기출 및 예상문제

한국전기설비규정 제정 내용을 중심으로 과년도 기출문제를 복원하여 수록하였음

01 공기 중에서 일정한 거리를 두고 있는 두 점 전하 사이에 작용하는 힘이 20[N]이었는데, 두 전하 사이에 비유전율이 4인 유리를 채웠다. 이때 작용하는 힘은 어떻게 되는가?

① 0[N]으로 작용하는 힘이 사라진다.
② 작용하는 힘은 변하지 않는다.
③ 5[N]으로 힘이 감소되었다.
④ 40[N]으로 힘이 두 배 증가하였다.

해설

• 작용력은 $F_1 = \frac{1}{4\pi\epsilon} \times \frac{Q_1 Q_2}{r^2}$[N] 이므로, 비유전율에 반비례한다.

• $F_2 = \frac{F_1}{\epsilon_s} = \frac{20}{4} = 5$[N]

02 내부저항이 15[kΩ], 최대 눈금이 150[V]인 전압계와 내부저항이 10[kΩ], 최대 눈금이 150[V]인 전압계가 있다. 전압계 두 개를 직렬 연결하면 최대 몇 [V]까지 측정할 수 있는가?

① 150   ② 250   ③ 300   ④ 350

해설

• $V_1 = \frac{R_1}{R_1 + R_2} \times V$이므로, $V = 150 \times \frac{25}{15} = 250$[V]이다.

03 논리식 $Z = (\overline{A + C}) \cdot (B + \overline{D})$를 간소화하면?

① $\overline{A}\,\overline{C} + \overline{B}\,\overline{D}$ ② $\overline{B}D$
③ $A\overline{C} + \overline{B}D$ ④ $A\overline{C}$

해설

• 드모르간 정리를 적용한다.
• $Z = (\overline{A + C}) \cdot (B + \overline{D}) = (\overline{A + C}) + (\overline{B + \overline{D}}) = \overline{\overline{A}}C + \overline{B}\overline{\overline{D}}$
  $= A\overline{C} + \overline{B}D$

04 그림과 같은 기본회로 논리동작은?

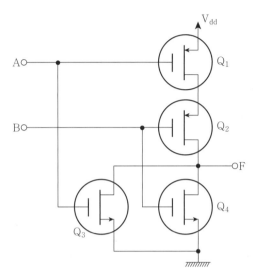

① NAND 게이트 　② NOR 게이트 　③ AND 게이트 　④ OR 게이트

해설
- A, B 입력이 모두 0이면 출력이 1이고, 두 입력이 하나라도 1인 경우 출력은 0이 되는 NOR 게이트 소자이다.

05 그림과 같은 혼합브릿지 회로의 부하로 $R=8.4[\Omega]$의 저항이 접속되었다. 평활 리액턴스 L을 ∞로 가정할 때 직류 출력전압의 평균값 V_d는 약 몇 [V]인가? (단, 전원 전압의 실효값 $V=100[V]$, 점호각 $\alpha=30°$로 한다.)

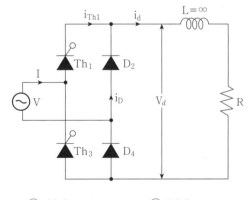

① 64.4 　② 66.0 　③ 74.5 　④ 84.0

해설
- $V_{dc}=0.45V(1+\cos\alpha)=0.45\times100\times(1+\cos30°)$
  $≒84[V]$

06 어떤 전지의 외부회로에 5[Ω]의 저항을 접속하였더니 8[A]의 전류가 흘렀다. 외부회로에 5[Ω]대신에 15[Ω]의 저항을 접속하면 전류는 4[A]로 떨어진다. 전지의 기전력은 몇 [V] 인가?

① 40　　　　　　② 60　　　　　　③ 80　　　　　　④ 120

해설
- 기전력 $E=I(r+R)$이므로, $8\times(r+5)=4\times(r+15)$, $r=5[\Omega]$
- $V=IR=8\times(5+5)=80[V]$

07 전부하에서 2차 전압이 120[V]이고 전압 변동률이 2[%]인 단상변압기가 있다. 1차 전압은 몇 [V]인가? (단, 1차 권선과 2차 권선의 권수비는 10 : 1이다)

① 1,224　　　　　② 2,448　　　　　③ 612　　　　　④ 306

해설
- $V_{1n}=aV_{20}=a(1+\epsilon)V_2=10(1+0.02)\times120$
  $=1,224[V]$

08 10[kVA], 2,000/100[V] 변압기에서 1차로 환산한 등가 임피던스가 $6+j8[\Omega]$이다. 이 변압기의 %리액턴스 강하는?

① 0.15　　　　　② 1.5　　　　　③ 2.0　　　　　④ 3.5

해설
- 1차 정격전류 $I_{1n}=\dfrac{P}{V_{1n}}=\dfrac{10,000}{2,000}=5[A]$
- $q=\dfrac{I_{1n}X_1}{V_{1n}}\times100=\dfrac{5\times8}{2,000}\times100$
  $=2.0[\%]$

09 동기 발전기의 무부하포화곡선에서 횡축은 무엇을 나타내는가?

① 계자 전류　　　　　　　　　② 자계의 세기
③ 전기자 전압　　　　　　　　④ 전기자 전류

해설
동기 발전기 특성곡선
- 무부하 시의 단자전압(V_0)과 계자전류(I_f)의 관계곡선이다.
- 종축은 단자전압, 횡축은 계자전류를 나타낸다.
- 단락곡선이 직선인 이유는 전기자 반작용 때문이다.

10 계자 철심에 잔류자기가 없어도 발전할 수 있는 직류기는?

① 분권기 ② 복권기 ③ 직권기 ④ 타여자기

해설

타여자 발전기의 특징
• 외부의 독립된 전원에 의해 계자권선에 전원을 공급하는 방식이다.
• 잔류자기가 없어도 가능하다.
• 원동기의 회전방향을 반대로하면 ＋, －극성이 반대가 된다.

11 다음 중 계통에 연결되어 운전 중인 변류기를 점검할 때 2차 측을 단락하는 이유는?

① 1차 측의 과전류 방지 ② 2차 측의 절연보호
③ 측정 오차 방지 ④ 2차 측의 과전류 방지

해설

• 포화자속으로 인한 2차 측에 고전압이 발생하여 절연 파괴 우려가 있고, 철손의 급격한 증가로 소손의 우려가 있다.

12 JK-FF에서 현재 상태의 출력 Q_n을 0으로 하고, J입력에 0, K입력에 1, 클럭펄스 CP에 Risingedge의 신호를 가하게 되면 다음 상태의 출력 Q_{n+1}은?

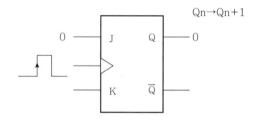

① 1 ② 0 ③ X ④ $\overline{Q_n^i}$

해설

J	K	CP	Q
0	0	↑	Q_0(불변)
1	0	↑	1
0	1	↑	0
1	1	↑	$\overline{Q_0}$(반전)

정답 10 ④ 11 ② 12 ②

13 직접 콘크리트에 매입하여 시설하거나 전용의 불연성 또는 난연성 덕트에 넣어야만 시공할 수 있는 전선관은?

① CD관　　　　② PF관　　　　③ PF-P관　　　　④ 합성수지관

해설

CD관(합성수지제 가요전선관) 특징
- 무게가 가벼워 어려운 현장 여건에서도 운반 및 취급이 용이하다.
- PE 및 난연성 PVC로 되어 있어 내약품성이 우수하고 내후, 내식성도 우수하다.
- 가요성이 뛰어나므로 굴곡된 배관작업에 공구가 불필요하며 배관작업이 용이하다.
- 관의 내부가 파부형으로 마찰계수가 적어 굴곡이 많은 배관에도 전선의 인입이 용이하다.
- 관의 굵기를 안지름에 가까운 짝수로 표시(14,16,22,28,36,42C)한다.

14 단상 배전선로에서 그 인출구 전압은 6,600[V]로 일정하고 한 선의 저항은 15[Ω], 한 선의 리액턴스는 12[Ω]이며, 주상 변압기 1차측 환산저항은 20[Ω], 리액턴스는 35[Ω]이다. 만약 주상변압기 2차 측에서 단락이 생기면 이때의 전류는 약 몇 [A]인가? (단, 주상변압기의 변압비는 6,600/220[V]이다.)

① 2,570　　　　② 2,560　　　　③ 2,550　　　　④ 2,540

해설

- 2차 측 임피던스 $Z = (15 + j12) \times 2선 = 30 + j24[\Omega]$
- 합성 임피던스 $Z = (30 + 20) + j(24 + 35) = 50 + j59 = \sqrt{50^2 + 59^2} = 77.33[\Omega]$
- 1차 전류 $I_1 = \dfrac{V}{Z} = \dfrac{6,600}{77.33} ≒ 85.35[\Omega]$
- 2차 측 단락전류 $I_2 = 85.35 \times \dfrac{6,600}{220} = 2,560[A]$

15 순 공사원가는 공사 시공과정에서 발생한 항목의 합계액을 말하는데 여기에 포함되지 않는 것은?

① 경비　　　　② 재료비　　　　③ 노무비　　　　④ 일반 관리비

해설

- 순 공사원가는 공사비 내역을 작성하는 비목 중 재료비, 노무비, 경비의 합계액을 말한다.

16 22.9[kV] 배전선로에서 Al 전선을 접속할 때 장력이 가해지는 직선개소의 접속방법으로 옳은 것은?

① 조임 클램프 사용접속　　　　② 활선 클램프 사용접속
③ 보수 슬리브 사용접속　　　　④ 압축 슬리브 사용접속

해설

- 동일규격의 ACSR 접속은 알루미늄선용 압축 슬리브(직선 슬리브)를 사용한다.

정답　13 ①　14 ②　15 ④　16 ④

17 다음 논리회로의 논리식으로 옳은 것은?

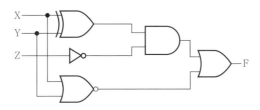

① $F=(\overline{X \oplus Y})+(\overline{XY})Z$
② $F=(\overline{X \oplus Y})+(\overline{X+Y})+Z$
③ $F=(\overline{X+Y})+(X+Y)\overline{Z}$
④ $F=(\overline{X+Y})+(X \oplus Y)\overline{Z}$

해설

• 출력 $F=(X \oplus Y)\overline{Z}+(\overline{X+Y})$이다.

18 전류원 인버터(CSI; Current Source Inverter)와 비교한 전압원 인버터(VSI; Voltage Source Inverter)의 장점이 아닌 것은?

① 대용량에도 적합한 방식이다.
② 용량성 부하에도 사용할 수 있다.
③ 제어회로 및 이론이 비교적 간단하다.
④ 유도전동기 구동 시 속도제어 범위가 넓다.

해설

전압원 인버터의 장, 단점 비교

장점	• 주로 중용량 부하에 적합하다. • 인버터계통의 효율이 높다. • 모든 부하에서 정류가 확실하다.	• 제어회로 및 이론이 비교적 간단하다. • 속도제어 범위가 1~10까지 확실하다.
단점	• 유도성 부하만을 사용할 수 있다. • 전동기가 과열되는 등 전동기의 수명이 짧아진다.	• 스위칭 소자 및 출력변압기의 이용률이 낮다. • Regeneration을 하려면 Dual 컨버터가 필요하다.

19 저압 옥내배선의 라이팅 덕트 시설방법으로 틀린 것은?

① 조영재를 관통하는 경우에는 충분한 보호조치를 하여 시공한다.
② 라이팅 덕트 상호 및 도체 상호는 견고하고 기계적으로 완전하게 접속한다.
③ 라이팅 덕트에 접속하는 부분의 배선은 전선관이나 몰드 또는 케이블 배선에 의하여 전선이 손상을 받지 않게 시설한다.
④ 조영재에 부착할 경우 지지점은 매 덕트마다 2개소 이상 및 지지점 간의 거리는 2[m] 이하로 하고 견고히 부착한다.

해설

라이팅 덕트 시설기준
• 덕트 상호 간 및 전선 상호간은 견고하게 또한 전기적으로 완전히 접속할 것
• 덕트는 조영재에 견고하게 붙이고, 건축구조물은 관통하지 않아야 한다.
• 덕트의 개구부는 아래로 향하여 붙일 것
• 덕트의 지지점 간의 거리는 2[m] 이하로 하고 매 덕트마다 2개소 이상을 지지할 것

정답   **17** ④ **18** ② **19** ①

20 어떤 변압기를 운전하던 중에 단락이 되었을 때 그 단락전류가 정격전류의 25배가 되었다면 이 변압기의 임피던스 강하는 몇 [%]인가?

① 2   ② 3   ③ 4   ④ 5

해설

• 단락전류 $I_s = \dfrac{100}{\%Z} I_n$ 이므로 $\%Z = \dfrac{100}{I_S} I_n = \dfrac{100}{25} = 4[\%]$

21 다음과 같은 회로의 기능은?

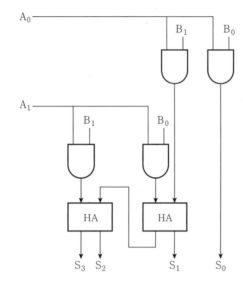

① 2진 승산기   ② 2진 전가산기   ③ 2진 감산기   ④ 전가산기

해설

• 2진 승산기는 2개의 반가산기와 4개의 입력 AND 게이트가 필요한 소자이다.

22 실리콘정류기의 동작 시 최고 허용온도를 제한하는 가장 주된 이유는?

① 역방향 누설전류의 감소 방지

② 정격 순 전류의 저하 방지

③ 브레이크 오버(Break Over) 전압의 저하 방지

④ 브레이크 오버(Break Over) 전압의 상승 방지

해설

브레이크 오버(Break Over) 전압

• 사이리스터가 턴온되기 시작하는 최소 전압이다.

• 사이리스터 접합온도가 상승하면 브레이크 오버(Break Over) 전압은 저하한다.

정답   **20** ③   **21** ①   **22** ③

23 UPS의 기능으로서 가장 옳은 것은?

① 가변 주파수 공급

② 고조파 방지 및 정류 평활

③ 3상 전파 정류 방식

④ 무정전 전원 공급 가능

해설

• UPS(Uninterrupted Power Supply)는 정전대비 보조전원 목적으로 주로 사용하는 무정전 전원 공급 장치이다

24 기전력 1[V] 내부저항 0.08[Ω]인 전지로, 2[Ω]의 저항에 10[A]의 전류를 흘리려고 한다. 전지 몇 개를 직렬 접속하여야 하는가?

① 90   ② 95   ③ 100   ④ 105

해설

• 전류 $I = \dfrac{nE}{R+nr}$ 에서, $10 = \dfrac{n}{2+0.08n}$ 이므로,

• $n = 10(2+0.08n) = 20 + 0.8n$, $n = 100$개

25 저항 20[Ω]인 전열기로 21.6[kcal]의 열량을 발생시키려면 5[A]의 전류를 약 몇 분간 흘려주면 되는가?

① 3분   ② 5분   ③ 7분   ④ 8분

해설

• 열량 $H = 0.24I^2Rt$ 에서, $t = \dfrac{H}{0.24I^2R} = \dfrac{21,600}{0.24 \times 5^2 \times 20} = 180$초 $= 3$분이다.

26 그림과 같은 부하에 3상 대칭전압을 공급할 때 각 계기의 지시가 $W_1 = 2.6$[kW], $W_2 = 6.4$[kW], $V = 200$[V], $A = 32.19$[A]이었다면 부하의 역률은?

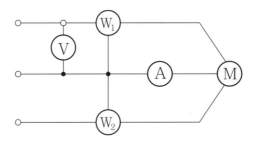

① 0.577   ② 0.807   ③ 0.867   ④ 0.926

해설

• 전력 $P = P_1 + P_2 = \sqrt{3}VI\cos\theta$ 에서, $\cos\theta = \dfrac{P_1+P_2}{\sqrt{3}VI} = \dfrac{(2.6+6.4)\times10^3}{\sqrt{3}\times200\times32.19} = 0.807$이다.

27 4극 직류발전기가 전기자 도체수 600, 극당 유효자속 0.035[Wb], 회전수 1,800[rpm]일 때 유기되는 기전력은 몇 [V]인가? (단, 권선은 단중 중권이다)

① 220   ② 320   ③ 430   ④ 630

해설

- 기전력 $E = \dfrac{PZ\phi}{a} \times \dfrac{N}{60}$ [V], 단중중권 $a = 4$이므로,

- $E = \dfrac{4 \times 600 \times 0.035}{4} \times \dfrac{1,800}{60}$ [V]

    $= 630$[V]

28 77인 10진수를 2진수로 표시한 것은?

① 1011001   ② 1011010   ③ 1110111   ④ 1001101

해설

2	77	나머지수
2	38	……1
2	19	……0 ↑
2	9	……1 ↑
2	4	……1 ↑
2	2	……0 ↑
	1	→ ……0

29 다음 논리함수를 간략화하면 어떻게 되는가?

$$Y = \overline{A}\,\overline{B}\,C\,\overline{D} + \overline{A}\,\overline{B}\,C\,D + A\,\overline{B}\,C\,\overline{D} + A\,\overline{B}\,C\,D$$

	$\overline{A}\,\overline{B}$	$\overline{A}\,B$	AB	$A\,\overline{B}$
$\overline{C}\,\overline{D}$	1			1
$\overline{C}\,D$				
$C\,D$				
$C\,\overline{D}$	1			1

① $\overline{B}\overline{D}$ ② $B\overline{D}$ ③ $\overline{B}D$ ④ BD

해설

- $F = \overline{A}\,\overline{B}\,C\,\overline{D} + \overline{A}\,\overline{B}\,\overline{C}\,\overline{D} + A\,\overline{B}\,C\,\overline{D} + A\,\overline{B}\,\overline{C}\,\overline{D}$

   $= \overline{A}\,\overline{B}\,\overline{D}(\overline{C} + C) + A\,\overline{B}\,\overline{D}(\overline{C} + C)$

   $= \overline{A}\,\overline{B}\,\overline{D} + A\,\overline{B}\,\overline{D}$

   $= \overline{B}\,\overline{D}(\overline{A} + A) = \overline{B}\,\overline{D}$

30 $R=8[\Omega]$, $X_L=10[\Omega]$, $X_C=20[\Omega]$이 병렬로 접속된 회로에 120[V]의 교류전압을 가하면 전원에 흐르는 전류는 약 몇 [A]인가?

① 16   ② 24   ③ 32   ④ 48

해설

$$\cdot I=\sqrt{\left(\frac{1}{R}\right)^2+\left(\frac{1}{X_L}-\frac{1}{X_C}\right)^2}\times V$$
$$=\sqrt{\left(\frac{1}{8}\right)^2+\left(\frac{1}{10}-\frac{1}{20}\right)^2}\times 120\fallingdotseq 16[A]$$

31 SSS의 트리거에 대한 설명 중 옳은 것은?

① 게이트에 (−) 펄스를 가한다.

② 게이트에 (+) 펄스를 가한다.

③ 게이트를 빛으로 ON시킨다.

④ 브레이크 오버 전압을 넘은 전압의 펄스를 양 단자 간에 가한다.

해설

- 쌍방향 2단자 사이리스터(SSS, Silicon Symmetrical Swith)로 일명 사이댁(Sidac)이라 한다.
- 5층의 PN 접합을 갖고, 2개의 역저지 3단자 사이리스터를 역 병렬접속하였다.
- 게이트 단자가 없는 소자로 턴온은 T_1과 T_2사이에 펄스상의 브레이크 오버 전압 이상의 전압을 가하는 V_{BO} 와 상승이 빠른 전압을 가하는 $\frac{dv}{dt}$ 점호가 필요하다.
- SCR과 같이 과전압이 걸려도 파괴없이 온이 된다는 강점을 갖고 있다..

32 동기 전동기의 기동을 다른 전동기로 할 경우에 대한 설명으로 옳은 것은?

① 유도 전동기를 사용할 경우 동기 전동기의 극수보다 2극정도 적은 것을 택한다.

② 유도 전동기의 극수를 동기 전동기의 극수와 같게 한다.

③ 유도 전동기로 기동시킬 경우 동기 전동기보다 2극 정도 많은 것을 택한다.

④ 다른 동기 전동기로 기동시킬 경우 2극 정도 많은 전동기를 택한다.

해설

동기 전동기 기동법

타 시동법	• 유도 전동기, 직류 전동기로 동기속도까지 회전시켜 주전원을 투입하는방식 • 유도 전동기를 사용할 경우(유도기 극수＝동기기 극수−2극)
자기 시동법	• 회전자 자극 표면에 감은 기동용 권선(제동권선)으로 기동
저주파 시동법	• 낮은 주파수로 시동하여 높이면서 동기속도가 되면 주전원을 투입하는 방식

정답   **30** ①   **31** ④   **32** ①

33 직·병렬 콘덴서의 합성 정전용량은?

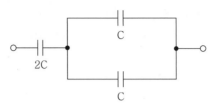

① C ② 2C ③ 3C ④ 4C

해설

- 병렬부분 $C'=C+C=2C$
- 합성 정전용량 $C_0=\dfrac{2C\times 2C}{2C+2C}=C$

34 회로를 여러 개 병렬로 접속하면 그 연결 개수 만큼 2진수를 기억할 수 있다. 일반적으로 이와 같은 플립플롭 일정 개수를 모아서 연산이나 누계에 사용하는 플립플롭의 특수한 모임은 무엇인가?

① 카운터(Counter) ② 컨버터(Converter)
③ 디멀티플렉서 ④ 레지스터(Register)

해설

- 레지스터란 여러 개의 FF으로 구성되어 있으며 데이터를 저장할 수 있는 기억소자이다.

35 전산기에서 음수를 처리하는 방법은?

① 보수 표현 ② 고정 소수점 표현
③ 부동 소수점 표현 ④ 지수적 표현

해설

- 디지털 시스템에서 음수를 표현하기 위해 흔히 2의 보수로 표현하는 방식을 사용한다.

36 그림과 같은 연산 증폭기에서 입력에 구형파 전압을 가했을 때 출력파형은?

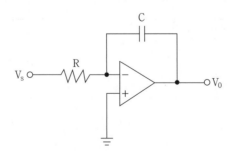

① 톱니파   ② 삼각파   ③ 정현파   ④ 구형파

해설

연산증폭기 적분기(R−C적분회로)이다.
• R−C 적분회로 입력(구형파) − 출력(삼각파)
• C−R 미분회로 입력(구형파) − 출력(펄스파)

37 가공선로의 지지물에 하중이 가해지는 경우에 그 하중을 받는 지지물의 기초 안전율은 2 이상이어야 한다. 다음과 같은 경우 예외로 하고 있다. (   )안의 내용으로 알맞은 것은?

> 철근 콘크리트주로서 그 전체 길이가 16[m] 초과 20[m] 이하이고, 설계하중이 6.8[kN] 이하의 것을 논이나 그 밖의 지반이 연약한 곳 이외에 그 묻히는 깊이를 (   )[m] 이상 으로 시설하는 경우

① 전주의 $\frac{1}{2}$ ② 2.5   ③ 2.8   ④ 3.1

해설

지지물 길이	설계하중	묻히는 깊이
16[m] 초과 20[m] 이하	6.8[kN] 이하	2.8[m] 이상
14[m] 이상 20[m] 이하	6.8[kN] 초과 9.8[kN] 이하	15[m] 이하는 길이의 $\frac{1}{6}$ 이상
		15[m] 초과는 2.5[m]에 0.3[m] 가산
16[m] 이상 20[m] 이하	9.8kN 초과 14.72[kN] 이하 9.8[kN] 초과 14.72[kN] 이하	15[m] 초과 18[m] 이하 3[m] 이상
		18[m] 초과 3.2[m] 이상

38 금속전선관을 쇠톱이나 커터로 절단한 다음, 관의 단면을 다듬을 때 사용하는 공구는?
① 리머   ② 클립볼   ③ 클리퍼   ④ 홀소

해설

• 리머는 전선관을 접속하기 전에 전선의 긁힘, 입선의 원활을 위해 관단을 다듬는 공구이다.

39 평행도선에 같은 크기의 왕복 전류가 흐를 때 두 도선 사이에 작용하는 힘과 관계되는 것으로 옳은 것은?
① 전류의 제곱에 비례한다.
② 간격의 제곱에 반비례한다.
③ 간격의 제곱에 비례하고 투자율에 반비례한다.
④ 주위 매질의 투자율에 반비례한다.

해설

• 작용하는 힘 $F = \frac{2I_1I_2}{r} \times 10^{-7}$[N/m]으로, 전류의 제곱에 비례한다.

정답   37 ③   38 ①   39 ①

40 2중 농형 전동기가 보통 농형전동기에 비해서 다른 점은?

① 기동전류가 크고 기동회전력도 크다.

② 기동전류가 작고 기동회전력도 작다.

③ 기동전류가 작고 기동회전력은 크다.

④ 기동전류가 크고 기동회전력은 적다.

해설

• 2중 농형 전동기는 회전자의 농형권선을 내외 2중으로 설치한 것이다.
• 기동 시에는 저항이 높은 외측 도체로 흐르는 전류로 큰 기동 토크를 얻는다.
• 기동 후에는 저항이 적은 내측 도체로 전류가 흘러 우수한 운전특성을 갖는다.
• 보통 농형 전동기에 비해 기동전류는 작고 기동토크는 크다.

41 동기 발전기에 회전계자형을 사용하는 경우가 많다. 그 이유로 적합하지 않은 것은?

① 기전력의 파형을 개선한다.

② 계자회로는 직류 저전압으로 소요 전력이 적다.

③ 전기자 권선은 고전압으로 결선이 복잡하다.

④ 전기자보다 계자극을 회전자로 하는 것이 기계적으로 튼튼하다.

해설

회전계자형을 채택하는 이유
• 회전계자형은 고전압(Y 결선) 대전류용으로 구조가 간단하다.
• 계자가 전기자보다 튼튼한 장점이 있다.
• 전기자는 고압이지만, 계자는 저전압이다.
• 계자는 소요전력이 적고 절연이 용이하다.
• 전기자는 3상으로 복잡하지만, 계자는 단상으로 간단하다.

42 변압기의 전 부하 동손이 240[W], 철손이 160[W]일 때, 이 변압기의 최고 효율로 운전하는 출력은 정격출력의 몇 [%]가 되는가?

① 60.67

② 66.65

③ 81.65

④ 95.25

해설

• 철손 $P_i = \left(\dfrac{1}{m}\right)^2 P_c$ 에서,

• $\dfrac{1}{m} = \sqrt{\dfrac{P_i}{P_C}} = \sqrt{\dfrac{160}{240}} = 0.8165$

43 유니온 커플링의 사용 목적은?

① 금속관 상호를 나사로 연결하는 접속
② 안지름이 다른 금속관 상호의 접속
③ 금속관과 박스의 접속
④ 돌려 끼울 수 없는 금속관의 상호 접속

해설

• 유니온 커플링은 금속관 상호 접속용이다.
• 관이 고정되어 있어 돌려 끼울 수 없는 장소에서 사용한다.

44 변압기의 누설 리액턴스를 줄이는 가장 효과적인 방법은?

① 코일의 단면적을 크게 한다. ② 권선을 분할하여 조립한다.
③ 권선을 동심 배치한다. ④ 철심의 단면적을 크게 한다.

해설

• 권선을 교호배치(서로 어긋나게 맞춤) 또는 분할배치하면 누설 리액턴스가 $\frac{1}{2}$ 이상 줄어든다.

45 다음 중 상자성체는 어느 것인가?

① 알루미늄 ② 철
③ 코발트 ④ 구리

해설

• 상자성체($\mu_s > 1$) : 알루미늄(Al), 산소, 공기, 백금(pt), 주석 등
• 강자성체($\mu \gg 1$) : 철, 니켈, 코발트
• 약자성체($\mu_s < 1$) : 은, 구리, 비스무트

46 단상 유도 전동기에서 주권선과 보조권선을 전기각 2π[rad]로 배치하고 보조권선의 권수를 주권선의 $\frac{1}{2}$로 하여 인덕턴스를 적게 하여 기동하는 방법은?

① 분상기동형 ② 권선기동형
③ 세이딩코일형 ④ 콘덴서기동형

해설

• 분상기동형 유도 전동기는 기동권선에 원심력 스위치만 연결되어 운전하는 방식이다.
• 기동권선과 주권선의 리액턴스 차에 따라 발생되는 전기적 위상각으로 기동하는 방식이다.

정답 43 ④ 44 ② 45 ① 46 ①

47 동기 조상기에 대한 설명으로 옳은 것은?

① 유도부하와 병렬로 접속한다.

② 부하전류의 가감으로 위상을 변화시켜 준다.

③ 부족여자로 운전하여 진상전류를 흐르게 한다.

④ 동기전동기에 부하를 걸고 운전하는 것이다.

해설

- 동기 조상기는 부하와 병렬로 연결하여 여자전류를 가감한다.
- 동기 전동기를 무부하로 운전하고 여자전류를 가감하면 1차에 유입하는 전류는 거의 무효분이다.
- 과여자 시는 진상전류, 부족여자 시는 지상전류가 되는 특성을 이용한다.
- 역률을 개선하고 전압강하는 감소시킨다.

48 로트에서 램덤하게 시료를 축출하여 검사한 후 그 결과에 따라 로트의 합격, 불합격을 판정하는 검사 방법을 무엇이라 하는가?

① 간접검사   ② 자주검사

③ 전수검사   ④ 샘플링 검사

해설

- 샘플링 검사법 : 단순랜덤 샘플링, 계통샘플링, 지그재그 샘플링 등

49 동심구의 양도체 사이에 절연내력이 $30[\text{kV/mm}]$이고, 비유전율 5인 유전체를 넣으면 공기인 경우의 몇 배의 전기량이 축적되는가?

① 5   ② 10   ③ 20   ④ 40

해설

- 절연내력 $E = \dfrac{1}{4\pi\epsilon_0} \times \dfrac{Q}{r^2}$ 에서, $Q = 4\pi\epsilon_0\epsilon_s r^2 \times E = \epsilon_s Q = 5Q[\text{C}]$이다.

50 전원과 부하가 다 같이 △ 결선된 3상 평형회로가 있다. 전원 전압이 $200[\text{V}]$, 부하임피던스가 $6+j8[\Omega]$인 경우 선전류는 몇 $[\text{A}]$인가?

① 17.3   ② 27.3

③ $10\sqrt{3}$ ④ $20\sqrt{3}$

해설

- $Z = \sqrt{6^2 + 8^2} = 10$, $I = \dfrac{V}{Z} = \dfrac{200}{100} = 20[\text{A}]$
- 선전류 $I_l = \sqrt{3}I_P = 20\sqrt{3}$

51 22.9[kV] 가공전선로에서 3상 4선식 선로의 직선주에 사용되는 크로스 완금의 표준길이는?

① 900[mm]　　　② 1,400[mm]　　　③ 1,800[mm]　　　④ 2,400[mm]

해설

완금(크로스 암)의 표준길이

전선의 개수	특고압
2	1,800
3	2,400

52 권선형 유도 전동기의 기동 시 회전자 회로에 고정 저항과 가포화 리액터를 병렬접속 삽입하여 기동 초기 슬립이 클때 저 전류 고 토크로 기동하고 점차 속도상승으로 슬립이 작아져 양호한 기동이 되는 기동법은?

① 2차 저항 기동법　　　　　　② 2차 임피던스 기동법
③ 콘도르퍼(Kondorfer) 기동방식　　④ 1차 직렬 임피던스 기동법

해설

권선형 유도 전동기 기동법(2차저항법)
• 2차 임피던스법이라고 한다.
• 2차 회로에 가변저항기를 접속 기동(고정 저항과 가포화 리액터 병렬접속)한다.
• 비례추이 원리를 이용한다.
• 큰 기동토크를 얻고 기동전류도 억제한다.

53 도수분포표에서 알 수 있는 정보로 가장 거리가 먼 것은?

① 로트의 평균 및 편차　　　　② 100 단위당 부적합 수
③ 로트 분포의 모양　　　　　　④ 규격과의 비교를 통한 부적합률의 추정

해설

도수분포법
• 품질변동을 분포형상 또는 수량적으로 파악하는 통계적 기법이다.
• 같은 수치끼리 혹은 각 범주나 구간별 분류한 표로 측정치를 순서대로 기록하여 놓은 것이다.
• 흩어진 데이터의 모양을 알 수 있다.
• 원 데이터를 규격과 대조하기가 쉽다.
• 공정관리에 효과적이다.
• 많은 데이터로부터 평균치와 표준편차를 구한다.
• 데이터가 어떤 분포인가 하는 집단 품질 확인이 가능하다.

정답　51 ④　52 ②　53 ②

54 TPM 활동체제 구축을 위한 5가지 기둥과 가장 거리가 먼 것은?

① 설비 효율화의 개별 개선 활동

② 설비 초기관리 체계 구축 활동

③ 운전과 보전의 스킬 업 훈련 활동

④ 설비 경제성 검토를 위한 설비 투자분석 활동

TPM 활동 5가지 기둥
- 설비 효율화의 개별 개선 활동
- 운전과 보전의 교육 훈련 활동
- 자주 보전 체계 구축 활동
- MP(보전예방) 설계 활동
- 초기 유동관리 체계 구축 활동

55 미리 정해진 일정단위 중에 포함된 부적합 수에 의거 하여 공정을 관리할 때 사용되는 관리도는?

① c 관리도　　　② p 관리도　　　③ x 관리도　　　④ np 관리도

c 관리도(포아송 분포)
- 일정 단위 중에 나타나는 결점 수(부적합 수)를 관리하기 위한 관리도

56 ASME(American Society of Mechanical Engineers)에서 정의하고 있는 제품 공정 분석표에 사용되는 기호 중 "저장(Storage)"을 표현한 것은?

① □　　　　　② ⇒　　　　　③ ▽　　　　　④ ○

- 가공 : ○　　　• 검사 : □　　　• 저장 : ▽　　　• 정체 : D　　　• 운반 : ⇒

57 외부 피뢰 시스템을 건축물·구조물과 분리되지 않은 피뢰시스템인 경우 병렬 인하도선을 등급에 따라 시설하고자 한다. 등급과 간격이 맞지 않는 것은?

① Ⅰ등급 5[m]　　② Ⅱ등급 10[m]　　③ Ⅲ등급 15[m]　　④ Ⅳ 20[m]

피뢰시스템의 인하도선
- 병렬 인하도선의 최대 간격은 피뢰 시스템 등급에 따라 Ⅰ, Ⅱ등급 10[m], Ⅲ등급 15[m], Ⅳ 20[m]로 한다.
- 건축물의 최상단부 금속부재와 지표레벨 사이의 직류 전기저항이 0.2 이하인 경우는 인하도선을 생략할 수 있다.

정답　54 ④　55 ①　56 ③　57 ①

58 TN-C 방식이나 TN-C-S 방식에서 C에 해당하는 명칭이나 용어는?

① N 도체   ② M 도체   ③ PE 도체   ④ PEN 도체

해설

각 계통에서 나타내는 문자
• N : 중성선   • M : 중간도체   • PE : 보호도체   • PEN : 중성선과 보호도체 겸용도체

59 전선을 배선공사에서 보호도체(PE) 도체의 배선 색상으로 맞는 것은?

① 갈색-녹색   ② 흑색-노란색   ③ 청색-녹색   ④ 녹색-노란색

해설

전선식별

상(문자)	L₁	L₂	L₃	N	보호도체
색상	갈색	흑색	회색	청색	녹색-노란색

60 특고압 전기설비와 저압 전기설비의 접지극이 서로 근접하여 시설되어 있는 변전소 또는 이와 유사한 곳에서 이들 접지극을 상호 접속하였다. 이 접지시스템의 명칭은?

① 단독접지 시스템   ② 공통접지 시스템
③ 통합접지 시스템   ④ 계통접지 시스템

해설

• 저압 전기설비의 접지극이 고압 및 특고압 접지극의 접지저항 형성영역에 완전히 포함되어 있다면 위험전 압이 발생하지 않도록 이들 접지극을 상호 접속하는 것을 공통접지 시스템이라 한다.

정답 **58** ④ **59** ④ **60** ②

한국전기설비규정 제정 내용을 중심으로 과년도 기출문제를 복원하여 수록하였음

01 그림과 같은 회로에서 전류 I[A]는?

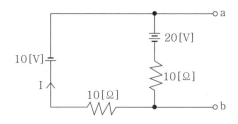

① -0.5　　　　② -1.0　　　　③ -1.5　　　　④ -2.0

해설

- V_1 기준　$I_1 = \dfrac{V_1}{R_1+R_2} = \dfrac{-10}{10+10} = -0.5$[A]
- V_2 기준　$I_2 = \dfrac{V_2}{R_1+R_2} = \dfrac{-20}{10+10} = -1$[A]
- 전류 $I = I_1 + I_2 = -1.5$[A]

02 정격전압에서 소비전력 600[W]인 저항에 정격전압 90[%]의 전압을 인가할 때 소비되는 전력은?

① 386[W]　　　　② 486[W]　　　　③ 540[W]　　　　④ 550[W]

해설

소비전력

- $P = \dfrac{V^2}{R} = \dfrac{(0.9)^2}{R} \propto 0.81 \times 600 = 486$[W]

03 역률 개선용 콘덴서에서 고조파의 영향을 억제하기 위하여 사용하는 것은?

① 병렬리액터　　② 병렬저항　　③ 직렬리액터　　④ 직렬저항

전력 콘덴서 고조파 대책
- 리액터 : 콘덴서와 직렬로 설치
- 리액터 용량 : 콘덴서 용량의 6[%]

정답　**01** ③　**02** ②　**03** ③

04 $f(t)=\sin t \cos t$ 함수를 라플라스 변환하면?

① $\dfrac{1}{(s^2+2)^2}$ ② $\dfrac{1}{s^2+4}$ ③ $\dfrac{1}{s^2+2}$ ④ $\dfrac{1}{(s^2+4)^2}$

해설

- 함수변환은 $f(t)=£[\sin t\cos t]=£\left[\dfrac{1}{2}\sin 2t\right]$

$\therefore \dfrac{1}{2}\times\dfrac{2}{s^2+2^2}=\dfrac{1}{s^2+4}$ 이다.

05 동기 전동기를 무부하로 하였을 때, 계자전류를 조정하면 동기기는 L과 C 소자와 같이 동작하고, 계자전류를 어떤 일정 값 이하의 범위에서 가감하면 가변리액턴스가 되고, 어떤 일정값 이상에서 가감하면 가변 커패시터로 작동한다. 이와 같은 목적으로 사용되는 것은?

① 제동권선   ② 균압환   ③ 역률 조정기   ④ 동기 조상기

해설

동기 조상기 특징
- 무부하의 동기 전동기로서 계자전류의 가감으로 위상 변화를 시킨다.
- 과여자 운전 : 진상전류
- 부족여자 운전 : 지상전류

06 단권변압기에 대한 설명이다. 틀린 것은?

① 3상에는 사용할 수 없다는 단점이 있다.

② 동일 출력에 대하여 사용 재료 및 손실이 적고 효율이 높다.

③ 1차 권선과 2차 권선의 일부가 공통으로 되어있다.

④ 단권변압기는 권선비가 1에 가까울수록 보통 변압기에 비해 유리하다.

해설

단권 변압기의 특징
- 1차 권선과 2차 권선의 회로가 절연되지 않고 일부가 공통 권선으로 되어있다.
- 권선 중 탭을 만들어 사용함으로 경제적이다.
- 권선비가 1에 가까울수록 효율과 특성이 좋아진다.
- 동일 출력에 대하여 사용 재료 및 손실이 적고 효율이 높다.
- 전압비가 적은 전력계통 및 가정용 전압 조정기 등에 다양하게 사용된다.

07 교류와 직류 양쪽 모두에 사용 가능한 전동기는?

① 단상 분권 정류자 전동기   ② 단상 반발 전동기

③ 세이딩 코일형 전동기   ④ 단상 직권 정류자 전동기

해설

단상 직권 정류자 전동기 특징
- 교직 양용 전동기라고도 한다.
- 교류 및 직류에서 동작할 수가 있다.

정답   04 ②   05 ④   06 ①   07 ④

08 변압기의 철손과 동손을 측정할 수 있는 시험으로 옳은 것은?

① 철손 : 무부하시험, 동손 : 단락시험 ② 철손 : 단락시험, 동손 : 극성시험

③ 철손 : 부하시험, 동손 : 유도시험 ④ 철손 : 무부하시험, 동손 : 절연내력시험

- 무부하 시험 : 철손, 여자전류, 여자 어드미턴스
- 단락시험 : 동손, 임피던스전압, 임피던스와트, 임피던스동손, 단락전류

09 JK 플립플롭에서 현상태의 출력 Q_n을 1로 하고, J입력에 0, K입력에 0을, 클럭펄스 CP 에 Rising Edge의 신호를 가하게 되면 다음 상태의 출력 Q_{n+1}은?

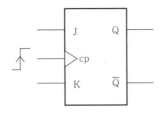

① 1 ② $\overline{Q_n}$ ③ X ④ 0

- JK−FF에서 J=K=0일 때 클럭이 발생하는 경우 출력은 변하지 않는다.
  ∴ Q_{n+1}은 1 이다.

10 합성수지몰드 공사에 사용되는 몰드 폭과 깊이는 몇 [cm] 이하가 되어야 하는가? (단 두 께는 1.2[mm] 이상)

① 1.5 ② 2.5 ③ 3.5 ④ 4.5

- 일반적인 경우 : 홈의 폭과 깊이 3.5[cm] 이하, 두께 2[mm] 이상
- 쉽게 접촉할 우려가 없는 경우 : 홈의 폭과 깊이 5[cm] 이하, 두께 1[mm] 이상

11 3상 유도 전동기 2차 입력, 2차 동손 및 슬립을 각각 P_2, P_{c2}, s라 하면 이들의 관계식은?

① $s = \dfrac{P_{2c}}{P_2}$ ② $s = P_{2c} - P_2$ ③ $s = P_{2c} \times P_2$ ④ $s = P_{2c} + P_2$

- 손실비례식 $P_2 : P_{c2} : P_0 = 1 : s : (1-s)$에서,
- $P_2 : P_{c2} = 1 : s$이고, $s = \dfrac{P_{2c}}{P_2}$이다.

정답 08 ① 09 ① 10 ③ 11 ①

12 변압기에서 여자전류를 감소시키려면?

① 코일의 권회수를 감소시킨다.　　② 우수한 절연물을 사용한다.

③ 코일의 권회수를 증가시킨다.　　④ 코일과 외함간 본딩을 한다.

해설

• 여자전류는 철손전류와 자화전류의 합이다.

• 자화전류는 자속을 만드는 전류이다.

• 여자전류를 감소시키려면 코일의 권선수를 증가시켜 임피던스를 증가하게 한다.

13 역률을 개선하면 전력요금의 절감과 배전선의 손실경감, 전압강하의 감소, 설비여력의 증가들을 기할 수 있으나, 너무 과보상하면 역효과가 나타난다. 즉, 경부하 시에 콘덴서가 과대 삽입되는 경우의 결점에 해당되는 사항이 아닌 것은?

① 고조파 왜곡의 확대　　　　　　② 전압 변동폭 감소

③ 모선 전압의 과상승　　　　　　④ 송전손실의 증가

해설

경부하 시 과보상 시 문제점

• 앞선 역률이 발생한다.　　• 전력손실이 발생한다.

• 모선전압의 상승　　　　　• 고조파 왜곡의 증대

14 일반 변전소 또는 이에 준하는 곳의 주요 변압기에 시설하여야 하는 계측장치로 옳은 것은?

① 전압, 전류, 주파수　　　　　　② 주파수 또는 역률

③ 전력, 주파수　　　　　　　　　④ 전압, 전류, 전력

해설

• 일반 변전소 또는 이에 준하는 주요 변압기의 계측장치 : 전압계, 전류계 또는 전력량 계측장치

15 평면 구면광도 $100[\text{cd}]$의 전구 5개를 지름 $10[\text{m}]$인 원형의 방에 점등할 때 이 방의 평균 조도는 약 몇 $[lx]$인가? (단, 조명률 0.5, 감광보상률은 1.5이다)

① 24.5　　　　　　② 26.7　　　　　　③ 30.6　　　　　　④ 38.2

해설

• 광속 $F = 4\pi I = 4\pi \times 100 = 1,256[\text{lm}]$

• 방면적 $A = \pi r^2 = \pi \left(\dfrac{10}{2} \right)^2 = 78.5[\text{m}^2]$

• 조도 $E = \dfrac{FNU}{AD} = \dfrac{1,256 \times 5 \times 0.5}{78.5 \times 1.5} = 26.7[\text{lx}]$

16 전기설비기술기준의 판단기준에 의하여 전력용 커패시터의 뱅크용량이 15,000[kVA] 이 상인 경우에는 자동적으로 전로로부터 자동 차단하는 장치를 시설하여야 한다. 장치를 시 설하는 기준으로 틀린 것은?

① 과전류가 생긴 경우에 동작하는 장치

② 내부에 고장이 생긴 경우에 동작하는 장치

③ 과전압이 생긴 경우에 동작하는 장치

④ 절연유가 농도변화가 있는 경우에 동작하는 장치

해설
자동차단장치 시설기준(전력용 커패시터 뱅크용량)
• 500[kVA]~15,000[kVA] 미만인 경우 : 과전류, 내부고장
• 15,000[kVA] 이상인 경우 : 과전류, 과전압, 내부고장

17 그림은 동기 발전기의 특성을 나타낸 곡선이다. 단락곡선은 어느 것인가? (단, V_n은 정격 전압, I_n은 정격전류, I_f는 계자전류, I_s는 단락전류이다.)

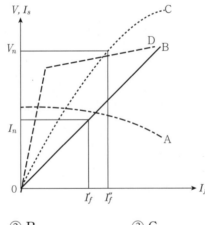

① A,D   ② B   ③ C   ④ A

해설
• 동기 발전기의 모든 단자를 단락시키고 정격속도로 운전시 계자전류와 단락전류의 관계곡선이다.
• 전기자 반작용이 감자로 작용하므로 3상 단락곡선은 직선이 된다.
• 그림에서 종축은 단락전류, 횡축은 계자전류, B는 단락곡선, C는 무부하 포화곡선이다.

18 송전단 전압 66[kV], 수전단 전압 61[kV]인 송전선로에서 수전단 부하를 끊은 무부하 수 전단 전압이 63[kV]이면 전압 변동률은 약 몇 [%]인가?

① 2.8   ② 3.3   ③ 4.3   ④ 5.2

해설
• 전압 변동률 $e=\dfrac{V_S-V_R}{V_R}\times100=\dfrac{63-61}{61}\times100≒3.3[\%]$

정답 16 ④ 17 ② 18 ②

19 합성수지관공사에 의한 저압 옥내배선의 시설기준으로 틀린 것은?

① 전선은 옥외용 비닐 절연전선을 사용할 것

② 관의 지지점 간의 거리는 1.5[m] 이하로 할 것

③ 전선은 합성수지관 안에서 접속점이 없도록 할 것

④ 습기가 많은 장소에 시설하는 경우 방습장치를 할 것

해설

저압 옥내배선 합성수지관 공사
• 절연전선은 10[mm²](알루미늄선 16[mm²]) 이하 단선 사용
• 10[mm²](알루미늄선 16[mm²]) 이상은 연선 사용
• 전선관 내에서는 전선의 접속점이 없어야 한다.

20 70[V/m]인 전계 내의 50[V] 점에서 1[C]의 전하를 전계 방향으로 30[cm] 이동한 경우 그 점의 전위는 몇 [V]인가?

① 30 ② 29 ③ 21 ④ 15

해설

• $V_B = V_A - V' = V_A - E_d = 50 - (70 \times 0.3) = 29[V]$

21 그림과 같은 직렬형 인버터에 대해서 L=1[mH], C=8[μF]일 때 출력주파수를 1[kHz]로 할 경우 거의 정현파의 출력전압이 얻어진다. 이때 부하저항 R은 몇 [Ω]인가?

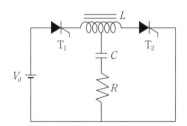

① 13.5 ② 18.5 ③ 23.0 ④ 27.5

해설

• 공진주파수 $f = \frac{1}{2\pi}\sqrt{\left(\frac{1}{LC} - \frac{R^2}{4L^2}\right)}$ 에서, $(2\pi f)^2 = \frac{1}{LC} - \frac{R^2}{4L^2}$ 이므로 R을 구한다.

• $R = 2L\sqrt{\frac{1}{LC} - (2\pi f)^2}$

$= 2 \times 10^{-3}\sqrt{\frac{1}{10^{-3} \times 8 \times 10^{-6}} - 4\pi^2 \times 10^6} = 18.5[\Omega]$

정답 **19** ① **20** ② **21** ②

22 AND 게이트 1개와 배타적 OR 게이트 1개로 구성되는 회로는?

① 전감산기 회로 ② 반가산기 회로 ③ 비교기 회로 ④ 멀티플렉서 회로

해설

반가산기(HA; Half Adder) 특징
- 1비트로 구성된 2개의 2진수를 덧셈할 때 사용한다.
- 하위자리에서 발생한 자리 올림수를 포함하지 않고 덧셈을 수행한다.
- 2개의 2진수 입력과 2개의 2진수 출력(S, C)회로을 가진다.
- 올림수(C, carry)는 입력(A, B)는 모두 1인 경우에만 1이 된다.'가 있다.

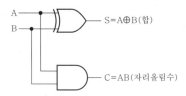

23 다음과 같은 회로에서 저항 R이 0[Ω]인 것을 사용하면 무슨 문제가 발생하는가?

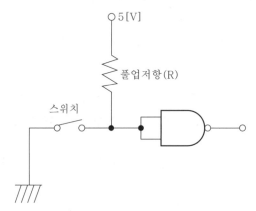

① 저항 양단의 전압이 작아진다. ② 저항 양단의 전압이 커진다.
③ 낮은 전압이 인가되어 문제가 없다. ④ 스위치를 ON 했을 때 회로가 단락된다.

해설

- 풀업저항을 없는 상태에서 스위치를 닫으면 접지상태가 되어 단락상태가 되고 과도한 전류가 흐른다

24 전원 공급 점에서 각각 30[m]의 지점에 60[A], 40[m]의 지점에 50[A], 50[m]의 지점에 30[A]의 부하가 걸려 있는 경우 부하 중심까지의 거리는?

① 17.9[m] ② 37.9[m] ③ 44.2[m] ④ 75.8[m]

해설

- 부하의 중심점 $= \dfrac{\sum(거리 \times 전류)의 합}{전류의 합} = \dfrac{30 \times 60 + 40 \times 50 + 50 \times 30}{60 + 50 + 30} ≒ 37.9[m]$

25 전로의 절연저항 및 절연내력 측정에 있어 사용전압이 저압인 전로에서 정전이 어려운 경우 등 절연 측정이 곤란한 경우에는 누설전류를 몇 [mA] 이하로 유지하여야 하는가?

① 1[mA]　　　　　　　　　　② 2[mA]

③ 3[mA]　　　　　　　　　　④ 4[mA]

해설

• 저압인 전로에서 부하 개폐가 곤란한 경우 등은 누설전류 1[mA] 이하이어야 한다.

26 100[mH]의 자기 인덕턴스에 220[V], 60[Hz]의 교류전압을 가하였을 때 흐르는 전류는 약 몇 [A]인가?

① 1.84　　　　　　　　　　② 4.84

③ 5.84　　　　　　　　　　④ 6.84

해설

• $X_L = 2\pi f L = 2\pi \times 60 \times 100 \times 10^{-3} ≒ 37.7[A]$

• $I = \dfrac{V}{X_L} = \dfrac{220}{37.7} ≒ 5.84[\Omega]$

27 영상 변류기(ZCT)를 사용하는 계전기는?

① UVR　　　　　　　　　　② SGR

③ OCR　　　　　　　　　　④ DFR

해설

• SGR : 선택지락 계전기　　• OCR : 과전류 계전기

• UVR : 부족전압 계전기　　• DFR : 차동 계전기

28 742_{10}를 3초과 코드로 표시하면?

① 101001110101　　　　　　② 011101000010

③ 010000010000　　　　　　④ 111111111111

해설

3초과 코드

• BCD 코드보다 3이 크기 때문에 3−초과라 하며, 각 BCD 코드에 10진수 3(0011₂)을 더하여 구하는 코드

10진수	BCD	3초과 코드
742	0111 0100 0010 |7|　|4|　|2|	1010　0111　0101

29 전등회로의 절연전선을 동일한 셀룰러 덕트에 넣을 경우 그 크기는 전선의 피복을 포함한 단면적의 합계가 셀룰러 덕트 단면적의 몇 [%] 이하가 되도록 선정하여야 하는지 기준으로 옳은 것은?

① 20　　　　　　② 30　　　　　　③ 40　　　　　　④ 48

해설
- 전선 절연물을 포함하는 단면적이 20[%] 이하
- 전광사인 장치, 출퇴표시등, 기타 이와 유사한 장치 또는 제어회로 등의 배선 50[%] 이하

30 전등 및 소형 기계기구의 용량합계가 25[kVA], 대형 기계기구 8[kVA]의 학교에 있어서 간선의 전선 굵기 산정에 필요한 최대 부하는 몇 [kVA]인가? (단, 학교의 수용률은 70[%]이다.)

① 18.5　　　　　② 28.5　　　　　③ 38.5　　　　　④ 48.5

해설
- 전등 및 소형 기계기구에서 수용률은 10[kVA]를 초과하는 경우 적용한다.
- 최대 부하 상정 : $10+(25-10)\times0.7+8=28.5[kVA]$

31 60[Hz], 20극, 10[kW]의 3상 유도전동기가 슬립 5[%]로 운전될 때 2차 동손이 600[W]이다. 이 전동기의 전부하시 토크는 약 몇 [kg·m]인가?

① 32.5　　　　　② 28.5　　　　　③ 24.5　　　　　④ 20.5

해설
- 동기속도 $N_s=\dfrac{120f}{P}=\dfrac{120\times60}{20}=360[rpm]$
- 슬립 적용 회전수 $N=(1-s)N_s=(1-0.05)\times360=342[rpm]$
- 토크 $\tau=\dfrac{P}{w}=0.975\dfrac{P}{N}=0.975\dfrac{VI}{N}$

$=0.975\times\dfrac{10{,}000}{342}\fallingdotseq28.5[kg\cdot m]$

32 병렬운전 중의 A, B 두 동기 발전기에서 A 발전기의 여자를 B보다 강하게 하면 A 발전기는 어떻게 변화하는가?

① $\dfrac{\pi}{2}$ 뒤진 전류가 흐른다.　　　　② $\dfrac{\pi}{2}$ 앞선 전류가 흐른다.

③ 동기화 전류가 흐른다.　　　　　　④ 부하전류가 흐른다.

해설
- 여자를 강하게 한 발전기는 기전력이 커지고, 지상분 무효 순환전류(90도 늦은 전류)가 흐르게 된다.

정답　29 ①　30 ②　31 ②　32 ①

33 코로나 방지대책으로 적당하지 않는 것은?

① 가선금구를 개량한다.　　　　　　② 복도체 방식을 채용한다.

③ 선간거리를 증가시킨다.　　　　　④ 전선의 외경을 증가시킨다.

해설
코로나 방지대책
- 코로나 임계전압을 높게 한다.
- 굵은 전선(복도체, ACSR, 중공연선 등)을 사용한다.
- 전선 표면을 매끄럽게 한다.
- 가선금구를 개량한다.

34 다음 중 SCR에 대한 설명으로 가장 옳은 것은?

① 쌍방향성 사이리스터이다.

② 게이트 전류로 애노드 전류를 연속적으로 제어 할 수 있다.

③ 게이트 전류를 차단하면 애노드 전류가 차단된다.

④ 단락상태에서 애노드 전압을 0 또는 부(−)로 하면 차단상태가 된다.

해설
- SCR은 점호능력은 있고, 소호능력은 없다.
- 소호시키려면 주전류를 유지전류 이하 또는 애노드 극성을 부(−, 역전압)로 한다.

35 1,500[kW], 6,000[V], 60[Hz]의 3상 부하의 역률이 75[%](뒤짐)이다. 이 때 이 부하의 무효분은 약 몇 [kVar]인가?

① 1,123　　　　　② 1,223　　　　　③ 1,322　　　　　④ 1,723

해설
- 피상전력 $=\dfrac{유효전력}{\cos\theta}=\dfrac{1,500}{0.75}=2,000[\text{kVA}]$
- $\theta=\cos^{-}0.75≒41.4°$
- 무효전력 $=2,000\times\sin41.4°≒1,322[\text{kVar}]$

36 직류기에서 전기자 반작용을 방지하기 위한 보상권선의 전류방향은?

① 계자전류 방향과 같다.　　　　　② 계자전류의 방향과 반대이다.

③ 전기자전류 방향과 같다.　　　　④ 전기자 전류의 방향과 반대이다.

해설
보상권선 특징
- 전기자 반작용을 방지하기 위한 가장 유효한 방법이다.
- 계자극에 홈을 파고 권선을 감아, 전기자 권선과 평행으로 홈속에 넣어 전기자와 직렬로 연결한 것이다.
- 전기자 권선 전류와 반대 방향으로 전류가 흘러 전기자 반작용을 상쇄한다.

정답　**33** ③　**34** ④　**35** ③　**36** ④

37 그림과 같은 회로는?

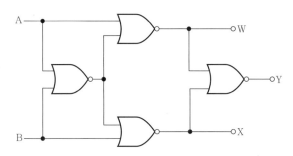

① 비교회로   ② 반가산회로

③ 반일치회로   ④ 감산회로

해설

비교회로 : 논리회로를 조합시킨 2수의 일치 여부를 비교하는 회로이다.

- $W = \overline{\overline{A+B}+A} = \overline{A}B$
- $X = \overline{\overline{A+B}+B} = A\overline{B}$
- $Y = \overline{\overline{A}B + A\overline{B}} = \overline{\overline{A}B} \cdot \overline{A\overline{B}}$
  $= (A+\overline{B}) \cdot (\overline{A}+B) = AB + \overline{A}\overline{B}$

38 그림과 같은 회로에서 스위치 S를 닫을 때 t초 후의 R에 걸리는 전압은?

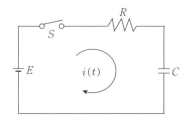

① $E\left(1-e^{-\frac{1}{RC}t}\right)$ ② $E\left(1-e^{-\frac{C}{R}t}\right)$

③ $Ee^{-\frac{C}{R}t}$ ④ $Ee^{-\frac{1}{RC}t}$

해설

t초 후에 저항 R에 걸리는 전압

- $v_R = Ri(t) = Ee^{-\frac{1}{RC}t}$

정답   **37** ①   **38** ④

39 그림과 같은 회로는 어떤 논리 동작을 하는가? (단, A, B는 입력이며, F는 출력이다.)

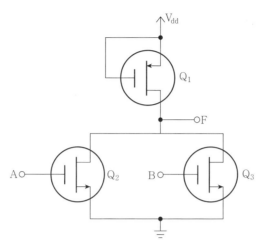

① NAND　　　　　② NOR　　　　　③ AND　　　　　④ OR

해설

- 모두 N채널(화살표가 오른쪽 방향, 게이트 P형)으로 구성된 타입이다.
- JFET P채널(화살표가 왼쪽 방향)−게이트 N형, N채널(화살표가 오른쪽 방향)−게이트 P형,
- 게이트와 소스 간에 +V 인가 시 드레인에서 소스로 도통된다.
- Q_1 표기는 항시 도통상태이다.
- A, B입력이 하나라도 1이면 출력이 0이고, 2 입력 모두 0인 경우 출력이 1인 NOR게이트 소자회로이다.

40 계수 규준형 샘플링 검사의 OC곡선에서 좋은 로트를 합격시키는 확률을 뜻하는 것은? (단. α는 제1종 과오, β는 제2종 과오이다.)

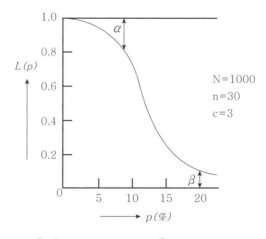

① α　　　　　② β　　　　　③ $1-\alpha$　　　　　④ $1-\beta$

해설

- P_0 : 합격시키고 싶은 lot의 부적합률($1-\alpha$)
- n : 시료의 크기
- c: 합격 판정개수
- P_1 : 불합격시키고 싶은 lot의 합격될 확률($1-\beta$)
- N : lot의 크기

정답　**39** ②　**40** ③

41 그림과 같은 논리회로의 논리함수는?

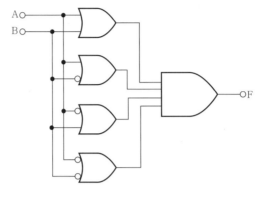

① 0   ② 1   ③ A   ④ B

해설

- $F = (A+B)(A+\overline{B})(\overline{A}+B)(\overline{A}+\overline{B})$
  $= (AA + A\overline{B} + AB + B\overline{B})(\overline{A}\overline{A} + \overline{A}B + \overline{A}B + B\overline{B})$
  $= A(1 + \overline{B} + B)\overline{A}(1 + \overline{B} + B)$
  $= A\overline{A} = 0$

42 직류 발전기 극수가 10극이고, 전기자 도체수가 500, 단중 파권일 때 매극의 자속수가 0.01[Wb]이면 60[rpm]의 속도로 회전할 때의 기전력은 몇 [V]인가?

① 20   ② 25   ③ 200   ④ 250

해설

- 기전력 $E = \dfrac{PZ\phi}{a} \times \dfrac{N}{60}$ [V]이고, 파권은 $a = 2$이다.
- $E = \dfrac{10 \times 500 \times 0.01 \times 60}{2 \times 60} = 25[V]$

43 저압 연접 인입선의 시설기준으로 옳은 것은?

① 옥내를 통과하여 시설할 것

② 폭 4[m]를 초과하는 도로를 횡단하지 말 것

③ 지름은 최소 1.5[mm²] 이상의 경동선을 사용할 것

④ 인입선에서 분기하는 점으로부터 100[m]를 초과하지 말 것

해설

연접 인입선
- 한 수용장소의 인입선에서 분기하여 다른 지지물을 거치지 않고 다른 수용장소의 인입구에 이르는 전선
- 옥내를 관통하지 말 것
- 폭 5[m]를 초과하는 도로를 횡단하지 말 것
- 인입선에서 분기하는 점으로부터 100[m]를 초과하지 말 것
- 고압 연접 인입선은 시설할 수 없다.

정답 **41** ① **42** ② **43** ④

44 용량이 같은 두 개의 콘덴서를 병렬로 접속하면 직렬로 접속할 때 보다 용량은 어떻게 되는가?

① 3배 증가한다.　② 4배 증가한다.
③ 0.5배 감소한다.　④ 0.25배 감소한다.

해설

- 직렬접속 $C_1 = \dfrac{C}{2}$
- 병렬접속 $C_2 = 2C$

45 최대 사용전압이 7[kV] 이하인 발전기의 절연내력을 시험하고자 한다. 최대 사용전압의 몇 배의 전압으로 권선과 대지 사이에 연속하여 몇 분간 가하여야 하는지 그 기준을 옳게 나타낸 것은?

① 1.5배, 10분　② 2배, 10분
③ 1배, 10분　④ 2배, 1분

해설

회전기 및 정류기 시험 기준

종류			시험전압	시험전압 인가장소
회전기	발전기 전동기 조상기	7 kV 이하	최대 사용전압×1.5 (최저 500V)	권선과 대지간 10분간
		7 kV 이상	최대 사용전압×1.25 (최저 10,500V)	
	회전변류기		직류측 최대 사용전압×1(최저 500V)	

46 소맥분, 전분, 기타의 가연성 분진이 존재하는 곳의 저압 옥내배선의 공사방법으로 적합하지 않은 것은?

① 케이블 공사　② 금속관 공사
③ 가요전선관 공사　④ 합성수지관 공사

해설

먼지가 많은 장소에서 시설기준
- 폭연성 분진(마그네슘, 알루미늄, 티탄, 지르코륨 등의 먼지로 쌓여진 상태)으로 폭발할 우려가 있는 장소
  - 금속관 공사, 케이블(캡타이어 케이블 공사 제외)공사
  - 금속관 상호 및 관과 박스 등과는 5턱 이상의 나사 조임으로 접속
- 가연성 분진(소맥분, 전분, 유황, 기타 먼지자 공중에 떠다니는 상태)으로 폭발할 우려가 있는 장소
  - 합성수지관 공사, 금속관 공사, 케이블 공사
  - 금속관 상호 및 관과 박스 등과는 5턱 이상의 나사 조임으로 접속

정답　44 ②　45 ①　46 ③

47 3상 4선식 선로에서 수전단 전압 6.6[kV], 역률 80[%], 600[kVA]의 부하가 연결되어 있다. 선로의 임피던스 $R=3[\Omega]$, $X=4[\Omega]$인 경우 송전단 전압은 약 몇 [V]인가?

① 6,852   ② 6,957   ③ 7,037   ④ 7,543

해설

$$\begin{aligned}
\cdot\ V_S &= V_R + \sqrt{3}I(R\cos\theta + X\sin\theta) \\
&= V_R + \sqrt{3}\frac{P}{\sqrt{3}V}(R\cos\theta + X\sin\theta) \\
&= 6,600 + \frac{600 \times 10^3}{6,600}(3 \times 0.8 + 4 \times 0.6) \\
&\fallingdotseq 7,037[\text{V}]
\end{aligned}$$

48 전력원선도에서 구할 수 없는 것은?

① 송전손실   ② 과도안정 극한 전력

③ 조상용량   ④ 정태안정 극한 전력

해설

전력원선도 특징
- 축상 : 가로축 – 유효전력, 세로축 – 무효전력
- 반지름 $\rho = \dfrac{E_S E_r}{B} = \dfrac{E_S E_R}{Z}$
- 전력원선도에서 알 수 있는 사항

– 송전전력	– 전력손실
– 수전단 역률	– 조상기 용량
– 정태안정 극한 전력	– 송수전단 전압간 상차각(δ)

49 나전선 상호 또는 나전선과 절연전선, 캡타이어 케이블 또는 케이블과 접속하는 경우의 설명으로 옳은 것은?

① 접속 슬리브(스프리트 슬리브 제외), 전선 접속기를 사용하여 접속하여야 한다.

② 접속부분의 절연은 전선 절연물의 80[%] 이상의 절연효력이 있는 것으로 피복하여야 한다.

③ 전선의 강도를 30[%] 이상 감소하지 않아야 한다.

④ 접속부분은 전기저항을 증가시켜야 한다.

해설

전선의 접속조건
- 접속 부위의 기계적 강도를 80[%] 이상이어야 한다.
- 접속점의 절연이 약화되지 않도록 테이핑 또는 와이어 커넥터로 절연한다.
- 전선의 접속은 박스 안에서 하고, 전선관 내 접속은 없어야 한다.
- 접속점에 장력이 가해지지 않아야 한다.
- 전기적 저항을 증가시키지 않아야 한다.

정답   **47** ③   **48** ②   **49** ①

50 전격살충기를 시설할 경우 전격격자와 시설물 또는 식물 사이의 이격거리는 몇 [cm] 이 상이어야 하는가?

① 10   ② 20   ③ 30   ④ 40

해설

전격 살충기 시설기준
- 전격살충기는 조명부분과 전력격자의 구조이다.
- 지표상 또는 마루위 3.5[m] 이상의 높이에 설치한다.
- 2차 측 개방전압이 7[kV] 이하인 경우 1.8[m]이상의 높이로 할 수 있다.
- 전격격자와 공작물, 식물과의 이격거리는 30[cm] 이상으로 한다.

51 방향 계전기의 기능에 대한 설명으로 옳은 것은?

① 계전기가 설치된 위치에서 보는 전기적 거리 등을 판단해서 동작한다.

② 예정된 시간 지연을 가지고 응동하는 것을 목적으로 한 계전기이다.

③ 보호구간으로 유입하는 전류와 보호구간에서 유출되는 전류와의 백터차와 출입하는 전 류와의 관계비로 동작하는 계전기이다.

④ 2개 이상의 백터량 관계 위치에서 동작하며 전류가 어느 방향으로 흐르는가를 판정하 는 것을 목적으로 한 계전기이다.

해설

- 거리 계전기 : 송전선에 사고 발생시 고장구간의 전류를 차단하는 작용을 하는 계전기이다.

52 출력 15[kVA], 정격전압에서 철손이 85[W], 뒤진역률 0.8, $\frac{3}{4}$부하에서 효율이 가장 큰 단상변압기가 있다. 역률 1일 때 최대 효율은 약 몇 [%]인가?

① 96.2   ② 97.8   ③ 98.14   ④ 146.71

해설

- $\frac{1}{m}$ 부하에서 효율 $\eta = \dfrac{\left(\frac{1}{m}\right)V_2 I_2 \cos\theta}{\left(\frac{1}{m}\right)V_2 I_2 \cos\theta + P_i + \left(\frac{1}{m}\right)^2 P_c} \times 100[\%]$이다.

- 철손 $P_i = \left(\frac{1}{m}\right)^2 P_c$에서, 동손 $P_c = \dfrac{P_i}{\left(\frac{1}{m}\right)^2} = \dfrac{85}{\left(\frac{3}{4}\right)^2} = 151.1[W]$

- 효율 $\eta = \dfrac{\left(\frac{3}{4}\right) \times 15 \times 0.8}{\left(\frac{3}{4}\right) \times 15 \times 0.8 + 0.085 + \left(\frac{3}{4}\right)^2 \times 0.1511} \times 100[\%] \fallingdotseq 98.14[\%]$

정답   **50** ③ **51** ④ **52** ③

53 총 설비용량 80[kW], 수용율 60[%], 부하율 75[%]인 부하의 평균 전력은 몇 [kW]인가?

① 36 　　　　　② 46 　　　　　③ 55 　　　　　④ 78

해설

- 평균 전력=총 설비용량×수용률×부하율=80×0.6×0.75=36[kW]

54 3상 전파 정류회로에서 부하는 10[Ω]의 순 저항부하이고, 전원전압은 3상 220[V](선간전압), 60[Hz]이다. 평균 출력전압[V] 및 출력전류[A]는 각각 얼마인가?

① 149[V], 1.49[A] 　　　　　② 297[V], 29.7[A]

③ 381[V], 3.81[A] 　　　　　④ 419[V], 4.19[A]

해설

- 직류전압의 평균값 $V_{dc}=1.35V=1.35\times220=297[V]$
- 출력전류 $I_{dc}=\dfrac{V_{dc}}{R}=\dfrac{297}{10}≒29.7[A]$

55 어떤 작업을 수행하는데 작업 소요시간이 빠른 경우 5시간, 보통이면 8시간, 늦으면 12시간 걸린다고 예측되었다면 3점 견적법에 의한 기대 시간치와 분산을 계산하면 약 얼마인가?

① $t_e=8.3$, $\sigma^2=1.17$ 　　　　　② $t_e=8.2$, $\sigma^2=1.36$

③ $t_e=8.0$, $\sigma^2=1.17$ 　　　　　④ $t_e=8.2$, $\sigma^2=1.36$

해설

- 기대 시간치 $t_e=\dfrac{T_0+4T_m+T_P}{6}=\dfrac{5+4\times8+12}{6}=8.167≒8.2$
- 분산 $\sigma^2=\left(\dfrac{T_P-T_0}{6}\right)^2=\left(\dfrac{12-5}{6}\right)^2=1.36$

  여기서, T_0 : 빠른 시간(낙관시간), T_m : 보통 시간, T_p : 늦은 시간(비관시간)

56 작업측정의 목적 중 틀린 것은?

① 과업관리 　　　　　② 작업개선

③ 표준시간의 설정 　　　　　④ 요소작업 분할

해설

작업측정의 목적
- 과업의 관리
- 작업 시스템 개선
- 작업 시스템의 설계(표준시간 설정)

57 계량값 관리도에 속하는 것은?

① u관리도   ② c관리도   ③ R관리도   ④ np관리도

해설

계량치 및 계수치 관리도

계량치 관리도	• 길이, 무게, 강도, 전압, 전류 등의 연속변량 측정 • $\bar{x}-R$ 관리도, x 관리도, $x-R$ 관리도, R 관리도
계수치 관리도	• 한 개, 두 개로 계수되는 수량와 그에 따른 불량률 측정 • np 관리도(불량개수), p 관리도(불량률), c 관리도(결점 수), u 관리도(단위당 결점 수)

58 일반적으로 품질코스트 가운데 가장 큰 비율을 차지하는 것은?

① 예방코스트   ② 실패코스트   ③ 작업개선   ④ 검사코스트

해설

품질코스트 비용 비율
• 예방코스트 약 10[%]   • 평가코스트 약 25[%]   • 실패코스트 50~75[%]

59 정규분포에 관한 설명 중 틀린 것은?

① 일반적으로 평균치가 중앙값보다 크다.

② 대체로 표준편차가 클수록 산포가 나쁘다고 본다.

③ 평균을 중심으로 좌우 대칭 분포이다.

④ 평균치가 0이고 표준편차가 1인 정규 분포를 표준 정규 분포라 한다.

해설

정규분포 특징
• 평균을 중심으로 좌우 대칭 종 모양을 가진다.
• 가운데 부분이 많고 양 끝부분이 작은 형태를 말한다.
• 표준편차가 클수록 산포가 나쁘다.
• 평균치가 0이고 표준편차가 1인 정규분포를 표준 정규분포라 한다.

60 3상 유도 전동기의 제동방법 중 슬립의 범위를 1~2 사이로 하여 제동하는 방법은?

① 역상제동   ② 회생제동   ③ 단상제동   ④ 직류제동

해설

제동법
• 역상제동(플러깅) : 전동기의 단자 접속을 변경하여 회전방향과 반대방향으로 토크를 주어 제동
  – 슬립의 범위가 1~2이다.
  – 강한 토크가 발생한다.
• 발전제동 : 운전 중인 전동기의 전압을 끊어 발전기로 작동시켜 회전체의 운동에너지를 전기적 에너지로 변환시켜 저항을 통과하게 하여 열에너지로 소비시켜 제동하는 방법
• 회생제동 : 전동기가 가지는 운동에너지를 전기에너지로 바꾸어 이를 전원으로 되돌려 전력을 이용하는 방법

정답 57 ③ 58 ② 59 ① 60 ①

5회 기출 및 예상문제

한국전기설비규정 제정 내용을 중심으로 과년도 기출문제를 복원하여 수록하였음

01 자기 인덕턴스가 L_1, L_2 상호 인덕턴스가 M인 두 회로의 결합계수가 1인 경우 L_1, L_2 M의 관계는?

① $L_1 \cdot L_2 = M$

② $L_1 \cdot L_2 < M^2$

③ $L_1 \cdot L_2 > M^2$

④ $L_1 \cdot L_2 = M^2$

해설

• 상호 인덕턴스 $M = k\sqrt{L_1 L_2} = 1 \times \sqrt{L_1 L_2}$
  ∴ $L_1 L_2 = M^2$

02 사이리스터 병렬 연결시 발생하는 전류 불평형에 관한 설명으로 틀린 것은?

① 전류가 많이 흐르는 사이리스터는 내부저항이 감소한다.

② 사이리스터에 저항을 병렬로 연결하여 전류 분담을 일정하게 한다.

③ 자기(磁氣)적으로 결합된 인덕터를 사용하여 전류분담을 일정하게 한다.

④ 병렬 연결된 사이리스터가 동시에 턴온되기 위해서는 점호 펄스의 상승시간이 빨라야 한다.

해설

• 사이리스터의 전류 분담을 일정하게 하기 위해서는 인덕터를 (병렬)연결하여야 한다.

03 35[kV] 이하의 가공전선이 철도 또는 궤도를 횡단하는 경우 지표상(레일면상)의 높이는 몇 [m] 이상이어야 하는가?

① 5

② 5.5

③ 6

④ 6.5

해설

35[kV] 이하의 특별고압 가공전선의 높이
• 5[m] 이상
• 철도 또는 궤도를 횡단하는 경우 : 6.5[m] 이상
• 도로를 횡단하는 경우 : 6[m] 이상
• 횡단보도교 위에 시설하는 경우 : 4[m] 이상

정답 01 ④ 02 ② 03 ④

04 PWM 인버터 특징이 아닌 것은?

① 전압제어 시 응답 특성이 좋다.

② 스위칭 손실을 줄일 수 있다.

③ 출력에 포함되어 있는 저차 고조파 성분을 줄일 수 있다.

④ 여러 대의 인버터가 직류전원을 공용할 수 있다.

해설

PWM 인버터 특징
- 유도성 부하만 사용할 수 있으며, 스위칭 소자 및 출력 변압기의 이용률은 낮다.
- 회로가 간단하고 응답성이 좋으며 효율이 높다.
- 저차 고조파 노이즈는 적고, 고차 고조파 노이즈는 많다.
- 컨버터부에서 정류된 직류전압을 인버터부에서 전압과 주파수를 동시에 제어한다.
- 다수의 인버터가 직류를 공용으로 사용할 수 있다.

05 비투자율 3,000인 자로의 평균 길이 50[cm], 단면적 30[cm²]인 철심에 감긴, 권수 425회 코일에 0.5[A]의 전류가 흐를 때 저축되는 전자(電磁)에너지는 약 몇 [J]인가?

① 0.25   ② 0.51   ③ 1.03   ④ 2.07

해설

- 인덕턴스 $L = \dfrac{\mu A}{l} N^2 = \dfrac{4\pi \times 10^{-7} \times 3000 \times (30 \times 10^{-4})}{50 \times 10^{-2}} \times 425^2 = 4.08[\text{H}]$
- 전자에너지 $W = \dfrac{1}{2} LI^2 = \dfrac{1}{2} \times 4.08 \times 0.5^2 = 0.51[\text{J}]$

06 극수 4, 회전수 1,800[rpm], 각상의 코일수 83, 1극의 유효자속 0.3[Wb]의 3상 동기 발전기가 있다. 권선계수가 0.96이고, 전기자 권선을 Y 결선으로 하면 무부하 단자전압은 약 몇 [kV]인가?

① 9   ② 10   ③ 11   ④ 12

해설

- 주파수 $f = \dfrac{N_s P}{120} = \dfrac{1,800 \times 4}{120} = 60[\text{Hz}]$
- 유도 기전력 $E = 4.44\text{fn}\phi\text{kW}[\text{V}]$에서 $E = 4.44 \times 60 \times 83 \times 0.3 \times 0.96 ≒ 6,368[\text{V}]$
- Y 결선 선간전압 $= \sqrt{3} \times$ 상전압 $= 6,368\sqrt{3} ≒ 11[\text{kV}]$

07 송전선로에서 복도체를 사용하는 주된 목적은?

① 정전용량의 감소   ② 인덕턴스의 증가

③ 코로나 발생의 감소   ④ 전선 표면의 전위경도의 증가

해설

복도체 사용목적
- 정전용량을 증가시켜 송전용량을 증가시킨다.
- 코로나 임계전압을 높여 코로나 발생을 방지한다.

정답   **04** ② **05** ② **06** ③ **07** ③

08 2진수 (10101110)$_2$을 16진수로 변환하면?

① 174   ② 1014   ③ AE   ④ 9F

해설

- 16은 2⁴이므로 2진수 4자리씩 16진수로 변환한다.
- (1010 1110)$_2$는 $(AE)_{16}$이다.

09 선간거리 2D[m], 지름 d[m]인 3상 3선식 가공전선로의 단위 길이당 대지정전용량[μF/km]은?

① $C = \dfrac{0.02413}{\log_{10} \dfrac{4D}{3d}}$ ② $C = \dfrac{0.02413}{\log_{10} \dfrac{2D}{d}}$

③ $C = \dfrac{0.02413}{\log_{10} \dfrac{4D}{d}}$ ④ $C = \dfrac{0.02413}{\log_{10} \dfrac{D}{d}}$

해설

- 선간거리가 2D, 반지름 $\dfrac{1}{2}$d의 조건이다.

- 정전용량 $C = \dfrac{0.02413}{\log_{10} \dfrac{2D}{\dfrac{d}{2}}} = \dfrac{0.02413}{\log_{10} \dfrac{4D}{d}}$

10 동기 발전기의 자기여자 현상의 방지법이 아닌 것은?

① 수전단에 변압기를 병렬로 연결한다.

② 발전기의 단락비를 적게한다.

③ 발전기 여러 대를 모선에 병렬로 접속한다.

④ 수전단에 리액턴스를 병렬로 접속한다.

해설

자기여자 현상 방지법
- 단락비가 큰 발전기를 채용한다.
- 발전기 여러 대를 병렬로 접속한다.
- 수전단에 동기 조상기를 접속한다.
- 수전단에 리액턴스를 병렬로 접속한다.
- 수전단에 변압기를 병렬로 접속한다.

11 전기자 권선에 의해 생기는 전기자 기자력을 없애기 위하여 주 자극의 중간에 작은 자극으로 전기자 반작용을 상쇄하고 또한 정류에 의한 리액턴스 전압을 상쇄하여 불꽃을 방지하는 역할을 하는 것은?

① 보상권선   ② 전기자 권선   ③ 공극   ④ 보극

해설

보극의 특징
• 보극은 주자극의 중간에 설치한 보조 자극이다.
• 코일 내 유기되는 리액턴스 전압과 반대 방향으로 정류전압을 유기시킨다.
• 전기자 반작용을 경감시키고 양호한 정류를 얻을 수 있다.

12 다음 그림에서 계기 X가 지시하는 것은?

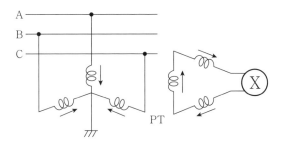

① 영상전압   ② 역상전압   ③ 정상전압   ④ 정상전류

해설

• 선로에 지락 발생 시 계기용 변성기(PT)를 통해 영상전압을 검출한다.

13 그림과 같은 회로에서 전압비의 전달함수는?

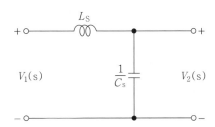

$V_1(s)$ $\dfrac{1}{C_s}$ $V_2(s)$

① $\dfrac{\frac{1}{LC}}{s^2+\frac{1}{LC}}$ ② $\dfrac{1}{\frac{1}{L_S}+C_S}$ ③ $\dfrac{C_S}{s^2(s+LC)}$ ④ $\dfrac{1}{LC+C_S}$

해설

• 출력전달함수 (전압비)$=\dfrac{\text{출력전압 } V_2(s)}{\text{입력전압 } V_1(s)}=\dfrac{\frac{1}{C_s}}{L_s+C_s}=\dfrac{1}{LC_s^2+1}=\dfrac{\frac{1}{LC}}{s^2+\frac{1}{LC}}$

14 2중 농형 전동기가 보통 농형 전동기에 비해서 다른 점은?

① 기동전류 및 기동토크가 모두 크다.　　② 기동전류는 크고, 기동토크는 적다

③ 기동전류는 적고, 기동토크는 크다.　　④ 기동전류 및 기동토크가 모두 적다.

해설

2중 농형 전동기의 특징
- 회전자 슬롯에 상하로 두 종류의 도체를 배열한 것이다.
- 바깥쪽의 도체를 높은 저항(합금), 안쪽의 도체를 낮은 저항(동)을 구성하였다.
- 기동할 때는 전류가 적게 흐르고, 기동토크는 크도록 기동 특성을 개선하였다.

15 3상 배전선로의 말단에 늦은 역률 80[%], 200[kW]의 평형 3상 부하가 있다. 부하점에 부하와 병렬로 전력용 콘덴서를 접속하여 선로손실을 최소화하려고 한다. 이 경우 필요한 콘덴서의 용량 [kVA]은? (단, 부하단 전압은 변하지 않는 것으로 한다.)

① 115　　　　② 125　　　　③ 135　　　　④ 150

해설

- 콘덴서 용량 $Q = P\left(\dfrac{\operatorname{Sin}\theta_1}{\operatorname{Cos}\theta_1} - \dfrac{\operatorname{Sin}\theta_2}{\operatorname{Cos}\theta_2} \right) = 200\left(\dfrac{0.6}{0.8} - \dfrac{0}{1} \right) = 150[\text{kVA}]$

16 권수비 50인 단상변압기가 전부하에서 2차 전압이 115[V], 전압 변동률이 2[%]라 한다. 1차 단자전압은?

① 3,385　　　　② 3,565　　　　③ 4,865　　　　④ 5,865

해설

- $V_{20} = 115 \times 0.02 + 115 = 117.3[\text{V}]$
- $a = \dfrac{N_1}{N_2} = \dfrac{V_1}{V_2} = \dfrac{I_2}{I_1}$,　$50 = \dfrac{V_1}{117.3}$
- $V_1 = 5,865[\text{V}]$

17 주택 배선에 금속관 또는 합성수지관 공사를 할 때 전선을 2.5[mm²]의 단선으로 배선하려고 한다. 전선관의 접속함(정선박스) 내에서 비닐테이프를 사용하지 않고 직접 전선 상호 간을 접속하는데 가장 편리한 재료는?

① 터미널 단자　　② 서비스 캡　　③ 와이어 커넥터　　④ 절연튜브

해설

- 서비스 캡 : 금속관용 접속부품
- 와이어 커넥터 : 전선 접속함 내에서 전선 접속
- 터미널 단자 : 전선 끝단의 압착단자를 고정하기 위한 단자.
- 절연튜브 : 전선의 접속 노출부분, 압착터미널 노출부분의 절연용으로 사용

정답　14 ③　15 ④　16 ④　17 ③

18 단상 교류 위상제어 회로의 입력 전원전압이 $v_s = V_m \sin \theta$이고, 전원 v_s양의 반주기 동안 사이리스터 T_1을 점호각 α에서 턴 온 시키고, 전원의 음의 반주기 동안에는 사이리스터 T_2를 턴온 시킴으로서 출력전압 (v_0)의 파형을 얻었다면 단상 교류 위상제어 회로의 출력 전압에 대한 실효값은?

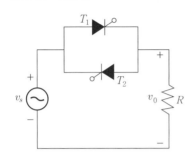
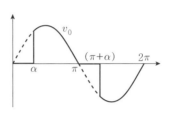

① $\dfrac{V_m}{\sqrt{2}}\sqrt{1 - \dfrac{\alpha}{\pi} + \dfrac{\sin 2\alpha}{2\pi}}$

② $\dfrac{V_m}{\sqrt{2}}\sqrt{1 - \dfrac{2\alpha}{\pi} + \dfrac{\sin 2\alpha}{2\pi}}$

③ $V_m\sqrt{1 - \dfrac{2\alpha}{\pi} + \dfrac{\sin 2\alpha}{2\pi}}$

④ $V_m\sqrt{1 - \dfrac{\alpha}{\pi} + \dfrac{\sin 2\alpha}{2\pi}}$

해설

• 실효값 $V_s = \sqrt{\dfrac{1}{2\pi}\displaystyle\int_0^\pi (V_m \sin wt)^2 d(wt)} = \dfrac{V_m}{\sqrt{2}}\sqrt{1 - \dfrac{\alpha}{\pi} + \dfrac{\sin 2\alpha}{2\pi}}$

19 전동기의 외함과 권선 사이의 절연상태를 점검하고자 한다. 다음 중 필요한 것은 어느 것인가?

① 접지저항계   ② 전압계   ③ 전류계   ④ 메거

해설

• 메거 : 절연저항 측정   • 전류계 : 전류측정
• 전압계 : 전압측정   • 접지저항계 : 접지저항 측정

20 SCR을 완전히 턴온하여 온상태로 된후, 양극전류를 감소시키면 양극전류의 어떤 값에서 온상태에서 오프상태로 된다. 이때 양극전류는?

① 역저지 전류   ② 유지전류   ③ 최대 전류   ④ 래칭전류

해설

유지전류
• 유지전류란 SCR을 ON상태로 유지시키기 위한 최소 전류(20[mA]이상)를 말한다.

21 부하를 일정하게 유지하고 역률 1로 운전 중인 동기 전동기의 계자전류를 감소시키면?

① 콘덴서로 작용한다.   ② 아무 변동이 없다.

③ 뒤진 역률의 전기자 전류가 증가한다.   ④ 앞선 역률의 전기자 전류가 증가한다.

해설

동기 전동기의 계자전류(일정전압, 일정출력의 경우)를 조정하는 경우
• 계자전류 감소 : 지상분의 여자전류 증가
• 계자전류 증가 : 여자전류는 점차 감소되고, 계자전류 자속이 유지되는 점에서 여자전류는 0이 되어 역률은 1이 된다.

22 MOS-FET의 드레인 전류는 무엇으로 제어 하는가?

① 게이트 전압   ② 게이트 전류   ③ 소스 전류   ④ 소스 전압

해설

• MOS-FET 드레인 전류는 게이트와 소스 사이의 전압을 제어한다.

23 반파 정류회로에서 직류전압 220[V]를 얻는데 필요한 변압기 2차 상전압은 약 몇 [V]인가? 단, 부하는 순저항이고, 변압기 내의 전압강하는 무시하며, 정류기 내의 전압강하는 50[V]로 한다.

① 400   ② 550   ③ 600   ④ 650

• 출력전압 $V_d = 0.45V - e$ 에서, 입력전압 $V = \dfrac{V_d + e}{0.45} = \dfrac{220 + 50}{0.45} = 600$[V]이다.

24 단상 전파 정류회로를 구성한 것으로 옳은 것은?

① 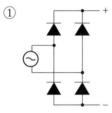   ②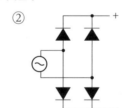

③ 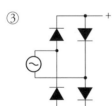   ④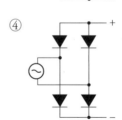

해설

• 다이오드의 캐소드 방향이 +, 애노드 방향이 -쪽으로 접속되어야 한다.

정답   21 ③   22 ①   23 ③   24 ①

25 전력원선도의 가로축과 세로축은 각각 무엇을 나타내는가?

① 단자전압과 단락전류
② 단락전류와 피상전력
③ 단자전압과 유효전력
④ 유효전력과 무효전력

해설

전력원선도 가로 및 세로축
• 가로축 : 유효전력
• 세로축 : 무효전력

26 가로 25[m], 세로 8[m]되는 면적을 갖는 상가에 사용전압 220[V], 10[A] 분기회로로 할 때, 표준부하에 의하여 분기 회로수를 구하면 몇 회로로 하면 되는가?

① 1회로
② 2회로
③ 3회로
④ 4회로

해설

• 상가 표준부하 밀도 30[VA/m²]
• 부하산정 용량 25×8×30＝6,000[VA]
• 분기회로수 $N = \dfrac{\text{부하산정용량[VA]}}{\text{전압[V]} \times \text{분기회로정격[A]}} = \dfrac{6,000}{220 \times 10} = 2.72 ≒ 3$회로

27 그림의 트랜지스터 회로에 5[V] 펄스 1개를 R_B저항을 통하여 인가하면 출력 파형 V_0는?

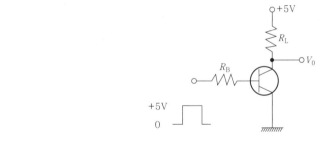

해설

• 트랜지스터를 활용한 NOT 게이트(부정회로) 회로이다.
• 베이스의 입력이 0이면 출력은 1이고, 입력이 1이면 출력이 0이다.

28 평행판 콘덴서에 전압이 일정할 경우 극판 간격을 2배로 하면 내부의 전계의 세기는 어떻게 되는가?

① 4배로 된다.

② 2배로 된다.

③ $\frac{1}{4}$배로 된다.

④ $\frac{1}{2}$배로 된다.

해설
- 전기장의 세기 $E=\dfrac{V}{l}$[V/m]이므로 $\dfrac{1}{2}$배가 된다.

29 그림과 같은 회로에서 저항 R_2에 흐르는 전류는 약 몇 [A]인가?

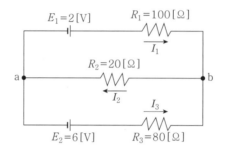

① 0.211

② 0.66

③ 0.250

④ 0.655

해설
- $V_{ab}=\dfrac{\dfrac{E_1}{R_1}+\dfrac{E_2}{R_3}}{\dfrac{1}{R_1}+\dfrac{1}{R_3}}=\dfrac{\dfrac{2}{100}+\dfrac{6}{80}}{\dfrac{1}{100}+\dfrac{1}{80}}=4.22[V]$
- $I_2=\dfrac{V_{ab}}{R_2}=\dfrac{4.22}{20}\fallingdotseq 0.211[A]$

30 2대의 직류 분권 발전기 G_1, G_2를 병렬 운전시킬 때 G_1의 부하분담을 증가시키려면 어떻게 하여야 하는가?

① G_1의 계자를 강하게 한다.

② 균압선을 설치한다.

③ G_1, G_2의 계자를 똑같이 강하게 한다.

④ G_2의 계자를 강하게 한다.

해설
- G_1의 계자전류를 증가시키거나 회전수를 증가시키면 부하분담이 커진다.
- G_1의 부하분담으로 G_2의 전류는 감소하며 부하분담이 감소한다.

정답 **28** ④ **29** ① **30** ①

31 정격출력 20[kVA], 정격전압에서의 철손 150[W], 정격전류에서 동손 200[W]의 단상 변압기에 뒤진역률 0.8인 어느 부하를 걸었을 경우 효율이 최대라 한다. 이때 부하율은 약 몇 [%]인가?

① 77　　　　　　② 87　　　　　　③ 93　　　　　　④ 97

해설

최대효율이 되는 부하율

- $\dfrac{1}{m} = \sqrt{\dfrac{P_i}{P_c}} \times 100 = \sqrt{\dfrac{150}{200}} \times 100 = 86.6 \fallingdotseq 87[\%]$

32 엔트런스 캡의 주된 사용 장소는 다음중 어느 것인가?

① 저압 인입선 공사 시 전선관 공사로 넘어 갈 때 전선관 끝부분

② 부스덕트 끝 부분 마감재

③ 케이블 트레이 끝부분 마감재

④ 케이블 헤드를 시공할 때 케이블 헤드의 끝부분

해설

- 저압 인입선 공사 시 전선관 공사로 첫 인입부 관단에 설치한다.
- 옥내배선을 옥외로 노출 배관하는 경우 관 끝부분에 설치한다.
- 옥외의 빗물 유입을 막기 위해 설치한다.

33 정류회로에서 교류 입력 상(Phase) 수를 크게 했을 경우의 설명으로 옳은 것은?

① 맥동주파수와 맥동률이 모두 감소한다.

② 맥동주파수와 맥동률이 모두 증가한다.

③ 맥동주파수는 증가하고 맥동률은 감소한다.

④ 맥동주파수는 감소하고 맥동률은 증가한다.

해설

맥동주파수	단상반파 f .단상전파 $2f$ .3상반파 $3f$ .3상전파 $6f$
맥동률	단상반파 121[%] .단상전파 48[%].3상반파 17[%] .3상전파 4[%]

34 3,300/110[V] 계기용 변압기(PT)의 2차 측 전압을 측정하였더니 110[V]였다. 1차 측 전압은 몇 [V]인가?

① 3,450　　　　　② 3,300　　　　　③ 3,150　　　　　④ 3,000

해설

- $a = \dfrac{V_1}{V_2} = \dfrac{3,300}{110}$ 이므로 $a = 30$이다.
- $V_1 = a V_2 = \dfrac{3,300}{110} \times 110 = 3,300[V]$

35 변압기 단락시험에서 2차 측을 단락하고 1차 측에 정격전압을 가하면 큰 단락전류가 흘러 변압기가 소손된다. 이에 따라 정격주파수의 전압을 서서히 증가시켜 1차 정격전류가 될 때의 변압기 1차 측 전압을 무엇이라 하는가?

① 절연내력 전압   ② 단락 전압   ③ 정격주파 전압   ④ 임피던스 전압

해설
임피던스 전압 측정
• 저압측을 단락하고 고압측의 전압을 서서히 올려 정격전류가 흐를 때의 고압측 전압
• 정격전류가 흐를 때 권선 임피던스에 의한 전압강하를 나타낸다.

36 수전단 전압이 66[kV], 100[A]이다. 선로저항 10[Ω], 선로 리액턴스 15[Ω], 수전단 역률 0.8일때 단거리 송전선로의 전압강하율은 약 몇 [%]인가?

① 1.26   ② 1.58   ③ 2.26   ④ 2.58

해설
• 송전단 전압 $V_S = V_R + I(R\cos\theta + X\sin\theta)$
$$= 66,000 + 100(10 \times 0.8 + 15 \times 0.6)$$
$$= 67,700[\text{V}]$$
• 전압 강하율 $e = \dfrac{67,700 - 66,000}{66,000} \times 100 ≒ 2.58[\%]$

37 그림과 같은 회로에서 스위치 S를 $t=0$에서 닫았을 때 $(V_L)_{t=0}=90[\text{V}]$, $\left(\dfrac{di}{dt}\right)_{t=0}=30[\text{A/s}]$ 이다. L의 값은 몇 [H]인가?

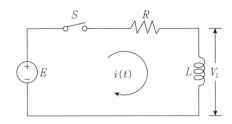

① 0.5   ② 1.25   ③ 2.25   ④ 3.0

해설
• 코일 양단 전압 $V_L = L\dfrac{di}{dt}$ 이므로, $(V_L)_{t=0}=90[\text{V}]$, $\left(\dfrac{di}{dt}\right)_{t=0}=30[\text{A/s}]$를 대입하면
• $90 = 30\,L$, $L = \dfrac{90}{30} = 3[\text{H}]$

38

다음 논리식은 간략화하면?

$$F=AB\overline{C}+A\overline{B}\,\overline{C}+\overline{A}\,\overline{B}\,C+A\overline{B}C+ABC$$

① $AC+\overline{C}$

② $AB+\overline{B}\,\overline{C}$

③ $A+\overline{B}\,\overline{C}$

④ $C+A\overline{C}$

해설

• 카르노도표로 배열하여 논리식은 간소화하면
  $F=A+\overline{B}\,\overline{C}$이다.

C\\AB	00	01	11	10
0	1	0	1	1
1	0	0	1	1

39

단상 3선식 220[V] 전원에 다음과 같이 부하가 접속되었을 경우 설비불평형률은 약 몇 [%]인가?

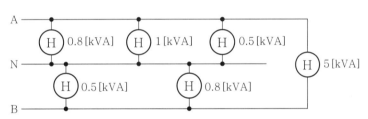

① 23.3

② 26.3

③ 32.3

④ 36.3

해설

단상불평형률

• 단상불평형률 $=\dfrac{\text{(중성선과 각 전압측 선간에 접속되는 부하설비 용량의 차)}}{\text{총 부하설비 용량의 }\frac{1}{2}}\times100[\%]$

$$=\frac{(0.8+1+0.5)-(0.5+0.8)}{(0.8+1+0.5+0.5+0.8+5)\times\frac{1}{2}}\times100 ≒ 23.3[\%]$$

40 화약류 저장소 안에는 전기설비를 시설하여서는 아니되나 백열전등이나 형광등 또는 이들에 전기를 공급하기 위한 전기설비를 금속관 공사에 의한 규정 등을 준수하여 시설하는 경우에는 설치할 수 있다. 설치할 수 있는 시설 기준이 아닌 것은?

① 전로의 대지전압은 300[V] 이하일 것
② 전기기계기구는 전폐형일 것
③ 케이블을 전기 기계기구에 인입할 때에는 인입구에서 케이블이 손상될 우려가 없도록 시설할 것
④ 전기설비에 전기를 공급하는 전로에는 과전류 차단기를 모든 작업자가 쉽게 조작할 수 있도록 설치할 것

해설

화약류 저장소 등 전기설비를 시설 예외조항
• 전로의 전로의 대지전압은 300[V] 이하이고, 전기기계기구는 전폐형일 것
• 전폐용 개폐기 또는 과전류 차단기에서 화약류 저장소의 인입구까지의 배선은 케이블을 사용하고, 지중선로로 시설한다.
• 화약류 저장소 이외의 곳에 전용개폐기 및 과전류 차단기를 각 극에 취급자 이외의 자가 쉽게 조작할 수 없도록 시설하고, 또한 전로에 지기가 발생하였을 때 자동적으로 전로를 차단하거나 경보하는 장치를 시설한다.

41 옥내에 시설하는 전동기에는 전동기가 소손될 우려가 있는 과전류가 생겼을 때에 자동적으로 이를 저지하거나 경보하는 장치를 하여야 한다. 이 장치를 시설하지 않아도 되는 경우는?

① 정격출력이 2[kW] 이상인 경우
② 정격출력이 0.2[kW] 이하인 경우
③ 전류 차단기가 없는 경우
④ 전동기 출력이 0.5[kW]이며, 취급자가 감시할 수 없는 경우

해설

옥내에 시설하는 전동기 과전류 장치
• 전동기가 소손될 우려가 있는 과전류가 생겼을 때에 자동적으로 이를 저지하거나 경보하는 장치를 하여야 한다.
• 정격출력이 0.2[kW] 이하인 것은 제외한다.

정답 **40** ④ **41** ②

42 지중에 매설되어 있는 케이블의 전식(전기적인 부식)을 방지하기 위한 대책이 아닌 것은?

① 희생양극법   ② 외부전원법   ③ 선택배류법   ④ 자립매립법

해설

지중 매설물의 전식방지법
- 희생양극법
- 선택배류법
- 강제배류법
- 외부전원법
- 금속 표면의 코팅

43 인버터 제어라고도 하며 유도전동기에 인가되는 전압과 주파수를 변환시켜 제어하는 방식은?

① 워드레오나드 제어방식   ② 궤환 제어방식
③ 1단속도 제어방식   ④ VVVF 제어방식

해설

- VVVF는 전압과 주파수를 가변 조정 제어하는 방식으로 인버터 제어방식이라 한다.

44 다음 논리식을 간소화 하면?

$$F = (\overline{\overline{A}+B}) \cdot \overline{B}$$

① $F = \overline{A} + B$ ② $F = A + \overline{B}$ ③ $F = A + B$ ④ $F = \overline{A} + \overline{B}$

해설

- $F = (\overline{\overline{A}+B}) \cdot \overline{B} = (\overline{\overline{A}+B}) + \overline{\overline{B}} = \overline{\overline{A}} \cdot \overline{B} + B = A\overline{B} + B$
- $= A\overline{B} + B(1+A) = A\overline{B} + B + AB$
- $= A(B+\overline{B}) + B = A + B$

45 전기자 전류 20[A]일 때 100[N·m]의 토크를 내는 직류 직권전동기가 있다. 전기자 전류가 40[A]로 될 때 토크는 약 몇 [kg·m]인가?

① 40.2   ② 40.8   ③ 50.8   ④ 51.2

해설

- 토크 $\tau \propto E^2 \propto I^2 \propto \dfrac{1}{N^2}$ 으로 비례하므로,
- $\tau_2 = \tau_1 \left(\dfrac{I_2}{I_1}\right)^2 = 100 \times \left(\dfrac{40}{20}\right)^2 = 400[\text{N·m}]$

  단위변환 $[\text{N·m}] = \dfrac{400}{9.8} = 40.8[\text{kg·m}]$

정답   42 ④   43 ④   44 ③   45 ②

46 접지재료의 구비조건이 아닌 것은?

① 시공성   ② 내부식성   ③ 전류용량   ④ 내전압성

해설

- 접지선, 접지극, 보호도체, 피뢰도체 등은 기준과 규격에 적합하여야 한다.
- 전류용량, 내부식성, 시공성을 고려한 신뢰도가 높은 재료를 선정해야 한다.

47 그림의 부스트 컨버터 회로에서 입력전압 (V_s)의 크기는 20[V]이고 스위칭 주기 (T)에 대한 스위치 (SW)의 온(ON)시간(t_{on})의 비인 듀티비 (D)가 0.6이었다면, 부하저항(R)의 크기가 10[Ω]인 경우 부하저항에서 소비되는 전력[W]은?

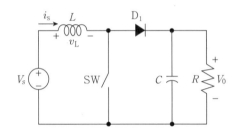

① 100   ② 150   ③ 200   ④ 250

해설

- 소비전력 $P = \dfrac{\left(\dfrac{V}{1-D}\right)^2}{R} = \dfrac{\left(\dfrac{20}{1-0.6}\right)^2}{10} = 250[W]$

48 크기가 다른 3개의 저항을 병렬로 연결했을 경우의 설명으로 옳은 것은?

① 각 저항에 흐르는 전류는 모두 같다.

② 병렬연결은 도체저항의 길이를 늘리는 것과 같다.

③ 합성저항값은 각 저항의 합과 같다.

④ 각 저항에 걸리는 전압은 모두 같다

해설

저항을 병렬접속한 경우
- 합성저항값은 1개의 저항값 보다 적다.
- 저항이 적은 쪽으로 전류가 많이 흐른다.
- 각 저항에 걸리는 양단의 전압은 같다.

49 저압 옥내배선을 금속관 공사에 의하여 시설하는 경우에 대한 설명으로 옳은 것은?

① 전선은 굵기에 관계없이 연선을 사용하여야 한다.

② 전선은 옥외용 비닐절연선을 사용하여야 한다.

③ 콘크리트에 매설하는 금속관의 두께는 1.2[mm] 이상이어야 한다.

④ 옥내배선의 사용전압이 교류 600[V] 이하인 경우 관에는 제3종 접지공사를 하여야 한다.

해설

금속관의 두께
• 콘크리트에 매설하는 경우 : 1.2[mm] 이상
• 기타의 경우 : 1[mm] 이상

50 인버터의 스위칭 소자와 역병렬 접속된 다이오드에 관한 설명으로 가장 적합한 것은?

① 스위칭 소자에 걸리는 전압 스트레스를 줄이기 위한 것이다.

② 부하에서 전원으로 에너지가 회생될 때 경로가 된다.

③ 스위칭 소자에 내장된 다이오드이다.

④ 스위칭 소자의 역방향 누설 전류를 흐르게 하기 위한 경로이다.

해설

• 인버터 역병렬 다이오드는 스위칭 소자 개로 시 역병렬 다이오드를 통하여 부하에서 전원으로 에너지가 회생된다.

51 그림과 같은 회로의 기능은?

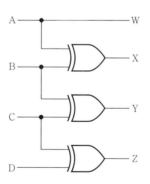

① 홀수 패리티 비트 발생기
② 디멀티플렉서
③ 크기 비교기
④ 2진코드의 그레이코드 변환기

해설

그레이코드 특징
• 수의 연산에는 부적합하나 입력코드로 사용할 때 오류가 적다.
• 2진수 최상위 비트는 그대로 내려쓴다.
• 두 번째 비트부터 앞 숫자와 비교해서 같으면 0, 다르면 1로 변환하는 코드이다.

정답 49 ③ 50 ② 51 ④

52 유도 전동기의 슬립이 커지면 커지는 것은?

① 기계적 출력　　② 2차 주파수　　③ 회전수　　④ 2차 효율

해설

• 2차 효율 $\eta_2 = \dfrac{P_0}{P_2} = (1-s)$ 　• 기계적 출력 $P_0 = P_2(1-s)$ 　• 2차 주파수 $f_2 = sf_1$

53 500[lm]의 광속을 발산하는 전등 20개를 1,000[m²] 방에 점등하였을 경우 평균 조도는 약 몇 [lx]인가? (단, 조명률은 0.3, 감광보상률은 1.5이다.)

① 2　　② 4.33　　③ 5.44　　④ 6.66

해설

• $E = \dfrac{FNU}{AD} = \dfrac{500 \times 20 \times 0.3}{1,000 \times 1.5} = 2[\text{lx}]$

54 지선과 지선용 근가를 연결하는 금구는?

① U볼트　　② 지선롯트　　③ 볼쇄클　　④ 지선밴드

해설

• 지선롯트의 용도 : 지선과 근가, 지선용 타입의 앵커를 연결

55 2항 분포(Binomial Distribution)에서 매회 A가 일어나는 확률이 일정한 값 P일 때, n회의 독립시행 중 사상 A가 x회 일어날 확률 $P(x)$를 구하는 식은? (단, N은 로트의 크기, n는 시료의 크기, P는 로트의 모부적합품률이다.)

① $P(x) = \begin{pmatrix} n \\ x \end{pmatrix} P^x (1-P)^{n-x}$

② $P(x) = \dfrac{n!}{x!(n-x)!}$

③ $P(x) = e^x \cdot \dfrac{(nP)^x}{x!}$

④ $P(x) = \dfrac{\begin{pmatrix} NP \\ x \end{pmatrix}\begin{pmatrix} N-NP \\ n-x \end{pmatrix}}{\begin{pmatrix} N \\ n \end{pmatrix}}$

해설

• 이항분포 n회 시행 중 x번 성공한 확률

$$P(x) = \begin{pmatrix} n \\ x \end{pmatrix} P^x (1-P)^{n-x}$$

여기서, $x = 0,1,2,3,4...n$ 일 때,

이항계수 $\begin{pmatrix} n \\ x \end{pmatrix} = \dfrac{n!}{x!(n-x)!}$ 이다.

• 이 의미는 x번의 성공 P^x와 $n-x$번의 실패 $(1-P)^{n-x}$를 의미한다.
• n번의 시도 중 x번의 성공은 어디서든지 발생할 수 있고, x번의 성공의 분포는 $C(n,k)$개가 있다.

정답　52 ②　53 ①　54 ②　55 ④

56 다음 표는 어느 자동차 영업소의 월별 판매실적을 나타낸 것이다. 5개월 단순이동 평균법으로 6월의 수요를 예측하면 몇 대인가?

월	1월	2월	3월	4월	5월
판매량	100대	110대	120대	130대	140대

① 120대   ② 110대   ③ 100대   ④ 90대

해설

- 당기 예측치 $M_t = \dfrac{\sum X_t(\text{당기 실적치})}{n} = \dfrac{(100+110+120+130+140)}{5} = \dfrac{600}{5} = 120$

57 표준시간 설정 시 미리 정해진 표를 활용하여 작업자의 동작에 대해 시간을 산정하는 시간 연구법에 해당되는 것은?

① PTS법   ② 워크 샘플링법   ③ 스톱워치법   ④ 실적자료법

해설

PTS법 특징
- 인간이 행하는 모든 작업을 구성하는 기본동작으로 분해하여 연구 적용한 것이다.
- 각 기본동작에 대해 그 동작의 성질과 조건에 따라 미리 정해진 시간치를 적용하는 방법이다.
- 짧은 사이클 작업에 최적으로 적용된다.

58 다음은 관리도의 사용절차를 나타낸 것이다. 관리도의 사용절차를 순서대로 나열한 것은?

㉠ 관리하여야 할 항목의 선정	㉡ 관리도의 선정
㉢ 관리하려는 제품이나 종류 선정	㉣ 시료를 채취하고 측정하여 관리도를 작성

① ㉠ → ㉡ → ㉢ → ㉣   ② ㉠ → ㉢ → ㉡ → ㉣
③ ㉢ → ㉠ → ㉡ → ㉣   ④ ㉢ → ㉣ → ㉠ → ㉡

해설

- 관리도는 제품, 종류 선정 →항목선정 →관리도 선정 →시료를 채취하고 측정하는 관리도 선정법이어야 한다.

59 다음 내용은 설비보전 조직에 대한 설명이다. 어떤 조직의 형태에 대한 설명인가?

> 보전 작업자는 조직상 각 제조부분의 감독자를 밑에 둔다.
> - 장점 : 운전자와 일체감 및 현장감독의 용이성
> - 단점 : 생산우선에 의한 보전작업 경시, 보전 기술향상의 곤란성

① 지역보전 ② 절충보전 ③ 부문보전 ④ 집중보전

해설

부문보전의 기타 특징

장점	단점
• 현장 왕복시간 단축 • 보편 작업일정 조정 용이성 • 특정설비에 대한 습숙의 용이성	• 노동력의 유효 이용 곤란 • 보전 설비 공구의 중복성 • 인원배치 유연성 제약

60 샘플링에 관한 설명으로 틀린 것은?
① 시간적 또는 공간적으로 일정 간격을 두고 샘플링하는 방법을 계통 샘플링이라고 한다.
② 제조공정의 품질특성에 주기적인 변동이 있는 경우 계통 샘플링을 적용하는 것이 좋다.
③ 취락 샘플링에서는 취락간의 차는 작게, 취락 내의 차는 크게 한다.
④ 모집단을 몇 개의 층으로 나누어 각 층마다 랜덤하게 시료를 추출하는 것을 층별 샘플링이라고 한다.

해설

(1) **취락(부분) 샘플링**
  • 모집단을 여러 개의 취락으로 나누어서 몇 개씩 랜덤하게 고르고, 골라낸 샘플 모두를 시료로 취하는 방법이다.
  • 취락안에 로트의 여러 가지 부분이 같은 비율로 대표되도록, 취락간에 차가 없도록 하는 것이 좋다.
(2) **계통 샘플링**
  • 시료를 시간적 또는 공간적으로 일정 간격을 두고 취하는 샘플링하는 방법이다.
  • 공정의 품질특성이 시간에 따라 주기적으로 변화가 예상되는 경우에는 지그재그 샘플링을 채택한다.
(3) **층별 샘플링**
  • 로트나 공정을 몇 개의 층으로 나누어 각 층으로부터 임의로 시료를 취하는 방법이다.

한국전기설비규정 제정 내용을 중심으로 과년도 기출문제를 복원하여 수록하였음

01 길이 5[m]의 도체를 0.5[Wb/m²]의 자장 중에서 자장과 평행한 방향으로 5[m/s]의 속도로 운동시킬 때 유기되는 기전력 [V]은?

① 0   ② 1.5   ③ 2.5   ④ 3.5

해설

• 유기기전력 $e = Blv\sin\theta[V] = 0.5 \times 5 \times 5 \times \sin 0° = 0[V]$
• 평행한 방향이므로 각도는 0이다.

02 동기 전동기에 관한 설명 중 옳지 않은 것은?

① 난조가 일어나기 쉽다.   ② 역률을 조정할 수 없다.
③ 기동토크가 작다.   ④ 여자기가 필요하다.

해설

동기 전동기 특징
• 정속도 전동기로 역률1, 앞선 역률, 뒤진 역률로 운전할 수 있고, 효율이 좋다.
• 공극이 넓어 기계적으로 튼튼하고 보수가 용이하다.
• 직류 여자장치가 필요하고 기동토크를 얻기가 곤란하며, 난조가 발생하기 쉽다.

03 직류 분권전동기가 있다. 단자전압이 215[V], 전기자 전류 60[A], 전기자 저항이 0.1[Ω], 회전속도 1,500[rpm]일 때 발생하는 토크는 약 몇 [kg·m]인가?

① 6.15   ② 7.15   ③ 8.38   ④ 9.15

해설

• 토크 $\tau = \dfrac{P}{w} = 0.975\dfrac{P}{N} = 0.975\dfrac{VI}{N} = 0.975 \times \dfrac{215 \times 60}{1,500} ≒ 8.38[kg\cdot m]$

04 E_s, E_r 각각 송전단전압, 수전단전압, A, B, C, D를 4단자 정수라 할 때 전력원선도의 반지름은?

① $\dfrac{E_S E_r}{A}$ ② $\dfrac{E_S E_r}{D}$ ③ $\dfrac{E_S E_r}{B}$ ④ $\dfrac{E_S E_r}{C}$

해설

• 전력원선도 반지름 $\rho = \dfrac{E_s E_r}{B}$ 이다.

05 그림과 같은 브리지가 평형되기 위한 임피던스 Z_X의 값은 약 몇 [Ω]인가? (단, $Z_1=3+j2[\Omega]$, $R_2=4[\Omega]$, $R_3=5[\Omega]$이다.)

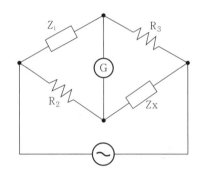

① $3.66+j4.24$ ② $3.08+j4.62$

③ $4.24-j3.66$ ① $4.62-j3.08$

해설

• 임피던스 $Z_X=\dfrac{R_2R_3}{Z_1}=\dfrac{4\times5}{3+j2}=\dfrac{20(3-j2)}{(3+j2)(3-j2)}=4.62-j3.08$

06 저항 $10\sqrt{3}[\Omega]$, 유도 리액턴스 $10[\Omega]$인 직렬 접속회로에 교류를 인가할 때, 이 회로의 역률은 몇인가?

① $90°$ ② $60°$ ③ $30°$ ④ $0°$

해설

• $\cos\theta=\dfrac{R}{Z}=\dfrac{10\sqrt{3}}{\sqrt{(10\sqrt{3})^2+10^2}}=0.866$

  $\therefore\ \theta=\cos^{-1}0.866=30°$

07 다음과 같은 블록선도의 등가 합성 전달함수는?

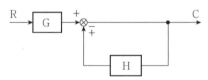

① $\dfrac{1}{1\pm H}$ ② $\dfrac{G}{1\pm GH}$ ③ $\dfrac{G}{1\pm H}$ ④ $\dfrac{1}{1\pm GH}$

해설

• 전달함수는 $\dfrac{G}{1-(\mp H)}=\dfrac{G}{1\pm H}$ 이다.

08 권수비 1:2의 단상 센터탭형 전파 정류회로에서 전원 전압이 200[V]라면 출력 직류전압은 약 몇 [V]인가?

① 95   ② 124   ③ 180   ④ 198

해설

• 출력전압 $V_{dc}=0.9V=0.9\times200=180[V]$

09 수전용 변전설비의 1차 측에 설치하는 차단기의 용량은 주로 어느 것에 의하여 정해지는가?

① 부하설비의 용량   ② 수전계약 용량
③ 정격차단전류의 크기   ④ 수전전력의 역률

해설

• 수전설비의 차단기(VCB, PF 등) 용량은 정격차단전류의 크기로 정한다.

10 8극 동기 전동기의 기동방법에서 유도 전동기로 기동하는 기동법을 사용하려면 유도전동기의 필요한 극수는 몇 극으로 하면 되는가?

① 6   ② 8   ③ 10   ④ 12

해설

• 동기 전동기를 유도 전동기로 기동하려면 2극을 적게 하여 동기속도 이상으로 회전시킨다.

11 변압기의 효율이 회전기의 효율보다 좋은 이유는?

① 철손이 적기 때문이다.   ② 동손이 적기 때문이다.
③ 기계손이 없기 때문이다.   ④ 동손과 철손이 모두 적기 때문이다.

해설

• 전동기 : 회전기
• 변압기 : 정지기(회전하는 기계손이 없다)

12 전기자의 반지름이 0.15[m]인 직류발전기가 1.5[kW]의 출력에서 회전수가 1,500[rpm]이고, 효율은 80[%]이다. 이때 전기자 주변속도는 몇 [m/s]인가? (단, 손실은 무시한다.)

① 11.56   ② 18.56   ③ 23.56   ④ 30.56

해설

• 전기자 주변속도 $v=\pi D\dfrac{N}{60}=\pi\times2\times0.15\times\dfrac{1,500}{60}≒23.56[m/s]$

정답   **08** ③   **09** ③   **10** ①   **11** ③   **12** ③

13 $R=5[\Omega]$, $L=20[\text{mH}]$ 및 $C[\mu F]$로 구성된 RLC 직렬회로에 주파수 $1{,}000[\text{Hz}]$인 교류를 가한 다음 콘덴서를 가변시켜 직렬 공진시킬 때 C의 값은 약 몇 $[\mu F]$인가?

① 1.27   ② 2.27   ③ 3.27   ④ 2.54

해설

- 공진주파수 $f_0 = \dfrac{1}{2\pi\sqrt{LC}}$ 에서,
- 정전용량 $C = \dfrac{1}{4\pi^2 L f_0^2} = \dfrac{1}{4\pi^2 \times 20 \times 10^{-3} \times 1{,}000^2} = 1.27[\mu F]$

14 코일의 성질을 설명한 것 중 틀린 것은?

① 전원노이즈 차단기능이 있다.   ② 상호 유도작용이 있다.

③ 전자적 성질이 있다.   ④ 전압의 변화를 안정시키려는 성질이 있다.

해설

코일의 특성
- 전류의 변화를 안정시키는 성질이 있다.
- 상호 유도작용이 있다.
- 공진하는 성질이 있다.
- 전자석의 성질이 있다.
- 전원노이즈 차단기능이 있다

15 송배전선로에 작용 정전용량은 무엇을 계산하는데 사용되는가?

① 비접지계통의 1선 지락고장 시 지락고장 전류 계산

② 정상운전 시 전로의 충전전류 계산

③ 인접 통신선의 정전 유도 전압 계산

④ 선간단락 고장 시 고장전류 계산

해설

- 작용 정전용량$[\mu F/\text{km}]$은 정상 운전 시 송전선로 충전전류를 계산에 사용된다.

16 송전선에 코로나가 발생하면 무엇에 의해 전선이 부식되는가?

① 수소   ② 비소   ③ 아르곤   ④ 산화질소

해설

- 코로나 방전 시 발생하는 물질 : 오존, 산화질소
- 부식지지물 : 전선의 지지점, 전선 접속부, 바인드선 등

17 그림과 같은 회로에서 20[Ω]에 흐르는 전류는 몇 [A]인가?

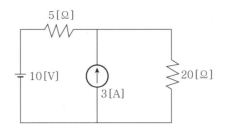

① 0.6   ② 0.8   ③ 1.0   ④ 1.2

해설

- 10[V] 전압원만 있는 경우(전류원 개방) : $I = \dfrac{V}{R} = \dfrac{10}{25} = 0.4$[A]
- 3[A] 전류원만 있는 경우(접압원 단락) : $I = 3 \times \dfrac{5}{25} = 0.6$[A]
- 20[Ω]에 흐르는 전류 : $0.4 + 0.6 = 1.0$[A]

18 다음 ( )안에 알맞은 내용으로 옳은 것은?

> 버스덕트 배선에 의하여 시설하는 도체는 (㉮)[mm²] 이상의 띠 모양, 5[mm²]의 관 모양
> 이나 둥근 막대 모양의 동 또는 단면적 (㉯)[mm²] 이상인 띠 모양의 알루미늄을 사용하
> 여야 한다.

① ㉮ 20, ㉯ 20   ② ㉮ 25, ㉯ 25

③ ㉮ 20, ㉯ 30   ④ ㉮ 25, ㉯ 35

해설

버스덕트 단면적
- 단면적 20[mm²] 이상의 띠 모양
- 5[mm]의 관 모양이나 둥근 막대 모양의 동
- 단면적 30[mm²] 이상인 띠 모양의 알루미늄 나도체
- 지지점 : 절연물로 50[cm] 이내의 간격으로 지지

19 금속관 공사 시 관을 접지하는데 사용하는 것은?

① 터미널캡   ② 아연도철선

③ 어스클램프   ④ 노출 배관용 박스

해설

- 금속관과 접지선의 접속은 어스클램프를 사용한다.

정답   **17** ③ **18** ③ **19** ③

20 표준상태에서 공기의 절연이 파괴되는 전위경도는 교류(실효값)로 몇 [kV/cm]인가?

① 17   ② 21   ③ 30   ④ 42

해설

• 공기의 절연 파괴 전위경도 : 직류 30[kV/cm], 교류 21[kV/cm]

21 10[kW]의 농형 유도 전동기의 기동방법으로 가장 적당한 것은?

① 2차 저항 기동법   ② Y-△ 기동법   ③ 기동보상기법   ④ 전전압 기동법

해설

• 펌프의 사용에서 Y-△ 기동은 5~15[kW] 이하의 중 용량 전동기에 사용된다.

22 고압 또는 특고압 가공전선로로부터 공급을 받는 수용장소 인입구 또는 이와 근접한 곳에 시설하여야 하는 것은?

① 서지보호기(SA)   ② 피뢰기   ③ 동기 조상기   ④ 직렬 리액터

해설

피뢰기 설치 장소
• 고압 또는 특고압 가공전선로로부터 공급을 받는 수용장소 인입구
• 가공 전선로에 접속하는 배전용 변압기의 고압측 및 특고압측
• 발전소, 변전소 또는 이와 준하는 장소의 가공전선 인입구 및 인출구
• 가공 전선로와 지중 전선로가 접속하는 곳

23 3상 유도 전동기가 입력 50[kW], 고정자 철손 3[kW]일 때 슬립 5[%]로 회전하고 있다면 기계적 출력은 몇 [kW]인가?

① 44.7   ② 47.8   ③ 49.2   ④ 51.4

해설

• 손실 비례식 $P_2 : P_{c2} : P_0 = 1 : s : (1-s)$에서,
• 동손 $P_{c2} = sP_2 = 0.05 \times 48 = 2.4$[kW]
• 기계적 출력=입력-(철손+동손)=50-(3+2.4)=44.78[kW]

24 동기 임피던스가 100[%]인 3상 동기 발전기의 단락비는 얼마인가?

① 0.1   ② 0.7   ③ 0.9   ④ 1.0

해설

• 동기기 단락비 $K_s = \dfrac{100}{\%Z}$ 이므로

• 단락비 $K_s = \dfrac{100}{100} = 1.0$이다.

25 현수애자 4개를 1련으로 한 66[kV] 송전선로가 있다. 현수애자 1개의 절연저항이 2,000[MΩ]이라면 표준경간을 200[m]로 할 때 1[km]당의 누설 컨덕턴스는 몇 [℧]인가?

① 0.83×10^{-9} ② 0.63×10^{-9} ③ 0.60×10^{-9} ④ 0.58×10^{-9}

해설

- 현수애자 저항 $R = 2,000(1$련$) \times 4$련$= 8,000$[MΩ]
- 1[km]÷200[m]=5개 병렬연결 $\dfrac{8,000}{5} = 1,600$[MΩ]
- 누설 컨덕턴스 $G = \dfrac{1}{R} = \dfrac{1}{1,600 \times 10^6} = 0.63 \times 10^{-9}$[℧]

26 스너버(Snubber)회로에 관한 설명이 아닌 것은?

① 전력 반도체 소자의 보호회로에 사용된다.

② 스위칭으로 인한 전압 스파이크를 완화시킨다.

③ R,C 등으로 구성되었다.

④ 반도체 소자의 전류 상승률$\left(\dfrac{di}{dt}\right)$만을 저감하기 위한 것이다.

해설

스너버회로의 특징
- 급격한 변화를 안정시키고 입력신호에서 노이즈 등을 제거하기 위하여 사용하는 회로이다.
- 회로의 전압 상승률을 억제한다.
- 첨두 회복전압의 크기와 소자의 스위칭 손실을 감소시키는 기능이다.

27 그림은 변압기의 단락시험회로이다. 임피던스 전압과 정격전류를 측정하기 위해 계측기를 연결해야 할 단자와 단락 결선을 하여야 하는 단자를 옳게 나타낸 것은?

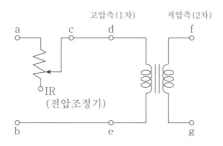

① 임피던스 전압(d−e), 정격전류(f−g), 단락(d−f)
② 임피던스 전압(a−b), 정격전류(d−e), 단락(f−g)
③ 임피던스 전압(a−b), 정격전류(c−d), 단락(e−g)
④ 임피던스 전압(d−e), 정격전류(c−d), 단락(f−g)

해설

- 저압 2차 측(f−g)을 단락하고, 전압계(d−e), 전류계(c−d)에 연결하여 측정한다.
- 변압기 단락시험으로 구할 수 있는 요소 : 동손, 임피던스 동손, 임피던스 전압, 임피던스 와트, 단락전류

정답 **25** ② **26** ④ **27** ④

28 평형 3상 △부하에 선간전압 220[V]가 공급될 때 선전류가 22[A] 흘렀다. 부하 1상의 임피던스는 몇 [Ω]인가?

① 10　　　　　　② $10\sqrt{3}$　　　　　③ 20　　　　　④ $30\sqrt{3}$

해설

- 임피던스 $Z = \dfrac{V_l}{I_p} = \dfrac{V_l}{\dfrac{I_l}{\sqrt{3}}} = \dfrac{\sqrt{3}V_l}{I_l} = \dfrac{\sqrt{3}\times 220}{22} = 10\sqrt{3}[\Omega]$

29 1전자볼트(eV)는 약 몇 [J]인가?

① 1.6×10^{-19}　　② 1.6×10^{-21}　　③ 1.6×10^{-24}　　④ 1.6×10^{9}

해설

- 1 eV는 전자 1개가 1[V]의 전위차에 의해 받는 에너지이다.
- 1 eV $= 1.602\times 10^{-19}[C]\times 1[V]$
  　　　$= 1.602\times 10^{-19}[J]$

30 해독기(Decoder)에 대한 설명이다. 틀린 것은?

① 기억회로로 구성되어 있다.

② 멀티플렉서로 쓸 수 있다.

③ 입력을 조합하여 한 조합에 대하여 한 출력선만 동작하게 할 수 있다.

④ 2진수로 표시된 입력의 조합에 따라 1개의 출력만 동작하도록 한다.

해설

디코더(Decoder)의 특징
- 컴퓨터의 CPU 내에서 번지의 해독, 명령의 해독, 제어 등에 사용된다.
- n 비트의 입력정보를 2^n 비트 출력으로 만든다.
- 입력을 조합하여 한 조합에 대하여 한 출력선만 동작하게 하는 멀티플렉서로 쓸 수 있다.

31 다음 그림은 어떤 논리 회로인가?

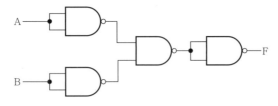

① NOR　　　　　　　　　② NAND
③ XOR(exclusive OR)　　　④ XNOR(exclusive NOR)

해설

- NOR 이다.
- 논리식으로 표현하면 $F = \overline{\overline{\overline{AB}\cdot\overline{AB}}} = \overline{\overline{AB}} = \overline{A+B}$이다.

32 보호선과 전압선의 기능을 겸한 전선은?

① DV선   ② PEM선

③ PEL선   ④ PEN선

> **해설**
>
> **최근의 교류 및 직류의 계통접지의 사용 도체**
> - PEM 도체(직류에 사용) : 보호선+중간선의 기능
> - PEL 도체(직류에 사용) : 보호선+전압선 기능
> - PEN 도체(교류에 사용) : 보호선+중성선의 기능

33 회로에서 입력전원(v_s)의 양(+)의 반주기 동안에 도통하는 다이오드는?

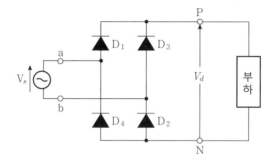

① D_1, D_2 ② D_1, D_3

③ D_2, D_3 ④ D_4, D_1

> **해설**
>
> - 4개의 다이오드를 사용하여 전주기를 정류하는 전파정류(브릿지 정류)방식이다
> - 양(+)의 반주기 동안 D_1, D_2가 도통되고, 음(−)의 반주기 동안 D_3, D_4가 반복 도통된다.

34 저압 가공 인입선의 시설기준이 아닌 것은?

① 전선은 나전선, 절연전선, 케이블을 사용한다.

② 전선이 옥외용 비닐 절연전선일 경우에는 사람이 접촉할 우려가 없도록 시설할 것

③ 전선의 높이는 철도 또는 궤도를 횡단하는 경우에는 레일면상 6.5[m] 이상일 것

④ 전선이 케이블인 경우 이외에는 인장강도 2.3[kN] 이상일 것

> **해설**
>
> - 인입전선 종류 : 절연전선, 다심형전선, 케이블
> - 인입선으로 사용해서는 않되는 전선 종류 : 나전선

35 진공 중에 2[m] 떨어진 2개의 무한 평면 도선에 단위 길이당 10^{-7}[N]의 반발력이 작용할 때, 도선에 흐르는 전류는?

① 각 도선에 1[A]가 반대 방향으로 흐른다.

② 각 도선에 2[A]가 같은 방향으로 흐른다.

③ 각 도선에 2[A]가 반대 방향으로 흐른다.

④ 각 도선에 1[A]가 같은 방향으로 흐른다.

해설

• 작용력 $F = \dfrac{2I_1I_2}{r} \times 10^{-7}$[N/m]에서, $I_1I_2 = \dfrac{F \cdot r}{2 \times 10^{-7}} = \dfrac{2 \times 10^{-7}}{2 \times 10^{-7}} = 1$[A]

36 전압계의 측정범위를 확대하기 위해 콘스탄탄 또는 망가닌선의 저항을 전압계에 직렬로 접속하는데 이때의 저항을 무엇이라고 하는가?

① 분류기   ② 배율기   ③ 분압기   ④ 배압기

해설

분류기	전류의 측정범위를 확대하기 위해 병렬로 접속하는 저항기
배율기	전압의 측정범위를 확대하기 위해 직렬로 접속하는 저항기

37 220[V]인 3상 유도 전동기의 전부하 슬립이 3[%]이다. 공급전압이 200[V]가 되면 전부하 슬립은 약 몇 [%]가 되는가?

① 3.6   ② 4.6   ③ 5.0   ④ 5.4

해설

• 슬립 $S \propto \dfrac{1}{V^2}$에서, $S' = 0.03 \times \left(\dfrac{220}{200} \right)^2 \times 100[\%] = 3.6[\%]$

38 GTO의 특성으로 옳은 것은?

① 게이트(gate)에 역방향 전류를 흘려서 주전류를 제어한다.

② 드레인(drain)에 순방향 전류를 흘려서 주전류를 제어한다.

③ 드레인(drain)에 역방향 전류를 흘려서 주전류를 제어한다.

④ 소스(source)에 순방향 전류를 흘려서 주전류를 제어한다.

해설

• GTO는 전력용 반도체 소자로 많이 사용한다.
• SCR과는 다르게 게이트 신호로 전력회로 ON,OFF를 자유롭게 제어 가능하다.
• 양(+) 게이트 신호에 턴온되고, 음(−) 게이트 신호로 턴오프 시킬 수 있다.

정답   35 ①   36 ②   37 ①   38 ①

39 하나의 철심에 동일한 권수로 자기 인덕턴스 L[H]의 코일 두 개를 접근해서 감고, 이것을 자속방향이 동일하도록 직렬연결할 때 합성 인덕턴스[H]는? (단, 두 코일의 결합계수는 0.5 이다.)

① 0.5L ② 1L ③ 3L ④ 6L

> 해설
> · 두 코일의 자속 방향이 동일하여 $L=L_1+L_2\pm2M$에서 상호 인덕턴스는 (+)이다.
> · $L=L_1+L_2\pm2M=L+L+2k\sqrt{LL}$
> $=2L+2\times0.5\times L$
> $=3L$

40 $f(t)\dfrac{e^{at}+e^{-at}}{2}$의 라플라스 변환은?

① $\dfrac{s}{s^2-a^2}$ ② $\dfrac{s}{s^2+a^2}$ ③ $\dfrac{a}{s^2-a^2}$ ④ $\dfrac{a}{s^2+a^2}$

> 해설
> · 함수 $\pounds[f(t)]=\dfrac{1}{2}(e^{at}+e^{-at})$로 변환한다.
> · 라플라스 $F(s)=\dfrac{1}{2}\left(\dfrac{1}{s+a}+\dfrac{1}{s-a}\right)$
> $=\dfrac{1}{2}\left(\dfrac{s+a+s-a}{(s+a)(s-a)}\right)=\dfrac{1}{2}\left(\dfrac{2s}{(s^2-a^2)}\right)$
> $=\dfrac{s}{s^2-a^2}$

41 다음은 어떤 게이트의 설명인가?

> 게이트의 입력에서 서로 다른 입력이 들어올 때 출력이 1이 되고(입력이 0과 1 또는 1과 0이면, 출력이 1), 게이트의 입력이 같은 입력이 들어올 때 출력이 0이 되는 회로(입력이 0과 0 또는 1과 1이면 출력이 0)이다.

① NOT 게이트 ② AND 게이트
③ NAND 게이트 ④ EX−OR 게이트

> 해설
> · 반일치 회로라고도 하며, 보수회로에 응용되는 EX−OR 게이트이다.
> · 2입력의 변수값이 같을 때에는 출력값이 0이 된다.
> · 2입력의 변수값이 다를 때에는 출력값이 1이 된다.

42 지중에 매설되어 있는 케이블의 전식을 방지하기 위하여 누설전류가 흐르도록 길을 만들어 금속 표면 부식을 방지하는 방법은?

① 희생양극법
② 외부전원법
③ 강제배류법
④ 배양법

해설

희생양극법	지중에 희생양극을 만들어 금속이 부식되지 않는 루트를 만든 방법이다.
강제배류법	지하에 매설된 금속과 지상의 금속간을 본딩 접속하여 부식을 방지하는 방법이다.
외부전원법	외부에서 정류회로를 통해 외부전원을 공급하여 루트를 형성시킨 것이다.

43 전력설비에 대한 설치 목적의 연결이 옳지 않는 것은?

① 소호 리액터-지락전류 제한
② 분로 리액터-페란티 현상 방지
③ 직렬 리액터-충전전류 제한
④ 한류 리액터-단락전류 제한

해설

역률 개선용 콘덴서에 설치하는 직렬 리액터와 방전코일
• 직렬 리액터 : 파형개선(고조파 전류개선)
• 방전코일 : 잔류전하 방전

44 고·저압 진상용 콘덴서(SC)의 설치 위치로 가장 효과적인 것은?

① 수전 모선단에 대용량 1개를 설치하는 방법
② 수전 모선단에 중앙 집중으로 설치하는 방법
③ 부하와 중앙에 분산 배치하여 설치하는 방법
④ 부하말단에 분산하여 설치하는 방법

해설

• 진상용 콘덴서는 각 부하마다 분산 배치가 가장 효과적이다.

45 전기회로에서 전류는 자기회로에서 무엇과 대응되는가?

① 자속
② 자계의 세기
③ 자속밀도
④ 기자력

해설

전기와 자기회로의 대응관계
• 전류-자속, 기전력-기자력, 도전율-투자율, 전기저항-자기저항

46 설비보전 조직 중 지역보전(Area Maintenance)의 장·단점에 해당하지 않는 것은?

① 현장 왕복 시간이 증가한다.

② 보전요원이 현장에 있으므로 생산 본위가 되며 생산의욕을 가진다.

③ 조업요원과 지역보전요원과의 관계가 밀접해진다.

④ 같은 사람이 같은 설비를 담당하므로 설비를 잘 알며 충분한 서비스를 할 수 있다.

해설
• 지역보전은 보전조직이 각 지역별로 조직되어 있어 현장 왕복 시간이 단축되는 장점이 있는 방식이다.

47 16진수 $B85_{16}$를 10진수로 표시하면?

① 738　　　　② 1,475　　　　③ 2,213　　　　④ 2,949

해설
• $B85_{16} = 11 \times 16^2 + 8 \times 16^1 + 5 \times 16^0 = 2,949_{10}$

48 전압원 인버터에서 암 단락(Arm Short)을 방지하기 위한 방법은?

① 데드 타임 설정

② 스위칭 양단에 커패시터 접속

③ 스위칭 양단에 서지 흡수기 접속

④ 스위칭 소자 양단에 역병렬로 다이오드 접속

해설
• 데드타임을 설정하여 암 단락(Arm Short)이 일어나지 않도록 한다.

49 철근 콘크리트주로서 그 전체의 길이가 16[m] 초과 20[m] 이하이고, 설계하중이 6.8[kV] 이하인 것을 지반이 연약한 곳 이외에 시설하려고 한다. 지지물의 기초 안전율을 고려하지 않고 철근 콘트리트주를 시설하려면 묻는 깊이를 몇 [m] 이상으로 시설하여야 하는가?

① 2.5　　　　② 2.8　　　　③ 3.0　　　　④ 3.2

해설
• 15[m] 이하 : 전주 길이의 $\frac{1}{6}$ 이상
• 15[m] 초과 : 2.5[m] 이상
• 15[m] 초과 20[m] 이하 : 2.8[m] 이상

50 파형률과 파고율이 같고 그 값이 1인 파형은?

① 삼각파　　　　② 고조파　　　　③ 구형파　　　　④ 사인파

해설

구형파 특징
- 평균값＝실효값＝최대값이 모두 같다.
- 파형률＝파형률값은 1이다.

51 전력원선도에서 구할 수 없는 것은 ?

① 수전단 역률　　　② 송전효율　　　③ 선로 손실　　　④ 과도안정 극한전력

해설

전력원선도에서 구할 수 있는 요소
- 정태안정 극한전력(최대 출력)
- 선로 손실과 송전효율
- 수전단 역률(조상용량의 공급에 의해 조정된 후의 값)
- 송, 수전단 최대 전력
- 송, 수전단 상차각
- 조상설비 용량

52 변압기의 병렬운전 조건에 대한 설명으로 틀린 것은?

① 각 변압기의 저항과 누설 리액턴스 비가 같아야 한다.

② 권수비, 1차 및 2차의 정격전압이 같아야 한다.

③ 극성이 같아야 한다.

④ 각 변압기의 임피던스가 정격 용량에 비례하여야 한다.

해설

변압기 병렬 운전조건
- %임피던스가 같아야 한다.
- 극성이 같아야 한다.
- 권수비가 같고 1,2차 정격전압이 같아야 한다.
- 내부저항과 누설 리액턴스 비가 같아야 한다.
- 각 변압기의 임피던스는 정격용량에 반비례하여야 한다.

53 여자기(Exciter)에 대한 설명으로 옳은 것은?

① 주파수를 조정하는 것이다.

② 부하변동을 방지하는 것이다.

③ 직류 전류를 공급하는 것이다.

④ 발전기의 속도를 일정하게 하는 것이다.

해설

- 주발전기, 주전동기의 계자권선에 여자전류를 공급하기 위한 별도의 발전기이다.

정답　50 ③　51 ④　52 ④　53 ③

54 공사원가 계산서의 구성하고 있는 순공사 원가에 포함되지 않는 것은?

① 경비   ② 재료비   ③ 노무비   ④ 일반 관리비

해설

• 순 공사원가＝재료비＋노무비＋경비
• 총 공사원가＝순 공사원가＋일반 관리비＋이윤

55 정격전압이 200[V], 정격출력 50[kW]인 직류 분권발전기의 계자저항이 20[Ω]일 때 전기자 전류는 몇 [A]인가?

① 210   ② 220   ③ 240   ④ 260

해설

• 계자전류 : $I=\dfrac{V}{R_f}=\dfrac{200}{20}=10[\text{A}]$

• 부하전류 : $I=\dfrac{P}{V}=\dfrac{50,000}{200}=250[\text{A}]$

• 전기자 전류 : $I_a=I_f+I=10+250=260[\text{A}]$

56 검사의 종류 중 검사공정에 의한 분류에 해당되지 않는 것은?

① 출하검사   ② 수입검사   ③ 출장검사   ④ 공정검사

해설

검사공정에 의한 분류
• 수입(구입)검사
• 공정(중간)검사
• 최종(완성)검사
• 출하검사

57 부적합품률이 20[%]인 공정에서 생산되는 제품을 매시간 10개씩 샘플링 검사하여 공정을 관리하려고 한다. 이때 측정되는 시료의 부적합품 수에 대한 기대값과 분산은 약 얼마인가?

① 기대값 : 1.6, 분산 : 2.0   ② 기대값 : 1.6, 분산 : 1.3

③ 기대값 : 2.0, 분산 : 1.3   ④ 기대값 : 2.0, 분산 : 1.6

해설

• 기대값 $\mu=np=10\times0.2=2,$
• 분산값 $\delta^2=np(1-p)=2\times(1-0.2)=1.6$

58 워크 샘플링에 관한 설명 중 틀린 것은?

① 워크 샘플링은 일명 스냅리딩(Snap Reading)이라 불린다.

② 워크 샘플링은 스톱워치를 사용하여 관측 대상을 순간적으로 관측하는 것이다.

③ 워크 샘플링은 사람의 상태나 기계의 가동상태 및 작업의 종류 등을 순간적으로 관측하는 것이다.

④ 워크 샘플링은 영국의 통계학자 L.H.C Tippet가 가동률 조사를 위해 창안한 것이다.

해설

• 관측대상을 무작위로 선정하여 일정 시간 관측한다.
• 관측 상태를 기록, 집계한 다음 그 데이터를 기초로 작업자나 기계설비 등을 통계적 수법으로 분석 활용한다.

59 설비 배치 및 개선의 목적을 설명한 내용으로 가장 관계가 먼 것은?

① 재공품의 증가
② 작업자 부하 평준화
③ 이동거리의 감소
④ 설비투자 최소화

해설

• 설비 배치의 원칙 : 단거리 원칙. 유동의 원칙 .입체의 원칙. 총합의 원칙
• 공정도 및 작업개선의 적용 원칙 : 간소화. 결합 .재배치 .배제

60 그림의 계획공정도(Network)에서 주 공정으로 옳은 것은? (단, 화살표 밑의 숫자는 활동 시간 [단위:주]을 나타낸다.)

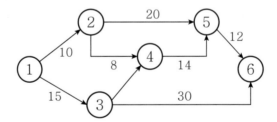

① ① - ③ - ④ - ⑤ - ⑥
② ① - ② - ④ - ⑤ - ⑥
③ ① - ② - ⑤ - ⑥
④ ① - ③ - ⑥

해설

작업공정 산출
• ① 15+14+12=41주
• ② 10+20+12=42주
• ③ 10+8+14+12=44주
• ④ 15+30=45주
• 계획공정도(Network)에서 주 공정은 가장 많은 시간이 소요되는 공정이다.

정답 58 ② 59 ① 60 ④

7회 기출 및 예상문제

한국전기설비규정 제정 내용을 중심으로 과년도 기출문제를 복원하여 수록하였음

01 품질 특성에서 x 관리도로 관리하기에 가장 거리가 먼 것은?

① 1일 전력소비량

② 알코올의 농도

③ 볼펜의 길이

④ 나사길이의 부적합품 수

해설
- x 관리도는 계량치(길이, 수량 등) 관리도이다.
- 나사길이 부적합품 수는 계수치 관리도에 적합하다.

02 3상 유도 전동기의 회전력은 단자전압과 어떤 관계가 있는가?

① 단자전압에 비례한다.

② 단자전압의 $\frac{1}{2}$제곱에 비례한다.

③ 단자전압의 2제곱에 비례한다.

④ 단자전압에 무관하다.

해설
- 토크 $\tau \propto \dfrac{PV_1^2}{4\pi f}$ [N·m]에서, 토크는 공급전압 V^2에 비례한다.

03 단상회로에 교류전압 220[V]를 가한 결과 위상이 45°, 뒤진 전류가 15[A] 흘렀다. 이 회로의 소비전력은 약 몇 [W]인가?

① 1,333

② 2,333

③ 3,333

④ 4,333

해설
- 소비전력 $P = VI\cos\theta = 220 \times 15 \times \cos45° = 2,333.45 ≒ 2,333$[W]

정답 01 ④ 02 ③ 03 ②

04 동기 발전기의 권선을 분포권으로 할 때 나타나는 현상으로 옳은 것은?

① 권선의 리액턴스가 커진다.

② 전기자 반작용이 증가한다.

③ 집중권에 비하여 합성 유기기전력이 커진다.

④ 기전력의 파형이 좋아진다.

해설

동기 발전기 분포권의 특징
- 고조파를 제거하여 파형이 개선된다.
- 누설 리액턴스를 감소시킨다.
- 전기자 동손으로 발생하는 열이 고르게 분포되어 과열을 방지한다
- 집중권에 비해 유기 기전력이 감소한다.

05 히스테리시스 곡선에서 종축이 나타내는 것은?

① 자계의 세기　　② 자속밀도　　③ 기전력　　④ 자속

해설

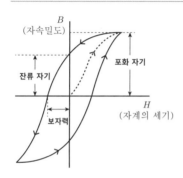

06 그림의 단상 반파 정류회로에서 저항 R에 흐르는 전류[A]는? (단, $v = 200\sqrt{2}\sin wt[V]$, $R = 10\sqrt{2}[\Omega]$이다)

① 3.18　　　　② 6.37　　　　③ 9.37　　　　④ 12.74

해설

- 출력전압 $V_d = \dfrac{1}{2\pi}\displaystyle\int_0^\pi \sqrt{2}\sin dwt = \dfrac{\sqrt{2}}{\pi}$
$$= 0.45V = 0.45 \times 200 = 90[V]$$

- R에 흐르는 전류 $I = \dfrac{V_d}{R} = \dfrac{90}{10\sqrt{2}} ≒ 6.37[A]$

정답　**04** ④　**05** ②　**06** ②

07 동기 전동기의 위상 특성곡선에서 횡축이 나타내는 것은?

① 효율
② 역률
③ 계자전류
④ 전기자 전류

해설

동기전동기 위상특성곡선의 특징
• 회전자의 계자 전류에 변화에 대한 전기자 전류의 크기와 위상변화를 나타낸 곡선(단자전압 일정)이다.
• 종축 : 전기자 전류
• 횡축 : 계자 전류

08 전력변환장치에서 턴 온(Turn on) 및 턴 오프(Turn off) 제어가 모두 가능한 반도체 스위칭 소자가 아닌 것은?

① IGBT
② SCR
③ GTO
④ MOSFET

해설

• SCR은 자체 턴온(Turn on) 기능은 있고, 턴오프(Turn off) 기능은 없다.

09 송전선로에 코로나가 발생하였을 때 장점은?

① 송전력선 반송 통신설비에 잡음을 감소시킨다.

② 전선로의 전력손실을 감소시킨다.

③ 송전선로에 이상전압 진행파를 감소시킨다.

④ 중성점 직접접지 방식의 송전선로 부근의 통신선에 유도장해를 감소시킨다.

해설

코로나의 영향
• 전력손실 발생 및 전력선 반송장치의 기능 저하
• 오존으로 전선의 부식
• 통신선의 유도장해
• 소호 리액터의 소호능력 저하
• 코로나 진동
• 이상전압 진행파의 파고값 감쇠(장점)

정답 **07** ③ **08** ② **09** ③

10 그림과 같은 논리회로에서의 출력식은?

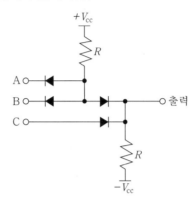

① ABC   ② (A+B)C   ③ AB+C   ④ A+B+C

해설

• 입력 A, B 모두가 1인 경우와 입력 C가 1인 경우 출력이 1인 회로이므로 출력식은 AB+C이다.

11 동기 발전기에서 발생하는 자기여자 현상을 방지하는 방법이 아닌 것은?

① 단락비를 감소시킨다.

② 송전선로의 수전단에 변압기를 접속시킨다.

③ 발전기를 2대 이상을 병렬로 모선에 접속시킨다.

④ 수전단에 부족여자를 갖는 동기 조상기를 접속시킨다.

해설

동기 발전기 자기여자 현상 방지법

• 발전기를 병렬 운전한다.

• 수전단에 동기 조상기를 설치한다.

• 수전단에 변압기를 병렬 접속한다.

• 수전단에 리액턴스를 병렬로 설치한다.

• 단락비를 증가시킨다.

12 정격전류가 55[A]인 전동기 1대와 정격전류 10[A]인 전동기 5대에 전력을 공급하는 간선의 허용전류의 최소값은 몇 [A]인가?

① 95.5   ② 100.5   ③ 115.5   ④ 130.5

해설

간선의 허용전류

• 전동기의 합계 전류 50[A] 이하 : 1.25배

• 전동기의 합계 전류 50[A] 초과 : 1.1배

• 간선의 허용전류 $55+(10 \times 5)=105$[A]이므로 $105 \times 1.1=115.5$ 이다.

정답 10 ③ 11 ① 12 ③

13 스위칭 주기(T)에 대한 스위치의 온(ON) 시간(t_{on})의 비인 듀티비를 D라 하면 정상상태에서 벅 부스트 컨버터(Buck Boost Converter)의 입력전압(V_S) 대 출력전압(V_0)의 비 $\left(\dfrac{V_0}{V_S}\right)$를 올바르게 나타낸 것은?

① D−1 ② $\dfrac{D}{1+D}$ ③ $\dfrac{D}{1-D}$ ④ $1-D$

해설

- Buck Boost 전압비 $\dfrac{V_0}{V_S} = \dfrac{T_{on}}{T_{off}} = \dfrac{T_{on}}{T-T_{off}} = \dfrac{D}{1-D}$
- Boost 전압비 $\dfrac{V_0}{V_S} = \dfrac{1}{1-D}$
- Buck 전압비 $\dfrac{V_0}{V_S} = D$

14 직렬회로에서 저항 6[Ω], 유도 리액턴스 8[Ω]의 부하에 비정현파 전압 $v = 200\sqrt{2}\sin wt + 100\sqrt{2}\sin 3wt$[V]를 가했을 때, 이 회로에서 소비되는 전력[W]은?

① 2450 ② 2498 ③ 2544 ④ 2566

해설

(1) 소비전력 $P = VI\cos\theta$로 계산한 경우.
$$P = P_1 + P_2 = 200\left(\frac{200}{\sqrt{6^2+8^2}}\right) \times \left(\frac{6}{\sqrt{6^2+8^2}}\right) + 100\left(\frac{100}{\sqrt{6^2+(3\times8)^2}}\right) \times \left(\frac{6}{\sqrt{6^2+(3\times8)^2}}\right) \fallingdotseq 2,498[\text{W}]$$
(2) 소비전력 $P = I^2R$로 계산한 경우
$$P = \left[\left(\frac{V_1}{Z_1}\right)^2 + \left(\frac{V_3}{Z_3}\right)^2\right] \times R = \left[\left(\frac{200}{\sqrt{6^2+8^2}}\right)^2 + \left(\frac{100}{\sqrt{6^2+(3\times8)^2}}\right)^2\right] \times 6 \fallingdotseq 2,498[\text{W}]$$

15 동기 발전기를 병렬운전 하고자 하는 경우의 조건에 해당되지 않는 것은?

① 기전력의 주파수가 같을 것 ② 기전력의 파형이 같을 것
③ 기전력의 위상이 같을 것 ④ 기전력의 임피던스가 같을 것

해설

동기 발전기의 병렬운전 조건
- 기전력의 크기가 같을 것
- 기전력의 위상이 같을 것
- 기전력의 파형이 같을 것
- 기전력의 주파수가 같을 것
- 기전력의 상회전 방향이 같을 것

16 가공전선로에 사용하는 애자가 갖춰야 하는 구비조건이 아닌 것은?

① 코로나 방전을 일으키지 않을 것

② 전기적, 기계적 성능이 저하되지 않을 것

③ 표면저항을 가지고 누설전류가 클 것

④ 가해지는 외력에 기계적으로 견딜 수 있을 것

가공전선의 애자 구비조건
- 가격이 경제적이고 취급이 용이할 것
- 기계적 강도가 클 것
- 절연저항이 클 것
- 절연내력이 클 것
- 누설전류가 적을 것
- 온도변화에 잘 견디고 습기를 흡수하지 않을 것

17 동기 전동기 12극, 60[Hz] 회전자계의 속도는 몇 [m/s]인가? (단, 회전자계의 극 간격은 1[m]이다.)

① 90　　　　　② 100　　　　　③ 120　　　　　④ 150

- 동기속도 $N_S = \dfrac{120f}{P} = \dfrac{120 \times 60}{12} = 600[\text{rpm}]$

$= \dfrac{600}{60초} = 10[\text{rps}]$

- 극 간격이 1[m]이므로 회전자계 둘레는 12[m]이다.
- 회전자계 속도=10×12=120[m/s]이다.

18 저압 가공 인입선의 금속관 공사에서 앤트런스캡의 주된 사용장소는?

① 전선관의 끝부분　　　　② 케이블 헤드의 끝부분

③ 부스덕트의 마감재　　　④ 케이블 트레이의 마감재

앤트런스 캡 용도 및 구조
- 건축 마감재 바깥부분에서 사용한다.
- 외부에서 빗물이 들어가지 않게 전선을 인출하는 구조이다.

19 전기공사 시 정부나 공공기관에서 발주하는 전기재료의 할증률 중 옥외 케이블은 일반적으로 몇 [%] 이내로 하여야 하는가?

① 2　　　　　② 3　　　　　③ 5　　　　　④ 10

전선의 할증률
- 옥내전선 10[%], 옥외전선 5[%]
- 옥내 케이블 5[%], 옥외 케이블 3[%]

정답　**16** ③　**17** ③　**18** ①　**19** ②

20 그림의 전기회로에서 단자 a−b에서 본 합성저항은 몇 [Ω]인가(단, 저항 R=3[Ω]이다.)

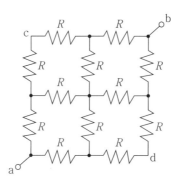

① 1.0   ② 1.5   ③ 3.0   ④ 4.5

해설

- c점과 d점을 $\Delta \rightarrow Y(R_{\Delta \rightarrow Y} = \dfrac{R_{ab}R_{bc}}{R_{ab}+R_{bc}+R_{ca}} = \dfrac{R_{ab}R_{bc}}{R_{\Delta}} = \dfrac{1}{3}R_{\Delta}[\Omega])$의 공식에 의거 변환하여 산출한다.

- $R_a = R$, $R_{Y-a} = \dfrac{2R^2}{4R} = \dfrac{R}{2}$, $R_{Y-b} = \dfrac{2R^2}{4R} = \dfrac{R}{2}$, $R_b = R$

- $R_{Total} = \dfrac{\left(R + \dfrac{R}{2} + \dfrac{R}{2} + R\right)}{2} = \dfrac{3R}{2} = \dfrac{3 \times 3}{2} = 4.5[\Omega]$

21 정전압 송전방식에서 전력 원선도 작성시 필요한 것으로 모두 옳은 것은?

① 송전단 전압, 수전단 전압   ② 송·수전단 전류, 선로의 일반회로 정수
③ 송·수전단 전압, 선로의 일반회로 정수   ④ 조상기 용량, 수전단 전압

해설

전력원선도 작성 시 필요한 요소
- 송전단 전압
- 수전단 전압
- 송전선로의 일반회로 정수(A, B, C, D)

22 전기회로에서 전류에 의해 만들어지는 자기장의 자기력선 방향을 나타내는 법칙은?

① 암페어의 오른나사 법칙   ② 렌츠의 법칙
③ 가우스의 법칙   ④ 플레밍의 왼손법칙

해설

- 암페어의 오른나사 법칙이란 오른나사 진행 방향으로 전류가 흐르면 나사가 회전하는 방향에는 자기력선이 발생하는 법칙이다.

정답   **20** ④   **21** ③   **22** ①

23 3상에서 2개의 전력계를 사용하여 평형 부하의 역률을 측정하고자 한다. 전력계의 지시가 각각 2[kW] 및 8[kW]라 할 때, 이 회로의 역률은 약 몇 [%]인가?

① 49   ② 59

③ 69   ④ 79

해설

- 역률 $\cos\theta = \dfrac{P_1 + P_2}{2\sqrt{P_1^2 + P_2^2 - P_1 P_2}} = \dfrac{2+8}{2\sqrt{2^2 + 8^2 - 2\times 8}} \fallingdotseq 0.6933\%$

24 RC 직렬회로에서 $t=0$일 때 직류전압 10[V]를 인가하면 $t=0.1\text{sec}$일 때 전류는 약 몇 [A]인가? (단, R=1,000[Ω], C=50[μF]이고, 초기 정전용량은 0이다)

① 2.25   ② 1.85

③ 1.55   ④ 1.35

해설

- $i(t) = \dfrac{E}{R} e^{-\frac{1}{RC}t} [\text{mA}] = \dfrac{10}{1,000} e^{-\frac{1}{1000\times 50\times 10^{-6}}\times 0.1} \fallingdotseq 1.35[\text{mA}]$

25 변압기 누설 리액턴스를 감소시키는데 가장 효과적인 방법은?

① 철심의 단면적을 크게 한다.   ② 권선을 분할하여 조립한다.

③ 코일의 단면적을 크게 한다.   ④ 권선을 동심 배치시킨다.

해설

- 권선을 분할하여 조립하면 $\frac{1}{2}$ 이상 감소한다.

26 반도체 소자 다이오드를 병렬로 접속하는 주된 목적은?

① 저손실화   ② 고주파화

③ 대용량화   ④ 고전압화

해설

병렬연결	대용량화(전류용량 확대)
직렬연결	고전압화(분담전압 확대)

27 전기 공급설비 및 전기 사용설비에서 전선의 접속법에 대한 설명으로 틀린 것은?

① 전선의 세기를 20[%] 이상 감소시키지 않는다.

② 접속부분은 접속관, 기타의 기구를 사용한다.

③ 전선의 전기저항이 증가되도록 접속하여야 한다.

④ 접속부분은 절연전선의 절연물과 동등 이상의 절연 효력이 있도록 충분히 피복한다.

해설

• 전선 접속 시 전기저항은 절대 증가되지 않아야 한다.

28 아래 논리회로에서 출력 F로 나올 수 없는 것은?

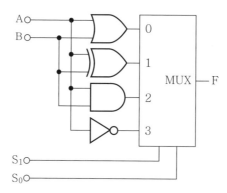

① A+B ② $\overline{A}B+A\overline{B}$ ③ $AB+\overline{A}\,\overline{B}$ ④ AB

해설

• 4×1 멀티플렉서이다.
• 4개의 입력 중 1개를 선택하여 선택선(S_0, S_1)에 입력된 값에 따라 출력한다.
• 출력 F로 나올 수 있는 경우 : $A+B$, $\overline{A}B+A\overline{B}$, AB, $\overline{A}$

29 다음 논리회로의 논리식 Z의 출력을 간략화하면?

$$Z=\overline{A}\,\overline{B}\,\overline{C}+\overline{A}\,\overline{B}C+A\overline{B}\,\overline{C}+\overline{A}BC+A\overline{B}C+ABC$$

① $\overline{A}(B+C)$ ② $\overline{B}+C$ ③ $\overline{A}B+A\overline{C}$ ④ $\overline{A}+BC$

해설

• 카르노도표 논리식을 간소화하면 $Z=\overline{B}+C$이다.

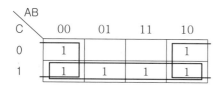

 정답 **27** ③ **28** ③ **29** ②

30 전력변환 방식 중 직류전압을 높은 전압에서 낮은 전압으로 변환하는 장치는?

① 부스트 컨버터정류

② 사이크로 컨버터정류

③ 벅 컨버터정류

④ 인버터정류

해설

DC−DC 컨버터(초퍼)의 전압 변환방식

• 강압형 초퍼 : 벅 컨버터

• 승압형 초퍼 : 부스트 컨버터

31 그림과 같은 블록선도에서 $\dfrac{C}{R}$을 구하면?

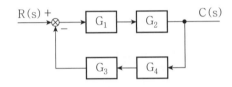

① $\dfrac{G_3G_4}{1+G_1G_2+G_3G_4}$

② $\dfrac{G_3G_4}{1+G_1G_2G_3G_4}$

③ $\dfrac{G_1G_2}{1+G_1G_2G_3G_4}$

④ $\dfrac{G_1G_2}{1+G_1G_2+G_3G_4}$

해설

• 궤한 결합 블록선도 $\dfrac{C(s)}{R(s)} = \dfrac{G(s)}{1-(-G(s)H(s))} = \dfrac{G(s)}{1+G(s)H(s)} = \dfrac{G_1G_2}{1+G_1G_2G_3G_4}$

32 동기 전동기의 전기자 권선은 단절권으로 하는 이유는?

① 역률을 좋게한다.

② 기전력의 크기가 높아진다.

③ 고조파를 제거한다.

④ 절연을 좋게한다.

해설

단절권의 특징

• 코일의 양변 간의 피치가 1자극 피치보다 짧은 권선을 사용하는 방법이다.

• 고조파 제거로 파형이 좋아진다.

• 코일의 단부가 줄어 동량이 적게 소요된다.

33 220/380[V] 겸용 3상 유도 전동기의 리드선은 몇 가닥을 인출하는가?

① 3   ② 6   ③ 7   ④ 8

해설

• 1상(코일)당 리드선 2선으로 △, Y 결선을 변경하기 위해서는 6선을 모두 인출하여야 변경할 수 있다.

34 콘덴서 인가전압이 20[V]일 때 콘덴서에 800[μC]이 축적되었다면 이때 축적되는 에너지는 몇 [J]인가?

① 0.008   ② 0.16   ③ 0.8   ④ 1.6

해설

• 축적에너지 $W = \dfrac{1}{2}QV = \dfrac{1}{2} \times 800 \times 10^{-6} \times 20 = 0.008[\text{J}]$

35 서지보호장치(SPD)를 기능에 따라 분류할 때 포함되지 않는 것은?

① 전압제한형 SPD   ② 복합형 SPD

③ 전압스위칭형 SPD   ④ 전류스위칭형 SPD

해설

서지보호장지 분류 및 등급
• 분류 : 전압스위칭형 SPD, 전압제한형 SPD, 복합형 SPD
• 등급 : I, II, III 등급

36 3상 권선형 유도 전동기에서 2차측 저항을 2배로 할 경우 최대 토크변화는?

① 0.5로 줄어든다.   ② 2배로 된다.   ③ $\sqrt{2}$배가 된다.   ④ 변하지 않는다.

해설

• 3상 권선형 유도 전동기는 비례추이 원리로서 2차 측 저항을 변화해도 최대토크는 변하지 않는다.

37 송전선로에서 코로나 임계전압[kV]의 식은?(단, d 및 r은 전선의 지름 및 반지름. D는 전선의 평균 선간거리, 단위는 [cm]이며 다른 조건은 무시한다.)

① $24.3d \log_{10} \dfrac{r}{D}$ ② $24.3d \log_{10} \dfrac{D}{r}$ ③ $\dfrac{0.02413}{d \log_{10} \dfrac{D}{r}}$ ④ $\dfrac{0.02413}{d \log_{10} \dfrac{r}{D}}$

해설

• 임계전압 $E_0 = 24.3 m_0 m_1 \delta d \log_{10} \dfrac{D}{r}$[kV]에서, d, r, D 이외는 무시하는 조건이므로,

• $E_0 = 24.3 d \log_{10} \dfrac{D}{r}$[kV]이다.

38 3상 송전선로에서 지름 5[mm]의 경동선을 간격 1[m]로 정삼각형 배치를 한 가공전선의 1선 1[km]당 작용 인덕턴스는 약 몇 [mH/km]인가?

① 1.20　　　　　② 1.25　　　　　③ 1.35　　　　　④ 1.40

해설

• 작용 인덕턴스 $L=0.05+0.4605\log_{10}\dfrac{D}{r}=0.05+0.4605\log_{10}\dfrac{1,000}{2.5}≒1.25$[mH/km]

39 그림과 같은 전기회로에서 전류 I_1은 몇 [A]인가?

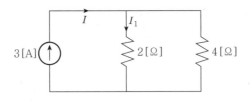

① 1　　　　　② 2　　　　　③ 3　　　　　④ 4

해설

• 2[Ω]의 전류 $I_1=\dfrac{4}{2+4}\times3=2$　　　• 4[Ω]의 전류 $I_2=\dfrac{2}{2+4}\times3=1$

40 두 종류의 금속을 접속하여 두 접합 부분을 다른 온도로 유지하면 열기전력을 일으켜 열전류가 흐르는 현상을 지칭하는 것은?

① 제벡 효과　　　② 펠티어 효과　　　③ 제3금속 법칙　　　④ 페러데이 법칙

해설

제벡 효과
• 두 종류의 금속 접속하여 한쪽에 온도를 높이면 열기전력을 일으켜 열전류가 흐르는 현상

41 일반적으로 공진형 컨버터에 사용되지 않는 소자는?

① Transistor(TR)

② Insulsator Gate Bipolar Transistor(IGBT)

③ Silicon Control Rectifier(SCR)

④ Matal-Oxide Semiconductor Field Effect Transistor(MOS-FET)

해설

컨버터 일반사항
• SCR은 정류회로가 필요하고 신뢰성이 낮아 거의 사용되지 않는다.
• 공진형 컨버터는 RLC 중에 L과 C를 공진시켜 소모전력을 줄이고 스위칭 반도체의 열도 감소시킬 수 있는 초퍼이다.
• 컨버터 스위치로 TR, MOS-FET, GTO, IGBT 등을 사용한다.

42 3상 유도 전동기의 1차 접속을 △ 결선에서 Y 결선으로 바꾸면 기동 시의 1차 전류는?

① $\frac{1}{3}$로 감소한다.

② 3배로 증가한다.

③ $\frac{1}{\sqrt{3}}$로 감소한다.

④ $\sqrt{3}$배로 증가한다.

해설

· △ 결선과 Y 결선의 선 전류비 $I_Y = \frac{1}{3}I_\triangle$이다.

· △ 결선을 Y 결선으로 바꾸면 기동전류는 $\frac{1}{3}$로 감소한다.

43 345[kV]의 가공전선을 사람이 쉽게 들어갈 수 없는 산지에 시설하는 경우 가공 송전선의 지표상 높이는 최소 몇 [m]인가?

① 6.28　　　② 6.78　　　③ 7.28　　　④ 7.78

해설

특고압 가공전선의 높이
· 기본 높이 : 160[kV] 초과시 지표상 6[m], 철도궤도 횡단 6.5[m], 산지 등 5[m]
· 초과 높이 : 160[kV] 초과 10[kV] 또는 단수 마다 12[cm]를 더한 값을 가산한다.
· 단수 산출 : $\frac{345-160}{10} = 18.8 \rightarrow 19$적용
· 지표상 높이 $h = 5 + (0.12 \times 19) = 7.28$[m]

44 어떤 정현파 전압의 평균값이 200[V]이면 최대값은 약 몇 [V]인가?

① 282　　　② 314　　　③ 345　　　④ 445

해설

· 최대값 $V_m = \sqrt{2}V$, $V_{av} = \frac{2}{\pi}V_m$이므로,
· 최대값 $V_m = \frac{\pi V_{av}}{2} = \frac{\pi \times 200}{2} = 314$[V]

45 3상 송전선로 1회선의 전압이 22[kV], 주파수 60[Hz]로 송전시 무부하 충전전류는 약 몇 [A]인가? (단, 송전선의 길이는 20[km]이고, 1선 1[km]당 정전용량은 0.5[μF]이다.)

① 48　　　② 40　　　③ 35　　　④ 30

해설

· 무부하 충전전류 $I_C = wCEl = 2\pi f C \frac{V}{\sqrt{3}} l$

$= 2 \times \pi \times 60 \times 0.5 \times 10^{-6} \frac{22,000}{\sqrt{3}} \times 20$

$= 47.88 \fallingdotseq 48$[A]

46 전력변환장치의 반도체 소자 SCR이 턴 온(Turn on) 되어 20[A]의 전류가 흐를 때 게이트 전류를 $\frac{1}{2}$로 줄이면 SCR의 애노드와 캐소드에 흐르는 전류는?

① 30[A]
② 20[A]
③ 15[A]
④ 10[A]

• SCR은 자체 턴 온(Turn on) 기능은 있고, 턴 오프(Turn off) 기능은 없다.
• 주 전류를 유지전류 이하 또는 애노드, 캐소드간에 역전압을 인가하여 턴 오프 시킨다.
• 게이트 전류를 $\frac{1}{2}$로 줄여도 턴 오프 되지 않으므로 애노드와 캐소드 사이에는 20[A]가 그대로 흐른다.

47 지중 전선로 및 지중함의 시설방식으로 잘못된 것은?
① 지중함의 뚜껑은 시설자 이외의 자가 쉽게 열 수 없도록 시설할 것
② 지중 전선로는 관로식, 암거식 또는 직접 매설식에 의하여 시설할 것
③ 지중전선로는 케이블을 사용할 것
④ 연소성 가스가 침입할 우려가 있는 곳에 시설하는 최소 0.5[m³] 이상의 지중함에는 통풍장치를 할 것

지중함의 시설
• 뚜껑은 시설자 이외의 자가 쉽게 열 수 없도록 시설할 것
• 폭발성 또는 연소성 가스가 침입할 우려가 있는 곳
• 지중함의 크기가 최소 1[m³] 이상인 것
• 통풍장치, 기타 가스를 방산시키기 위한 적당한 장치를 할 것

48 동기 전동기를 무부하로 하였을 때, 계자전류를 조정하면 동기기는 마치 L,C 소자로 작동하고, 계자전류를 어떤 일정값 이하의 범위에서 가감하면 가변 리액턴스가되고, 어떤 일정값 이상에서 가감하면 가변 커패시턴스로 작동한다. 이와 같은 목적으로 사용되는 것은?
① 제동권선
② 동기조상기
③ 균압환
④ 변압기

• 동기 조상기는 송전계통에 역률이나 전압조정에 사용되는 무부하 운전하는 동기기이다.

정답 46 ② 47 ④ 48 ②

49 그림과 같은 논리회로를 1개의 게이트로 표현하면?

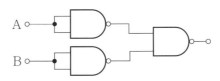

① NOT   ② OR   ③ AND   ④ NOR

해설

- OR게이트 회로이다.
- 논리식은 $\overline{\overline{AB}}=\overline{\overline{A}+\overline{B}}=A+B$이다.

50 자기용량이 10[kVA]의 단권변압기를 이용해서 배전전압 3,000[V]를 3,300[V]로 승압하고 있다. 부하역률이 80[%]일 때 공급할 수 있는 부하용량은 약 몇 [kW]인가 (단, 단권변압기의 손실은 무시한다.)

① 48   ② 58   ③ 68   ④ 88

해설

- 부하용량=자기용량$\times\dfrac{\text{고압측 전압}}{\text{승압 전압}}=10\times\dfrac{3,300}{(3,300-3,000)}=110[kVA]$
- $\cos\theta=80[\%]$이므로, $110\times0.8=88[kW]$

51 1차 코일의 자기 인덕턴스 L_1, 2차 코일의 자기 인덕턴스 L_2, 상호 인덕턴스를 M이라할 때 L_A의 값으로 옳은 것은?

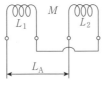

① L_1-L_2-2M ② L_1-L_2+2M
③ L_1+L_2-2M ④ L_1+L_2+2M

해설

- 자속의 방향이 반대 방향으로 차동접속으로 $L_A=L_1+L_2-2M$이다.

52 다음 중 브레인스토밍(Brainstorming)과 가장 관계가 깊은 것은?

① 특성요인도 　　　　　　② 회귀분석
③ 히스토그램 　　　　　　④ 파레토도

브레인스토밍 특징
• 여러 사람이 제한없이 문제해결을 위한 다양한 아이디어를 자유롭게 제시한다.
• 제시된 아이디어를 취합, 수정, 보완해 일반 사고 이외의 독창적인 아이디어를 얻는 방법이다.

53 22.9[kV] 배전선로 가선공사에서 주상의 경완금(경완철)에 전선을 가선작업할 때 필요없는 금구류 또는 자재는 다음 중 어느것인가?

① 앵커쇄클 　　　　　　② 데드엔드 크램프
③ 소켓아이 　　　　　　④ 현수애자

경완철과 애자 구조
① 경완철　　　　　② 볼새클　　　　　③ 현수애자
④ 소켓아이　　　　⑤ 데드엔드크램프　⑥ 전선

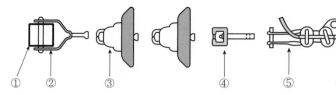

54 저압 옥내배선 공사에서 금속관 공사로 시공할 경우 특징이 아닌 것은?

① 전선은 금속관 안에서 접속점이 없을 것
② 전선은 절연전선일 것
③ 전선은 연선일 것
④ 콘크리트에 매설하는 것은 관의 두께가 1.2[mm] 이하일 것

금속관배선 관의 두께
• 금속관을 콘크리트에 매설할 때 관의 두께는 1.2[mm] 이상
• 기타의 경우 1[mm] 이상

정답　52 ① 53 ① 54 ④

55 변압기의 내부저항과 누설 리액턴스의 %강하율은 2[%], 3[%]이다. 부하역률이 80[%]일 때 이 변압기의 전압 변동률은 약 몇 [%]인가?

① 1.4

② 2.4

③ 3.4

④ 4.0

해설

• 전압 변동률 $\epsilon = p\cos\theta + q\sin\theta = 2 \times 0.8 + 3 \times 0.6 = 3.4[\%]$

56 다음 그림의 AOA(Activity-On-Arc) 네트워크에서 E 작업을 시작하려면 어떤 작업들이 완료되어야 하는가?

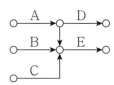

① A

② A,B

③ B,C

④ A,B,C

해설

• 활동을 아크상에 나타낸 것을 AOA 네트워크라고 한다.
• D 작업을 시작하기 위해서는 A 작업이 완료되어야 한다.
• E 작업을 완료하기 위해서는 A, B, C 작업이 완료되어야 한다.

57 표준시간을 내경법으로 구하는 수식으로 맞는 것은?

① 표준시간＝정미시간＋여유시간

② 표준시간＝정미시간×(1＋여유율)

③ 표준시간＝정미시간×$\left(\dfrac{1}{1-여유율}\right)$

④ 표준시간＝정미시간×$\left(\dfrac{1}{1+여유율}\right)$

해설

• 내경법 : 표준시간＝정미시간×$\left(\dfrac{1}{1-여유율}\right)$
• 외경법 : 표준시간＝정미시간×(1＋여유율)

58 검사 특성곡선(OC Curve)에 관한 설명으로 틀린 것은? (단, N : 로트의 크기, n : 시료의 크기, c : 합격판정 개수)

① N, n이 일정할 때 c가 커지면 나쁜 로트의 합격률이 높아진다.

② N, n이 일정할 때 c가 커지면 좋은 로트의 합격률이 낮아진다.

③ N/n/c의 비율이 일정하게 증가하거나 감소하는 퍼센트 샘플링 검사 시 좋은 로트의 합격률은 영향이 없다.

④ 일반적으로 로트의 크기 N이 시료 n에 비해 10배 이상 크다면, 로트의 크기를 증가시켜도 나쁜 로트의 합격률은 크게 변하지 않는다.

해설
· 시료(n)이 증가할수록 이상적인 OC 곡선에 가깝게 되나 검사비용이 증가한다.
· 시료(n)이 감소할수록 이상적인 OC 곡선에 가깝게 되나 작업자는 불리한 조건이 되며, 로트의 합격률에 영향을 준다.

59 다음 데이터로부터 통계량을 계산한 것 중 틀린 것은?

21.5 23.7 24.3 27.2 29.1

① 시료분산(s^2)=8.999   ② 제곱합(S)=7.59
③ 범위(R)=7.76   ④ 중앙값(Me)=25.35

해설
· 범위 R=최대값−최소값=29.1−21.5=7.6
· 표본 평균값=$\dfrac{(21.5+23.7+24.3+27.2+29.1)}{5}$=25.16
· 제곱합 S=(자료에서 각각의 수−평균값)²=편차(개개의 측정값에서 표본 평균값을 뺀 값)를 제곱한 값이다.
  =$(21.5-25.16)^2+(23.7-25.16)^2+(24.3-25.16)^2+(27.2-25.16)^2+(29.1-25.16)^2$
  =35.952
· 중앙값 Me=통계집단의 변량을 크기의 순서로 늘어 놓을 때 중앙에 위치하는 값=24.3
· 시료분산 $S^2=\dfrac{\sum (자료에서\ 각각의\ 수−평균값)^2}{자료의\ 수−1}$
  =$[(21.5-25.16)^2+(23.7-25.16)^2+(24.3-25.16)^2+(27.2-25.16)^2+(29.1-25.16)^2]\div(5-1)$
  =8.988

60 전원측의 한 점을 직접접지하고 설비의 노출 도전부를 보호도체로 접속시키는 방식으로, 계통 전체에 대해 별도의 중성선 또는 PE 도체를 사용하는 방식의 계통접지 방식은?

① TN-S 방식   ② TN-C 방식   ③ TN-C-S 방식   ④ TT방식

해설
· TN-S 계통은 계통 전체에 대해 별도의 중성선 또는 PE도체를 사용한다. 배전계통에서 PE도체를 추가로 접지할 수 있다.

정답 **58** ③ **59** ② **60** ①

8회 기출 및 예상문제

한국전기설비규정 제정 내용을 중심으로 과년도 기출문제를 복원하여 수록하였음

01 전계 내의 임의의 한점에 단위전하 $+1[C]$을 놓을 때 이에 작용하는 힘을 무엇이라 하는가?

① 전위
② 전위차
③ 전속밀도
④ 전계의 세기

• 전계의 세기 $E = 9 \times 10^9 \times \dfrac{Q}{\epsilon_s r^2}[V/m]$는 전계 중에 단위 양전하를 두었을 때 거기에 작용하는 힘의 크기를 말한다.

02 그림과 같은 회로에서 저항 $R = 4[\Omega]$, 유도 리액턴스 $X = 3[\Omega]$이다. 이 회로의 a–b 간의 역률은?

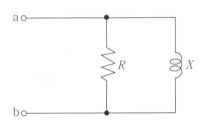

① 0.8
② 0.6
③ 0.5
④ 0.4

• R–L 직렬회로 $\cos\theta = \dfrac{R}{Z}$, 병렬회로 $\cos\theta = \dfrac{X_L}{Z}$ 이다.

• $\cos\theta = \dfrac{X_L}{\sqrt{R^2 + X_L^2}} = \dfrac{3}{\sqrt{4^2 + 3^2}} = 0.6$

정답 **01** ④ **02** ②

03 그림과 같은 RLC 병렬 공진회로에 관한 설명 중 틀린 것은?(단, Q는 전류 확대율이다.)

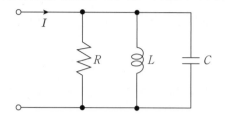

① R이 작을수록 Q가 커진다.
② 공진시 L 또는 C를 흐르는 전류는 입력 전류의 크기의 Q배가 된다.
③ 공진 주파수 이하에서의 입력 전류는 전압보다 위상이 뒤진다.
④ 공진시 입력 어드미턴스는 매우 작아진다.

해설

• RLC 병렬 공진시에 어드미턴스는 최소, 임피던스는 최대, 전류는 최소가 된다.
• 공진주파수는 $f_0 = \dfrac{1}{2\pi\sqrt{LC}}$ [Hz]이다.
• 전류확대비(선택도) $Q = \dfrac{I_L}{I_0} = \dfrac{I_C}{I_0} = \dfrac{R}{w_0 L} = w_0 CR$

$\qquad = R\sqrt{\dfrac{C}{L}}$ 이다.

04 환상 솔레노이드의 원환 중심선의 반지름 a=100[mm], 권수 N=2,000회이고, 여기에 20[mA]의 전류가 흐를 때, 중심선의 자계의 세기는 약 몇 [AT/m]인가?

① 53.7   ② 63.7   ③ 72.5   ④ 82.5

해설

• 자계의 세기 $H = \dfrac{NI}{2\pi a} = \dfrac{2,000 \times 20 \times 10^{-3}}{2\pi \times 100 \times 10^{-3}} = 63.66$[AT/m]

05 그림과 같은 회로에서 5[Ω]을 통과하는 전류는? (단, 이상적인 전원으로 본다.)

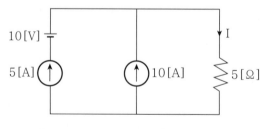

① 10   ② 15   ③ 20   ④ 25

해설

• 전압원은 단락시키고, 전류원은 개방한 회로로 해석한다.
• 전압원을 단락시키면 5[Ω]에 흐르는 전류 $I = 5 + 10 = 15$[A]이다.

06 다음의 JK-FF 진리표의 현재 상태의 출력 Q_n이 0이고, 다음 상태 출력 Q_{n+1}이 1일 때 필요입력 J 및 K의 값은? (단, X는 0 또는 1이다.)

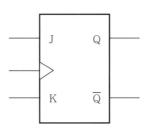

① J=0, K=X

② J=0, K=1

③ J=1, K=0

④ J=1, K=X

해설

JK-FF 진리표

J	K	CP	Q
0	0	↑	Q_0(불변)
1	0	↑	1
0	1	↑	0
1	1	↑	$\overline{Q_0}$(반전)

• 현재 출력(Q_n)이 0, 다음 상태 출력(Q_{n+1})이 1일 때, J=1, K=0인 경우와 J=K=1인 경우이므로 J=1, K=0 또는 1이다.

07 $v=100\sin wt$[V]인 정현파 교류의 반파 정류파에서 그림과 같은 사선부분의 평균값은 약 몇 [V]인가?

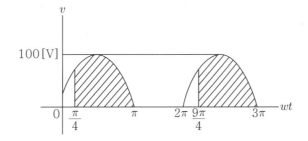

① 45.00

② 35.17

③ 27.17

④ 17.17

해설

$$\bullet\, V_{av}=\frac{1}{T}\int_{\frac{T}{8}}^{\frac{T}{2}}V_m\sin wt\,(dt)=\frac{V_m}{T}\int_{\frac{T}{8}}^{\frac{T}{2}}\sin wt\,(dt)$$
$$=\frac{100}{T}\,|1-\cos wt|\,_{\frac{T}{8}}^{\frac{T}{2}}$$

$$= \frac{100}{T}\left\{-\frac{\cos w\frac{T}{2}}{w}-\left(-\frac{\cos w\frac{T}{8}}{w}\right)\right\}$$

$$= \frac{100}{T}\left\{-\frac{\cos\frac{2\pi}{2}}{w}+\left(\frac{\cos\frac{2\pi}{8}}{w}\right)\right\}$$

$$= \frac{100}{T}\left(\frac{1}{w}+\frac{0.707}{w}\right)$$

$$= \frac{100\times1.707}{wT}$$

$$= \frac{170.7}{2\pi}=27.17[\text{V}]$$

08 C_1, C_2인 콘덴서 2개를 병렬로 연결했을 때 합성용량은?

① C_1+C_2 ② C_1C_2 ③ $\dfrac{C_1+C_2}{C_1C_2}$ ④ $\dfrac{C_1C_2}{C_1+C_2}$

해설

- 직렬 합성용량 $= \dfrac{C_1C_2}{C_1+C_2}$
- 병렬 합성용량 $= C_1+C_2$

09 그림과 같은 이상 변압기를 포함하는 회로의 4단자 정수 $\begin{bmatrix} A & B \\ C & D \end{bmatrix}$는?

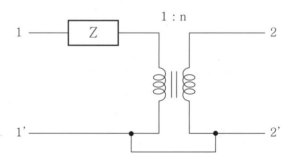

① $\begin{bmatrix} n & 0 \\ \dfrac{Z}{n} & Z \end{bmatrix}$ ② $\begin{bmatrix} n & 0 \\ Z & \dfrac{1}{n} \end{bmatrix}$ ③ $\begin{bmatrix} \dfrac{1}{n} & nZ \\ 0 & n \end{bmatrix}$ ④ $\begin{bmatrix} 0 & \dfrac{1}{n} \\ nZ & 1 \end{bmatrix}$

해설

- $\begin{bmatrix} AB \\ CD \end{bmatrix}=\begin{bmatrix} 1 & Z \\ 0 & 1 \end{bmatrix}\begin{bmatrix} \dfrac{1}{n} & 0 \\ 0 & n \end{bmatrix}=\begin{bmatrix} \dfrac{1}{n} & nZ \\ 0 & n \end{bmatrix}$

10 다음 그림에서 코일에 인가되는 전압 V_L은 몇 [V]인가?

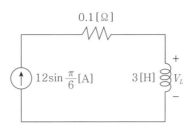

① $4\pi \cos \dfrac{\pi}{6} t$　　　② $5\pi \sin \dfrac{\pi}{6} t$　　　③ $6\pi \cos \dfrac{\pi}{6} t$　　　④ $7\pi \sin \dfrac{\pi}{6} t$

해설

- 인가 전압의 크기 $V_L = L\dfrac{di}{dt} = 3 \times \dfrac{d\left(12\sin\dfrac{\pi}{6}\right)}{dt}$

$$= 3 \times 12 \times \dfrac{\pi}{6} \times \cos\dfrac{\pi}{6} t$$

$$= 6\pi\cos\dfrac{\pi}{6} t$$

11 건축물의 종류가 주택, 기숙사, 여관, 호텔, 병원, 창고인 경우에 옥내배선 설계에 있어서 간선의 굵기를 선정할 때 전등 및 소형 전기기계기구의 용량 합계가 10[kVA]를 초과하는 것은 그 초과량에 대하여 수용률을 몇 [%]로 할 수 있는가?

① 30　　　　　② 50　　　　　③ 70　　　　　④ 100

해설

장소별 적용 수용률
- 수용률 50[%] : 주택, 아파트, 기숙사, 여관, 호텔, 병원
- 수용률 70[%] : 학교, 사무실, 은행

12 22,900/220[V]의 15[kVA] 변압기로 공급되는 저압 가공 전선로의 절연부분의 전선에서 대지로 누설되는 전류의 최고 한도는?

① 약 34[mA]　　　　　　　　　② 약 68[mA]
③ 약 72.5[mA]　　　　　　　　④ 약 75[mA]

해설

- 최대 공급전류 $I = \dfrac{P}{V} = \dfrac{15,000}{220} ≒ 68.2$[A]

- 누설전류 $\leq \dfrac{최대공급전류}{2,000} = \dfrac{68.2}{2,000} ≒ 34$[mA]

13 많은 입력선 중 필요한 데이터만 선택하여 단일 출력선으로 연결시켜 주는 회로는?

① 인코더

② 디코더

③ 멀티플렉서

④ 디멀티플렉서

멀티플렉서의 특징
- 데이터 선택기라고도 한다.
- 여러 개의 입력선 중에서 하나를 선택하여 출력선에 연결하는 회로이다.
- 2^n개의 입력선(D)과 n개의 선택선(S)으로 되어 있다.

14 회로에 접속된 코일(L)과 콘덴서(C)에서 실제적으로 급격하게 변할 수 없는 것은?

① 코일(L), 콘덴서(C) : 전압

② 코일(L) : 전류, 콘덴서(C) : 전압

③ 코일(L), 콘덴서(C) : 전류

④ 코일(L) : 전압, 콘덴서(C) : 전류

- 코일(L)의 유기전압 : $V_L = L\dfrac{di}{dt}$, $t=0$ 순간에서 V_L이 무한대가 되는 모순이 있다.

- 콘덴서(C)의 유기전류 : $I_C = C\dfrac{di}{dt}$, $t=0$ 순간에서 I_C가 무한대가 되는 모순이 있다.

15 유도 기전력에 관한 렌츠의 법칙을 맞게 설명한 것은?

① 유도 기전력은 자속의 변화를 방해하려는 역방향으로 발생한다.

② 유도 기전력은 자속의 변화를 방해하려는 방향으로 발생한다.

③ 유도 기전력의 크기는 자기장의 방향과 전류의 방향에 의하여 결정된다.

④ 유도 기전력의 크기는 코일을 지나는 자속의 매초 변화량과 코일의 권수에 비례한다.

- 유도 기전력의 방향은 코일면을 통과하는 자속의 변화를 방해하는 방향으로 나타난다.

16 카르노도에서 간략화된 논리함수를 구하면?

	$\overline{A}\,\overline{B}$	$\overline{A}\,B$	$A\,B$	$A\,\overline{B}$
$\overline{C}\,\overline{D}$	1	1	1	1
$\overline{C}\,D$	1	1	1	1
$C\,D$	1	1		
$C\,\overline{D}$	1	1		1

① $\overline{A}+\overline{C}+B\overline{D}$　　② $A+\overline{A}+B\overline{D}$　　③ $\overline{B}+\overline{D}+AC$　　④ $\overline{B}+\overline{D}+\overline{A}C$

해설

• 카르노도표 간소화 논리식 : $\overline{A}+\overline{C}+B\overline{D}$

	$\overline{A}\,\overline{B}$	$\overline{A}\,B$	$A\,B$	$A\,\overline{B}$
$\overline{C}\,\overline{D}$	1	1	1	1
$\overline{C}\,D$	1	1	1	1
$C\,D$	1	1		
$C\,\overline{D}$	1	1		1

17 인버터(Inverter)의 전력변환에 대한 설명으로 옳은 것은?

① 직류를 교류로 변환시키기 위한 전력 변환장치이다.

② 교류를 직류로 변환시키기 위한 전력 변환장치이다.

③ 하나의 다른 크기를 갖는 직류를 다른 크기의 직류값으로 변환하기 위한 전력 변환기이다.

④ 다른 크기(Amplitude)나 주파수(Frequency)를 갖는 교류값으로 변환하기 위한 전력변환기이다.

해설

• 인버터(Inverter)는 직류를 교류로 변환시키기 위한 역 변환장치이다.

18 저압 인입 시설에서 인입용 비닐절연전선을 사용하는 경우 지름은 몇 [mm] 이상 이어야 하는가?

① 1.6　　　　② 2.6　　　　③ 3.2　　　　④ 3.6

해설

저압 인입용 전선 규격
• 전선 종류 : 옥외용 비닐 절연전선
• 굵기 : 2.6[mm] 이상
• 인장강도 : 2.3[kN] 이상

정답　16 ①　17 ①　18 ②

19 전압 스너버(Snubber) 회로에 관한 설명 중 틀린 것은?

① 전력용 반도체 소자의 보호회로로 사용된다.

② 전력용 반도체 소자와 병렬로 접속된다.

③ 저항(R)과 커패시터(C)로 구성된다.

④ 전력용 반도체 소자와 전류상승률$\left(\dfrac{di}{dt}\right)$을 저감하기 위한 것이다.

해설

• 전력용 반도체 소자의 전압 상승률$\left(\dfrac{di}{dt}\right)$을 제한하기 위한 회로이다.

20 3상 인버터 회로에서 온(ON)되어 있는 스위치들이 S_1, S_6, S_2, 오프(OFF)되어 있는 스위치들이 S_3, S_5, S_4라면 전원의 중성점 g와 부하의 중성점 N이 연결되어 있는 경우 부하의 각 상에 공급되는 전압은?

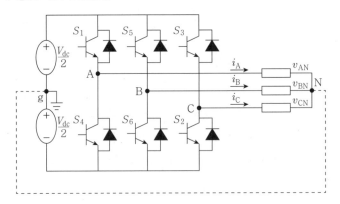

① $v_{AN} = -\dfrac{V_{dc}}{2}$, $v_{BN} = \dfrac{V_{dc}}{2}$, $v_{CN} = \dfrac{V_{dc}}{2}$

② $v_{AN} = -\dfrac{2V_{dc}}{3}$, $v_{BN} = \dfrac{2V_{dc}}{3}$, $v_{CN} = \dfrac{2V_{dc}}{3}$

③ $v_{AN} = \dfrac{V_{dc}}{2}$, $v_{BN} = -\dfrac{V_{dc}}{2}$, $v_{CN} = -\dfrac{V_{dc}}{2}$

④ $v_{AN} = \dfrac{3V_{dc}}{2}$, $v_{BN} = \dfrac{3V_{dc}}{2}$, $v_{CN} = -\dfrac{3V_{dc}}{2}$

해설

• $S_1 -$ ON $\rightarrow v_{AN} = \dfrac{V_{dc}}{2}$

• $S_2 -$ ON $\rightarrow v_{CN} = -\dfrac{V_{dc}}{2}$

• $S_6 -$ ON $\rightarrow v_{BN} = -\dfrac{V_{dc}}{2}$

정답 **19** ④ **20** ③

21 출력 6[kW], 회전수 3,000[rpm]인 전동기의 토크는 약 몇 [kg·m]인가?

① 2　　　　　　② 3　　　　　　③ 4　　　　　　④ 56

해설

• 토크 $\tau = \dfrac{P}{w} = 0.975\dfrac{P}{N}$ [kg·m] $= 0.975 \times \dfrac{6,000}{3,000} = 1.95 \fallingdotseq 2$ [kg·m]

22 150[kVA]의 전부하 동손 2[kW], 철손 1[kW]일 때, 이 변압기의 최대효율은 전부하의 몇 [%]일까?

① 50.3　　　　② 60.3　　　　③ 70.7　　　　④ 140.6

해설

• 최대 효율 조건 $\dfrac{1}{m}$일 때 $\sqrt{\dfrac{P_i}{P_c}}$이다.

• $\dfrac{P_i}{P_c} = \left(\dfrac{1}{m}\right)^2 \rightarrow \left(\dfrac{1}{m}\right)^2 = \dfrac{1}{2}$,　$\dfrac{1}{m} = \dfrac{1}{\sqrt{2}} = 0.707 = 70.7$[%]

23 동일 정격의 다이오드를 병렬로 연결하여 사용할 때 맞는 설명은?

① 역전압을 크게 할 수 있다.　　　　② 순방향 전류를 증가시킬 수 있다.
③ 절연효과를 향상시킬 수 있다.　　④ 역전압을 낮게 할 수 있다.

해설

• 직렬연결 : 과전압 보호
• 병렬연결 : 과전류 보호(순방향 전류 증가)

24 변압기의 등가회로 작성에 필요 없는 것은?

① 저항측정시험　② 반환부하법　③ 단락시험　④ 무부하시험

해설

등가회로 시험	단락시험, 무부하시험, 저항측정시험
온도시험	반환부하법, 실부하법
절연내력시험	가압시험, 유도시험, 충격전압시험

25 변류기의 오차를 경감시키는 방법은?

① 평균 자로의 길이를 길게 한다.　　② 철심의 단면적을 크게 한다.
③ 투자율이 작은 철심을 사용한다.　④ 암페어 턴을 감소시킨다.

해설

변류기 오차 감소방법
• 철심의 단면적을 크게 한다.　　　• 암페어 턴을 증가시킨다.
• 투자율이 큰 철심을 사용한다.　　• 평균 자로의 길이를 짧게 한다.

26 동기 발전기를 병렬운전할 때 동기 검정기(Synchro Scope)를 사용하여 측정이 가능한 것은?

① 기전력의 진폭　② 기전력의 크기　③ 기전력의 파형　④ 기전력의 위상

해설

- 동기 검정기는 위상과 주파수가 일치 여부를 검출하기 위해 사용한다.
- 반복해서 일어나는 2개의 위상이 같은 순간에 발생하는지를 검출하는 장치이다.

27 기동 토크가 큰 특성을 가지는 전동기는?

① 3상 동기 전동기　　　　　　② 직류 직권 전동기
③ 직류 분권 전동기　　　　　　④ 3상 농형 유도 전동기

해설

직권 전동기의 특징
- 기동 토크가 전기자 전류의 제곱에 비례한다.
- 기동 토크가 크다.
- 잦은 기동과 부하변동이 심한 곳에 적합하다.

28 정격출력 P[kW], 역률 0.8, 효율 0.82로 운전하는 유도전동기에 V결선 변압기로 전원을 공급할 때 변압기 1대의 최소용량은 몇 [kVA]인가?

① $\dfrac{P}{0.8 \times 0.82 \times \sqrt{3}}$　　　　　　② $\dfrac{\sqrt{3}P}{0.8 \times 0.82 \times 2}$

③ $\dfrac{P}{0.8 \times 0.82 \times 3}$　　　　　　④ $\dfrac{2P}{0.8 \times 0.82 \times \sqrt{3}}$

해설

- V 결선 출력 $P_V = \sqrt{3}P_1$
- 변압기 1대 용량 $P_1 = \dfrac{P}{0.8 \times 0.82 \times \sqrt{3}}$

29 직류 복권 전동기 중에서 전부하 속도와 무부하 속도가 같도록 만들어진 것은?

① 차동 복권 전동기　　　　　　② 과복권 전동기
③ 평복권 전동기　　　　　　　④ 부족 복권 전동기

해설

- 평복권 전동기는 전부하 속도와 무부하 속도가 같도록 직권 권선의 기자력을 선택한 복권 전동기이다.

정답　26 ④　27 ②　28 ①　29 ③

30 60[Hz]의 전원에 접속된 4극, 3상 유도 전동기 슬립이 0.03일대 회전속도[rpm]는?

① 90　　　　　　② 1,728　　　　　　③ 1,746　　　　　　④ 36,000

해설

- 동기속도 $N_S = \dfrac{120f}{P} = \dfrac{120 \times 60}{4} = 1,800[\text{rpm}]$

- 회전 속도 $N = (1-S)N_S = (1-0.03) \times 1800 = 1,746[\text{rpm}]$

31 그림과 같은 다이오드 정류기의 상용입력 전압이 $v_s = V_m \sin \theta$라면, 다이오드에 걸리는 최대 역전압(Peak Inverse Voltage)은 얼마인가?

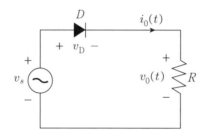

① $\dfrac{V_m}{\sqrt{2}}$　　　　　② V_m　　　　　③ $\dfrac{V_m}{\pi}$　　　　　④ $\dfrac{V_m}{2}$

해설

- 반파 정류회로의 최대 역전압 $PIV = V_m$이다.

32 벅-부스트 컨버터(Buck Boost Converter)에 대한 설명으로 옳지 않은 것은?

① 벅-부스트 컨버터의 출력전압은 입력전압보다 높을 수도 있고 낮을 수도 있다.

② 스위칭 주기(T)에 대한 스위치 온(ON) 시간(t_{on})의 비인 듀티비 D가 0.5보다 클 때 벅 컨버터와 같이 출력전압이 입력전압에 비해 낮아진다.

③ 출력전압의 극성은 입력전압을 기준으로 했을 때 반대 극성으로 나타난다.

④ 벅-부스트 컨버터의 입출력 전압비의 관계에 따르면 스위칭 주기(T)에 대한 스위치 온(ON) 시간(t_{on})의 비인 듀티비 D가 0.5인 경우는 입력전압과 출력전압의 크기가 같게 된다.

해설

벅-부스트 컨버터(Buck Boost Converter)의 특징

- 출력전압은 입력전압보다 높을 수도 있고 낮을 수도 있는 컨버터이다.
- 입력전압과 출력전압의 크기
  - 듀티비 $D = 0.5$일 때 $V_i = V_0$
  - 듀티비 $D < 0.5$일 때 $V_i > V_0$
  - 듀티비 $D > 0.5$일 때 $V_i < V_0$

정답　**30** ③　**31** ②　**32** ②

33 서보(Servo) 전동기에 대한 설명으로 틀린 것은?

① 회전자의 직경이 크다.

② 교류용과 직류용이 있다.

③ 속응성이 높다.

④ 기동, 정지 및 정회전, 역회전을 자주 반복할 수 있다.

서보(Servo) 전동기 특징
- 기동, 정지, 정·역회전을 반복하는 용도의 전동기이다.
- 회전자가 가늘고 긴구조이다.
- 응답속도가 빠르다.
- 직류용 및 교류용이 있다.

34 n차 고조파에 대하여 동기 발전기의 단절계수는?(단, 단절권의 권선 피치와 자극 간격과의 비를 β라 한다.)

① $\sin \dfrac{n\beta\pi}{2}$ ② $\cos \dfrac{n\beta\pi}{2}$

③ $\cos \dfrac{n\beta\pi}{3}$ ④ $\sin \dfrac{n\beta\pi}{3}$

- 제n차 고조파 단절계수는 $k = \sin \dfrac{n\beta\pi}{2}$ 이다.

35 동기 조상기에 유입되는 여자전류를 정격보다 적게 공급시켜 운전할 때의 현상으로 옳은 것은?

① 콘덴서롤 작용한다.   ② 저항부하로 작용한다.

③ 앞선 전류가 흐른다.   ④ 뒤진 전류가 흐른다.

- 과여자 : 콘덴서로 작용(진상)
- 부족여자 : 리액터로 작용(지상)

36 저압, 고압 및 특고압 수전의 3상 3선식 또는 3상 4선식에서 불평형 부하의 한도는 단상 접속부하로 계산하여 설비 불평형률을 30[%] 이하로 하는 것을 원칙으로 한다. 다음 중 제한에 따르지 않아도 되는 경우가 아닌 것은?

① 고압 및 특고압 수전에서 단상 부하용량의 최대와 최소의 차가 100[kVA]이하인 경우

② 저압 수전에서 전용변압기 등으로 수전하는 경우

③ 특고압 수전에서 100[kVA]이하의 단상 변압기 3대로 △결선하는 경우

④ 고압 및 특고압 수전에서 100[kVA] 이하의 단상부하인 경우

해설
설비불평형률 30[%] 원칙 이외의 경우
• 저압 수전에서 전용변압기 등으로 수전하는 경우
• 고압 및 특고압 수전에서 100[kVA] 이하의 단상부하인 경우
• 특고압 수전에서 100[kVA]이하의 단상 변압기 2대로 역 V결선하는 경우
• 고압 및 특고압 수전에서 단상 부하용량의 최대와 최소의 차가 100[kVA]이하인 경우

37 3상 발전기의 전기자 권선에 **Y결선**을 채택하는 이유에 해당되지 않는 것은?

① 상전압이 낮기 때문에 코로나, 열화 등이 적다.

② 권선의 불균형 및 제3고조과 등에 의한 순환전류가 흐르지 않는다.

③ 중성점 접지에 의한 이상 전압방지의 대책이 쉽다.

④ 발전기 출력을 더욱 증대 할 수 있다.

해설
Y 결선의 특징

• △ 결선에 비해 상전압이 $\frac{1}{\sqrt{3}}$ 배이어서 절연이 쉽다.

• 선간 전압에 제3고조파가 나타나지 않아 순환전류가 흐르지 않는다.
• 중성점 접지로 지락사고 시 보호계전이 쉽다.
• 코로나 발생률이 적다.

38 전기설비가 고장이 나지 않는 상태에서 대지 또는 회로의 노출 도전성 부분에 흐르는 전류는?

① 접촉전류　　　　　　② 누설전류
③ 스트레스 전류　　　　④ 계통의 도전성 전류

해설
누설전류(Leakage Current)
• 전로 이외를 흐르는 전류
• 전로의 절연체 내부 및 표면, 공간을 통하여 흐르는 전류

39 다음은 풍압하중과 관련된 내용이다. ㉮, ㉯의 알맞은 내용으로 옳은 것은?

> 빙설이 많은 지방 이외의 지방에서는 고온계절에는 (㉮)풍압하중, 저온계절에는 (㉯)풍압하중을 적용한다.

① ㉮ 갑종, ㉯ 을종　　　　　　② ㉮ 을종, ㉯ 병종
③ ㉮ 갑종, ㉯ 병종　　　　　　④ ㉮ 갑종, ㉯ 갑종

해설

- 빙설이 많은 지방 : 고온계절 → 갑종, 저온계절 → 을종
- 빙설이 많은 이외의 지방 : 고온계절 → 갑종, 저온계절 → 병종
- 빙설이 많은 지방중 해안지방 등 : 고온계절 → 갑종, 저온계절 → 갑종과 을종 중 큰 것

40 포화하지 않은 직류 발전기의 회전수가 $\frac{1}{2}$로 감소되었을 때 기전력을 전과 같은 값으로 하자면 여자를 속도변화 전에 비하여 몇 배로 하여야 하는가?

① 1.5배　　　　② 2배　　　　③ 3배　　　　④ 4배

해설

- 유기 기전력 $E = \frac{PZ\phi}{a} \times \frac{N}{60}$[V]이므로 기전력이 일정할 때 속도가 $\frac{1}{2}$이면 ϕ는 2배가 되어야 한다.

41 2종 가요전선관을 구부리는 경우 노출장소 또는 점검 가능한 은폐장소에서 관을 시설하고, 제거하는 것이 부자유하거나 또는 점검이 불가능한 경우는 곡률 반지름을 2종 가요전선관 안지름의 몇 배 이상으로 하여야 하는가?

① 9배　　　　② 6배　　　　③ 3배　　　　④ 1.5배

해설

2종 가요전선관 시설
- 노출장소 또는 점검 가능한 은폐장소
- 곡률 반지름
 - 관을 시설하고 제거하는 것이 자유로운 경우 : 전선관 안지름의 3배 이상
 - 관을 시설하고 제거하는 것이 부자유하거나 점검 불가능한 경우 : 전선관 안지름의 6배 이상

42 저압 연접 인입선의 시설에 대한 기준으로 틀린 것은?
① 옥내를 통과하지 않을 것
② 폭 5[m]를 초과하는 도로를 횡단하지 아니할 것
③ 인입선에서 분기하는 점으로부터 100[m]를 초과하는 지역에 미치지 아니할 것
④ 철도 또는 궤도를 횡단하는 경우에는 노면상 5[m]를 초과하지 않을 것.

해설

- 철도 또는 궤도를 횡단하는 경우에는 노면상 5[m]이상으로 시설해야 한다.

정답　39 ③　40 ②　41 ②　42 ④

43 평균 구면광도 200[cd]의 전구 10개를 지름 10[m]인 원형의 방에 점등할 때 방의 평균 조도는 약 몇 [lx]인가? (단, 조명률은 0.5, 감광보상률은 3.0이다)

① 26.7   ② 53.3   ③ 56.3   ④ 106.7

해설

- 광속 $F = 4\pi I = 4\pi \times 200 = 2{,}512[\text{lm}]$
- 방 면적 $A = \pi r^2 = \pi \left(\dfrac{10}{2}\right)^2 = 78.5[\text{m}^2]$
- $E = \dfrac{FNU}{AD} = \dfrac{2{,}512 \times 10 \times 0.5}{78.5 \times 3.0} \fallingdotseq 53.3[\text{lx}]$

44 소도체 2개로 된 복도체 방식 3상 3선식 송전선로가 있다. 소도체의 지름 2[cm], 간격 36[cm], 선간거리 120[cm]인 경우 복도체 1[km]당 인덕턴스[mH/km]는?

① 1.506   ② 1.210   ③ 0.624   ④ 0.600

해설

- 작용 인덕턴스 $L = \dfrac{0.05}{n} + 0.4605\log_{10}\dfrac{D}{\sqrt[n]{rs^{n-1}}} = \dfrac{0.05}{2} + 0.4605\log_{10}\dfrac{1{,}200}{\sqrt[2]{10 \times 360^{2-1}}} = 0.624[\text{mH/km}]$

45 애자용 공사에 의한 고압 옥내배선의 시설에 있어서 적당하지 않은 것은?

① 전선이 조영재를 관통할 때에는 난연성 및 내수성이 있는 절연관에 넣을 것

② 전선 상호 간의 간격은 8[cm] 이상일 것

③ 전선과 조영재와의 이격거리는 4[cm] 이상일 것

④ 전선의 지지점간의 거리는 6[m] 이하일 것

해설

고압 옥내배선의 애자공사 방법
- 전선 상호 간의 간격은 8[cm] 이상, 전선과 조영재 사이의 이격거리 5[cm] 이상일 것
- 전선의 지지점 간의 거리는 6[m] 이하, 조영재를 따라시설하는 경우 2[m] 이하일 것
- 고압 옥내배선은 저압 옥내배선과 쉽게 식별되도록 할 것
- 애자는 절연성, 난연성 및 내수성일 것
- 전선이 조영재를 관통하는 부분의 전선마다 각각 별개의 난연성 및 내수성이 있는 견고한 절연관에 넣을 것

46 과전류 차단기로 시설하는 퓨즈 중 고압전로에 사용하는 포장 퓨즈는 정격전류의 몇 배의 전류에 견디어야 하는가? (단, 전기설비기술기준의 판단기준에 의한다.)

① 1.0배   ② 1.3배   ③ 1.4배   ④ 1.6 배

해설

- 고압 포장 퓨즈 : 정격전류의 1.3배 견디고, 2배의 전류에 120분 안에 용단되어야 한다.
- 고압 비포장 퓨즈 : 정격전류 1.25배에 견디고, 2배의 전류에 2분 안에 용단되어야 한다.

정답   43 ②   44 ③   45 ③   46 ②

47 가공전선로의 지지물에 시설하는 지선의 시설기준이 아닌 것은?

① 소선 3가닥 이상의 연선일 것

② 지선의 안전율은 2.5 이상일 것

③ 소선의 지름이 2.6[mm] 이상의 금속선을 사용할 것

④ 도로를 횡단하여 시설하는 지선의 높이는 지표상 5.5[m] 이상으로 할 것

해설

지선의 시설기준
- 지선의 안전율은 2.5 이상일 것
- 도로를 횡단하여 시설하는 지선의 높이는 5[m] 이상으로 할 것
- 지선에 연선을 사용할 경우 소선 3가닥 이상의 연선으로 소선 지름 2.6[mm] 이상의 금속선을 사용할 것
- 지중 부분 및 지표상 30[cm]까지의 부분에는 내식성이 있는 것 또는 아연도금을 한 철봉을 사용할 것

48 가공 송전선로에서 단도체보다 복도체를 많이 사용하는 이유는?

① 정전용량의 감소   ② 선로 계통의 안정도 감소

③ 코로나 손실 감소   ④ 인덕턴스의 증가

해설

복도체 특징
- 전선의 등가 반지름 증가로 선로의 작용 인덕턴스 감소하고 작용 정전용량은 증가한다.
- 코로나 임계전압이 높아져 코로나 발생을 방지한다.
- 송전용량이 증가한다.
- 초고압 송전계통에 적합하다.

49 송전선로에서 소호환(Arcing Ring)을 설치하는 이유는?

① 누설전류에 의한 편열 방지   ② 애자에 걸리는 전압분담 균일화

③ 전력손실 감소   ④ 송전전력 증대

해설

소호환(Arcing Ring) 설치 목적
- 애자련의 전압분담 균일화   • 전선의 이상현상으로 인한 열적 파괴방지

50 전력원선도에서 알수 없는 것은?

① 조상 용량   ② 선로 손실

③ 과도 안정 극한전력   ④ 송수전단 전압 간의 상차각

해설

전력원선도로 알 수 있는 사항
- 정태 안정 극한전력(최대 전력)   • 송수전단 전압 간의 상차각
- 조상 용량   • 수전단 역률
- 선로 손실과 송전 효율

정답 47 ④ 48 ③ 49 ② 50 ③

51 소도체 2개로 된 복도체 방식 3상 3선식 송전선로가 있다. 소도체의 지름 2[cm], 소도체 간격 16[cm], 등가선간거리 200[cm]인 경우 1상당 작용 정전용량은 약 몇 [μF/km]인가?

① 0.104　　　　② 0.014　　　　③ 0.034　　　　④ 0.044

해설

• 단도체 $C = \dfrac{0.02413}{\log_{10} \dfrac{D}{r}}$

• 2도체 $C = \dfrac{0.02413}{\log_{10} \dfrac{D}{\sqrt{rs}}} = \dfrac{0.02413}{\log_{10} \dfrac{200}{\sqrt{1 \times 16}}} = 0.014 [\mu\text{F/km}]$

52 송전선로의 코로나 임계전압이 높아지는 것은?

① 전선의 지름이 큰 경우　　　　② 기압이 낮아지는 경우
③ 온도가 높아지는 경우　　　　④ 상대 공기밀도가 작은 경우

해설

• 임계전압 $E_0 = 24.3 m_0 m_1 \delta d \log_{10} \dfrac{D}{r}$ [kV]이다.

• 코로나 임계전압
 – 기압이 낮아지거나 온도가 높아지면 상대 공기밀도가 작아지고 코로나 임계전압은 낮아진다.
 – 전선의 지름이 큰 경우 임계전압이 높아진다.

53 저압의 전선로 중 절연부분의 전선과 대지 사이 및 전선의 심선 상호 간의 절연저항은 사용전압에 대한 누설전류가 최대 공급전류의 얼마를 넘지 않도록 하여야 하는가?

① $\dfrac{1}{1,000}$　　　　② $\dfrac{1}{2,000}$　　　　③ $\dfrac{1}{3,000}$　　　　④ $\dfrac{1}{4,000}$

해설

• 저압의 전선과 대지 간 절연은 사용전압에 대한 누설전류가 최대 공급전류의 $\dfrac{1}{2,000}$ 을 초과하지 않도록 하여야 한다.

54 전수검사와 샘플링 검사에 관한 설명으로 맞는 것은?

① 샘플링 검사는 부적합품이 섞여 들어가서는 안되는 경우에 적용한다.
② 검사항목이 많을 경우 전수검사보다 샘플링 검사가 유리하다.
③ 파괴검사의 경우에는 전수검사를 적용한다.
④ 생산자에게 품질향상의 자극을 주고 싶을 경우 전수검사가 샘플링검사보다 더 효과적이다.

정답　51 ②　52 ①　53 ②　54 ②

샘플링 검사	• 전수 검사가 불가능한 경우 • 경제적으로 유리한 경우 • 전수 검사에 비해 신뢰도가 높은 결과를 얻을 수 있는 경우 • 생산자에게 품질향상을 주고 싶을 때 • 기술적으로 개별검사가 무의미 한 경우
전수(전체, 개별) 검사	• 불량품이 절대 있어서는 안되는 경우 • 검사항목 수가 적고 로트의 크기가 작을 때

55 Ralph M. Barnes 교수가 제시한 동작경제의 원칙 중 작업장 배치에 관한 원칙(Arrangement of the workplace)에 해당되지 않는 것은?

① 가급적이면 낙하식 운전방법을 이용한다.

② 모든 공구나 재료는 지정된 위치에 있도록 한다.

③ 적절한 조명을 하여 작업자가 잘 보면서 작업할 수 있도록 한다.

④ 가급적 용이하고 자연스런 리듬을 타고 일할 수 있도록 작업을 구성하여야 한다.

동작 경제의 원칙

• 작업면의 높이를 적당하게 한다.
• 공구나 재료는 정위치에 배치한다.
• 공구와 재료는 작업 순서대로 정리한다.

• 재료의 공급, 운반시 최대한 중력(낙하식)을 이용한다
• 공구와 재료는 작업자 앞에 배치한다.
• 작업면의 조도를 적당하게 한다.

56 직물, 금속, 유리 등의 일정 단위 중 나타나는 흠의 수, 핀홀 수 등 부적합수에 관한 관리도를 작성하려면 가장 적합한 관리도는?

① c 관리도   ② p 관리도   ③ $\overline{x} - R$ 관리도   ④ np 관리도

• c 관리도는 결점수 관리도이다.
• 일정 단위 중에 나타나는 결점(부적합)수를 관리하기 위해 사용한다.

57 국제 표준화의 의의를 지적한 설명 중 직접적인 효과로 보기 어려운 것은?

① 국가 간의 규격 상이로 인한 무역장벽 제외

② KS 표시품 수출시 상대국에서 품질 인정

③ 개발도상국에 대한 기술개발의 촉진을 유도

④ 국제 간 규격 통일로 상호 이익도모

국제표준화 역할

• 국제 간 규격 통일로 상호 이익도모
• 개발 도상국에 대한 기술개발 촉진 유도

• 국가 간 규격 상이로 인한 무역장벽 제거

58 가요전선관과 금속관을 접속하는데 사용하는 것은?

① 플앵글박스 커넥터　　　　　　　　　② 후렉시블 커플링

③ 컴비네이션 커플링　　　　　　　　　④ 스트렛 박스 커넥터

해설

• 가요 전선관과 박스 접속 : 앵글박스 커넥터, 스트레이트 박스
• 가요 전선관과 금속관 접속 : 컴비네이션 커플링
• 가요 전선관 상호접속 : 스플릿 커플링

59 어떤 회사의 매출액이 80,000원, 고정비가 15,000원, 변동비가 40,000원일 때 손익분기점 매출액은 얼마인가?

① 25,000원　　　　② 30,000원　　　　③ 35,000원　　　　④ 45,000원

해설

$$\bullet\left(\begin{array}{c}\text{매출액}\\\text{손익분기점}\end{array}\right)=\frac{\text{고정비}}{\text{한계 이익률}}=\frac{\text{고정비}}{1-\dfrac{\text{변동비}}{\text{매상고}}}=\frac{15,000}{1-\dfrac{40,000}{80,000}}=30,000\text{원}$$

60 다음 데이터의 제곱 합(Sum of Squares)은 약 얼마인가?

데이터	18.8	19.1	18.8	18.2	18.4
	18.3	19.0	18.6	19.2	

① 0.120　　　　② 0.125　　　　③ 1.025　　　　④ 1.029

해설

• 제곱 합 : 개개의 측정값과 표본 평균값 간의 차이인 편차를 제곱한 값이다.

• 표본 평균값 $=\dfrac{(18.8+19.1+18.8+18.2+18.4+18.3+19.0+18.6+19.2)}{9}=18.71$

• 제곱 합 값 $=(18.8-18.71)^2+(19.1-18.71)^2+(18.8-18.71)^2+(18.2-18.71)^2+(18.4-18.71)^2+$
$\qquad\qquad(18.3-18.71)^2+(19.0-18.71)^2+(18.6-18.71)^2+(19.2-18.71)^2$
$\qquad=1.029$

정답　58 ③　59 ②　60 ④

01 자기 인덕턴스 L[H]인 코일에 I[A]의 전류가 흐를 때 저장되는 에너지는 몇 [J]인가?

① $W = \dfrac{1}{2} L I^2$

② $W = \dfrac{2L}{I^2}$

③ $W = 2 L I^2$

④ $W = \dfrac{1}{2L}$

해설

• 축적에너지 $W = \dfrac{1}{2} L I^2$[J]이다.

02 그림 a, b에 40[V]의 전압을 가할 때 2[Ω]에는 10[A]의 전류가 흐른다. r_1과 r_2에 흐르는 전류의 비를 1:2로 하려면 r_1 및 r_2의 저항[Ω] 값은?

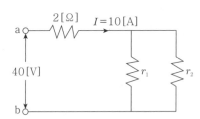

① $r_1 = 6$, $r_2 = 3$

② $r_1 = 3$, $r_2 = 6$

③ $r_1 = 2$, $r_2 = 4$

④ $r_1 = 4$, $r_2 = 2$

해설

• 전전류가 10[A]이므로 전저항은 4[Ω]이고, 병렬회로의 합성저항은 $r_0 = \dfrac{r_1 r_2}{r_1 + r_2}$ 이다.

• r_1, r_2의 전류비 1 : 2

• 전류는 저항에 반비례하므로 $r_1 : r_2 = 2 : 1$

• $r_0 = \dfrac{2r_2^2}{2r_2 + r_2} = \dfrac{2}{3} r_2 = 2$이므로, $r_2 = 3$이고, $r_1 = 6$이 된다.

정답 01 ① 02 ①

03

그림 회로에서 a, b에서 본 합성저항은 몇 [Ω]인가? (단, R=3[Ω]이다.)

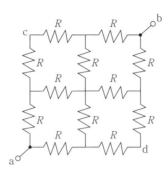

① 1.0   ② 1.5   ③ 3.0   ④ 4.5

해설

- c점과 d점을 $\Delta \rightarrow Y(R_{\Delta \rightarrow Y} = \dfrac{R_{ab}R_{bc}}{R_{ab}+R_{bc}+R_{ca}} = \dfrac{R_{ab}R_{bc}}{R_{\Delta}} = \dfrac{1}{3}R_{\Delta}[\Omega])$의 공식에 의거 변환하여 산출한다.

- $R_a = R$, $R_{Y-a} = \dfrac{2R^2}{4R} = \dfrac{R}{2}$, $R_{Y-b} = \dfrac{2R^2}{4R} = \dfrac{R}{2}$, $R_b = R$

- $R_{Total} = \dfrac{\left(R + \dfrac{R}{2} + \dfrac{R}{2} + R\right)}{2} = \dfrac{3R}{2} = \dfrac{3 \times 3}{2} = 4.5[\Omega]$

04

콘덴서 C_1, C_2를 병렬로 접속할때 합성 정전 용량은?

① $C_1 + C_2$ ② $\dfrac{1}{C_1} + \dfrac{1}{C_2}$ ③ $\dfrac{C_1 C_2}{C_1 + C_2}$ ④ $\dfrac{C_1 + C_2}{C_1 C_2}$

해설

- 저항의 직렬연결과 콘덴서의 병렬 연결 계산법이 같다.
- 콘덴서 병렬접속 시 : $C_1 + C_2$
- 콘덴서 직렬접속 시 : $\dfrac{C_1 C_2}{C_1 + C_2}$

05

R, L, C의 직렬회로에 직류전압 인가 시 발생되는 과도현상이 비진동적이 되는 조건은?

① $\left(\dfrac{R}{2L}\right)^2 - \dfrac{1}{LC} > 0$ ② $\left(\dfrac{R}{2L}\right)^2 - \dfrac{1}{LC} = 0$

③ $\left(\dfrac{R}{2L}\right)^2 - \dfrac{1}{LC} < 0$ ④ $R > 2\sqrt{\dfrac{L}{C}}$

해설

비진동 조건 3가지

$\left(\dfrac{R}{2L}\right)^2 - \dfrac{1}{LC} > 0$, $R > 2\sqrt{\dfrac{L}{C}}$, $R^2 > 4\dfrac{L}{C}$

정답   03 ④   04 ①   05 ①

06 유도 기전력은 자신의 발생 원인이 되는 자속의 변화를 방해하려는 방향으로 발생한다는 것을 무슨 법칙이라 하는가?

① 옴의 법칙　　　　② 렌츠의 법칙　　　　③ 앙페르의 법칙　　　　④ 쿨롱의 법칙

렌츠의 법칙
• 전자유도에 의해 발생되는 유도 기전력과 유도 전류는 자기장의 변화를 방해하려는 방향으로 발생한다.

07 코일 20[mH]에 $V=50$[V], 주파수 60[HZ]인 정현파 전압을 인가했을 때 코일에 축적되는 평균 자기 에너지[J]는?

① 0.44　　　　② 4.4　　　　③ 0.64　　　　④ 6.4

$$\cdot W = \frac{1}{2}LI^2 = \frac{1}{2}L\left(\frac{V}{X_L}\right)^2 = \frac{1}{2}L\left(\frac{V}{2\pi fL}\right)^2$$
$$= \frac{1}{2} \times 0.02 \left(\frac{50}{2\pi \times 60 \times 0.02}\right)^2 = 0.44[\text{J}]$$

08 교류에서 파형률이란?

① $\dfrac{평균값}{실효값}$　　　　② $\dfrac{실효값}{최대값}$　　　　③ $\dfrac{최대값}{실효값}$　　　　④ $\dfrac{실효값}{평균값}$

• 파고율$=\dfrac{최대값}{실효값}$　　　　• 파형율$=\dfrac{실효값}{평균값}$

09 $R=5[\Omega]$, $L=20$[mH] 및 $C[\mu F]$로 구성된 직렬회로에 주파수 1,000[Hz]인 교류를 가한 다음 콘덴서를 가변시켜 직렬 공진시킬 때 $C[\mu F]$의 값은?

① 1.27　　　　② 2.55　　　　③ 3.55　　　　④ 4.99

• 공진 주파수 $f_0 = \dfrac{1}{2\pi\sqrt{LC}}$ 에서 $f_0^2 = \dfrac{1}{4\pi^2 LC}$ 로 변환하고, C를 구한다.

• $C = \dfrac{1}{4\pi^2 Lf^2} = \dfrac{1}{4\pi^2 \times 20 \times 10^{-3} \times 1000^2} = 1.27 \times 10^{-6} = 1.27[\mu F]$

10 평균 반지름이 1[cm]이고 권수가 1,000회인 환상 솔레노이드 내부의 자계가 200[AT/m]가 되도록 하기 위해서는 코일에 흐르는 전류를 몇 [A]로 하여야 하는가?

① 0.012　　　　② 0.025　　　　③ 0.035　　　　④ 0.045

• 자계의 세기 $H = \dfrac{NI}{2\pi r}$ 에서, $I = \dfrac{2\pi rH}{N} = \dfrac{2\pi \times 0.01 \times 200}{1,000} = 0.012[\text{A}]$이다.

정답　06 ②　07 ①　08 ④　09 ①　10 ①

11 어떤 회로에 $e=100\sin(wt+\theta)$[V]를 인가 했을 때 $i=2\sin(wt+\theta+30°)$[A]가 흘렀다면 유효전력[W]은?

① 50　　　　② 57.7　　　　③ 86.6　　　　④ 100

해설

• 유효전력 $P=VI\cos\theta=\dfrac{100}{\sqrt{2}}\times\dfrac{2}{\sqrt{2}}\times\cos30°=86.6$[W]

12 $f(t)=1-e^{-at}$인 함수를 라플라스로 변환하면?

① $\dfrac{1}{s(s+a)}$　　　② $\dfrac{a}{s(s-a)}$　　　③ $\dfrac{1}{s^2(s+a)}$　　　④ $\dfrac{a}{s(s+a)}$

해설

• $£[f(t)]=1-a^{-at}=\dfrac{1}{s}-\dfrac{1}{s+a}=\dfrac{1}{s}\times\dfrac{s+a}{s+a}-\dfrac{1}{s+a}\times\dfrac{s}{s}=\dfrac{s+a-s}{s(s+a)}=\dfrac{a}{s(s+a)}$

13 직류 직권전동기를 교류 단상 직권전동기로 사용할 때 강구해야 할 대책은?

① 원통형 고정자를 사용한다.

② 브러시는 접촉저항이 적은 것을 사용한다.

③ 계자권선의 권수를 크게 한다.

④ 전기자 반작용이 적도록 전기자 권수를 증가시킨다.

해설

교직 양용 전동기의 특징

• 철손을 줄이기 위해 전기자, 계자의 철심을 성층한다.

• 계자권선 및 전기자 권선의 리액턴스 때문에 역률이 매우 나쁘다.

• 전기자 권수 증가로 전기자 반작용이 커지므로 보상권선을 설치한다.

14 자동제어 모터로 쓰이는 서보모터의 특성 중 틀린 것은?

① 발생 토크는 입력신호에 비례하고 그 비가 클 것

② 직류서보 모터에 비하여 교류 서보모터의 시동 토크가 매우 클 것

③ 빈번한 시동, 정지, 역전 등의 가혹한 상태에 견디도록 견고하고 큰 돌입 전류에 견딜 것

④ 시동 토크는 크나 회전부의 관성 모멘트가 작고 전기적 시정수가 짧을 것

해설

서보모터의 특징

• 기동토크가 크며 회전자 관성 모멘트가 작다.

• 회전자 FAN에 의한 냉각효과를 기대할 수 없다.

• 직류 서보모터가 교류 서보모터보다 기동토크가 크다.

• 소형, 효율성, 정확한 위치제어, 유지보수 용이하다.

• 빈번한 시동, 정지, 역회전에 견딜 것

정답　**11** ③　**12** ④　**13** ①　**14** ②

15 3상 교류 전원을 이용하여 2상 교류 전압을 얻기 위해 사용하는 결선 방법은?

① 스코트 결선   ② 환상 결선   ③ 포크 결선   ④ 2중 3각 결선

해설
- 3상 교류를 2상 교류로 변환 : 스코트 결선(T 결선), 우드브리지 결선, 메이어 결선
- 3상 교류를 6상 교류로 변환 : 포크 결선
- 스코트 결선(T 결선)은 전기철도의 전차선 전압용으로 많이 사용된다.

16 변압기의 병렬운전의 조건에 대한 설명으로 틀리는 것은?

① 권수비, 1차 및 2차의 정격전압이 같아야 한다.

② 극성이 같아야 한다.

③ 각 변압기 임피던스가 정격 용량에 비례해야 한다.

④ 각 변압기의 저항과 누설 리액턴스비가 같아야 한다.

해설
변압기 병렬 운전조건
- 극성이 같을 것
- % 임피던스가 같을 것
- 권수비가 같고 1, 2차 정격전압이 같을 것
- 내부저항과 누설 리액턴스 비가 같을 것

17 변압기의 철손 P_i[kW], 전부하 동손 P_c[kW]일 때, 정격출력의 $\dfrac{1}{m}$인 부하를 걸었다면 전 손실[kW]은?

① $\left(\dfrac{1}{m}\right)P_i + P_c$ ② $\left(\dfrac{1}{m}\right)^2 P_i + P_c$ ③ $P_i + \left(\dfrac{1}{m}\right)^2 P_c$ ④ $P_i + \left(\dfrac{1}{m}\right)P_c$

해설
- 정격 출력이 $\dfrac{1}{m}$일 때, 총 손실은 $P_i + \left(\dfrac{1}{m}\right)^2 P_c$이다.

18 단권 변압기 자기용량이 10[kVA]로 배전전압 3,000[V]를 3,300[V]로 승압하고 있다. 역률이 80[%]일 때 공급할 수 있는 부하용량[kW]은? (단, 손실은 무시한다.)

① 58   ② 68   ③ 78   ④ 88

해설
- 부하용량 $= \dfrac{V_h}{V_h - V_i} \times$ 자기용량 $= \dfrac{3,300}{3,300-3,000} \times 10 = 110$[kVA]

- 유효전력 $P = P_a \cos\theta = 110 \times 0.8 = 88$[kW]

정답 **15** ① **16** ③ **17** ③ **18** ④

19 변압기의 여자전류의 파형은?

① 구형파

② 왜형파

③ 사인파

④ 파형이 나타나지 않는다.

> 해설
> ---
> • 변압기 여자전류의 파형은 고조파 성분이 포함되어 있어 왜형파이다.

20 단상 변압기 500[kVA] 4대를 사용하여 과부하가 않되게 사용할 수 있는 3상 전력의 최대값[kVA]은?

① 1,000

② 1,500

③ $1,000\sqrt{3}$

④ 2,000

> 해설
> ---
> • 3상 출력인 경우 : 단상변압기 3대×500=1,500[kVA]
> • V 결선 3상 출력 1조 : $\sqrt{3}P=\sqrt{3}\times500=866$[kVA]
> • V 결선 2조 : $\sqrt{3}P\times2=1,000\sqrt{3}$

21 3상 유도 전동기 회전력은 단자전압과 어떤 비례 관계인가?

① 단자전압에 비례한다.

② 단자전압의 $\frac{1}{2}$승에 비례한다.

③ 단자전압의 2승에 비례한다.

④ 단자전압에 무관하다.

> 해설
> ---
> • 토크 $\tau = \dfrac{PV_1^2}{4\pi f} = \dfrac{\dfrac{r_2}{S}}{\left(r_1+\dfrac{r_2}{S}\right)^2+(x_1+x_2')^2}$ 에서,
>
> • $\tau \propto \dfrac{PV_1^2}{4\pi f}$ [N·m]으로 토크는 전압의 제곱에 비례한다.

22 3상 유도 전동기의 전전압 기동토크가 전부하 시 3배이다. 전전압의 $\frac{1}{2}$로 기동할 때 기동토크는 전부하 시의 몇 배인가?

① 0.5

② 0.75

③ 1.5

④ 2.0

> 해설
> ---
> • 토크 $\tau \propto \dfrac{PV_1^2}{4\pi f}$ [N·m]에서, 기동토크는 전압의 제곱에 비례한다.
>
> ∴ 기동토크 $3\times\left(\dfrac{1}{2}\right)^2=0.75$

정답 **19** ② **20** ③ **21** ③ **22** ②

23 보통 농형 전동기에 비해서 2중 농형 전동기가 다른 점은?

① 기동전류와 기동토크가 크다.

② 기동전류와 기동토크가 작다.

③ 기동전류는 작고, 기동토크는 크다.

④ 기동전류는 크고, 기동토크는 작다.

2중 농형 전동기의 특징
- 기동형 농형권선(저항이 크고, 리액턴스가 작다)과 운전용 농형권선(저항이 작고, 리액턴스가 크다)을 가지고 있다.
- 보통 농형 전동기에 비해 기동전류는 작고, 기동토크는 크다.
- 운전 중의 등가 리액턴스는 보통 농형보다 약간 커지므로 최대 토크, 역률 등이 감소한다.

24 콘덴서 기동형 단상 유도 전동기의 설명으로 적당한 것은?

① 콘덴서를 기동권선에 병렬 연결한다.

② 콘덴서를 기동권선에 직렬 연결한다.

③ 콘덴서를 주권선에 직렬 연결한다.

④ 콘덴서를 주권선과 기동권선을 구별하지 않고 연결한다.

콘덴서 기동형 유도 전동기의 특징
- 기동권선에 콘덴서를 직렬 연결한다.
- 기동권선에 흐르는 기동전류를 콘덴서로 앞선 전류로 한다.
- 운전권선에 흐르는 전류와 위상차를 갖도록 한다.

25 다음 중 단락비가 큰 동기 발전기를 설명하는 것으로 적당한 것은?

① 전압 변동률이 크다.

② 단락전류가 작다.

③ 동기 임피던스가 작다.

④ 전기자 반작용이 크다.

- 단락비 $K = \dfrac{100}{\%Z}$ 이므로, $\%Z$가 작으면 단락비가 커지므로, 단락비가 크면 단락전류가 크다.

26 동기 발전기 전기자권선을 단절권으로 하는 이유는?

① 고조파를 제거한다.　　　　　② 역률을 좋게 한다.

③ 절연을 좋게 한다.　　　　　④ 기전력의 크기를 높게 한다.

해설

단절권의 특징
- 코일의 양변 간의 피치가 1자극 피치보다 짧은 권선을 사용하는 방법이다.
- 고조파 제거로 파형이 좋아진다.
- 코일의 단부가 줄어 동량이 적게 소요된다.

27 A, B 동기 발전기 병렬운전 중 발전기의 여자를 A>B로 하면 A 발전기는 어떻게 변화되는가?

① 90° 진상전류가 흐른다.　　　　② 90° 지상전류가 흐른다.

③ 동기화 전류가 흐른다.　　　　④ 부하전류가 증가한다.

해설

- 과여자 발전기 : 90° 지상전류,
- 보통 여자 발전기 : 90° 진상전류

28 상전압 220[V]의 3상 반파 정류회로의 직류 전압은 몇 [V]인가?

① 117　　　　　② 200　　　　　③ 257　　　　　④ 351

해설

- 직류전압 $V_d = 1.17V = 1.17 \times 220 = 257[V]$

29 그림의 정류회로에서 입력전원(v_s)의 양(+)의 반주기 동안에 도통하는 다이오드는?

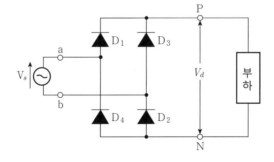

① D_1, D_2　　　　② D_1, D_3　　　　③ D_4, D_1　　　　④ D_2, D_3

해설

- 4개의 다이오드를 사용한 전파정류 방식이다.
- 양(+) 반주기 : D_1, D_2가 도통된다.
- 음(−) 반주기 : D_3, D_4가 도통된다.

정답　**26** ①　**27** ②　**28** ③　**29** ①

30 반파 정류회로에서 직류전압 200[V]를 얻는데 필요한 변압기 2차 상전압 [V]은? (단, 부하는 순저항 변압기 내 전압강하를 무시하며 정류기 내의 전압강하는 50[V]로 본다.)

① 300   ② 450   ③ 555   ④ 750

해설

- 단상 반파 정류회로에서 $V_d = 0.45V - e$이다.
- $V = \dfrac{1}{0.45}(V_d + e) = \dfrac{1}{0.45}(200 + 50) = 555[\text{V}]$

31 그림과 같은 정류회로의 환류 다이오드 회로의 부하전류 평균값은 몇 [A]인가? (단, 교류전압 $V = 220[\text{V}]$, 60[Hz], 부하저항 $R = 5[\Omega]$이며 인덕턴스 L은 매우 크다.)

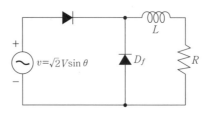

① 6.7[A]   ② 8.5[A]
③ 9.9[A]   ④ 19.8[A]

해설

- 출력값 V_0는 L과 무관하며 저항부하로 본다.
- 출력값 V_0는 단상반파 정류회로의 출력전압과 동일하므로 i_0는 I_{dc}와 같다.
- $I_{dc} = \dfrac{V_{dc}}{R} = \dfrac{0.45V}{R} = \dfrac{0.45 \times 220}{5} = 19.8[\text{A}]$

32 다음은 SCR에 대한 설명이다. 옳지 않는 것은?

① 게이트 전류로 통전전압을 가변시킨다.
② 대전류 제어 정류용으로 이용된다.
③ 주 전류를 차단하려면 게이트 전압을 영 또는 부(−)로 해야 한다.
④ 게이트 전류 위상각으로 통전전류의 평균값을 제어시킬 수 있다.

해설

- SCR은 점호(도통)능력은 있으나 소호(차단)능력이 없는 것이 특징이다.
- 주 전류를 유지전류 이하 또는 애노드, 캐소드 간에 역전압을 인가하여 소호시킨다.

정답 30 ③ 31 ④ 32 ③

33 그림은 혼합브릿지 회로의 부하로 $R = 8.4[\Omega]$의 저항이 접속되었다. 평활 리액턴스 L 을 ∞로 가정할 때 직류 출력전압의 평균값 $V_d[V]$는?(단, 전원전압의 실효값 $V = 100[V]$, 점호각 $\alpha = 30°$로 한다.)

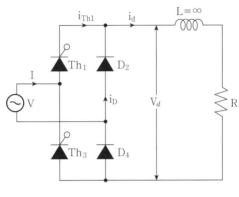

① 44.5   ② 66.0   ③ 74.5   ④ 84.0

해설

• 직류 출력전압의 평균값 $V_d = 0.9V\left(\dfrac{1+\cos\alpha}{2}\right) = 0.9 \times 100\left(\dfrac{1+\cos 30°}{2}\right) \fallingdotseq 84[V]$

34 어느 학교의 전등 및 소형 기계기구의 용량 합계 25[kVA], 대형 기계기구 8[kVA], 수용 률은 70[%]이다. 학교에 있어서 간선의 굵기 산정에 필요한 최대 부하는 몇 [kVA]인가?

① 20.5   ② 28.5   ③ 38.5   ④ 49.0

해설

• 전등 및 소형 기계기구 최대 부하 : $10 + (25 - 10) \times 0.7 = 20.5[kVA]$
• 대형 기계기구 최대 부하 : $20.5 + 8 = 28.5[kVA]$

35 저압인 전로에서 절연저항 및 절연내력 측정 시 정전이 어려워 절연저항 측정이 곤란한 경우에 누설전류는 몇 [mA] 이하로 유지하여야 하는가?

① 1[mA]   ② 3[mA]   ③ 4[mA]   ④ 5[mA]

해설

• 부하를 분리하지 못한 경우 절연저항 : 1[MΩ] 이상
• 부하를 분리하지 못한 경우 누설전류 : 1[mA] 이하

36 방의 폭 $X[\text{m}]$, 길이 $Y[\text{m}]$, 작업면부터 광원까지의 높이 $H[\text{m}]$일 때 실지수 K는?

① $K = \dfrac{H(X+Y)}{X(XY)}$ ② $K = \dfrac{X(X+Y)}{YH}$

③ $K = \dfrac{XY}{H(X+Y)}$ ④ $K = \dfrac{Y(X+Y)}{HX}$

해설

• 실지수 $K = \dfrac{XY}{H(X+Y)}$ 이다.

37 저압 옥내간선의 전원 측 전로에 저압 옥내간선을 보호하기 위하여 설치하는 것은?

① MG 스위치   ② 단로기   ③ EOCR   ④ 과전류 차단기

해설

• 과전류 차단기는 간선을 보호하기 위해 시설한다.
• 과전류 차단기의 정격전류는 옥내간선의 허용전류 이하에서 동작하는 것이어야 한다.

38 금속관 배선에서 금속관 굴곡 개소가 많은 경우에는 어떻게 하는 것이 바람직한가?

① 덕트를 설치한다.   ② 풀박스를 설치한다.

③ 링 리듀서를 사용한다.   ④ 행거를 3[m] 간격으로 지지한다.

해설

• 하나의 배관은 3개소를 초과하는 굴곡개소를 만들면 안 된다.
• 배관의 굴곡이 많거나 30[m]를 초과하는 경우에는 중간에 풀박스를 설치한다.

39 금속 전선관을 조영재에 따라 시설하는 경우에는 새들, 행거 등으로 지지한다. 그 지지 간격을 최대 몇 [m] 이하로 하는 것이 바람직한가?

① 1   ② 1.5   ③ 2   ④ 3

해설

지지간격	금속관	2 [m] 이하
	합성 수지관	1.5[m] 이하
	가요 전선관 또는 캡타이어 케이블	1[m]이하

40 직접 콘크리트에 매입하여 시설하거나 전용의 불연성 또는 난연성 덕트에 넣어야 만 시공할 수 있는 전선관은?

① CD관   ② 합성수지관   ③ PF관   ④ PF−P관

> **해설**
>
> **CD 전선관의 특징**
> • 전등, 전열공사의 매입공사에 사용된다.
> • 시공, 운반이 편리하다.
> • 가격이 저렴하다.

41 가요 전선관 공사에서 전선관 상호 간에 접속되는 연결구로 사용되는 부품의 명칭은?

① 스플릿 커플링
② 콤비네이션 커플링
③ 콤비네이션 유니온 커플링
④ 앵글박스 커넥터

> **해설**
>
> • 가요 전선관 상호 접속 : 스플릿 커플링
> • 가요 전선관과 박스 접속 : 스트레이트 박스 커넥터, 앵글박스 커넥터,
> • 가요 전선관과 금속관 접속 : 콤비네이션 커플링

42 석유류를 저장하는 장소의 저압 옥내배선에 사용할 수 없는 배선 공사 방법은?

① 케이블 공사
② 금속관 공사
③ 애자 사용 공사
④ 합성 수지관 공사

> **해설**
>
> • 위험물질을 제조하거나 저장 물질 : 석유, 셀룰로이드, 성냥 등 위험물질
> • 가능한 공사방법 : 합성 수지관 공사, 금속 전선관 공사, 케이블 공사 등

43 1TMU(Time Measurement Unit)는 방법시간 측정법(MTM; Method Time Measurement)에서 사용된다. 1TMU가 나타내는 시간은?

① $\dfrac{1}{100,000}$ 시간
② $\dfrac{1}{10,000}$ 시간
③ $\dfrac{6}{10,000}$ 시간
④ $\dfrac{63}{1,000}$ 시간

> **해설**
>
> • 1TMU $= \dfrac{1}{100,000}$ 시간 $= \dfrac{6}{10,000}$ 분

44 최대 사용전압이 7[kV] 이하인 발전기의 절연내력 시험은 최대 사용전압의 몇 배의 전압으로 권선과 대지 사이에 연속하여 몇 분간 가하여야 하는가?

① 1.5배, 1분　　② 2배, 1분　　③ 1.5배, 10분　　④ 2배, 10분

해설

7[kV] 이하 전로(회전기) 절연내력

시험전압	최대 사용전압×1.5배
시험단자	권선과 대지 간
시험시간	10분간 연속적으로

45 저압 뱅킹 배전방식에서 케스케이딩(Cascading) 현상이란?

① 변압기의 부하 배분이 불균일한 현상

② 전압 동요가 작은 현상

③ 저압선이나 변압기에 고장이 생기면 자동적으로 고장이 제거되는 현상

④ 저압선의 고장에 의하여 건전한 변압기의 일부 또는 전부가 회로로부터 차단되는 현상

해설

• 케스케이딩(Cascading) 현상이란, 저압선의 고장으로 건전한 변압기의 일부 또는 전부가 차례로 회선으로부터 차단되는 현상

46 선간거리가 $2D$[m]이고, 전선의 지름이 d[m]인 선로의 단위 길이 당 정전용량[μF/km]은?

① $C=\dfrac{0.02413}{\log_{10}\dfrac{4D}{d}}$

② $C=\dfrac{0.02413}{\log_{10}\dfrac{3D}{d}}$

③ $C=\dfrac{0.02413}{\log_{10}\dfrac{2D}{d}}$

④ $C=\dfrac{0.02413}{\log_{10}\dfrac{1D}{d}}$

해설

• 정전용량 $C=\dfrac{0.02413}{\log_{10}\dfrac{D}{r}}$ 에서, 선간거리 $2D$, 반지름 $\dfrac{1}{2}d$조건을 주었으므로

• $C=\dfrac{0.02413}{\log_{10}\dfrac{2D}{\dfrac{d}{2}}}=\dfrac{0.02413}{\log_{10}\dfrac{4D}{d}}$ [μF/km]

정답　**44** ③　**45** ④　**46** ①

47 복도체(소도체 2개) 방식의 3상 송전선로가 있다. 소도체 지름 2[cm], 간격 36[cm], 등가 선간 거리 120[cm]인 경우 복도체 1[km]의 인덕턴스[mH/km]는?

① 0.624　　　　　　② 0.957　　　　　　③ 1.215　　　　　　④ 1.536

해설

• 작용 인덕턴스 $L = \dfrac{0.05}{n} + 0.4605\log_{10}\dfrac{D}{\sqrt[n]{rs^{n-1}}} = \dfrac{0.05}{2} + 0.4605\log_{10}\dfrac{1.2}{\sqrt[2]{0.01 \times 0.36^{2-1}}} = 0.624[\text{mH/km}]$

48 철탑 송전선로에 댐퍼를 설치하는 목적은?

① 현수애자의 경사방지　　　　　　② 전자유도 감소
③ 전선의 진동방지　　　　　　　　④ 코로나의 방지

해설

• 댐퍼는 전선의 진동방지 용도로 시설한다.

49 전력 원선도에서 구할 수 없는 것은?

① 송수전단 전압 간의 상차각　　　　② 조상용량
③ 과도 안정 극한전력　　　　　　　④ 선로손실

해설

전력원선도로 알 수 있는 것
• 정태 안정 극한전력(최대 전력)
• 송, 수전단 전압간 상차각
• 조상용량
• 수전단 역률
• 선로손실과 효율

50 출퇴근 표시등 회로는 1차 측 전로의 대지전압과 2차 측 전로의 사용전압이 몇 [V] 이하인 절연 변압기를 사용하여야 하는가?

① 220[V], 20[V]　　　　　　　　② 220[V], 30[V]
③ 300[V], 40[V]　　　　　　　　④ 300[V], 60[V]

해설

• 출퇴 표시등은 1차 측 300[V], 2차 측 60[V]이하의 절연 변압기를 사용한다.

정답　47 ①　48 ③　49 ③　50 ④

51 $(10101010)_2$ 2진수의 2의 보수표현으로 옳은 것은?

① 01010101   ② 00110011   ③ 11001101   ④ 01010110

해설

- 1의 보수 0, 0의 보수 1이다.
- 10101010의 보수는 01010101 이다.
- 2의 보수는 1의 보수+1이므로 01010101+1 =01010110 이다.

52 카르노도가 그림과 같을 때 간략화된 논리식은?

C \ BA	00	01	11	10
0	1	0	0	1
1	1	0	0	1

① $A\overline{B}+\overline{A}B$

② $\overline{A}\,\overline{B}\overline{C}+\overline{A}\,\overline{B}C+\overline{A}B\overline{C}+\overline{A}BC$

③ A

④ $\overline{A}$

해설

- 카르노도표로 논리식을 간소화하면 $\overline{A}$이다.

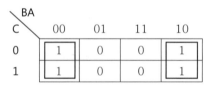

53 그림과 같은 회로의 명칭은?

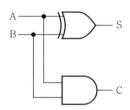

① 반일치 회로   ② 일치 회로   ③ 감산기 회로   ④ 반가산기 회로

해설

- 반가산기 회로이다.
- 논리식 $S=\overline{A}B+A\overline{B}=A\oplus B$, $C=AB$

54 다음은 디멀티플렉서(DeMUX)의 설명이다. 옳은 것은?

① 여러 개의 입력선 중에서 하나를 선택하여 단일 출력선으로 연결하는 조합회로

② 2^n비트로 구성된 정보를 입력하여 n비트의 2진수로 출력하는 조합 논리회로

③ n비트의 2진수를 입력하여 최대 2^n비트로 구성된 정보를 출력하는 조합 논리회로

④ 하나의 입력선으로 데이터를 받아 여러 개의 출력선 중의 한 곳으로 데이터를 출력하는 회로

해설
- 디멀티플렉서는 데이터 분배회로라고도 한다.
- 하나의 입력선으로 n개의 데이터를 2^n개의 가능한 출력선 중 하나를 선택하여 정보를 출력하는 회로

55 여유시간이 10분, 정미시간이 40분일 경우 내경법으로 여유율을 구하면 약 몇 [%]인가?

① 6.33　　　　　② 9.05　　　　　③ 10.0　　　　　④ 12.06

해설
- 여유율 $A = \dfrac{여유시간(\mathrm{AT})}{정미시간(\mathrm{NT}) + 여유시간(\mathrm{AT})} = \dfrac{5}{40+10} \times 100 = 10.0[\%]$

56 로트의 크기가 시료의 크기보다 10배 이상 클 때, 시료의 크기와 합격 판정 개수를 일정하게 하고, 로트의 크기를 증가시키면 검사 특성곡선의 모양 변화에 대한 설명으로 가장 적합한 것은?

① 검사 특성곡선의 기울기 경사가 급해진다.

② 거의 변화하지 않는다.

③ 검사 특성곡선의 기울기가 완만해진다.

④ 무한대로 커진다.

해설
검사 특성곡선의 기울기
- 로트의 크기가 시료의 크기보다 커지면 급경사를 이룬다.
- 로트의 크기가 시료의 크기에 비해 10배 이상 크게되면 거의 변하지 않는다.

57 도수분포표를 만드는 목적으로 틀린 것은?

① 원 데이터를 규격과 대조하고 싶을 때

② 데이터의 흩어진 모양을 알고 싶을 때

③ 결과나 문제점에 대한 계통적 특성치를 구할 때

④ 많은 데이터로부터 평균치와 표준편차를 구할 때

해설
- 특성 요인도 : 결과나 문제점에 대한 계통적 특성치를 구하는 목적이다.

정답　**54**④　**55**③　**56**②　**57**③

58 정규분포에 관한 설명이 아닌 것은?

① 일반적으로 평균치가 중앙값보다 크다.

② 대체로 표준편차가 클수록 산포가 나쁘다고 본다.

③ 평균을 중심으로 좌우 대칭의 분포이다.

④ 평균치가 0이고, 표준편차가 1인 정규분포를 표준 정규 분포라 한다.

해설

• 정규분포는 평균값<중앙값<최빈값으로 평균치가 중앙값보다 작다.

59 3σ법의 $\bar{x}$관리도에서 공정이 관리상태에 있는데도 불구하고 관리상태가 아니라고 판정하는 제1종 과오는 약 몇 [%]인가?

① 0.27　　　　② 0.54　　　　③ 1.135　　　　④ 1.27

해설

• 3σ(시그마)법은 평균치의 상하에 표준편차의 3배의 폭을 잡은 한계에서 관리상태를 파악하는 방법이다.

• 수식 $\pm 3\sigma$의 범위에, 정규분포는 99.73[%]가 들어가고, 제1종 과오는 0.27[%]밖에 안 된다.

60 전원측의 한 점을 직접접지하고 설비의 노출 도전부를 보호도체로 접속시키는 방식으로, 계통 전체에 대해 중성선과 보호도체의 기능을 동일 도체로 겸용한 PEN 도체를 사용하는 방식의 계통접지 방식은?

① TN-S 방식　　② TN-C 방식　　③ TN-C-S 방식　　④ TT 방식

해설

• TN-C 계통은 그 계통 전체에 대해 중성선과 보호도체의 기능을 동일 도체로 겸용한 PEN 도체를 사용한다. 배전계통에서는 PEN 도체를 추가로 접지할 수 있다.

정답　58 ①　59 ①　60 ②

10회 기출 및 예상문제

한국전기설비규정 제정 내용을 중심으로 과년도 기출문제를 복원하여 수록하였음

01 콘덴서 $C_1 = 1[\mu F]$, $C_2 = 3[\mu F]$, $C_3 = 2[\mu F]$를 직렬로 접속하고 $500[V]$의 전압을 가할 때 C_1양단에 걸리는 전압[V]은?

① 91   ② 136   ③ 272   ④ 327

해설

- 합성 정전용량 $C = \dfrac{1}{\dfrac{1}{C_1} + \dfrac{1}{C_2} + \dfrac{1}{C_3}}$

$$= \dfrac{1}{\dfrac{1}{1} + \dfrac{1}{2} + \dfrac{1}{3}} = 0.5454[\mu F]$$

- 전하량 $Q = CV = 0.5454 \times 500 = 272.72[C]$
- C_1 양단전압 $V_1 = \dfrac{Q}{C_1} = \dfrac{272.72}{1} = 272.72[V]$

02 평행판 콘덴서의 극간을 $\dfrac{1}{2}$로 하면, 용량은 처음값에 비해 어떻게 되는가?

① $\dfrac{1}{2}$이 된다.   ② $\dfrac{1}{4}$이 된다.   ③ 2배가 된다.   ④ 4배가 된다.

해설

- $C = \epsilon \dfrac{S}{d}$에서 극간을 $\dfrac{1}{2}$로 줄였으므로 C는 2배가 된다.

03 2개의 전하 $Q_1[C]$, $Q_2[C]$를 $r[m]$ 거리에 놓을 때, 작용력을 옳게 설명한 것은?

① Q_1, Q_2의 곱에 비례하고 r에 반비례한다.
② Q_1, Q_2의 곱에 반비례하고 r에 비례한다.
③ Q_1, Q_2의 곱에 반비례하고 r의 제곱에 비례한다.
④ Q_1, Q_2의 곱에 비례하고 r의 제곱에 반비례한다.

해설

- 작용력 $F = 9 \times 10^9 \times \dfrac{Q_1 Q_2}{r^2}[N]$이다.

04 자기회로의 길이 l[m], 단면적 A[m²], 투자율 μ[H/m]일 때 자기저항 R[AT/Wb]을 나타낸 것은?

① $\dfrac{\mu l}{A}$[AT/Wb]   ② $\dfrac{A}{\mu l}$[AT/Wb]   ③ $\dfrac{\mu A}{l}$[AT/Wb]   ④ $\dfrac{l}{\mu A}$[AT/Wb]

해설

• 자기저항 (R)은 길이에 비례하고 투자율과 면적에 반비례한다.

05 R, L, C의 설명 중 옳은 것은?

① 콘덴서를 직렬 연결하면 용량이 커진다.

② 유도 리액턴스는 주파수에 반비례한다.

③ 저항을 병렬 연결하면 합성저항은 커진다.

④ 인덕턴스를 직렬 연결하면 리액턴스가 커진다.

해설

• 저항 및 리액턴스는 직렬연결하면 값이 커진다.
• 콘덴서 직렬연결은 값이 작아진다.
• 리액턴스는 (WL)이므로 주파수가 커지면 비례해서 커진다.

06 자체 인덕턴스가 L_1, L_2 코일을 직렬로 접속할 때, 합성 인덕턴스를 나타내는 식은?(단, 두 코일 간 인덕턴스는 M이라고 한다.)

① $L_1 - L_2 + M$ ② $L_1 + L_2 + M$ ③ $L_1 + L_2 \pm 2M$ ④ $L_1 - L_2 \pm M$

해설

• 인덕턴스 $L = L_1 + L_2 \pm 2M$을 이용한다.

07 전류계의 내부저항이 0.12[Ω], 분류기 저항이 0.03[Ω]으로 접속하여, 전류를 측정하는 경우 분류기 배율은?

① 4   ② 5   ③ 10   ④ 15

해설

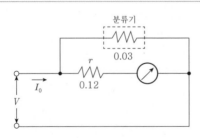

• 배율 $n = \left(1 + \dfrac{r_a}{R_S}\right) = \left(1 + \dfrac{0.12}{0.03}\right) = 5$
여기서, r_a 내부저항, R_S 분류기 저항

08 $i = 10 \sin\left(314t - \dfrac{\pi}{6}\right)$[A]의 교류전류가 흐른다. 이를 복소수 표현으로 옳은 것은?

① $5 - j17.32$　　② $3.54 - j6.12$　　③ $6.12 - j3.5$　　④ $17.32 - j5$

해설

- 복소수로 변환한다.
- $i = 10\sin\left(314t - \dfrac{\pi}{6}\right) = \dfrac{10}{\sqrt{2}} \angle -\dfrac{\pi}{6}$

$\qquad = \dfrac{10}{\sqrt{2}}\left\{\cos\left(-\dfrac{\pi}{6}\right) + j\sin\left(-\dfrac{\pi}{6}\right)\right\}$

$\qquad = 6.12 - j3.5$

09 평형 3상 전력을 2전력계법으로 측정하였더니, 전력계가 520[W], 300[W]를 지시하였다면 전 전력[W]은?

① 200　　② 300　　③ 500　　④ 820

해설

- 3상 전체 유효전력 $P = P_1 + P_2 = 520 + 300 = 820$[W]

10 그림과 같이 3상 전압 173[V]를 $Z = 12 + j16$[Ω]인 성형 결선부하에 인가하였다. 선전류는 몇[A]인가?

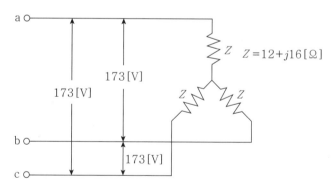

① 5.0　　② 7.5　　③ 10.0　　④ 15.0

해설

- 상전압 $V_P = \dfrac{V_l}{\sqrt{3}} = \dfrac{173}{\sqrt{3}} = 100$[V]
- 임피던스 $Z = \sqrt{R^2 + X^2} = \sqrt{12^2 + 16^2} = 20$[Ω]
- 선전류 $= $ 상전류 $= I_l = I_p = \dfrac{V_P}{Z} = \dfrac{100}{20} = 5$[A]

11 함수 $10t^3$의 라플라스 변환 값은?

① $\dfrac{10}{s^4}$ ② $\dfrac{30}{s^4}$ ③ $\dfrac{60}{s^4}$ ④ $\dfrac{90}{s^4}$

해설
- $£[10t^3] = 10 \times \dfrac{3!}{s^{3+1}} = 10 \times \dfrac{1 \times 2 \times 3}{s^4} = \dfrac{60}{s^4}$

12 R-L 직렬회로의 시정수 값이 클수록 과도현상의 소멸되는 시간에 대한 설명이 적합한 것은?

① 길어진다.   ② 짧아진다.   ③ 변화가 없다.   ④ 과도기가 없어진다.

해설
- 과도현상은 시정수가 클수록 오래 지속된다.

13 10극의 직류 파권 발전기의 전기자 도체수 400, 매극의 자속수 0.03[Wb], 회전수 400[rpm]일 때 기전력은 몇 [V]인가?

① 200   ② 220   ③ 380   ④ 400

해설
- 기전력 $E = \dfrac{P\phi Z}{a} \cdot \dfrac{N}{60}$ 이고, 파권은 $a=2$이다.
- $E = P\phi \dfrac{N}{60} \dfrac{Z}{a} = 10 \times 0.03 \times \dfrac{400}{60} \times \dfrac{400}{2} = 400[\text{V}]$

14 직류 타여자 발전기의 전기자 전류와 부하전류의 크기는?

① 전기자 전류와 부하전류가 같다.   ② 전기자 전류와 부하전류는 항상 0이다.
③ 부하전류가 전기자 전류보다 크다.   ④ 전기자 전류가 부하전류보다 크다.

해설
- 직류 타여자 발전기에서 부하전류와 전기자 전류는 항상 같다.

15 직류 분권 발전기를 병렬운전 조건에 맞는 발전기 용량 P와 정격전압 V는?

① P와 V가 임의   ② P는 같고 V가 임의
③ P는 임의, V는 같아야 한다.   ④ P와 V가 모두 같아야 한다.

해설
직류 발전기의 운전조건
- 단자전압이 같을 것   • 극성이 같을 것   • 외부 특성곡선이 같을 것

정답   11 ③   12 ①   13 ④   14 ①   15 ③

16 변압기의 병렬운전 조건에 대한 설명 중 틀린 것은?

① 각 변압의 극성이 같을 것

② 각 변압기의 저항과 임피던스의 비는 $\dfrac{x}{r}$일 것

③ 각 변압기의 권수비가 같고 1차 및 2차 정격전압이 같을 것

④ 각 변압기의 백분율 임피던스 강하가 같을 것

해설

변압기 병렬운전 조건
• 권수비가 같고 1, 2차 정격전압이 같을 것   • 극성이 같을 것
• % 임피던스가 같을 것   • 내부저항과 누설리액턴스 비가 같을 것

17 2극 중권 직류 전동기의 극당 자속수 0.09[Wb], 전도체수 80, 부하전류 12[A]일 때 발생하는 토크[kg·m]는 약 얼마인가?

① 1.4   ② 2.0   ③ 3.5   ④ 4.5

해설

• $\tau = \dfrac{P}{w} = \dfrac{EI_a}{2\pi n} = \dfrac{\dfrac{pz\phi N}{60a}}{2\pi \dfrac{N}{60}} I_a = \dfrac{pz\phi I_a}{2\pi a} = \dfrac{2\times 80 \times 0.09 \times 12}{2\times 3.14 \times 2} = 13.75 [\text{N·m}]$

• [kg·m]로 환산하면, $\dfrac{13.75}{9.81}[\text{N·m}] = 1.4[\text{kg·m}]$

18 직류기의 보상권선의 연결방법은?

① 계자와 직렬로 연결한다.   ② 계자와 병렬로 연결한다.

③ 전기자와 병렬로 연결한다.   ④ 전기자와 직렬로 연결한다.

해설

보상권선 연결
• 전기자 권선과 직렬 연결한다.
• 전류의 방향은 전기자 권선의 전류 방향과 반대가 되게 흘려준다.

19 교직 양용 전동기(Universal Motor) 또는 만능 전동기라고 불리는 전동기는?

① 단상 반발전동기   ② 3상 직권전동기

③ 3상 분권 정류자 전동기   ④ 단상 직권 정류자 전동기

해설

• 교직 양용 전동기는 직류 직권 전동기 구조에서 교류를 인가하는 전동기이다.
• 단상 직권 정류자 전동기 또는 만능 전동기라 한다.

정답   16 ② 17 ① 18 ④ 19 ④

20 히스테리시스 곡선이 횡축과 만나는 점을 나타내는 것은?

① 자력선 　　　② 투자율 　　　③ 보자력 　　　④ 전류 자속 밀도

해설

- 보자력은 횡축과 만나는 점이다.
- 잔류자기는 종축과 만나는 점이다.

21 변압기의 1차 임피던스 $Z = 484[\Omega]$이고, 2차로 환산한 임피던스는 $Z = 1[\Omega]$이다. 2차 전압이 400[V]일 때, 1차 전압 [V]은?

① 1,500 　　　② 3,300 　　　③ 6,600 　　　④ 8,800

해설

- 권수비 $a = \dfrac{V_1}{V_2} = \sqrt{\dfrac{Z_1}{Z_2}} = \sqrt{\dfrac{484}{1}} = 22$
- 1차 전압 $V_1 = 22V_2 = 22 \times 400 = 8,800$

22 동기 전동기의 위상 특성곡선을 P:출력, I_f:계자전류, I_a:전기자 전류, $\cos\theta$:역률로 했을 때 옳은 설명은?

① $I_f - I_a$ 곡선 P는 일정 　　　② $P - I_a$ 곡선 I_f는 일정
③ $P - I_a$ 곡선 I_a는 일정 　　　④ $I_f - I_a$ 곡선 $\cos\theta$는 일정

해설

- 동기 전동기의 위상 특성곡선은 $I_f - I_a$ 곡선 P는 일정하다.

23 직류 전동기에서 전기자에 가해주는 전원 전압을 낮추어서, 유도 기전력을 전원 전압보다 높게 하여 제동하는 방법은?

① 회생제동 　　　　　　　② 발전제동
③ 역전제동 　　　　　　　④ 맴돌이 전류제동

해설

회생제동법
- 움직이는 전동기를 폐회로 상태로 하여 관성력을 이용해 바퀴 등에 달려 있는 회전자를 돌려 전동기를 발전기 기능으로 작동하게 한다.
- 운동에너지를 전기에너지로 변환 회수하여 제동력을 발휘하는 전기제동법이다.

24 권선형에만 사용할 수 있는 유도 전동기의 기동방식은?

① Y-△ 기동
② 리액터 기동
③ 2차 저항 기동
④ 기동 보상기에 의한 기동

해설

- 권선형 유도 전동기 기동법 : 2차 저항기동(2차 임피던스법), 1차 직렬 임피더스법
- 농형 유도 전동기 기동법 : Y-△ 기동, 기동 보상기 기동, 리액터 기동, 전전압 기동

25 회전자 입력 10[kW], 슬립 4[%]인 3상 유도전동기의 2차 동손은 몇 [kW]인가?

① 0.2
② 0.4
③ 4
④ 9.6

해설

- 손실 비례식 $P_2 : P_{c2} : P_0 = 1 : s : (1-s)$에서
- 2차 동손 $P_{c2}=sP_2=s\dfrac{P}{1-s}=\dfrac{0.04\times10}{1-0.04}=0.4[\text{kW}]$

26 유도 전동기 원선도 작성에 필요한 시험 및 원선도에서 구할 수 있는 것을 바르게 배열된 것은?

① 구속시험, 고정자 권선의 저항
② 무부하시험, 1차입력
③ 슬립측정시험, 기동토크
④ 부하시험, 기동전류

해설

- 원선도 작성에 필요한 시험은 무부하시험, 단락시험, 저항측정시험이다.
- 원선도에서 알수 있는 것은 1차 동손, 2차 동손, 1차 입력, 여자전류, 철손이다.

27 단락비가 1.3인 발전기 %동기 임피던스는 약 얼마인가?

① 45
② 60
③ 76
④ 100

해설

- 단락비 $K_s=\dfrac{100}{\%Z}$ 에서, $\%Z=\dfrac{100}{K_S}=\dfrac{100}{1.3}=76[\%]$

28 달링톤(Darlington)회로의 설명으로 맞지 않는 것은?

① 입력저항이 작다.
② 전류이득이 크다.
③ 전압이득이 작다.
④ 출력저항이 작다.

해설

달링톤 회로
- 전류의 증폭도를 높이기 위해 트랜지스터를 2개 이상 여러 단으로 결합하여 만든 회로이다.
- 입력저항을 크게 하고, 소 신호 입력으로 고출력으로 증폭하여 사용된다.

정답 24 ③ 25 ② 26 ② 27 ③ 28 ①

29 정류기에 사용하는 소자의 기호이다. 이 소자의 명칭과 단자기호를 모두 옳게 나타낸 것은?

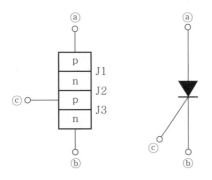

① UJT ⓐ A(Anode) ⓑ G(Gate) ⓒ K(Cathode)
② UJT ⓐ K(Cathode) ⓑ A(Anode) ⓒ G(Gate)
③ SCR ⓐ K(Cathode) ⓑ A(Anode) ⓒ G(Gate)
④ SCR ⓐ A(Anode) ⓑ K(Cathode) ⓒ G(Gate)

해설

• SCR 소자의 기호이다.
• ⓐA(Anode) ⓑK(Cathode) ⓒG(Gate)이다.

30 다음 중 2방향성 3단자 사이리스터는 어느 것인가?
① SCR ② SCS ③ SSS ④ TRIAC

해설

• SCR : 1방향성 3단자
• SCS : 1방향성 4단자
• SSS : 2방향성 2단자

31 게이트로 부하전류 이상으로 유지전류를 높일 수 있어 게이트 턴 온, 턴 오프가 가능한 사이리스터는?
① SCR ② GTO ③ TRIAC ④ LASCR

해설

GTO 턴 온-오프
• 양(+)의 게이트 전류에 의하여 턴온시킬 수 있다.
• 음(−) 전류에 의해 턴오프 시킬수 있다.

정답 29 ④ 30 ④ 31 ②

32 다음 중 SCR에 대한 설명으로 가장 적당한 표현은?

① 게이트 전류를 차단하면 애노드 전류가 차단된다.

② 쌍방향성 사이리스터이다.

③ 게이트 전류로 애노드 전류를 연속적으로 제어 할 수 있다.

④ 단락상태에서 애노드 전압을 0 또는 부(−)로 하면 차단상태로 된다.

해설

• SCR은 단락상태에서 애노드(Anode) 전압을 0 또는 (−)로 하면 차단상태가 된다.

33 단상 반파 위상제어로 220[V] 정현파 단상 교류전압을 점호각 60°로 반파 정류하고자 한다. 순 저항부하 시 평균 전압은 약 몇 [V]인가?

① 74　　　　　② 84　　　　　③ 110　　　　　④ 220

해설

• 평균 전압 $V_d = 0.45V\left(\dfrac{1+\cos\theta)}{2}\right) = 0.45 \times 220\dfrac{1+\cos 60°}{2} = 74.25[\text{V}]$

34 그림의 환류 다이오드 회로 부하전류 평균값은 몇[A]인가? (단, 교류전압은 200[V], 60[Hz], 부하저항 $R = 10[\Omega]$이며, 인덕턴스 L은 매우 크다)

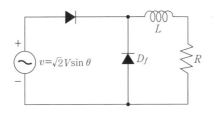

① 6.7[A]　　　　② 8.5[A]　　　　③ 9.0[A]　　　　④ 11.7[A]

해설

• 환류 정류회로의 출력전압 V_0는 L과 무관하며, 저항부하를 갖는 단상 반파 정류회로에서의 출력전압과 동일하다.

• 부하전류 i_0의 평균값 $I_{dc} = \dfrac{V_{dc}}{R} = \dfrac{0.45V}{R} = \dfrac{0.45 \times 200}{10} = 9.0[\text{A}]$

35 소맥분, 전분 등 가연성 분진이 존재하는 곳의 저압 옥내배선으로 타당하지 않은 공사방법은?

① 가요 전선관 공사　　　　　② 합성 수지관 공사

③ 금속관 공사　　　　　④ 케이블 공사

해설

• 소맥분, 전분, 유황, 기타 가연성의 먼지 등 폭발의 우려가 있는 장소 : 합성 수지관 배선, 금속관 배선, 케이블 배선

정답　32 ④　33 ①　34 ③　35 ①

36 저압 옥내배선에 사용하는 전선의 굵기를 틀리게 사용한 경우는?

① 단면적 1.5[mm²]이상의 연동선

② 전광표시장치 또는 제어회로 배선에 단면적 0.75[mm²] 이상의 다심 케이블

③ 진열장내의 배선공사에 단면적 0.75[mm²] 이상의 캡타이어 케이블

④ 단면적 1[mm²]이상의 미네럴 인슈레이션 케이블

해설

저압 옥내배선
• 2.5[mm²] 이상의 연동선
• 1[mm²]이상의 MI 케이블

37 금속관 공사 시 관을 접지하는데 주로 사용하는 것은?

① 터미널캡   ② 엘보

③ 어스클램프   ④ 노출 배관용 박스

해설

• 엘보 : 배관재의 구부림 장소에 사용한다.
• 터미널캡 : 전선의 단말처리를 터미널로 하고 마감재 캡으로 보호한다.
• 노출배관용 박스 : 배관재와 배관재를 접속하고 전선의 상호 접속이 가능하다.

38 금속관을 조영재에 따라서 시설하는 경우는 새들, 행거 등으로 지지하는 경우 간격을 몇 [m] 이하로 하는 것이 가장 바람직한가?

① 2   ② 3   ③ 5   ④ 6

해설

• 캡타이어 케이블 1[m]
• 합성 수지관 1.5[m]
• 금속관, 애자 2[m]
• 금속덕트 3[m]

39 35[kV] 이하의 가공전선을 철도 또는 궤도를 횡단시키는 경우 지표상(레일면 상)의 높이 [m]는?

① 3.5   ② 4.5   ③ 5.5   ④ 6.5

해설

• 철도 또는 궤도를 횡단하는 경우는 6.5[m] 이상이다.

40 선로정수를 평형이 되게 하고, 통신선에 대한 유도장해를 줄일 수 있는 방법은?

① 연가를 한다.　　　　　　　　　　② 복도체를 사용한다.

③ 딥(Dip)을 준다.　　　　　　　　④ 소호 리액터를 접지한다.

해설

연가의 시설
- 장거리 송전선로에 전체를 3등분하여 시설한다.
- 선로정수를 평형시키고, 통신선의 유도장해를 방지하기 위하여 한다.

41 특고압에 사용하는 동심 중성선 수밀형 전력 케이블의 약호는?

① CN−CV　　　② ACSR　　　③ CD−C　　　④ CN−CV−W

해설

- CN−CV : 동심 중성선 가교 폴리에틸렌 절연비닐시즈 케이블(수용가 인입구간에 많이 사용)
- ACSR : 강심 알루미늄 전선
- EV : 폴리에틸렌 절연비닐시스 케이블

42 샘플링 검사의 목적으로 옳치 않는 것은?

① 품질 향상의 자극　　　　　　　　② 검사 비용 절감

③ 생산 공정상의 문제점 해결　　　　④ 나쁜 품질인 로트의 불합격

해설

샘플링 검사
- 한 로트의 물품 중에서 발췌한 시료를 조사하고, 그 결과를 판정기준과 비교한다.
- 로트의 합격여부를 결정하는 검사로서 검사비용이 절감되고, 품질을 향상시킬 수 있다.

43 배전용 기계기구인 COS(컷아웃 스위치)의 용도로 적합한 것은?

① 배전용 변압기의 2차측에 시설하여 배전구역 전환용으로 쓰인다.

② 배전용 변압기의 1차측에 시설하여 배전구역 전환용으로 쓰인다.

③ 배전용 변압기의 1차측에 시설하여 변압기의 단락보호용으로 쓰인다.

④ 배전용 변압기의 2차측에 시설하여 변압기의 단락보호용으로 쓰인다.

해설

- 변압기의 고압측 계폐기로 변압기 용량이 300[kVA] 이하에 많이 사용한다.
- 소형 단극으로, 전력내역이 높고 개폐기 내부에 퓨즈를 삽입할 수 있는 구조이다.
- COS는 수용가의 변압기 1차측에 시설하여 변압기 단락보호용으로 쓰인다.

정답　**40** ①　**41** ④　**42** ③　**43** ③

44 정부나 공공기관에서 발주하는 전기공사 물량 산출 시 옥외 케이블의 할증률은 일반적으로 몇 [%]이내로 하여야 하는가?

① 1   ② 3   ③ 5   ④ 10

해설

• 절연전선 옥내 10[%], 옥외 5[%]
• 케이블 옥내 5[%], 옥외 3[%]

45 태양광 발전 에너지의 특징에 대한 설명이다. 적합하지 않은 것은?

① 한번 설치해 놓으면 유지비용이 거의 들지 않는다.
② 무소음/무진동으로 환경오염을 일으키지 않는다.
③ 햇빛이 있는 곳이면 어느 곳에서나 간단히 설치할 수 있다.
④ 높은 에너지 밀도로 다량의 전기를 생산할 수 있는 최적의 발전 설비이다.

해설

• 에너지 밀도가 낮다.
• 많은 양의 전기를 생산할 때에는 넓은 공간이 필요하다.

46 가공 송전선로의 직선 철탑이 연속되는 경우 10기 이하마다 1기의 내장 애자장치를 사용하여 보강하는 철탑은?

① 내장형   ② 보강형   ③ 인류형   ④ 각도형

해설

내장형 철탑
• 서로 인접하는 경간의 길이가 서로 크게 달라서 전선에 지나친 불평형 장력이 가해질 경우
• 직선 철탑이 다수 연속될 경우 : 약 10기마다 1기의 비율로 내장형 설치

47 단상 교류 송전선이다. 전선 1선의 저항은 0.15[Ω], 리액턴스는 0.25[Ω]이다. 부하는 무유도성으로서 200[V], 6[kW]일 때 급전점 전압은 몇 [V]인가?

① 100   ② 109   ③ 120   ④ 130

해설

• 전압강하 $e = 2IR = 2\dfrac{P}{V}R = 2 \times \dfrac{6,000}{200} \times 0.15 = 9$
• 급전점 전압 $E_S = Er + e = 100 + 9 = 109$

48 가공 왕복선 지름이 d[m], 선간 거리가 D[m]일 때, 선로 한 가닥의 작용 인덕턴스는 몇 [mH]인가?

① $L = 0.05 + 0.4605\log_{10}\dfrac{D}{d}$ ② $L = 0.5 + 0.4605\log_{10}\dfrac{D}{d}$

③ $L = 0.5 + 0.4605\log_{10}\dfrac{2D}{d}$ ④ $L = 0.05 + 0.4605\log_{10}\dfrac{2D}{d}$

해설

- 작용 인덕턴스 $L = 0.05 + 0.4605\log_{10}\dfrac{D}{r} = 0.05 + 0.4605\log_{10}\dfrac{D}{\frac{d}{2}} = 0.05 + 0.4605\log_{10}\dfrac{2D}{d}$

49 송전선로에서 코로나 임계전압을 높이려는 경우, 다음 중 가장 타당한 것은?

① 기압은 낮게   ② 전선 직경은 크게

③ 온도는 높게   ④ 상대 공기밀도는 작게

해설

- 코로나 임계전압 $E_0 = 24.3 m_0 m_1 \delta d \log_{10}\dfrac{D}{r}$ [kV]이다.
- 전선의 표면계수, 기후에 관한 계수, 상대 공기밀도, 전선의 직경, 선간 거리가 임계전압에 비례한다.
- 전선 반지름(r)은 반비례한다.

50 현수 애자 4개를 1련으로 한 72[kV] 송전선로에서 현수 애자 1개가 2,000[MΩ]이라면 표준경간을 200[m]로 할 때 1[km]당의 누설 컨덕턴스는 약 몇[℧]인가?

① 0.58×10^{-9} ② 0.63×10^{-9} ③ 0.73×10^{-9} ④ 0.83×10^{-9}

해설

- 현수 애자 1련 절연저항이 2,000[MΩ]×4=8000[MΩ]이다.
- 1[km]당 절연저항은 애자련 5개 병렬 연결되어 있다.
- $R = \dfrac{8,000 \times 10^6}{5} = 1600 \times 10^6$
- $G = \dfrac{1}{R} = \dfrac{1}{1,600 \times 10^6} = 0.63 \times 10^{-9}$

51 $(1011)_2$ 2진수를 그레이코드(Gray Code)로 변환한 값은?

① 1101_G ② 1111_G ③ 1110_G ④ 1100_G

해설

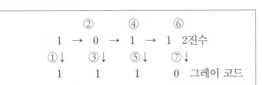

52 (1111101011111010)$_2$ 2진수를 16진수로 변환한 값은?

① $FAFA_{16}$ ② $AFAF_{16}$ ③ $FBFB_{16}$ ④ $EAEA_{16}$

해설

1111	1010	1111	1010
F	A	F	A

53 논리식 $A+AB$를 간단히 계산한 논리값의 결과는?

① A ② $A+\overline{B}$ ③ $\overline{A}+B$ ④ $A+B$

해설

• A+AB=A(1+B)=A

54 JK−FF에서 J=1, K=1일 때 Q_{n+1}의 출력을 표시한다면?

① 1(set)   ② 0(reset)   ③ Q_n ④ toggle

해설

• JK 플립플롭은 J=K=1이면 출력은 펄스 입력신호에 따라 toggle 된다.

55 다음의 실적을 5개월 단순 이동평균법으로 7월의 수요를 예측한 값은?

월	1	2	3	4	5	6
실적	48	50	53	60	64	68

① 56개   ② 57개   ③ 58개   ④ 59개

해설

• 당기예측 $M_t = \dfrac{\sum X_t(당기\ 실적치)}{n} = \dfrac{(50+53+60+64+68)}{5} = 59$

56 관리도 측정 값을 차례로 타점했을 때 점들이 순차적으로 상승하거나 하강하는 것을 무엇이라 하는가?

① 주기(Cycle)   ② 런(Run)   ③ 경향(Trend)   ④ 산포(Dispersion)

해설

• 경향(Trend) : 길이 7의 상승경향과 하강경향(비 관리상태)

57 브레인스토밍(Brainstorming)과 가장 관계가 깊은 것은?

① 특성 요인도　　　　　　　　　② 회귀분석

③ 파레토도　　　　　　　　　　④ 산포(Dispersion)도

해설

• 특성 요인도 : 결과에 미치는 영향을 계통적으로 정리한 것

58 저압 연접 인입선은 도로를 횡단하는 경우 몇[m]를 초과하는 도로는 횡단하지 않아야 하는가?

① 4　　　　　　② 5　　　　　　③ 6　　　　　　④ 8

해설

연접 인입선 시설조건

(1) 사용전선
• 인입용 비닐 절연전선 및 케이블
• 저압 2.6[mm] 이상의 DV 전선 (단, 15[m] 이하는 1.25[kN] 이상 또는 2.0[mm] 이상)

(2) 시설기준
• 인입선이 다른 옥내를 통과하지 아니할 것
• 폭 5[m]를 넘는 도로를 횡단하지 아니할 것
• 인입선에서 분기하는 점으로부터 100[m]를 넘는 지역에 미치지 않을 것

59 전원측의 한 점을 직접접지하고 설비의 노출 도전부를 보호도체로 접속시키는 방식으로, 계통의 일부분에서 PEN 도체를 사용하거나 중성선과 별도의 PE 도체를 사용하는 방식의 계통접지 방식은?

① TN-S 방식　　② TN-C 방식　　③ TN-C-S 방식　　④ TT방식

해설

• TN-C-S 계통은 계통의 일부분에서 PEN 도체를 사용하거나 중성선과 별도의 PE 도체를 사용하는 방식이 있다.
• 배전계통에서는 PEN 도체와 PE 도체를 추가로 접지할 수 있다.

60 연료전지 및 태양전지 모듈의 절연내력시험의 시험전압 및 방법으로 적당하지 않는 것은?

① 최대 사용전압의 1.5배의 직류전압　　② 최대 사용전압의 1배의 교류전압

③ 충전부분과 모듈 간에 시험전압을 가압　　④ 연속하여 10분간 가압

해설

한국전기설비규정 제134절

• 연료전지 및 태양전지 모듈은 최대 사용전압의 1.5배의 직류전압 또는 1배의 교류전압을 충전부분과 대지 사이에 연속하여 10분간 가하여 절연내력을 시험하였을 때에 이에 견디는 것이어야 한다.

정답　57 ①　58 ②　59 ③　60 ③

01 콘덴서 C_1, C_2를 직렬로 접속한다면 합성 정전용량은?

① C_1+C_2
② $\dfrac{1}{C_1}+\dfrac{1}{C_2}$
③ $\dfrac{C_1C_2}{C_1+C_2}$
④ $\dfrac{C_1+C_2}{C_1C_2}$

해설

• 합성용량 $C_0=\dfrac{1}{\dfrac{1}{C_1}+\dfrac{1}{C_2}}=\dfrac{C_1C_2}{C_1+C_2}$ 이다.

02 유도 기전력에 관한 렌츠의 법칙 설명중 맞는 것은?

① 유도 기전력은 자속의 변화를 방해하려는 방향으로 발생한다.
② 유도 기전력은 자속의 변화를 방해하려는 역방향으로 발생한다.
③ 유도 기전력의 크기는 자기장의 방향과 전류의 방향에 의하여 결정된다.
④ 유도 기전력의 크기는 코일을 지나는 자속의 매초 변화량과 코일의 권수에 비례한다.

해설

• 유도 기전력 $e=-N\dfrac{d\phi}{dt}$ 으로, 자속의 변화를 방해하려는 방향으로 발생한다.

03 그림과 같은 회로에 입력전압이 220[V]일때 30[Ω] 저항에 흐르는 전류는 몇[A]인가?

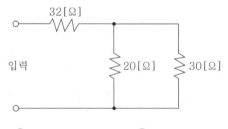

① 2
② 3
③ 4
④ 5

해설

• 합성저항 $R_0=32+\dfrac{20\times30}{20+30}=44[\Omega]$

• $I_1=\dfrac{220}{44}$ 이므로 $I_2=\dfrac{220}{44}\times\dfrac{20}{20+30}=2[A]$

정답 01 ③ 02 ① 03 ①

04 그림과 같은 회로에서 $i_1 = I_m \sin wt[\text{A}]$일 때 2차 단자에 나타나는 유도 기전력은 얼마 인가?

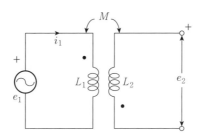

① $\omega M I_m \sin(wt - 90°)$

② $-\omega M \sin wt$

③ $-\omega M \cos wt$

④ $\omega M I_m \cos(wt - 90°)$

해설

• 1차 전압의 극성과 2차 전압의 극성이 반대방향의 기전력이 나타난다.

• $e_2 = -M \dfrac{di_1}{dt} = -M \dfrac{d(I_m \sin wt)}{dt}$

　　$= -wMI_m \cos wt = wMI_m \sin(wt - 90°)$

05 %오차가 2[%]인 전압계로 측정한 전압이 153[V]라면 그 참값은?

① 122.4[V]　　　② 133.7[V]　　　③ 150[V]　　　④ 156[V]

해설

• 오차＝측정값(M)－참값(T)

• 오차율＝$\dfrac{\text{오차}}{\text{참값}} = \dfrac{M-T}{T} \times 100[\%]$, $T = \dfrac{M}{\left(1 + \dfrac{\%\text{오차}}{100}\right)} = \dfrac{153}{1 + 0.02} = 150[\text{V}]$

• 보정값＝참값(T)－측정값(M)

• 보정율＝$\dfrac{\text{보정값}}{\text{측정값}} = \dfrac{T-M}{M} \times 100[\%]$

06 저항 $R25[\Omega]$, 자체 인덕턴스 300[mH], 정전용량 35[μF]의 직렬공진 시 공진주파수는 약 몇[Hz]인가?

① 40　　　　　② 50　　　　　③ 60　　　　　④ 70

해설

• 공진주파수 $f_0 = \dfrac{1}{2\pi\sqrt{LC}}$

　　$= \dfrac{1}{2\pi\sqrt{300 \times 10^{-3} \times 35 \times 10^{-6}}} = 49.116 \fallingdotseq 50[\text{Hz}]$

07 $R=4[\Omega]$, $X_L=15[\Omega]$, $X_C=12[\Omega]$의 R.L.C 직렬회로에 220[V]의 교류전압을 가할 때 전압과 전류 위상차는 약 얼마인가?

① 0°   ② 37°   ③ 53°   ④ 90°

해설

- 위상차 $\tan\theta = \dfrac{X}{R}$, $\theta = \tan^{-1}\dfrac{3}{4} = 36.86°$
- 임피던스 $Z = \sqrt{R+j(X_L-X_C)} = \sqrt{5+j(15-12)} = \sqrt{4^2+3^2} = 5$
- 역률 $\cos\theta = \dfrac{R}{Z}$, $\theta = \cos\dfrac{4}{5} = 36.85°$

08 유전체에서 전자분극이 발생하는 이유 설명이 맞는 것은?

① 영구 전기쌍극자의 전계방향 배열에 의함
② 단결정 매질에서 전자운과 핵 간의 상대적인 변위에 의함
③ 화합물에서 (+) 이온과 (−)이온 간의 상대적인 변위에 의함
④ 화합물에서 전자운과 (+)이온 간의 상대적인 변위에 의함

해설

- 전자분극은 전기장 안에서 원자, 분자 속의 전자 분포가 변위함으로써 생기는 현상이다.

09 선간전압이 380[V]인 전원에 $Z=6+j8[\Omega]$의 부하를 Y 결선으로 접속했을 때 전류는 약 몇[A]인가?

① 12   ② 22   ③ 28   ④ 38

해설

- Y결선은 $V_l = \sqrt{3}V_p$, $I_l = I_p$ 이므로,
- 상전압 $= \dfrac{380}{\sqrt{3}} = 220[V]$
- 선전류 $= \dfrac{\text{상전압}}{Z} = \dfrac{220}{\sqrt{8+6}} = 22[A]$

10 어떤 정현파 전압의 평균값이 200[V]이면 최대 값은 약 몇 [V]인가?

① 282   ② 313   ③ 345   ④ 445

해설

- 평균값 $V_{av} = \dfrac{2}{\pi}V_m = 0.637V_m$
- 최대값 $= \dfrac{\text{평균값}}{0.637} = \dfrac{200}{0.637} = 313[V]$

정답 07 ② 08 ② 09 ② 10 ②

11 정전용량 $C[\mu F]$의 콘덴서에 충전된 전하가 $q=\sqrt{2}Q\sin wt[C]$와 같이 변화한다면 이때 콘덴서에 흘러들어가는 전류의 값은?

① $i=\sqrt{2}\omega Q\sin wt$ ② $i=\sqrt{2}\omega Q\cos wt$

③ $i=\sqrt{2}\omega Q\sin(wt-60°)$ ④ $i=\sqrt{2}\omega Q\cos(wt-60°)$

해설

• 전류값 $i=\dfrac{dq}{dt}=\dfrac{d\sqrt{2}Q\sin wt}{dt}=\sqrt{2}wQ\cos wt$

12 $f(t)=\dfrac{e^{at}+e^{-at}}{2}$의 함수를 라플라스로 변환한 값은?

① $\dfrac{s}{s^2-a^2}$ ② $\dfrac{s}{s^2+a^2}$ ③ $\dfrac{a}{s^2-a^2}$ ④ $\dfrac{a}{s^2+a^2}$

해설

• $£(t)=\dfrac{1}{2}(e^{at}+e^{-at})=\dfrac{1}{2}\left(\dfrac{1}{s+a}+\dfrac{1}{s-a}\right)$

$=\dfrac{1}{2}\left(\dfrac{s+a+s-a}{(s+a)(s-a)}\right)=\dfrac{1}{2}\left(\dfrac{2s}{s^2-a^2}\right)$

$=\dfrac{s}{s^2-a^2}$

13 60[Hz] 3상 유도 전동기를 동일한 전압의 50[Hz]로 사용할 때 나타나는 현상은?

① 속도 증가 ② 철손 감소

③ 자속 감소 ④ 무부하 전류 증가

해설

• $V=kNF\phi$[V]에서 전압 일정하다면, 주파수 감소 시 속도 감소, 자속 및 철손, 여자전류는 증가한다.

14 자기 히스테리시스 곡선의 횡축과 종축이 나타내는 것은?

① 투자율과 자속밀도 ② 자기장의 크기와 보자력

③ 투자율과 잔류자기 ④ 자기장의 크기와 자속밀도

해설

• 히스테리시스 곡선의 횡축은 자기장의 세기(H)와 종축은 자속밀도(B)를 나타낸다.

15 다음 (　)안에 알맞은 내용을 순서대로 나열한 것은?

> 사이리스터는 게이트 전류가 순방향의 저지상태에서 (ⓐ)상태가 된다. 게이트 전류를 가하여 도통 완료까지를 (ⓑ)시간이라고 하나, 이 시간이 길면 (ⓒ)시의 (ⓓ)이 많고 사이리스터 소자가 파괴되는 수가 있다.

① ⓐ 온(On)　　　　ⓑ 턴온(Turn on)　ⓒ 스위칭　　ⓓ 전력손실
② ⓐ 스위칭　　　　ⓑ 온(On)　　　　ⓒ 전력손실　ⓓ 턴온(Turn on)
③ ⓐ 온(On)　　　　ⓑ 턴온(Turn on)　ⓒ 전력손실　ⓓ 스위칭
④ ⓐ 턴온(Turn on)　ⓑ 스위칭　　　　ⓒ 온(on)　　ⓓ 전력손실

해설
- 사이리스터에서는 게이트 전류가 순방향의 저지상태에서 ON상태로 된다.
- 게이트 전류를 가하여 도통 완료까지의 시간을 Turn On 시간이라고 한다.
- Turn On 시간이 길면 Switching 시의 전력손실이 많고 사이리스터 소자가 파괴되는 수가 있다.

16 정격전압이 200[V], 정격출력 40[kW]인 직류 분권 발전기의 계자저항이 20[Ω]일 때 전기자 전류는 몇[A]인가?

① 10　　　　　　② 20　　　　　　③ 130　　　　　　④ 210

해설
- 계자전류 $I_f = \dfrac{V}{R_f} = \dfrac{200}{20} = 10[A]$
- 부하전류 $I = \dfrac{V}{R} = \dfrac{40,000}{200} = 200[A]$
- 전기자 전류 $I_a = I_f + I = 10 + 200 = 210[A]$

17 200[kVA]의 전 부하동손 2[kW] 철손 1[kW]일 때, 변압기의 최대 효율은 전 부하의 몇 [%] 때 인가?

① 50　　　　　　② 63　　　　　　③ 70.7　　　　　　④ 141.4

해설
- 최대 효율 $\dfrac{1}{m}$ 부하의 조건 $= \sqrt{\dfrac{P_i}{P_C}} = \sqrt{\dfrac{1}{2}} = 0.707$

18 다음 ( ) 안의 알맞은 내용으로 옳은 것은?

> 변압기의 등가회로에서 2차를 1차 회로로 환산하는 경우 전류의 경우 (㉮)배, 저항과 리액턴스의 경우는 (㉯)배가 된다.

① ㉮ $\dfrac{1}{a}$ ㉯ a^2 ② ㉮ $\dfrac{1}{a}$ ㉯ a ③ ㉮ a^2 ㉯ $\dfrac{1}{a}$ ④ ㉮ a^2 ㉯ a

해설

• 1차를 2차로 환산하는 경우 : 전류는 a배, 저항과 리액턴스는 $\dfrac{1}{a^2}$이다.

19 전압을 일정하게 유지하기 위한 정전압 다이오드는?

① 제너 다이오드   ② 바렉터 다이오드
③ 정류용 다이오드   ④ 바리스터 다이오드

해설

• 제너 다이오드는 정전압 다이오드이다.

20 4극 유도 전동기가 60[Hz], 4[%]의 슬립으로 회전할 때 회전수는 몇(rpm)인가?

① 1,656   ② 1,700   ③ 1,728   ④ 1,800

해설

• 회전수 $N = (1-s)N_s = (1-s)\dfrac{120f}{P} = (1-0.04)\dfrac{120 \times 60}{4} = 1,728$

21 단상 권수비 30인 변압기가 전부하 2차 전압이 120[V], 전압 변동률이 5[%]이다. 1차 단자전압 [V]은?

① 3,454   ② 3,780   ③ 3,950   ④ 4,210

해설

• 무부하 2차 전압 $V_0 = 120 \times 1.05 = 126$[V],
• 1차 단자전압 $V_1 = 126 \times 30 = 3,780$[V]

22 전동기 등 전기기계의 철심을 성층하는 가장 적합한 이유는?

① 기계손을 적게 하기 위하여   ② 와류손을 적게 하기 위해서
③ 표유 부하손을 적게 하기 위해서   ④ 히스테리시스손을 적게 하기 위해서

해설

• 와류손을 감소시키기 위해 철심을 성층하고 히스테리시스손을 감소시키기 위해 규소강판을 사용한다.

정답 18 ① 19 ① 20 ③ 21 ② 22 ②

23 동기 전동기에 관한 설명이다. 틀린 것은?

① 난조가 발생하기 쉽다.　　　　② 제동권선이 필요하다.

③ 여자기가 필요하다.　　　　　　④ 역률을 조정할 수 없다.

해설
- 동기 전동기는 계자전류 조정으로 지상에서 진상까지 역률을 조정할 수 있는 기기이다.
- 동기 전동기는 속도가 불변이며, 기동 토크가 작다.

24 다음 중 유니버셜 전동기의 특징에 대한 설명이 틀린 것은?

① 단상 직권 정류자 전동기이다.

② 가볍고 고속 운전이 가능하다.

③ 입력되는 전원에 따라 회전량이 바뀐다.

④ 직류 전원 또는 단상 교류 전원으로 구동할 수 있다.

해설
- 유니버셜 전동기는 단상 직권 정류자 전동기이다.
- 전기자 전류와 계자 전류가 함께 바뀌기 때문에 교류 전원으로 운전이 가능하다.
- 직류나 교류에서 토크 발생 방향이 일정하여 항상 한 방향으로만 회전한다.

25 단상 유도기에서 주 권선과 보조권선의 전기각을 2π[rad]로 하고, 보조권선을 주 권선의 $\frac{1}{2}$로 하여 인덕턴스를 적게 하여 기동하는 방식은?

① 분상 기동형　　　　　　　　　② 권선 기동형

③ 콘덴서 기동형　　　　　　　　④ 세이딩 코일형

해설

분상 기동형 기동원리
- 전기각이 90°인 곳에 기동형 권선을 감고, 여기에 저항을 직렬로 연결하여, 이 자속에 의하여 불완전한 2상의 회전자계를 만들어 농형 회전자를 기동하게 한다.
- 기동 후에는 원심력 스위치가 개방된다.

26 동기 발전기의 전기자를 단절권으로 하는 이유는?

① 절연이 좋아진다.

② 효율을 좋게 한다.

③ 기전력을 높이는데 있다.

④ 고조파를 제거해서 기전력의 파형을 좋게 한다.

해설
- 단절권은 코일의 양변 간의 피치가 1자극 피치보다 짧은 코일을 사용한 권선법이다.
- 고조파 제거로 파형이 좋아지고 코일 단부가 줄어 동량이 적게 드는 장점이 있다.

정답　23 ④　24 ③　25 ①　26 ④

27 저압 수전하는 경우 연접 인입선의 시설기준으로 옳은 것은?

① 폭 4[m]를 초과하는 도로를 횡단하지 말 것

② 옥내를 통과하여 시설할 것

③ 지름은 최소 1.5[mm] 이상의 경동선을 사용할 것

④ 인입선에서 분기하는 점으로부터 100[m]를 초과하지 말 것

해설

- 저압 인입선은 저압 인입선의 시설기준에 준하여 시설하여야 한다.
- 예외를 적용하는 규정
  - 인입선에서 분기하는 점으로부터 100[m]를 넘는 지역에 미치지 않을 것
  - 폭 5[m]를 넘는 도로를 횡단하지 아니할 것
  - 옥내를 관통하지 아니할 것
  - 전선은 인장강도 2.4[kN] 이상 또는 지름 2.6[mm] 인입용 비닐 절연전선 사용

28 3상 전압형 인버터를 이용한 전동기 운전 회로이다. 회로에서 트랜지스터의 기본적인 역할로 가장 타당한 것은?

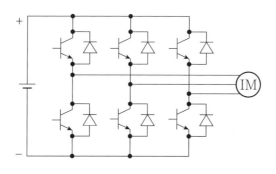

① 전압증폭   ② ON, OFF   ③ 전류증폭   ④ 정류작용

해설

- 3상 전압형 인버터의 트랜지스터를 순서대로 ON, OFF하여 교류로 변환하여 운전한다.

29 교류제어기의 일종인 사이클로컨버터(Sycloconverter)란?

① 직류제어 소자이다.   ② 전류제어 소자이다.

③ 실리콘 양방향성 소자이다.   ④ 제어 정류기를 사용한 주파수 변환기이다.

해설

- 사이클로 컨버터는 교류 입력의 주파수와 전압의 크기를 바꾸어 주는 교류−교류 전력제어 장치이다.
- 교류를 낮은 주파수의 교류로 변환시키는 주파수 변환기이다.

정답 27 ④ 28 ② 29 ④

30 PWM 인버터 방식에서 반송신호로 가장 많이 사용되는 파형은?

① 삼각파   ② 반원파   ③ 구형파   ④ 정현파

해설

• PWM 인버터 방식에서 반송신호로 삼각파를 가장 많이 사용한다.

31 합성 수지관 공사에 옥내배선에 대한 내용중 틀린 것은?

① 관의 지지점 간의 거리를 2[m]로 하였다.

② 전선은 절연전선으로 14[mm²]의 연선을 사용하였다.

③ 습기가 많은 장소의 관과 박스의 접속 개소에 방습장치를 하였다.

④ 관 상호 간 및 박스와 관을 삽입하는 길이를 관의 바깥지름의 1.2배로 하였다.

해설

• 합성 수지관의 지지점 간의 거리는 1.5[m] 이내로 하여야 한다.

32 450/750[V] 일반용 단심 비닐 절연전선을 사용하는 저압 가공 인입선 공사의 전선 길이가 15[m] 이하인 경우 전선의 굵기는 몇 [mm²] 이상이어야 하는가?

① 1.5   ② 2.0   ③ 4   ④ 6

해설

450/750[V] 일반용 단심 비닐 절연전선

15[m] 이하인 경우	4[mm²] 이상
15[m] 초과인 경우	6[mm²] 이상

33 옥내에서 전선을 두 개 이상 병렬로 사용하는 경우 설명이 잘못된 것은?

① 동일한 도체, 동일한 굵기, 동일한 길이이어야 한다.

② 병렬로 사용하는 전선은 각 전선에 퓨즈를 시설하여야 한다.

③ 같은 극의 각 전선은 동일한 터미널 러그에 완전히 접속하여야 한다.

④ 병렬로 접속하는 각 전선의 굵기는 동 50[mm²] 이상 또는 알루미늄 70[mm²] 이상이어야 한다.

해설

• 옥내배선에서 전선 병렬 사용 시 관내에 전자적 불평형이 생기지 아니하도록 시설하여야 한다.
• 동 50[mm²] 이상 또는 알루미늄 70[mm²] 이상이고 동일한 도체, 굵기, 길이이어야 한다.
• 전선의 접속은 동일한 터미널 러그에 완전하게 접속하여야 한다.
• 전선의 각각에는 퓨즈를 설치하지 않아야 한다.

정답   **30** ①   **31** ①   **32** ③   **33** ②

34 다음 중에서 과전류 차단기를 설치하여야 하는 곳은?

① 간선의 전원측 전선

② 다선식 선로의 전로의 중성선

③ 접지공사의 접지선

④ 접지공사를 한 저압 가공전선의 접지측 전선

 과전류 차단기를 설치하여야 하는 곳
• 배전용 변압기 1차측
• 발전기, 변압기, 전동기 등의 기계 기구를 보호하는 곳
• 저압 옥내간선의 전원측 전선 등

35 직류를 교류로 변환하는 장치이며 상용 전원으로부터 전력을 입력받아, 전압과 주파수를 가변시켜 전동기에 공급함으로써 전동기 속도를 고효율로 용이하게 제어하는 장치를 무엇이라 하는가?

① 초퍼   ② 컨버터   ③ 인버터   ④ 변압기

• 직류를 교류로 변환하는 장치를 인버터 또는 역변환 장치라고 한다.

36 전등 및 소형 기계기구 용량 합계가 25[kVA], 대형 기계기구 10[kVA]의 학교에 있어서 간선의 전선 굵기 산정에 필요한 최대 부하는 몇 [kVA]인가?(단, 학교의 수용률은 70[%]이다.)

① 18.5   ② 30.5   ③ 38.5   ④ 48.5

• 전등 및 소형기계기구 $10+(25-10)\times0.7=20.5$[kVA]
• 최대부하 $20.5+10=30.5$[kVA]

37 특고용 변압기가 타냉식인 경우 냉각장치의 고장으로 인한 변압기의 온도가 상승을 대비하기 위하여 시설하는 장치는?

① 방진장치   ② 경보장치   ③ 회로 차단장치   ④ 공기 정화장치

• 타냉식 변압기 냉각장치에 고장으로 인하여 변압기의 온도가 상승하는 경우, 변압기를 보호하기 위한 경보장치를 설치하여야 한다.

정답 **34** ① **35** ③ **36** ② **37** ②

38 배전선로에 랙(Rack)을 이용한 공사방법은 어떤 전선로에 사용되는가?

① 저압 가공선로

② 고압 가공선로

③ 저압 지중선로

④ 고압 지중선로

해설

• 저압 가공전선을 수직으로 배열하는 데 사용한다.

39 각 수용가의 수용율 및 부등율이 변화할 때 수용가군 총합의 부하율에 대한 설명으로 맞는 것은?

① 수용율에 비례하고 부등율에 반비례한다.

② 부등율과 수용율에 모두 비례한다.

③ 부등율과 수용율에 모두 반비례한다.

④ 부등율에 비례하고 수용율에 반비례한다.

해설

• 부하율 $= \dfrac{\text{부하의 평균 전력}}{\text{합성 최대 수용 전력}} = \dfrac{\text{부하의 평균 전력}}{\text{총 설비용량}} \times \dfrac{\text{부등률}}{\text{수용률}}$ 이다.

40 통로 유도등은 유도등의 바로 밑의 바닥으로부터 수평으로 0.5[m] 떨어진 바닥에서 몇 [lx]이상이어야 하는가?

① 1

② 2

③ 3

④ 4

해설

통로 유도등의 조도(화재 안전기준)
• 통로 유도등 바로 밑의 바닥으로부터 수평으로 0.5[m] 떨어진 바닥에서 1[lx] 이상
• 바닥에 매설한 것에서는 직상부 1[m] 높이에서 1[lx] 이상이어야 한다.

41 장거리 대전력 송전에서 직류 송전방식의 장점이 아닌 것은?

① 송전효율이 좋다.

② 안정도 문제가 없다.

③ 선로절연이 더 수월하다.

④ 변압이 쉬워 고압 송전이 유리하다.

해설

• 직류는 변압이 어려운 단점이 있다.

42 실지수가 높을수록 조명률이 높아진다. 방의 크기가 가로 9[m], 세로 6[m]이고, 광원의 높이는 작업 면에서 4[m]인 경우 방의 실지수는?

① 0.2

② 0.9

③ 18

④ 27

해설

• 실지수 $= \dfrac{XY}{H(X+Y)} = \dfrac{9 \times 6}{4(9+6)} = 0.9$

정답 38 ① 39 ④ 40 ① 41 ④ 42 ②

43 미국의 마틴 마리에타사(Martin Marietta Corp)에서 시작된 품질개선을 위한 동기부여 프로그램으로, 모든 작업자가 무결점을 목표로 설정하고, 작업을 올바르게 수행함으로써 비용을 줄이기 위한 프로그램은?

① TPM 활동　　　② 6시그마 운동　　　③ ZD 운동　　　④ ISO 9001인증

해설

ZD(Zero defects) 운동
• 개별 종업원에게 계획 기능을 부여하는 자주 관리운동의 하나이다.
• 종업원들의 주의와 연구를 통해 작업상 발생하는 모든 결함을 없애는 것이다.

44 접지 종별 중 독립접지에 대한 설명으로 틀린 것은?

① 접지 신뢰도가 낮다.　　　② 접지 공사비가 적게 소요된다.
③ 인접 접지극의 전위 간섭이 적다.　　　④ 접지저항을 저하시키기 어렵다.

해설

독립접지의 특징
• 인접 접지극의 전위간섭은 적지만, 접지 공사비가 많이 든다.
• 접지저항을 낮추기가 어렵고, 접지 신뢰도가 낮은 단점이 있다.

45 345[kV]의 가공 송전선을 사람이 쉽게 들어갈 수 없는 산지에서 시설하는 경우, 전선의 지표상 높이는 최소 몇 [m]인가?

① 5.28　　　② 6.28　　　③ 7.28　　　④ 8.28

해설

• 345[kV] 단수 $= \dfrac{345-160}{10} = 18.5 \fallingdotseq 19$이므로,

• 송전선 높이 $h = 5 + 19 \times 0.12 = 7.28[\text{m}]$

사용전압의 구분	지표상의 높이
35[kV] 이하	• 5[m] • 철도 또는 궤도를 횡단하는 경우에는 6.5[m] • 도로를 횡단하는 경우에는 6[m] • 횡단보도교의 위에 시설하는 경우로서 전선이 특고압 절연전선 또는 케이블인 경우에는 4[m]
35[kV] 이하 160[kV] 이하	• 6[m] • 철도 또는 궤도를 횡단하는 경우에는 6.5[m] • 산지(山地) 등에서 사람이 쉽게 들어갈 수 없는 장소에 시설하는 경우에는 5[m] • 횡단보도교의 위에 시설하는 경우 전선이 케이블인 때는 5[m]
160[kV] 이하	• 6[m] • 철도 또는 궤도를 횡단하는 경우에는 6.5[m] • 산지(山地) 등에서 사람이 쉽게 들어갈 수 없는 장소에 시설하는 경우에는 5[m] • 160[kV]를 초과하는 10[kV] 또는 그 단수마다 0.12[m]를 더한 값

정답　**43** ③　**44** ②　**45** ③

46 설치목적의 연결이 옳지 않는 전력설비는 ?

① 한류 리액터 – 단락전류 제한   ② 소호 리액터 – 지락전류 제한

③ 직렬 리액터 – 충전전류 방전   ④ 분로 리액터 – 페란티 현상 방지

해설

직렬 리액터의 설치목적
- 단상 : 제3 고조파 제거
- 3상 : 제5 고조파 제거

47 가공 송전선로 선간 거리가 각각 50[cm], 60[cm], 70[cm]인 경우 기하 평균 선간 거리는 몇 [cm]인가?

① 50.4   ② 59.4   ③ 62.8   ④ 64.8

해설

- 등가 선간 거리 $D = \sqrt[3]{D_1 D_2 D_3} = \sqrt[3]{50 \times 60 \times 70} = 59.44$[m]

48 광속 500[lm]인 전등 20개를 1,000[m²] 방에 설치하였을 경우, 평균 조도는 약 몇[lx]인가? (단, 조명률은 0.5, 감광보상률은 1.5이다.)

① 3.33   ② 4.24   ③ 5.48   ④ 6.67

해설

- 조도 $E = \dfrac{NFU}{AD} = \dfrac{20 \times 500 \times 0.5}{1,000 \times 1.5} = 3.33$[lx]

49 특고압 송전선로에서 역섬락을 방지하는 가장 좋은 방법은?

① 피뢰기를 설치한다.   ② 가공 지선을 설치한다.

③ 소호각을 설치한다.   ④ 탑각 접지저항을 작게 한다.

해설

- 송전선로에서 역섬락을 방지하기 위한 조치로 매설지선을 설치하여 탑각 접지저항을 적게 한다.

50 3상 송전선로 전압이 22.9[kV], 주파수 60[Hz]로 송전 시 무부하 충전전류는 약 몇[A]인가? (단, 송전선의 길이는 20[km]이고, 1선 1[km]당 정전용량은 0.5[μF]이다)

① 12   ② 24   ③ 36   ④ 49.8

해설

- 무부하 충전전류 $I_c = wCEl = 2\pi fC \dfrac{V}{\sqrt{3}} l$[A] $= 2\pi \times 60 \times 0.5 \times 10^{-6} \times \dfrac{22,900}{\sqrt{3}} \times 20 = 49.81$[A]

정답   46 ③ 47 ② 48 ① 49 ④ 50 ④

51 논리식 $F=\overline{(\overline{A}+B)\overline{B}}$을 간소화하면?

① $F=A+\overline{B}$ ② $F=\overline{A}+B$ ③ $F=A+B$ ④ $F=\overline{A}+\overline{B}$

해설

• $F=(\overline{\overline{A}+B})+\overline{\overline{B}}=A\cdot\overline{B}+B$
  $=(A+B)(\overline{B}+B)$
  $=A+B$

52 다음 그림이 나타내는 회로의 명칭은 무엇인가?

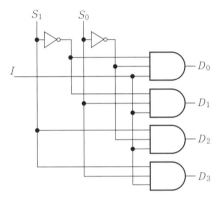

① 디코더   ② 인코더   ③ 멀티플렉서   ④ 디멀티플렉서

해설

• 디멀티플렉서는 1개의 입력을 여러 개의 출력선에 연결한 후 이들 중 1개의 회선을 선택하여 출력한다.

53 전가산기(Full Adder)의 출력C(Carry) 비트를 논리식으로 나타낸 것은?(단, x, y, z는 입력)

① $C=x\oplus y+x\oplus z+yz$ ② $C=x\oplus x\oplus z$

③ $C=xy+(x\oplus y)z$ ④ $C=xyz$

해설

• 전가산기의 합 $S=x\oplus y\oplus x$, 캐리 $C=xy+(x\oplus y)z$이다.

54 다음 진리표와 같은 입력의 조합일때 출력이 결정되는 회로는?

입력		출력			
A	B	X_0	X_1	X_2	X_3
0	0	1	0	0	0
0	1	0	1	0	0
1	0	0	0	1	0
1	1	0	0	0	1

① 인코더   ② 디코더

③ 카운터   ④ 멀티플렉서

해설

- 2×4 디코더는 2개의 입력(2비트)과 4개의 출력(2^2비트)을 가지며 2개의 입력에 따라 4개의 출력중 1개가 선택된다.
- 논리식 $X_0 = \overline{AB}$, $X_1 = \overline{A}B$, $X_2 = A\overline{B}$, $X_3 = AB$

55 다음 중 계량치 관리도는 어느 것인가?

① n 관리도   ② np 관리도   ③ R 관리도   ④ c 관리도

해설

계량형 및 계수형 관리도

계량형 관리도	$\overline{x} - R$ 관리도, x 관리도, $x - R$ 관리도, R 관리도
계수형 관리도	np 관리도, p 관리도, c 관리도, u 관리도

56 발취방법 평가를 위한 OC 곡선을 보고 가장 올바른 내용을 나타낸 것은?

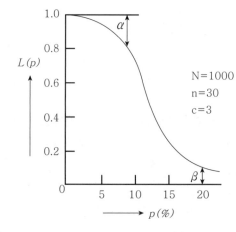

① α : 소비자 위험   ② L(p) : 로트의 합격할 확률

③ 부적합품률 : 0.03   ④ β : 생산자 위험

해설

발취방법 평가를 위한 OC 곡선

- α : 합격되어야 할 로트를 불합격이라고 판정하는 확률(생산자 위험)
- β : 불합격되어야 할 로트를 합격이라고 판정하는 확률(소비자 위험)
- $p(\%)$: 부적합품율

정답   55 ③   56 ②

57 다음은 어느 회사의 월별 판매실적을 나타낸 것이다. 5개월 이동평균법으로 6월의 수요를 예측한 값은?

월	1	2	3	4	5
판매량	100	110	120	130	140

① 120   ② 130   ③ 110   ④ 100

해설
- 당기 예측치 $M_t = \dfrac{\sum X_t (\text{당기 실적치})}{n} = \dfrac{(100+110+120+130+140)}{5} = \dfrac{600}{5} = 120$

58 다음 중 신제품에 대한 수요 예측방법으로 가장 적절한 조사방법은?

① 시장조사법   ② 최소자승법   ③ 지수평활법   ④ 이동평균법

해설

시장조사법
- 정성적 기법 중 가장 계량적인 방법이다.
- 객관적인 방법으로 소비자로부터 직접 수요에 관한 정보를 얻는다.

59 전원측의 한 점을 직접접지하고 설비의 노출도전부는 전원의 접지전극과 전기적으로 독립적인 접지극에 접속시키는 방식의 계통접지 방식은?

① TN-S 방식   ② TN-C 방식   ③ TN-C-S 방식   ④ TT방식

해설
- TT 계통은 전원측의 한 점을 직접접지하고 설비의 노출도전부는 전원의 접지전극과 전기적으로 독립적인 접지극에 접속시킨다. 배전계통에서 PE 도체를 추가로 접지할 수 있다.

60 피뢰설비의 접지극 중 A형 접지극에 해당하지 않은 것은?

① 지표면에서 수직으로 매설한 $0.35[\text{m}^2]$ 이상의 판상 접지극
② 건축물 구조체 외곽으로 매설한 망상 접지극
③ 지표면에서 수직으로 $0.5l_1$이상 길이의 봉형 접지극
④ 지표면과 수평으로 매설한 l_1길이 이상의 방사형(수평) 접지극

해설
- 수평 또는 수직 접지극(A형)은 최소 2개 이상을 동일 간격으로 배치해야 하고, 피뢰 등급별로 대지 저항률에 따른 최소길이 이상으로 한다. 다만, 설치방향에 의한 환산율은 수평 1.0, 수직 0.5로 한다.

정답   **57** ① **58** ① **59** ④ **60** ②

한국전기설비규정 제정 내용을 중심으로 과년도 기출문제를 복원하여 수록하였음

01 2진수 $(1111101011111010)_2$를 16진수로 표현한 값은?

① $(FBFB)_{16}$ ② $(FAFA)_{16}$ ③ $(EBEB)_{16}$ ④ $(AFAF)_{16}$

해설

• 2진수 1111, 1010, 1111, 1010과 같이 4자리씩 구분하여 변환하면 $(FAFA)_{16}$이다.

02 다음 논리함수를 간략화하면 어떻게 되는가?

$F = \overline{A}\,\overline{B}\,\overline{C}\,\overline{D} + \overline{A}\,\overline{B}\,C\,\overline{D} + A\,\overline{B}\,C\,\overline{D} + A\,\overline{B}\,\overline{C}\,\overline{D}$

	$\overline{A}\,\overline{B}$	$\overline{A}\,B$	$A\,B$	$A\,\overline{B}$
$\overline{C}\,\overline{D}$	1			1
$\overline{C}\,D$				
$C\,D$				
$C\,\overline{D}$	1			1

① $\overline{B}\,\overline{D}$ ② $\overline{B}D$ ③ $B\overline{D}$ ④ BD

해설

• $F = \overline{A}\,\overline{B}\,\overline{C}\,\overline{D} + \overline{A}\,\overline{B}\,C\,\overline{D} + A\,\overline{B}\,C\,\overline{D} + A\,\overline{B}\,\overline{C}\,\overline{D}$

$= \overline{A}\,\overline{B}\,\overline{D}(\overline{C}+C) + A\overline{B}\,\overline{D}(\overline{C}+C)$

$= \overline{A}\,\overline{B}\,\overline{D} + A\overline{B}\,\overline{D}$

$= \overline{B}\,\overline{D}(\overline{A}+A)$

$= \overline{B}\,\overline{D}$

03 다음 논리식 중 옳은 표현은?

① $\overline{A+B} = \overline{A}\,\overline{B}$

② $\overline{A} + \overline{B} = \overline{A+B}$

③ $\overline{AB} = \overline{\overline{A}}\,\overline{\overline{B}}$

④ $\overline{A+B} = \overline{\overline{AB}}$

해설

• $\overline{AB} = \overline{A} + \overline{B}$ • $\overline{A+B} = \overline{AB}$

정답 **01** ② **02** ① **03** ①

04 그림과 같은 기본회로 논리동작은?

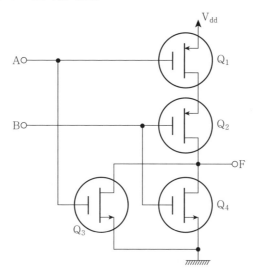

① NAND 게이트　② NOR 게이트　③ AND 게이트　④ OR 게이트

해설

• A, B 입력이 모두 0이면 출력이 1이고, 두 입력이 하나라도 1인 경우 출력은 0이 되는 NOR 게이트 소자
이다.

05 쌍방향 3단자 사이리스터 소자에 해당하는 것은?

① SCR　　　　② TRIAC　　　　③ GTO　　　　④ DIAC

해설

• 두 개의 *SCR*을 게이트를 공통으로 역병렬 조합한 것으로 양방향 도통이 가능하여 일반적으로 *AC* 위상제
어에 사용된다.

06 SCR에 대한 설명으로 옳치 않는 것은?

① 게이트 전류로 통전전압을 가변시킨다.

② 대전류 정류 제어용으로 이용된다.

③ 게이트 전류의 위상각으로 통전전류의 평균값을 제어 시킬 수 있다.

④ 주 전류를 차단하려면 게이트 전압을 영 또는 부(−)로 하여야 한다.

해설

SCR 제어

• 자기 점호능력은 있으나 소호 능력이 없다.

• 소호는 주 전류를 유지전류 이하 또는 애노드, 캐소드 간에 역전압을 인가하여 소호한다.

07 단상 반파 위상제어로 $220[V]$ 정현파 단상 교류전압을 점호각 $60°$로 반파 정류하고자 한다. 순 저항부하 시 평균 전압은 약 몇 $[V]$인가?

① 74 　　　　② 84 　　　　③ 110 　　　　④ 220

해설

• 평균 전압 $V_d = 0.45V\left(\dfrac{1+\cos\theta}{2}\right) = 0.45 \times 220 \times \left(\dfrac{1+\cos 60°}{2}\right) = 74.25[V]$

08 그림과 같은 DTL 게이트의 출력 논리식은?

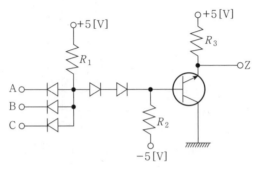

① $Z = \overline{A}\,\overline{B}\overline{C}$ 　　② $Z = \overline{A+B+C}$ 　　③ $Z = A+B+C$ 　　④ $Z = ABC$

해설

• AND와 NOT 회로의 직렬 연결회로이므로 NAND 회로이다.
• 출력 Z는 입력 A, B, C 중 하나라도 0이면, 출력은 1이 된다.
• $Z = \overline{A}\,\overline{B}\,\overline{C}$이다.

09 다음은 3상 전압형 인버터를 이용한 전동기 운전회로의 일부이다. 회로에서 트랜지스터의 기본적인 역할로 가장 적당한 것은?

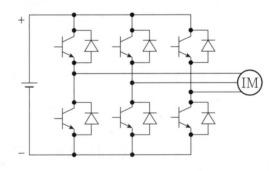

① 정류작용 　　② ON-OFF 　　③ 전류증폭 　　④ 전압증폭

해설

• 3상 전압형 인버터회로이다.
• TR을 순서대로 ON-OFF하여 교류로 변환하여 3상 유도 전동기를 운전할 수 있다.

정답　07 ① 08 ① 09 ②

10 다음 용어와 정의가 서로 맞지 않는 것은?

① SPD : 과도전압을 제한하고, 서지전류를 분류하기 위한 장치이다.

② 등전위본딩 : 등전위를 형성하기 위해 도전부 상호 간을 전기적으로 연결하는 것이다.

③ PEM 도체 : 직류회로에서 중간선 겸용 보호도체를 말한다.

④ 피뢰 시스템의 자연적 구성부재 : 수뢰부 시스템, 인하도선 시스템, 접지극 시스템으로 설치한 피뢰 시스템을 말한다.

> 해설
> • 피뢰 시스템의 자연적 구성부재(Natural Component of LPS)란, 피뢰의 목적으로 특별히 설치하지는 않았으나 추가로 피뢰 시스템으로 사용될 수 있거나, 피뢰 시스템의 하나 이상의 기능을 제공하는 도전성 구성부재를 말한다.
> • 외부 피뢰 시스템이란, 수뢰부 시스템, 인하도선 시스템, 접지극 시스템으로 구성된 피뢰 시스템의 일종을 말한다.

11 가공 송전선로에서 단도체보다 복도체를 많이 사용한다. 그 이유는?

① 선로 계통안정도 감소   ② 인덕턴스의 증가

③ 정전용량의 감소   ④ 코로나 손실 감소

> 해설
> • 복도체를 사용 시 등가 반지름이 증가하여 코로나 발생을 방지하여 초고압 송전선로에 적당하다.
>   – 선로의 작용 인덕턴스가 감소한다.
>   – 작용 정전용량은 증가한다.
>   – 코로나 임계전압을 높일 수 있다.

12 3상 송전선로 1회선 22[kV], 60[Hz]로 송전 시 무부하 충전전류를 구하시오. (단, 송전선의 길이 30[km], 1회선 정전용량은 0.5[μF/km]이다.)

① 24   ② 36   ③ 48   ④ 72

> 해설
> • 충전전류 $I_C = \omega CEl = 2\pi fCEl = 2\pi \times 60 \times 0.5 \times 10^{-6} \times \frac{22}{\sqrt{3}} \times 10^3 \times 30 = 71.82[A]$

13 소도체 2개로 된 복도체 방식 3상 3선식 송전선로가 있다. 소도체 지름 2[cm], 간격 36[cm], 등가 선간 거리 180[cm]인 경우 복도체 1[km]의 인덕턴스[mH/km]를 구하시오.

① 0.705   ② 0.957   ③ 1.215   ④ 1.536

> 해설
> • 작용 인덕턴스 $L = 0.05 + 0.4605\log_{10}\frac{D}{\sqrt[n]{rs}} = \frac{0.05}{2} + 0.4605\log_{10}\frac{1.8}{\sqrt[2]{0.01 \times 0.36^{2-1}}} = 0.705[mH]$

정답 10 ④ 11 ④ 12 ④ 13 ①

14 송전선로를 연가하는 주 목적은?

① 직격뢰를 방지한다.

② 유도뢰를 방지한다.

③ 선로정수의 평형을 이룬다.

④ 미관상 필요하다.

해설

연가의 목적

• 통신선의 유도장해를 경감한다.

• 각 상의 전압강하 및 등가 선간 거리를 동일하게 한다.

• 선로정수를 평형되게 하여 소호 리액터 접지 시 직렬 공진방지 및 이상전압 상승을 방지한다.

15 송전선 단면적 A[mm²]와 송전전압 V[kV]의 관계식으로 옳은 것은?

① $A \propto \dfrac{1}{V^2}$[mm²]

② $A \propto \dfrac{1}{V}$[mm²]

③ $A \propto V$[mm²]

④ $A \propto V^2$[mm²]

해설

• 선로(손실) 전력 $P_l = 3I^2R = \dfrac{P^2}{V^2\cos^2\theta} \times \rho \dfrac{l}{A}$[kW]에서, $A \propto \dfrac{P^2}{P_l V^2\cos^2\theta} \times \rho l$[mm²]이다.

16 송전선로에 전선 a, b, c가 일직선으로 배치되어 있다. a와 b, b와 c 사이의 거리가 각각 3[m]인 경우, 이 선로의 등가 선간 거리[m]를 구하시오.

① 5[m]　　　② 3.78[m]　　　③ 7.56[m]　　　④ 10[m]

해설

• 등가 선간 거리 $D = \sqrt[3]{D_{ab}D_{bc}D_{ca}} = \sqrt[3]{3 \times 3 \times 6} = 3.78$[m]

17 가요 전선관과 금속관을 접속하는데 사용하는 전선관 부속품은?

① 스트레이트 박스 커넥터

② 컴비네이션 커플링

③ 앵글박스 커넥터

④ 플렉시블 커플링

해설

가요 전선관의 접속 등

• 스플릿 커플링 : 가요 전선관 상호 접속

• 콤비네이션 커플링 : 가요 전선관과 금속관의 접속

• 스트레이트박스 커넥터, 앵글박스 커넥터 : 가요 전선관과 박스의 접속

• 지지점 간격은 1[m] 이하마다, 곡률반지름 6배 이상으로 한다.

정답　14 ③　15 ①　16 ②　17 ②

18 애자사용 공사에 의한 고압 옥내배선의 시설에 있어서 적당하지 않은 것은?

① 전선의 지지점의 거리는 6[m] 이하일 것

② 전선 상호 간 간격은 8[cm] 이상일 것

③ 전선이 조영재를 관통하는 경우는 난연성 및 내수성이 있는 절연관에 넣을 것

④ 전선과 조영재와의 이격거리는 4[cm] 이상일 것

해설

고압 애자사용 배선

• 전선은 단면적 6[mm²] 이상의 연동선으로 고압 절연전선, 인하용 절연전선, 특고압 절연전선을 사용할 것
• 지지점 간의 거리는 6[m] 이하로 할 것
• 조영재 면을 따라 시설할 경우 지지점간의 거리는 2[m] 이하로 할 것
• 전선 상호 간 간격 8[cm] 이상
• 전선과 조영재 간 이격거리 5[cm] 이상
• 전선이 조영재를 관통하는 경우 난연성 및 내수성의 견고한 것으로 절연한다.
• 애자는 절연성, 난연성, 내수성, 기계적 강도를 갖고 해당 전로의 전압에 충분히 견딜 것

19 버스 덕트 공사에서 취급자 이외의 자가 출입할 수 없도록 설비한 장소로 수직으로 시설하는 경우 지지점 간의 최대 간격은 몇 [m] 이하로 하는가?

① 4   ② 5   ③ 6   ④ 7

해설

버스 덕트 공사의 시설조건

• 덕트 상호 간 및 전선 상호 간은 견고하고 또한 전기적으로 완전하게 접속할 것
• 조영재에 붙이는 경우 지지점 간의 거리 : 3[m] 이하
• 취급자 이외의 자가 출입할 수 없는 구조에서 수직으로 붙이는 경우 거리 : 6[m] 이하
• 덕트(환기형의 것을 제외한다)의 끝부분은 막을 것
• 덕트(환기형의 것을 제외한다)의 내부에 먼지가 침입하지 아니하도록 할 것

20 조명률과 실지수는 비례하여 움직인다. 조명설계 시 방의 크기가 가로 8[m], 세로 6[m]이고 천장 전등의 높이는 3.5[m]이고, 작업면의 높이는 50[cm]일 때, 방의 실지수는 얼마인가?

① 1.09   ② 1.14   ③ 1.55   ④ 2.01

해설

• 실지수는 천장의 전등과 바닥 작업면의 높이를 기준으로 산정한다.

• 실지수 $K = \dfrac{X \times Y}{H(X+Y)} = \dfrac{8 \times 6}{3(8+6)} = 1.14$

21 사용전압이 저압인 전로의 절연저항 및 절연내력 측정에 있어서 정전이 어려운 경우 등 절연저항 측정이 곤란한 경우는 누설전류를 몇 [mA] 이하로 유지하여야 하는가?

① 1　　　　　② 4　　　　　③ $\dfrac{1}{2{,}000}$　　　　　④ $\dfrac{1}{4{,}000}$

해설

저압전로의 절연성능
- 사용전압이 저압인 전로에서 정전이 어려운 경우 등 절연저항 측정이 곤란한 경우에는 누설전류를 1 [mA] 이하로 유지하여야 한다.
- 전선과 대지 사이의 절연저항은 사용전압에 대한 누설전류가 최대 공급전류의 $\dfrac{1}{2{,}000}$ 을 초과하지 않도록 하여야 한다.

22 고압 보안공사에서 전선을 경동선으로 사용하는 경우 몇 [mm] 이상의 것을 사용하여야 하는가?

① 3　　　　　② 4　　　　　③ 5　　　　　④ 6

해설

고압 보안공사
- 전선(케이블 제외)
  - 전선은 인장강도 8.01[kN] 이상의 것
  - 지름 5[mm] 이상의 경동선일 것
- 목주
  - 목주의 풍압하중에 대한 안전율은 1.5 이상일 것
- 경간

지지물의 종류	경간
목주·A종 철주 또는 A종 철근 콘크리트주	100[m] 이하
B종 철주 또는 B종 철근 콘크리트주	150[m] 이하
철탑	400[m] 이하

23 최대 사용전압이 7[kV] 이하인 발전기를 시험하고자 한다, 시험전압의 배수와 시간을 얼마로 하여야 하는가?

① 1.5배, 10분　　② 2.5배, 5분　　③ 1.5배, 1분　　④ 2배, 10분

해설

고압 및 특고압 절연내력
- 고압의 전로 및 전기기기 성능은 시험전압을 10분간 견딜 수 있어야 한다.
- 시험전압 인가 장소
  - 회전기 : 권선과 대지사이
  - 변압기 : 권선과 다른 권선사이, 권선과 철심사이, 권선과 외함사이
  - 기타 전기계기구 : 충전부와 대지 사이
- 회전기 및 정류기, 연료전지 등

정답　21 ①　22 ③　23 ①

종류			시험전압	시험전압 인가장소
회전기	발전기 전동기 조상기 등	7[kV] 이하	최대 사용·전압×1.5 (최저 500[V])	권선과 대지 간
		7[V] 이상	최대 사용·전압×1.25 (최저 10,500[V])	
	회전변류기		직류 측 최대 사용·전압×1(최저 500[V])	

24 충전부 전체를 대지로부터 절연시키거나, 한 점을 임피던스를 통해 대지에 접속시키는 방식의 계통접지 방식은?

① TN−S 방식　　② TN−C 방식　　③ IT방식　　④ TT방식

해설

IT방식
• IT 계통은 충전부 전체를 대지로부터 절연시키거나, 한 점을 임피던스를 통해 대지에 접속시킨다.
• 전기설비의 노출도전부를 단독 또는 일괄적으로 계통의 PE 도체에 접속시킨다.
• 배전계통에서 추가접지가 가능하다.

25 전등회로의 절연전선을 셀룰러 덕트에 시설할 때 전선의 피복을 포함한 전선 단면적의 합계가 셀룰러 덕트 단면적의 몇 [%] 이하가 되도록 선정하여야 하는가?

① 20　　　　② 32　　　　③ 48　　　　④ 50

해설

셀룰러 덕트 접속 등
• 데크 플레이트 하단에 철판을 깔고 만들어진 공간을 배선덕트로 사용하는 것
• 사무자동화를 위한 바닥배선 용도로 주로 사용한다.
• 전선 등의 총 단면적이 덕트 내 단면적 20[%] 이하, 전광사인, 출퇴장치 등의 전선만 배선하는 경우 내 단면적은 50[%] 이하로 할 수 있다.

26 총 공사비를 4천만 원으로 발주한 전기공사 내역서의 일반 관리비 비율은 몇 [%]로 계상하는가?

① 5　　　　② 5.5　　　　③ 6　　　　④ 6.5

해설

전기공사의 일반 관리비 적용비율
• 5천만 원 미만 : 6[%]
• 5천만 원 이상 3억 원 미만 : 5.5[%]
• 3억 원 이상 : 5[%]

27 동기기에서 전기자 권선을 단절권으로 하는 이유는 무엇인가?

① 역률을 좋게 한다.

② 절연을 좋게 한다.

③ 고조파를 적게 한다.

④ 기전력의 크기를 높게 한다.

해설

전절권	• 권선절과 극절이 같은 것
단절권	• 권선절이 극절보다 작은 것 – 단절권을 많이 사용한다. – 전기자 권선을 단절권으로 하면 코일의 길이가 짧아진다. – 권선의 코일이 짧아 구리의 소요량 적어, 고조파를 제거함으로 파형이 개선된다.

28 3상 발전기의 전기자 권선에 Y 결선은 택하는 이유로 합당하지 않는 것은?

① 중성점 접지에 의한 이상 전압 방지의 대책이 쉽다.

② 권선의 불균형 및 제3 고조파 등에 의한 순환전류가 흐르지 않는다.

③ 상전압이 낮기 때문에 코로나, 열화 등에서 유리하다.

④ 발전기 출력을 증대할 수 있다.

해설

Y 결선의 장점

• 상전압이 선전압의 $\frac{1}{\sqrt{3}}$로 절연이 용이하고 고전압에 유리하다.

• 중성점을 접지할 수 있어 이상전압을 방지(보호계전 용이)할 수 있다.

• 발전기 권선의 불균형 및 제3 고조파 등에 의한 순환전류가 흐르지 않는다.

29 3상 유도 전동기의 2차 입력이 P이고, 슬립 s일 경우 유도 전동기의 2차 저항손을 어떻게 표시되는가?

① sP ② $\dfrac{P}{V-s}$ ③ $(1-s)P$ ④ $\dfrac{P}{s}$

해설

• 유도기의 손실 $P_2 : P_{c2} : P_0 = 1 : s : (1-s)$에서, 2차 동손은 $P_{c2} = sP_2 = s\dfrac{P}{1-s}$[kW]이다.

30 발전기의 단락비와 동기 임피던스를 산출하고자 한다. 이에 필요한 시험방법은 무엇인가?

① 단상 단락시험과 3상 단락시험　　② 3상 단락시험과 돌발 단락시험

③ 무부하 포화시험과 3상 단락시험　　④ 정상, 영상, 역상 리액턴스 측정시험

해설

단락비(K_s) 정의

• 정격속도에서 무부하 정격전압을 발생시키는데 필요한 계자전류(I_{fs})와 정격전류 같은 단락전류를 흘려 주는데 필요한 계자전류(I_{fn})의 비

• 무부하 포화곡선과 3상 단락곡선에서 단락비 K_s

$$K_s = \frac{\text{무부하에서 정격전압을 유지하는데 필요한 계자전류}(I_{fs})}{\text{정격전류와 같은 단락전류를 흘려 주는데 필요한 계자전류}(I_{fn})} = \frac{100}{\%Z}$$

31 2중 농형 유도 전동기가 일반 유도 전동기와 비교한 다른 특성은?

① 기동전류는 적고, 기동토크는 크다.

② 기동전류는 적고, 기동토크도 적다.

③ 기동전류는 크고, 기동토크는 작다.

④ 기동전류는 크고, 기동토크도 크다.

해설

2중 농형 유도 전동기의 특징

• 기동용 농형권선(저항이 크고, 리액턴스가 작다)과 운전용 농형권선(저항이 작고, 리액턴스가 크다)의 구조로 되어있다.
 – 회전자 슬롯에 상하로 두 종류의 도체를 배열
 – 기동 : 바깥쪽의 도체를 높은 저항(합금)
 – 운전 : 안쪽의 도체를 낮은 저항(동)을 구성

• 보통 농형보다 기동전류가 작고, 기동토크가 크다.

• 보통 농형보다 운전 중 등가 리액턴스가 약간커지므로 역률, 최대 토크 등이 감소한다.

32 다음 중 유니버셜 전동기의 특징이 아닌 것은?

① 가볍고 고속운전이 가능하다.

② 단상 직권 정류자 전동기이다.

③ 직류전원 또는 단상 교류전원으로 구동할 수 있다.

④ 입력되는 전원에 따라 회전방향이 바뀐다.

해설

유니버셜 전동기 특징

• 단상 직권 정류자 전동기로 교류전원으로도 운전이 가능하다.

• 직류 또는 교류에서 토크 발생 방향이 일정하여 항상 한 방향으로 회전한다.

• 가볍고 고속운전이 가능하다.

33 변압기의 정격출력 20[kVA], 철손 150[W], 동손 200[W]의 단상 변압기에 뒤진 역률 0.8 인, 부하를 걸었을 경우 효율이 최대이다. 이때 부하율은 약 몇 [%]인가?

① 66　　　　　　　② 81　　　　　　　③ 87　　　　　　　④ 92

해설

- 최대 효율조건 $P_i = \left(\dfrac{1}{m}\right)^2 P_c$ 에서, 부하율 $\dfrac{1}{m} = \sqrt{\dfrac{P_i}{P_c}} \times 100 = \sqrt{\dfrac{150}{200}} \times 100 = 86.6[\%]$ 이다.

34 자기용량이 10[kVA] 단권 변압기를 이용해서 배전전압 3,000[V]를 3,300[V]로 승압하고 있다. 부하역률이 80[%]일 때 공급할 수 있는 부하용량은 약 몇 [kW]인가? (단, 단권 변압기의 손실은 무시한다.)

① 68　　　　　　　② 78　　　　　　　③ 88　　　　　　　④ 98

해설

- 단권 변압기 부하용량 $= \dfrac{V_h}{V_h - V_l} \times$ 자기용량 $= \dfrac{3,300}{3,300 - 3,000} \times 10 = 110[kVA]$ 이고,
- 유효전력은 $P = P_a \cos\theta = 110 \times 0.8 = 88[kW]$ 이다.

35 60[Hz], 20극, 11,400[W], 슬립 5[%], 2차 동손이 600[W]인 유도 전동기이다. 이 전동기의 전부하 시 토크는 약 몇 [kg·m]인가?

① 13　　　　　　　② 23　　　　　　　③ 33　　　　　　　④ 43

해설

- 동기속도 $N_S = \dfrac{120f}{P} = \dfrac{120 \times 60}{20} = 360[rpm]$
- 회전수 $N = (1-s)N_S = (1-0.05) \times 360 = 342[rpm]$
- 토크 $\tau = \dfrac{P}{\omega} = 0.975\dfrac{P}{N} = 0.975\dfrac{VI}{N} = 0.975 \times \dfrac{11,400}{342} = 32.5[kg \cdot m]$

36 변압기의 여자전류 파형으로 맞는 것은?

① 정현파　　　　② 왜형파　　　　③ 고조파　　　　④ 톱니파

해설

- 변압기 여자전류의 파형은 고조파 성분이 포함되어 있어 왜형파이다.

정답　33 ③　34 ③　35 ③　36 ②

37 변압기 병렬운전 조건에 대한 설명으로 맞지 않는 것은?

① 극성이 같을 것

② 각 변압기 권수비가 같고, 1, 2차 정격 전압이 같을 것

③ 각 변압기의 내부저항과 리액턴스 비가 같을 것

④ 각 변압기의 %임피던스가 정격용량과 비례할 것

해설

병렬운전 조건과 다를 경우 문제점
- 극성이 다르면 매우 큰 순환전류가 흘러 권선이 소손된다.
- 권수비, 정격 전압이 다르면 순환전류가 흘러 권선이 과열, 소손된다.
- 내부저항과 리액턴스비가 다르면 전류의 위상차로 변압기 동손이 증가한다.
- 각 변압기의 %임피던스 강하가 다르면 부하의 분담이 부적당하게 되어 이용율이 저하된다.

38 3상 유도 전동기의 회전력과 단자전압의 관계 설명이 맞는 것은?

① 단자전압에 비례한다.

② 단자전압의 $\frac{1}{2}$승에 비례한다.

③ 단자전압의 2승에 비례한다.

④ 단자전압과는 무관하다.

해설

슬립과 토크 관계식

- 토크 $T = \dfrac{PV_1^2}{4\pi f} \cdot \dfrac{\dfrac{r_2'}{s}}{\left(r_1 + \dfrac{r_2'}{s}\right)^2 + (x_1 + x_2')^2}$ [N·m]에서,

- 슬립이 일정하면 공급전압 V_1의 제곱에 비례$(T \propto V^2)$하고, 임피던스의 제곱에 반비례$\left(T \propto \dfrac{1}{Z^2}\right)$한다.

39 단권 변압기에 대한 설명이다. 바르지 않는 항은?

① 교류 3상에서는 사용할 수 없다는 단점이 있다.

② 동일 출력에 대하여 사용 재료 및 손실이 적고 효율이 높다.

③ 1차 권선과 2차 권선의 일부가 절연되지 않고 공통으로 되어 있다.

④ 단권 변압기는 권선비가 1에 가까울수록 보통 변압기에 유리하다 할 수 있다.

해설

보통 변압기와 단권 변압기 비교
- 권선이 가늘어도 되며, 자로가 단축되어 재료가 절약된다.
- 동손이 감소되어 효율이 좋다.
- 공통권선을 사용하여 누설자속이 없어 전압 변동률이 작다.
- 고압측 전압이 높아지면 저압측도 고전압을 받게 되는 위험이 있다.

정답 37 ④ 38 ③ 39 ①

40 직류기에서 전기자 반작용을 방지하기 위한 보상권선의 전류 방향 설명이 맞는 것은?

① 전기자 전류방향과 같다.

② 전기자 전류방향과 반대이다.

③ 계자전류의 방향과 같다.

④ 계자전류의 방향과 반대이다.

전기자 반작용 대책

(1) 보상권선 설치(직접대책)
- 가장 좋은 대책이다.
- 전기자 권선과 직렬로 연결한다.
- 전류의 방향은 전기자 전류와 반대 방향으로 되게 한다.

(2) 보극설치(경감대책)
- 보극은 주자극의 중간에 설치한 보조 자극이다.
- 전기자 반작용 경감 대책이고 양호한 정류를 얻는 데 효과적이다.
- 주 자극 사이에 설치하여 중성점에 존재하는 자속 상쇄한다.
- 코일 내 유기되는 리액턴스 전압과 반대 방향으로 정류전압을 유기시킨다.

(3) 브러시 위치이동
- 전기적 중성점인 회전 방향으로 이동

41 강자성체의 히스테리시스 루프의 면적을 에너지로 표현한 방법이 맞는 것은?

① 강자성체의 전체 체적에 필요한 에너지

② 강자성체의 단위 길이당 필요한 에너지

③ 강자성체의 단위 면적당 필요한 에너지

④ 강자성체의 단위 체적당 필요한 에너지

- 히스테리시스 루프의 면적은 단위 체적당 필요한 에너지이다.

42 $f(t) = \dfrac{e^{at} + e^{-at}}{2}$ 의 함수를 라플라스로 변환한 값은?

① $\dfrac{s}{s^2 - a^2}$ ② $\dfrac{s}{s^2 + a^2}$ ③ $\dfrac{a}{s^2 - a^2}$ ④ $\dfrac{a}{s^2 + a^2}$

- $\pounds(t) = \dfrac{1}{2}(e^{at} + e^{-at}) = \dfrac{1}{2}\left(\dfrac{1}{s+a} + \dfrac{1}{s-a} \right)$

  $= \dfrac{1}{2}\left(\dfrac{s+a+s-a}{(s+a)(s-a)} \right) = \dfrac{1}{2}\left(\dfrac{2s}{s^2-a^2} \right)$

  $= \dfrac{s}{s^2-a^2}$

정답   **40** ②   **41** ④   **42** ①

43 단상 유도성 부하 200[V], 30[A]전류가 흐르며 3.6[kW]전력을 소비한다고 한다. 이 부하와 병렬로 콘덴서를 접속하여 역률을 1로 개선하고자 한다면 용량성 리액턴스는 약[Ω]일까?

① 2.32   ② 3.24   ③ 4.17   ④ 8.33

해설

- $P=VI\cos\theta[\text{kVA}]$에서 $\cos\theta=\dfrac{P}{P_a}=\dfrac{3,600}{200\times30}=0.6$
- $Q_C=P\left(\dfrac{\sqrt{1-\cos^2\theta_1}}{\cos^2\theta_1}-\dfrac{\sqrt{1-\cos^2\theta_2}}{\cos^2\theta_2}\right)=3.6\times\left(\dfrac{0.8}{0.6}-\dfrac{0}{1}\right)=4.8[\text{kVA}]$
- 용량성 리액턴스 $Z_Q=\dfrac{V^2}{Q}=\dfrac{200^2}{4,800}=8.33[\Omega]$

44 단상 교류회로에 220[V]를 가한 결과 위상이 45° 뒤진 20[A]가 흐른다. 이 회로에서 소비되는 전력은 약 몇 [kW]인지 산출값은?

① 1.333   ② 2.333   ③ 3.111   ④ 4.333

해설

- 소비전력 $P=VI\cos\theta=220\times20\times\cos45°=3.111[\text{kW}]$

45 교류회로에 $V=100\angle\dfrac{\pi}{3}$의 전압과 $I=10\sqrt{3}+j10[\text{A}]$의 전류가 흐른다. 이 회로에서 무효전력[Var] 산출값은?

① 750   ② 1,000   ③ 1,732   ④ 2,000

해설

- 피상전력 $P_a=VI$에서, 전압 $V=100\angle\dfrac{\pi}{3}[V]$를 복소수(실수와 허수부)로 바꾸면 $V=50+j50\sqrt{3}$이다.
- 피상전력 $P_a=VI=(50+j50\sqrt{3})(10\sqrt{3}-j10)$
  $\qquad=(500\sqrt{3}+500\sqrt{3})+j(1,500-500)$
  $\qquad=1,000\sqrt{3}+j1,000$
- 실수부(유효전력) $1,000\sqrt{3}[\text{W}]$, 허수부(무효전력) $1,000[\text{Var}]$

46 R=5[Ω], L=20[mH] 및 C[μF]인 R, L, C 직렬회로에 1,000[Hz]인 교류를 가한 다음 콘덴서를 가변시켜 직렬 공진시킬 때 C[μF]의 산출 값은?

① 1.27   ② 2.55   ③ 3.55   ④ 4.99

해설

- 공진 주파수 $f=\dfrac{1}{2\pi\sqrt{LC}}$에서, $f^2=\dfrac{1}{2\pi^2LC}$로 변환하고, C를 구한다.
- 정전용량 $C=\dfrac{1}{4\pi^2Lf^2}=\dfrac{1}{4\pi^2\times20\times10^{-3}\times1,000^2}$
  $\qquad=1.27\times10^{-6}=1.27[\mu\text{F}]$

정답   **43** ④   **44** ③   **45** ②   **46** ①

47 욕실 또는 화장실 등 인체가 물에 젖을 수 있는 장소에서 누전차단기의 규격으로 맞는 것은?

① 정격 감도전류 15[mA] 이하, 동작시간 0.03초 이하의 전류 동작형

② 정격 감도전류 30[mA] 이하, 동작시간 0.03초 이하의 전류 동작형

③ 정격 감도전류 15[mA] 이하, 동작시간 0.03초 이하의 전압 동작형

④ 정격 감도전류 30[mA] 이하, 동작시간 0.03초 이하의 전압 동작형

욕실 또는 화장실 등 인체가 물에 젖는 장소 콘센트시설
- 인체 감전보호용(정격감도전류 15[mA] 이하, 동작시간 0.03초 이하의 전류동작형) 누전차단기를 설치
- 절연 변압기(정격용량 3[kVA] 이하)로 보호된 전로에 접속
- 인체 감전보호용 누전차단기가 부착된 콘센트 시설
- 감전 보호에 준한 접지극이 있는 방적형 콘센트

48 환상솔레노이드 원 중심선의 반지름 50[mm], 권수 2,000회이고, 10[mA] 전류가 흐를 때 중심자계의 세기는 몇 [AT/m]인가?

① 52.2　　　　② 63.7　　　　③ 72.5　　　　④ 85.6

- 자계의 세기 $H = \dfrac{NI}{2\pi a} = \dfrac{2{,}000 \times 10 \times 10^{-3}}{2\pi \times 50 \times 10^{-3}} = 63.7[\text{AT/m}]$

49 평행판 콘덴서에 전압이 일정할 경우 극판 간격을 2배로 하면 내부의 전계의 세기는 어떻게 되는가?

① 4배로 된다.　　　　　　　② 2배로 된다.

③ $\dfrac{1}{4}$배로 된다.　　　　　　④ $\dfrac{1}{2}$배로 된다.

- 전기장의 세기 $E = \dfrac{V}{l}$ [V/m]이므로 $\dfrac{1}{2}$배가 된다.

50 자기 인덕턴스 40[mH]인 코일에 0.01초 사이에 전류가 5[A]에서 4[A]로 감소하였다. 이 때 코일에 유기되는 기전력은 몇 [V]일까?

① 4　　　　　② 5　　　　　③ 8　　　　　④ 10

- 유기 기전력 $e = -L\dfrac{di}{dt} = 40 \times 10^{-3} \times \dfrac{5-4}{0.01} = 4[\text{V}]$

정답　47 ①　48 ②　49 ④　50 ①

51 그림과 같은 회로에서 전류 I[A]는?

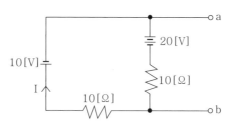

① -0.5　　　　　② -1.0　　　　　③ -1.5　　　　　④ -2.0

해설

- V_1기준 $I_1 = \dfrac{V_1}{R_1 + R_2} = \dfrac{-10}{10+10} = -0.5$[A]
- V_2기준 $I_2 = \dfrac{V_2}{R_1 + R_2} = \dfrac{-20}{10+10} = -1$[A]
- $I = I_1 + I_2 = -1.5$[A]

52 전압계의 측정범위를 넓히기 위해 콘스탄탄 또는 망가닌선을 전압계와 직렬로 접속한다. 이때의 저항을 무엇이라고 하는가?

① 정류기　　　　　② 분압기　　　　　③ 배율기　　　　　④ 분류기

해설

- 배율기 : 전압계와 직렬로 접속한다.
- 분류기 : 전류계와 병렬로 접속한다.

53 회전축 완성지름, 철사의 인장강도, 아스피린의 순도와 같은 데이터를 관리하는 대표적인 관리도는?

① n 관리도　　　　② np 관리도　　　　③ c 관리도　　　　④ $\overline{x}-R$ 관리도

해설

- 계량형 관리도 : $\overline{x}-R$ 관리도, x 관리도, $x-R$ 관리도, R 관리도
- 계수형 관리도 : np 관리도, p 관리도, c 관리도, u 관리도

54 소비자가 요구하는 품질로서 설계와 판매정책에 반영되는 품질을 의미하는 것은?

① 시장품질　　　　② 제조품질　　　　③ 설계품질　　　　④ 규격품질

해설

- 시장(서비스) 품질 : 소비자들이 시장에서 요구하는 품질 수준(사용 품질)
- 제조 품질 : 설계 품질을 제품화 했을 때의 품질(적합 품질)
- 설계 품질 : 품질명세서에 의해 제조자가 어떤 수준을 제작할 것인가를 결정하는 품질

정답　**51** ③　**52** ③　**53** ④　**54** ①

55

다음 중 신제품에 대한 수요 예측방법으로 가장 적절한 조사방법은?

① 시장조사법
② 최소자승법
③ 지수평활법
④ 이동평균법

해설

시장조사법
• 정성적 기법 중 가장 계량적인 방법이다.
• 객관적인 방법으로 소비자로부터 직접 수요에 관한 정보를 얻는다.

56

표준시간 설정 시 미리 정해진 표를 활용하여 작업자의 동작에 대해 시간을 산정하는 시간 연구법에 해당되는 것은?

① PTS법
② 워크 샘플링법
③ 스톱워치법
④ 실적자료법

해설

PTS법 특징
• 인간이 행하는 모든 작업을 구성하는 기본동작으로 분해하여 연구 적용한 것이다.
• 각 기본동작에 대해 그 동작의 성질과 조건에 따라 미리 정해진 시간치를 적용하는 방법이다.
• 짧은 사이클 작업에 최적으로 적용된다.
• MTM법과 WF법이 있다.

57

여유시간이 10분, 정미시간이 40분일 경우 내경법으로 여유율을 구하면 약 몇 [%]인가?

① 6.33[%]
② 9.05[%]
③ 10.0[%]
④ 20.0[%]

해설

• 내경법 여유율 $A = \dfrac{여유시간(AT)}{정미시간(NT) + 여유시간(AT)} \times 100 = \dfrac{10}{40+10} \times 100 = 20.0[\%]$

58

a−b단자에 저항 $R = 6[\Omega]$, 유도 리액턴스 $X = 8[\Omega]$을 병렬 접속하였다. 이 회로의 a−b 간의 역률은?

① 0.8
② 0.6
③ 0.5
④ 0.4

해설

• 병렬회로 $\cos\theta = \dfrac{X_L}{Z} = \dfrac{X_L}{\sqrt{R^2 + X_L^2}} = \dfrac{8}{\sqrt{6^2 + 8^2}} = 0.8$

정답 55 ① 56 ① 57 ④ 58 ①

59 동기기의 전기자 도체에 유기되는 기전력의 크기는 그 주파수를 2배로 했을 때 어떻게 되는가?

① 2배로 감소   ② 2배로 증가

③ 4배로 감소   ④ 4배로 증가

해설

• 유도 기전력 $E = 4.44 f N \phi K_w [\text{V}]$에서 주파수와 비례관계가 있다.

60 다음과 같은 블록선도의 등가 합성 전달함수는?

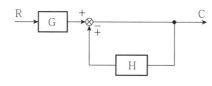

① $\dfrac{1}{1 \pm G}$ ② $\dfrac{G}{1 \pm GH}$

③ $\dfrac{G}{1 \pm H}$ ④ $\dfrac{1}{1 \pm GH}$

해설

• 전달함수는 $\dfrac{G}{1 - (\mp H)} = \dfrac{G}{1 \pm H}$ 이다.

한국전기설비규정 제정 내용을 중심으로 과년도 기출문제를 복원하여 수록하였음

01 B85$_{16}$인 16진수를 10진수로 표시한 값은?

① 738 　　　　② 1,476 　　　　③ 2,949 　　　　④ 5,898

해설
- B85$_{16}$＝11×16^2＋8×16^1＋5×16^0＝(2,949)$_{10}$

02 논리식 $F=\overline{(\overline{A}+B)\overline{B}}$를 간소화하면?

① $F=A+\overline{B}$ 　　　　　　　　② $F=\overline{A}+B$

③ $F=A+B$ 　　　　　　　　　　④ $F=\overline{A}+\overline{B}$

해설
- $F=\overline{(\overline{A}+B)\overline{B}}=\overline{(\overline{A}+B)}+\overline{\overline{B}}=A\overline{B}+B=(A+B)(\overline{B}+B)=A+B$

03 다음 반가산기 진리표에 대한 출력값 중 맞는 것은?

입력		출력	
A	B	S	C
0	0	0	0
0	1	1	0
1	0	1	0
1	1	0	1

① $S=\overline{A}B+AB,\ C=\overline{A}B$
② $S=\overline{A}B+A\overline{B},\ C=AB$
③ $S=\overline{A}B+A\overline{B},\ C=\overline{A}\overline{B}$
④ $S=AB+\overline{A}\overline{B},\ C=\overline{A}B$

해설
- 반가산기의 합(Sum) 과 자리올림수(Carry)는 각각 $S=\overline{A}B+A\overline{B},\ C=AB$이다.

04 JK−FF에서 J입력과 K입력에 1을 가하면 출력값은?

① 불확정상태가 된다.　　　　　　② 이전상태가 유지된다.

③ 이전상태에 상관없이 1이된다.　④ 반전된다.

해설

• JK−FF은 J=K입력이 1일 때 반전(토글)된다.

05 인버터가 교류전원을 사용할 경우에는 교류측 변환기 출력의 맥동을 줄이기 위하여 LC필터를 사용하는데 이를 인버터 측에서 보면 저 임피던스 직류 전압원으로 볼 수 있는 형식의 인버터 방식은?

① 전압형 인버터　② 전류형 인버터　③ 강압형 인버터　④ 사이클로 인버터

해설

전압형 인버터 제어

인버터가 교류전원을 사용할 경우에는 교류측 변환기 출력의 맥동을 줄이기 위하여 LC필터를 사용하는데 이를 인버터 측에서 보면 저 임피던스 직류 전압원으로 볼 수 있으므로 전압형 인버터라 한다.

• PAM 제어인 경우 컨버터부에서 전압이 제어되고, 인버터부에서 주파수가 제어되며,

• PWM 제어인 경우 컨버터부에서 정류된 DC 전압을 인버터부에서 전압과 주파수를 동시에 제어한다.

06 게이트 조작에 의해 부하전류 이상으로 유지전류를 높일 수 있어 게이트 턴, 턴오프가 가능한 사이리스터는?

① SCR　　　　② LASCR　　　　③ GTO　　　　④ TRIAC

해설

• GTO는 양(+)의 게이트 전류에 의해 턴온이 가능하고, 음(−)의 게이트 전류에 의해 턴오프가 가능하다.

07 그림의 단상 반파 정류회로에서 저항 R에 흐르는 전류[A]는? (단, $v=200\sqrt{2}\sin wt[V]$, $R=10\sqrt{2}[\Omega]$이다.)

① 3.18　　　　② 6.37　　　　③ 9.37　　　　④ 12.74

해설

• 출력전압 $V_d = \dfrac{1}{2\pi}\displaystyle\int_0^{\pi}\sqrt{2}\sin dwt = 0.45V = 0.45\times200 = 90[V]$

• R에 흐르는 전류 $I = \dfrac{V_d}{R} = \dfrac{90}{10\sqrt{2}} \fallingdotseq 6.37[A]$

정답　**04** ④　**05** ①　**06** ③　**07** ②

08 역방향 브레이크다운 전압을 초과하는 전압이 흘려도 손상을 받지 않고 전압을 일정하게 유지하기 위해서 이용하는 다이오드의 명칭은?

① 정류용 다이오드
② 바렉터 다이오드
③ 바리스터 다이오드
④ 제너 다이오드

해설

제너 다이오드
• 일명 정전압다이오드라 한다.
• 과전압으로부터 회로 소자를 보호하는 기능을 한다.
• 넓은 전류 범위에서 안정된 전압특성을 보인다.

09 벅 컨버터(Buck Converter)에 대한 설명으로 옳지 않는 것은?

① 벅 컨버터 출력단에는 보통 직류 성분은 통과시키고, 교류 성분을 차단하기 위한 LC저역통과 필터를 사용한다.

② 입력전압 (V_i)에 대한 출력전압 (V_0)의 비 $\left(\dfrac{V_0}{V_i}\right)$는 스위칭 주기(T)에 대한 스위치 온 (ON) 시간(t_{on})의 비인 듀티비(시비율)로 나타낸다.

③ 직류 입력전압 대비 직류 출력전압의 크기를 낮출 때 사용하는 직류-직류 컨버터이다.

④ 벅 컨버터는 일반적으로 고주파 트랜스포머(변압기)를 사용하는 절연형 컨버터이다.

해설

• 벅 컨버터(Buck Converter)는 강압용 DC-DC컨버터이다.
• 출력단에는 직류성분은 통과시키고, 교류성분을 차단하기 위한 LC 저역통과 필터를 사용한다.

10 일반적으로 공진형 컨버터에 사용되지 않는 소자는?

① Matal-Oxide Semiconductor Field Effect Transistor(MOS-FET)
② Insulsator Gate Bipolar Transistor(IGBT)
③ Silicon Control Rectifier(SCR)
④ Transistor(TR)

해설

컨버터 일반사항
• SCR은 정류회로가 필요하고 신뢰성이 낮아 거의 사용되지 않는다.
• 공진형 컨버터는 RLC 중에 L과 C를 공진시켜 소모전력을 줄이고 스위칭 반도체의 열도 감소시킬 수 있는 초퍼이다.
• 컨버터 스위치로 TR, MOS-FET, GTO, IGBT 등을 사용한다.

정답 08 ④ 09 ④ 10 ③

11 달링턴형 바이폴라 트랜지스터의 전류 증폭률은?

① 30~100   ② 100~300   ③ 300~1,000   ④ 300~2,000

해설

달링턴 바이폴라 증폭률
- 일반 트랜지스터의 증폭률 30~100
- 달링턴 트랜지스터의 증폭률 300~1,000

12 송전선로에서 역 섬락을 방지하는 가장 유효한 방법은?

① 피뢰기를 설치한다.

② 탑각 접지저항을 작게 한다.

③ 가공지선을 설치한다.

④ 소호각을 설치한다.

해설

- 송전선로에서 역섬락을 방지하기 위해서 매설지선을 설치하여 탑각 접지저항을 작게한다.

13 송전선로에서 복도체를 사용하는 가장 주된 목적은 무엇인가?

① 건설비 절감   ② 철탑 진동방지

③ 전선의 단선방지   ④ 코로나 방지

해설

- 복도체의 사용목적은 작용 정전용량을 증가시켜 송전용량을 증가시키고, 코로나 임계전압이 높아져 코로나 발생을 줄일 수 있다.

14 단상 교류 송전선이다. 전선 1선의 저항은 0.15[Ω], 리액턴스는 0.25 [Ω]이다. 부하는 무유도성으로서 200[V], 6[kW]일 때 급전점 전압은 몇 [V]인가?

① 100   ② 109   ③ 120   ④ 130

해설

- 송전단 전압 $E_S = E_r + e$[V], 전압강하 $e = 2IR = \dfrac{P}{V}R = 2 \times \dfrac{6,000}{200} \times 0.15 = 9$[V]

- 송전점 전압 $E_S = E_r + e = 100 + 9 = 109$[V]

15 케이블 덕트 시스템 설치방법에 해당하는 배선방법이 아닌 것은?

① 플로어 덕트 배선
② 셀룰러 덕트 배선
③ 금속 덕트 배선
④ 금속 몰드 배선

해설

설치방법별 사용배선

설치방법	배선방법
전선관 시스템	합성 수지관 배선, 금속관 배선, 가요 전선관 배선
케이블 트렁킹 시스템	합성수지 몰드 배선, 금속 몰드 배선, 금속 덕트 배선
케이블 덕트 시스템	플로어덕트배선, 셀룰러덕트배선, 금속덕트배선
애자 사용방법	애자사용 배선
케이블 트레이 시스템(래더, 브래킷 포함)	케이블 트레이 배선
고정하지 않는 방법, 직접 고정하는 방법, 지지선 방법	케이블 배선

16 전력계통에서 전력용 콘덴서와 직렬로 접속하는 리액터에 의해 제거되는 고조파는?

① 제2고조파
② 제3고조파
③ 제5고조파
④ 제7 고조파

해설

리액터별 용도

- 직렬 리액터 : 제5고조파 제거
- 병렬 리액터 : 페란티 현상 방지
- 소호 리액터 : 지락전류 제한
- 한류 리액터 : 단락전류 제한

17 실리콘제어 정류기의 절연내력을 시험하고자 할때 시험위치를 바르게 설명한 것은?

① 권선과 대지
② 충전부와 외함
③ 음극 및 외함과 대지
④ 주 양극과 외함

해설

시험전압 및 시험인가 장소

종류		시험전압	시험전압 인가장소
정류기	60[kV] 이하	직류 측 최대 사용전압×1배의 교류전압(최저 500[V])	충전부와 외함간
	60[kV] 초과	직 류측 최대사용전압×1.1배의 교류전압 또는 직류측의 최대 사용전압 1.1배의 직류전압	교류측 및 직류 고전압측 단자와 대지 간

18 분전반의 설치위치에 대한 문항 들이다. 잘못된 항은?

① 분전반은 각 층마다 설치한다.

② 분전반과 분전반은 도어의 열림 반경 이상으로 안전성을 확보한다.

③ 분전반은 분기회로의 길이가 50[m] 이상이 되도록 설계한다.

④ 하나의 분전반이 담당하는 면적은 일반적으로 1,000[㎡] 내외로 한다.

해설

• 분선반의 분기회로는 30[m] 이내가 설정하도록 하고, 하나의 분전반이 담당하는 면적은 일반적으로 1,000[m²] 내외로 하여야 한다.

19 다음 중 공기팽창을 이용하는 방식의 차동식 스포트형 감지기의 구성요소에 포함되지 않는 것은?

① 다이어프램   ② 챔버

③ 서미스터   ④ 리크

해설

• 차동식 스포트형 구성요소 : 다이어프램, 접점, 챔버, 리크구멍, 작동표시장치

20 버스 덕트 공사에서 지지점의 최대 간격은 몇 [m] 이하인가? (단, 취급자 이외의 자가 출입할 수 없도록 설비한 장소로 수직으로 설치하는 경우이다.)

① 3   ② 5   ③ 6   ④ 7

해설

버스 덕트의 지지점

• 3[m] 이하마다 지지가 원칙이다.

• 6[m] 이하 : 수직으로 설치한 경우(취급자 이외의 자가 출입할 수 없게 한 장소)

정답   18 ③   19 ③   20 ③

21 다음은 특별저압에 의한 보호 개념의 표이다. 대지와의 관계에 해당되지 않는 항목은?

항목	전원	회로	대지와의 관계
FELV	안전전원이 아니다	구조적 분리 없음	

① 접지회로를 허용한다.
② 비접지회로로 한다.
③ 노출 도전성 부분은 1차측 회로의 보호도체에 접속한다.
④ 보호도체가 있는 회로로 접속하는 것은 허용된다.

해설

SELV, PELV, FELV 개요

항목	전원	회로	대지와의 관계
SELV	• 안전 절연 변압기 • 동등한 전원	구조적 분리 있음	• 비접지회로로 한다. • 노출 도전성 부분은 고의로 접지하지 않는다.
PELV			• 접지회로를 허용한다 • 노출 도전성 부분은 접지해도 된다.
FELV	• 안전전원이 아니다.	구조적 분리 없음	• 접지회로를 허용한다. • 노출 도전성 부분은 1차측 회로의 보호도체에 접속한다. • 보호도체가 있는 회로로 접속하는 것은 허용된다.

22 저압 연접 인입선은 인입선에서 분기하는 점으로부터 100[m]를 넘지 않는 지역에 시설하고, 폭 몇 [m]를 초과하는 도로를 횡단하지 않아야 하는가?

① 3.5　　　　　② 5　　　　　③ 6　　　　　④ 6.5

해설

저압 연접 인입선 시설조건
• 폭 5[m]를 초과하는 도로를 횡단하지 않아야 한다.
• 인입선에서 분기하는 점으로부터 100[m]를 넘지 않아야 한다.
• 다른 건물을 관통하지 않아야 한다.
• 고압 옥내 연접 인입선을 시설할 수 없다.

23 주로 건물 바닥이나 위에 시설되는 사무기기 등에 전원이나 전화선, 통신선 등을 배선하기 위해 바닥 아래에 배선용 덕트를 시설하는 공사는?

① 버스 덕트 공사　　　　　② 합성 수지 덕트 공사
③ 라이팅 덕트 공사　　　　　④ 플로어 덕트 공사

해설

• 플로어 덕트 공사는 사무실 바닥에 배선용 덕트를 매설하여 배선하는 방식의 공사방식이다.

정답　**21** ②　**22** ②　**23** ④

24 나전선 상호 또는 나전선과 절연전선, 캡타이어 케이블 또는 케이블과 접속하는 경우의 설명으로 옳은 것은?

① 접속 슬리브(스프리트 슬리브 제외), 전선 접속기를 사용하여 접속하여야 한다.

② 접속부분의 절연은 전선 절연물의 80[%] 이상의 절연효력이 있는 것으로 피복하여야 한다.

③ 전선의 강도를 30[%]이상 감소시키지 않아야 한다.

④ 접속부분은 전기저항을 증가시켜야 한다.

해설

전선 접속조건
• 접속부위의 기계적 강도를 80[%]이하로 감소시키지 않아야 한다.
• 전기적 저항을 증가시키지 않아야 한다.
• 전선의 접속은 박스 안에서 하고 접속점에 대해 장력이 가해지지 않아야 한다.
• 절선의 절연이 약화되지 않게 테이핑 또는 와이어 콘넥터로 절연하여야 한다.

25 전등 및 소형기계기구 용량 합계가 25[kVA], 대형 기계기구 10[kVA]의 학교에 있어서 간선의 전선 굵기 산정에 필요한 최대 부하는 몇 [kVA]인가? (단, 학교의 수용률은 70[%]이다.)

① 18.5   ② 30.5   ③ 38.5   ④ 48.5

해설

• 전등 및 소형 기계기구 $10+(25-10)\times0.7 = 20.5[\text{kVA}]$
• 최대 부하 $20.5+10 = 30.5[\text{kVA}]$

26 다음 중 감광보상률과 관계가 없는 것은?

① 조명률   ② 조명기구의 종류

③ 주위환경   ④ 램프 사용에 따른 효율 감소

해설

• 감광보상률의 역수를 유지율이라 하며, 광원의 표면, 반사면 등의 먼지, 보수상태에 따라 감소하는 비율을 적용하기 위함이다.

27 다음 측정법 중 일반적인 멀티테스터로 측정할 수 없는 것은?

① 직류의 전압   ② 직류의 전류   ③ 교류의 전압   ④ 교류의 전류

해설

• 멀티테스터로 측정할 수 있는 것은 저항, 직류전압, 직류전류, 교류전압 등이다.

정답   24 ①   25 ②   26 ①   27 ④

28 권선형 3상 유도 전동기에서 2차 저항을 2배로 하면 최대토크는 어떻게 되는가?

① 불변이다.

② 2배로 된다.

③ $\sqrt{2}$배로 된다.

④ $\frac{1}{2}$배로 된다.

해설

권선형 유도 전동기의 비례추이(속도–토크곡선이 2차저항의 변화에 비례한 이동 현상)
- 권선형 유도 전동기는 비례추이를 이용하여 기동 및 속도제어를 할 수 있다.
- 슬립(s)는 2차 저항에 비례하므로 2차 저항을 변화시킬 수 있는 권선형 유도 전동기에 적용된다.
- 2차 저항을 변화하여도 최대 토크는 불변한다.
- 2차 저항을 크게 하면, 기동전류는 감소하고, 최대 토크 시 슬립과 기동토크는 증가한다.

29 동기 조상기를 부족여자로 운전했을 때 나타나는 현상이 아닌 것은?

① 역률을 개선시킨다.

② 뒤진전류가 흐른다.

③ 자기여자에 의한 전압상승을 방지한다.

④ 리액터로 작용한다.

해설

동기 조상기 운전
- 동기 조상기는 부하와 병렬로 연결하여 여자전류를 가감한다.
- 전력계통의 전압과 역률 조정을 위해 계통에 접속하는 무부하의 동기 전동기이다.
- 무부하로 운전하고 여자전류를 가감하면 1차에 유입하는 전류는 거의 무효분이다.

부족여자로 운전	• 지상무효 전류가 증가하여 리액터의 역할로 자기여자에 의한 전압상승 방지
과여자로 운전	• 진상무효 전류가 증가하여 콘덴서의 역할로 역률을 개선하고 전압강하 감소

30 동기발전기의 병렬운전 조건에 해당하지 않는 것은?

① 기전력의 크기가 같을 것

② 기전력의 임피던스가 같을 것

③ 기전력의 파형이 같을 것

④ 기전력의 주파수가 같을 것

해설

병렬운전 조건
- 기전력의 크기가 같을 것
- 기전력의 위상이 같을 것
- 기전력의 파형이 같을 것
- 기전력의 주파수가 같을 것
- 기전력의 상회전 방향이 같을 것

정답 28 ① 29 ① 30 ②

31 3상 유도 전동기의 슬립이 4[%]이고, 동기속도가 1,500[rpm]일 때 전동기의 회전속도 [rpm]는 얼마인가?

① 650　　　　　② 1,100　　　　　③ 1,152　　　　　④ 1,440

해설

• 슬립 $s = \dfrac{N_S - N}{N_S}$ 에서, $N = (1-s)N_s = (1-0.04) \times 1,500 = 1,440[\text{rpm}]$

32 10[kW] 유도 전동기의 기동방법으로 가장 적당한 것은?

① 전전압기동　　　　　② 직입기동

③ Y-△기동　　　　　④ 기동보상기 기동

해설

농형 유도 전동기 기동법
(1) 전전압(직입) 기동법
　• 정격 전압을 직접 가압하여 기동하는 방법이다.
　• 저전압, 소용량(5[kW]), 특수 농형 유도전동기에 사용한다.
(2) Y-△ 기동법
　• 기동 시 고정자 권선을 Y 결선으로 기동하여 기동전류를 감소시키고, 정격속도에 도달하면 △ 결선으로 바꾸어 운전하는 방법이다.
　• 기동전류는 정격전류의 $\dfrac{1}{3}$ 배로 줄지만, 기동토크도 $\dfrac{1}{3}$ 로 감소한다.
　• 중용량 10~15[kW] 유도 전동기에 사용한다.
(3) 리액터 기동법
　• 중, 대용량의 유도전동기에 사용한다.
(4) 기동 보상기 기동법
　• 15[kW] 이상의 중, 대형 유도 전동기, 고압 전동기에 사용한다.

33 직류 복권 전동기를 분권 전동기로 사용하려면 어떻게 변경해야 하는가?

① 부하단자를 단락한다.

② 직권계자를 단락한다.

③ 전기자를 단락한다.

④ 분권계자를 단락한다.

해설

• 직권과 분권이 같이 있는 것이 특징인 복권 전동기의 직권계자를 단락시키면 분권 전동기가 된다.

34 4극 직류 분권 전동기의 전기자에 단중 파권 권선으로 된 420개의 도체가 있다. 1극당 0.025[Wb]의 자속을 가지고 1,400[rpm]으로 회전시킬 때 발생되는 역기전력과 단자전압은? (단, 전기자저항 0.2[Ω], 전기자 전류는 50[A]이다.)

① 역기전력 470[V], 단자전압 480[V]

② 역기전력 480[V], 단자전압 490[V]

③ 역기전력 490[V], 단자전압 500[V]

④ 역기전력 500[V], 단자전압 510[V]

해설

- 기전력 $E = \dfrac{PZ\phi}{a} \times \dfrac{N}{60}$ 이고, 파권이므로 $a=2$이다.
- 기전력 $E = \dfrac{4 \times 420 \times 0.025}{2} \times \dfrac{1,400}{60} = 490$[V]
- 단자전압 $V = E_a + I_a R_a = 490 + 50 \times 0.2 = 500$[V]

35 그림과 같은 RLC 병렬 공진회로에 관한 설명 중 틀린 것은? (단, Q는 전류 확대율이다.)

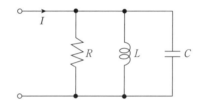

① R이 작을수록 Q가 커진다.

② 공진 시 L 또는 C를 흐르는 전류는 입력전류의 크기의 Q배가 된다.

③ 공진 주파수 이하에서의 입력전류는 전압보다 위상이 뒤진다.

④ 공진 시 입력 어드미턴스는 매우 작아진다.

해설

- RLC 병렬 공진시에 어드미턴스는 최소, 임피던스는 최대, 전류는 최소가 된다.
- 공진주파수는 $f_0 = \dfrac{1}{2\pi\sqrt{LC}}$ [Hz]이고, 전류확대비(선택도) $Q = \dfrac{I_L}{I_0} = \dfrac{I_C}{I_0} = \dfrac{R}{w_0 L} = w_0 CR = R\sqrt{\dfrac{C}{L}}$ 이다.
- L이 클수록, R, C가 작을수록 전류 확대비는 작아진다.

36 교류에서 파고율이란?

① $\dfrac{평균값}{실효값}$ ② $\dfrac{실효값}{최대값}$ ③ $\dfrac{최대값}{실효값}$ ④ $\dfrac{실효값}{평균값}$

해설

- 파형률 $= \dfrac{실효값}{평균값}$ - 파고율 $= \dfrac{최대값}{실효값}$

정답 **34** ③ **35** ① **36** ③

37 파형률과 파고율이 같고 그 값이 1인 파형은?

① 삼각파 　　　　　　　　　　 ② 여현파

③ 구형파 　　　　　　　　　　 ④ 정현파

해설

• 구형파의 특징은 실효값과 평균값이 최대값과 같아서 파고율과 파형률이 1이다.

38 어떤 교류회로에 전압을 가하니 90°만큼 위상이 앞선 전류가 흘렀다. 이 회로는?

① 무유도성 　　　　　　　　　 ② 유도성

③ 용량성 　　　　　　　　　　 ④ 저항성

해설

• 용량성 회로(콘덴서)에서는 I가 보다 90° 앞선다.

39 직류 전동기에서 전기자에 가해주는 전원 전압을 낮추어서 전동기의 유도 기전력을 전원 전압보다 높게 하여 제동하는 방법은?

① 저항제동 　　　　　　　　　 ② 맴돌이 전류제동

③ 역전제동 　　　　　　　　　 ④ 회생제동

해설

회생제동의 특징

• 전동기를 발전기로 동작시켜 그 발생전력을 전원에 되돌려서 제동하는 방법이다.

• 경사로를 내려가는 경우 전동기, 가속도를 받아 운전하는 전기 차량 등에 적용한다.

40 SELV와 PELV를 적용하는 특별저압에 의한 보호에서 특별 저압계통의 전압 한계값이 맞는 것은?

① 교류 25볼트 이하, 직류 50볼트 이하

② 교류 50볼트 이하, 직류 50볼트 이하

③ 교류 50볼트 이하, 직류 100볼트 이하

④ 교류 50볼트 이하, 직류 120볼트 이하

해설

• 특별 저압계통의 전압한계는 KS C IEC 60449(건축전기설비의 전압밴드)에 의한 전압밴드 I 의 상한 값인 교류 50볼트 이하, 직류 120볼트 이하이어야 한다.

정답 　37 ③　38 ③　39 ④　40 ④

41 직류기에서 전기자 반작용을 방지하기 위한 보극설치 내용이 아닌 것은?

① 보극은 주자극의 중간에 설치한 보조 자극이다.

② 주 자극 사이에 설치하여 중성점에 존재하는 자속을 상쇄한다.

③ 코일 내 유기되는 리액턴스전압과 동일방향으로 정류전압을 유기시킨다.

④ 전기자 반작용 경감 대책이고 양호한 정류를 얻는 데 효과적이다.

해설

전기자 반작용 대책인 보극설치
- 보극은 주자극의 중간에 설치한 보조 자극이다.
- 전기자 반작용 경감 대책이고, 양호한 정류를 얻는 데 효과적이다.
- 주 자극 사이에 설치하여 중성점에 존재하는 자속을 상쇄한다.
- 코일 내 유기되는 리액턴스전압과 반대 방향으로 정류전압을 유기시킨다.

42 직류기의 구성요소의 나열이 맞는 것은?

① 정류자, 보상권선, 브러시, 계자

② 보극, 보상권선, 전기자, 계자

③ 계자, 전기자, 정류자, 브러시

④ 계자, 브러시, 전기자, 보극

해설

- 직류기의 구성요소는 전기자, 정류자, 브러시, 계자이다.

43 다음 그림에서 코일에 인가되는 전압 V_L은 몇 [V]인가?

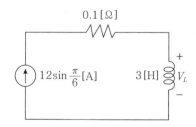

① $4\pi \cos \dfrac{\pi}{6} t$ ② $5\pi \sin \dfrac{\pi}{6} t$ ③ $6\pi \cos \dfrac{\pi}{6} t$ ④ $7\pi \sin \dfrac{\pi}{6} t$

해설

- 인가 전압의 크기 $V_L = L\dfrac{di}{dt} = 3 \times \dfrac{d\left(12\sin\dfrac{\pi}{6}\right)}{dt}$

$$= 3 \times 12 \times \dfrac{\pi}{6} \times \cos\dfrac{\pi}{6}t = 6\pi\cos\dfrac{\pi}{6}t$$

정답 41 ③ 42 ③ 43 ③

44 어떤 정현파 전압의 평균값이 110[V]이면 실효값은 약 몇 [V]인가?

① 240　　　　　　② 191　　　　　　③ 122　　　　　　④ 110

해설

• 평균값 $V_{av}=\dfrac{2}{\pi}V_m=\dfrac{2\sqrt{2}}{\pi}V$에서, 실효값 $V=\dfrac{\pi}{2\sqrt{2}}V_{av}=\dfrac{\pi}{2\sqrt{2}}\times110=122[V]$

45 공기 중 10[Wb]의 자극에서 나오는 자력선의 총수는?

① 약 6.885×10^5개　　　　　　② 약 7.985×10^6개

③ 약 8.855×10^5개　　　　　　④ 약 9.092×10^6개

해설

• 자력선의 총수 $N=\dfrac{m}{\mu}$ (공기중 $\mu_s=1$)에서, 공기 중의 비투자율 $\mu_s=1$이므로 $\dfrac{m}{\mu_0}$ 개의 자기력선이 나온다.

• $N=\dfrac{m}{\mu}=\dfrac{m}{\mu_0\cdot\mu_s}=\dfrac{10}{4\pi\times10^{-7}\times1}\fallingdotseq7.985\times10^6$개

46 함수 $10t^3$의 라플라스 변환 값은?

① $\dfrac{10}{s^4}$　　　　　　② $\dfrac{30}{s^4}$　　　　　　③ $\dfrac{60}{s^4}$　　　　　　④ $\dfrac{90}{s^4}$

해설

• $£[10t^3]=10\times\dfrac{3!}{s^{3+1}}=10\times\dfrac{1\times2\times3}{s^4}=\dfrac{60}{s^4}$

47 그림과 같은 회로에서 소비되는 전력은?

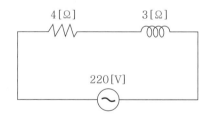

① 5,808[W]　　　　② 7,744[W]　　　　③ 9,680[W]　　　　④ 12,100[W]

해설

• $Z=\sqrt{R^2+X^2}=\sqrt{4^2+3^2}=5[\Omega]$

• $I=\dfrac{V}{Z}=\dfrac{220}{5}=44[A]$

• 소비전력 $P=I^2R=44^2\times4=7,744[W]$

48 배선설비 공사에서 케이블 덕트에 사용이 불가능한 전선 및 케이블은?

① 나전선 ② 절연전선

③ 다심 케이블 ④ 단심 케이블

해설

• 나전선 배선공사는 전선관, 케이블 트렁킹, 케이블 덕트, 케이블 트레이, 지지선 공사에서는 사용해서는 안된다.

49 220/380[V] 겸용 3상 유도 전동기의 리드선은 몇 가닥 인출되는가?

① 3 ② 4 ③ 5 ④ 6

해설

• 3상 유도 전동기의 접속함에는 6선이 인출되어, $Y-\triangle$ 기동 등의 결선이 가능하도록 되어 있다.

50 RC 직렬회로에서 $t=0$일 때 직류전압 10[V]를 인가하면 t=0.1sec 에서 전류는 약 몇 [A]인가? (단, R=1,000[Ω], C=50[μF]이고, 초기 정전용량은 0이다.)

① 2.25 ② 1.85 ③ 1.55 ④ 1.35

해설

• 전류 $i(t)=\dfrac{E}{R}e^{-\frac{1}{RC}t}=\dfrac{10}{1,000}e^{-\frac{1}{1,000\times50\times10^{-6}}\times0.1}\fallingdotseq1.35[\text{mA}]$

51 1차 코일의 자기 인덕턴스 L_1, 2차 코일의 자기인덕턴스 L_2, 상호 인덕턴스를 M이라할 때 L_A의 값으로 옳은 것은?

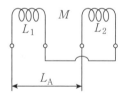

① L_1-L_2-2M ② L_1-L_2+2M

③ L_1+L_2-2M ④ L_1+L_2+2M

해설

• 자속의 방향이 반대 방향인 차동접속으로 $L_A=L_1+L_2-2M$이다.

52 그림과 같은 직, 병렬 콘덴서의 합성 정전용량은?

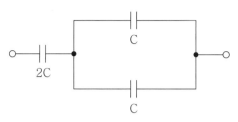

① C   ② 2C   ③ 3C   ④ 4C

해설
- 병렬부분 $C'=C+C=2C$
- 합성 정전용량 $C_0=\dfrac{2C\times 2C}{2C+2C}=C$

53 콘덴서 $C_1=1[\mathrm{F}]$, $C_2=3[\mathrm{F}]$, $C_3=2[\mathrm{F}]$를 직렬로 접속하고, $500[\mathrm{V}]$의 전압을 가할 때 C_1 양단에 걸리는 전압$[\mathrm{V}]$은?

① 91   ② 136   ③ 272   ④ 327

해설
- 합성 정전용량 $C=\dfrac{1}{\dfrac{1}{C_1}+\dfrac{1}{C_2}+\dfrac{1}{C_3}}=\dfrac{1}{\dfrac{1}{1}+\dfrac{1}{2}+\dfrac{1}{3}}=0.5454[\mathrm{F}]$
- 전하량 $Q=CV=0.5454\times 500=272.72[\mathrm{C}]$
- C_1 양단전압 $V_1=\dfrac{Q}{C_1}=\dfrac{272.72}{1}=272.72[\mathrm{V}]$

54 그림 회로에서 a, b에서 본 합성저항은 몇 $[\Omega]$ 인가? (단, $R=3[\Omega]$이다.)

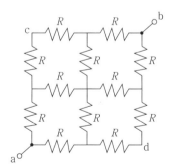

① 1.0   ② 1.5   ③ 3.0   ④ 4.5

해설
- c점과 d점을 $\varDelta \rightarrow Y(R_{\varDelta \rightarrow Y}=\dfrac{R_{ab}R_{bc}}{R_{ab}+R_{bc}+R_{ca}}=\dfrac{R_{ab}R_{bc}}{R_{\varDelta}}=\dfrac{1}{3}R_{\varDelta}[\Omega])$의 공식에 의거 변환하여 산출한다.
- $R_a=R$, $R_{Y-a}=\dfrac{2R^2}{4R}=\dfrac{R}{2}$, $R_{Y-b}=\dfrac{2R^2}{4R}=\dfrac{R}{2}$, $R_b=R$
- $R_{Total}=\dfrac{\left(R+\dfrac{R}{2}+\dfrac{R}{2}+R\right)}{2}=\dfrac{3R}{2}=\dfrac{3\times 3}{2}=4.5[\Omega]$

정답   **52** ① **53** ③ **54** ④

55 2개의 전하 $Q_1[C]$과 $Q_2[C]$를 $r[m]$ 거리에 놓을 때, 작용력을 옳게 설명한 것은?

① Q_1, Q_2의 곱에 비례하고 r에 반비례한다.

② Q_1, Q_2의 곱에 반비례하고 r에 비례한다.

③ Q_1, Q_2의 곱에 반비례하고 r의 제곱에 비례한다.

④ Q_1, Q_2의 곱에 비례하고 r의 제곱에 반비례한다.

해설
• 작용력 $F = 9 \times 10^9 \times \dfrac{Q_1 Q_2}{r^2}$ [N]이다.

56 샘플링 검사의 목적으로 옳치 않는 것은?

① 품질 향상의 자극 ② 검사 비용 절감

③ 생산 공정상의 문제점 해결 ④ 나쁜 품질인 로트의 불합격

해설
샘플링 검사
• 한 로트의 물품 중에서 발췌한 시료를 조사하고, 그 결과를 판정기준과 비교한다.
• 로트의 합격여부를 결정하는 검사로서 검사비용이 절감되고, 품질을 향상시킬 수 있다.

57 다음 OC 곡선을 보고 가장 올바른 내용을 나타낸 것은?

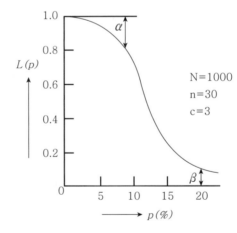

① α : 소비자위험 ② β : 생산자 위험

③ $L(p)$: 로트의 합격확률 ④ 불량률 : 0.03

해설
• α : 합격하여야 할 로트를 불합격이라고 판정할 확률(생산자 위험)
• β : 불합격하여야 할 로트를 합격이라고 판정할 확률(소비자 위험)

정답 55 ④ 56 ③ 57 ③

58 표준시간을 내경법으로 구하는 수식으로 맞는 것은?

① 표준시간＝정미시간＋여유시간

② 표준시간＝정미시간×(1＋여유율)

③ 표준시간＝정미시간×$\left(\dfrac{1}{1-여유율}\right)$

④ 표준시간＝정미시간×$\left(\dfrac{1}{1+여유율}\right)$

• 내경법 : 표준시간＝정미시간×$\left(\dfrac{1}{1-여유율}\right)$

• 외경법 : 표준시간＝정미시간×(1＋여유율)

59 도수분포표에서 도수가 최대인 계급의 대표값을 정확히 표현한 통계량은?

① 시료평균   ② 중위수

③ 최빈수   ④ 미드–레인지(Mid–range)

• 최빈수 : 도수분포표에서 도수가 최대인 곳의 대표치
• 중위수 : 자료를 크기 순서로 나열했을 때 정중앙에 위치하는 지표의 값(중앙값)
• 도수 : 계급에 해당하는 자료의 수

60 다음 중 검사성질에 의한 분류에 해당하는 것은?

① 파괴검사, 비파괴검사   ② 전수검사, 샘플링 검사

③ 공정검사, 수입검사   ④ 지입검사, 현장검사

• 검사성질에 의한 분류 : 파괴검사, 비파괴검사
• 검사방법에 의한 분류 : 전수검사, 샘플링 검사
• 검사공정에 의한 분류 : 수입검사, 공정검사, 최종검사, 출하검사
• 검사장소에 의한 분류 : 현장검사, 지입검사, 순회검사

정답   58 ③   59 ③   60 ①

14회 기출 및 예상문제

한국전기설비규정 제정 내용을 중심으로 과년도 기출문제를 복원하여 수록하였음

01 1전자볼트(eV)는 약 몇 [J]인가?

① 1.6×10^{-19}　　　　　　　　② 1.6×10^{-21}

③ 1.6×10^{-24}　　　　　　　　④ 1.6×10^{9}

해설
- 1[eV]는 전자 1개가 1[V]의 전위차에 의해 받는 에너지이다.
- $1[\text{eV}] = 1.602 \times 10^{-19}[\text{C}] \times 1[\text{V}]$
  $\qquad\quad = 1.602 \times 10^{-19}[\text{J}]$

02 그림과 같은 회로에서 20[Ω]에 흐르는 전류는 몇 [A]인가?

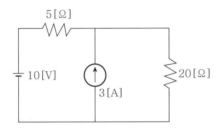

① 0.6　　　　　② 0.8　　　　　③ 1.0　　　　　④ 1.2

해설
- 10[V] 전압원만 있는 경우(전류원 개방)

  $I = \dfrac{V}{R} = \dfrac{10}{25} = 0.4[\text{A}]$
- 3[A] 전류원만 있는 경우(접압원 단락)

  – $I = 3 \times \dfrac{5}{25} = 0.6[\text{A}]$

  – 20[Ω]에 흐르는 전류 $0.4 + 0.6 = 1.0[\text{A}]$

03 그림과 같은 회로에서 전압비의 전달함수는?

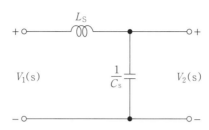

① $\dfrac{\dfrac{1}{LC}}{s^2+\dfrac{1}{LC}}$

② $\dfrac{1}{\dfrac{1}{L_S}+C_S}$

③ $\dfrac{C_S}{s^2(s+LC)}$

④ $\dfrac{1}{LC+C_S}$

해설

• 출력 전달함수(전압비)$=\dfrac{출력전압\ V_2(s)}{입력전압\ V_1(s)}$ 에서,

• 출력 전달함수(전압비)$=\dfrac{\dfrac{1}{C_S}}{L_S+\dfrac{1}{C_S}}=\dfrac{1}{LC_S^2+1}=\dfrac{\dfrac{1}{LC}}{s^2+\dfrac{1}{LC}}$

04 공기 중에서 일정한 거리를 두고 있는 점전하 사이에 작용하는 힘이 15[N]이다. 두 전하 사이에 유리를 채웠더니 작용하는 힘이 3[N]으로 감소하였다. 이 유리의 비유전율은?

① 2   ② 5   ③ 6   ④ 8

해설

• 작용력 $F=\dfrac{1}{4_0\pi\epsilon_0\epsilon_s}\times\dfrac{Q_1Q_2}{r^2}$ [N]

• 비유전율 $\epsilon_s=\dfrac{F_0}{F}\times\dfrac{15}{3}=5$[N]

05 평행판 콘덴서에서 전극 반지름이 30[cm]인 원판이고, 전극 간격이 0.1[cm]이며, 유전체의 비유전율은 2이다. 이 콘덴서의 정전용량은 몇 [μF]인가?

① 0.005   ② 0.01   ③ 0.1   ④ 1

해설

• 정전용량 $C=\dfrac{\epsilon_0\epsilon_s S}{d}=\dfrac{8.855\times10^{-12}\times2\times\pi\times(30\times10^{-2})^2}{0.1\times10^{-2}}=0.005[\mu F]$

정답 **03** ① **04** ② **05** ①

06 평균 반지름이 1[cm]이고 권수가 1,000회인 환상 솔레노이드 내부의 자계가 200[AT/m]가 되도록 하기 위해서는 코일에 흐르는 전류를 몇 [A]로 하여야 하는가?

① 0.012　　　　　　② 0.025　　　　　　③ 0.035　　　　　　④ 0.045

해설

- 자계의 세기 $H = \dfrac{NI}{2\pi r}$ 에서, $I = \dfrac{2\pi r H}{N} = \dfrac{2\pi \times 0.01 \times 200}{1,000} = 0.012[A]$

07 소방설비의 전원으로 사용하는 개소에서 내화배선을 적용하지 않아도 되는 것은?

① 비상전원의 전원부
② 자동화재 감시설비의 중계기 간선
③ 비상콘센트 배선
④ 비상조명등 배선

해설

내열 배선 적용장소
- 방재설비에 사용되는 조작용 배선
- 음향설비의 배선
- 비상조명등 배선
- 각종 소방동력 제어반 표시등 배선

08 기전력 1[V], 내부저항 0.08[Ω]인 전지로, 2[Ω]의 저항에 10[A]의 전류를 흘리려고 한다. 전지 몇 개를 직렬 접속하여야 하는가?

① 90　　　　　　② 95　　　　　　③ 100　　　　　　④ 105

해설

- 전지의 전체 $R_0 = R + nr$, $I = \dfrac{nE}{R + nr}$ 이므로,

- $10 = \dfrac{n}{2 + 0.08n}$, $n = 10(2 + 0.08n) = 20 + 0.8n$　　∴ $n = 100$개

09 R[Ω]인 3개의 저항을 같은 전원에 △결선으로 접속시킬 때와 Y결선으로 접속시킬 때 선전류의 크기 비 $\left(\dfrac{I_\triangle}{I_Y}\right)$는?

① $\sqrt{2}$　　　　　② $\sqrt{2.5}$　　　　　③ $\sqrt{3}$　　　　　④ $\sqrt{6}$

해설

- Y, △ 결선 시 전류 $I_{Y-l} = I_P$, $I_{\triangle-l} = \sqrt{3} I_P$

- 선전류의 크기 비 $\left(\dfrac{I_{\triangle-l}}{I_{Y-l}}\right) = \dfrac{\sqrt{3} I_P}{I_P} = \sqrt{3}$

정답　06 ① 07 ④ 08 ③ 09 ③

10 저압전로의 절연성능을 측정하고자 한다. 전로의 사용전압이 SELV 및 PELV에 해당하는 전로의 시험전압과 절연저항 값으로 맞는 것은?

① DC 250[V], 0.5[MΩ] ② DC 500[V], 1.0[MΩ]
③ AC 250[V], 0.5[MΩ] ④ AC 500[V], 1.0[MΩ]

해설

저압전로의 절연 성능

전로의 사용전압[V]	DC 시험전압[V]	절연저항[MΩ]
SELV 및 PELV	250	0.5
FELV, 500[V] 이하	500	1.0
500[V] 초과	1,000	1.0

11 저항 R=25[Ω], , 자체 인덕턴스 L=300[mH], 정전용량 35[μF]의 직렬공진시 공진 주파수는 약 몇[Hz]인가?

① 40 ② 50 ③ 60 ④ 70

해설

• 공진주파수 $f_0 = \dfrac{1}{2\pi\sqrt{LC}} = \dfrac{1}{2\pi\sqrt{300\times 10^{-3}\times 35\times 10^{-6}}} = 49.116 = 50[Hz]$

12 $R=4[\Omega]$, $X_L=15[\Omega]$, $X_C=12[\Omega]$의 R.L.C 직렬회로에 220[V]의 교류전압을 가할 때 역률은 약 얼마인가?

① 0° ② 37° ③ 53° ④ 90°

해설

• 임피던스 $Z=R+j(X_L-X_C)=4+j(15-12)=\sqrt{4^2+3^2}=5$
• 역률 $\cos\theta=\dfrac{R}{Z}$, $\theta=\cos-\dfrac{4}{5}=36.85°$

13 함수 $15t^3$의 라플라스 변환값은?

① $\dfrac{10}{s^4}$ ② $\dfrac{30}{s^4}$ ③ $\dfrac{60}{s^4}$ ④ $\dfrac{90}{s^4}$

해설

• $£[15t^3]=15\times\dfrac{3!}{s^{3+1}}=15\times\dfrac{1\times2\times3}{s^4}=\dfrac{90}{s^4}$

14 R-L 직렬회로의 시정수 값이 클수록 과도현상의 소멸되는 시간에 대한 설명이 적합한 것은?

① 길어진다

② 짧아진다

③ 변화가 없다

④ 과도기가 없어진다

해설
- 과도현상은 시정수가 클수록 오래 지속된다.

15 자기회로에 대한 키르히호프 법칙을 설명한 것으로 옳은 것은?

① 수 개의 자기회로가 1점에서 만날 때는 각 회로의 기자력의 대수합은 0이다.

② 자기회로의 결합점에서 각 자로의 자속의 대수합은 0이다.

③ 수 개의 자기회로가 1점에서 만날 때는 각 회로의 자속과 자기저항을 곱한 것의 대수합은 0이다.

④ 하나의 자기회로에 대하여 각 분로의 자속과 자기저항을 곱한 것의 대수합은 폐 자기회로에 작용하는 기자력의 대수합과 같다.

해설
전류회로와 자기회로의 비교
- 전류의 대수합 : 회로 내의 임의의 접속점에서 들어오는 전류와 나가는 전류의 대수합은 0이다.
- 자기회로의 대수합 : 자기회로의 결합점에서 각 자로의 자속의 대수합은 0이다.

16 유효전력 15[kW], 무효전력 12.0[kVar]를 소비하는 3상 평형부하에 4[kVA]의 전력용 콘덴서를 접속하면 접속 후의 피상전력은?

① 약 9.7[kVA]

② 약 12.6[kVA]

③ 약 17.0[kVA]

④ 약 27.1[kVA]

해설
- 피상전력 $P_a = \sqrt{P^2 + P_r^2} = \sqrt{15^2 + (12-4)^2} = 17[\text{kVA}]$

17 314[H]의 자기 인덕턴스에 220[V], 60[Hz]의 교류전압을 가하였을 때 흐르는 전류는 몇 [A]인가?

① 약 1.9×10^{-3}

② 약 1.9

③ 약 11.7×10^{-3}

④ 약 11.7

해설
- $X_L = 2\pi f L = 2\pi \times 60 \times 314 ≒ 118,315[\Omega]$
- $I = \dfrac{V}{X_L} = \dfrac{220}{118,315} ≒ 1.9 \times 10^{-3}[\text{A}]$

정답 **14** ① **15** ② **16** ③ **17** ①

18 동기 발전기에서 여자기(Excer)란?

① 계자권선에 여자전류를 공급하는 직류전원 공급장치

② 부하조정을 위하여 사용되는 부하 분담 장치

③ 속도조정을 위하여 사용하는 속도 조정 장치

④ 정류개선을 위하여 사용하는 브러시 이동장치

해설
- 여자기는 별도로 설치된 발전기로 주 발전기 또는 주 전동기의 계자권선에 여자전류를 공급하는 장치이다.

19 선간 거리가 2D[m]이고, 전선의 지름이 d[m]인 선로의 단위 길이 당 정전용량[μF/km]은?

① $C = \dfrac{0.02413}{\log_{10} \dfrac{4D}{d}}$

② $C = \dfrac{0.02413}{\log_{10} \dfrac{3D}{d}}$

③ $C = \dfrac{0.02413}{\log_{10} \dfrac{2D}{d}}$

④ $C = \dfrac{0.02413}{\log_{10} \dfrac{D}{d}}$

해설
- 정전용량 $C = \dfrac{0.02413}{\log_{10} \dfrac{D}{d}}$ 에서, 선간거리가 $2D$, 반지름 $\dfrac{1}{2}d$ 조건을 주었으므로,

- $C = \dfrac{0.02413}{\log_{10} \dfrac{2D}{\dfrac{d}{2}}} = \dfrac{0.02413}{\log_{10} \dfrac{4D}{d}}$ [μF/km]

20 200[kVA]의 전 부하동손 2[kW] 철손 1[kW]일 때, 변압기의 최대 효율은 전 부하의 몇 [%] 때 인가?

① 50　　　　② 63　　　　③ 70.7　　　　④ 141.4

해설
- 전력손실 $P_i = \left(\dfrac{1}{m} \right)^2 P_C$ 에서, 최대 효율 $\left(\dfrac{1}{m} \text{ 부하} \right)$ 조건 $= \sqrt{\dfrac{P_i}{P_C}} = \sqrt{\dfrac{1}{2}} = 0.707$

21 변압기 단락시험에서 2차 측을 단락하고 1차 측에 정격전압을 가하면 큰 단락전류가 흘러 변압기가 소손된다. 이에 따라 정격 주파수의 전압을 서서히 증가시켜 1차 정격전류가 될 때의 변압기 1차 측 전압을 무엇이라 하는가?

① 절연내력 전압　　　　　　　　　② 단락전압

③ 정격 주파 전압　　　　　　　　　④ 임피던스 전압

해설

임피던스 전압 측정
• 저압 측을 단락하고 고압 측의 전압을 서서히 올려 정격전류가 흐를 때의 고압 측 전압
• 정격전류가 흐를 때 권선 임피던스에 의한 전압강하를 나타낸다.

22 변압기에서 여자전류를 감소시키려면?

① 코일의 권회수를 감소시킨다.　　② 우수한 절연물을 사용한다.

③ 코일의 권회수를 증가시킨다.　　④ 코일과 외함간 본딩을 한다.

해설

• 여자전류는 철손전류와 자화전류의 합이다.
• 자화전류는 자속을 만드는 전류이다.
• 여자전류를 감소시키려면 코일의 권선수를 증가시켜 임피던스를 증가하게 한다.

23 2극 중권 직류 전동기의 극당 자속수 0.09[Wb], 전도체수 80, 부하전류 12[A]일 때 발생하는 토크[kg·m]는 약 얼마인가?

① 1.4　　　　　　② 2.0　　　　　　③ 3.5　　　　　　④ 4.5

해설

• 토크 $\tau = \dfrac{P}{w} = \dfrac{EI_a}{2\pi n} = \dfrac{\frac{pz\phi N}{60a}}{2\pi \frac{N}{60}} I_a = \dfrac{pz\phi I_a}{2\pi a} = \dfrac{2 \times 80 \times 0.09 \times 12}{2\pi \times 2} = 13.75[\text{N·m}]$

• [kg·m]로 환산하면, $\dfrac{13.75}{9.81}[\text{N·m}] = 1.4[\text{kg·m}]$

24 직류기의 보상권선의 연결방법은?

① 계자와 직렬로 연결한다.　　　　② 계자와 병렬로 연결한다.

③ 전기자와 병렬로 연결한다.　　　④ 전기자와 직렬로 연결한다.

해설

보상권선 연결
• 전기자 권선과 직렬연결한다.
• 전류의 방향은 전기자 권선의 전류 방향과 반대가 되게 흘려준다.

정답　21 ④　22 ③　23 ①　24 ④

25 전기자의 반지름이 $0.15[\text{m}]$인 직류 발전기가 $1.5[\text{kW}]$의 출력에서 회전수가 $1,500[\text{rpm}]$ 이고, 효율은 $80[\%]$이다. 이때 전기자 주변속도는 몇 $[\text{m/s}]$인가? (단, 손실은 무시한다.)

① 11.56 ② 18.56 ③ 23.56 ④ 30.56

해설
- 전기자 주변속도 $v = \pi D \dfrac{N}{60} = \pi \times 2 \times 0.15 \times \dfrac{1,500}{60} = 23.56[\text{m/s}]$

26 권수비 $1:2$의 단상 센터탭형 전파 정류회로에서 전원 접압이 $200[\text{V}]$라면 출력 직류전압 은 약 몇 $[\text{V}]$인가?

① 95 ② 124 ③ 180 ④ 198

해설
- 단상 전파 정류회로의 출력전압 $V_{dc} = 0.9V = 0.9 \times 200 = 180[\text{V}]$

27 SSS의 트리거에 대한 설명 중 옳은 것은?

① 게이트에 ($-$) 펄스를 가한다.
② 게이트에 ($+$) 펄스를 가한다.
③ 게이트를 빛으로 ON시킨다.
④ 브레이크 오버전압을 넘은 전압의 펄스를 양 단자 간에 가한다.

해설
- 쌍방향 2단자 사이리스터(SSS ; Silicon Symmetrical Swh)로 일명 사이댁(Sidac)이라 한다.
- 5층의 PN 접합을 갖고, 2개의 역저지 3단자 사이리스터를 역 병렬접속하였다.
- 게이트 단자가 없는 소자로 턴온은 T_1과 T_2사이에 펄스상의 브레이크 오버 전압 이상의 전압을 가하는 V_{BO} 와 상승이 빠른 전압을 가하는 $\dfrac{dv}{dt}$ 점호가 필요하다.
- SCR과 같이 과전압이 걸려도 파괴없이 온이 된다는 강점을 갖고 있다.

28 반도체 트리거 소자로서 자기 회복 능력이 있는 것은?

① GTO ② SUS ③ SCS ④ SCR

해설
- GTO 소자는 게이트 신호로 전력회로를 자유롭게 ON-OFF 제어할 수 있다.
- 양($+$)의 게이트 신호로 ON, 음($-$)의 게이트 신호로 OFF 된다.

29 다음 ( )안에 알맞은 내용을 순서대로 나열한 것은?

> 사이리스터는 게이트 전류가 순방향의 저지상태에서 (ⓐ)상태가 된다. 게이트 전류를 가하여 도통 완료까지를 (ⓑ)시간이라고 하나, 이 시간이 길면 (ⓒ)시의 (ⓓ)이 많고 사이리스터 소자가 파괴되는 수가 있다.

① ⓐ 온(On)　　　ⓑ 턴온(Turn on)　ⓒ 스위칭　　ⓓ 전력손실
② ⓐ 스위칭　　　ⓑ 온(On)　　　　ⓒ 전력손실　ⓓ 턴온(Turn on)
③ ⓐ 온(On)　　　ⓑ 턴온(Turn on)　ⓒ 전력손실　ⓓ 스위칭
④ ⓐ 턴온(Turn on)　ⓑ 스위칭　　　ⓒ 온(on)　　ⓓ 전력손실

해설
- 사이리스터에서는 게이트 전류가 순방향의 저지상태에서 On 상태로 된다.
- 게이트 전류를 가하여 도통 완료까지의 시간을 Turn On 시간이라고 한다.
- Turn On 시간이 길면 Switching시의 전력손실이 많고 사이리스터 소자가 파괴되는 수가 있다.

30 다이액(DIAC ; Diode AC Swch)에 대한 설명으로 잘못된 것은?
① 트라이액 등의 트리거 용도로 사용된다.
② 트리거 펄스 전압은 약 610[V] 정도가 된다.
③ 역저지 4극 사이리스터이다.
④ 양방향으로 대칭적인 부성저항을 나타낸다.

해설
다이액(DIAC ; Diode AC Swch)의 특징(트리거 다이오드)
- 쌍방향성 2단자 교류 스위칭 소자이다.
- 교류전원으로부터 트리거 펄스를 얻는 회로에 사용된다.
- 간단하고 값이 싸고, SCR, 트라이액 트리거용으로 사용한다.

31 사이클로 컨버터에 대한 설명으로 옳은 것은?
① 교류전력을 교류로 주파수를 변환하는 장치이다.
② 직류 전력을 교류전력으로 변환하는 장치이다.
③ 교류전력을 직류전력으로 변환하는 장치이다.
④ 직류전력 및 교류전력을 변성하는 장치이다.

해설
사이클로 컨버터(주파수 변환장치) 특징
- 교류입력의 전압과 주파수를 바꾸는 교류-교류 전력제어 장치이다.
- 입력전원보다 낮은 주파수의 교류로 변환한다.

정답　29 ①　30 ③　31 ①

32 다이오드의 애벌란치(Avalanche) 현상이 발생되는 것을 옳게 설명한 것은?

① 역방향 전압이 클 때 발생한다.

② 순방향 전압이 작을 때 발생한다.

③ 역방향 전압이 없을 때 발생한다.

④ 순방향 전압이 클 때 발생한다.

해설

전자사태 현상
- 단일 입자나 광량자가 여러 개의 이온을 발생하고, 그 이온들이 가속전계에 의해 충분한 에너지를 얻어 다시 많은 이온을 만들어내는 현상을 전자사태라하고, 그 임계전압을 항복전압이라 한다.

33 200[V]의 교류전압을 배전압 정류할 때 최대 정류전압은?

① 약 440[V]   ② 약 566[V]

③ 약 622[V]   ④ 약 880[V]

해설

- 최대 정류전압 $= 2V_m = 2 \times \sqrt{2} \times 200 = 566[V]$

34 옥내에서 전선을 두 개 이상 병렬로 사용하는 경우 설명이 잘못된 것은?

① 동일한 도체, 동일한 굵기, 동일한 길이이어야 한다.

② 병렬로 사용하는 전선은 각 전선에 퓨즈를 시설하여야 한다.

③ 같은 극의 각 전선은 동일한 터미널 러그에 완전히 접속하여야 한다.

④ 병렬로 접속하는 각 전선의 굵기는 동 50[mm²] 이상 또는 알루미늄 70[mm²] 이상이어야 한다.

해설

- 옥내배선에서 전선 병렬 사용 시 관내에 전자적 불평형이 생기지 아니하도록 시설하여야 한다.
- 동 50[mm²] 이상 또는 알루미늄 70[mm²] 이상이고 동일한 도체, 굵기, 길이이어야 한다.
- 전선의 접속은 동일한 터미널 러그에 완전하게 접속하여야 한다.
- 전선의 각각에는 퓨즈를 설치하지 않아야 한다.

정답 **32** ① **33** ② **34** ②

35 일반적으로 허용전압강하는 간선과 분기회로에서 2[%] 이하를 원칙적으로 하며, 표와 같은 경우는 예외이다. 적당한 값을 고르시오.

설비의 유형	조명[%]	기타[%]
저압으로 수전하는 경우	㉠	5
고압 이상으로 수전하는 경우	6	㉡

① 3, 6　　　　　② 3, 8　　　　　③ 5, 6　　　　　④ 5, 8

해설

수용가 설비의 전압강하

설비의 유형	조명[%]	기타[%]
A. 저압으로 수전하는 경우	3	5
B. 고압 이상으로 수전하는 경우	6	8

– 가능한 1회로 내의 전압강하가 A유형을 값을 넘지 않도록 하는 것이 바람직하다.
– 사용자의 배선설비가 100[m]를 넘는 부분의 전압강하는 미터 당 0.005[%] 증가할 수 있으나, 이러한 증가분은 0.5[%]를 넘지 않아야 한다.

36 철근 콘크리트주로서 그 전체 길이가 16[m] 초과 20[m] 이하이고, 설계하중이 6.8[kN] 이하인 것을 지반이 튼튼한 곳에 시설하려고 한다. 지지물의 기초의 안전율을 고려하지 않기 위해서는 묻히는 깊이는 몇 [m] 이상으로 하여야 하는가?

① 2.5[m] 이상　　　　　② 2.8[m] 이상
③ 3.0[m] 이상　　　　　④ 3.2[m] 이상

해설

• 16[m] 초과 20[m] 이하이고, 설계하중이 6.8[kN] 이하인 경우 2.8[m] 이상이어야 한다.

37 과전류 차단기로 시설하는 퓨즈 중 고압전로에 사용하는 포장 퓨즈는 정격전류의 몇 배의 전류에 견디어야 하는가?

① 1.3배　　　　　② 1.5배　　　　　③ 2.0배　　　　　④ 2.5배

해설

(1) **고압 포장 퓨즈**
 • 정격전류 1, 3배에 견딜 것
 • 정격전류 2배의 전류에는 120분 안에 용단될 것
(2) **고압 비포장 퓨즈**
 • 정격전류 1.25배에 견딜 것
 • 정격전류 2배의 전류에는 2분 안에 용단될 것

정답　35 ②　36 ②　37 ①

38 바닥통풍형, 바닥밀폐형 또는 두 가지 복합 채널형 구간으로 구성된 조립 금속구조로 폭이 150[mm] 이하이며, 주 케이블 트레이로부터 말단까지 단일 케이블을 설치하는데 주로 사용하는 케이블 트레이는?

① 사다리형   ② 트로후형

③ 일체형   ④ 통풍채널형

해설

금속재 트레이의 종류
- 사다리형 케이블 트레이(Ladder Cable Tray)
  - 길이 방향 양측면의 레일를 각각의 가로방향 부재로 연결한 조립 금속구조
- 채널형 케이블 트레이(Channel Cable Tray)
  - 바닥통풍형, 바닥밀폐형, 복합채널 단면으로 구성된 조립 금속구조
  - 폭이 150[mm] 이하인 케이블 트레이
- 바닥밀폐형 케이블트레이(Solid bottom Cable Tray)
  - 일체식 또는 분리식 직선 방향 옆면 레일에서 바닥에 개구부가 없는 조립 금속구조
- 트로후형 케이블 트레이(Trough Cable Tray)
  - 일체식 또는 분리식 직선방향 옆면 레일에서 바닥에 통풍구가 있는 조립 금속구조
  - 폭이 100[mm] 초과하는 케이블 트레이

39 애자사용 공사에 의한 고압 옥내배선의 시설에 있어서 적당하지 않는 것은?

① 애자사용 공사에 사용하는 애자는 반드시 난연성일 것

② 모든 전선은 조영재를 관통할 때에는 난연성 및 내수성이 있는 절연관에 넣을 것

③ 전선과 조영재와의 이격거리는 4.5[cm]로 할 것

④ 고압 옥내배선은 저압 옥내배선과 쉽게 식별되도록 시설할 것

해설

애자사용 공사 이격거리
- 저압 애자 : 조영재 간 이격거리
  - 400[V] 미만 : 2.5[cm] 이상
  - 400[V] 이상 : 4.5[cm] 이상(건조한 장소 2.5[cm])
- 고압 애자 : 전선 상호 간 이격거리 : 6[cm] 이상

40 전선의 허용전류 결정에서 열 가소성물질인 염화비닐(PVC) 전선의 최고 허용온도[℃]는?

① 70   ② 90   ③ 105   ④ 120

- 70[℃](도체) : 열가소성 물질(염화비닐 PVC)
- 90[℃](도체) : 열 경화성물질{가교폴리에틸렌(XLPE) 또는 에틸렌프로필렌고무혼합물(EPR)}
- 70[℃](시스) : 무기물(열가소성 물질 피복 또는 나도체로 사람이 접촉할 우려가 있는 것)
- 105[℃](시스) : 무기물(사람의 접촉에 노출되지 않고, 가연성 물질과 접촉할 우려가 없는 나도체)

정답 **38** ④ **39** ③ **40** ①

41 수전용 변전설비의 1차 측에 설치하는 차단기의 용량은 주로 어느 것에 의하여 정해지는가?

① 부하설비의 용량
② 수전계약 용량
③ 정격 차단전류의 크기
④ 수전전력의 역률과 부하율

<u>해설</u>
- 수전설비의 차단기(VCB, PF 등)용량은 정격 차단전류의 크기로 정한다.

42 22,900/220[V]의 22[kVA] 변압기로 공급되는 저압 가공 전선로의 절연부분의 전선에서 대지로 누설되는 전류의 최고 한도는?

① 약 34[mA]
② 약 50[mA]
③ 약 68[mA]
④ 약 75[mA]

<u>해설</u>
- 최대 공급전류 $I = \dfrac{P}{V} = \dfrac{22,000}{220} = 100[A]$

- 누설전류 $\leq \dfrac{\text{최대 공급전류}}{2,000} = \dfrac{100}{2,000} = 50[mA]$

43 피뢰기를 시설하지 않아도 되는 것은?

① 발전소, 변전소의 가공전선 인입구 및 인출구
② 지중 전선로의 말단 부분
③ 가공 전선로에 접속한 1차 측 전압이 35[kV] 이하, 2차 전압이 저압 또는 고압인 배전용 변압기의 고압 측 및 특고압 측
④ 가공 전선로와 지중 전선로가 접속되는 곳

<u>해설</u>
피뢰기 설치장소 및 이유
- 특고압, 고압으로서 가공 전선로 접속하는 곳에는 피뢰기 설치대상이다.
- 낙뢰를 맞을 확률이 가공 전선로이기 때문이다.
- 지중 전선로는 낙뢰의 위험이 없기 때문에 해당되지 않는다.

44 3상 유도 전동기의 설명으로 틀린 것은?

① 전동기 부하가 증가하면 슬립은 증가한다.
② 회전자 속도가 증가할수록 회전자 측에 유기되는 기전력은 감소한다.
③ 회전자 속도가 증가할수록 회전자 권선의 임피던스는 증가한다.
④ 전부하 전류에 대한 무부하 전류비는 용량이 작을수록, 극수가 많을수록 크다.

<u>해설</u>
- 슬립 $S = \dfrac{N_S - N}{N_S}$, $Z_{2S} = r_a + jsx_2$에서, 회전자 속도가 증가할수록 슬립이 작아지므로 회전자 권선의 임피던스는 작아진다.

정답 **41** ③ **42** ② **43** ② **44** ③

45 서지보호장치(SPD)를 기능에 따라 분류할 때 포함되지 않는 것은?

① 전압제한형 SPD
② 복합형 SPD
③ 전압 스위칭형 SPD
④ 전류 스위칭형 SPD

해설

서지보호장치 분류 및 등급
• 분류 : 전압 스위칭형 SPD, 전압 제한형 SPD, 복합형 SPD
• 등급 : Ⅰ, Ⅱ, Ⅲ 등급

46 태양광 발전 에너지의 특징에 대한 설명이다. 적합하지 않은 것은?

① 한번 설치해 놓으면 유지비용이 거의 들지 않는다.
② 무소음, 무진동으로 환경오염을 일으키지 않는다.
③ 햇빛이 있는 곳이면 어느 곳에서나 간단히 설치할 수 있다.
④ 높은 에너지 밀도로 다량의 전기를 생산할 수 있는 최적의 발전설비이다.

해설

• 에너지 밀도가 낮다.
• 많은 양의 전기를 생산할 때에는 넓은 공간이 필요하다.

47 배수펌프에 연결되는 상도체의 단면적이 50[mm²]일 경우 보호도체의 최소 단면적으로 적당한 전선의 굵기는?

① 6[mm²] 이상
② 10[mm²] 이상
③ 16[mm²] 이상
④ 25[mm²] 이상

해설

보호도체의 최소 단면적

상도체의 단면적(S) (mm², 구리)	보호도체의 최소 단면적(S) (mm², 구리)
S≤16	S
16<S≤35	16
S>35	S/2

48 송전선로에서 코로나 임계전압을 높이려는 경우, 다음 중 가장 타당한 것은?

① 기압은 낮게
② 전선 직경은 크게
③ 온도는 높게
④ 상대 공기밀도는 작게

해설

• 코로나 임계전압 $E_0 = 24.3 m_0 m_1 \delta d \log_{10} \dfrac{D}{r}$ [kV]이므로,
• 전선의 표면계수, 기후에 관한 계수, 상대 공기밀도, 전선의 직경, 선간거리는 임계전압에 비례하고, 전선 반지름 r은 반비례한다.

정답 45 ④ 46 ④ 47 ④ 48 ②

49 카르노도가 그림과 같을 때 간략화된 논리식은?

C \ BA	00	01	11	10
0	1	0	0	1
1	1	0	0	1

① $\overline{A}\,\overline{B}\,\overline{C} + \overline{A}\,\overline{B}C + \overline{A}B\overline{C} + \overline{A}BC$ ② $A\overline{B} + \overline{A}B$

③ A ④ $\overline{A}$

해설

• $X = \overline{B}\overline{A} + B\overline{A} = \overline{A}(\overline{B} + B) = \overline{A}$

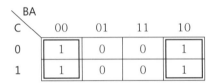

C \ BA	00	01	11	10
0	1	0	0	1
1	1	0	0	1

50 전산기에서 음수를 처리하는 방법은?

① 보수 표현 ② 고정 소수점 표현

③ 부동 소수점 표현 ④ 지수적 표현

해설

• 디지털 시스템에서 음수를 표현하기 위해 흔히 2의 보수로 표현하는 방식을 사용한다.

51 77인 10진수를 2진수로 표시한 것은?

① 1011001 ② 1011010 ③ 1110111 ④ 1001101

해설

```
2 | 77     나머지수
2 | 38     .....1
2 | 19     .....0    ↑
2 | 9      .....1    ↑
2 | 4      .....1    ↑
2 | 2      .....0    ↑
    1    →  ....0
```

52 $(1011)_2$ 2진수를 그레이 코드(Gray Code)로 변환한 값은?

① $(1101)_G$ ② $(1111)_G$ ③ $(1110)_G$ ④ $(1100)_G$

해설

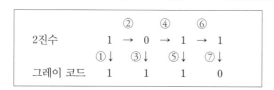

53 그림과 같은 논리회로를 1개의 게이트로 표현하면?

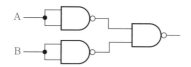

① AND   ② NOR   ③ NOT   ④ OR

해설

• 논리식화 표현 $\overline{\overline{AB}} = \overline{\overline{A}} + \overline{\overline{B}} = A + B$으로 OR회로이다.

54 다음 중 플립플롭회로에 대한 설명으로 잘 못된 것은?

① 두 가지 안정상태를 갖는다.

② 반도체 메모리 소자로 이용된다.

③ 쌍안정 멀티 바이브레이터이다.

④ 트리거 펄스 1개마다 1개의 출력펄스를 얻는다.

해설

• FF 회로는 CP(클럭펄스)가 발생할 때마다 Q, $\overline{Q}$의 2개의 출력을 발생한다.

55 전가산기(Full Adder)의 출력C(Carry) 비트를 논리식으로 나타낸 것은? (단, x, y, z는 입력)

① $C = x \oplus y + x \oplus z + yz$ ② $C = x \oplus x \oplus z$

③ $C = xy + (x \oplus y)z$ ④ $C = xyz$

해설

• 전가산기의 합 $S = (x \oplus y) \oplus z$, 캐리 $C = xy + (x \oplus y)z$이다.

정답   **52** ③   **53** ④   **54** ④   **55** ③

56 예방보전(Preventive Maintenance)의 효과로 보기에 가장 거리가 먼 것은?

① 기계의 수리비용이 감소한다.

② 생산시스템의 신뢰도가 향상된다.

③ 고장으로 인한 중단시간이 감소한다.

④ 예비기계를 보유해야 할 필요성이 증가한다.

해설

예방보전
- 설비의 사용 전 점검 및 검사, 조기수리
- 설비성능의 저하와 고장, 사고를 미연에 방지
- 설비의 성능을 표준 이상으로 유지

57 어떤 측정법으로 동일시료를 무한회 측정하였을 때 데이터 분포의 평균치와 참값과의 차를 무엇이라 하는가?

① 재현성   ② 안정성   ③ 반복성   ④ 정확성

해설

참값이란
- 편차가 작은 정도를 말한다.
- 정확성은 참값에서 평균값을 뺀 것을 말한다.

58 2항 분포(Binomial Distribution)의 특징에 대한 설명으로 옳은 것은?

① $p \leq 0.5$이고 $np \leq 5$일 때는 정규분포에 근사한다.

② $p \leq 0.1$이고 $np = 0.1 \sim 10$일 때는 포아송 분포에 근사한다.

③ 부적합품의 출전 개수에 대한 표준편차는 $D(x) = np$이다.

④ $p = 0.01$일 때는 평균치에 대하여 좌·우 대칭이다.

해설

- $p = 0.5$일 때, np에 대하여 좌·우대칭이다.
- $p \leq 0.1$이고 $np = 0.1 \sim 10$일 때 포아송 분포에 근사한다.
- $p \leq 0.5$이고, $np \geq 0.5$일 때 정규 분포에 근사한다.

59 부적합품률이 20[%]인 공정에서 생산되는 제품을 매시간 10개씩 샘플링 검사하여 공정을 관리하려고 한다. 이때 측정되는 시료의 부적합품 수에 대한 기대값과 분산은 약 얼마인가?

① 기대값 : 1.6, 분산 : 2.0

② 기대값 : 1.6, 분산 : 1.3

③ 기대값 : 2.0, 분산 : 1.3

④ 기대값 : 2.0, 분산 : 1.6

해설

• 기대값 $\mu=np=10\times0.2=2.0$
• 분산값 $\delta^2=np(1-p)=2\times(1-0.2)=1.6$

60 어떤 회사 매출액이 80,000원, 고정비가 15,000원, 변동비가 40,000원일 때 손익분기점 매출액은 얼마인가?

① 25,000원   ② 30,000원

③ 35,000원   ④ 45,000원

해설

$$\left(\begin{array}{c}\text{손익분기점}\\\text{매출액}\end{array}\right)=\frac{\text{고정비}}{\text{한계 이익률}}=\frac{\text{고정비}}{1-\dfrac{\text{변동비}}{\text{매상고}}}=\frac{15,000}{1-\dfrac{40,000}{80,000}}=30,000\text{원}$$

15회 기출 및 예상문제

한국전기설비규정 제정 내용을 중심으로 과년도 기출문제를 복원하여 수록하였음

01 유전체에서 전자분극이 발생하는 이유의 설명이 맞는 것은?
① 영구 전기쌍극자의 전계방향 배열에 의함
② 단결정 매질에서 전자운과 핵간의 상대적인 변위에 의함
③ 화합물에서 (+)이온과 (−)이온 간의 상대적인 변위에 의함
④ 화합물에서 전자운과 (+)이온 간의 상대적인 변위에 의함

해설
- 전자분극은 전기장 안에서 원자, 분자 속의 전자 분포가 변위함으로써 생기는 현상이다.

02 극판면적이 $10[\text{cm}^2]$, 간격 $1[\text{mm}]$, 극판에 채워진 유전체의 비유전율 $\epsilon_S=2.5$인 평행판 콘덴서에 $100[\text{V}]$의 전압을 가할 때 극판의 전하량은 몇 $[\text{nC}]$인가?
① 0.55　　　　② 1.1　　　　③ 2.2　　　　④ 4.4

해설
- 정전용량 $C=\dfrac{\epsilon_0\epsilon_S S}{d}=\dfrac{8.855\times10^{-12}\times2.5\times10\times10^{-4}}{1\times10^{-3}}=22\times10^{-12}[\text{F}]$
- 전하량 $Q=CV=22\times10^{-12}\times100=2.2[\text{nC}]$

03 콘덴서 인가전압이 $20[\text{V}]$일 때 콘덴서에 $800[\mu\text{C}]$이 축적되었다면, 이때 축적되는 에너지는 몇 $[\text{J}]$인가?
① 0.008　　　　② 0.16　　　　③ 0.8　　　　④ 1.6

해설
- 축적 에너지 $W=\dfrac{1}{2}QV=\dfrac{1}{2}\times800\times10^{-6}\times20=0.008[\text{J}]$

04 자기회로의 길이 $l[\text{m}]$, 단면적 $A[\text{m}^2]$, 투자율 $\mu[\text{H/m}]$일 때 자기저항 $R[\text{AT/Wb}]$을 나타낸 것은?
① $\dfrac{\mu l}{A}[\text{AT/Wb}]$　　② $\dfrac{A}{\mu l}[\text{AT/Wb}]$　　③ $\dfrac{\mu A}{l}[\text{AT/Wb}]$　　④ $\dfrac{l}{\mu A}[\text{AT/Wb}]$

해설
- 자기저항 R은 길이에 비례하고 투자율과 면적에 반비례한다.

정답　01 ②　02 ③　03 ①　04 ④

05

$v = 100\sqrt{2} \sin\left(wt + \dfrac{\pi}{6}\right)$[V]를 복소수로 표시하면?

① $50\sqrt{3} + j50$

② $50\sqrt{3} + j50\sqrt{3}$

③ $50 + j50\sqrt{3}$

④ $50 + j50$

해설

- $V = 100(\cos 30° + j\sin 30°) = 50\sqrt{3} + j50$[V]

06

DC 12[V]의 전압을 측정하려고 10[V]용 전압계 ⓐ와 ⓑ를 직렬로 연결하였다. 이 때 전압계 ⓐ의 지시값은? (단, 전압계 ⓐ의 내부저항은 8[kΩ], ⓑ의 내부저항은 4[kΩ]이다.)

① 12[V]

② 10[V]

③ 8[V]

④ 6[V]

해설

- $V_A = \dfrac{R_1}{R_1 + R_2} \times V = \dfrac{8}{8+4} \times 12 = 8$[V]

07

그림과 같은 회로에서 저항 R_2에 흐르는 전류는 약 몇 [A]인가?

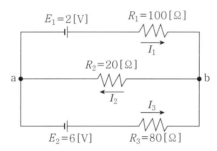

① 0.211

② 0.66

③ 0.25

④ 0.655

해설

- $V_{ab} = \dfrac{\dfrac{E_1}{R_1} + \dfrac{E_2}{R_3}}{\dfrac{1}{R_1} + \dfrac{1}{R_3}} = \dfrac{\dfrac{2}{100} + \dfrac{6}{80}}{\dfrac{1}{100} + \dfrac{1}{80}} = 4.22$[V]

- $I_2 = \dfrac{V_{ab}}{R_2} = \dfrac{4.22}{20} \fallingdotseq 0.211$[A]

08

저항 20[Ω]인 전열기로 21.6[kcal]의 열량을 발생시키려면 5[A]의 전류를 약 몇 분간 흘려주면 되는가?

① 3분

② 5분

③ 7분

④ 8분

해설

- 열량 $H = 0.24I^2Rt$에서, 시간 $t = \dfrac{H}{0.24I^2R} = \dfrac{21,600}{0.24 \times 5^2 \times 20} = 180$초 = 3분이다.

09 그림과 같은 부하에 3상 대칭전압을 공급할 때 각 계기의 지시가 $W_1=2.6[\text{kW}]$, $W_2=6.4[\text{kW}]$, $V=200[\text{V}]$, $A=32.19[\text{A}]$이었다면 부하의 역률은?

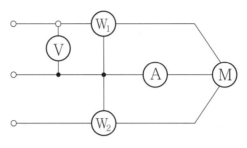

① 0.577　　　　　② 0.807　　　　　③ 0.867　　　　　④ 0.926

・2전력계법 $P=P_1+P_2=\sqrt{3}VI\cos\theta$에서, $\cos\theta=\dfrac{P_1+P_2}{\sqrt{3}VI}=\dfrac{(2.6+6.4)\times10^3}{\sqrt{3}\times200\times32.19}=0.807$이다.

10 소방설비의 전원으로 사용하는 개소에서 내화배선을 적용하여야 설비는?

① 방재설비에 사용되는 조작용 배선

② 음향설비의 배선

③ 각종 소방동력제어반 표시등 배선

④ 자동화재 감시설비의 중계기 간선

내화 배선 적용장소
・비상전원의 전원부
・자동화재 감시설비의 중계기 간선
・비상콘센트 배선

11 변류기 개방 시 2차 측을 단락하는 이유로 가장 옳은 것은?

① 2차 측 절연보호　　　　　② 2차 측 과전류 보호

③ 측정 오차 방지　　　　　④ 1차 측 과전류 방지

변류기 2차 개방 시 문제점
・철심의 자기 포화로 과열된다.
・2차 권선수가 많아 고전압이 유기된다.
・절연파괴 위험, 감전과 아크가 있다.

정답　09 ②　10 ④　11 ①

12 욕조나 샤워시설이 있는 욕실 또는 화장실 등 인체가 물에 젖어 있는 장소에서 전기 콘센트를 시설하는 경우로서 틀린 항은?

① 인체 감전보호용(정격감도전류 15[mA] 이하, 동작시간 0.03초 이하의 전류동작형) 누전차단기를 설치

② 절연 변압기(정격용량 3[kVA] 이하)로 보호된 전로에 접속

③ 인체 감전보호용 누전차단기가 부착된 콘센트 시설

④ 접지극이 붙은 고감도형 누전차단 콘센트

해설

인체가 물에 젖어 있는 장소의 전기콘센트 시설
- 인체 감전보호용(정격감도전류 15[mA] 이하, 동작시간 0.03초 이하의 전류동작형) 누전차단기를 설치
- 절연 변압기(정격용량 3[kVA] 이하)로 보호된 전로에 접속
- 인체 감전보호용 누전차단기가 부착된 콘센트 시설
- 감전보호에 준한 접지극이 있는 방적형 콘센트

13 그림과 같은 블록선도에서 $\dfrac{C}{R}$을 구하면?

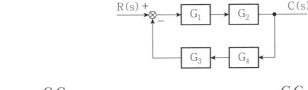

① $\dfrac{G_3 G_4}{1+G_1 G_2+G_3 G_4}$

② $\dfrac{G_3 G_4}{1+G_1 G_2 G_3 G_4}$

③ $\dfrac{G_1 G_2}{1+G_1 G_2 G_3 G_4}$

④ $\dfrac{G_1 G_2}{1+G_1 G_2+G_3 G_4}$

해설

궤한 결합 블록선도 $\dfrac{C(s)}{R(s)}=\dfrac{G(s)}{1+G(s)H(s)}=\dfrac{G_1 G_2}{1+G_1 G_2 G_3 G_4}$

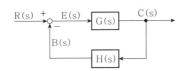

14 직류기에서 전기자 반작용을 방지하기 위한 보상권선의 전류방향은?

① 계자전류 방향과 같다.

② 계자전류 방향과 반대이다.

③ 전기자 전류 방향과 같다.

④ 전기자 전류 방향과 반대이다.

해설

보상권선 특징
- 전기자 반작용을 방지하기 위한 가장 유효한 방법이다.
- 계자극에 홈을 파고 권선을 감아, 전기자 권선과 평행으로 홈속에 넣어 전기자와 직렬로 연결한 것이다.
- 전기자 권선 전류와 반대 방향으로 전류가 흘려 전기자 반작용을 상쇄한다.

15 전기자 도체 총수 500, 10극, 단중 파권으로 매극의 자속수가 0.4[Wb]인 직류 발전기의 600[rpm]으로 회전할 때의 유도 기전력은 몇 [V]인가?

① 2,500

② 5,000

③ 7,500

④ 10,000

해설

- 유도 기전력 $E = \dfrac{P}{a} \times Z\phi \times \dfrac{N}{60} = \dfrac{10}{2} \times 500 \times 0.4 \times \dfrac{600}{60} = 10,000[\text{V}]$
- 파권일 때 $a=2$이다.

16 서보(Servo) 전동기에 대한 설명으로 틀린 것은?

① 회전자의 직경이 크다.

② 속응성이 높다.

③ 교류용과 직류용이 있다.

④ 기동·정지 및 정회전·역회전을 자주 반복할 수 있다.

해설

서보(Servo) 전동기의 특징
- 빠른 응답과 넓은 속도제어 범위를 가진 제어용 전동기이다.
- 교류용과 직류용으로 구분한다.
- 교류용은 3상 서보모터가 많고, 정지·시동·역전 등의 동작을 반복할 수 있는 기능이 있다.

17 변압기에서 임피던스의 전압을 걸 때 입력은?

① 정격용량

② 철손

③ 전부하 시의 전손실

④ 임피던스 와트

해설

(1) 임피던스 전압
- 변압기 내의 임피던스 전압강하
- 2차 측을 단락하고 1차 측에 정격전류가 흐를 때 1차 측 인가전압

(2) 임피던스 와트
- 부하손=동손, 정격 시 동손
- 2차 측을 단락하고 1차 측에 정격전류가 흐를 때 1차측 유효전력

18 1차 전압 2,200[V], 무부하전류 0.088[A], 철손 110[W]인 단상 변압기의 자화전류는?

① 50[mA]　　　　② 72[mA]　　　　③ 88[mA]　　　　④ 94[mA]

해설

• 철손전류 $I_w = \dfrac{P_i}{V_i} = \dfrac{110}{2,200} = 0.05[A]$, 여자전류(무부하전류) $I_o = \sqrt{I_u^2 + I_w^2}$[A]이므로,

• 자화전류 $I_u = \sqrt{I_o^2 - I_w^2} = \sqrt{0.088^2 - 0.05^2} = 0.072[A] = 72[mA]$

19 60[Hz], 20극, 10[kW]의 3상 유도 전동기가 슬립 5[%]로 운전될 때 2차 동손이 600[W]이다. 이 전동기의 전부하 시 토크는 약 몇 [kg·m]인가?

① 32.5　　　　② 28.5　　　　③ 24.5　　　　④ 20.5

해설

• 동기속도 $N_S = \dfrac{120f}{P} = \dfrac{120 \times 60}{20} = 360$[rpm]

• 회전수 $N = (1-s)N_S = (1-0.05) \times 360 = 342$[rpm]

• 토크 $\tau = \dfrac{P}{w} = 0.975 \dfrac{P}{N} = 0.975 \dfrac{VI}{N}$

$\tau = 0.975 \times \dfrac{10,000}{342} ≒ 28.5$[kg·m]

20 소형 유도전동기의 슬롯을 사구(Skew Slot)로 한다. 이유는?

① 게르게스 현상을 방지하기 위하여　　② 기동토크를 증가시키기 위하여

③ 제동토크를 증가시키기 위하여　　④ 크로우링을 방지하기 위하여

해설

크로우링 현상(차동기 운전)
• 고조파의 영향으로 가속이 안되는 현상이다.
• 소용량 농형유도기의 현상이며, 경사슬롯을 채용하여 방지한다.

21 동기 전동기의 전기자 권선을 단절권으로 하는 이유는?

① 역률을 좋게한다.　　　　② 기전력의 크기가 높아진다.

③ 고조파를 제거한다.　　　　④ 절연을 좋게한다.

해설

단절권의 특징
• 코일의 양변 간의 피치가 1자극 피치보다 짧은 권선을 사용하는 방법이다.
• 고조파 제거로 파형이 좋아진다.
• 코일의 단부가 줄어 동량이 적게 소요된다.

정답　18②　19②　20④　21③

22 옥내에 시설하는 전동기에는 전동기가 소손될 우려가 있는 과전류가 생겼을 때에 자동적으로 이를 저지하거나 경보하는 장치를 하여야 한다. 이 장치를 시설하지 않아도 되는 경우는?

① 정격출력이 2[kW] 이상인 경우

② 정격출력이 0.2[kW]이하인 경우

③ 전류 차단기가 없는 경우

④ 전동기 출력이 0.5[kW]이며, 취급자가 감시할 수 없는 경우

해설

옥내에 시설하는 전동기 과전류 장치
- 전동기가 소손될 우려가 있는 과전류가 생겼을 때에 자동적으로 이를 저지하거나 경보하는 장치를 하여야 한다.
- 정격출력이 0.2[kW] 이하인 것은 제외한다.

23 평면 구면광도 100[cd]의 전구 5개를 지름 10[m]인 원형의 방에 점등할 때 이 방의 평균조도는 약 몇 [lx]인가? (단, 조명률 0.5, 감광보상률은 1.5이다)

① 24.5   ② 26.7   ③ 30.6   ④ 38.2

해설

- 광속 $F = 4\pi I = 4\pi \times 100 = 1{,}256[lm]$
- 방면적 $A = \pi r^2 = \pi \left(\dfrac{10}{2} \right)^2 = 78.5[\text{m}^2]$
- 조도 $E = \dfrac{FNU}{AD} = \dfrac{1{,}256 \times 5 \times 0.5}{78.5 \times 1.5} = 26.7[lx]$

24 폭 20[m] 도로의 양쪽에 간격 10[m]를 두고 대칭배열(맞 보기배열)로 가로등이 점등되어 있다. 한 등당 전광속이 4,000[lm], 조명률 45[%]일 때 도로의 평균 조도는?

① 10[lx]   ② 15[lx]   ③ 18[lx]   ④ 20[lx]

해설

- 면적 $A = 10 \times 10 = 100[\text{m}^2]$
- 조도 $E = \dfrac{FNU}{AD} = \dfrac{1 \times 4{,}000 \times 0.45}{100 \times 1} = 18[lx]$

정답   22 ②   23 ②   24 ③

25 저압, 고압 및 특고압 수전의 3상 3선식 또는 3상 4선식에서 불평형 부하의 한도는 단상 접속부하로 계산하여 설비 불평형률을 30[%] 이하로 하는 것을 원칙으로 한다. 다음 중 제한에 따르지 않아도 되는 경우가 아닌 것은?

① 고압 및 특고압 수전에서 단상 부하용량의 최대와 최소의 차가 100[kVA] 이하인 경우

② 저압 수전에서 전용 변압기 등으로 수전하는 경우

③ 특고압 수전에서 100[kVA] 이하의 단상 변압기 3대로 △ 결선하는 경우

④ 고압 및 특고압 수전에서 100[kVA] 이하의 단상부하인 경우

해설

설비불평형률 30[%] 원칙 이외의 경우
• 저압 수전에서 전용 변압기 등으로 수전하는 경우
• 고압 및 특고압 수전에서 100[kVA] 이하의 단상부하인 경우
• 특고압 수전에서 100[kVA] 이하의 단상 변압기 2대로 역 V결선하는 경우
• 고압 및 특고압 수전에서 단상 부하용량의 최대와 최소의 차가 100[kVA] 이하인 경우

26 입력 전원전압이 $v_s = V_m \sin\theta$인 경우, 아래 그림의 전파 다이오드 정류기의 출력전압 $v_0(t)$에 대한 평균치와 실효치를 각각 옳게 나타낸 것은?

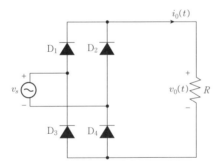

① 평균치 : $\dfrac{V_m}{\pi}$, 실효치 : $\dfrac{V_m}{2}$

② 평균치 : $\dfrac{V_m}{2}$, 실효치 : $\dfrac{V_m}{\pi}$

③ 평균치 : $\dfrac{V_m}{2\pi}$, 실효치 : $\dfrac{V_m}{\sqrt{2}}$

④ 평균치 : $\dfrac{2V_m}{\pi}$, 실효치 : $\dfrac{V_m}{\sqrt{2}}$

해설

• 평균값 $V_{av} = \dfrac{2V_m}{\pi}$

• 실효값 $V = \dfrac{V_m}{\sqrt{2}}$

27 500[kVA]의 단상 변압기 4대를 사용하여 과부하가 되지 않게 사용할 수 있는 3상 전력의 최대값은?

① 약 866[kVA]

② 약 1,500[kVA]

③ 약 1,732[kVA]

④ 약 3,000[kVA]

해설
- 변압기 3대×1조 $P_Y = P_\Delta = 3P = 3 \times 500 = 1,500$
- V 결선 2대×1조 $P_V = \sqrt{3}P = \sqrt{3} \times 500 = 866$
- V 결선 2대×2조 $P_{V2} = 2\sqrt{3}P = 2\sqrt{3} \times 500 = 1,732$

28 SCR 턴온 시 10[A]의 전류가 흐를 때 게이트 전류를 $\frac{1}{2}$로 줄이면 SCR의 전류는?

① 5[A]　　　　② 10[A]　　　　③ 15[A]　　　　④ 20[A]

해설
- SCR 소호는 주전류를 유지전류(20[mA]) 이하 또는 역전압을 인가하여 소호하여야 한다.
- 게이트 전류를 $\frac{1}{2}$로 줄여도 주전류는 계속 흐른다.

29 다음 중 SCR에 대한 설명으로 가장 옳은 것은?

① 쌍방향성 사이리스터이다.

② 게이트 전류로 애노드 전류를 연속적으로 제어 할 수 있다.

③ 게이트 전류를 차단하면 애노드 전류가 차단된다.

④ 도통상태에서 애노드 전압을 0 또는 부(−)로 하면 차단상태가 된다.

해설
- SCR은 점호능력은 있고, 소호능력은 없다.
- 소호시키려면 주전류를 유지전류 이하 또는 애노드 극성을 부(−, 역전압)로 한다.

30 다음과 같은 회로에서 저항 R이 0[Ω]인 것을 사용하면 무슨 문제가 발생하는가?

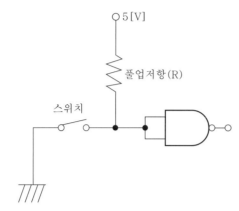

① 저항 양단의 전압이 작아진다.
② 저항 양단의 전압이 커진다.
③ 낮은 전압이 인가되어 문제가 없다,
④ 스위치를 ON 했을 때 회로가 단락된다.

해설

• 풀업저항이 없는 상태에서 스위치를 닫으면, 접지상태가 되어 단락상태가 되고 과도한 전류가 흐른다.

31 과도한 전류변화$\left(\dfrac{di}{dt}\right)$나 전압변화$\left(\dfrac{dv}{dt}\right)$에 의한 전력용 반도체 스위치의 소손을 막기

위해 사용하는 회로는?

① 스너버 회로   ② 게이트 회로
③ 필터회로   ④ 스위치 제어회로

해설

스너버 회로 특징

• 급격한 $\left(\dfrac{di}{dt}\right)$, $\left(\dfrac{dv}{dt}\right)$를 완화 시킨다.
• 입력 신호의 불필요한 노이즈를 제거하기 위한 회로이다.

32 그림과 같은 환류 다이오드 회로의 부하전류 평균값은 몇 [A]인가? (단, 교류전압 $V=200[\text{V}]$, 60[Hz], 부하저항 $10[\Omega]$이며 인덕턴스 L은 매우 크다.)

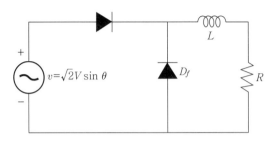

① 6.8[A]   ② 8.9[A]   ③ 9.0[A]   ④ 11.8[A]

해설

• 환류회로의 출력전압은 L과 무관하고, 저항부하를 갖는 단상반파 정류회로의 출력전압과 동일하다.

• 부하전류 평균값 $I_{dc}=\dfrac{V_{dc}}{R}=\dfrac{0.45V}{R}=\dfrac{0.45\times200}{10}=9.0[A]$

33 3상 전원의 상전압 300[V]인 반파 정류회로의 직류전압은 몇 [V]인가?

① 173[V]   ② 235[V]   ③ 283[V]   ④ 351[V]

해설

• 직류전압 $V_d=1.17V=1.17\times300=351[\text{V}]$

34 다음 중 저항부하 시 맥동률이 가장 적은 정류방식은?

① 단상 전파식   ② 단상 반파식

③ 3상 반파식   ④ 3상 전파식

해설

• 맥동률은 출력에 교류성분이 포함된 정도를 말한다.

• 맥동률의 크기 : 단상 반파식 > 단상 전파식 > 3상 반파식 > 3상 전파식

35 Boost 컨버터에서 입·출력 전압비 $\dfrac{V_0}{V_i}$는? (단, D는 시비율(Duty Cycle)이다.)

① D ② $1-D$ ③ $\dfrac{1}{D}$ ④ $\dfrac{1}{1-D}$

해설

• Boost 컨버터는 승압용 컨버터이다.

• 전압비 $\dfrac{V_0}{V_i}=\dfrac{T}{T_{off}}=\dfrac{T}{T-T_{on}}=\dfrac{1}{1-D}$

정답   **32** ③   **33** ④   **34** ④   **35** ④

36 전기공사 시 정부나 공공기관에서 발주하는 전기재료의 할증률 중 옥내 케이블은 일반적으로 몇 [%] 이내로 하여야 하는가?

① 2 ② 3 ③ 5 ④ 10

해설

전선의 할증률
- 옥내전선 10[%], 옥외전선 5[%]
- 옥내 케이블 5[%], 옥외 케이블 3[%]

37 양수량 35[m³/min]이고 총 양정이 20[m]인 양수 펌프용 전동기의 용량은 약 몇 [kW]인가? (단, 펌프 효율은 90[%], 축동력 계수는 1.2로 계산한다.)

① 122.8 ② 142.6 ③ 152.4 ④ 174.2

해설

- 펌프동력 $P = \dfrac{9.8QH}{\eta}\,k = \dfrac{9.8 \times \frac{35}{60} \times 20}{0.9} \times 1.2 = 152.4[\mathrm{kW}]$

38 버스 덕트 배선으로 시설하는 도체의 단면적은 알루미늄 띠 모양인 경우 얼마 이상의 것을 사용하여야 하는가?

① 20[mm²] ② 25[mm²] ③ 30[mm²] ④ 40[mm²]

해설

버스덕트에 사용하는 도체
- 구리 : 20[mm²] 이상의 띠 모양
  5[mm²] 이상의 관 모양이나 둥글고 긴 막대 모양
- 알루미늄 : 30[mm²] 이상의 띠 모양

39 합성수지 몰드 공사에 사용되는 몰드 폭과 깊이는 몇 [cm] 이하가 되어야 하는가? (단, 두께는 1.2[mm] 이상)

① 1.5 ② 2.5 ③ 3.5 ④ 4.5

해설

- 일반적인 경우 : 홈의 폭과 깊이 3.5[cm] 이하, 두께 2[mm] 이상
- 쉽게 접촉할 우려가 없는 경우 : 홈의 폭과 깊이 5[cm] 이하, 두께 1[mm] 이상

40 소맥분, 전분, 유황 등 가연성 분진에 전기설비가 발화원이 되어 폭발할 우려가 있는 곳에 시설하는 저압 옥내배선의 공사방법으로 옳지 않은 것은?

① 가요 전선관 공사
② 금속관 공사
③ 합성 수지관 공사
④ 케이블 공사

해설

가연성 분진 등의 특수장소 옥내배선
• 금속관 공사
• 합성 수지관 공사
• 케이블 공사
• 지중 매설방법에 의한 배선방법이어야 한다.

41 경간이 100[m]인 저압보안 공사에 있어서 지지물의 종류가 아닌 것은?

① 철탑
② A종 철주
③ A종 철근 콘크리트주
④ 목주

해설

저압 보안공사의 전주
• 100[m] 이하 : A종 철근 콘크리트주, A종 철주, 목주
• 150[m] 이하 : B종 철주, B종 철근 콘크리트주
• 400[m] 이하 : 철탑

42 22.9[kV] 가공전선로에서 3상 4선식 선로의 직선주에 사용되는 크로스 완금의 표준길이는?

① 900[mm]
② 1,400[mm]
③ 1,800[mm]
④ 2,400[mm]

해설

가공전선로 장주에 사용되는 완금(크로스 암)의 표준길이

전선의 개수	특고압
2	1,800
3	2,400

43 지중에 매설되어 있는 케이블의 전식(전기적인 부식)을 방지하기 위한 대책이 아닌 것은?

① 희생양극법
② 외부전원법
③ 선택배류법
④ 자립매립법

해설

지중 매설물의 전식방지법
• 희생양극법   • 선택배류법   • 강제배류법   • 외부전원법   • 금속표면의 코팅

정답   40 ①   41 ①   42 ④   43 ④

44 전선의 허용전류 결정에서 열 경화성물질인 가교 폴리에틸렌(XLPE) 또는 에텔렌 프로필렌 고무혼합물(EPR) 전선의 최고 허용온도[℃]는?

① 70 　　　　② 90 　　　　③ 105 　　　　④ 120

해설

- 70[℃](도체) : 열가소성 물질(염화비닐(PVC))
- 90[℃](도체) : 열경화성 물질(가교 폴리에틸렌(XLPE) 또는 에텔렌 프로필렌 고무혼합물(EPR))
- 70[℃](시스) : 무기물(열가소성 물질 피복 또는 나도체로 사람이 접촉할 우려가 있는 것)
- 105[℃](시스) : 무기물(사람의 접촉에 노출되지 않고, 가연성 물질과 접촉할 우려가 없는 나도체)

45 과전류 차단기로 저압전로에 사용하는 퓨즈를 수평으로 붙인 경우, 정격전류 1.1배의 전류에 견디어야 한다. 퓨즈의 정격전류가 30[A]를 초과 60[A] 이하일 때 2배의 전류를 통한 경우 용단 시간은?

① 2분 　　　　② 4분 　　　　③ 6분 　　　　④ 8분

해설

저압전로 퓨즈
- 정격전류의 1배에 견딜 것
- 정격전류가 30[A] 이하 : 1.6배 120분, 2배 2분
- 정격전류가 30[A] 초과 60[A] : 1.6배 60분, 2배 4분

46 3상 4선식 선로에서 수전단 전압 6.6[kV], 역률 80[%], 600[kVA]의 부하가 연결되어 있다. 선로의 임피던스 $R=3[\Omega]$, $X=4[\Omega]$인 경우 송전단 전압은 약 몇 [V]인가?

① 6,852 　　　　② 6,957 　　　　③ 7,037 　　　　④ 7,543

해설

$$• V_S = V_R + \sqrt{3}I(R\cos\theta + X\sin\theta)$$
$$= V_R + \sqrt{3}\frac{P}{\sqrt{3}V}(R\cos\theta + X\sin\theta)$$
$$= 6,600 + \frac{600 \times 10^3}{6,600}(3 \times 0.8 + 4 \times 0.6)$$
$$≒ 7,037[V]$$

정답 **44** ② **45** ② **46** ③

47 송전선로에 코로나가 발생하였을 때 장점은?

① 송전력선 반송 통신설비에 잡음을 감소시킨다.

② 전선로의 전력손실을 감소시킨다.

③ 송전선로에 이상전압 진행파를 감소시킨다.

④ 중성점 직접접지 방식의 송전선로 부근의 통신선에 유도장해를 감소시킨다.

해설

코로나의 영향
- 전력손실 발생 및 전력선 반송장치의 기능저하
- 오존으로 전선의 부식
- 통신선의 유도장해
- 소호리액터의 소호능력 저하
- 코로나 진동
- 이상전압 진행파의 파고값 감쇄(장점)

48 그림과 같은 논리회로에서의 출력식은?

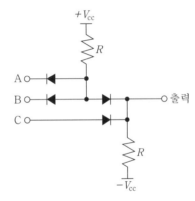

① ABC   ② (A+B)C   ③ AB+C   ④ A+B+C

해설

- 입력 A, B 모두가 1인 경우와 입력 C가 1인 경우 출력이 1인 회로이므로 출력식은 AB+C이다.

49 16진수 D28A를 2진수로 옳게 나타낸 것은?

① 1101001010001010   ② 1010000101001011

③ 1101011010011010   ④ 1111011000000110

해설

16진수를 2진수로 변환법
- 16진수의 각자리에서 4비트 2진수로 변환한다.

16진수	D	2	8	A
2진수	1101	0010	1000	1010

정답   47 ③   48 ③   49 ①

50

742_{10}를 3초과 코드로 표시하면?

① 101001110101 ② 011101000010
③ 010000010000 ④ 111111111111

해설

3초과 코드
- BCD코드보다 3이 크기 때문에 3-초과라 하며, 각 BCD코드에 10진수 3(0011_2)을 더하여 구하는 코드

10진수	BCD	3초과 코드
742	0111 0100 0010 |7| |4| |2|	1010 0111 0101

51

다음 논리식은 간략화하면?

$$F = AB\overline{C} + A\overline{B}\,\overline{C} + \overline{A}\,\overline{B}\,\overline{C} + A\overline{B}C + ABC$$

① $AC + \overline{C}$ ② $AB + \overline{B}\,\overline{C}$
③ $A + \overline{B}\,\overline{C}$ ④ $C + A\overline{C}$

해설

- 카르노도표로 배열하여 논리식은 간소화하면 $F = A + \overline{B}\,\overline{C}$이다.

C \ AB	00	01	11	10
0	1	0	1	1
1	0	0	1	1

52

다음 진리표에 해당하는 논리회로는?

입력		출력
A	B	X
0	0	0
0	1	1
1	0	1
1	1	0

① NAND 회로 ② EX-NOR 회로
③ AND+OR 회로 ④ EX-OR 회로

해설

- 논리식 $Y = (A \oplus B) = \overline{A}B + A\overline{B}$이다.
- 두 입력값이 같으면 출력은 0, 입력값이 다르면 1이다.
- EX-OR회로는 반일치 회로라고 하며, 보수회로에 응용된다.

정답 50 ① 51 ③ 52 ④

53 T-FF를 3단으로 직렬 접속하고 초단에 1[kHz]의 구형파를 가하면 출력은 몇 [Hz]인가?

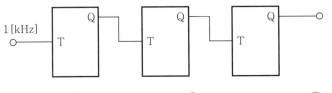

① 75 ② 125 ③ 250 ④ 500

해설

• 분주회로로서 플립플롭이 3개이다.
• 출력 주파수 $f = \dfrac{1 \times 10^3}{2^3} = 125[\text{Hz}]$

54 아래 진리표는 반가산기 입출력이다. 출력함수는?

입력		출력	
A	B	S	C_0
0	0	0	0
0	1	1	0
1	0	1	0
1	1	0	1

① $S = \overline{A}B + A\overline{B}$, $C_0 = \overline{A}\,\overline{B}$
② $S = \overline{A}B + A\overline{B}$, $C_0 = AB$
③ $S = \overline{AB} + AB$, $C_0 = AB$
④ $S = \overline{AB} + AB$, $C_0 = \overline{AB}$

해설

• 합(SUM) $S = \overline{A}B + A\overline{B}$ • 자리올림수 $C_0 = AB$

55 준비작업 시간 100분, 개당 정미작업시간 15분, 로트의 크기 20일 때 1개당 소요작업시간은 얼마인가? (단, 여유시간은 없다고 가정한다.)

① 15분 ② 20분 ③ 25분 ④ 30분

해설

• 표준작업 시간 = 정미시간+여유시간+준비작업 시간=15분+0분+$\dfrac{100분}{20개}$ = 20분

56 "무결점 운동"으로 불리는 것으로 미국의 항공사인 마틴사에서 시작된 품질개선을 취한 동기부여 프로그램은 무엇인가?

① ZD ② 6 ZD ③ TPM ④ ISO 9001

해설

ZD 운동(무결점 운동) 효과
• 고도의 제품품질 확보   • 보다 낮은 코스트   • 납기엄수에 의한 고객만족

정답 **53** ② **54** ② **55** ② **56** ①

57 ASME(American Society of Mechanical Engineers)에서 정의하고 있는 제품 공정 분석표에 사용되는 기호 중 "저장(Storage)"을 표현한 것은?

① □   ② ⇒   ③ ▽   ④ ○

해설

• 검사 : □   • 운반 : ⇒   • 저장 : ▽   • 가공 : ○   • 정체 : D

58 다음은 어느 회사의 월별 판매실적을 나타낸 것이다. 5개월 이동평균법으로 6월의 수요를 예측한 값은?

월	1	2	3	4	5
판매량	100	110	120	130	140

① 120   ② 130   ③ 110   ④ 100

해설

• 당기 예측치 $M_t = \dfrac{\sum X_t(\text{당기실적치})}{n} = \dfrac{(100+110+120+130+140)}{5} = 120$

59 다음 중 반즈(Ralph M, Barnes)가 제시한 동작경제 원칙에 해당되지 않는 것은?

① 표준작업의 원칙   ② 공구 및 설비의 디자인에 관한 원칙
③ 작업장의 배치에 관한 원칙   ④ 신체 사용에 관한 원칙

해설

동작경제의 3원칙 : 작업동작을 최적화, 최소화 시키기 위한 원칙이다.
• 작업장 배치에 관한 원칙
• 신체 사용에 관한 원칙
• 공구나 설비의 설계에 관한 원칙

60 로트의 크기가 시료의 크기에 비해 10배 이상 클 때, 시료의 크기와 합격판정개수를 일정하게 하고 로트의 크기를 증가시키면 검사 특성곡선의 모양 변화에 대한 설명으로 가장 적합한 것은?

① 무한대로 커진다.   ② 거의 변화하지 않는다.
③ 검사특성곡선의 기울기가 완만해진다.   ④ 검사 특성곡선의 기울기 경사가 급해진다.

해설

검사 특성곡선의 기울기
• 로트의 크기가 시료의 크기보다 약간 클때 : 기울기 경사가 급격하게 기울어 진다.
• 로트의 크기가 시료의 크기보다 10배 이상 클 때 : 기울기는 거의 변하지 않는다.

정답   57 ③   58 ①   59 ①   60 ②

16회 기출 및 예상문제

한국전기설비규정 제정 내용을 중심으로 과년도 기출문제를 복원하여 수록하였음

01 전기회로에서 전류에 의해 만들어지는 자기장의 자기력선 방향을 나타내는 법칙은?

① 암페어의 오른나사 법칙
② 렌츠의 법칙
③ 가우스의 법칙
④ 플레밍의 왼손법칙

해설
- 암페어의 오른나사 법칙이란 오른나사 진행방향으로 전류가 흐르면 나사가 회전하는 방향에는 자기력선이 발생하는 법칙이다.

02 그림과 같은 브리지가 평형되기 위한 임피던스 Z_X의 값은 약 몇 [Ω]인가?
(단, $Z_1=3+j2[\Omega]$, $R_2=4[\Omega]$, $R_3=5[\Omega]$이다.)

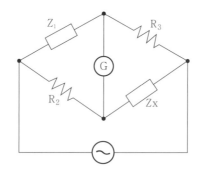

① $3.66+j4.24$
② $3.08+j4.62$
③ $4.24-j3.66$
④ $4.62-j3.08$

해설
- 임피던스 $Z_X=\dfrac{R_2R_3}{Z_1}=\dfrac{4\times5}{3+j2}=\dfrac{20(3-j2)}{(3+j2)(3-j2)}$
$=4.62-j3.08$

03 저항 20[Ω]인 전열기로 21.6[kcal]의 열량을 발생시키려면 5[A]의 전류를 약 몇 분간 흘려주면 되는가?

① 3분
② 5분
③ 7분
④ 8분

해설
- 열량 $H=0.24I^2Rt$에서, $t=\dfrac{H}{0.24I^2R}=\dfrac{21,600}{0.24\times5^2\times20}=180$초$=3$분

정답 01 ① 02 ④ 03 ①

04 콘덴서 $C_1=1[\mu F]$, $C_2=3[\mu F]$, $C_3=2[\mu F]$를 직렬로 접속하고 $500[V]$의 전압을 가할 때 C_1양단에 걸리는 전압$[V]$은?

① 91   ② 136   ③ 272   ④ 327

해설

- 합성 정전용량 $C=\dfrac{1}{\dfrac{1}{C_1}+\dfrac{1}{C_2}+\dfrac{1}{C_3}}=\dfrac{1}{\dfrac{1}{1}+\dfrac{1}{3}+\dfrac{1}{2}}=0.5454[\mu F]$

- 전하량 $Q=CV=0.5454\times500=272.72[C]$

- C_1 양단 전압 $V_1=\dfrac{Q}{C_1}=\dfrac{272.72}{1}=272.72[V]$

05 전기회로에서 n차 고조파가 흐를 때 임피던스 및 전류 등에 관한 표현식으로 틀리는 것은?

① 정상전류 $I_1=\dfrac{V_1}{Z_1}=\dfrac{V_1}{\sqrt{R^2+X_L^2}}[A]$

② 유도 리액턴스 3고조파 전류 실효값 $I_3=\dfrac{V_3}{Z_3}=\dfrac{V_3}{\sqrt{R^2+(3X_L)^2}}[A]$

③ 용량 리액턴스 3고조파 전류 실효값 $I_3=\dfrac{V_3}{Z_3}=\dfrac{V_3}{\sqrt{R^2+\left(\dfrac{X_C}{3}\right)^2}}[A]$

④ n차 고조파 유도리액턴스 $X_{Ln}=\dfrac{2\pi fL}{n}=\dfrac{XL}{n}[\Omega]$

해설

임피던스 변화
- 저항 : 변화없음
- 유도 리액턴스 : $X_{Ln}=2\pi nfL=nX_L$ (n배 증가)
- 용량 리액턴스 : $X_{Cn}=\dfrac{1}{2\pi nfC}=\dfrac{1}{n}X_C$ ($\dfrac{1}{n}$배 감소)

06 평행판 콘덴서의 극간을 $\dfrac{1}{2}$로 하면, 용량은 처음값에 비해 어떻게 되는가?

① $\dfrac{1}{2}$이 된다.   ② $\dfrac{1}{4}$이 된다.

③ 2배가 된다.   ④ 4배가 된다.

해설

- $C=\dfrac{\varepsilon_0\varepsilon_s S}{d}$ 에서 극간을 $\dfrac{1}{2}$로 줄였으므로 C는 2배가 된다.

정답   **04** ③   **05** ④   **06** ③

07 정현파로부터 일그러진 파형을 비정현파 또는 왜형파라 한다. 왜형파 발생원인으로 가장 거리가 먼 것은?

① 변압기 철심의 자기 포화 현상　　　② 변압기의 히스테리시스 현상에 의한 영향
③ 역률이 1일때의 현상　　　　　　　④ 다이오드 등 반도체 비직진성 현상

해설

(1) 주파수가 기본파의 2배, 3배, 4배… 등이 되는 파를 고조파라 한다.
(2) 발생원인
• 변압기 철심의 자기 포화 현상
• 변압기의 히스테리시스 현상에 의한 영향
• 발전기의 전기자 반작용 현상
• 다이오드 등 반도체 비직진성 현상

08 직·병렬 콘덴서의 합성 정전용량은?

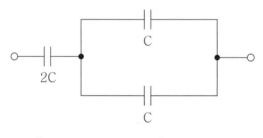

① C　　　　　② $2C$　　　　　③ $3C$　　　　　④ $4C$

해설

• 병렬부분 $C'=C+C=2C$
• 합성 정전용량 $C_0=\dfrac{2C\times 2C}{2C+2C}=C$

09 RLC 직렬회로에서 L 및 C 값을 고정시켜 놓고 저항 R의 값만 큰 값으로 변화시킬 때 올바르게 설명한 것은?

① 공진 주파수는 작아진다.　　　　　② 공진 주파수는 커진다.
③ 공진 주파수는 변화하지 않는다.　　④ 이 회로의 양호도 Q는 커진다.

해설

• 공진 주파수 $f_0=\dfrac{1}{2\pi\sqrt{LC}}$ [Hz]으로 저항과는 무관하다.

10 $v=100\sqrt{2}\sin(wt+\dfrac{\pi}{6})$[V]를 복소수로 표시하면?

① $50\sqrt{3}+j50$　　② $50\sqrt{3}+j50\sqrt{3}$　　③ $50+j50\sqrt{3}$　　④ $50+j50$

해설

• $V=100(\cos 30°+j\sin 30°)=50\sqrt{3}+j50$[V]

정답　**07** ③ **08** ① **09** ③ **10** ①

11 교류에서 파고율이란?

① $\dfrac{평균값}{실효값}$ ② $\dfrac{실효값}{최대값}$ ③ $\dfrac{최대값}{실효값}$ ④ $\dfrac{실효값}{평균값}$

해설

• 파형률$=\dfrac{실효값}{평균값}$, 파고율$=\dfrac{최대값}{실효값}$

12 저항 $R[\Omega]$에 전류 $I[\mathrm{A}]$를 $t[\sec]$ 동안 흘릴 때 발생한 열(줄열) $[\mathrm{J}][\mathrm{cal}]$로 틀린 표기는?

① $H=\dfrac{1}{4.186}I^2Rt[\mathrm{cal}]$ ② $H=0.24I^2Rt[\mathrm{cal}]$

③ $H=I^2Rt[\mathrm{J}]$ ④ $H=4.186I^2Rt[\mathrm{J}]$

해설

• 줄의 법칙(Joule's Law)으로 저항 $R[\Omega]$에 전류 $I[\mathrm{A}]$를 $t[\sec]$ 동안 흘릴 때 발생한 열(줄열)로 기호 H, 단위는 $[\mathrm{cal}]$로 표기한다.

• 열량 $H=I^2Rt[\mathrm{J}]=\dfrac{1}{4.186}I^2Rt[\mathrm{cal}]=0.24I^2Rt[\mathrm{cal}]$, 여기서, $1[\mathrm{J}]=0.24[\mathrm{cal}]$

13 그림과 같이 3상 전압 $173[\mathrm{V}]$를 $Z=12+j16[\Omega]$인 성형 결선부하에 인가하였다. 선전류는 몇$[\mathrm{A}]$인가?

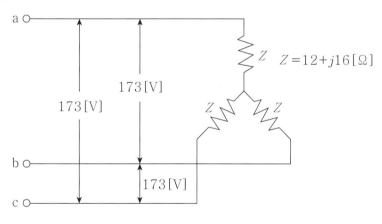

① 5.0 ② 7.5 ③ 10.0 ④ 15.0

해설

• 상전압 $V_P=\dfrac{V_l}{\sqrt{3}}=\dfrac{173}{\sqrt{3}}=100[\mathrm{V}]$

• 임피던스 $Z=\sqrt{R^2+X^2}=\sqrt{12^2+16^2}=20[\Omega]$

• 선전류$=$상전류$=I_l=I_p=\dfrac{V_P}{Z}=\dfrac{100}{20}=5[\mathrm{A}]$

정답 11 ③ 12 ④ 13 ①

14 함수 $10t^3$의 라플라스 변환 값은?

① $\dfrac{10}{s^4}$ ② $\dfrac{30}{s^4}$ ③ $\dfrac{60}{s^4}$ ④ $\dfrac{90}{s^4}$

해설

• $£[10t^3] = 10 \times \dfrac{3!}{s^{3+1}} = 10 \times \dfrac{1 \times 2 \times 3}{s^4} = \dfrac{60}{s^4}$

15 R–L 직렬회로의 시정수 값이 클수록 과도현상의 소멸되는 시간에 대한 설명이 적합한 것은?

① 길어진다   ② 짧아진다   ③ 변화가 없다   ④ 과도기가 없어진다

해설

• 과도현상은 시정수가 클수록 오래 지속된다.

16 $f(t) = \dfrac{e^{at} + e^{-at}}{2}$의 라플라스 변환은?

① $\dfrac{s}{s^2 - a^2}$ ② $\dfrac{s}{s^2 + a^2}$ ③ $\dfrac{a}{s^2 - a^2}$ ④ $\dfrac{a}{s^2 + a^2}$

해설

• 함수 $£[f(t)] = \dfrac{1}{2}(e^{at} + e^{-at})$로 변환한다.

• 라플라스 $F(s) = \dfrac{1}{2}\left(\dfrac{1}{s+a} + \dfrac{1}{s-a}\right)$

$= \dfrac{1}{2}\left(\dfrac{s+a+s-a}{(s+a)(s-a)}\right) = \dfrac{1}{2}\left(\dfrac{2s}{s^2-a^2}\right) = \dfrac{s}{s^2-a^2}$

17 다음과 같은 블록선도의 등가 합성 전달함수는?

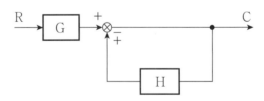

① $\dfrac{1}{1 \pm H}$ ② $\dfrac{G}{1 \pm GH}$ ③ $\dfrac{G}{1 \pm H}$ ④ $\dfrac{1}{1 \pm GH}$

해설

• 전달함수는 $\dfrac{G}{1 - (\mp H)} = \dfrac{G}{1 \pm H}$ 이다.

18 전압비가 3,300/220[V]인 단권 변압기 2개를 V결선으로 해서 부하에 전력을 공급한다. 공급할 수 있는 최대 용량은 자기용량의 몇 배인가?

① 12.50　　　　　② 13.35　　　　　③ 13.86　　　　　④ 14.56

해설

- 부하용량 $= \dfrac{\sqrt{3}}{2} \times \dfrac{V_h}{V_h - V_l} \times$ 자기용량 $= \dfrac{\sqrt{3}}{2} \times \dfrac{3,520}{3,520 - 3,300} \times$ 자기용량

  $= 13.86 \times$ 자기용량

19 피뢰기의 구비조건으로 틀린 것은?

① 충격 방전개시 전압이 낮을 것　　　② 제한전압이 높을 것

③ 뇌전류 방전능력이 클 것　　　　　④ 속류차단을 확실하게 할 수 있을 것

해설

- 제한전압이 낮을 것
- 반복동작에 견디고, 구조가 간단하며 특성변화가 없을 것

20 변압기의 권선 상호간, 권선의 층간을 절연하게 되는 절연재의 등급별 온도에 관한 물음에 적당한 답을 쓰시오.

절연의 종류	Y	A	E	B	F	H	C
허용 최고 온도(℃)	90	(　)	120	(　)	155	180	180이상

① A종 : 유입변압기, 105(℃), B종 : 몰드변압기, 130(℃)

② A종 : 몰드변압기, 110(℃), B종 : 유입변압기, 130(℃)

③ A종 : 유입변압기, 115(℃), B종 : 몰드변압기, 135(℃)

④ A종 : 몰드변압기, 120(℃), B종 : 유입변압기, 135(℃)

해설

(1) 절연물의 최고 허용 온도

절연의 종류	Y	A	E	B	F	H	C
허용 최고 온도(℃)	90	105	120	130	155	180	180이상

(2) 절연유 구비조건
- 절연내력이 클 것
- 인화점이 높고, 응고점이 높을 것
- 화학작용을 일으키지 않을 것
- 점도가 낮고, 비열이 커서 냉각 효과가 클 것
- 고온에서도 산화하지 않을 것

정답　**18** ③　**19** ②　**20** ①

21 4극 60[Hz] 볼류트 펌프 전동기 회전자계를 측정한 결과 1,710[rpm]이었다. 이 전동기의 슬립은 몇 [%]인지 구하시오.

① 4   ② 5   ③ 8   ④ 10

해설

- 동기속도 $N_S = \dfrac{120f}{P} = \dfrac{120 \times 60}{4} = 1{,}800[\text{rpm}]$

- 슬립 $S = \dfrac{N_S - N}{N_S} = \dfrac{1{,}800 - 1{,}710}{1{,}800} = 0.05 = 5[\%]$

22 유도 전동기의 속도변동률을 구하는 식으로 타당한 것은?

① $\dfrac{N_0 - N_n}{N_0} \times 100[\%]$

② $\dfrac{N_0 - N_n}{N_n} \times 100[\%]$

① $\dfrac{N_n - N_0}{N_n} \times 100[\%]$

④ $\dfrac{N_n - N_0}{N_0} \times 100[\%]$

해설

(1) 속도변동률
- 속도 변동률$(e) = \dfrac{N_0 - N_n}{N_n} \times 100[\%]$
- 정격 회전수(N_n)와 무부하 시 회전속도(N_0)가 변동하는 비율

(2) 전압변동률
- 전압 변동률$(e) = \dfrac{V_0 - V_n}{V_n} \times 100[\%]$
- 정격부하 전압(V_n)과 무부하 전압(V_0)이 변동하는 비율

23 전동기의 기동방식 중 리액터 기동방식에 대한 설명이 아닌 것은?

① 전동기 1차 측에 리액터를 넣어 기동 시 리액터 전압강하분 만큼 낮게 기동한다.

② 리액터 탭 50-65-80[%]의 설정에 따라 기동전류, 기동토크의 조정 가능하다.

③ 3상 단권변압기를 사용한 기동방식이다.

④ 15[kW] 이상의 중, 대용량의 유도전동기, 기동시 충격방지 필요한 큰 용량의 펌프, 휀 등에 사용된다.

해설

- 3상 단권 변압기를 기동 보상기로 하는 방식은 기동 보상기 기동(콘돌퍼 기동)이다.

24 교류와 직류 양쪽 모두에 사용 가능한 전동기는?

① 단상 분권 정류자 전동기　　　　② 단상 반발 전동기

③ 세이딩 코일형 전동기　　　　　④ 단상 직권 정류자 전동기

해설

단상 직권 정류자 전동기 특징
• 교직 양용 전동기라고도 한다.
• 교류 및 직류에서 동작할 수가 있다.

25 직류 전동기에서 전기자에 가해주는 전원 전압을 낮추어서 전동기의 유도 기전력을 전원 전압보다 높게 하여 제동하는 방법은?

① 저항제동　　　　　　　　　　② 맴돌이 전류 제동

③ 역전제동　　　　　　　　　　④ 회생제동

해설

회생제동의 특징
• 전동기를 발전기로 동작시켜 그 발생전력을 전원에 되돌려서 제동하는 방법이다.
• 경사로를 내려가는 경우 전동기, 가속도를 받아 운전하는 전기 차량 등에 적용한다.

26 동기 발전기의 권선을 분포권으로 할 때 나타나는 현상으로 옳은 것은?

① 권선의 리액턴스가 커진다.

② 전기자 반작용이 증가한다.

③ 집중권에 비하여 합성 유기 기전력이 커진다.

④ 기전력의 파형이 좋아진다.

해설

동기 발전기 분포권의 특징
• 고조파를 제거하여 파형이 개선된다.
• 누설 리액턴스를 감소시킨다.
• 전기자 동손으로 발생하는 열이 고르게 분포되어 과열을 방지한다.
• 집중권에 비해 유기 기전력이 감소한다.

27 2중 농형 전동기가 보통 농형 전동기에 비해서 다른 점은?

① 기동전류가 크고 기동회전력도 크다.　　② 기동전류가 작고 기동회전력도 작다.

③ 기동전류가 작고 기동회전력은 크다.　　④ 기동전류가 크고 기동회전력은 적다.

해설

• 2중 농형 전동기는 회전자의 농형권선을 내외 2중으로 설치한 것이다.
• 기동 시에는 저항이 높은 외측 도체로 흐르는 전류로 큰 기동 토크를 얻는다.
• 기동 후에는 저항이 적은 내측 도체로 전류가 흘러 우수한 운전특성을 갖는다.
• 보통 농형 전동기에 비해 기동전류는 작고 기동토크는 크다.

정답 **24** ④ **25** ④ **26** ④ **27** ③

28 4극 직류 발전기가 전기자 도체수 600, 극당 유효자속 0.035[Wb], 회전수 1,800[rpm]일 때 유기되는 기전력은 몇 [V]인가? (단, 권선은 단중 중권이다.)

① 220   ② 320   ③ 430   ④ 630

해설

- 기전력 $E = \dfrac{PZ\phi}{a} \times \dfrac{N}{60}$, 단중중권 $a=4$이므로,
- 기전력 $E = \dfrac{4 \times 600 \times 0.035}{4} \times \dfrac{1,800}{60} = 630[\text{V}]$

29 1차 전압 2,200[V], 무부하전류 0.088[A], 철손 110[W]인 단상 변압기의 자화전류는?

① 50[mA]   ② 72[mA]   ③ 88[mA]   ④ 94[mA]

해설

- 철손전류 $I_w = \dfrac{P_i}{V_i} = \dfrac{110}{2,200} = 0.05[\text{A}]$, 여자전류(무부하전류) $I_o = \sqrt{I_u^2 + I_w^2}[\text{A}]$이므로,
- 자화전류 $I_u = \sqrt{I_o^2 - I_w^2} = \sqrt{0.088^2 - 0.05^2} = 0.072[\text{A}] = 72[\text{mA}]$

30 변압기의 철손과 동손을 측정할 수 있는 시험으로 옳은 것은?

① 철손 : 무부하시험, 동손 : 단락시험   ② 철손 : 단락시험, 동손 : 극성시험
③ 철손 : 부하시험, 동손 : 유도시험   ④ 철손 : 무부하시험, 동손 : 절연내력시험

해설

- 무부하시험 : 철손, 여자전류, 여자어드미턴스
- 단락시험 : 동손, 임피던스 전압, 임피던스 와트, 임피던스 동손, 단락전류

31 저압 가공 인입선의 시설기준이 아닌 것은?

① 전선은 나전선, 절연전선, 케이블을 사용한다.
② 전선이 옥외용 비닐 절연전선일 경우에는 사람이 접촉할 우려가 없도록 시설할 것
③ 전선의 높이는 철도 또는 궤도를 횡단하는 경우에는 레일면상 6.5[m] 이상일 것
④ 전선이 케이블인 경우 이외에는 인장강도 2.3[kN] 이상일 것

해설

- 인입전선 종류 : 절연전선, 다심형 전선, 케이블
- 인입선으로 사용해서는 안 되는 전선 종류 : 나전선

정답 **28** ④ **29** ② **30** ① **31** ①

32 전기공사 시 정부나 공공기관에서 발주하는 전기재료의 할증률 중 옥외 케이블은 일반적으로 몇 [%] 이내로 하여야 하는가?

① 2   ② 3   ③ 5   ④ 10

해설

전선의 할증률
• 옥내 전선 10[%], 옥외 전선 5[%]
• 옥내 케이블 5[%], 옥외 케이블 3[%]

33 전선의 허용전류 결정에서 열 가소성물질인 염화비닐(PVC) 전선의 최고 허용온도[℃]는?

① 70   ② 90   ③ 105   ④ 120

해설

• 70[℃](도체) : 열가소성 물질(염화비닐(PVC)
• 90[℃](도체) : 열 경화성물질[가교폴리에틸렌(XLPE) 또는 에텔렌프로필렌고무혼합물(EPR)]
• 70[℃](시스) : 무기물(열가소성 물질 피복 또는 나도체로 사람이 접촉할 우려가 있는 것)
• 105[℃](시스) : 무기물(사람의 접촉에 노출되지 않고, 가연성 물질과 접촉할 우려가 없는 나도체)

34 저압 전선로 중 절연부분의 전선과 대지 사이의 절연저항은 사용전압에 대한 누설전류가 최대 공급전류의 얼마를 넘지 않도록 하여야 하는가?

① $\frac{1}{1,500}$ ② $\frac{1}{2,000}$ ③ $\frac{1}{2,500}$ ④ $\frac{1}{3,000}$

해설

• 절연부분의 전선과 대지 사이의 절연저항은 사용전압에 대한 누설전류가 최대 공급전류의 $\frac{1}{2,000}$ 을 초과하지 않도록 해야 한다.

35 저압 연접 인입선의 시설기준으로 옳은 것은?

① 옥내를 통과하여 시설할 것
② 폭 4[m]를 초과하는 도로를 횡단하지 말 것
③ 지름은 최소 1.5[mm²] 이상의 경동선을 사용할 것
④ 인입선에서 분기하는 점으로부터 100[m]를 초과하지 말 것

해설

연접 인입선
• 한 수용장소의 인입선에서 분기하여 다른 지지물을 거치지 않고 다른 수용장소의 인입구에 이르는 전선
• 옥내를 관통하지 말 것
• 폭 5[m]를 초과하는 도로를 횡단하지 말 것
• 인입선에서 분기하는 점으로부터 100[m]를 초과하지 말 것
• 고압 연접 인입선은 시설할 수 없다.

정답   32 ②   33 ①   34 ②   35 ④

36 주택용 배선차단기는 일반인이 접촉할 우려가 있는 장소(세대 내 분전반 및 이와 유사한 장소)에 적용하는 과전류트립 동작시간 및 특성으로 틀린 답을 고르시오.

① 63[A] 이하 부동작 전류는 1.13배이다.

② 63[A] 이하 동작 전류는 1.45배이다.

③ 63[A] 초과 부동작 전류는 1.13배이다.

④ 63[A] 초과 동작 전류는 1.35배이다.

해설

(1) 주택용 배선용 차단기-과전류트립 동작시간 및 특성

정격전류의 구분	시 간	정격전류의 배수(모든 극에 통전)	
		부동작전류	동작전류
63 [A] 이하	60분	1.13배	1.45배
63 [A] 초과	120분	1.13배	1.45배

37 전등회로의 절연전선을 동일한 셀룰러 덕트에 넣을 경우 그 크기는 전선의 피복을 포함한 단면적의 합계가 셀룰러 덕트 단면적의 몇 [%] 이하가 되도록 선정하여야 하는지 기준으로 옳은 것은?

① 20　　　　② 30　　　　③ 40　　　　④ 48

해설

- 전선 절연물을 포함하는 단면적이 20[%] 이하
- 전광사인 장치, 출퇴표시등, 기타 이와 유사한 장치 또는 제어회로 등의 배선 50[%] 이하

38 접지도체에 피뢰시스템이 접속되는 경우 접지도체의 최소 단면적(구리)으로 맞는 것은?

① 6[mm^2] 이상　② 8[mm^2] 이상　③ 16[mm^2] 이상　④ 50[mm^2] 이상

해설

접지도체의 최소 단면적
- 큰 고장전류가 접지도체를 통하여 흐르지 않을 경우 : 구리 6[mm^2] 이상, 철재 50[mm^2] 이상
- 접지도체에 피뢰시스템이 접속되는 경우 : 구리 16[mm^2] 이상, 철재 50[mm^2] 이상

39 500[lm]의 광속을 발산하는 전등 20개를 1,000[m^2] 방에 점등하였을 경우 평균조도는 약 몇 [l$_x$]인가? 단, 조명률은 0.3, 감광보상률은 1.5이다.

① 2　　　　② 4.33　　　　③ 5.44　　　　④ 6.66

해설

- 조도 $E = \dfrac{FNU}{AD} = \dfrac{500 \times 20 \times 0.3}{1,000 \times 1.5} = 2[l_x]$

40 변압기의 병렬운전 조건에 대한 설명으로 틀린 것은?

① 각 변압기의 저항과 누설 리액턴스 비가 같아야 한다.

② 권수비, 1차 및 2차의 정격전압이 같아야 한다.

③ 극성이 같아야 한다.

④ 각 변압기의 임피던스가 정격 용량에 비례하여야 한다.

해설

변압기 병렬 운전조건
- % 임피던스가 같아야 한다.
- 극성이 같아야 한다.
- 권수비가 같고 1, 2차 정격전압이 같아야 한다.
- 내부저항과 누설리액턴스 비가 같아야 한다.
- 각 변압기의 임피던스는 정격용량에 반비례할 것

41 다음은 단상 SCR 제어에 의한 단상 반파 정류회로이다. 직류측 전압을 구하는 방법이 아닌 것은?

① $V_d = \dfrac{1}{2\pi} \displaystyle\int_0^\pi \sqrt{2}\,V \sin wt\, d(wt)\,[\mathrm{V}]$ ② $V_d = \dfrac{\sqrt{2}}{\pi} V\left(\dfrac{1+\cos\alpha}{2}\right)[\mathrm{V}]$

③ $V_d = 0.9V\left(\dfrac{1+\cos\alpha}{2}\right)[\mathrm{V}]$ ④ $V_d = 0.45V\left(\dfrac{1+\cos\alpha}{2}\right)[\mathrm{V}]$

해설

① SCR 위상 제어 단상 반파 정류회로

$$V_d = \frac{1}{2\pi}\int_0^\pi \sqrt{2}\,V\sin wt\,d(wt) = \frac{\sqrt{2}\,V}{2\pi}\,[-\cos wt]_\alpha^\pi$$
$$= \frac{\sqrt{2}}{\pi}V\left(\frac{1+\cos\alpha}{2}\right) = 0.45V\left(\frac{1+\cos\alpha}{2}\right)$$

42 단상 반파 위상제어 정류회로에서 220[V], 60[HZ]의 정현파 단상 교류 전압을 점호각 60°로 반파 정류하고자 한다. 순저항 부하 시 평균 전압은 약 몇 [V]인가?

① 74   ② 84   ③ 94   ④ 104

해설

$$V_{dc} = 0.45V\left(\frac{1+\cos\alpha}{2}\right) = 0.45 \times 220\left(\frac{1+\cos 60°}{2}\right)$$
$$= 74.25[\mathrm{V}]$$

정답   **40** ④   **41** ③   **42** ①

43 단상 전파 정류회로를 구성한 것으로 옳은 것은?

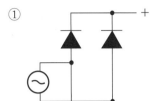
①

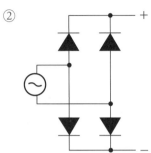
②

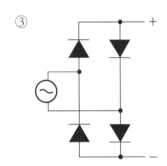
③

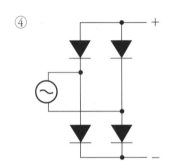
④

해설
- 다이오드의 캐소드 방향이 +, 애노드 방향이 -쪽으로 접속되어야 한다.

44 스위칭 주기(T)에 대한 스위치의 온(ON) 시간(t_{on})의 비인 듀티비를 D라 하면 정상상태에서 벅 부스트 컨버터(Buck Boost Converter)의 입력전압(V_S) 대 출력전압(V_0)의 비$\left(\dfrac{V_0}{V_S}\right)$를 올바르게 나타낸 것은?

① $D-1$ 　　② $\dfrac{D}{1+D}$ 　　③ $\dfrac{D}{1-D}$ 　　④ $1-D$

해설
- Buck Boost 전압비 $\dfrac{V_0}{V_S} = \dfrac{T_{on}}{T_{off}} = \dfrac{T_{on}}{T-T_{on}} = \dfrac{D}{1-D}$
- Boost 전압비 $\dfrac{V_0}{V_S} = \dfrac{1}{1-D}$
- Buck 전압비 $\dfrac{V_0}{V_S} = D$

정답 43 ① 44 ③

45 다음 중 2방향성 3단자 사이리스터는 어느 것인가?

① SCR   ② SCS   ③ SSS   ④ TRIAC

해설

- SCR : 1방향성 3단자
- SCS : 1방향성 4단자
- SSS : 2방향성 2단자

46 송전선 단면적 $A[\mathrm{mm}^2]$와 송전전압 $V[\mathrm{kV}]$의 관계식으로 옳은 것은?

① $A \propto \dfrac{1}{V^2}[\mathrm{mm}^2]$ ② $A \propto \dfrac{1}{V}[\mathrm{mm}^2]$

③ $A \propto V[\mathrm{mm}^2]$ ④ $A \propto V^2[\mathrm{mm}^2]$

해설

- 선로(손실) 전력 $P_l = 3I^2R = \dfrac{P^2}{V^2\cos^2\theta} \times \rho\,\dfrac{l}{A}\,[\mathrm{kW}]$에서, $A \propto \dfrac{P^2}{P_l V^2 \cos^2\theta} \times \rho l\,[\mathrm{mm}^2]$이다.

47 가공 왕복선 지름이 $d[\mathrm{m}]$, 선간 거리가 $D[\mathrm{m}]$일 때, 선로 한 가닥의 작용 인덕턴스는 몇 $[\mathrm{mH}]$인가?

① $L = 0.05 + 0.4605 \log_{10}\dfrac{D}{d}$ ② $L = 0.5 + 0.4605 \log_{10}\dfrac{D}{d}$

③ $L = 0.5 + 0.4605 \log_{10}\dfrac{2D}{d}$ ④ $L = 0.05 + 0.4605 \log_{10}\dfrac{2D}{d}$

해설

- 작용 인덕턴스 $L = 0.05 + 0.4605 \log_{10}\dfrac{D}{r} = 0.05 + 0.4605 \log_{10}\dfrac{D}{\frac{d}{2}} = 0.05 + 0.4605 \log_{10}\dfrac{2D}{d}$

48 송전선로에서 코로나 임계전압을 높이려는 경우, 다음 중 가장 타당한 것은?

① 기압은 낮게   ② 전선 직경은 크게

③ 온도는 높게   ④ 상대 공기밀도는 작게

해설

- 코로나 임계전압 $E_0 = 24.3 m_0 m_1 \delta d \log_{10}\dfrac{D}{r}\,[\mathrm{kV}]$로,
- 전선의 표면계수, 기후에 관한 계수, 상대 공기밀도, 전선의 직경, 선간거리는 임계전압에 비례하고, 전선 반지름(r)은 반비례한다.

49 3상 배전선로의 말단에 늦은 역률 80[%], 200[kW]의 평형 3상 부하가 있다. 부하점에 부하와 병렬로 전력용 콘덴서를 접속하여 선로손실을 최소화하려고 한다. 이 경우 필요한 콘덴서의 용량 [kVA]은? (단, 부하단 전압은 변하지 않는 것으로 한다.)

① 115　　　　　② 125　　　　　③ 135　　　　　④ 150

해설

• 콘덴서 용량 $Q=P\times\left(\dfrac{\sin\theta_1}{\cos\theta_1}-\dfrac{\sin\theta_2}{\cos\theta_2}\right)=200\times\left(\dfrac{0.6}{0.8}-\dfrac{0}{1}\right)=150[\text{kVA}]$

50 송전선로에서 소호환(Arcing Ring)을 설치하는 이유는?

① 누설 전류에 의한 편열 방지　　　② 애자에 걸리는 전압분담 균일화
③ 전력손실 감소　　　　　　　　　④ 송전전력 증대

해설

소호환(Arcing Ring) 설치 목적
• 애자련의 전압분담 균일화
• 전선의 이상현상으로 인한 열적 파괴방지

51 77인 10진수를 2진수로 표시한 것은?

①1011001　　　　② 1011010　　　　③ 1110111　　　　④ 1001101

해설

```
2 │ 77   나머지수
2 │ 38   ······ 1
2 │ 19   ······ 0 ↑
2 │  9   ······ 1 ↑
2 │  4   ······ 1 ↑
2 │  2   ······ 0 ↑
      1  → ······ 0
```

52 다음 논리함수를 간략화하면 어떻게 되는가?

$$Y = \overline{A}\,\overline{B}\,\overline{C}\,\overline{D} + \overline{A}\,\overline{B}C\overline{D} + A\overline{B}\,\overline{C}\,\overline{D} + A\overline{B}C\overline{D}$$

	$\overline{A}\,\overline{B}$	$\overline{A}\,B$	$A\,B$	$A\,\overline{B}$
$\overline{C}\,\overline{D}$	1			1
$\overline{C}\,D$				
$C\,D$				
$C\,\overline{D}$	1			1

① $\overline{B}\,\overline{D}$ 　　 ② $B\overline{D}$ 　　 ③ $\overline{B}D$ 　　 ④ BD

해설

- $F = \overline{A}\,\overline{B}\,\overline{C}\,\overline{D} + \overline{A}\,\overline{B}C\overline{D} + A\overline{B}\,\overline{C}\,\overline{D} + A\overline{B}C\overline{D}$
  $= \overline{A}\,\overline{B}\,\overline{D}(\overline{C}+C) + A\overline{B}\,\overline{D}(\overline{C}+C)$
  $= \overline{A}\,\overline{B}\,\overline{D} + A\overline{B}\,\overline{D}$
  $= \overline{B}\,\overline{D}(\overline{A}+A)$
  $= \overline{B}\,\overline{D}$

53 논리식 $\mathbf{A+AB}$를 간단히 계산한 논리값의 결과는?

① A 　　　 ② $A+\overline{B}$ 　　　 ③ $\overline{A}+B$ 　　　 ④ A+B

해설

- $A+AB = A(1+B) = A$

54 다음 그림은 어떤 논리 회로인가?

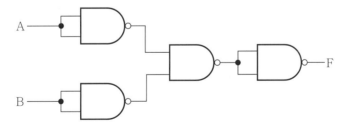

① NOR 　　　　　　　　　　 ② NAND
③ XOR(exclusive OR) 　　　　 ④ XNOR(exclusive NOR)

해설

- NOR이다.
- 논리식으로 표현하면 $F = \overline{\overline{\overline{AB}}} = \overline{\overline{A}\,\overline{B}} = \overline{A+B}$이다.

정답 **52** ① **53** ① **54** ①

55 그림과 같은 기본회로 논리동작은?

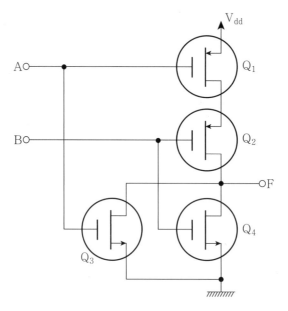

① NAND 게이트   ② NOR 게이트   ③ AND 게이트   ④ OR 게이트

해설
- A, B 입력이 모두 0이면 출력이 1이고, 두 입력이 하나라도 1인 경우 출력은 0이 되는 NOR 게이트 소자이다.

56 샘플링 검사의 목적으로 옳치 않는 것은?

① 품질 향상의 자극   ② 검사 비용 절감
③ 생산 공정상의 문제점 해결   ④ 나쁜 품질인 로트의 불합격

해설
샘플링 검사
- 한 로트의 물품 중에서 발췌한 시료를 조사하고, 그 결과를 판정기준과 비교한다.
- 로트의 합격여부를 결정하는 검사로서 검사비용이 절감되고, 품질을 향상시킬 수 있다.

57 다음 중 계량치 관리도는 어느 것인가?

① n관리도   ② np관리도   ③ R관리도   ④ c관리도

해설
- 계량형 관리도 : $\bar{x} - R$관리도, x관리도, $x - R$관리도, R관리도
- 계수형 관리도 : np관리도, p관리도, c관리도, u관리도

정답 55 ② 56 ③ 57 ③

58 관리도에서 측정한 값을 차례로 타점했을 때 점이 순차적으로 상승하거나 하강하는 것을 무엇이라 하는가?

① 주기(cycle)　　② 연(run)　　③ 경향(trend)　　④ 산포(dispersion)

해설
- 경향(trend) : 점이 점점 올라가거나 내려가는 현상
- 주기(cycle) : 점이 주기적으로 상, 하로 변동하여 파형을 나타내는 현상
- 산포(dispersion) : 수집된 자료값이 그 중앙값으로부터 떨어져 있는 정도를 나타내는값
- 런(run) : 중심선의 한쪽에 연속에서 나타나는 점(길이가 연속 5~6런이면 주의, 7런이면 공정 이상)

59 검사의 종류 중 검사공정에 의한 분류에 해당되지 않는 것은?

① 출하검사　　② 수입검사　　③ 출장검사　　④ 공정검사

해설
검사공정에 의한 분류
- 수입(구입)검사
- 공정(중간)검사
- 최종(완성)검사
- 출하검사

60 다음 데이터로부터 통계량을 계산한 것 중 틀린 것은?

21.5	23.7	24.3	27.2	29.1

① 시료분산(S^2)=8.988　　② 제곱합(S)=7.59
③ 범위(R)=7.6　　④ 중앙값(Me)=24.3

해설
- 범위(R)=최대값－최소값=29.1－21.5=7.6
- 표본 평균 값

$$=\frac{(21.5+23.7+24.3+27.2+29.1)}{5}$$
$$=25.16$$

- 제곱합(S)=(자료에서 각각의 수－평균값)^2=편차(개개의 측정 값에서 표본 평균값을 뺀 값)를 제곱한 값이다.

$$=(21.5-25.16)^2+(23.7-25.16)^2+(24.3-25.16)^2+(27.2-25.16)^2+(29.1-25.16)^2$$
$$=35.952$$

- 중앙값(Me)=통계집단의 변량을 크기의 순서로 늘어 놓을 때 중앙에 위치하는 값
$$=24.3$$

- 시료분산

$$(S^2)=\frac{\sum(자료에서\ 각각의\ 수-평균값)^2}{자료의\ 수-1}$$
$$=[(21.5-25.16)^2+(23.7-25.16)^2+(24.3-25.16)^2+(27.2-25.16)^2+(29.1-25.16)^2]\div(5-1)$$
$$=8.988$$

정답　58 ③　59 ③　60 ②

01 직렬회로에서 저항 6[Ω], 유도리액턴스 8[Ω]의 부하에 비정현파 전압 $v = 200\sqrt{2}\sin wt$ $+ 100\sqrt{2}\sin 3wt$[V]를 가했을 때, 이 회로에서 소비되는 전력[W]은?

① 2,450   ② 2,498

③ 2,544   ④ 2,566

해설

(1) 풀이 1

소비전력 $P = VI\cos\theta$로 계산한 경우

$P = P_1 + P_2$

$$= 200\left(\frac{200}{\sqrt{6^2+8^2}}\right) \times \left(\frac{6}{\sqrt{6^2+8^2}}\right) + 100\left(\frac{100}{\sqrt{6^2+(3\times8)^2}}\right) \times \left(\frac{6}{\sqrt{6^2+(3\times8)^2}}\right)$$

$\fallingdotseq 2,498$[W]

(2) 풀이 2

소비전력 $P = I^2R$로 계산한 경우

$$P = \left[\left(\frac{V_1}{Z_1}\right)^2 + \left(\frac{V_3}{Z_3}\right)^2\right]R = \left[\left(\frac{200}{\sqrt{6^2+8^2}}\right)^2 + \left(\frac{100}{\sqrt{6^2+(3\times8)^2}}\right)^2\right] \times 6 \fallingdotseq 2,498$$[W]

02 환상 솔레노이드에 감겨진 코일의 권수와 인덕턴스의 관계로 맞는 것은?

① 인덕턴스는 권수의 제곱에 비례한다.

② 인덕턴스는 권수의 제곱에 반비례한다.

③ 인덕턴스는 권수에 비례한다.

④ 인덕턴스는 권수에 반비례한다.

해설

• 반지름이 r[m]이고 감은 횟수가 N회인 환상 솔레노이드에 I[A]의 전류가 흐를 때 솔레노이드 내부에 생기는 자기장의 세기와 자기인덕턴스

- 자기장의 세기 $H = \dfrac{NI}{l} = \dfrac{NI}{2\pi r}$[AT/m]

- 자기 인덕턴스 $L = \dfrac{\mu SN^2}{l}$[H]

03 자장 안에 운동하는 도체를 놓았을 때 기전력의 방향과 전류의 방향을 나타내는 법칙은?

① 옴의법칙
② 플레밍의 왼손법칙
③ 플레밍의 오른손 법칙
④ 렌츠의 법칙

해설

플레밍의 오른손 법칙
① 자장 내의 도체를 운동시켜 자속을 끊는 경우 기전력의 방향을 알 수 있는 법칙
 – 도체의 운동(힘)방향 (F) : 엄지
 – 자기장의 방향(B) : 검지
 – 기전력의 방향(e) : 중지
② 도체와 자장의 방향이 θ의 각도일 경우 $e = Blv \sin \theta$

04 코일에 저장되는 전자적 에너지[J]는?

① $W = \dfrac{1}{2} LI^2 [\text{J}]$

② $W = \dfrac{1}{2} BH^2 [\text{J/m}^3]$

③ $W = \dfrac{1}{2} \dfrac{B^2}{H}$

④ $W = \dfrac{1}{2} L^2 I$

해설

① 전자적 에너지 $W = \dfrac{1}{2} LI^2 [\text{J}]$

② 자기 (단위 면적당) 흡인력 $f = \dfrac{1}{2} \dfrac{B^2}{\mu} [\text{N/m}^2]$

05 임피던스 파라미터(Z 파라미터)로 이상 변압기 회로에서 4단자 정수 값으로 틀리는 것은?

① $Z_{11} = \left(\dfrac{V_1}{I_1} \right)_{I_2} = 0$: 구동점 임피던스

② $Z_{21} = \left(\dfrac{V_2}{I_1} \right)_{I_2} = 0$: 순방향 전달 임피던스

③ $Z_{12} = \left(\dfrac{V_1}{V_2} \right)_{I_1} = 0$: 역방향 전달 임피던스

④ $Z_{22} = \left(\dfrac{V_2}{I_1} \right)_{I_1} = 0$: 구동점 임피던스

해설

• 임피던스 파라미터 값은 $I_1 = 0$ 또는 $I_2 = 0$ (개방) 조건으로 한다.

 $- Z_{11} = \left(\dfrac{V_1}{I_1} \right)_{I_2} = 0$: 출력단 개방 (구동점 임피던스)

 $- Z_{21} = \left(\dfrac{V_2}{I_1} \right)_{I_2} = 0$: 출력단 개방 (순방향 전달 임피던스)

 $- Z_{12} = \left(\dfrac{V_1}{I_2} \right)_{I_1} = 0$: 입력단 개방 (역방향 전달 임피던스)

 $- Z_{22} = \left(\dfrac{V_2}{I_2} \right)_{I_1} = 0$: 입력단 개방 (구동점 임피던스)

정답 **03** ③ **04** ① **05** ③

06 임피던스 파라미터 4단자로 출력단자에 임피던스 Z_{02}를 접속했을 때 입력측에서 본 임피던스 Z_{01}의 표현식은 ?

① $Z_{01}=\sqrt{\dfrac{DB}{CA}}$ ② $Z_{01}=\sqrt{\dfrac{D}{C}}$ ③ $Z_{01}=\sqrt{\dfrac{AC}{BD}}$ ④ $Z_{01}=\sqrt{\dfrac{AB}{CD}}$

해설

• Z_{01} : 출력단자에 임피던스 Z_{02}를 접속했을 때 입력측에서 본 임피던스

　 - $Z_{22}=\dfrac{V_1}{I_1}=\dfrac{AV_2+BI_2}{CV_2+DI_2}=\dfrac{AZ_{02}I_2+BI_2}{CZ_{02}I_2+DI_2}=\dfrac{AZ_{02}+B}{CZ_{02}+D}$

　 - $Z_{01}=\sqrt{\dfrac{AB}{CD}}$

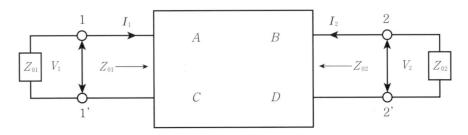

07 다음 그림과 같은 R–L 직렬 전기회로의 전달함수는?

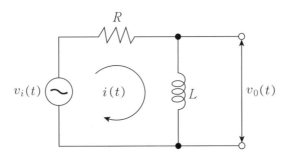

① $G(s)=\dfrac{Ls}{R+Ls}=\dfrac{s}{s+\dfrac{R}{L}}$

② $G(s)=\dfrac{Ls}{R+Rs}$

③ $G(s)=\dfrac{Ls}{R+Ls}=\dfrac{s}{s+\dfrac{L}{R}}$

④ $G(s)=\dfrac{Ls}{L+Ls}$

해설

• $R-L$ 직렬회로 전기회로의 전달함수는 입, 출력단 양단전압을 $v_i(t)$, $v_0(t)$일 때

　 $v_i(t)=Ri(t)+L\dfrac{di(t)}{dt}$, $v_0(t)=L\dfrac{di(t)}{dt}$ 를 라플라스 변환(초기값이 0인 조건)하면

　 $V_i(s)=RI(s)+LsI(s)=(R+L_s)I(s)$, $V_0(s)=LsI(s)$

　 $\therefore G(s)=\dfrac{V_0(s)}{V_i(s)}=\dfrac{Ls}{R+Ls}=\dfrac{s}{s+\dfrac{R}{L}}$

정답 **06** ④ **07** ①

08 C_1, C_2인 콘덴서 2개를 병렬로 연결했을 때 합성용량은?

① C_1+C_2　　　　② C_1+C_2　　　　③ $\dfrac{C_1+C_2}{C_1C_2}$　　　　④ $\dfrac{C_1C_2}{C_1+C_2}$

해설

- 직렬 합성용량 $=\dfrac{C_1C_2}{C_1+C_2}$
- 병렬 합성용량 $=C_1+C_2$

09 교류 회로에 $V=100\angle\dfrac{\pi}{3}$의 전압과 $I=10\sqrt{3}+j10[A]$의 전류가 흐른다. 이 회로에서 무효전력[Var] 산출 값은?

① 750　　　　② 1,000　　　　③ 1,732　　　　④ 2,000

해설

- 피상전력 $P_a=VI$에서, 전압 $V=100\angle\dfrac{\pi}{3}$[V]를 복소수(실수와 허수부)로 바꾸면 $V=50+j50\sqrt{3}$이다.
- 피상전력 $P_a=VI=(50+j50\sqrt{3})(10\sqrt{3}-j10)$
$$=(500\sqrt{3}+500\sqrt{3})+j(1,500-500)$$
$$=1,000\sqrt{3}+j1,000$$
- 실수부(유효전력) $1,000\sqrt{3}$[W], 허수부(무효전력) 1,000[Var]

10 서로 다른 금속 A, B를 접속하고 한 쪽 금속에서 다른 쪽 금속으로 전류를 흘리면 열의 발생 또는 흡수가 일어나는 현상으로 전자냉동(흡열), 온풍기(발열) 등에 사용하는 현상 또는 효과는?

① 톰슨 효과　　　② 펠티에 효과　　　③ 홀 효과　　　④ 근접 효과

해설

- **펠티에 효과(Peltier Effect)**
  - 서로 다른 금속 A, B를 접속하고 한 쪽 금속에서 다른 쪽 금속으로 전류를 흘리면 열의 발생 또는 흡수가 일어나는 현상
  - 적용 : 전자냉동(흡열), 온풍기(발열)

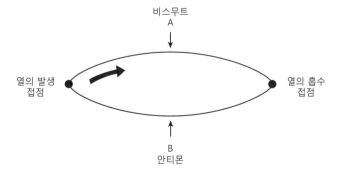

11 내부저항이 $0.1[\Omega]$, 최대 지시 $1[A]$의 전류계에 분류기 R을 접속하여 측정범위를 $15[A]$로 확대하려면 R의 값은 몇 $[\Omega]$으로 하면 되는가?

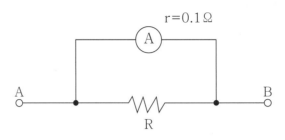

① $\dfrac{1}{130}$ ② $\dfrac{1}{140}$ ③ $\dfrac{1}{150}$ ④ $\dfrac{1}{160}$

해설

• 분류기의 배율식 $n=\left(1+\dfrac{r}{R}\right)$에서 R을 구하면,

$$R=\frac{r}{n-1}=\frac{0.1}{15-1}=\frac{1}{140}$$

12 전원과 부하가 다 같이 △결선된 3상 평형회로가 있다. 전원 전압이 $200[V]$, 부하 임피던스가 $6+j8[\Omega]$인 경우 선전류는 몇 $[A]$인가?

① 17.3   ② 27.3   ③ $10\sqrt{3}$ ④ $20\sqrt{3}$

해설

• $Z=\sqrt{6^2+8^2}=10$, $I=\dfrac{V}{Z}=\dfrac{200}{10}=20[A]$

• 선전류 $I_l=\sqrt{3}I_P=20\sqrt{3}$

13 $13.2/22.9[kV]$, 수전용량 $1,000[kW]$, 역률 $90[\%]$일 때, 인입구 MOF의 적당한 변압비와 변류비를 산출하시오.(다만, 변류기는 통상 $1.25\sim1.5$배수를 적용하다.)

① 변압비 $13,200/120[V]$, 전류비 40/5

② 변압비 $22,900/120[V]$, 전류비 25/5

③ 변압비 $22,900/120[V]$, 전류비 40/5

④ 변압비 $13,200/120[V]$, 전류비 25/5

해설

• PT비 $\dfrac{22,900}{\sqrt{3}}/110=\dfrac{13,200}{110}=120$, 따라서, $13,200/120[V]$로 선정

• CT비 $\dfrac{1,000}{\sqrt{3}\times22.9\times0.9}=28.01[A]$, 따라서, 통상 $1.25\sim1.5$배수를 적용하므로 40/5$[A]$로 선정

14 어떤 정현파 전압의 평균값이 110[V]이면 실효값은 약 몇 [V]인가?

① 240   ② 191   ③122   ④ 110

해설

- 최대값과 평균값이 $V_m = \sqrt{2}V$, $V_{av} = \dfrac{2}{\pi}V_m$ 이므로,

- 실효값 $V = \dfrac{\pi}{2\sqrt{2}}V_{av} = \dfrac{\pi}{2\sqrt{2}} \times 110 = 122[V]$

15 $\phi = \phi_m \sin wt$[Wb]인 정현파 자속이 권수 N인 코일과 쇄교할 때의 유기 기전력의 위상은 자속에 비해 어떠한가?

① $\dfrac{\pi}{2}$만큼 느리다.   ② $\dfrac{\pi}{2}$만큼 빠르다.

③ 동위상이다.   ④ π만큼 빠르다.

해설

- 유기 기전력 $e = -N\dfrac{d\phi}{dt} = -N\dfrac{d}{dt}(\phi_m \sin wt)$

$$= -N\phi_m \dfrac{d}{dt}\sin wt = -wN\phi_m \cos wt$$

$$= -wN\phi_m \sin\left(wt + \dfrac{\pi}{2}\right) = wN\phi_m \sin\left(wt - \dfrac{\pi}{2}\right)$$

∴ $\dfrac{\pi}{2}$만큼 늦은 유도 기전력이 발생한다.

16 정격출력 20[kVA], 정격에서 철손 150[W], 동손 200[W]의 단상 변압기에 뒤진 역률 0.8인, 부하를 걸었을 경우 효율이 최대이다. 이때 부하율은 약 몇 [%]인가?

① 84.5   ② 87   ③ 88.5   ④ 96.6

해설

- 최대 효율 조건은 $P_i = \left(\dfrac{1}{m}\right)^2 P_c$이므로

$$\dfrac{1}{m} = \sqrt{\dfrac{P_i}{P_c}} \times 100 = \sqrt{\dfrac{150}{200}} \times 100$$
$$= 86.6 ≒ 87[\%]$$

17 22.9[kV] 수전설비에 50[A]의 부하전류가 흐른다. 이 계통에서 변류기(CT) 60/5[A], 과전류 차단기(OCR)를 시설하여 150[%]의 과부하에서 차단기가 동작되게 하려면 과전류차단기 전류 탭의 설정값은?

① 7.5   ② 6.0   ③ 7.25   ④ 6.25

해설

① 부하 전류값 50[A] × 150[%] = 75[A],

② 변류기 탭 설정값 75[A] × $\dfrac{5}{60}$ = 6.25[A]

18 변압기의 손실과 효율에 산출식에 대하여 틀린 것은?

① 규약 효율 $\eta = \dfrac{출력[kW]}{출력[kW] + 손실[kW]} \times 100[\%]$

② 전부하 효율 $\eta = \dfrac{V_{2n} I_{2n} \cos\theta}{V_{2n} I_{2n} \cos\theta + P_i + P_c} \times 100[\%]$

③ 부하시 : $\dfrac{1}{m} = \sqrt{\dfrac{P_i}{P_c}}$

④ 최대 효율 조건 전부하 시 : $P_i = \sqrt{3} P_c$ 즉, 무부하 시 철손 = $\dfrac{1}{\sqrt{3}}$ 동손

해설

- 무부하손 : 부하의 유무에 관계없이 발생하는 손실로 히스테리시스손과 와류손 등이다.
- 부하손 : 부하전류에 의한 저항손으로, 동손과 표유부하손 등이다.
- 최대 효율 조건
  - 전부하 시 : 철손(P_i) = 동손(P_c), 즉, 무부하손 = 철손
  - 정격부하의 70[%] 부근이고, 이때 $P_i : P_c$: 1 : 2이다.

19 유도 기전력은 자신의 발생 원인이 되는 자속의 변화를 방해하려는 방향으로 발생한다는 것을 무슨 법칙이라 하는가?

① 옴의 법칙   ② 렌츠의 법칙

③ 앙페르의 법칙   ④ 쿨롱의 법칙

해설

- 렌츠의 법칙이란 전자유도에 의해 발생되는 유도 기전력과 유도 전류는 자기장의 변화를 방해하려는 방향으로 발생한다.

20 하나의 철심에 동일한 권수로 자기 인덕턴스 L[H]의 코일 두개를 접근해서 감고, 이것을 자속방향이 동일하도록 직렬 연결할 때 합성 인덕턴스 [H]는? (단, 두 코일의 결합계수는 0.5이다.)

① 0.5L   ② 1L   ③ 3L   ④ 6L

- 두 코일의 자속방향이 동일하여 $L=L_1+L_2\pm2M$에서 상호 인덕턴스는 (+)이다.
- $L=L_1+L_2+2M=L+L+2k\sqrt{LL}$
   $=2L+2\times0.5\times L$
   $=3L$

21 2개의 전하 Q_1[C], Q_2[C]를 r[m] 거리에 놓을 때, 작용력을 옳게 설명한 것은?

① Q_1, Q_2의 곱에 비례하고 r에 반비례한다.
② Q_1, Q_2의 곱에 반비례하고 r에 비례한다.
③ Q_1, Q_2의 곱에 반비례하고 r의 제곱에 비례한다.
④ Q_1, Q_2의 곱에 비례하고 r의 제곱에 반비례한다.

- 작용력 $F=9\times10^9\times\dfrac{Q_1Q_2}{r^2}$ [N]이다.

22 유도 전동기의 1차 권선의 결선을 $\varDelta$에서 Y로 바꾸면 기동시 1차 전류는 $\varDelta$결선 시의 몇 배인가?

① 변동없음   ② $\dfrac{1}{\sqrt{3}}$ ③ $\dfrac{1}{2}$ ④ $\dfrac{1}{3}$

① 1차 기동전류 $I_1=\left(\dfrac{1}{\sqrt{3}}\right)^2=\dfrac{1}{3}$배

23 농형 유도 전동기의 기동법에 속하지 않는 것은?

① 전전압기동   ② $Y-\varDelta$기동
③ 기동보상기기동(콘돌퍼 기동)   ④ 극수변환제어

① 농형 유도 전동기의 기동법
   전전압기동(직입기동), $Y-\varDelta$기동, 기동보상기기동(콘돌퍼 기동), 리액터기동
② 유도 조정기 속도제어방법
   주파수(변환)제어, 극수변환제어, (1차) 전압제어, 2차 저항법, 2차 여자법, 종속 접속법 등

24 권상하중이 18[ton]이고 매분당 6.5[m]를 끌어 올리는 권상기용 전동기의 용량 [kW]은?(단, 자체 효율은 90[%]이고, 여유율은 15[%]이다.)

① 19.12   ② 24.42   ③ 26.50   ④ 30.0

해설

① 권상기 출력 $P = \dfrac{WV}{6.12\eta}K = \dfrac{18 \times 6.5}{6.12 \times 0.9} \times 1.15 = 24.42[\text{kW}]$

    여기서, W : 권상하중[ton], η : 효율, V : 권상속도[m/분]

25 4극 3상 농형유도전동기 명판 정격이 22[kW]인 전동기의 운전 시 효율이 91[%]일 때, 이 전동기의 손실로 맞는 값은?

① 22.68   ② 20.68   ③ 2.18   ④ 1.18

해설

① 전동기의 손실 = 입력 − 출력 = $\dfrac{\text{출력}}{\text{효율}}$ − 출력 = $\dfrac{22}{0.91}$ − 22 = 2.18[kW]

② 전동기 효율(η_M) = $\dfrac{\text{입력} - \text{손실}}{\text{입력}}$ = $\dfrac{\text{출력}}{\text{입력}}$ × 100[%]

26 동기발전기의 난조 발생 대책과 거리가 먼 것은?

① 회전자에 플라이 휠 부착
② 제동권선 설치 및 부하의 급변을 피한다.
③ 전력콘덴서를 설치하여 역률을 조정한다.
④ 원동기의 조속기가 예민하지 않도록 조정한다.

해설

(1) 난조 발생원인
• 조속기의 감도가 지나치게 예민한 경우
• 전기자 저항이 큰 경우
• 원동기에 고조파 토크가 포함된 경우

(2) 난조 방지법
• 회전자에 플라이 휠 부착
• 제동권선 설치 및 부하의 급변을 피한다.
• 원동기의 조속기가 예민하지 않도록 조정한다.

27 직류전동기의 회전방향 변경 방법으로 맞는 항목은?

① 계자권선이나 전기자권선 중 어느 한쪽의 접속을 반대로 접속한다.

② 전원 공급점에서 전원의 상을 바꾼다.

③ 계자권선과 전기자권선 방향을 동시에 바꾼다.

④ 직류기는 회전방향을 바꿀수 있는 방법은 없다.

해설

• 전기자권선의 접속을 바꾸어 역회전시키는 것이 일반적이다.

• 계자권선과 전기자권선 방향을 동시에 바꾸면 회전이 바뀌지 않음으로 유의해야 한다.

28 4극 10[HP], 200[V], 60[HZ]의 3상 권선형 유도전동기가 35[kg · m]의 부하를 걸고 슬립 3[%]로 회전하고 있다. 여기에 1.2[Ω]의 저항 3개를 Y결선으로 하여 2차에 삽입하니 1,530[rpm]이 되었다. 2차 권선저항[Ω]을 산출하시오.

① 0.1　　　　② 0.2　　　　③ 0.3　　　　④ 0.5

해설

• 동기속도 $N_S = \dfrac{120f}{P} = \dfrac{120 \times 60}{4} = 1,800[\text{rpm}]$

• 슬립 $S = \dfrac{N_S - N}{N_S} = \dfrac{1,800 - 1,530}{1,800} = 0.15$

• 슬립의 비율을 구하면 $\dfrac{r_2}{s} = \dfrac{r_2 + R}{s'}$ 이므로, $\dfrac{r_2}{0.03} = \dfrac{r_2 + 1.2}{0.15}$ 이다.

• $r_2 = \dfrac{s}{s' - s} \times R = \dfrac{0.03}{0.15 - 0.03} \times 1.2 = 0.3[\Omega]$

29 단상 유도 전동기의 기동토크의 크기를 순서로 맞는 것은?

① 반발 기동형 〉 반발 유도형 〉 콘덴서 기동형 〉 분상 기동형 〉 세이딩 코일형

② 반발 유도형 〉 콘덴서 기동형 〉 분상 기동형 〉 세이딩 코일형 〉 반발 기동형

③ 반발 유도형 〉 반발 기동형 〉 콘덴서 기동형 〉 분상 기동형 〉 세이딩코일형

④ 분상 기동형 〉 세이딩 코일형 〉 반발 기동형 〉 반발 유도형 〉 콘덴서 기동형

해설

(1) 기동토크 크기 순서

　반발기동형 〉 반발유도형 〉 콘덴서기동형 〉 분상기동형 〉 세이딩코일형

(2) 단상 유도전동기의 특징

• 회전자는 농형이고, 고정자는 권선은 단상으로 감겨있다.

• 단상 권선에서는 교번 자계만 생기고 기동 토크는 발생하지 않는다.

• 기동 토크는 0이므로 별도의 기동장치가 필요하다.

• 무부하 전류와 전 부하전류의 비율이 크고, 역률과 효율이 나쁘다.

• 0.75[kW] 이하 소동력용, 가정용으로 많이 사용된다.

정답　**27** ①　**28** ③　**29** ①

30 소형 농형 유도전동기에서 발생하는 크로우링 현상 설명이 맞는 것은?

① 회전자를 감는 방법과 슬롯수가 적당하지 않으면 고조파 영향으로 정격속도에 이르기 전에 낮은 속도에서 안정되어 버리는 현상이다.

② 단상 유도전동기에서 역률이 저하되면 속도가 감소하는 현상이다.

③ 슬롯수와는 관계없이 제5고조파 이상이 많을 경우 속도가 높고 또는 낮게 요동치는 현상이다.

④ 소형 농형 유도전동기의 공급전압이 현저히 낮으면 발생하는 현상이다.

해설

• 회전자를 감는 방법과 슬롯수가 적당하지 않으면 고조파 영향으로 정격속도에 이르기 전에 낮은 속도에서 안정되어 버리는 현상이다.
• 방지책으로는 전동기 슬롯을 사구(경사 슬롯)로 설치한다.

31 송배전 선로에서 사용하는 경동선의 고유저항률로 맞는 답은?

① $\dfrac{1}{60}$ ② $\dfrac{1}{58}$ ③ $\dfrac{1}{55}$ ④ $\dfrac{1}{35}$

해설

전선별 고유저항률

전선	도전율[%]	저항률[$\Omega/m \cdot mm^2$]	비중
연동선	100	1/58	8.89
경동선	95	1/55	8.89
알루미늄선	61	1/35	2.7

32 케이블에 교류가 흐를 경우에 전선내 전류밀도는 균일하지 않고 중심부는 적고, 주변부에 가까워질수록 전류밀도가 커지고 있다. 이 현상의 명칭으로 적당한 것은?

① 근접효과   ② 앙페에르의 오른나사 법칙

③ 톰슨효과   ④ 표피효과

해설

표피효과
① 전선에 교류가 흐를 경우에 전선내 전류밀도는 균일하지 않고 중심부는 적고, 주변부에 가까워질수록 전류밀도가 커지고 있다.
② 전선의 중앙부는 전류가 만드는 전자속과 쇄교하므로 중심부일수록 자력선 쇄교수가 커져서 인덕턴스가 커지기 때문이다.

33 송배전선로의 복도체수가 2인 경우의 식으로 적당한 것은?

① $L_2 = 0.025 + 0.4605 \log_{10} \dfrac{D}{\sqrt[2]{rs}}$ [mH/km]

② $L_2 = 0.05 + 0.4605 \log_{10} \dfrac{D}{\sqrt[2]{rs}}$ [mH/km]

③ $L_2 = 0.025 + 0.4605 \log_{10} \dfrac{D}{\sqrt{rs}}$ [mH/km]

④ $L_2 = 0.05 + 0.4605 \log_{10} \dfrac{D}{\sqrt{rs}}$ [mH/km]

해설

• 복도체수가 2인 경우 $L_2 = 0.025 + 0.4605 \log_{10} \dfrac{D}{\sqrt[2]{rs}}$ [mH/km]

여기서, r : 전선의 반지름, D : 등가 선간 거리, s ; 소도체 간격, n : 복도체수 이다.

34 그림과 같이 송배전 선로를 배치하였다. 기하학적 평균거리로 적당한 답은?

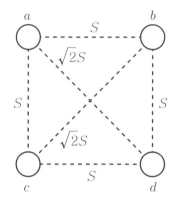

① $D_e = \sqrt[6]{S \cdot S \cdot S \cdot S \cdot \sqrt{2S}}$

② $D_e = \sqrt[6]{\sqrt{2} \cdot \sqrt{2S}}$

③ $D_e = \sqrt[3]{S \cdot S \cdot 2S} = \sqrt[3]{2S}$

④ $D_e = \sqrt[6]{S \cdot S \cdot S \cdot S \cdot \sqrt{2S} \cdot \sqrt{2S}} = \sqrt[6]{2S}$

해설

송배전 선로 기하학적 평균거리
① 수평 배치 $D_e = \sqrt[3]{D \cdot D \cdot 2D} = \sqrt[3]{2D}$
② 삼각 배치 $D_e = \sqrt[3]{D_1 \cdot D_2 \cdot D_3}$
③ 정삼각 배치 $D_e = \sqrt[3]{D_1 \cdot D_1 \cdot D_1} = D_1$
④ 정사각 배치 $D_e = \sqrt[6]{S \cdot S \cdot S \cdot S \cdot \sqrt{2S} \cdot \sqrt{2S}} = \sqrt[6]{2S}$

정답 **33** ① **34** ④

35 그림과 같이 송배전 선로를 배치하였다. 3상 1회선인 경우의 작용 정전용량 C_w은?
(단, C_s : 대지 정전용량, C_m : 선간 정전용량, C'_s : 다른 회선간의 정전용량 이다.)

① $C_w = C_s + C_m$

② $C_w = C_s + 2C_m$

③ $C_w = C_s + 3C_m$

④ $C_w = C_s + 3(C_m + C'_m)$

해설

작용 정전 용량
• 단상 1회선인 경우 $C_w = C_s + C_m$

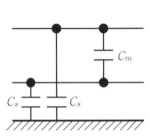 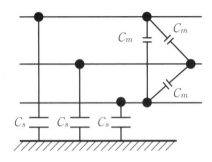

• 3상 1회선인 경우 $C_w = C_s + 3C_m$
• 3상 2회선인 경우 $C_w = C_s + 3(C_m + C'_m)$

36 다음 중 공기팽창을 이용하는 방식의 차동식 스포트형 감지기의 구성요소에 포함되지 않는 것은?

① 다이어프램

② 챔버

③ 서미스터

④ 리크

해설

차동식 스포트형 구성요소 : 다이어프램, 접점, 챔버, 리크구멍, 작동표시장치

37 전로의 절연저항 및 절연내력 측정에 있어 사용전압이 저압인 전로에서 정전이 어려운 경우 등 절연 측정이 곤란한 경우에는 누설전류를 몇 [mA] 이하로 유지하여야 하는가?

① 1[mA]

② 2[mA]

③ 3[mA]

④ 4[mA]

해설

• 저압인 전로에서 부하 개폐가 곤란한 경우 등은 누설전류 1[mA] 이하이어야 한다.

38 배전선로에 랙(Rack)을 이용한 공사방법은 어떤 전선로에 사용되는가?

① 저압 가공선로   ② 고압 가공선로

③ 저압 지중선로   ④ 고압 지중선로

해설

• 저압 가공전선을 수직으로 배열하는 데 사용한다.

39 소맥분, 전분 등 가연성 분진이 존재하는 곳의 저압 옥내 배선으로 타당하지 않은 공사방법은?

① 가요전선관공사   ② 합성수지관공사

③ 금속관공사   ④ 케이블공사

해설

• 소맥분, 전분, 유황, 기타 가연성의 먼지 등 폭발의 우려가 있는 장소 : 합성수지관 배선, 금속관 배선, 케이블 배선

40 수용가 설비의 인입구로부터 기기까지의 전압강하는 아래 값 이하이어야 한다. ( )안에 적당하지 않는 답은?

설비의 유형	조명 (%)	기타 (%)
A – 저압으로 수전하는 경우	①	②
B – 고압 이상으로 수전하는 경우	③	④

• 가능한 한 최종회로 내의 전압강하가 A 유형의 값을 넘지 않도록 하는 것이 바람직하다.
• 사용자의 배선설비가 100[m]를 넘는 부분의 전압강하는 미터 당 0.005(%) 증가할 수 있으나 이러한 증가분은 0.5(%)를 넘지 않아야 한다.

① 3   ② 6   ③ 6   ④ 8

해설

① 수용가 설비의 인입구로부터 기기까지의 전압강하는 아래 값 이하이어야 한다.

설비의 유형	조명 (%)	기타 (%)
A – 저압으로 수전하는 경우	3	5
B – 고압 이상으로 수전하는 경우a	6	8

• 가능한 한 최종회로 내의 전압강하가 A 유형의 값을 넘지 않도록 하는 것이 바람직하다.
• 사용자의 배선설비가 100[m]를 넘는 부분의 전압강하는 미터 당 0.005(%) 증가할 수 있으나 이러한 증가분은 0.5(%)를 넘지 않아야 한다.

정답 **38** ① **39** ① **40** ②

41 제3고조파 및 제3고조파 홀수 배수의 전류 종합 고조파 왜형률이 33[%]를 초과하는 경우, 고조파 전류가 평형 3상 계통에 미치는 영향을 고려한 중성선의 단면적으로 적당한 것은?

① 선도체의 $1.45 I_B$와 동등 이상의 전류 ② 선도체의 $1.35 I_B$와 동등 이상의 전류

③ 선도체의 $1.25 I_B$와 동등 이상의 전류 ④ 선도체의 $1.15 I_B$와 동등 이상의 전류

해설

- 제3고조파 및 제3고조파 홀수 배수의 전류 종합 고조파 왜형률이 33[%]를 초과하는 경우, 고조파 전류가 평형 3상 계통에 미치는 영향을 고려하여 아래와 같이 중성선의 단면적을 증가시켜야 한다.
  - ㉠ 다심 케이블의 경우 선도체의 단면적은 중성선의 단면적과 같아야 하며, 이 단면적은 선도체의 $1.45 \times I_B$(회로 설계전류)를 흘릴 수 있는 중성선을 선정한다.
  - ㉡ 단심 케이블은 선도체의 단면적이 중성선 단면적보다 작을 수도 있다.
    - 상선 : I_B(회로 설계전류)
    - 중성선 : 선도체의 $1.45 I_B$와 동등 이상의 전류

42 과전류 보호장치로 사용되는 퓨즈(gG)의 용단특성으로 틀린 답을 고르시오.

① 4A 이하 : 60분 ② 4A 초과 16A 미만 : 60분

③ 16A 이상 63A 이하 : 80분 ④ 63A 초과 160A 이하 : 120분

해설

- 과전류 보호장치는 배선차단기, 누전차단기, 퓨즈 등의 표준에 적합하여야 한다.
- 퓨즈(gG)의 용단특성

정격전류의 구분	시 간	정격전류의 배수	
		불용단전류	용단전류
4A 이하	60분	1.5배	2.1배
4A 초과 16A 미만	60분	1.5배	1.9배
16A 이상 63A 이하	60분	1.25배	1.6배
63A 초과 160A 이하	120분	1.25배	1.6배
160A 초과 400A 이하	180분	1.25배	1.6배
400A 초과	240분	1.25배	1.6배

43 저압 연접 인입선은 인입선을 분기하는 점으로부터 100[m]를 넘지 않는 지역에 시설하고 폭 몇 [m]를 초과하는 도로를 횡단하지 않아야 하는가?

① 4 ② 5 ③ 6 ④ 7

해설

저압 연접인입선 시설기준
- 인입선에서 분기하는 점으로부터 100[m]를 초과하지 말 것
- 폭 5[m]를 넘는 도로를 횡단하지 말 것
- 지름 2.6[mm]의 경동선 또는 이와 동등 이상의 세기 및 굵기일 것
- 옥내를 관통하지 않을 것

정답 **41** ① **42** ③ **43** ②

44 배전계통에서 계통 전체에 대해 별도의 중성선 또는 PE 도체를 사용한다. 또는 배전계통에서 PE 도체를 추가로 접지할 수 있는 계통의 접지에 맞는 답을 고르시오.

① TN-S   ② TN-C-S   ③ TT   ④ IT

해설

- TN-S 계통은 계통 전체에 대해 별도의 중성선 또는 PE 도체를 사용한다. 배전계통에서 PE 도체를 추가로 접지할 수 있다.
- TN-C-S 계통은 계통의 일부분에서 PEN 도체를 사용하거나, 중성선과 별도의 PE 도체를 사용하는 방식이 있다. 배선계통에서 PEN 도체와 PE 도체를 추가로 집지할 수 있다.
- TT 계통은 전원의 한 점을 직접 접지하고 설비의 노출 도전부는 전원의 접지전극과 전기적으로 독립적인 접지극에 접속시킨다. 배전계통에서 PE 도체를 추가로 접지할 수 있다.
- IT 계통은 충전부 전체를 대지로부터 절연시키거나, 한 점을 임피던스를 통해 대지에 접속시킨다. 전기설비의 노출 도전부를 단독 또는 일괄적으로 계통의 PE 도체에 접속시킨다. 배전계통에서 추가 접지가 가능하다.

45 접지공사 시 접지극의 접지저항 값을 줄이는 방법이라 할 수 없는 방법은?

① 접지저감제를 사용하여 토질의 성분을 개량한다.
② 접지극 다수를 병렬 접속한다.
③ 메시공법이나 매설지선 공법에 의한 접지극의 형상을 변경한다.
④ 접지극을 아주 깊을 수록 좋다.

해설

- 접지봉의 길이, 접지 판 등의 크기를 크게 하여 접지 접촉 면적을 크게 한다.
- 매설깊이를 깊게하거나 심타공법을 사용한다.
- 저감재의 조건
  - 저감효과가 크고 지속성이 있을 것
  - 전극을 부식시키지 않을 것
  - 공해가 없을 것
  - 작업성이 좋고 경제적일 것

46 다이오드에서 정류된 파형으로 정류된 직류 출력에 교류 성분이 포함된 정도를 표현하는 식이나 용어가 아닌 것은?

① 맥동률   ② 맥류의 비
③ $\gamma = \dfrac{\text{파형속의 정현파 실효값}}{\text{정류된 파형의 평균값(직류)}}$ ④ 리플률

해설

- 다이오드에서 정류된 파형을 "맥류"라 하고, 정류된 직류 출력에 교류 성분이 포함된 정도를 "맥동률"이라 한다.
$\gamma = \dfrac{\text{파형속의 맥류분 실효값}}{\text{정류된 파형의 평균값(직류)}} = \sqrt{\left(\dfrac{Iac}{Idc}\right)^2 - 1}$

47 다음 그림은 환류 다이오드(D_f) (Free Wheeling)를 사용한 정류회로이다. 틀린 항을 고르시오.

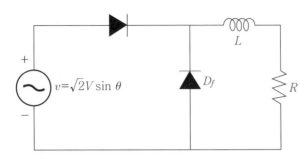

① 부하와 병렬로 접속하여 다이오드가 오프될 때 유도성 부하전류의 통로를 만드는 기능을 한다.
② 부하에서 전원으로 에너지가 회생될 때 다이오드가 도통되어 전류가 흐르는 경로가 된다.
③ 정류회로에 유도성 부하가 접속되는 곳에 사용하여 부하전류를 평활화한다.
④ 저항에서 소비되는 전력이 감소하게 하여 역률을 나쁘게 한다.

해설
• 부하와 병렬로 접속하여 다이오드가 오프될 때 유도성 부하전류의 통로를 만드는 기능을 한다.
• 부하에서 전원으로 에너지가 회생될 때 다이오드가 도통되어 전류가 흐르는 경로가 된다.
• 정류회로에 유도성 부하가 접속되는 곳에 사용하여한다.
  – 다이오드의 역 바이어스 전압을 부하에 관계없이 유지한다.
  – 부하전류를 평활화한다.
  – 저항에서 소비되는 전력이 증가하므로 역률이 개선된다.

48 단상 반파 정류회로의 직류측 전압과 PIV(역전압 첨두값)값으로 적당한 것은?
① $V_d=0.45\text{V}$, $PIV=2\sqrt{2}V$
② $V_d=0.45\text{V}$, $PIV=\sqrt{2}V$
③ $V_d=1.17\text{V}$, $PIV=\sqrt{2}V$
④ $V_d=0.45\text{V}$, $PIV=\pi\sqrt{2}V$

해설
단상 반파 정류회로
• 직류전압(평균값) $V_d=\dfrac{1}{2\pi}\displaystyle\int_0^\pi \sqrt{2}V\sin\theta\, d(wt)=\dfrac{\sqrt{2}}{\pi}V=0.45V[-\cos wt]_a^\pi$
• PIV(역전압 첨두값)$=\sqrt{2}V=\pi V_d$
• 정류효율 40.6[%]

정답 **47** ④ **48** ②

49 다음의 동작설명에 맞는 정류회로를 고르시오.

> ⓐ 2개의 다이오드를 이용하여, 교류 성분의 양(+)과 음(−)의 전주기를 정류한다.
> ⓑ 양(+) 주기는 D_1이, (−) 주기는 D_2가 도통되어 부하에는 전주기 동안 파형이 출력된다.

① 단상 전파 정류회로　　　　② 단상 반파 정류회로

③ 삼상 반파 정류회로　　　　④ 삼상 전파 정류회로

• 2개의 다이오드를 이용하여, 교류 성분의 양(+)과 음(−)의 전주기를 정류하므로 전파정류라고 한다.
• 양(+) 주기는 D_1이, 음(−) 주기는 D_2가 도통되어 부하에는 전주기 동안 파형이 출력된다.

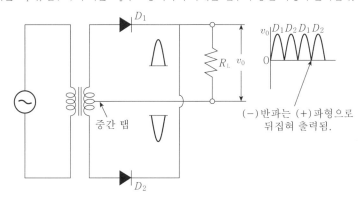

50 각종 정류회로에서의 효율[%]로 틀린 답은?

① 3상 전파 : 99.8　　　　② 3상 반파 : 96.7

③ 단상 전파 : 81.2　　　　④ 단상 반파 : 76.8

정류기별 맥동률 비교

구분	3상 전파	3상 반파	단상 전파	단상 반파
맥동률[%]	4	17	48	121
맥동 f	$6f$	$3f$	$2f$	f
평균값(V_d)	1.35V	1.17V	0.9V	0.45V
정류효율 η[%]	99.8	96.7	81.2	40.6

51 $(10101010)_2$ 2진수의 2의 보수 표현으로 옳은 것은?

① 01010101
② 00110011
③ 11001101
④ 01010110

해설

- 1의 보수 0, 0의 보수 1이다.
- 10101010의 보수는 01010101이다.
- 2의 보수는 1의 보수 +1이므로 01010101+1=01010110이다.

52 $(1111101011111010)_2$의 2진수를 16진수로 변환한 값은?

① $(FAFA)_{16}$
② $(FBFB)_{16}$
③ $(EAEA)_{16}$
④ $(AFAF)_{16}$

해설

- 4자리씩 16진수로 변환하면 $(FAFA)_{16}$이다.

1111	1010	1111	1010
F	A	F	A

53 아래 논리회로에서 출력 F로 나올 수 없는 것은?

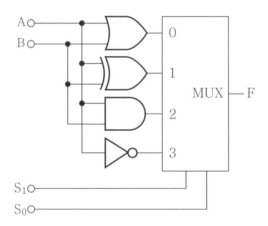

① $A+B$
② $\overline{A}B+A\overline{B}$
③ $AB+\overline{A}\overline{B}$
④ AB

해설

- 4×1 멀티플렉서이다.
  - 4개의 입력 중 1개를 선택하여 선택선(S_0, S_1)에 입력된 값에 따라 출력한다.
  - 출력 F로 나올 수 있는 경우 : $A+B$, $\overline{A}B+A\overline{B}$, AB, $\overline{A}$

54 회로를 여러 개 병렬로 접속하면 그 연결 개수 많큼 2진수를 기억할 수 있다. 일반적으로 이와 같은 플립플롭 일정개수를 모아서 연산이나 누계에 사용하는 플립플롭의 특수한 모임은 무엇인가?

① 카운터(Counter)　　　　　　　　② 컨버터(Converter)
③ 디멀티플렉서　　　　　　　　　　④ 레지스터(Register)

해설

• 레지스터란 여러 개의 FF으로 구성되어 있으며 데이터를 저장할 수 있는 기억소자이다.

55 JK-FF에서 J=1, K=1일 때 Q_{n+1}의 출력을 표시한다면?

① 1(set)　　　② 0(reset)　　　③ Q_n　　　④ toggle

해설

• JK 플립플롭은 J=K=1이면 출력은 펄스 입력 신호에 따라 toggle 된다.

56 200개 들이 상자가 15개 있을 때 각 상자로부터 제품을 랜덤하게 10개씩 샘플링할 경우, 이러한 샘플링 방법을 무엇이라 하는가?

① 층별 샘플링　　② 2단계 샘플링　　③ 취락 샘플링　　④ 계통 샘플링

해설

샘플링별 특징
• 2단계 샘플링
 -1단계 : 모집단을 몇 개의 부분으로 나누고, 그 중에서 몇 개를 추출한다.
 -2단계 : 추출된 몇 개의 단위체 또는 단위량을 추출하는 방법
• 층별 샘플링(작업반별, 작업시간별, 기계장치 원자재 작업방법별)
 -로트를 몇 개의 층으로 나눌수 있는 경우, 각 층에 포함된 품목의 수에 따라 시료의 크기를 비례 배분하여 추출하는 방법
• 취락(집락) 샘플링
 -모집단을 여러 개 집단으로 나누고, 이 중에서 몇 개를 무작위로 추출한 뒤 선택된 집단의 로트를 모두 검사하는 방법

57 표준시간 설정시 미리 정해진 표를 활용하여 작업자의 동작에 대해 시간을 산정하는 시간 연구법에 해당되는 것은?

① PTS법　　　② 워크 샘플링법　　　③ 스톱워치법　　　④ 실적자료법

해설

PTS법 특징
• 인간이 행하는 모든 작업을 구성하는 기본동작으로 분해하여 연구 적용한 것이다.
• 각 기본동작에 대해 그 동작의 성질과 조건에 따라 미리 정해진 시간치를 적용하는 방법이다.
• 짧은 사이클 작업에 최적으로 적용된다.

정답 　54 ④ 　55 ④ 　56 ① 　57 ①

58 회전축 완성지름, 철사의 인장강도, 아스피린의 순도와 같은 데이터를 관리하는 대표적인 관리도는?

① n관리도　　　② np관리도　　　③ c관리도　　　④ $\bar{x}-R$관리도

해설

• 계량형 관리도 : $\bar{x}-R$관리도, x관리도, $x-R$관리도, R관리도
• 계수형 관리도 : np관리도, p관리도, c관리도, u관리도

59 다음 중 브레인스토밍(Brainstorming)과 가장 관계가 깊은 것은?

① 특성요인도　　　② 회귀분석　　　③ 히스토그램　　　④ 파레토도

해설

브레인스토밍 특징
• 여러 사람이 제한없이 문제해결을 위한 다양한 아이디어를 자유롭게 제시한다.
• 제시된 아이디어를 취합, 수정, 보완해 일반 사고이외의 독창적인 아이디어를 얻는 방법이다.

60 MTM(Method Time Measurement)법에서 사용되는 1TMU(Time Measurement Uint)는 몇 시간인가?

① $\dfrac{6}{10,000}$시간　② $\dfrac{1}{10,000}$시간　③ $\dfrac{1}{100,000}$시간　④ $\dfrac{36}{1,000}$시간

해설

• 1 MTU=0.036초=0.0006분=0.00001시간=$\dfrac{1}{100,000}$ 시간

정답　**58** ④　**59** ①　**60** ③